西方伦理学史
（修订版）

【美】布尔克 著
黄慰愿 译
张湛 校

History of Ethics
A comprehensive survey of the history of ethics
from the early Greeks to the present time
Vernon J. Bourke

华东师范大学出版社
·上海·

华东师范大学出版社六点分社　策划

目　录

译者前言/1

引言/1

第一部分　古希腊-罗马的伦理理论

第一章　早期希腊的快乐主义/3
　　1. 苏格拉底和小苏格拉底学派/8　2. 柏拉图/12
第二章　目的论快乐主义：亚里士多德/19
　　1. 亚里士多德的人性理论/20　2.《尼各马可伦理学》/22　3. 中值理论和美德/24
第三章　希腊化时期的伦理学：廊下派、伊壁鸠鲁学派和新柏拉图主义/31
　　一、廊下派的伦理观/32
　　二、伊壁鸠鲁学派的伦理观/39
　　三、新柏拉图主义伦理观/42
　　　　普罗提诺/44

第二部分　教父的和中世纪的伦理理论

第四章　教父的和早期中世纪的伦理学/51
　　一、希腊基督教学者的道德理论/53
　　二、拉丁学者的道德理论/59
　　　　1. 奥古斯丁/61　2. 波爱修斯/65

第五章　中世纪犹太教和穆斯林的伦理学/75
　　一、中世纪犹太教伦理学/75
　　　　迈蒙尼德/81
　　二、中世纪伊斯兰教伦理学/86
　　　　纳西尔/99

第六章　正确理性理论/104
　　1. 罗吉尔·培根/111　2. 波纳文图拉/113　3. 大阿尔伯特/115　4. 托马斯·阿奎那/117　5. 邓斯·司各特/124　6. 奥卡姆/126

第三部分　近代伦理学：1450—1750

第七章　文艺复兴时期的人道主义伦理学/135
　　一、意大利的柏拉图主义伦理学/136
　　二、英国的柏拉图主义伦理学/141
　　三、文艺复兴时期的亚里士多德主义/145
　　　　苏阿列兹/148
　　四、新教改革派的伦理观/153
　　五、文艺复兴时期的新古典主义伦理学/156

第八章　英国的自我主义及其反应/162
　　一、霍布斯的伦理自我主义/163
　　二、剑桥柏拉图主义的伦理学/168
　　　　约翰·洛克/172
　　三、自然神论的伦理学/179

弗兰西斯·哈奇森/185

第九章　欧洲大陆的理性主义伦理学/190
　　1. 勒奈·笛卡尔/194　2. 斯宾诺莎/198　3. 莱布尼茨/203　4. 让-雅克·卢梭/209　5. 伊曼努尔·康德/212

第四部分　现代伦理学

第十章　英国的功利主义和主观论者的伦理学/221
　　1. 大卫·休谟/223　2. 杰里米·边沁/231　3. 约翰·穆勒/236

第十一章　德国观念论伦理学/242
　　1. 约翰·戈特利布·费希特/242　2. 黑格尔/245　3. 弗里德里希·谢林/252　4. 阿图尔·叔本华/253

第十二章　法国和拉丁美洲的唯灵论伦理学/259
　　1. 尼古拉斯·马勒伯朗士/260　2. 曼恩·德·比朗/262　3. 玛利·让·居友/268　4. 亨利·柏格森/270　5. 南美洲的科伦和伐斯冈萨雷斯/276

第十三章　欧洲的社会伦理学/280
　　1. 詹巴蒂斯塔·维科/281　2. 奥古斯特·孔德/285　3. 卡尔·马克思/287　4. 克罗齐和秦梯利/296　5. 种族主义理论：戈宾诺、张伯伦、罗森堡等/300

第五部分　当代伦理学

第十四章　价值论伦理学/305
　　1. 马克斯·舍勒/308　2. 尼古拉·哈特曼/310　3. 威尔伯·厄本/314　4. 摩里兹·石里克/316

第十五章　自我实现和功利主义伦理学/321
　　1. 格林和布拉德雷/323　2. 约西亚·罗伊斯/328　3. 布雷斯韦特：游戏理论/334　4. "行为的"和"规则的"功利主义/336

第十六章 自然主义伦理学/339
 1. 西格蒙德·弗洛伊德/342　2. 约翰·杜威/345　3. 埃里希·弗洛姆/353

第十七章 分析伦理学/360
 1. 乔治·爱德华·摩尔/362　2. 伯特兰·罗素/364　3. 路德维希·维特根斯坦/365　4. 史蒂文森和艾耶尔/371　5. 诺维尔-史密斯/375

第十八章 存在主义和现象论伦理学/381
 1. 索伦·克尔凯郭尔/382　2. 弗里德里希·尼采/384　3. 萨特和波伏娃/394　4. 展望当代伦理学的发展/399

参考文献/401

中英文人名检索/473

译者前言

现代社会中的人都生活在一系列由法律制度和伦理道德观念所规定了的基本社会关系之中。不同的人,出于不同的原因,对自己所处的社会关系采取不同的应对态度。很多人可能从未思考过这些规范自己行为方式的法律和伦理道德体系的内容和逻辑,只以一种被动的态度盲目接受它、顺从它。也总有一些人则希望用自己的经验知识和逻辑思维来理解这个系统,思考它的理论根据和它的社会合理性,在理解的基础上主动应对周围发展变化的社会关系。

人生的经验也很难告诉我们,究竟哪种态度更值得选取。许多人选择不思考,不仅仅是因为这些东西思考起来很困难,也可能因为历史经验曾经提醒我们,万一我们思考得出的结论跟现实体系的规定不太一致时,这种思考很可能给思想者带来生活上的麻烦。所谓难得糊涂或大智若愚,实在是有其深刻人生道理的。但是,愿意思考这些问题的人也总有自己的理由。按照王小波先生的说法:"伦理(尤其是社会伦理)问题的重要,在于它是大家的事——大家的意思就是包括我在内。"因此,"我对自己的要求很低:我活在世上,无非想要明白些道理,遇见些有趣的事情"。

活得明白,的确是许多人希望做到并正在努力追求的人生目标之一。

我以为,一个人要活得明白至少得认识和理解我们所处的社会法律和伦理体系,思考那些构成我们传统伦理价值体系的一些基本概念,比如"善"、"正义"、"公平"、"自由"等等。认识和理解这些概念的有效方法之一,就是回顾这些概念的历史形成过程,反思前人曾经对它们做过的各种思想探讨和辩论,在前人思想的基础上结合自己的生活经验,逐渐形成自己的理解。

从两千多年前的古希腊时代开始,经过古罗马时代、中世纪、文艺复兴,直到现代,西方思想家们就没有停止过在这些伦理基本问题上的思辨。阅读西方伦理学史,其实就是阅读一部在各种基本伦理道德观念上的思想交锋史。阅读和反思这些西方思想家们的辩论,尤其能够启发我们的思考。

虽然英语作者所写的介绍西方伦理思想史的著作很多,但是人们普遍关注的也就是包括本书在内的少数几部著作而已。曾经担任国际伦理学会主席的彼得·辛格(Peter Singer)博士在一篇文章中推荐了四部伦理学史著作:"西季威克的《伦理学史大纲》(1931)是一部富有学识和勇气的名著;威廉·哈特波尔·莱基的《从奥古斯都到查理曼时期的欧洲道德》(1877)非常吸引人,并富有资料性;更近期的著作中,弗农·布尔克的《伦理学史》(1968)是一部内容广泛的杰作;而麦金太尔的《伦理学简史》(1966)是一部描述个人观点的值得一读的著作。"而且这几部书也经常是西方很多大学的道德哲学课程的推荐书目。

译者注意到,辛格博士所推荐的上述四部著作中,西季威克和麦金太尔的那两部书已经分别由江苏人民出版社和商务印书馆出版了中文译本,而这部由布尔克博士所写的、史料更为丰富的伦理学史却尚未被介绍给中文读者,这不能不说是一大遗憾。

关于布尔克博士这本伦理学史的特点,布尔克本人曾经把它和前述的两部做过比较,我认为这个比较是很恰当的:

> 亨利·西季威克的《伦理学史大纲》是1886年之前写成的。在其第六版(1931年)中,奥尔本·威杰里补充了一章关于二十世纪前二十五年的伦理学。尽管它有很明显的遗漏,西季威克的这部著作一直是这个领域的标准资料来源。但它在论述中世纪的伦理学和英国之外的现代和当代伦理学时,显得非常薄弱。在西季威克的这部著作最后一个修订版之后,二十世纪的伦理学界当然又发生了很多重要的事情……在拙著的研究和写作即将完成的时候,阿拉斯代

尔·麦金太尔的《伦理学简史》出版了。他选择性地介绍了从古希腊智者派开始到当代的萨特为止的大约三十位主要思想家的伦理学观点，而忽略了很多其他相对次要的人物。拙著则是要努力介绍更多的伦理学者的思想。（见本书的参考文献注解）

布尔克这本书最明显的特点在于其所介绍的西方伦理思想发展过程内容之完整性和史料之丰富性。这也是我决定要把它翻译出来介绍给中文读者的主要原因。

首先是它所涵盖的西方伦理思想发展历史的时代跨度之大且完整，介绍的思想家之多。就时代来讲，该书和其他伦理学史著作一样，跨越了从前苏格拉底时期直到二十世纪的整个西方哲学发展过程。不同的是，布尔克并没有像其他作者那样刻意淡化对中世纪的西方伦理思想观念的介绍，而是用了三章（占全书的五分之一篇幅）详细介绍了中世纪每个在伦理观点上有所贡献的思想家。其中不但包括像托马斯·阿奎那那样在伦理学史上不容忽视的重要思想家，以及像奥古斯丁、波爱修斯和奥卡姆的威廉等经常被伦理学史提及的重要人物，而且也包括很多在其他伦理学史书中并不常见的人物，比如安布洛斯、爱留根纳、阿贝拉德、罗吉尔·培根、波纳文图拉、阿尔伯特、邓斯·司各特等等。其实，布尔克博士这种对历史的巨细无遗的叙述风格，自始至终体现在本书所覆盖的所有历史时期。比如在介绍十八和十九世纪英国功利主义伦理思想的发展时，他不仅介绍了像大卫·休谟、亚当·斯密、边沁、穆勒*等该学派的中心人物，也介绍了诸如普莱斯、里德、柏克、纽曼、奥斯丁和西季威克等相对次要的思想家们。

其次，布尔克不仅介绍了活跃在欧洲和北美洲以基督教为宗教背景的西方思想家们的伦理思想，也介绍了曾经对西方伦理思想的发展产生过重要影响的犹太教和穆斯林学者，包括迈蒙尼德、法拉比、米斯凯韦、阿维森纳、阿威罗伊、纳西尔等人的伦理思想。犹太文化与西方思想文化的联系及影响是显而易见的。对西方伦理学史有重大影响的亚里士多德的

---

* ［译注］学界亦译作"约翰·斯图亚特·密尔"，本书此次修订，统一改为"穆勒"。

伦理学著作，曾经在古典时代的欧洲大陆失传了很长时间，却流行于当时的穆斯林文化，并在中世纪以穆斯林文化为中介才扩散到欧洲大陆。在此过程中，穆斯林学者对亚里士多德著作的注疏，自然也在欧洲学者中产生了广泛的影响。联系到这些事实，布尔克博士把这段穆斯林学者的伦理思想发展过程包括在西方伦理学史中作介绍，不仅具有完善史料的意义，而且也使西方伦理思想发展的前后传承有了更加合理的逻辑联系。

本书的史料完整性，还反映在作者对西方基督教伦理思想的介绍中。作为一位拥有天主教徒身份的当代哲学家，布尔克在这本书的写作中当然不会刻意回避对基督教的伦理主张的介绍。其实，要在一部介绍西方伦理学史的著作中完全忽略基督教教义在其中的影响，正如要在介绍中国两千年的伦理思想发展史中完全忽略佛教和道教曾经产生的影响那样，既不可能，也是不应该的。关键是，作者很好地处理了个人信仰与叙述历史事实的关系。对于纯粹的宗教教条和伦理思想的区别，作者表示：

> 一套建立于已经广泛传播的教条之上，并得到神权支持的道德说教，只要它曾经努力将其观点与公认的道德哲学立场联系起来，那它就的确涉及了一种伦理立场。（见第四章开篇）

因此，作者要在书中所介绍的那部分与宗教相关的内容，是教义所曾经涉及的伦理立场，并认为"在伦理学史的讨论中应该有它们的地位"。更为难能可贵的是，他不以个人的宗教信仰来解释或批判那些持无神论观点的思想家们的思想，而是忠实于史料，力求客观地介绍每个思想家的真实思想。正如他本人在引言中所表示的：

> 这本书并不是一部"批判的"伦理学史。也就是说，我没有打算对这里所介绍的各种理论提出我自己的评论。我的计划只是对各种不同类型的伦理观点做一个开放的、公平的介绍。我个人当然对它们有喜欢和不喜欢，但是我不允许自己个人的偏好有意识地去干扰这个介绍。

读完此书,我相信他做到了这一点。

本书作者弗农·J·布尔克(Vernon J. Bourke, 1907-1998),出生于加拿大安大略省北湾市(North Bay),曾经就读于多伦多大学并获得哲学博士学位,先后在多伦多大学和美国密苏里州圣路易斯大学担任哲学教授四十年,并曾担任美国天主教哲学联盟主席。他的研究领域是伦理学,专长在于奥古斯丁和托马斯·阿奎那的道德哲学。布尔克著述甚丰,主要著作除了这部《西方伦理学史》之外,还包括《伦理学:一本道德哲学教科书》、《危机时刻的伦理学》、《奥古斯丁的现实观》、《阿奎那的智慧追求》、《托马斯主义参考书目》、《西方思想中的意志》等。

布尔克博士的这本西方伦理学史于1968年第一次出版。根据全球书目数据库(WorldCat Identities)的统计,从1968年到2008年之间,该书以三种语言(英语、波兰语和意大利语)共出版或重印了20次,被世界1208个图书馆收藏。美国的《柯克斯书评》杂志(Kirkus Reviews)于1968年发表过对该书的评价。这个评价可以给我们中文读者提供一个比较客观的印象:

> 伦理学史的写作并不是为了满足读者的阅读快乐,而是为了给读者提供一些建设性的信息。从这一点来说,布尔克教授的这部著作,对"道德义务"或"理想人格"这门科学的历史做了一次完整的综合调查,因而填补了这个领域至今为止一直令人烦恼的空缺。在这方面的标准著作,一直是西季威克的《伦理学史大纲》,但那本书已经几乎有一百年历史了。而近期的一部著作,麦金太尔的《伦理学简史》,着重介绍了几个最重要的伦理学家的思想,但并没有对这个领域做一个完整的回顾。从另一方面来说,布尔克的这本书不只是更新了西季威克曾经介绍的内容,而且也补充了被麦金太尔所忽略掉的许多思想家和学派的文献。它分成五个部分,每部分包括了伦理思想史上的一个编年时代(古罗马,教父时期和中世纪,近代早期,现代,当代),而每个时代又被细分为各个不同的思想学派。布尔克对这些资料的处理是阐释性的,而不是批判性的。他没有试图依照他自己的(罗马天主教)信念来评论各种理论,而是对它们作了

客观的介绍。这本著作因此适于不同宗教背景（包括没有宗教信仰）的教师和学生，也强烈推荐给希望客观和完整地了解这个领域的读者。仅仅书中所包括的那些丰富参考文献，就让这部书物有所值了。

斯图亚特·穆勒曾经表示，伦理学不是一门科学，而是一门艺术。当代哲学大师罗素也曾经说过："伦理学至今还不曾做出过任何确切的、在确实有所发现的意义上的进步；在伦理学里面并没有任何东西在科学的意义上是已知的。因此，我们就没有理由说，何以一篇古代的伦理学论文在任何一方面要低于一篇近代的论文。"维特根斯坦则把伦理学看作一部人类思想倾向的历史档案。在我看来，这些观点虽然不一定完全正确，但它们的确反映了一个事实：和其他不断更新的自然科学知识不同，要了解伦理学的内容，要理解伦理道德体系的内在逻辑，就有必要了解从古到今的重要思想家们关于伦理道德的各种说法。当我读到布尔克博士的这部伦理学史，深感于其丰富的史料价值，便有意要把它介绍给中文世界的读者们。

需要说明的是，作者虽然把这部伦理学史分成了五部十八章来介绍，但其中许多章在原书中并没有分节。为了方便阅读，我在翻译时对某些部分做了分节处理，并用相关思想家的名字作为小节的标题。同时，我也为书中所引的各个思想家，做了英文原名和中文译名对照表，列于书末，以便有兴趣的读者检索并深入探讨相关的思想内容。

黄慰愿
2013 年 10 月，于渥太华

引 言

面前的这部历史书,试图对公元前五百年至目前为止的西方哲学家们的各种伦理理论作一陈述。我已经把我所知道的所有在伦理学上有过任何影响的著作者都包括在这里了,只有某些严格意义上的当代伦理学者除外。当代伦理学的相关人物太多,一本书无法囊括全部,因此我只选择了各种当代学派的关键人物。范围如此之广,也就意味着不可能对这些思想家的个人观点做详细的介绍。而我也限定自己着重叙述每个思想家在伦理学方面的重要贡献。如果一种伦理观点直接与作者的认识论、心理学、形而上学或其他思想立场相关的话,我也简短地概述他在这些方面的思想背景。

这本书并不是一部"批判的"伦理学史。也就是说,我没有打算对这里所介绍的各种理论提出我自己的评论。我的计划只是对各种不同类型的伦理观点做一个开放的、公平的介绍。我个人当然对它们有喜欢和不喜欢,但是我不允许自己个人的偏好有意识地去干扰这个介绍。我曾经先后在多伦多大学和圣路易斯大学教授过各个时期的哲学史。我在这近四十年的教学生涯中渐渐感觉到,对哲学理论的最好的评论,来自哲学理论自身的历史事实。虽然在有些时候某些早期的思想家们被忽略了,或者被不公平地评论了,但在后来的几个世纪中,好的思想终归会再次浮现到受关注的表面来,并最终得以彰显自己。

古典的和中世纪的伦理理论,以人们通常如何去实现康乐人生为其中心话题。在文艺复兴运动之前,一般都认为,所有的人在本质上就被规定了要去实现一个唯一的终极目标。尽管不同的著述者对这个最高目标有各自不同的描述,但是现代化之前的所有伦理理论的思想方向都属于目的论(teleological)。这就是说,几乎所有在本书的前两部分中所介绍的伦理理论的关心焦点,都是这个问题:人应该怎么样生活着和行为着,才能够最终实现他作为人的最终目标?但在另一方面,现代的和当代的伦理学理论则着眼于实际的伦理判断问题:我们应该怎样解释和验证人类经验中的"应然"(oughtness)?新旧理论之间的这种对照,只是在各自强调的重点上有所不同,并不意味着伦理学意义的绝对转变。古典和中世纪的思想家也很了解道德责任及其判断的重要性,他肯定不是不知道那些"应该做的"之重要性。相似地,尽管现代的伦理学者们并不强调最终目标和根本动力,他们中几乎所有的人也都承认,对每个"应该"的认识之中都暗示着人的行为和态度的后果。

因此,从最早那批古希腊哲学家们的时期开始,伦理学就只有一个意义:这是针对在人应该承担某些个人责任的那部分生活中什么是善、什么是恶的反思性研究。正是在这个道德关系中对于"善"或"恶"(或其他评价语)作出的各种不同解释,才使伦理学历史上出现了各种不同的观点立场。那些不具有反思性或理论基础的宗教道德观,并不被包括在这部历史书中,除非它们对伦理思想也产生过重要的影响。

在类似本书这样的写作中总是会出现一个困难,就是术语的使用问题。我努力避免那些仅仅出现于一个不太重要的思想家或比较狭小的思想学派的专用术语,但在必须用到特殊词汇的场合,我一定对它们做出解释。自从托马斯·希尔(Thomas E. Hill)在他的杰作《当代伦理理论》(*Contemporary Ethical Theories*)中发展了伦理学的分类法,这些分类使用起来就很方便。他把伦理理论分成六个不言自明的类型:伦理观点可能是属于怀疑论的、赞许性的、过程论的、有心理学价值的、形而上学的或直觉性的。这些分类应该把这个领域可能出现的大多数不同类型都包括了。另外,英语的作者们目前还无法统一,到底那个在做着伦理学研究的人应该被称为什么。我通常称他为伦理学者(ethician),但也不反对称他为伦理学家(ethicist)。"道德哲学家"(Moral Philosopher)是个旧的术语,而我也把它当作"伦理学者"一样来使用。但是,道德家(moralist)一词则具有不同的意义,它暗示着一个有道德的人,而不是一个对伦理学理论有兴趣的人。

　　至于地理上的考虑,这本历史书没有打算讨论东方的伦理学。并不是因为它们不重要,而是因为我不具备研究东方伦理学所必要的背景和语言条件。这本史书中所介绍的大多数理论都和西方人的文化发展有直接的关系,或者是影响了这个发展过程。这些理论也许并不能告诉我们怎样才是生活的最好方式,甚至也不能告诉我们什么是道德判断的不容置疑的基础,但是,它们的确为我们如何去思考这些人生问题,提供了广泛而多样的重要建议。

第一部分　古希腊-罗马的伦理理论

第一章 早期希腊的快乐主义

早先,希腊哲学家们的基本兴趣在于对宇宙物理结构的推测,而不在伦理学。但某些苏格拉底的前辈对道德理论做过一些零星的研究。其中就有在公元前六世纪以宗教团体出现,并在基督纪元一世纪继续以实践哲学学派存在的毕达哥拉斯学派。该学派的创始人是萨摩斯岛的毕达哥拉斯(Pythagoras,公元前530年前后)。尽管有杨布里科斯(Iamblichus)、波菲利(Porphyry)和第欧根尼(Diogenes)等人对他的传记性描述,但毕达哥拉斯仍然是个不明朗的人物。因为我们现在拥有的资料只是些从古希腊晚期著作中找到的对他原文的零星引用或概括,要完全把毕达哥拉斯个人的思想从他当年追随者的伦理思想中区别出来,几乎是不可能的。[①]

毕达哥拉斯学派的主要研究方向是数学和音乐。其基本信念是,数以及和谐的比例构成了所有的现实。他们把人的心灵理解为将在第一个身体死亡之后继续存在并将依附在另一个人体或动物体上的生命的灵魂。这种轮回,或者灵魂转移的理论,在伦理学上意味深长,因为它建立了善行或恶行在其后转世时得到奖励或惩罚的可能性。[②] 毕达哥拉斯学

[①] The Greek fragments of these earliest philosophers are printed in H. Diels and W. Kranz, *Die Fragmente der Vorsokratiker* (Berlin: Weidmann, 1956); there is a complete English translation in Kathleen Freeman, *Ancilla to the Pre-Socratic Philosophers* (Oxford: Blackwell, 1948).

[②] Freeman, op. cit., pp. 76-77 (Philolaus, frag. 14 and 22).

派对伦理学的最重要贡献,也许来自他们对数学中值的研究。在数学意义上,"中值"(mean)是把两个极端所具有的最佳功能部分结合在一起并加以协调的中间函数。在实践上,毕达哥拉斯学派应用中值概念,确认健康的身体是一种让体温、身体水分、体育锻炼强度等方面都保持在过度与不足之间的中间程度的身体状态。对于毕达哥拉斯学派来说,把良好的道德习惯看成是介于两个极端之间的中值状态,是再符合逻辑不过的了。当亚里士多德(Aristotle)后来建立了他那复杂的、视两极之间的黄金中值为伦理美德的理论时,他承认他的观点完全源于毕达哥拉斯学派的基本思想。①

毕达哥拉斯学派还发展了一种对立面的理论,其中"有限"与"无限"是主要的一对。他们把"有限"理解为任何事物可界定的、可度量的特性,把"无限"理解为拒绝被界定和被度量的特性。关于后者,他们的标准几何学例子是任何四边形的对角线,因为它的长度不可能简单地用四边形的边来表达。于是,对角线就是个边界不清的、无理的数字。谎言和嫉妒,也就是这样被毕达哥拉斯学派认为同样是无限和无理的东西。②把好的事物看作是理性的和可被理解的事物,这个曾经在伦理学上很重要的解决问题的方法,就是从这里开始的。因此,一位后期的毕达哥拉斯学派学者,塔伦图姆的阿基塔斯(Archytas),在公元前四世纪第一次清楚地表述了作为良好行为之关键的"正确推理"原则:"运用'正确推理'可以阻止民众的冲突,并提升社会和谐……(它是)对做坏事者的审查标尺并对其具有威慑力量。"③亚里士多德和中世纪的正确理性理论很可能直接受惠于毕达哥拉斯学派的唯理智论。早期毕达哥拉斯学派的论述很明显地表现了古典希腊对于理性生活的推崇。

与毕达哥拉斯学派同时代,但并不属于那个学派的几个哲学家,赫拉克利特(Heraclitus)、德谟克利特(Democritus)和阿那克萨戈拉(Anaxagoras),也对道德理论有些许贡献。其中第一位,赫拉克利特(公元前500年

---

① Aristotle, *Nicomachean Ethics*, II, 6; 1106ai4-1107a25.
② Freeman, op. cit., p.75 (Philolaus, frag. 11).
③ Freeman, op. cit., p.80 (frag. 3).

前后),以其认为的所有事物都在持续流动和变化之中的宇宙论而著名。其实,赫拉克利特的许多零星资料都反映出,在这个过程中存在着一种永恒的理性模式"逻各斯"(logos)。① 赫拉克利特持有一种视为自然过程中的规律性原理的"法则"的主张,同时他也明白法律在政治环境中的重要性。与赫拉克利特对于法律和秩序的重视相关的,是他有关对立双方的冲突(比如爱和恨)应该根据度量衡(measure)来解决的观点。他的度量衡方法在意义上和毕达哥拉斯学派的中值方法差不多。最近对赫拉克利特的研究发现,他的道德观点在他的学说中有基础性的重要意义。②

在德谟克利特(公元前420年前后)的学说中,我们第一次看到希腊伦理学的核心理论之一——作为"康乐人生"之条件的幸福论(eudaimonia)——的出现。德谟克利特的《论快乐》(*On Cheerfulness*)一书已经散佚很久了,但是我们可以在塞涅卡(Seneca)和普鲁塔克(Plutarch)的著作中读到与它相关的内容。③ 虽然他通常被认为是一个原子唯物论者(materialistic atomist),德谟克利特所强调的其实是心灵才是人类康乐的根基。他有关幸福论的概念包括了"良好的生存"和"良好的感觉"等因素。后来的伊壁鸠鲁享乐主义也强调那种心神安宁状态以及道德贤哲的那种坦然自若。④ 的确,德谟克利特对于精神安宁和无惧的强调,现在被认为象征着导致后来产生伊壁鸠鲁享乐主义的前提思想条件。有一段话读起来像是廊下派的格言:"医药能治疗身体的疾病,而智慧可以排除心灵的不安。"⑤ 在德谟克利特思想中可以很明显地看到的是,他认为美德存在于节制的或谨慎的活动中。

第一位在雅典教授其观点的哲学家,是阿那克萨戈拉(公元前500 - 前428年)。他没有正式教授他的伦理学,但是,他的确把思想和理智等

---

① See fragments 1, 2, 45, 50, 72, and 115, in Freeman, op. cit., pp. 24 - 32.
② Joseph Owens, *A History of Ancient Western Philosophy* (New York: Appleton-Century-Crofts, 1960), pp. 160 - 66, and C. Mazzantini, *Eraclito* (Torino: Vita e Pensiero, 1945], p. 24, speak of Heraclitus as the first Greek moralist.
③ Cf. Frederick Copleston, *History of Philosophy* (Garden City, N. Y.: Doubleday, 1962), Vol. 1, Pt. I, pp. 146 - 47.
④ Freeman, op. cit., pp. 107 - 09 (frags. 170, 171, 187).
⑤ The translation of Democritus' fragment 31 is from Owens, op. cit., p. 141.

概念输入希腊哲学讨论中了。阿那克萨戈拉主张"思想是无限的和自主的,它不和任何东西混杂,它特立独行"。① 亚里士多德充分肯定了阿那克萨戈拉思想的清醒,但是批评他没有在解释宇宙现象时始终如一地运用理性。② 不管怎么说,是阿那克萨戈拉把一种可以运用于对人类行为和世界秩序的讨论中的思想概念,介绍给了后来的希腊哲学家们。

从公元前五世纪进入到前四世纪,智者派(Sophists,或译"诡辩派")构成了希腊教育者们的一个界限不明的团体。智者,字面上意味着聪明的人,但是亚里士多德宣称"智者派的艺术是华而不实的才智,而智者是那个通过表面的却缺乏实质智慧的小聪明来赚钱的人"。③ 柏拉图(Plato)对他们也没有好感,他把这些智者称为"捕获财富和青年还要收取费用的猎人"。④ 智者派其实并不是一个真正的哲学派系,他们(1)为钱而教,(2)以教授实用学科为主,(3)倾向于怀疑主义、主观主义,以及实践上的相对主义。

智者派在伦理学史上的最重要人物,是阿布德拉的普罗塔戈拉(Protagoras,公元前440年前后)。通过柏拉图、亚里士多德和其他后期的著作者们对他的并不友善的论述,我们能够对他有所了解。对于事实与正义的绝对判断,普罗塔戈拉可能持有怀疑论者的那种一般诡辩态度。在大多数希腊人承认某种对神的信仰的时期,普罗塔戈拉却是一个宗教上的不可知论者。他说:"对于神,我无从知其有,亦无从知其无。"⑤普罗塔戈拉对于伦理判断取相对主义的立场。在柏拉图的对话录《普罗塔戈拉》的描述里,普罗塔戈拉一开始反对苏格拉底所认同的怀疑论,而为美德是可被传授的观点做辩解。但是到了对话结束的时候,争论双方的立场发生了逆转,普罗塔戈拉反而是在否认美德是可被传授的观点了。⑥

普罗塔戈拉最著名的学说,是认为人是一切事物的衡量标准。无论

---

① Freeman, op. cit., pp. 84-85 (frag. 12; cf. frags. 11, 13, and 14).
② Aristotle, *Metaphysics*, I, 3-4; 984b18-985a20; compare Plato, *Phaedo*, 97C-98D.
③ Aristotle, *Sophistic Elenchi*, 1; 165a21.
④ Plato, *Sophistes*, 231D.
⑤ Diogenes Laértius, *Lives and Opinions of Eminent Philosophers*, trans. R. D. Hicks (Cambridge: Harvard University Press, 1950), IX, 51.
⑥ Plato, *Protagoras*, 361A-D.

这个学说具体意指什么,它都是值得重视的人道主义哲学的最早宣言。①有些解释者认为普罗塔戈拉是从物种的角度来理解"人",认为他是简单地说我们必须站在人性的立场来看待现实和行为。这样的解释,把普罗塔戈拉的观点,和当时一般希腊人对于理性人的判断的重视,统一起来了。普罗塔戈拉的确曾倡导良好判断的实践美德。②但是从另一方面看来,普罗塔戈拉真正的意思更可能是,单一的个体才是对他自身真实性和正确性的唯一裁判。这种解释受到恩披里克(Sextus Empiricus)的批判:"他只是设想那些表面看起来只跟个体相关的东西,因此他引出了相对性。"③在伦理学范围,这就意味着并不存在固定不变的法律、法则或者判断——所有的观点归根结底都是同样正当的。正如亚里士多德在讨论普罗塔戈拉的学说时所说:"这么说来,如果现实就如上述观点所主张的那样,那么所有的一切在他们的信念中都将是正确的了。"④在亚里士多德看来,这是违反了一致性原则,并且与那种认为伦理学的科学知识并不可能存在的观点是相同的。

其他的智者中,忒拉叙马霍斯(Thrasymachus,公元前五世纪)被认为曾经教授过"强权就是正义"的观念。在《王制》第一卷中,柏拉图描述了一位声称"对与错,只不过是强者集团的利益而已"的"忒拉叙马霍斯"。⑤柏拉图后来指出,这种学说(没有点名忒拉叙马霍斯)源于那种对解释正义概念的自然法则方法进行的攻击。柏拉图引述那些智者们的话:"高尚的东西在自然和法律两方面来说,不是同样的东西。正义的原则根本不存在于自然之中,倒是总被人们辩论着和改变着……这些原则告诉他们,最高的正义就是强权……"⑥至于这种伦理上的实证主义是否就是忒拉叙马霍斯原本教导的东西,让臆测去解决吧。

---

① Milton C. Nahrn, *Selections from Early Greek Philosophy*, 3rd. ed. (New York: Appleton-Century-Crofts, 1947, p.239); cf. Plato, Theaetetus, 152A.

② Plato, *Protagoras*, 318.

③ Nahm, op. cit., citing *Pyrrhonenses Hypotyposes*, I, 126.

④ Aristotle, *Metaphysics*, IV, 5; 1008a35-1009a14.

⑤ Plato, *Republic*, 33BC; the English is From F. M. Cornford, *The Republic of Plato* (New York: Oxford University Press, 1956), p.18.

⑥ Plato, *Laws*, X, 889D-890A; trans. B. Jowett (New York: Random House, 1937), II 631.

卡里克勒斯(Callicles，公元前五世纪末期)在柏拉图的写作中被描述为传授另一种"强权就是正义"的观点。① 卡里克勒斯的论点是这样的：法律由许多的弱者所制定，并用来控制那些少数的强者。因此，公平和正义仅仅就是广泛多数人强制的公约。据说早期的希腊诗人品达(Pindar)说过这样的话，依据"自然公平原则"，并且在不受到多数立法的机制阻碍的情况下，强权就将是正义，因为强者将是无法被挑战的。希庇阿斯(Hippias，公元前五世纪)则是另一位强调道德法则的传统和人为特性，并提倡自我满足作为伦理典范的智者。②

1. 苏格拉底和小苏格拉底学派

虽然苏格拉底(Socrates)没有留下自己的著作，也未曾正式开堂授课，但是他依然被认为是伦理学研究的奠基人。在雅典(公元前470-前399年)，他热衷于在公开和非公开场合的非正式讨论。他有时会跟智者派和年长的学者讨论，但是他通常的听众是那些对他的见解很好奇的年轻人。他们惊叹于苏格拉底对自己无知的坦率承认以及他揭露他们那些教师的狂妄自大的能力。通过色诺芬(Xenophon)、阿里斯托芬(Aristophanes)以及柏拉图等人的著作，我们现在可以部分了解苏格拉底的思想。而在古典时期后期(从亚里士多德到基督教早期的作家)，解释苏格拉底智慧的著作则是相当丰富而具有分歧的。苏格拉底曾经是，也将继续是那个被公认为最好地体现了哲学家的生活的人。阿里斯托芬在《云》(The Clouds)中把他表现为一个相当荒唐的人物，色诺芬《回忆苏格拉底》(Memorabilia)中记录了一些苏格拉底的讨论，并赞美他强烈的个性，但也可能过于简化了他意味深长的思想。柏拉图是一个充分理解了苏格拉底的智慧，并有文字能力把它介绍给我们读者的目击者。柏拉图式叙述的问题在于它太过丰富。苏格拉底是几乎所有柏拉图对话录中的主讲者。在这些对话录中，很难知道到底在什么地方苏格拉底结束了

---

① Plato, *Gorgias*, 482E-484B.

② Cf. Eduard Zeller, *Outlines of the History of Greek Philosophy*, trans. L. R. Palmer (New York: Humanities Press, 1931), p.103.

他自己的发言,在什么地方是柏拉图在通过演说者"苏格拉底"之口来发表他自己的见解。柏拉图的《申辩》(Apology)、《克力同》(Crito)和《斐多》(Phaedo)讲述了苏格拉底最后的日子、针对给他捏造的罪名所做的审判,以及他在监狱中的死亡等感人的故事。

有些当代的著作把苏格拉底表现为一位思想涉及了大多数传统伦理学关键问题的伦理学者。其中最好的几本书之一由迈尔斯·道森(Miles Dawson)所著,总共十九章,涉及非常广泛多样的话题。① 选题包括美德的理性特质、伦理的科学根据、灵魂、人的至善、作为生活目标的幸福、奖励与惩罚、不道德、生活的未来、人的品质、教育理论、美术的价值、对神和对他人的义务、对自己城市和自己家庭的义务、妇女的权力和义务,以及对朋友和对自己的义务。结束章甚至是讨论死亡问题的。但是,读者也许能够感觉到,这当中有很多内容其实是后苏格拉底时代的东西,而对于苏格拉底本人的伦理立场的介绍应该相对简单一些。

苏格拉底讨论哲学的方法被概括为三个方面:提问、对无知的坦然承认、寻找定义。他可能曾经思考过,关于人、关于勇气以及关于其他美德的确切知识也许就暗示着"形式"(form)的独立存在,例如人性的"形式"和勇气等的"形式"。如果的确如此,那么苏格拉底实际上才是理念论的创始人,而柏拉图只不过是接受并发展了这个理论。苏格拉底确实认为,一切美德都是源于实践智慧。他说:"公正和所有其他的美德都是智慧,这毫无疑问。"②在他被转述的大多数谈话中,他都强调了自我审视、观察其他可尊敬的人、反思我们道德信念的意义,以及对感情和行为的节制等等方面的重要性。的确,正如柏拉图所证实的那样,③苏格拉底本人是德尔菲神谕(Delphic oracle)中两个道德要求的具体典范:"自知"和"不过分"。

有些时候苏格拉底好像在说,如果一个人知道了什么是对的和好的,

---

① Miles Dawson. *The Ethics of Socrates* (New York: Putnam, 1924).

② Xenophon, *Memorabilia*, trans. E. C. Marchant (Cambridge: ity Press. 1938], III, 7, 1-9, 1; cf. Hilda D. Oakeley, *Greek Ethical Thought from Homer to the Stoics* (New York: Dutton, 1925), p.50.

③ On the personality of Socrates, see the Platonic dialogues: *Charmides*, 164D; *Phaedrus*, 230A; and *Philebus*, 45E.

他就会这样去做。这种道德理智主义在有关人类行为方面的看法恐怕是过于乐观了。亚里士多德肯定要这样想:"苏格拉底在某些方面走对了路,但在另一些方面却迷失了方向。他以为所有的美德都是实践智慧的形式,这方面他是错的;而他说它们暗示了实践的智慧,这方面他是对的。"①

苏格拉底式的幸福(eudaimonia)在于去实践被认为是好的事情。这是关于幸福和道德成功的一种动态理论。去做好的事情就是生活得好。② 苏格拉底回避了提出一个用来确定好事情的正式标准,相反,他坚持认为诚恳的讨论和反思可以揭示出温和、正义和勇敢生活的典范。克尔凯郭尔(Kierkegaard)说的不错:"苏格拉底是这样的一个人,他把一生的精力都奉献给了思考。但是,他如此强调伦理知识,以致把所有其他的知识都简约到了无所谓的地步。"③

苏格拉底的生活故事比他正式的伦理学说更多地影响了后人。人们欣赏并惊叹他那些被传述的自制、理制、对世俗荣辱的不屑、对别人的见解和快乐的重视,以及他所获得的时刻提醒自己不要放任内心的恶性去做坏事的声誉。他是异教"圣贤"的化身。甚至基督徒们也颂扬他为"圣人"苏格拉底,这丝毫不足为奇。④

三个非主流的希腊哲学流派继承和发展了苏格拉底学说和品质的各个方面。由麦加拉的欧几里德(Euclid,公元前 420 年前后)创立的麦加拉学派主要热衷于辩证法。他们事实上是要强调一个清晰的关于善的知识的重要性。欧几里德把善(the good)确定为那个太一(the One),那个他同时也称之为"理性"、"理解"和"神性"的太一。⑤ 一个世纪以后,另一位名叫斯底尔波(Stilpo)的麦加拉学者在雅典宣称,无欲无情的心境就是好人的特殊美德。芝诺(Zeno)从斯底尔波那里学习了这种廊下派学说,并进一步拓展了"不动心"这个观点。在另一个相似的学派中,埃

---

① *Nicomachean Ethics*, VI, 12; 1144b 18-20.

② Xenophon, *Memorabilia*, III, 9, 14; Plato, *Republic*, X, 621D.

③ Sören Kierkegaard. *Concluding Unscientific Postscript*, tans. D. F. Swenson and Walter Lowrie (Princeton, N. J.: Princeton University Press, 1944), p. 28.

④ Cf. R. Marcel, "'Saint' Socrate," *Revue Internationale de Philosophie*, V (1951), 135–43.

⑤ Diogenes Laërtius, *Lives*, II. 106; Seneca, *Epistulae*, IX, 1; on the teachings of the Megarics, see Copleston, *History*, 1, I, 138.

里亚学派(Elean-Eretrian group)的墨涅德摩斯(Menedemus)宣扬"美德就是有知识的人"这种主张。

在伦理学史上更重要的是犬儒学派(Cynic school)。由于犬儒学派对传统生活习惯的蔑视,这个学派的名字很可能就是源于狗的希腊名词。它的创始人安梯昔尼(Antisthenes,公元前五世纪)曾跟随高尔吉亚(Gorgias)学习诡辩术并且熟悉苏格拉底。他欣赏苏格拉底独立和自足的人格。因此,犬儒主义理解的美德,就是生活的简单化,也就是对财富、快乐、装饰和抱负的放弃。犬儒主义的典范是某种异教禁欲者,其代表人物是四世纪锡诺普的传奇人物第欧根尼,据说他就生活在一个木桶里。第欧根尼属于雅典颓废的一代,他仿效狗的生活,蔑视生活的舒适和礼仪社会中的规俗。犬儒主义成为粗俗的代名词,而在其低潮的时候,则成为古典时期能够找到的最极端的道德怀疑主义。奥古斯丁(Augustine)证明了,晚至五世纪仍有犬儒主义者试图仿效第欧根尼的生活习惯。① 他甚至提到那个老故事,古典犬儒主义者为了仿效狗的生活的"自然性质",竟然极端到在公共场合性交。公元前四世纪底比斯的克拉特斯(Crates)是个比较有教养的犬儒主义者,他影响了廊下派伦理学的发展。犬儒主义是一种强调漠视个人和社会满足的、负面的伦理学。

昔勒尼的阿里斯底波(Aristippus,公元前 435 – 前 355 年)创立了第三个苏格拉底学派。跟随普罗塔戈拉学习之后,他在雅典参加过几次由苏格拉底主持的讨论,并在回到昔勒尼之后任教于昔勒尼学校。在亚里士多德眼里,阿里斯底波是个智者派人物。② 他认为生活的目标是追求个人的快乐;任何能够实现感官快乐的行为都是好的。这是我们所知道的自我快乐主义在伦理学史上的第一次出现。看起来,阿里斯底波的出发点是苏格拉底主义美好生活和个人独立的理想,最后则得出了"个人快乐是最高的善"这个结论。③ 这个理论后来通过伊壁鸠鲁学派(Epicureans)而进一步发展。但是并没有证据显示阿里斯底波和伊壁鸠鲁(Epi-

---

① Augustine. *City of God*, XIV, 20; cf. Diogenes Laërtius, *Lives*, VI. 69, and Cicero, *De Offciis*, I, 41.
② Aristotle, *Metaphysics*, III, 2; 996a33.
③ Xenophon, *Memorabilia*, II, 1.

curus)之间有什么联系。昔勒尼学派的其他几个人,无神论者提奥多勒斯(Theodorus,据说是他确认了愉快就是精神上的满足)、赫格西亚斯(Hegesias)和安尼塞里斯(Anniceris),几乎只有名字留传下来。①

2. 柏拉图

如果说这三个小苏格拉底学派只能给我们提供对苏格拉底伦理思想的部分理解,那么毫无疑问的是,他的道德观点在接下来的这个柏拉图主义中得到了充分的发展。柏拉图(Plato,公元前427–前347年)是第一位对几乎所有哲学问题都有著述,并把他全部的著作都流传下来的古希腊哲学家。虽然期间因为旅行和在西西里的政治活动等各种原因的中断,他在他的雅典学园前后教授近五十年。现存有大约二十五部确实的对话录,外加数封书信。有一个看来是可信的传说,柏拉图曾经做过一个著名的"关于善"的讲座,并被他当时的学生亚里士多德记录下来了。② 这个讲座的记录现在当然是找不到了,但是亚里士多德在他的《优台谟伦理学》的最后部分似乎说,这个讲座给出了那个太一(the one)和善(the Good)的特征。这就意味着,柏拉图已经在尝试着把道德完美(善)看作是做人的圆满,并因此开始了一门关于自我完善的伦理学。柏拉图《王制》的第六卷很可能提供了非常类似的论述。

我们已经指出,柏拉图对话录中的一部分(《申辩》、《克力同》和《斐多》)讲的是苏格拉底的最后的日子以及他死之前的思想。苏格拉底并不惧怕死亡,他期待着某种死后的生命。在《斐多》中可以找到他有关灵魂在个人中永恒的主要论述之一:灵魂是一个人生命的主宰,死亡是生命的对立面;从一个对立面转变成另一个对立面的过程,总是要求从一个极端回归到另一个极端;这样,灵魂总是从死亡的极端回复到生命的极端;于是,"死者的灵魂是存在的,而且其中好的灵魂要比邪恶的灵魂更多"。在这个对话录中有好几处有关永生的论述。看起来,这些论述比较像是

---

① Cf. Zeller, *Oulines*, p.132.

② Alexander of Aphrodisias, in *Aristotelis Metaphysicam*, ed. M. Hayduck (Berlin, 1891), 55, 20-57, 2.

代表了苏格拉底本人的思想,尽管是被他的学生柏拉图修正过的。

苏格拉底在另一组柏拉图式的对话中是以主讲人的身份出现的。这些对话可能真的跟苏格拉底在雅典及其周围举行的某些讨论会有直接关系。几乎所有这些苏格拉底的对话,都是简单讨论某种美德的本质,或者针对某些明确的道德困难。比如在《游叙弗伦》(Euthyphro)里,苏格拉底谈论了忠孝的美德(尊敬父母、国家和神),听取了游叙弗伦关于忠孝的标准定义("忠孝是给予神们其所应得的那部分正义"),然后批评这样的定义是对人之于神的关系的肤浅解释。和大多数的对话一样,这里既没有得出确切的结论,也没有提供教条式的训导。但是这个讨论提出了很多道德和伦理的问题,并刺激认真的读者去做一些个人的思考。相似的辩论也出现在其他早期的柏拉图式对话中:《拉克斯》(Laches)谈论勇气,《卡尔米德》(Charmides)谈论节欲,《吕西斯》(Lysis)谈论友谊,《欧蒂德谟》(Euthydemus)谈论谨慎和实用的智慧。有些学者认为,《王制》较早的几卷(其中讨论并批评了好几种关于正义的定义)的写作,应该是开始于苏格拉底的这个较早时期,并在柏拉图的成熟时期被归入到那些更长的对话录中了。

后来的对话讨论了更多一般的伦理问题,其中苏格拉底仍然是主角。我们已经看到《普罗塔戈拉》中提出了美德是否可以教导的问题。苏格拉底说,如果美德是一种知识并且是可以教导的,那么,所有成功的和有智慧的人都会教导他们的孩子们跟他们一样地生活(《普罗塔戈拉》,319-326)。争论的焦点集中在是否智慧、节制、勇气、公正和忠孝可以还原到一个关键的、可以通过教育来获得的美德上。有人建议说,一种关于幸福生活的理论必须关注快乐和痛苦的问题,而知识不是道德品质的唯一因素。在这篇对话中,苏格拉底最后的结语是,没有人会去选择邪恶:"人的本性不会在善恶之中选择邪恶"(《普罗塔戈拉》,358)。它隐含的意思是,人总是做他认为是善的事情,而教育可以帮助人们对于什么是善做出可靠的判断。在其他的对话中,这方面的讨论是结合有关"幸福生活"(《高尔吉亚》,the Gorgias)和邪恶是有意或无意的(《希琵阿斯前篇》,Hippias Minor)等问题的探讨之中的。

一组从柏拉图的写作中期到他晚年的对话,反映了柏拉图本人关于伦理学的本质和问题的见解。他不反对苏格拉底的道德理智主义,而且扩展了它，并把它置于一种成熟的、关于现实世界和人的心智功能的观点中加以考察。这些对话包括《会饮》(Symposium，关于善与美)、《王制》(Republic，关于个人和社会的正义，以及很多其他话题)、《斐德若》(Phaedrus，关于爱以及人的欲望和理性的关系)、《斐勒布》(Philebus，关于愉快和善益)，以及《治邦者》(Statesman，关于实践的和理论的科学的划分、政治角色问题、中庸之道、国家法律的起源以及理性在美德的所有方面的重要性)。最后，最长的也显然是柏拉图最后的对话，是《法义》(Laws)，它针对《王制》中所提到的大多数问题提供了很多实践主义多于理想主义的思考。政治，在那里(《法义》)被确认为是管理人类心灵的本性和行为习惯的艺术，是一种很容易被转化为极权主义的主张。很多读者认为，《法义》反映了一个年老的，甚至是老朽的柏拉图的思想。

　　柏拉图的伦理思想中显得非常独特的地方，是他关于人的心灵的"各个部分"的理论。这些部分既不是确切的身体机能组合，也不仅仅是一些单一的功能。它们是心智现实和活动的分区，但它们肯定不是身体的物理组成部分。在《斐德若》中，他把心灵同两匹长翅膀的马，外加一个马车夫相比较。其中的一匹马是缺乏教养和低贱的，倾向于追求兽性的快乐；这匹马象征着心灵中欲望和情欲的部分。另一匹马是有教养和高贵的，倾向于朝着荣誉和辉煌腾飞；这是心灵中英勇活泼的部分。它们显然代表了人心灵中的两种欲望：感官的满足和对成功与名望的追求。而马车夫则必须要知道他的方向，要对好的东西充满热情，并且确保他能够有序地控制那两匹缺乏自控能力的马。理性(逻各斯，logos)就是这个人类心灵中的最高级部分。哲学就是设计出来训练人的心灵，以便心灵中这三个部分能够为了幸福而相互合作。

　　这同样的心灵三相理论也出现在《王制》中。它区分出两个层次的心灵活动：理性的和非理性的。理性的活动是表达并获取知识的那部分活动。而非理性的活动又分成两个部分：一部分是对生气、愤怒以及取胜的野心的感觉，这是活泼的因素(thumos)；另一部分是对食物和性等快乐的欲求，这是欲望和嗜好的因素(to epithumetikon)。灵魂的每个部分都有自己的完美状态或优点。实践的智慧(phronesis, sophia)使理性的部分得以完美。勇气和男子汉气概(andreia)发展了活泼的部分。节制

(sophrosune)是能够缓和欲望,特别是缓和色欲的美德,它同时也完善人心的所有部分。最后,正义(dikaiosune)作为人的美德,是灵魂的一种一般状态,在这种状态下,灵魂所有的部分达到它们最完美的功能。正义的人对外只做一个公民应该做的事情,而他之所以能够做得正确,是因为他的内在灵魂保持在良好的秩序下。①

柏拉图认为,聪明和正义的人需要某种标准、某些典范,以便可以对照来规范他的判断和他的行为。可理解的"形式"(forms)理论提供了这样的标准。获得这种理念的途径之一,是在《王制》第六卷中所描述的四层认知。其中两个低层次的认知方法是针对表面世界的:最低层次的是通过图像来认识事物(eikasia),它仅仅停留在通过事物的表面价值来理解外观现实和道德主张。② 第二个层次虽然相信通过感觉认识到的事物的真实性,同时对正确的道德观念深信不疑,却并不理解为什么这些道德观念是正确的。两个更高层次的认知模式,其认知对象中包含着某些需要智力才能理解的真实的因素,它们的特质是固定不变的。这些需要去理解的认识对象(理想形式)包括了数学概念(比如整体和等式),以及道德标准(比如完全正义和善)等等。这些柏拉图式的形式,本身就有可能被直接地认识,或通过直觉而了解。这就是被称为智力(intelligence)或知识(knowledge)的最高层次的认知。或者,它们是通过其他事物或者学习行为,通过曲折的推论或思维的过程,而被间接理解的。③ 也许有人已经注意到,《王制》确实以道德或伦理判断为背景演示了这种分析过程:有人虽然具有道德观念却并不理解这些道德观念的基础与理由,另外一些人则对自己的道德信念的基础有清楚的理解。对于柏拉图来说,伦理规范属于第二种(也是最高的)认知模式。

洞穴寓言(《王制》第七卷)是柏拉图用来说明理念的另一个发明。在洞穴中的人据说被锁链困在地下,他们只能看到物体在洞壁上的投影。

---

① Cf. R. N. Nettleship, *Lectures on the Republic of Plato* (London: Macmillan, 1922; reprinted New York: St. Martin's Press, 1962), chapter VII, especially p. 160.

② Cornford, *The Republic*, p. 222.

③ The English terms for these four levels of cognition vary in different translations. Cornford's terminology (p. 222) is used here.

在这样的状况下,这些人以为这些影子就是能见能知的全部了。如果其中一个被释放了,他也许可以看到那些产生影子的物体本身,并且认为现实都在这些物体之中。如果他被允许离开洞穴并走进阳光普照的地方,他可能会被阳光照得头昏眼花,并且以为那些可见之物的影像才是最值得追求的对象。最终,他有可能会适应这高处的世界,并且能够偷觑几眼那太阳本身。这个高处的世界就象征着可理解性领域,太阳就是那"善的本质形式"。一个人要活得好,要活得明白,他就必须提升自己的视野,使自己具备这个善观的观察力。① 许多读者把柏拉图的善的理念,看作是等同于呈现在更具有一神论特点的哲学中的上帝那样的东西。②

这种伦理观不是那么容易掌握的。它远不是一种粗糙的直觉主义可以企及的。柏拉图所认为的有教养的理想之人,将是一个经历多年学习的结果,尤其是在数学领域的学习(这一点显然是受到毕达哥拉斯学说的影响),并且也要有多年针对良好生活习惯的训练。柏拉图的贤哲,应该是一个年长者,具有良好的平和性格,不为世俗问题所烦扰,热爱美和有序;他具有卓越的智力使他能够轻易而准确地理解良好生活的原则。这完全可能是对柏拉图的老师苏格拉底的人格特性的理想化。

但是,柏拉图主义伦理学并不是一种简单的唯理智主义。康乐人生的观点,在《王制》的最后一卷中得到重申和探讨。论述的一开始似乎暗示,如果不被发现的话,某些不公正就可能获得核准。《王制》的第二卷通过盖吉斯(Gyges)的故事探讨了这种可能性。一个叫盖吉斯的吕底亚牧羊人碰巧拾到一个金戒指,并把它戴在手指上了。在每月例行的皇室牧羊人会议上,盖吉斯发现每当他把戒指环转向他的手心时,其他人就看不到他了。有了这个带魔力的东西,他就到宫廷去,引诱了王后,谋杀了国王,并夺得王位。柏拉图问道:一个正义的人,如果配了这样一个能够让他隐瞒自己的真相和逃避对自己的惩罚的戒指,是否还能够被期待拒绝做任何不正义的事情?他甚至指出:"如果发现他拒绝占他邻居的便宜,

---

① Cf. Nettleship, *Lectures*, pp. 212-37; Paul Shorey, "The Idea of Good in Plato's *Republic*," *Studies in Classical Philology* (Chicago, 1895), Vol. I. Kevin Doherty, "God and the Good in Plato," *New Scholasticism*, XXX (1956), 441-60.

② See Basil Willey, *The English Moralists* (New York: Norton, 1964), pp. 41-53.

人们会认为他是个可怜的傻瓜。"这就在伦理学史上引入一个重要的思考:人类行为的道德本性是否完全取决于行为的结果?当他在第九卷中再次讨论到这个话题时,柏拉图主张,公正是有回报的,公正地生活着就是获利丰厚地生活着。他甚至细究了快乐的本质,并且给它们分门别类。柏拉图的个人满足分级也是基于心灵的三相分析:感官满足的快乐,竞争取胜的快乐和理性成就的快乐。其中并没有任何一种快乐在本质上就属于坏的或不道德的,但是,那种涉及完美地运用推理的快乐,显然是最好的快乐。①

柏拉图的伦理学本质上是属于快乐主义的。他从个人在实践康乐人生上的成就来看待他的幸福生活。在这样的状态下,一个人的理性将规范和安排他所有非理性欲望的功能。朝着理想人格的个人发展变化,是自我完善伦理学的最初版本。发展基本的美德当然是个人的过程,并且因人而异。但是,如同一般的希腊人一样,柏拉图完全清楚人类生活和康乐人生中社会层面的意义。好的生活需要人际交往。伦理学只是政治学——关于个人在国家中如何好好生活的学问——的一部分。在《王制》第四卷中,关于美德的个人类型的描述,是通过跟公民的三种社会阶层功能的类比来叙述的。最低的是属于生产性和需求性的阶层,它相应的社会美德就是节制;第二阶层是活泼的、竞争的和好战的,它的特别的美德应该是勇气;最高阶层(统治者和保护者)因为它具有的理性而与众不同,其相应的美德就是实践的智慧。当这三个阶层相互很好地合作,这个国家就可以号称是公正的了。在《法义》里,柏拉图对一个好社会给出了很具体而较少理想主义的描述。在这样的国家里,应该正好是5040个家庭。由一个360个成员的委员会来负责。法律的监护者应该是37个。这些精确的数据,是基于某种数字命理学而得到的。例如,5040这个数字就是因为它拥有59个除数而被选中!这部柏拉图晚年所写的对话录,坚持个人的道德善和政治的优良秩序之间的平行关系,但它通篇强调政治美德比个人成就具有更高的重要性。因为把国家的"道德"看作是至

---

① For an interpretation of the intellectualism of Plato's ethics, couched in value terminology, see R. C. Lodge, *Plato's Theory of Ethics* (London: Routledge, 1928, reprinted 1950).

高无上的善,《法义》提出了极权主义的建议。柏拉图甚至在《王制》中教导说,如果为了国家整体利益,统治者可以撒谎。这是柏拉图的社会伦理学中最无聊的部分之一。

柏拉图伦理学的另一个方面是关于来世的生活。可以确定,他认为人的灵魂是永恒的。我们已经注意到,他在《斐多》中是如何辩证地论述心灵并不会因为身体的死亡而结束。在其他几个对话(《高尔吉亚》、《会饮》、《斐德若》和《王制》)中,都有一些暗示某些和生命之后的灵魂本质相关的神话。① 最吸引人的神话故事是《王制》最后一卷中所描述的"厄尔的故事"。这个叫做厄尔(Er)的人,据说在死后走进了一个审判所,在那里他又回到人间来讲述他的故事。厄尔在那里看到,有许多的灵魂正面临着各种生命的选择,它们可以自由地根据自己认为最好的来做选择。这种选择是根据每个人自己所认为的幸福生活来决定的。明显地,柏拉图认为做好面对这种选择的准备是最重要的事情:"我们每个人都应该把其他的学习暂时放在一边,首先只是学会怎么去发现一个可以提供给他足够的知识来把幸福生活和邪恶生活区别开来的人。"②

---

① On these stories see J. A. Stewart, *The Myths of Plato* (London: Oxford University Press, 1905).

② Cornford, *The Republic*, p.356.

第二章 目的论快乐主义：亚里士多德

柏拉图强调的个人美好生活的主张，在他学生亚里士多德的伦理学中得以继承和发展。但是，亚里士多德伦理学的快乐主义（eudaimonism）基于目的论：它强调人的本性的目的性。对于亚里士多德来说，当一个人对伦理德性的认识逐渐加深，并在内心产生要使自己的行为习惯性地符合伦理德性的愿望时，道德活动的目的就达到了。他早期学习的生物学知识肯定影响了他对"成熟"概念的理解，这是所有生物成长发育过程中的理想阶段。他的父亲尼各马可（Nicomachus）是在希腊北部一个叫斯塔吉拉（Stagira）的镇上为马其顿国王服务的宫廷御医。公元前384年，亚里士多德就出生在那里。在跟随父亲学习之后，他于18岁到达雅典，并在柏拉图的学园工作了大约20年。亚里士多德最终建立了自己的学园，并从公元前335年开始直到他于公元前322年去世前不久一直在那里教学。

亚里士多德的哲学著述丰富多彩，几乎涉及古典哲学的所有方面：逻辑学、自然哲学、心理学、形而上学、伦理学、政治学、修辞学以及诗学。的确，这些词汇以及很多其他的哲学传统词汇，在很大程度上都是亚里士多德的贡献。他同样也是很多沿用至今的伦理学术语的发明者。他写过几部伦理学的著作，而后人关于他的道德哲学的介绍，则根据他们所强调的著作不同而不同。三篇著名的作品是在他年轻时（约公元前355年）开始的，都是属于伦理学的论文。《劝导篇》（*Protrepticus*）赞美作为生活手段的哲学，强调幸福在于有智慧的沉思。① 在《欧德莫斯》(Eudemus)对话录中,亚里士多德用柏拉图的术语讨论了人类灵魂的本质、起源和终点。我们不知道另一本早期的对话录《论正义》(On Justice)的具体内容。关于这些早期著作,事实上我们只能得到一些零星片断和二手的转述。

亚里士多德伦理学的两部主要著作,是《优台谟伦理学》(Eudemian Ethics)和《尼各马可伦理学》(Nicomachean Ethics)。《优台谟伦理学》的第四、五、六卷和《尼各马可伦理学》的第五、六、七卷相同。虽然目前依然存有争论,但是亚里士多德学派的多数学者认为亚里士多德在他早年写下了《优台谟伦理学》,并在后来编辑他的《尼各马可伦理学》时使用了其中的一些材料。② 他前面那部著作可能是为了(或者是由)一个叫作优台谟的人所编辑的,而后一部著作是要纪念他的父亲或者儿子,他们都叫尼各马可。《尼各马可伦理学》是一部非常完整,而且明显是非常成熟的伦理学论文,我们有关亚里士多德伦理学的讨论一般都根据它来进行。

亚里士多德伦理学说的第三种版本,存在于以《大伦理学》(Magna Moralia)这个标题所出版的著作中。它只有两部书(都很巨大),并且很多是和《优台谟伦理学》以及《尼各马可伦理学》重复的内容。通常认为《大伦理学》是亚里士多德去世之后汇编的,并没有提供任何新的思想。在亚里士多德的文集中发现的短文《论美德和邪恶》(On Virtues and Vices),也是这样。另外一些被确定是亚里士多德的著作,比如《修辞学》(Rhetoric)、《政治学》(Politics)、《论灵魂》(De Anima)以及《形而上学》(Metaphysics),也包括了一些反映他的伦理学立场的段落。

1. 亚里士多德的人性理论

在我们进入亚里士多德伦理学的主要学说之前,理应简单回顾一下

---

① Cf. M. Moraux, "From the Protrepticus to the Dialogue On Justice," in *Aristotle and Plato*, ed. I. Düring and G. E. L. Owen (Götebory: Almqvist & Wiksell, 1960), pp. 113-29; see also A. H. Chroust, "Aristotle's 'On Justice' a Lost Dialogue," *The Modern Schoolman*, XLIII (1966) 249-63.

② See W. D. Ross, *Aristotle* (London: Methuen, 1923), pp. 14-16; more up-to-date information is found in the Introduction to *L'Ethique à Nicomaque*, ed. R. A. Gauthier (Paris: Nauwelaerts, 1958), I, 1*-90*.

他关于人类本性的理论。作为柏拉图长期的学生和助手,亚里士多德受到了柏拉图主义的深刻影响。反映出这种影响的两个重要例子,一是他给幸福分配的关键角色,一是他有关理性对灵魂非理性运动的管理的概念。还有其他一些与柏拉图相似的方面,包括对伦理德性的描述,对作为一个雅典贵族的理想有德之人的形象的理解,当然也包括他们所认同的对待道德生活的理性方法等。

但是,亚里士多德对于柏拉图的某些思想也有强烈的批判。概括来说,他不如柏拉图那样超然脱俗,相反却是更加自然主义的。这在他对于"理念"论的批判中表现得非常明确。亚里士多德认为,可感知的世界才是真实的世界,并不存在所谓仅可用智力来理解的概念王国。亚里士多德把这些"形式"不看作另一个更高层世界的组成成分,而是看作与所有实物形态相关的各种共同性(co-principles)。狗就不是什么柏拉图式狗性概念的组成成分;相反,每只狗都同时既具备了狗的正式本性又有它特有的个性。这样的自然性质正是它的种类的多样性特质的来源。树木都能长大和繁殖,但是没有视力;狗的活动中则包含了感知力和移动力;而人类在拥有所有这些能力之上,还有逻辑推理的能力。事物的本性是动态的。也就是说,因为它们具备各种动力,因此它们既能够行动,也成为行动的对象。这些活动就是对于这些动力的操纵和运行,是从潜力到行动的发展过程。适当的活动并使之成为习惯,会使这些动力更加完善,而这个动力的完善过程又反过来完善了拥有这种动力的人。一只狗对其感觉力和移动力的运用,一般地说是带有自我完善性质的。人的活动同样也可以这样来理解。很清楚,从这种动态本性观点出发的伦理学,将是某种自然主义的自我完善理论。

亚里士多德反映在《论灵魂》一书中的心理学思想,就是上述理论在人类功能上的具体运用。心灵(psyche),是一个人成长、消化食物、有性繁殖、自我行动、欲望、感性和理性的认知等等重要活动的原则和根据。亚里士多德从未清楚地给"人的心灵"下过一个定义。有些他的直接追随者认为,亚里士多德所指的心灵,简单地说就是生命体的有序安排(harmonia),它将随着死亡而消失。其他的阐释者(尤其是中世纪的基督教徒)则注意到,《论灵魂》的第三卷是如何把人的智力说成是一种可分离的、无知觉的和不可混杂的东西的,并且说它一旦"从它目前的状态游离出来,就将以它本身的、完全纯粹的形式出现;而它的独立体是不朽的,是永恒的"。不管亚里士多德本人是怎么看待所谓永恒的可能性的,他在其伦理学中并没有应用过这种主张,因为在那里他试图描述的幸福生活只是人世间的生活。和苏格拉底以及柏拉图不同,亚里士多德没有教授过任何有关来世的奖励或惩罚的观点。

亚里士多德人性理论的另一个特色,在这里也很重要。所有事物的本性都被认为是带有某种倾向性的,以目的为导向,倾向于行为活动的某种乐观结果。作为一个生物学者,亚里士多德主要从生命体的角度出发来思考问题,他确信这些生命体的发展总是朝向一个目的或结局。每个生命体带着一些未曾开发和运用的潜力而出生,随着生命周期的发展,它趋向于成熟完善,并在自我种群中繁衍。亚里士多德对这个生命进程的理解,包含了他关于生命内在结局的观点,认为个人活动的最终动力(目的)就是持续地优化运用他的潜能。这个结局不是脱离本性的某种外在目标,而是一种"圆满实现"的状况,是达到个人完美的终极目标的条件。这种自我完善,当然是和人类整体以及社会的福利和完善相一致的。

2.《尼各马可伦理学》

我们应该带着上述的概念来阅读《尼各马可伦理学》开篇的那几句名言:"每种技术和研究,同样地,每个行动和工作,都被认为是为了追求某种善。因此,善已经被正确地定义为所有事物最终所追求的那个东西。"亚里士多德进一步阐明,在这样的最终结果或善当中,某些是外在的结果,某些则是内在活动的结果。一般都同意,人们所追求的并高于一切其他目标之上的目标,就是幸福,它也包括主张好好地活着和好好地过日子的观点。正如在苏格拉底和柏拉图所使用的术语中已经注意到的那样,希腊词汇中的这个 eudaimonia 经常被翻译为"快乐"(happiness)。字面上来说,它的确表示处于一种良好的精神状态,但亚里士多德则赋予它更多动态的意义。对他来说,eudaimonia 不是那种简单的享受甚至也不是康乐人生的状态或可能性,它是为了自我完善而进行的优化活动。① 亚里士多德认为,内在活动的本身就是它活动的目的。如果不注意到他的这个观点,就会漏读亚里士多德伦理学中的上述观点。从亚里士多德的视角来看,所有的人共同追求的东西,既不是某种行为的结果,也不是让自己的行为去符合法律或义务,甚至也不是去获得高度奖赏的快乐。亚里士多德的 eudaimonia:(1)是所有人热望的一种满足;(2)是一种持续的、不断完善的活动;(3)是一种在财产和友爱等舒适环境中进行这种活动的完整人生。②

当然,那种让成功人士之所以成功的活动,必然是一种特别的类型。亚里士多德伦理学的许多解释者,都把这种活动理解为运用智性的沉思(intellectual contemplation)。尽管亚里士多德的确非常重视反思性认识,但是这绝对不是他所理解的 eudaimonia。《马各尼可伦理学》的第十卷主要是论述完善的和成功的人。在这里,亚里士多德再次强调,人生的快乐或者康乐人生,是一种活动,而不是一种习惯性的状态;并且声称,这种活动是一种持续的、愉快的和自我满足的,是运用智力的理解活动。话锋一转,他又指出:"但是,这样的生活不是人所能达到的,因为这不是作为一个人所要求进行的生活,而是某种在他身心上呈现出来的神圣的东西所要求的生活。"③我们当然应该努力培养这种"神圣的"因素,并使我们自己成为永恒。遗憾的是,亚里士多德没有对此做更深入的讨论,却接着描述了生活的次好状态,包括符合美德的活动等。在这些具有美德的活动的中心,仍然是智力的运用。④

亚里士多德对美德的坚持出现于《尼各马可伦理学》的很多部分,但在最后一卷里,这种论述达到高潮。虽然他认识到责任的重要性,但是他的伦理学不是基于道义的伦理学;尽管他强调了自然和法律的公正,他的

---

① *Nicomachean Ethics* (henceforth cited as *NE*), 1102a5; *Eudemian Ethics* (henceforth *EE*), 1219a32; cf. Jean Vanier, *Le Bonheur principe et fin de la morale aristotélicienne* (Paris: Desclée de Brouwer, 1965).

② *Rhetoric*, 1360b14–28; cf. Vanier, p. 186.

③ *NE*, 1177b25; the translation is from W. D. Ross's version, Oxford Translation, Vol. VIII.

④ Gauthier, op. cit., p. 569, notes that duty, in various verbal forms, occurs 170 times in the Greek text of *NE*.

伦理学也不是墨守成规的伦理学。事实就是这样:美德理论是理解亚里士多德伦理学的关键。他区别了人类灵魂中的三个因素,情感、力量和习惯状态,并且得出美德是好的习惯这个结论。① 邪恶当然就是坏的习惯。

这就要求亚里士多德去解释如何区别好的和坏的习惯。有些时候,比如在《尼各马可伦理学》第三卷中,他曾建议我们必须根据对"好人"(也就是社会的支柱)的观察,看他们所认同并实行的是什么,来发现什么才是道德上好的。这种把智慧者或者有远见者作为道德性的衡量标准的观点,让人联想起后来的伦理直觉主义理论,但是亚里士多德发展的理论要比直觉主义深刻得多。可以肯定地说,这种理论不是一个从某些关于人的定义出发来推导出一些人类活动的管理规则的演绎系统。② 亚里士多德也不同意柏拉图认为善是一个需要伟大科学和智慧来理解的统一体的主张。③

3. 中值理论和美德

中值的学说在亚里士多德的伦理德性研究中有重要作用。正如我们在毕达哥拉斯学说中看到的那样,大多数人类情感态度都包括了在一个方面可能是过分的或者在另一个方面可能是不足的各种不同境界或感觉。比如说,食欲可能变得习惯性地过量或者习惯性地不足。这种欲望上的习惯性过量境界,就是暴饮暴食之邪恶。相似地,习惯性地厌食的境界,就是不足之邪恶。其中间境界,或中值,并不是介于两个极端之间的某个精确点。道德中值是根据个人而不同的,是根据时空环境而不同的。对于一个运动员来说是适当的,可能对于一个不太运动的人来说并不是适当的。在确定美德的中值时,具体地说,应该运用的是感知性的评估力,而不是正规的推理。④

亚里士多德详细地描述了他的中值理论在各种不同道德性格上的应

---

① *NE*, 1105b20–1106a11; *EE*, 1220b11.

② See Vanier, p.53, with this criticism of J. D. Monan, *The Doctrine of Moral Knowledge in Aristotle's Proptrepticus, Eudemian and Nicomachean Ethics* (Louvain: Nauwelaerts, 1959).

③ *NE*, 1096a20–1097b15; cf. Enrico Berti, *L'Unità del Sapere in Aristotle* (Padova: Cedam, 1965).

④ See *NE*, 1107b1–1108b10; *EE*, 1220b25–1222b15.

第二章　目的论快乐主义：亚里士多德

用。许多古典时代、中世纪和近代早期的伦理学论文中所列举的各种美德和邪恶，都是源于亚里士多德在其两部伦理学著作——《尼各马可伦理学》和《优台谟伦理学》——的第二卷中的描述。如下列出了主要的美德和它们相应邪恶的极端：

过分	中值	不足
鲁莽	勇气	怯懦
放纵	节制	麻木
挥霍	慷慨	吝啬
庸俗	华丽	卑劣
虚荣	高尚	小器
野心	适度的抱负	无抱负
易怒	温和	冷淡
夸耀	真实	虚伪
油滑	机智	粗野
谄媚	友好	无礼
害羞	谦虚	无耻
嫉妒	义愤	怨恨

我们会注意到，上述这些"中值"列出了那些与意识中的情感状态相关的美德。这就是在中世纪的道德论文中所讨论的"热情"领域，是中值理论应用得最为广泛的一个领域。"适度"毕竟是人类感情的一个显然的理想状态。亚里士多德也用中值概念来处理智慧之德性，特别是用来讨论公平正义之德性。既然正义的概念是用来处理人际交往的，那它就是一种义务性地去做有利于他人并避免伤害他人的事情的习惯（《尼各马可伦理学》第二卷）。在亚里士多德看来，正义是多种多样的，它们的中值也各不相同。首先，有一种很普通的正义，就是使自己的行为与法律保持一致的习惯性倾向，即法律正义。它的目标是集体的利益，也就是被后来的亚里士多德学派称为"共同利益"和公共福利的东西。法律正义一般是与那些在多数场合和日常情况下被认为是正确的东西一致的。但是，也有机械地套用法律却导致不公平的特殊场合。这就需要一种能够使人在特殊场合做出正确判断并执行正确行为的正义。这种正义就叫作

平等权利(equity),它也是最好的那种正义(《尼各马可伦理学》第二卷)。这些类型的正义的中值,存在于那些在人际关系中主动地保持一个合理平衡的行为之中。

亚里士多德也把正义看作是一个和个人利益(特殊正义)相关的概念,并认为这里存在着两种相关性。一种是把公共利益(或者公共不利)公平地分配给不同的个体的习惯。这种(分配性的)正义认识到个体之间的相对不平等性,并努力通过这样一种方法来调整从公共基金中分配的荣誉和金钱,使之达到某种等比级数。在这个事务中的中值是一个复杂的比例,是介于这个个体对于他所处的社区的价值和他所得到的物品价值之间的比例。第二种特殊正义处理个体之间的简单事务(买卖、借贷、诚信、托付、等等)。在这些事务的处理中,个人与个人之间被认为是相等的,而那个恰当的(交换性的)正义就是要找出交换中数学上的平等。①

"自愿"一词曾被用在前述关于中值的讨论之中。亚里士多德对伦理学史的一大贡献,就是他对自愿性所暗含的内容的分析。虽然在通常的英语词汇中,自愿一词的意思和"意志"(will)有密切的关系,但在亚里士多德的词语中没有这种直接联系。他把人的某些行为称为是 hekousia 的,也就是说,它们是被行为主体所了解并经过主体认同的。这样的行为才是在英语中被称为自愿的行为。人的其他活动是在其主体意识清醒但又带着某种矛盾的心理而进行的,亚里士多德把这些行为称为 akousia(不是出自主体,不是自发的)行为,也就是我们通常称为"非自愿的"(involuntary)行为。很明显,非自愿的行为也可能在某种程度上是自愿性的。除此之外,还有一些行为是行为主体无法自控的(其中之一就是由于行为主体完全无知而发生的行为),亚里士多德把这些行为称为无自愿的(not-voluntary)行为。② 显然,道德行为必须是某种程度上的自愿行为。亚里士多德所定义的自愿行为,必须是"不是强迫的,也不是由于无

---

① *NE*, 1130b30-1131a9.

② For the discussion of voluntariness, see *NE*, 1109b30-1111b3; on the contemporary value of this theory, consult P. H. Nowell-Smith, *Ethics* (Baltimore: Penguin, 1954), p.292.

知而做出的行为"。他的这个定义获得了当代伦理学的认同,并且依然被作为一个有效的工具应用于道德责任的确定中。

亚里士多德本人的伦理学没有朝建章立制的方向发展。他没有劝导所有人必须遵循某些道德规范。后来的亚里士多德学派因为受其他思想的影响,才发展出各种自然道德法则的理论。除了在第五卷的《正义》这章提及人类行为自然有一个正确的方式之外,《尼各马可伦理学》并没有提及自然法。美德理论更应该是亚里士多德伦理学的特色。正如我们所看到的,《尼各马可伦理学》的第三、四、五卷都是论述美德的。第六和第七卷则讨论理智之美德和正确理性的概念。

亚里士多德研究了五种智性的美德,它们全都是在《论灵魂》中所描述的那种能够认识事物、消化事物,并使之成为自我世界之一部分的知识者的习性。其中三种是属于理论性和推论性的:一种是对于第一原则的直觉,它在某种程度上是属于天生的;另一种是后天获得的习性,它经过推理来获得论证性的确立的判断;还有一种哲学智慧,它是一种把直觉理解和论证推理相结合来思考知识的最高目标的习性。① 亚里士多德在《形而上学》中讨论了(直接导向纯粹知识的)思辨层次中的智慧。《尼各马可伦理学》第六卷转向讨论智慧的其他方面:当智慧表现为一种思考如何正确得体地行为的思维习惯时,它就是一种实践性智慧,也就是审慎(phronesis)。当我们把 phronesis 理解为审慎时,必须注意到它并非指为了私利而表现的机敏(正如许多当代的用意那样),而是指那种对于个人的道德行为问题进行深思熟虑和谨慎判断的习性。与道德科学不同的是,亚里士多德的"审慎"是不可能被教授的,而是(如果有的话)一种必须通过个人的努力来获得的技术。亚里士多德学派的"审慎",部分跟"知道"如何做人有关——但是它也涉及个人自愿活动的方向及其调整等方面。在这第二点上,审慎管理着行为,所以它是一种道德美德。

审慎,作为一种实用的认识过程的习性,使得我们有可能通过推理来判断出某些行为是好的,而某些行为是恶的。亚里士多德认为,在儿童的

---

① *NE*, 1139b15–1141a19; for the moral dimensions of practical wisdom (*phronesis*) see 1141a20–1144a35.

天性中就有某些追求美德活动的自然倾向；后天获得的审慎，只是让这些自然倾向得以进一步发展，并使它们成为好生活中的自觉因素。①

　　愉悦，被亚里士多德认为是一种随着完美地行使自身力量而带来的满足。有一种愉悦与感官知觉有关，而另一种愉悦却是与对最美好事物的理解有关。这些愉悦并不同于伴随它们的那些活动，它们和行为的完美一起，都是幸福的必要因素。有人声称，亚里士多德伦理学从享乐主义（愉悦是人的最高之善）出发，而在它的后期表述中，则朝向幸福主义发展。② 的确，对作为最终愿望的愉悦的强调，《尼各马可伦理学》的第七卷要比第十卷更多。但是，我们并没有足够的有关这些著作的编年史资料，来建立关于亚里士多德的思想发展演进的任何理论。我们最多可以说，他总是在某种程度上把愉悦看作是人的完美活动这一幸福之组成成分的恰当的伴随物。

　　《尼各马可伦理学》的第十卷和最后一卷，试图重申亚里士多德关于好生活的主张。持续的理性思考是人的最高活动——而且是回报最丰的活动。这样的活动是对我们身上"最神圣的因素"的使用。然而，亚里士多德在是否要把理性思考本身看作是人的好生活时有所犹豫："这样的生活对人来说是太高了；因为，这并不是因为他是一个人就能过的生活；这样的生活，是由于有某种神圣的东西呈现在他的身上了。"③然后他声称，幸福大概是由符合道德美的活动所组成的，而且需要一定程度上的物质丰富，要无忧无虑，以及拥有某些朋友之欣慰。这种"好的生活"，显然只是某些有福的人才能拥有，而且仅限于在地球上的生活。

　　我们在《优台谟伦理学》的最后几行里，发现了一些不太协调的观点。在那里我们被告知，一些我们可能会去追寻的好东西，只不过是有助于我们达到人的最高的善。而人的最终之福，在于"服务和思考上帝"。④

---

① *NE*, 1144b9-10; see Pierre Aubenque, *La Prudence chez Aristote* (Paris: Presses Universitaires, 1963).

② On pleasure, *NE*, 1174b15-1175a20; for a hedonistic interpretation of Aristotle (which is not generally accepted) see J. Léonard, *Le Bonheur chez Aristote* (Bruxelles: Palais des Académics, 1948).

③ *NE*, 1177b26-28.

④ *EE*, 1249b15-24.

某些人认为,这段结束语是后来某些持有基督教的人类命运观的抄写者加上去的。

接替亚里士多德而成为逍遥学派(Peripatetic school)领头人物的是对伦理学有所贡献的泰奥弗拉斯多(Theophrastus,公元前375－前288年)。除了《伦理的特性》(*Ethical Characters*)这部著作之外,他还写了《论幸福》(*On Eudaimonia*)的论文。根据西塞罗的资料(*De finibus*,V,V,12),我们知道,泰奥弗拉斯多曾经强调过,幸福生活必须要求拥有幸运和财产。某些历史学家相信,泰奥弗拉斯多批评过亚里士多德伦理学中的神学倾向。① 另外,有一个叫安德罗尼柯(Andronicus)的人(我们并不知道他是否就是公元前一世纪罗德岛上的安德罗尼柯),写过一个在精神上是亚里士多德式的小论文——《论情感》。他也许还写过关于亚里士多德的四个主要美德——审慎、节制、勇气和正义——的各个"部分"或者各领域的论文。通过一份十二世纪的阿拉伯文的综述,我们知道古希腊医生盖伦(Claudius Galen,公元130-200年)曾写过一篇《关于道德习惯》的论文。这篇论文成为穆斯林学者之间流传的关于亚里士多德伦理学的最初资料来源之一。② 中世纪时,一篇拉丁文的论文《幸运之书》(*Liber de Bona Fortuna*),作为有关亚里士多德学派道德观的资料,流传很广。它是《优台谟伦理学》和《大伦理学》的汇集。

在基督纪元的头1500年里,断断续续地出现了一些希腊人关于亚里士多德伦理学的诠释。阿斯帕斯(Aspasius,公元125年)、阿芙罗迪西亚斯的伪亚历山大(the Pseudo-Alexander of Aphrodisis)、一个匿名的注释者(公元一世纪)、尼西亚的埃斯特拉托斯主教(Bishop Eustratios of Nicaea,1052-1120年)、迈克尔·伊弗西斯(Michael Ephesius,1070年)和伪赫利奥多罗斯(the Pseudo-Heliodorus,约十六世纪),组成了这个集体。这些人并不广为人知,并且看起来对于伦理学史的影响也不大。

---

① See Benjamin Farrington, *Greek Science* (Baltimore: Penguin, 1949), II, 17-27.
② Cf. R. Walzer, *Greek into Arabic: Essays on Islamic Philosophy* (Cambridge: Harvard University Press, 1962), Essay 9: "New Light on Galen's Moral Philosophy."

《尼各马可伦理学》的某些拉丁文注释在十二世纪开始出现。1240年代,罗伯特·格罗塞特(Robert Grosseteste)翻译了完整的拉丁文版《尼各马可伦理学》,并写了《笔记》(Notulae)来解释这本伦理学。① 在接下来十三和十四世纪的几十年里,许多基督教著作者,如大阿尔伯特(Albert the Great)、托马斯·阿奎那(Thomas Aquinas)、布拉班特的西基尔(Siger de Brabant)、罗马的吉莱斯(Giles of Rome)和帕尔马的安东尼(Anthony of Parma)等,都写过对《尼各马可伦理学》比较正规的注释和相关的系列问题。从他们对亚里士多德学说做了修改这个角度上考虑,他们应该是属于中世纪的伦理学历史。亚里士多德对于当代伦理学的影响,在托马斯学派的著作,尤其是在罗斯(W. D. Ross)和亨利·维奇(Henry B. Veatch)等人的思想中,是显而易见的。

---

① See Odon Lottin, *Psychologie et Morale* (Gembloux: Duculot, 1942), I, 278-80; Daniel Callus "The Date of Grosseteste's, Translations," *Recherches de Théologie Ancienne et Médiévale*, XIV (1947) 200-208; F. Van Steenberghen, *Aristotle in the West* (Louvain: Nauwelaerts, 1955).

第三章 希腊化时期的伦理学
——廊下派、伊壁鸠鲁学派和新柏拉图主义

基督纪元前的三百年,见证了伦理学上三种不同学派的发展:廊下派、伊壁鸠鲁学派和新柏拉图主义。这个希腊化时代其实一直持续到基督纪元之后。普罗克勒斯(Proclus),这个异教徒时代希腊哲学的最后一位伟人,生活在基督纪元五世纪。然后,我们有八百年时间,其间出现了许多伦理学的学生和教师。很多学者写下了对于早期希腊哲学思想的评论,但是也有些人写过原创性的伦理学研究著作。随着罗马文化的发展,希腊哲学被翻译为拉丁文,并且被应用于新罗马帝国的问题和利益上。基督教在这个时代的中期出现,并引进了一种崭新的人类幸福生活的远景。但是我会把基督教伦理学放到下一章讨论。本章只集中讨论那些代表希腊哲学最后时代的一些思想家的伦理学观点。

一般说来,与早期的希腊思想比较,后期的希腊哲学对于所关心的问题疏于沉思,而更注重实践。在继续研究关于知识和真实等问题的同时,希腊化时代哲学的主要发展方向是揭示人类怎样才能生活得更好。宗教教导成为这种哲学的一部分。人的最终命运以及他和神的可能关系现在成了人们关心的焦点。某些哲学家,尤其是廊下派和新柏拉图学派的哲学家,变得和宗教领袖相同了。在基督纪元的头一百年里,作为基督教的对抗面,一种新异教主义的思想标牌在一段时间里也出现了。

一、廊下派的伦理观

廊下派(Stoicism)起源于公元前四世纪。那时候,基提翁的芝诺(Zeno of Citium,公元前336-前264年)来到雅典一个有门廊(stoa)的地方教书,这个学派的名字就是来源于此。芝诺写过一些论文,《论人的本质》、《论与自然相符合的生活》和《论义务》。但是除了在后来的文献中留下的片段之外,这些著作都失传了。[①] 他的后继者,克莱安塞斯(Cleanthes,公元前331-前232年)和克吕西波斯(Chrysippus,公元前282-前204年),也是第一批廊下派伦理学史上的重要人物。罗马的廊下派的出现则要晚得多,是公元一世纪和二世纪的事情。它的伦理学领头人物是塞涅卡(Seneca)、爱比克泰德(Epictetus)和马可·奥勒留(Marcus Aurelius)。

廊下派的现实观完全属于唯物论,认为所有存在的都是重要的。廊下派也教授古代关于四种基本元素(地、气、火、水)的理论,但认为火是最原始的物质,灵魂和上帝是比粗俗的身体更为细微的火。成长和变化过程的出现,源于事物中所存在的某些类似种子的理性形式(rational forms)。在自然界存在和发生的所有事物和事情都有一个模式,有一个可理解的安排(逻各斯)。知识根本上就是感官的认知。因而,廊下派通常被归类为感知派。但廊下派也明显地认为,人是有能力去理解世俗事件的有序特征的,所以他们承认推理的功能。廊下派的逻辑是一种非常复杂的关于推论的理论,它和亚里士多德的三段论演绎法极其不同。尤其是廊下派学者坚持认为,某些普通的概念早于感官认知之前就早已被赋予人类,所以,廊下派的知识理论是基于天赋论的。[②] 虽然廊下派通常被认为在因果关系上是宿命论的,但这并不妨碍他们赋予人类主体一定的个人自由。一个人不能控制世界上事物发展的一般过程,但是他有能力控制他自己内心的信仰活动,控制他的欲望,以及控制他对于内在经验

[①] Zeno is sometimes credited with introducing a technical term for duty (to kathekon) into Greek; it is found earlier in Plato's *Statesman*, 295B.

[②] See Benson Mates, *Stoic Logic* (Berkeley: University of California Press, 1953); and H. Ritter et L. Preller, *Historia Philosophiae* Graecae (Gotha: Perthes, 1913), p.411.

的情感反应。

廊下派在伦理学上的思维方式依然是属于希腊快乐主义的。但是,他们的幸福论概念比亚里士多德的更为静态。他们所追寻的结局,或终极目标,是一种不可能被动摇的幸福状态,"一种安详流动的生活"。廊下派式的贤哲,是一个对自我感情有很深的理性控制能力的人,极少会倾露出过分的情绪。意识的情感波动、快乐、伤感、欲望和恐惧,都是非理性并且是和人的本性不相合的。美德的典范是无欲,一种情感不仅仅是被控制住而且实际上是被根除了的状态。与自然相适应的生活是好的;自然基本上就具有了理性的特点。于是,廊下派的第二个格言就是:好生活是与理性相符合的。理性的最高境界就是宙斯(Zeus),而神律普遍地指示和监督着所有的事件。这种对于理性的普遍自然法则的遵守,明显地表现在早期的著作之一——克莱安塞斯的著名诗篇《宙斯颂》里面。这是值得全文阅读的。①

> 无上光荣的上帝呵,你有许多的名,
> 你是自然的大帝,亿万斯年无穷无尽;
> 你是万能的主,主宰世界凭的是公正诫命。
> 呵,宙斯,全世界的生灵都要向你欢呼,
> 因为它们都是你的作品。
> 但是,出没各地的生灵中,
> 惟有我们才是你的子孙,
> 不管走到哪里都带着你的身形,
> 因此,用颂歌展现你的力量是我们的本分。
> 看,遥远的天空环绕大地旋转,
> 听从你的指示,对你十分钦敬;
> 你不可战胜的手,那炽热的执行者,天堂的火炬,
> 舞动着双刃的剑,

---

① Trans. T. W. Rolleston, in *The Teaching of Epictetus* (London: Walter Scott, 1888), pp. 1-2.

不朽的力量在自然的造物中奔腾：
它载着普遍的逻各斯渗透万物，
在星辰闪耀的天河中驰骋。
上帝呵，你是万世的万王之王，
离开了你的目的，
地上，天上还是海里，
都不会发生任何事情，
只有坏人愚蠢地干下的事情除外；
但是你知道如何使奇为正，
使不和谐成为和谐；对你来说疏即为亲。
就这样，你使好事和坏事和谐相称，
由此产生万事万物之惟一永恒的逻各斯。
惟一的逻各斯呵，那就是你的声音！
可是那些坏蛋都闭耳不听。
那些倒霉的人啊，虽也曾想拥有好的事情；
只要服从神的普遍法则，他们原可以享受幸福人生。
可他们却对它一无所见亦一无所闻。
其余的愚人违背理性，
自动地追随各种罪行：
为了博得虚名，
他们徒劳地追逐着各种名声。
还有人稀里糊涂地追求财富，
或者是无节制的肉体快乐。
今日东，明日西，他们终生一事无成，
日日想占便宜，年年厄运缠身。
普渡众生的宙斯呵，
黑暗中你用闪电烧裂了滚滚乌云。
你把孩子从濒死的边缘救回来，
因为你驱散了他们灵魂中的阴影，
保证他们获得知识的愿望成真；

正是知识使你君临万物，

并公正地调理一切事情。

总之，我们因你而荣耀，也将还荣耀于你，

世世代代歌颂你的业绩，这是我们凡人的本分；

我们对普遍法则的崇拜，远远超过了崇拜诸神。（译注：本诗译稿引自流传于网络的译文，见 http://hi.baidu.com/karavika。）

我们应该注意到这个早期廊下派伦理学概要里的几个要点。在希腊伦理学的教导中，它第一次提出一个统领一切的"法律"概念。的确，有些苏格拉底之前的学者提到过作为事物发展变化过程中的规律性和协调性原则的规则（nomos），但是有关一个神圣的统治者依据宇宙普遍的法律统管着包括人类活动在内的所有的事件，这样一种观点是希腊思想上的一个重要创新。这是一个在犹太教和基督教共同教义之外最接近上帝这种理论的观点。克莱安塞斯说，所有的事情都是被一种理性计划"逻各斯"（logos）有序地安排好的，而这种理性计划既是根植在物质世界里的，同时也隐含在神的理性中。在很多世纪内，基督教的道德作家们都对廊下派的这个关于自然法律的教条印象深刻。它是自然法则伦理学的主要资源之一。

希腊廊下派的第三个领袖人物是索里的克吕西波斯（公元前280-前204年）。他有时候被认为是把廊下派的注意焦点从原来对宇宙本质的兴趣转移到它的对立面——人的本性——上去的人。① 但是，因为我们没有确实可靠的资料来源，要评估单一的个人对早期廊下派伦理学的贡献是不可能的。除了前面提到的人之外，对此做出贡献的还有珀尔修斯（Persaeus）、阿乐特斯（Aretus）、史菲鲁斯（Sphaerus）、阿里斯特（Aristo）、第四任院长的芝诺（Zeno the fourth scholarch）、塞琉西亚的第欧根尼（Diogenes of Seleucia）、安提帕特（Antipater）和克拉特斯（Crates）。是他们把该学派带领到了公元前二世纪。

"中期廊下派"这个名称是用来称谓一群希腊思想家们的学说的。

---

① See Copleston, *History of philosophy*, 1, II, 139.

他们或者是把该学派的原始观点跟柏拉图和亚里士多德的某些哲学相结合，或者是把这种看似折衷的、其实是从现实出发的哲学传递到罗马的学生和作者们手中。罗德岛的巴内修斯（Panaetius，公元前189-前109年）曾经在罗马教书，却在后来于公元前129年成为雅典学院的院长（廊下派的领导人）。因为巴内修斯的影响，罗马人在公元前二世纪所学到的廊下派伦理学已经不那么坚持贤哲的理想生活，不那么关心无欲（apatheia）的严格的美德，而是更热心于这样一种观点，即好生活存在于一种对所有事物采取的理性节制当中。巴内修斯的学生波赛东尼奥（Poseidonius）曾经在罗德岛做过西塞罗的老师，并因此对罗马文化产生过很深刻的影响。

有两个重要的伦理学观点是从中期廊下派传到罗马的。第一个，是廊下派的原始教义的发展，认为所有的自然都在至高无上的神之理智的理性安排下，而且人在道德上有义务让自己的意识生活服从于宇宙理智的力量。① 第二个，廊下派为罗马和早期基督教道德学家提供了那种强调心灵在认识上、食欲上和运动上有各种不同功能（dynameis）的实践心理学。② 这种理论越来越强调那种被视为理性期望的意愿的功能（boulēsis）。而且，中期廊下派引入了"支配官能"（hēgemonikon）*这个概念，它代表的是一种管控心灵其他力量的能力。在许多不同版本的基督教伦理学中，这个"支配官能"的角色，有时是由意愿来实行的，有时则是由理智来实行的。

在公元前一世纪那些不能完全赞同廊下派伦理学观点的拉丁文学者的著作中，开始形成了罗马的廊下派。特伦修斯·瓦罗（M. Terentius Varro，公元前116-前27年，其百科全书式的著作已经绝迹）的情况大概就是这样。通过在希波的奥古斯丁的引文（《上帝之城》，第十九章）我们知道，瓦罗曾经传递了288条关于人的死亡和幸福的本质的希腊观点。我们也有西塞罗（M. Tullius Cicero，公元前106-前43年）的著作，其中

---

① Cicero, *De natura, deorum*, II, 11, 30-33, reports this teaching.
② For this sophisticated Stoic psychology, see G. Verbeke, *L'Evolution de la doctrine du pneuma* (Louvain-Paris: Desclée, 1945), pp. 90-142.
* ［校者注］hēgemonikon，支配官能，比如古代哲学—医学中，有人认为这个支配官能在脑，有人认为在心。

有许多关于廊下派伦理学的信息。在西塞罗《论目的》的第三和第四部里,有通过一位罗马政府发言人小加图(Cato Uticensis)之口,大篇幅地论述有关廊下派伦理观点的内容。小加图是一个真实存在的人,他与西塞罗同时代。这个罗马版本的廊下派伦理学的特点之一,是它所具有的社会公益意识。其实,希腊的廊下派伦理学中对社区公益的关心也值得我们注意。如果希腊廊下派学者生活在二十世纪,他们一定是联合国的坚定支持者。在他个人理解的廊下派中,西塞罗则是更进一步强调了人间手足情谊的重要性。①

塞涅卡(Seneca,公元前4年—公元65年)是古罗马最博学和多产的道德学家之一。他的《书信集》和《道德论文》并没有表现出对于伦理学理论的太大兴趣,而是建立了关于人的美德的实用教条。他在著作中列出了各种人类优秀品质的长长的单子。自我控制、节欲、理性思考,以及自足(per se sufficientia),都是塞涅卡式特有的美德。他用充满敬意的文笔,论述人的本质中较高层次的精神世界和神性对于人生的影响,以至于后来的基督教作者们大量地引用了塞涅卡有关美德和好生活的描述。②

后期廊下派学者中最杰出的伦理学者是希拉波利斯的爱比克泰德(Epictetus of Hierapolis,50—138年)。爱比克泰德曾经是尼禄皇帝时的一名奴隶,被释放之后在罗马和尼科波尔教授哲学。他的学生阿利安(Flavius Arrianus)记录了他的讲学。这些记录构成了现存的四部《罗马史论》(*Discourses*)和那本小的《手册》(*the Enchiridion*)。作为穆索尼乌斯(Musonius Rufus)这个非传统的廊下派学者的学生,爱比克泰德回归到早期廊下派的认识论和有关物质的观点上。这些观点是对于知识的一种感知型的(带有对第一原则的某种特别洞察力的)解释,外加一个对现实的、基本属于唯物主义的注解,这种注解不排斥个人的自由选择和意识赞

---

① Cf. A. P. Wagener, "Reflections of Personal Experience in Cicero's Ethical Doctrine," *Classical Journal*, XXXI (1935-36) 359-70; Milton Valente, *L'Ethique Stoicienne chez Cicéron* (Paris: Saint-Paul, 1956).

② See W. C. Korfmacher, "Stoic *apatheia* and Seneca's *De clementia*," *Transactions American Philological Assoc.* LXXVII (1946), 44-52; K. D. Nothdurft, *Studien zum Einfluss Senecas auf die Philosophie und Theologie des zwoelften Jahrhunderts* (Leiden: Brill, 1963).

同。精神以外的事情和身体的活动不是人的意志所能够控制的,只有聪明的人才能认识到这一点。正如《手册》的开头几句所说的:

> 事情的某些方面是在我们的力量范围内的,其他方面就不是。在我们力量范围之内的,包括观念、面向一个事物的移动、欲望、憎恶、离开一个事物;总之,它包括所有我们自己的行为。不在我们力量范围之内的,包括身体、财产、名望、行政(权威);总之,所有不是我们自己的行为。那些在我们力量范围内的,自然是任凭我们处置、不受限制和阻碍的;但是那些不在我们力量范围内的,是脆弱的,是服从的,是受其他力量的限制的。①

爱比克泰德还认为,所有的人都具备足够的自然力量和信息,能够根据正确的理性(orthos logos)来管理他们内在的性情。人们对于善恶的原始观点是天生固有的,但是哲学和伦理的学习研究,对于道德判断的合理发展,对于把道德原则放到生活中各种具体问题上加以应用,都是必要的。爱比克泰德保留了早期关于人的内在统治力量的说教,这种内在的统治力量使人得以认识善恶,做出选择,并且控制低级心灵力量的活动。这种内在的统治力量,几乎就等同于意志。所有人类的罪恶都可归于意志的变态。个人的满足(ataraxia)来自于学会接受外界事物变化过程的规律和神性对人类和宇宙的规范。爱比克泰德在《罗马史论》中简明地陈述了这样的观点:

> 你会对宙斯的法令发怒动气吗?宙斯和那些纺织出你的生命之线的命运之神们一起决定并签署了这些法令。你不知道你和整体比较起来是多么渺小的一部分吗?这种比较当然是指身体上的。因为,在理性上你和那些神是平等的。理性的伟大,并不取决于长度和高度,而是取决于它的意志的决定。②

---

① Epictetus, *Enchiridion*, trans. George Long (Philadelphia: Altemus, 1908), p.56.
② Epictetus, *Moral Discourses*, trans. W. A. Oldfather (Cambridge: Harvard University Press, 1928), p.97.

几乎相同的观点出现在马可·奥勒留皇帝(Marcus Aurelius, 121-180年)的《沉思录》中。也许在教授人类的本质方面他并不是十足的唯物论的。他把人分成三个部分:身体、灵魂和智力。对于奥勒留来说,最后这部分是统治者。每个人的智力是他最高的指挥精神(daimon),或者说,是他的良心;反过来,这个最高的指挥精神又受制于上帝的意志。①

奥勒留伦理理论的实践部分或许可以总结为以下九条行为准则:(1)随时准备原谅冒犯过你的邻居,因为我们都是为了服务别人而存在的;(2)反思某些人的坏行为给其他人造成的不幸影响;(3)避免给别人做道德判断;(4)记得自己道德上的缺陷;(5)记得你并不了解你的同伴的内心态度;(6)当愤怒的机会出现的时候,记得你将不久于世;(7)不是别人的罪恶干扰了我们,而是我们对于其他人的观点干扰了我们;(8)比起别人的行为所带来的外部后续影响,愤怒和伤心对一个人的伤害会更大;(9)对于其他人的善意和友情,是一切应该关心的事务中最好的事务。②

在前述的这些流行观点中,廊下派伦理理论是异教时代罗马的主流思想学派,并延续到公元后的最初两个世纪。柏拉图哲学太过高尚和艰深;亚里士多德主义并不广为人知,而且被认为缺乏文学上的吸引力。除了廊下派,唯一重要的另一个学派是伊壁鸠鲁学说。但是,正如我们将要看到的,它从来就只是少数人的观点。③

二、伊壁鸠鲁学派的伦理观

在后苏格拉底学派里面,昔勒尼学派(Cyrenaics)曾经认为个人的满足是检验道德行为善恶的标准。这是快乐主义最简单的形式。伊壁鸠鲁(Epicurus,公元前341-前270年)和昔勒尼派之间的联系并不是很清楚,但是很明显,伊壁鸠鲁学派的伦理学也是快乐主义的。廊下派认定道

---

① Marcus Aurelius, *Meditations*, ed. and trans. C. R. Haines (Cambridge: Harvard University Press, 1930), V, 27, and XII, 1.

② Ibid., XI, 1.

③ Cf. W. W. Tarn, *Hellenistic Civilization* (New York: Longmans, 1927), pp. 266-81.

德善恶的焦点在于道德主体的意识态度,并因此隐约地预告了某些现代道义论和直觉论伦理学的出现。伊壁鸠鲁学派的伦理学者则追究人的行为后果作为其道德性的标准,并因此成为以个人主义的形式表现出来的现代功利主义伦理学的模糊预兆。由于某些不太清楚的原因,伊壁鸠鲁学派的著作大多失传,现存的只有三封书信和基本上出自《论自然》(On Nature)的某些片段。

同廊下派相似,伊壁鸠鲁把哲学分为三个部分:知识理论、物理学和伦理学。相对而言,他对于逻辑推论缺乏兴趣,也没有建立类似廊下派逻辑学那样的学说。伊壁鸠鲁的知识理论是感知型的。他关注的焦点在感官知觉以及随之而来的判断。不存在所谓固有的观念。所有的知识都通过感知经验而来。知识真伪的检验是其清晰性。概念通常是许多感官知觉之后产生的记忆图像。① 伊壁鸠鲁关于事物本质的理论,属于我们在德谟克利特思想中可以找到的早期唯物主义的原子论。只有身体是存在的,而所有的身体都是由无数小的粒子组成的。伊壁鸠鲁发明的粒子在下落过程中"转向"概念,可能是为了说明粒子聚合体的组合的多样性,并可能是为了对宇宙概念的解释提供一些自由空间,否则那些解释将是非常机械刻板的。

伊壁鸠鲁最感兴趣的是伦理学。他可能从他的先辈们那里继承了认识论、心理学和形而上学等构成其自身伦理学的基础的东西。他认为,人类世界的邪恶和痛苦大多是源于对多神教的迷信和无知。他可能不是一个无神论者,但是他对于当时流行的异教有强烈的批判。伊壁鸠鲁相信大多数的人都生活在对于死亡的恐惧和对神的惧怕之中。于是他认为,死亡之后的生命是不存在,而且神并不关心人类的事情。因此,伊壁鸠鲁的伦理学在某种特别的意义上说是自然主义的。它致力于处理善恶问题,却不求助于宙斯的神意或者任何关于义务的超自然的法律和主张。②

---

① Diogenes Laërtius, *Lives*, X, 30-34, is our chief source of information on this aspect of Epicurus' thought.

② See the letter from Epicurus to Menoeceus in Epicurus, *The Extant Remains*, ed. Cyril Bailey (Oxford: Clarendon Press, 1926); cf. A. J. Festugière, *Epicurus and His Gods*, trans. W. Chilton (Cambridge: Harvard University Press, 1956).

第三章 希腊化时期的伦理学

正如理解的清晰度是获取知识的检验标准一样,愉快或痛苦的感觉是选择和行动是否正确的检验标准。愉快是"我们固有的首善",但是这并不意味着所有的愉快都具有等同的价值,或者说这并非指所有的愉快都是值得选择的。某些时候,一个聪明的人会选择当前的痛苦来保证将来的愉快。对于伊壁鸠鲁来说,愉快并不是意味着"饮酒和狂欢,也不是放荡的满足……而是冷静的推理,找出所有选择和回避的动机,并放弃那些空洞的主张,因为那些主张会带来精神上最大的干扰"。道德上好的活动的目的是内心的宁静,避免精神上的烦扰。① 伊壁鸠鲁主张,学习和个人的努力会使人获得一种美德,这种美德能够给他带来贤哲所具有的那种平静。这美德中最首要的就是谨慎和友谊。前者甚至比哲学更珍贵,它是所有其他美德的根基。后者是完美生活的花冠。② 明显地,伊壁鸠鲁根本不是在提倡放荡或鼓吹自私自利地追逐感官上的满足。的确,从长远来看,伊壁鸠鲁主义和廊下派的理想之人并没有太大的区别,他们都应该是一个受理性控制的人,既关心自我的真正利益也关心别人的利益,并追求一个自然人格完善的高尚理想。

现存最完整的罗马时代伊壁鸠鲁主义论文是卢克莱修的诗作《物性论》。卢克莱修·卡鲁斯(T. Lucretius Carus,公元前96-前55年)把伊壁鸠鲁的学说介绍给拉丁文读者。在这六部《物性论》的好几部的开头,都有华丽的词汇把伊壁鸠鲁描述成最有智慧的、最善的人。③ 卢克莱修用了很长的篇幅介绍伊壁鸠鲁主义的原子论和感觉论,却没有给其基本理论添加任何自己的东西。卢克莱修非常强调伊壁鸠鲁的无神论以及他对流行宗教的批判。很有可能,这位罗马诗人比那位希腊哲学家更加反对宗教。卢克莱修表现出自己是一个自然哲学的热情欣赏者。我们对于物理现实越是有更多的了解,就越能领悟到不应该渴

---

① Cf. John Ferguson, *Moral Values in the Ancient World* (London: Methuen, 1958; New York: Barnes & Noble, 1959), p. 149; the quotation is from the letter to Menoeceus.

② Epicurus, *The Letters, Principal Doctrines, and Vatican Sayings*, trans. R. M. Geer (Indianapolis: Library of the Liberal Arts, 1964), pp. 27-28.

③ Lucretius, *De rerum natura: On the Nature of Things*, trans. W. H. D. Rouse (Cambridge: Harvard university Press, 1959); see the opening lines of Bks. I, III, and V.

求生活中有任何特殊的满足。"我们不可能因为活着就给自己伪造任何新的快乐"。① 根据卢克莱修的说法,有道德之人的关键态度就是,基于对事物发展规律的了解而顺从它。和伊壁鸠鲁一样,卢克莱修主张,友谊是一个良好社会的纽带。②

三、新柏拉图主义伦理观

在基督时代的头五个世纪里,多多少少受到柏拉图主义影响的希腊学者发展出了几个不同的伦理学学派。这种新柏拉图主义伦理学的一个共同基础就是,都认为好的生活就在于从感官经验世界向最高原则建立起更密切关系的飞升。这些新柏拉图主义伦理学者用各种不同的方式来解释这种超脱世俗的伦理学的终极观念。其中最主要的包括斐洛、普鲁塔克和普罗提诺。

斐洛·尤迪厄斯(Philo Judaeus,公元前 25 年-公元 40 年)是住在亚历山大的犹太学者,写过大约四十部希腊文著作,其中大部分是关于《旧约全书》的寓言注释。③ 他相信,在经书和希腊哲学中都能找到同样的基本真理。最高的典范(或者是柏拉图所说的理念),是由上帝在神理中创造出来的。反过来,那些宇宙中的物质的东西是根据典范的模型用四种基本因素塑造出来的。④ 人是一个创造物,他的精神以一种类似于上帝统领着宇宙的方法,统领着他的身体。人的心灵是根据上帝的形像做成的,并离开了上帝而在地球上旅行。心灵的命运就是要把自己从事务的烦扰中解放出来,并提升自己,使自己能与神圣的智慧相结合。这个"从身体中开始的升华",应是完美之人和好人的目标:

---

① Lucretius, *De rerum natura: On the Nature of Things*, trans. W. H. D. Rouse (Cambridge: Harvard university Press, 1959); see the opening lines of Bks. I, Ill, 1.1081.

② Idib., V, 1.1019.

③ See Hans Lewy, *Three Jewish Philosophers* (New York: Harper, 1960), pp. 109-10, for a detailed list of the writings of Philo Judaeus.

④ Philo Judaeus, *De opificio mundi*, I, 69-71, and IV, 16; in *Philo*, ed. F. H. Colson and G. H. Whitaker (Cambridge: Harvard University Press, 1929), Vol. I; compare Lewy, op. cit., pp. 54-55.

第三章 希腊化时期的伦理学

从世俗事务的困扰中逃脱吧,人啊,以你所有的力量,从身体那污秽的牢笼中逃脱,从困扰你的肉欲中逃脱……如果你的欲望要让你恢复已经放弃的自我,并把你的财产保存在你周围,而不让其中的任何一部分离开你,不让其中的任何一部分落到别人手里,你其实就应该去追求一个真正幸福的生活,在永恒中享受那些属于你自身的,而不是身外的,福利和快乐。①

很明显,这个对灵魂回归到上帝那里去的神秘旅程的诗意描述,并不是哲学意义上的伦理学。然而斐洛的思想中有些修改了的柏拉图式观点,而且他在很大程度上也影响了普罗提诺和很多其他基督教道德学家。② 他的伦理观点看起来是站在廊下派和伊壁鸠鲁的现世自然主义的对立面的。

喀罗尼亚的普鲁塔克(Plutarch of Chaeronea)是另一个古典的道德学家,他在经过修改的柏拉图式关于人的观点的基础上创立了某种实践的伦理学。他用一种纯粹理性的方法,把了解上帝的愿望很好地耦合于对大部分希腊宗教内容的接受之中。他的上帝是卓越的,绝不会引致邪恶。世间灵魂(the World-Soul)是世俗罪恶的根源,虽然它是上帝那里发散出来的。人的理智(intelligence)高于他的灵魂。只有理性的心智,才可能通过有德的生活,并且可能通过实行某些宗教的仪式,来获得它在与身体分离之后的未来生活中的快乐。与他的同时代的许多人不一样,普鲁塔克看起来对亚里士多德的伦理学有些了解。他欣然接受了那种关于美德就是介于过分与不足之间的中值的理论。和廊下派相似,他倡导兄弟情谊作为人类社会组织的理想典范。③

在希腊学者之间有一种伦理学,它起源于埃及的亚历山大城,并被认

---

① Philo Judaeus, *On the Migration of Abraham*, 9-11; in Lewy, p.72.
② H. A. Wolfson, in *Philo*, 2 vols. (Cambridge: Harvard University Press, 1948), possibly exaggerates Philo's influence on the Middle Ages.
③ Plutarch, *Moralia: Morals*, 14 vols., ed. And trans. F. C. Babbitt et al. (Cambridge: Harvard University Press, 1927-58); in spite of the vast scope and promising title of this work, it contains little evidence of original thinking in ethics.

为是三倍伟大者赫尔墨斯(Hermes Tresmegistos)的学说。其中有个演讲谈到了灵魂的重生,以及对于到达某种最高顶点的来世生活的展望。① 这种学说有点模糊神秘,算不上是真正的伦理学,但是它生动地解释了一世纪时异教派的观点。它指出做人的好处在于离尘脱俗的快乐。

普罗提诺

虽然在伦理学史上很少被提及,普罗提诺(Plotinus,205-270年)却是那几个世纪里最杰出的哲学家。他在亚历山大就学,并在大约40岁左右开始在罗马教书。半盲的他在孤独的沉思中度过了许多时间。他了解柏拉图、亚里士多德以及廊下派的思想,并把它们引用在他自己的思考之中。他的演讲被他的学生波菲利编辑成了六部著作,每部包括九个章节,也因此被称为《九章集》(the Nines)。

普罗提诺把事物的整体看作是源于一个超级本原,源于那个太一。这个单一的起源没有进一步说明的可能性。我们甚至不可能说"它是",因为它是超越现实存在的。某些诠释者把这个太一认作是人格化的上帝。普罗提诺既用人性的,也用非人性的代词来论及"它",并且的确暗示"它"是神圣的。从这个太一散发出一个第一原质,智力(或称"努斯",nous)。这第一流出物包含有"观念"(如同柏拉图的理念)。反过来,这"智力"又导致了第二流出物——灵魂的发生。这是一个广大无际的灵魂。它自己就是它的承载体,它并不与肉身有任何关系,它是自我思想着的努斯。在比较低的层次上,世俗的灵魂使这个物理宇宙有了生气。"物质"(Matter)就是这个散发过程的界限。因此,相对而言,物质并不是具体的存在。可以说,每个人都是这个宇宙灵魂的一部分加上了某些肉体因素的合成物。于是,人就被置于现实世界中一个不太稳定的位置上,既可以上,也可以下。当他由于变得更加具有物质性质而向下的时候,他的生活就变得邪恶。而当他向上飞升,更接近在那个太一中的他的起源点时,他就得到完善,变成一个更加良善的人了。这整体的现实世界就是

---

① See G. H. Clark, *Selections from Hellenistic Philosophy* (New York: Appleton-Century-Crofts, 1940), pp. 211-16.

一个过程。真实的东西并不是静态的物质,而是某种无形的、动态的能量或活力。①

从太一出发的这种流出过程,是一个必要的从善到恶的变动。《九章集》第一部的大部分都在讨论这个命题:一个人的好生活是由个人的灵魂自愿地向上飞升去接近那个太一的过程所组成的。因此,这些章节才被冠以"伦理学论文"的标题。② 比如,第四章是讨论幸福的。即使在它的最后阶段,希腊伦理学还是幸福主义的伦理学。普罗提诺回顾了前辈们关于好生活的观点,包括柏拉图、亚里士多德、廊下派以及伊壁鸠鲁的学说。和亚里士多德一样,普罗提诺主张一种生动的幸福的特质,并且对于廊下派把终极幸福只限定于理性灵魂的苛求有相当的批判。所有的生命都具备幸福的可能性。正如生命的层次是不一样的,幸福的程度也是不同的。相似地,在《九章集》第一部的第六章,演示了美神如何提供了一个灵魂上升的起点,以及灵魂由此上升去深思自己的美,并最后去深思那个典范之美的过程。这种对于人的灵魂朝向完美顶峰的上升过程的描述,是对于柏拉图的几种对话录中的伦理思想进行的加工,其中明显包括了《斐德若》、《会饮》和《泰阿泰德》。③ 在另一个地方,普罗提诺暗示,他自己曾经经历过灵魂向最高之美上升这种神秘的现象:

> 我经常意识到自己从身体中游离出来,脱离开其他的事物,只有我自己。我看到一个无与伦比的美。最要紧的是,我现在相信我有一个更高的命运境界,我的活动是生命中最高层次的,我与神同在。一旦我达到这个活动的顶点时,我把自己系定于这个高于所有其他智力生命之上的它。④

---

① On this Metaphysics consult A. H. Armstrong, *The Architecture of the Intelligible Universe in the Philosophy of Plotinus* (London: Cambridge University Press, 1940).

② Cf. Plotinus, *The Ethical Treatises*, trans. Stephen MacKenna (London: Medici Society, 1926).

③ See Emile Bréhier's comment in *Ennéades* (Paris: Les Belles Lettres, 1924-38), especially I, 94.

④ Ennead, IV, 8, 1; my English version is adapted from Bréhier's French, IV, 216.

在紧接着的下一章,第七章里,普罗提诺非常坚持人的灵魂是纯洁的主张(他提供了柏拉图的《斐多》中的好几个论证),也坚持灵魂的生活是和神的生活基本相似的这种主张。要实现人的精神上升并与神同在,只有通过脱离物质利益的精神纯化,通过增加对灵魂和可理解事物相关知识的了解,以及通过在道德方面的自我完善,比如温和的性情和正义的培养过程来达到。《九章集》第一部的第二章讲述了一种关于伦理德性的高深理论。它有四个层次:(1)较好地在人的社会中生活所需要的美德:包括温和、勇气、正义和谨慎;(2)清洗被身体和感觉对象的利益所沾污的灵魂所需要的美德;(3)已经被净化的灵魂的美德;以及(4)典范的美德,它使得灵魂得以认识那"太一"。[1] 下面这段从《九章集》第六部中引用的话,显示出这些理论是如何统一在关于灵魂升华的伦理观之中的:

依据它的本性,灵魂拒绝向下沉沦到绝对虚无的境地。当它向下沉的时候,最多沉到邪恶。邪恶是一个虚无,但尚未到达绝对虚无。当灵魂向上升华的时候,它并不朝向一个与它不相同的方向,而是回归到它自己,并只是定居在它自己里面。一旦独自定居在它自己里面,不再依附于一个低层次的,只是因为这个事实,它才算是在"它"里面得到了呈现。因为"它"是一个真实。这个真实之"它"并不是一个实体,而是超越实体的。灵魂就是回归结合到这个"它"。如果一个人完全清楚他自我的"成为它"的过程,就会看到他的自我其实就是"它"的形像。如果跨越这个过程更前进一步,从形像进一步到达"它"本身的真实,那么他就到达了这个旅程的终点。即使一个人从这样的沉思中退却,重新焕发他身上的美德也是可能的。那时候,他懂得了他内在的有序安排,并发现他精神中向上的倾向。这样,一个人就由美德而升华到理智,由智慧升华到最高。这正是神的生活,也是与神相似的、道德上成功的人的生活:在一个对低级事物不感兴趣的生命中,在朝向那"太一"的、独自的飞行中,从目前低层次的事物中,解放自己。[2]

---

[1] See H. van Lieshout, *La Théorie plotinienne de la vertu* (Paderborn: Schöningh, 1926).
[2] Ennead, VI, 9, 11; cf. Bréhier, *Ennéades*, VI, 188.

从上述的一切可以很明显看出，普罗提诺的伦理理论是自我完善主义的杰出版本。这是一个目的论的观点，因为一个好行为的质量取决于它是否理性地追求，达到一个沉思中的、深情的、与一个最高终点的结合。但是，因为这个在最后的结合中所达到的完美是精神生活的最高级境界，而且因为人的灵魂就是生活本身，这个最后的幸福只是灵魂的自我完善的最后阶段。普罗提诺的伦理观点在以后的几个世纪里，让以下这些学者在内的许多有宗教信仰的思想家着迷：希腊学者，比如亚略巴古的狄奥尼修斯（Dionysius）、忏悔者马克西穆斯（Maximus）；拉丁学者，比如维克多林（Victorinus）、希坡的奥古斯丁（Augustine）、爱留根纳（Erigena）、艾克哈特（Eckhart）和库萨的尼古拉斯（Nicholas）；穆斯林学者，比如阿维森纳（Avicenna）和安萨里（Al-Ghazzali）；犹太学者，比如亚维奇布朗（Avicebron）；以及许多文艺复兴运动中的"柏拉图主义学者"。

在异教的希腊哲学家中，普罗提诺的追随者们并没有进一步去完善新柏拉图主义的伦理理论。泰尔的波菲利（Porphyry, 233-305 年）编辑了乃师的《九章集》，并记述了他的生活。波菲利自己也写了一些论文，试图把普罗提诺伦理理论中的神秘主义和一个相对粗糙的多神论观点进行整合。波菲利把他自己看作是一个再生的新异教信仰的预言家。在这个再生的异教信仰中，普罗提诺的智性宇宙充满了必须由魔力和神秘仪式来安抚和管控的恶魔和精灵。波菲利是一个强有力的基督教批判者。他的叙利亚学生卡尔基斯的杨布里科斯（Iamblichus），接受了德性的四层次理论，并加上了一个更高的层次：僧侣的德性。灵魂通过这个德性，在一片狂欢中和那个神圣的"唯一"联合。杨布里科斯把新柏拉图主义伦理学进一步推向迷信，其中包括了卜卦术、神通术和魔术。

希腊新柏拉图学派的最后一位代表人物是普罗克洛斯（Proclus Diadochus, 410-485 年）。他是一位认真的哲学家。他的《神学要素论》是普罗提诺形而上学的高度系统化版本。他的个人著作《神意与命运》、《有关神意的问题》，以及《邪恶的存在》，现存有十三世纪由莫贝克的威廉（William）所翻译的拉丁文译本。普罗克洛斯对于灵魂的升华过程极有兴趣。他把这个过程区别为三个阶段：对于美的起始热爱；对于真实的真正知识;与那"太一"联合的信心。①

正如你在下面的章节要看到的,新柏拉图主义心理学和伦理学同时被希腊和拉丁的学者接受并应用到基督教之中。以基督教为哲学思想中心的前一千年,其特征就是新柏拉图主义的普遍流行。

---

① See Ferguson, *Moral Values in the Ancient World*, pp. 99-100; and Copleston, *History of Philosophy*, 1, II, 2221-24.

第二部分　教父的和中世纪的伦理理论

第四章 教父的和早期中世纪的伦理学

在这一章,我们要探讨从一世纪直到十二世纪间基督教传统中关键人物的伦理学立场。其实,这个时期大约是一千年左右,因为第一部能够在哲学意义上称为伦理学的基督教学者的著作的出现,大约是在二世纪的末期。在这一千年的前半期,因为有教会教父们的存在和教学这个事实,而被称为教父时期。虽然这个时代称谓在应用的时候有点模糊,但是大多数权威学者都同意,"教父"具有三个特征:他必须是在他的宗教教义方面属于传统的;他必须在传教和写作方面有相当影响;他必须在个人生活的虔诚态度上得到广泛认同。比如希腊教会的圣若望·达玛森(St. John Damascene)、拉丁文学者中的圣安布洛斯(St. Ambrose)和奥古斯丁,都是广受认可的教父。① 波爱修斯(Boethius)虽然是个基督徒,也是个杰出的学者,但是因为他从未曾担任过教会的神职,所以并不被称为教父。我们要探讨的是那些教父们和中世纪基督教的教师们的观点,了解他们对于伦理学历史的贡献。有一个事实意义深远,那就是:这些教父和教师们都并不熟悉在十三世纪才开始产生广泛影响的亚里士多德的《尼各马可伦理学》。而他们同时代的伊斯兰和犹太学者们对亚里士多德的了解,要比基督教学者早很多。我们把这些中世纪非基督教学者的伦理

---

① For general information on the Fathers of the Church, see Johannes Quasten, *Patrology*, 4 vols. Westminster, Md.: Newman Press, 1950–66).

学观点留到下一章再进行讨论。

关于《圣经》中的那些道德教导和伦理哲学的关系,当代的学者们有不同的看法。有些学者认为,基于对上帝的信仰而建立的道德观,根本就不属于伦理学理论。① 而另一些学者认为,如果完全离开了神律或神旨所确定的概念,任何伦理学都不可能给现实生活提供真正的善恶规范和指导。当代杰出的新教神学家布鲁内尔(Emil Brunner)是这样说的:"善,总是意味着任何时刻都按照上帝的意志去做。"② 先撇开这个元伦理学的问题不论,我们暂且接受这样的观点:一套建立于已经广泛传播的教条之上,并得到神权支持的道德说教,只要它曾经努力将其观点与公认的道德哲学立场联系起来,那它就的确涉及了一种伦理立场。我们确实在十三世纪之前的基督教著作中发现了这种"神学范畴的理论",③ 也认为在伦理学史的讨论中应该有它们的地位。

早期的基督教道德著作和古代的犹太传统并没有彻底分裂,也声称上帝曾经把规范人类行为的十条诫律直接传达给了摩西。从一开始,基督教就了解并接受了这个"十诫"。对他们来说,正如对犹太人来说,一个人必须尊重长者的理由,或者避免杀戮和偷盗的理由其实很简单,就因为这是上帝的命令。《新约全书》的道德观并不否认旧的犹太律法中的那些诫律,而是强调了爱作为那些希望过上正义生活的信仰者的内心动机。那两条基督徒要奉行的慈善诫律(《马太福音》22:37-40,"要尽心、尽性、尽意,爱主你的神"和"要爱人如己"),通常被认为是对神的律法的实现(《罗马书》13:8),而不是对传统旧律法的取消。山上宝训很清楚地说:"别以为我(基督)来是要废掉律法和先知;我来不是要废掉,而是要成全。"④

---

① See R. B. Brandt, "The Use of Authority in Ethics," in *Ethical Theory* (Englewood Cliffs, N. J.: Prentice-Hall, 1959), pp. 56-82; for the contrary view, that Christian ethics is the only adequate ethics, see Jacques Maritain, *Science and Wisdom*, trans. Bernard Wall (New York: Scribner's, 1940); and R. C. Mortimer, *Christian Ethics* (London: Hutchinson University Library, 1950).

② Emil Brunner, *The Divine Imperative* (Philadelphia: Westminster Press, 1947), p. 83.

③ This terminology is used in T. E. Hill, *Contemporary Ethical Theories* (New York: Macmillam, 1950), pp. 97-113, to describe similar types of twentieth-century ethics.

④ Matt. 5:17; Confraternity trans. (1941), p. 14.

无可否认,在早期的基督教著作中两种对待道德问题的不同解决方法似乎互不相让:一种是严格的律法途径,另一种相反的方法,是强调同情心、爱和善意。虽然后者是基督教道德观的一般认识,教父们和中世纪的伦理学作者们都接受了一套作为神谕的道德训诫的准则。这种关于道德义务的法律见解,和古希腊与古罗马的哲学没有任何共同之处。与这些最接近的东西,大概是在廊下派的"宇宙法"中。但是,宇宙法并不是一套由超凡的神所颁发的训诫。

其实,最早关于道德义务及其与法律的关系的讨论,可能是在既非希腊的也不是拉丁的基督教徒之间发生的。我们有时容易忘记,在基督世纪的头一百年里,在近东的和北非的"东方"教会里,也有许多博学的学者。最近的一些研究开始注意到一位早期的叙利亚人的著作。以得撒的巴尔戴赛(Bardaisan of Edessa, 154—222 年)当时就面临着要把古典哲学与基督教教义相调和的问题。① 他在《各国法律之书》(*Book of the Laws of Countries*)中承认,人身体的活动是受到外界的控制,甚至是受到命运的控制的。但他又声称,人在内心里是拥有对善恶行为的选择自由的。巴尔戴赛与很多后来的基督教作者们不同。这些后来的基督教作者们都倾向于强调几个大国的法律相似之处(来作为它们都是基于同一个自然法的证据)。巴尔戴赛却基于不同国家的法律之间存在着很多不同之处,而且也容易被改变这样的事实,发现了能够支持道德选择自由的一些证据。这个近东地区的早期基督教思想在伦理学史上的重要意义似乎并没有得到足够的研究。

一、希腊基督教学者的道德理论

同样也要承认,我们对于希腊基督教派的早期哲学的认识是很不够的。我们不但缺乏对这些伦理思想的技术分析,而且也缺乏这些著作的

---

① See Bardaisan of Edessa, *The Book of the Laws of Countries* (Syriac text plus English version), by H. J. W. Drijvers (Assen, Netherlands: Van Gorcum, 1965); and the same scholar's biographical and doctrinal study, *Bardaisan of Edessa*, id., 1966.

一些重要版本和较好的译本。比如,有一位名叫希坡律陀(Hippolytus)的希腊人,其确实年月已不可考,但他"可能是爱任纽(Irenaeus)的学生"。从这一点可以推测,他大概是二世纪下半叶的人。他被认为是一篇名为《驳异端》(Philosophumena)的论文的作者。这篇论文从基督教的视角来评论古典希腊哲学。① 它用赞许的口气评论了柏拉图的伦理理论,包括人类心灵的不朽和三部分组成;未来生命中的奖励与惩罚的主张;《理想国》中描述的四种美德;以及(在厄尔的故事中所暗示的)关于命运只是部分地掌握了我们的生命,而我们自己对于自己的命运也有一些选择等主张。这篇早期基督教论文还把邪恶看作是一个生命体中本来应该具有的善的缺乏。有关希坡律陀思想的引人注目的方面是,他毫无疑问地接受了柏拉图的实用哲学。

与此同时,一个非常活跃和多产的希腊基督教思想学派在亚历山大发展起来。这是一个世界性的城市,它有一个著名的图书馆和源于公元前三世纪的优秀的希腊学院。第一个把注意力转移到哲学领域的基督教学者是亚历山大的克雷芒(Clement,150－215年)。他的著作《杂集》提供了许多有关异教哲学和基督教论点的比较。在他信基督教之前,克雷芒是一个著名的古典学者。他的一般立场是,哲学和宗教启示中含有许多相同的真理。但是,他把伊壁鸠鲁主义看作是无神论者和唯物主义的东西,并加以批判。这种对伊壁鸠鲁学说的负面评价,在早期基督教学者中是很普遍的。在《杂集》的第六部,作为人和人心灵活动的普遍原则,克雷芒建立了一个实用智慧的理论。它看起来像是柏拉图的理性主义伦理学和廊下派的正确推论理论的翻版。我们应该努力像神那样来生活,尽管(如克雷芒自己所承认的那样)我们并不了解、甚至完全不了解神到底是怎么样的。② 他的确讨论了和节食、节饮和节衣等相关的某些道德问题,但是几乎没有想过要去细论这些伦理判断的哲学基础。克雷芒最大的贡献,也许是他把一些哲学观点包容在被广泛阅读的基督教著作中,

---

① On Hippolytus, see Etienne Gilson, *History of Christian Philosophy in the Middle Ages* (New York: Random House, 1954). Pp. 24-26, 563-65.

② See Gilson, op. cit., pp. 33-35, 565-69.

第四章 教父的和早期中世纪的伦理学

从而赋予了哲学某种程度的尊重。

另一位写过包含伦理学内容的希腊文著作的亚历山大人,是奥利金(Origen,185—254年)。他的论文《驳凯尔苏斯》(*Against Celsus*)和《论首要原理》(*On First Principles*),包括了一些与普罗提诺相似的观点。其原因可能是因为他们曾经受教于同一个老师,尽管奥利金比普罗提诺至少年长二十岁。对于哲学的价值,奥利金不像克雷芒那么乐观,他认为哲学和基督教不是同类。奥利金在心理上持有某些通常会被认为是非正统基督教的观点,这些都影响到了他的道德理论。他确信人的灵魂是永恒的,但是他又继续思考其他的各种可能性,包括灵魂在与其身体结合之前已经存在的可能性,灵魂也许在存在之前就是有罪的这种可能性,以及灵魂是被惩罚所以才被捆绑在一个世俗的身体上的可能性。① 这是类似于普罗提诺主义有关灵魂下沉和最终上升等说法的一个基督教的版本。人在决定上升或下沉的时候是有自由的:灵魂"要么从最高的善下沉到最低层的邪恶,或者从最低层的邪恶恢复到最高的善",每个灵魂都具备理性和自由意志,因此也有能力控制大方向并过上一种好的生活。好和坏的行为的检验标准,是那些应该被逐字逐句理解和遵守的神律("十诫"和《新约》中的避免发怒和咒骂,鼓励那些胆小怕事的人,支持那些弱者等训令)。② 最终的结局是所有的东西都会回归到在上帝那里的原点,那里不再有任何的邪恶。

这种灵魂上升到上帝那里的理论,可以在尼撒的格里高利(Gregory,335—394年)那里找到稍微温和一点的翻版。他否认先在的灵魂,但是承认所有的东西最终都要回归到上帝。格里高利的这个神灵上升的说法,引出了基督教神秘主义最初的几种解释之一。他强调,人的升华并与上帝结合,必须要得到某些特别的神助。③

---

① *On First Principles*, III, 1, 13, and I, 8; see the trans., by G. W. Butterworth (London: Society for the Promotion of Christian Knowledge, 1936; reprinted, New York: Harper Torchbooks 1966), pp. 181 and 67; cf. Jean Daniélou, *Origen*, trans. W. Mitchell (New York: Sheed & Ward, 1955), pp. 73—98.

② *On First Principles*, III, 1—6; trans. Butterworth, pp. 161—249.

③ Gregory of Nyssa's *De hominis opificio* and *De vita Moysis* are now being critical edited under the direction of Werner Jaeger et al.; see Gilson, op. cit., p. 583.

关于灵魂飞升伦理学说最有影响的基督教解释,其实也是最神秘的,并在历史上最令人困惑的解释。在五世纪的某个时期,有一组五部希腊文的著作开始得到基督教学界的注意。它们是所谓的《狄奥尼修斯文集》(Corpus Dionysiacum)。该文集的作者并不为人所知,但是被认为是亚略巴古的伪狄奥尼修斯(Dionysius the Pseudo-Areopagite)。他声称曾经生活在使徒时代并见证过《新约》中的某些事件。事实上,这些著作明显地受到新柏拉图主义哲学的重大影响,而且还包括了普罗克洛斯(五世纪)的整段文字,所以它们不可能是使徒时代写成的。这五部著作包括《天阶体系》、《教阶体系》、《神名论》、《神秘神学》和十篇《书信》。尽管其写作令人费解,作为基督教学说的正统性也令人怀疑,但它们在中古时期却得到了很高的评价。

《神名论》的第四章专门论述应用于上帝的"善"的意义。也正是在与此"名称"相关的方面,伪狄奥尼修斯泄漏出了他对新柏拉图主义伦理学的偏好。他在这里提出了关于邪恶的问题,并且用普罗提诺的主张中所使用的语言,也就是把邪恶看作只是善良的匮乏来讨论这个问题。① 这些文字是十三世纪的思想家们得到关于邪恶的这种"善良匮乏论"的两个媒介之一(另一个当然是奥古斯丁)。基于这种观点,天使般的精灵和人的灵魂如果因为"不具备足够的优良品质和活动,加上它们本身的缺点导致的失败和堕落",就被称为邪恶。② 按照伪狄奥尼修斯的说法,通过灵魂上升去和上帝实现个人的结合,可以解释人类活动的正面意义。在灵魂对美、善源头的追求中,它要经历三个运动:(1)一个从多重的外界事物转向自我内心的环形转向;(2)一个漫无边际的和辩证推理的螺旋状运动;以及(3)一个直接朝向那种在沉思中实现简单结合的移动。③ 这种理论是在《神秘神学》这篇短论文中简单和含糊地发展出来的。在后来的道德神学家之间产生了非常大影响的,是伪狄奥尼修斯用来总结他的善观的公式:

---

① The immediate source for the Pseudo-Dionysius seems to be Proclus' *De subsistentia mali*.

② *On the Divine Names*, chap. 4, sec. 24; trans. C. E. Rolt (London: Society for the Promotion of Christian Knowledge, 1920), p. 123.

③ Ibid., sect. 9; trans. Rolt, pp. 98-99.

"善起于单一的也是整体的原点,而恶则是来自多重的和关系复杂的缺陷。"①这样的解释适用于物质和道德两方面的恶,并且它也意味着一个善的行为必须是在它所有可能的境况中都是恰当的行为,而只要其在任何一个境况中算不上恰当,这个行为就成了一个不道德的行为。②

西索波利斯的马克西穆斯(Maximus of Scythopolis, 580-662)发展了伪狄奥尼修斯的这些观点,并使之广为传播。他的论文集《二志论》(*On Ambiguitites*)说的是,人通过关于善的知识和对于神圣之美的极度热爱才实现其回归于上帝。在所有的事物都神圣化的阶段,这些就终止了。人和宇宙都回归到它们的神圣理念(divine Ideas)的统一体。最后,上帝就是一切的一切。③

我们在这个时代要讨论的最后一位希腊学者是圣若望·达玛森(John Damascene, 约675-749年)。他的宏篇巨作《知识之源》的第三部,有一部分是讨论基督教的基本真理的,这些讨论在十二世纪被比萨的勃艮第奥(Burgundio of Pisa)翻译为拉丁文,并冠以"论真实信仰"的标题。这个拉丁文版本在十三世纪的影响非常大,并常常被各种神学大全所引用。圣若望·达玛森给我们引出了一个与新柏拉图主义基督教的灵魂升华之说不同的理论,其中,他采用了希腊主教南米修(Nemesius)的《论人的本质》(写于公元400年)中关于人的力量和功能的分析。而南米修也是采纳了纪元前阿帕梅亚的波赛东尼奥(Poseidonius of Apameia)的学说。下面这段直接翻译自勃艮第奥的拉丁文版本的文字,反映了圣若望·达玛森对于人的道德力量的理解。

> 我们应该注意到灵魂有双重力量,有些是认知上的,其他的则至关重要的。那些认知上的力量是:理解、思维、观点、想象和感觉。至关重要的或者是与欲望相关的力量是咨询(拉丁文 consilium, 这是

---

① Ibid., sect. 30; Rolt's trans. (p. 126) is modified here to conform to the Greek.

② Thomas Aquinas (In librum *De devinis nominibus*, lectio 22, n. 572; ed. C. Pera, p. 213) will later make extensive use of this teaching.

③ See Gilson. Op. cit., p. 88.

对 boulesis 的误译，boulesis 的意思应该是 volition, 意愿）和选择。同样值得注意的，是灵魂里自然存在着一种符合本性的、与欲望相关的力量，这种力量被引向与自然本性相关的所有目标：这就是所谓的意志。因为客观实体总是被它的自身的自然或完整的本性所吸引，就倾向依据感觉认识来生活，也受感觉认识的控制。于是，他们就这样来描述自然意志：意愿（willing），也就是 the voluntas，是仅仅基于自然倾向的一种理性的和至关重要的欲望；意志力（the power of will），也就是 voluntas，它本身就是自然的、至关重要的、受理性控制的欲望，是渴望自然本性的一切成分的欲望，是一种简单的力量。另有一种向往其他东西的欲望，它既不是理性的，也不被称为意志（will）。现在，意愿（volition, boulesis）不管怎么说它都是属于自然本性的东西；thelesis 是意志（will），是向往任何东西的自然和理性的欲望。人的灵魂里有一种理性欲望的力量。因为它是受本性的驱使的，这个向往任何东西的理性欲望就叫作 boulesis（勃艮第奥的拉丁文本中被翻译为 bulisis），这就是意志（will）。现在，boulesis，也就是 will（voluntas），是一种向往所有东西的理性的欲望。它叫作 boulesis，也就是 will，两者都是关于我们力所能及的和无能为力的目标；也就是说，关于可能的和不可能的目标。①

在这段生涩、不很清晰的分析中，我们发现了一种特别的道德心理学的开端，其中对于善的本性的（因此也是物质上必要的）意愿的观点被区别于人有意的、受理性控制（因此也是自由的）的意愿的运动。在这种文字的影响下，托马斯·阿奎那和某些十三世纪的思想家认为，有两种人类的意志：voluntas ut ratio 是自由的；voluntas ut natura 是非自由的。② 而且，圣若望·达玛森的这段文字引出了这样一种主张：人的欲望中有比理性意愿更多的东西。感官欲望包括两种能力：由性欲引起的欲望（它的运

---

① My translation is made from *De fide orthodoxa*, MS Paris, Bibliothéque Nationale, 14557, fol. 204vb-205va, as transcribed by O. Lottin, Revue Thomiste, XXXVI (1931), 631.

② For *bulesis* and *thelesis* in Thomas Aquinas, see *Summa Theologiae*, I, 83, 4, ad primum; and III, 18, 3c.

动是由感觉认知引起的关于个别事物的简单向往或厌恶)和易怒的欲望(它的运动是面对危险的躲避或袭击的效应,或者是面对感觉对象的困难方面的效应)。这种学说影响了阿奎那和其他经院哲学家的道德心理,以至于他们接受了人类活动的三欲望观点:意愿(will),易怒(irascible appetite)和情欲(concupiscible appetite)。①

二、拉丁学者的道德理论

在十三世纪以前,西方的或者是拉丁的基督教教会出现了许多探讨过伦理学基本问题的学者。在拉丁学者中,安布洛斯和奥古斯丁是这个领域里最杰出的。他们的某些伦理学观点在二十世纪依然被讨论着。正如我们要看到的,波爱修斯的《哲学的慰藉》中有许多关于道德生活的论述。爱留根纳(Erigena)和安瑟伦(Anselm)分别在九世纪和十一世纪发展出基督教柏拉图主义伦理学的非常不同的版本。阿伯拉尔(Peter Abelard)的思想典型地反映了个人良心的主观诉求与高于人本性的道德律客观规定之间的冲突。我们将回顾拉丁文化中关键学者的一些重要伦理学理论。

北非人德尔图良(Tertullian)是早期基督教道德学家之一,大约生活在160年到240年之间。跟他的名字一起经常被提及的,是"因为不合理,所以我信"(credo quia absurdum)这句名言,虽然这句话不太好懂。也许他只是说,信仰本来就是一些无法用理性来理解的、神秘的东西。② 在他的《灵魂论》第十九章中,德尔图良说灵魂在本质上是肉体的,而儿童的灵魂则来自于他父亲的精液。尽管对于人的精神层面有这样明显唯物主义的观点(很少有基督教的学者持有这样的观点),德尔图良却大力提倡个人自由,并身体力行要让个人的意义得以彰显。③ 在他的道德学说

---

① See O. Lottin, *Psychologie et Morale*, I, 393–424; and Vernon J. Bourke, *Will in Western Thought* (New York: Sheed & Ward, 1964), pp. 55–76.

② For a discussion of the meaning of this notorious statement from *The Flesh of Christ* (chap. 5), see Gilson, op. cit., p. 45.

③ Adversus Praxean, 12–18; trans., in *Writings of Tertullian* (Edinburgh: Clark, 1870), XV, 357–72.

中,德尔图良提倡对于基督徒的生活各个方面做出非常严格的规定。基督教提供了很具体的行为规则,完全的遵守将会得到与上帝同在的永恒的幸福,而违反这些规则的后果则是永恒的痛苦。一位教父学者总结了德尔图良的法规观:"他所珍爱的上帝,是一位刻板且不容违抗的法官,这位法官树立了畏惧作为人类拯救的基础。"①

另一位也用拉丁文写作的非洲基督教学者拉克坦修斯(Lactantius,约250-330年)的立场则不那么极端。在他的《上帝的建制》一书中,拉克坦修斯认为异教哲学并不具有真理(其第三部的标题就是《虚假的智慧》)。本书的第六部提供了基督教道德观的基本原则,并把这些指令视为直接来自上帝。这是在早期教会时代神学范畴的伦理学的一个很好的例子。尽管他并没有要把伦理学问题理论化的意图,拉克坦修斯认识到了教育在实践智慧中的重要意义。②

人们经常把米兰主教安布洛斯(Ambrose,340-397年)作为一个注重实践的道德学家来论述。他的《论神职人员的职能》一书,的确是把西塞罗的《论义务》中的思想放在基督教的背景下加以实际应用。从这一点上说,安布洛斯影响了基督教的道德神学。③ 近来在对奥古斯丁的背景进行深入研究的过程中,人们也发现了安布洛斯在哲学的其他方面的贡献。简单地说,安布洛斯对于新柏拉图主义哲学看来并非只有短暂的兴趣。以《论以撒和灵魂》为标题的说教集反映出安布洛斯采纳了普罗提诺的观点,恶(evil)不是某些东西的过分,而是善(good)的缺乏。这种影响也被反映在他对美德(virtues)和恶习(vices)的分析中。而且,安布洛斯所描述的好生活,是灵魂从世俗向上帝的飞升过程。④ 因此,他是把

---

① Pierre de Labriolle, *Histoire de la littérature latine chrétienne* (Paris: Les Belles Lettres, 1947), I, 124.

② Cf. de Labriolle, op. cit., pp. 299-300.

③ Ambrose, *De officiis ministrorum*, is analyzed in N. E. Nelson, *Cicero's De officiis in Christian Thought* (Ann Arbor: University of Michigan Press, 1933); cf. R. Thamin, *Saint Ambroise et la morale chrétienne au IVe siècle* (Paris: Masson, 1895).

④ For the evidences of Plotinian influence in Ambrose's *De Isaac et anima*, VII, 60-79, see Pierre Courcelle, *Recherches sur les Confessions de saint Augustin* (Paris: De Boccard, 1950), pp. 106-3.

第四章　教父的和早期中世纪的伦理学

希腊哲学思想传递给早期拉丁教会的一个中介。

1. 奥古斯丁

拉丁教父之中最全面地发展了道德理论的,是希坡的奥古斯丁(354—430年)。他对于后来的伦理学者所研究的大多数课题都曾发表过一些意见。奥古斯丁的伦理学观点依然是二十世纪伦理学讨论的话题。① 没有任何一部著作曾经全面概括了他的伦理学思想。我们将用几部早期的对话录——《忏悔录》、《上帝之城》、《论三位一体》、《论信望爱》(*Enchiridion*),以及其他的文献——来作我们的说明。②

所有人都渴望并努力得到幸福,奥古斯丁对此并无疑问。和任何古典希腊思想一样,他的伦理学立场是属于幸福主义的。除了通过诸如西塞罗等拉丁文作者的介绍之外,他对于亚里士多德的《尼各马可伦理学》并无更多了解,对于柏拉图的对话录也所知甚少。他似乎曾经读过《九章集》中的某些部分和波菲利的一些短篇道德学著作。他把普罗提诺的思想概括为普罗提诺主义,并认为它是异教哲学中最好的(《上帝之城》,VII,第4—7章)。在奥古斯丁的年代,最流行的哲学其实是伊壁鸠鲁主义和廊下派,但他却觉得他们的伦理学是不正确的。有趣的是,奥古斯丁把伊壁鸠鲁主义欲望的终极目标总结为"肉体的愉快",而把廊下派的目标总结为"精神的坚定不移"。③ 他自己的观点是,人的终极幸福不可能存在于个人之中(诸如美德或知识),而是存在于肉体死后所发生的一种与上帝的特殊的结合。④

在奥古斯丁看来,人真正最重要的部分是灵魂。人只是把肉体作为

---

① See, for instance, Joseph Fletcher, *Situation Ethics* (Philadelphia: Westminister Press, 1966), p. 81.

② Brief texts on ethical questions are found in *The Essential Augustine*, ed. V. J. Bourke (New York: Mentor, 1964), chap. VII; for longer Latin selections, see G. Armas, *La Moral de San Agustin* (Madrid: Difusora del Libro, 1954).

③ Sermon 150, in Quincy Howe, Jr., *Selected Sermons of St. Augustine* (New York: Holt, Rinehart and Winston, 1966), pp. 89—110.

④ *De beata vita*, trans. as *The Happy Lift*, by L. Schopp (New York: Fathers of the Church, Inc., 1948), I, 43—84.

工具的灵魂。从认知角度来说,这个心灵被叫作心(mind);从持有的角度说,这个心灵被叫作记忆(memory);而从作为通过身体或脱离身体的任何精神活动的资源角度来说,这个心灵被叫作意志(will)。这种三位一体的心理学,在《论三位一体》的第九、第十四部分有详细的解释。① 人的灵魂有能力通过一个自愿的转向把自己的关注点导向各种不同的目标。人也许转向去关注身体的东西(所有这些都是比灵魂更低级的),而这是错误的。奥古斯丁并不是认为身体的东西是邪恶的;它们都是上帝创造的,是好的东西。他是相信,作为生命、知觉和人的所有努力的基座,灵魂是明显地优于其他无生命的东西的。② 因此,如果灵魂去关注物体的价值,只会让自己降格。当灵魂开始关注自身的时候,它发现它的本性比物质的本性更好,但是它依然是不完美的,容易受世俗的变化所影响。自省当然能发现人的精神世界的庄严宏伟(参考《忏悔录》第五章8-26页中有关记忆的著名描述),但是进一步的思考则指出了灵魂在上帝面前的卑微。通过仰望上帝,灵魂发现了所有真实和善的源头。

上帝会照亮那些追随他并寻求他的帮助的人的心灵。神的光明可以普及到所有的人,向他们显示认识、生活和行动的初始真谛。神的"光明"不只是认知的原则,而且是道德内容和规范的来源。我们关于平等、秩序、正思(prudentia)、节制、个性(fortitudo)、公正,以及其他伦理典范的最初概念,都是通过依赖于神的光明才可能具有的个人直觉来获得的。③下面这段是奥古斯丁对于伦理判断永恒标准的这种直觉的表述。

> 所以,在认识活动的对象中,有些是可以在灵魂本身看到的,比如美德(它是恶习的对立面)。无论是可以持久的美德,比如虔诚;或者是只在这个生命中才有用,而不是预定要在下一个生命中继续

---

① Cf. Michael Schmaus, *Die psychologische Trinitätslehre des hl. Augustinus* (Münster: Aschendorff, 1927).

② See *The Essential Augustine*, pp. 48-57.

③ *De libero arbitrio*, II, 19, 52; Sermo 341, 6, 8; cf. E. Gilson, *The Christian Philosophy of St. Augustine* (New York: Random House, 1960), Pt. I, chap. 5, for the theory of divine illumination.

第四章 教父的和早期中世纪的伦理学

的美德,比如我们赖以相信看不到的东西的信心,比如我们因此而耐心地等待应有的生活的希望,比如我们依靠它来忍受灾难直到实现我们愿望的目标的耐心。这些美德,也包括其他一些相似的东西,虽然对于我们现在走出流放的生活是必须的,但在下一个(在天堂的)幸福生活中将没有什么用处,因为它们只是实现目标的必要手段。而这些甚至都是可以通过认识活动来了解的……这些认识对象和光明有本质的区别。光明能够启蒙灵魂,使其得以认识和真正理解所有的一切,无论是存在于它本身的,或是显示于这个光明之中的。因为,这光明就是上帝本身……①

奥古斯丁用来说明道德启蒙目的的另一个方法,是引用永恒法的概念。正如他在《论秩序》这篇早期的对话录里所说的:"这种教导正是上帝的法律,永远与他同在,不可动摇。可以这么说,它是被转录到聪明人的灵魂上,使之了解,只要他们用所理解的东西去更加完整地思考它,并在他们的生活方式中更加全面地遵守它,他们就能够相应地得到一个更美好和高尚的生活。"这个永恒法,既是上帝的理由,也是上帝的意志(《反福斯图斯》,XII,27)。它是不变的,也是普遍适用的。在前摩西时代,这个永恒法是自然地由人的理性得以认识的(所以奥古斯丁偶尔也把它称为自然法),其中一部分以书面文字的形式被传递给摩西,据说是要把它"印在我们的脑中"和"写在我们的心上"的。就这样,人的是非之心立刻知道了诸如这样的规定:己所不欲,勿施于人(《圣咏漫谈》,*Enarrationes in Psalmos*)。很多这类规定都是自然地被人所了解的。②

到目前为止,奥古斯丁的伦理学看来像是基督教道德观的立法论版本。其实,他的思想在伦理学上的重要意义还有另一个方面。尽管他坚

---

① *De Genesi ad litteram*, XII, 31, 59; trans. J. H. Taylor, in *The Essential Augustine*, p. 97.

② For Augustine's views on law and morality, see *Confessions*, III, 7, 13; Letter 157, 15; *De libero arbitrio*, I, 6, 15; and Gustave Combés, *La doctrine politique de s. Augustin* (Paris: Plon, 1927); and Alois Schubert, *Augustins Lex-aeterna-Lehre nach Inhalt und Quellen* (Münster: Aschendorff, 1924).

持遵守上帝的律法。奥古斯丁在坚持个人自由,强调善念的重要性,和强调恰当的内心动机的必要性方面,也不输给任何其他的伦理学者。在生命的黄金时期他写了著名的论文《文字与灵》(412年),来解释一个人要通过与道德律相符合的行为来获得相应的信用,他就必须首先是被上帝之爱所感动的。正如他对自己的观点所做的表述:"如果这种诫命的遵守是出于对惩罚的惧怕,而不是出于对正义的热爱,那么这种遵守是被强迫的,不是自由的,因此,根本就说不上是遵守。不是从慈善的根基长出来的果实,不可能是好的。"惧怕惩罚,并不是充足的动机。甚至连被动的避免不道德,也不是充足的动机。在另一书信中,奥古斯丁把对上帝的爱视为好生活的原则:①

在这一生中,除了热爱你所应该去热爱的,别无其他美德,需要谨慎的是选择所热爱的对象;要坚毅不变,不要受任何麻烦的干扰而偏离它;不受任何诱惑的吸引而离开它,那就是节制;不受骄傲心的吸引而离开它,那就是正义。但是,什么是我们应该选择的热爱对象,而且是比所有其他的选择都更好的呢?这个对象就是上帝。如果我们把任何东西置于它之上,甚至置于和它相等的地位,那就是表明我们并不了解应该如何热爱我们自己。因为我们越是接近至优无上的他,我们越是好上加好。

我们应该带着上述的概念来理解这句流行很广的奥古斯丁的言论:"热爱,并做一切你能做的。"奥古斯丁并不是说,只要一个好人感觉到对某种东西的热爱,他就可以违反上帝的律法!他说的是,一个真正热爱上帝的人,总是具有这样的意愿,总是那么积极主动地,使自己的行为自动地与神和道德的律法相符合。这样的个性和意志的完善,只有通过神的恩惠才可能。那个能够激励所有好的道德行为的爱,就是仁慈在神学意义上的美德。②

---

① In Joannis *Epistolam ad Parthos*, 4, 7, 8.
② Enarrationes in *Psalmos*, 118, *Sermo*, X, 5.

尽管这种说教具有浓厚的宗教色彩,奥古斯丁的确把他的思想看作是一种伦理学。正如他在《上帝之城》这书的第八部中对此所做的正式概括,哲学的第三和最后部分就是伦理学,就是希腊人所称的 ethica。他进一步说明了他是如何理解伦理学这个领域的:①

> 它处理关于最高的善的问题。对照它,我们所有的行为才能确定方向。我们要找的,就是这个善本身,而不是为了其他的。一旦找到它,我们就再也不需要其他什么东西来让我们得到幸福了。事实上,这就是我们把它称为我们的终点的理由,因为我们向往的其他东西都只是为了达到这个至善(summum bonum),而至善本身就是我们想要得到的。

奥古斯丁的伦理学,是以神为中心的幸福主义:人的最终完善在于获得上帝的接受(*De moribus ecclesiae*, I, 6, 10)。许多人认为这是基督教伦理学的最典型的例子。②

2. 波爱修斯

另一种早期基督教伦理学的版本存在于比奥古斯丁晚一个世纪的罗马元老院议员波爱修斯(Anicius Manlius Torquatus Severinus Boethius, 470-525年)的著作里。他最著名的著作是《哲学的慰藉》。其伦理学观点的资料也包括某些相对较短的文献。波爱修斯的心理学观点和奥古斯丁差不多,但是他比奥古斯丁知道更多古希腊的哲学。具体地说,波爱修斯似乎是基督教教会时期第一位对《尼各马可伦理学》了解得比较多的拉丁学者。虽然他了解亚里士多德,但是在很多问题上他更喜欢柏拉图,而且也对廊下派实用哲学的许多方面持有良好的印象。十九世纪末期,哲学史学者都一度喜欢质疑这位作者的基督教倾向,当然今天已经没有

---

① *City of God*, VIII, 8; trans. G. Walsh et al. (New York: Doubleday Image Book, 1958). P. 155.

② The best secondary work is Joseph Mausbach, *Die Ethik des hl. Augustinus* (Freiburg im Breisgau: Herder, 1909).

哪位认真的学者去怀疑他不是基督徒了。

对于波爱修斯来说,认知过程有四个层次:最低的是感觉,它是认识具体呈现的事物的外形和数量的;其次是想象,它能够看到并未具体呈现的事物的实体形像;第三层是推理,它能够看穿呈现在许多个别事物上的普遍本质(这种认识力是地球上的人类所特有的);而最高层次的是智慧,它能够凭直觉了解到除了世俗事物之外还有完美"形式"的存在。这最高智慧是一种神力,人只在突然领悟的时候才可能偶然分享它。神学是一种神圣的科学,它培养这种关于上帝和神性的最高的知识。① 在一篇论述形而上学的、在中古时期被称为《周期论》(De Hebdomadibus)的短文的开篇部分,波爱修斯列举了作为他的其他论证的公理的九个命题。② 第一个命题表述的是每个人都会觉得属于毫无疑问的"通用概念"。它有两种形式:有些是如同关于数量的几何公理那样人人都懂的;其他的命题,比如"非物质的东西是不可能占有空间的",则是需要通过学习才能掌握的概念。第二个形式,比如"等式加在等式上还是等式",是大家都知道的常识。这种关于原始公理和定义的理论,加上直觉智力的理论,一起影响了后来经院派有关理论和实践知识(包括伦理学)的第一原理的学说。这种波爱修斯式的论证科学的传统,和演绎派对于推论的理性(也是源于波爱修斯关于三段论逻辑的教科书)的强调,一起构成了体现着中古时代后期基督教道德伦理学和神学的时代特色的理论体系建设的资料来源。③

在《周期论》一文的真正形而上学部分,波爱修斯提出了讨论伦理学的另一种相当不同的方法。它完全是一种柏拉图式的讨论,讨论善的许多低级形式如何通过参与最高级的善,那个太一,而成其为善。这种形而上学的善,与善的伦理学意义,并不是同一个东西。在该文的结尾部分我们得知,"所有的东西都是好的,但是并非所有的东西都是正义的"。正

---

① In *Isagogen Porphyrii*, ed. Prima, I, 3 (*Corpus Scriptorum Ecclesiasticorum Latinorum*, XLVIII, 8–9); *De Trinitate*, ed. And trans. H. Stewart and E. K. Rand (Cambridge: Harvard University Press, 1918), pp. 8–12; cf. Thomas Aquinas, *The Division and Methods of the Sciences*, trans. A. Maurer (Toronto: Pontifical Institute of Mediaeval Studies, 1953).

② See Stewart and Rand, op. cit., pp. 40–42.

③ Cf. Mariétan, *Le Problème de la classification des sciences d'Aristote à saint Thomas* (Paris: Alcan, 1901).

义是各种活动中的一种,有些行为是不正义的。①

《哲学的慰藉》第三和第四部更明显地反映出,波爱修斯是如何试图通过把柏拉图主义、亚里士多德主义和廊下派的因素,放在基督教道德观的框架下,来建立一个关于生活的实用哲学的。像希腊人一样,波爱修斯认为人都想要努力达到最终的舒适康宁生活。不同的人对快乐的看法不一样,有些人以为快乐取决于身体的良好境况(强壮、健康、美丽),有些人认为快乐是精神上的好(知识、美德),有些人甚至认为快乐是社会方面的交往(出名、政权力、好名誉)。波爱修斯声称,这些结局都不是完善的,也是不可能持久的,一定存在着应该就是这些追求幸福的人们的最终目标的尽善尽美。这种推论,就要求人们注意到作为尽善尽美的上帝的存在。② 这种得出上帝是所有道德努力的主观目标的思辨方式,成为后期经院派神学伦理学的一个重要成分。

在波爱修斯之后的几个世纪,当然有很多的著作讨论实践道德观的具体问题。其中有许多未经汇编和研究过,比如,布拉加的主教马丁(Martin of Dumio, 515-580 年)就相对不被大家所了解。他的著作包括《诚实生活的准则》、《四种美德》、《怎么放下骄傲》等等。一般看来,马丁是采纳了塞涅卡关于首要道德美德的学说,并把它们引用到基督教生活中。同样的评论可以用于格里高利一世(Gregory the Great, 540-604 年)和赛维亚的伊西多尔(Isidore of Seville, 570-630 年)。他们不像马丁那样借用异教的资料,但是他们的伦理学观点也是以基督教的生活观为基本内容加上一些古典人道主义的一种综合结果。格里高利的《约伯记的道德》一书被后世经常引用,但是要说它是中世纪伦理学的基本源泉,那就属于夸大其词了。③

---

① Stewart and Rand, op. cit., p. 50; cf. Charles Fay, "Boethius' Theory of Goodness and Being," in *Readings in Ancient and Medieval Philosophy*, ed. James Collins (Westminster, Md.: Newman Press, 1960), pp. 164-72.

② "Confitendum est summum deum summi perfectique boni esse plenissimum," Boethius, *De consolatione philosophiae*, III, 10, prosa; in Stewart and Rand, op. cit., p, 268.

③ This is the view of Alois Dempf, *Ethik des Mittelalters* (München-Berlin: Oldenbourg, 1927), p. 56.

九世纪的时候,爱留根纳(John Scotus Erigena, 810-877年)把新柏拉图主义伦理学关于灵魂飞升到它的源头的整个学说写成拉丁文著作。① 他的《论自然的区分》具有宏大的形而上学结构,试图解释包括人在内的一切事物如何来自那唯一的源头又最终回归到这神圣的本源。普罗提诺的流溢论就这样令人惊叹地被结合到基督教的创造论之中了。一切真实都被称为"自然":作为本源的上帝,它是有创造力的,但本身不是被创造的自然;神圣观念是有创造力的、而且本身也是被创造的自然;宇宙和人构成了无创造力,而本身是被创造的自然;最后,作为目标的上帝,它是本身没有创造力、也不是被创造的自然。人最初只是"在神意中永久存在的一些智慧的思想"。② 在他尘世生命的终点,每个人都要经历其本性的另一个"区域":灵魂从他的身体分离出来,而身体则瓦解为其物质成分。但是,在其第三阶段,人的身体又和灵魂结合并且被逐步地灵化了;在第四阶段,灵化的人与上帝中的他的原型思想相结合;在这种回归的最后阶段,世上的一切东西都要回归到神的源头。③ 人在这个回归过程中有调整他的意志的自由,而作为一个基督徒,他的确有义务来发展出他最高的能力,以便他的整体都能够升华成为纯粹的思想。必须要有神的恩惠才使人能够升到这样高的存在境界。如同爱留根纳在《论自然的区分》第五部中说明的,一个按道德要求来生活的人,他不只是和所有人一样最终实现与上帝的结合,而且他的最终状况是自己成为与神相似的变化过程。这种神化,只授予那些善者。

在爱留根纳以后,到十一世纪的安瑟伦之前,一直都没有出现可与之比肩的以拉丁文创作的道德论者。坎特伯雷的安瑟伦(Anselm of Canterbury, 1033-1109年)是意大利人,他在法国的本笃修道院接受教育,却成为像坎特伯雷那样的英语地区最有声望的主教之一。他在伦理学上的重要意义,在于他强调道德主体的个人态度是他在道德上善或恶的决定因

---

① *On the Division of Nature*, I, 1, trans. in Herman Shapiro, *Medieval Philosophy* (New York: Random House, 1964), pp. 85-103.

② *On the Division of Nature*, IV, 7; trans. in R. P. McKeon, Selections from *Medieval Philosophers* (New York: Scribner's, 1929), I, 117.

③ Cf. Gilson, *History of Christian Philosophy*, pp. 125-27.

素。有一个历史学家甚至说,在安瑟伦看来,"道德性的确定,与任何的功利考虑无关,而且,一般地说,与任何最终结果也没有关系"。① 这是中世纪伦理学者中完全抛开柏拉图、亚里士多德和廊下派幸福论的第一例。

当然,圣安瑟伦受到奥古斯丁的深刻影响,尤其是在道德心理学方面。意愿是灵魂的最重要方面。在任何道德活动之前,人的意愿受到两种可能的性情的控制。其一,是受到对于舒适的喜好(affection ad commodum)的影响,人都倾向于寻求各种适合于他的日常生活的好东西。这样的倾向使他期望,比如,要造一间好的住房,要耕作他的土地,等等。其二,是对于公正的喜好(the affection justitiae),这使得某些人有一种自愿修善向上的倾向。这种意愿是获得神赐恩惠的必要条件。② 要探讨这样的"较高的正义"在安瑟伦心中的意义,我们必须首先简单地了解他有关真理的理论。在他的《关于真实的对话》中,他描述了很多种真实:真实陈述、真实观点、真实意向、真实行为、真实感觉和真实事物。正如一个好的柏拉图主义者那样,安瑟伦声称,这一切的例子都是真实的,因为它们都共同存在于一个最高的真实之中并分享最高真实的特质。真实的,就是根据某些不变的正确性标准看来是正确的。真实的一般定义是:"只用思维就可以认识到的正确性。"③

把这样的理论用于道德问题,安瑟伦得出结论,正义就是意志为它自身的原因所保留的正确性。④ 换句话说,一个人之所以公正,与其说是因为他想要做什么,不如说是因为他想要这样做的理由。安瑟伦在这里提出了伦理动机这个重要话题,认为一个道德主体的正确性,不在于他的行为所达到的某些结果,而在于这个人的初始态度中的某些性质,或者自愿倾向。因为他坚持,正直必须是出自为它本身而发生的愿望(真实自由被定义为"为了正直本身的缘故,保留意志的正直的能

---

① Aimé Forest, *Le Mouvement doctrinal du IXe au XIVe siècle* (Paris: Bloud et Gay, 1951), p.63.

② *Liber de voluntate*, in *Patrologia Latina*, CLVIII, 487–90; *De Concordia*, PL 158, 538-40; cf. J. Sheets, "Justice in the Moral Thought of St. Anselm," *The Modern Schoolman*, XXV (1948), 132–39.

③ *De veritate*, chap.11; trans. McKeon, op. cit., I, 172.

④ "Rectitudo voluntatis propter se servata," 同上, chap.12; in McKeon, I, 173–79.

力")。安瑟伦在这里期望一种类似康德的纯粹和善良意志的理论。①当然,安瑟伦的道德正直远比简单的主观正确更深刻。他不是一个伦理上的形式主义者。他相信,人的意志是否正确,要取决于遵从上帝这个客观的正确性。

在中世纪早期的少数几位用"伦理学"(ethics)这个词来写作的作者中,有一位是彼得·阿伯拉尔(Peter Abelard,1079-1142年)。他的《伦理学,或认识自己》(*Ethica seu liber dictus scito teipsum*)一书,是中世纪伦理学讨论的里程碑式的著作。作为一个对于(他那个时代)处理一般概念时的现实主义态度的反对者,阿伯拉尔不能支持一个具体的善是因为分享了普通善性的某种现存本质的主张。某种程度上受安瑟伦的影响,他坚持罪恶是对不道德的东西的认可。因为这些不道德的东西违背了上帝的法律。认可和接受不道德的东西,也就等同于对上帝的轻视。他进一步强力声辩,道德正确与否,不是行为的执行,而是主体意志的恰当安排。他用了一个今天的情境主义者常用的例子说:"于是,罪恶不在于对一个女人的欲望,而在于同意了这个欲望。"②

阿伯拉尔并没有亲自读过《尼各马可伦理学》,因此他无力引用亚里士多德对自愿性的分析。在他的《伦理学》中关键的第三章,他犹豫着,不能确定罪恶是否必须涉及一个自愿的行为。他讨论了几个例子,它们都是在违反人的意愿的情况下完成的行为,而且看来涉及责任、违法和罪恶。他一再强调过失和罪恶的重要区别,但是他在这方面所用的术语和思想是不稳定的。在《伦理学》的某些章节里,他把意图(intention)当作道德善恶的焦点来论述。在这里,"意图"表示的是和"同意"(consent)一样的意思。通观全文,他坚持认为一个行为的执行或放弃并不影响同意或意图的道德价值。

阿伯拉尔的伦理学不是纯粹的主观主义。他认为,一个人的意图必须是正确的,这就意味着要在客观上遵守上帝的法律。他知道,某些

---

① "Potestas servandi rectitudinem voluntatis propter ipsam rectitudinem," *De libero arbitrio*, III; PL 158, 494.

② *Ethica*, chap. 3; trans. by J. R. McCallum as *Abailard's Ethics* (Oxford: Blackwell, 1935); sixteen chapters are reprinted in Shapiro, op. cit.; see especially Shapiro, pp. 137, 141.

人认为,当任何一个人相信他自己做的是对的,那么他的意图也就是正确的。① 而他则坚定地认为,好的意图只是那些符合上帝意愿的意图。但是他并没有指出,一个普通的人怎么能够客观地知道什么才能够让上帝高兴。②

道德性是一个人灵魂中的某些正确品质(现代学者所谓的"内在道德性"),这样的观点在十二世纪相当流行。甚至阿伯拉尔正统神学的强力批判者,比如明谷的伯纳德(Bernard of Clairvaux,1090-1153年),也完全认同这样的主张:对于善的认同是一个人获得在天堂中永恒奖赏的资格。③ 圣伯纳德并不是一个伦理理论家。他简单地坚持那种出于尽可能纯洁和高尚动机的对上帝的爱。他的这种坚持,比其他任何中世纪的道德学家都更多。这就是他的《论对上帝之爱的必要性》(*On the Necessity of Loving God*)一书的主题。当然,这并非是道德主观主义。正确的意志必须符合一个非凡的标准,这个规范就是永恒法。伯纳德不是一个持律法主义思想的人,但是他也远远不是说善就是有个好的感觉那样简单。他批评那些只把自我感觉看得很重要的人,说他们"每个人都立一条宇宙永恒之法",④这是对仿效上帝的愿望的误用。

在十二世纪,基督教很多教派都开始接受伦理学或道德哲学,使其在他们教导的纪律中占据一定的位置。这时期产生了很多作为教科书的文集和选集,用来训练修道院或其他学术中心的孩子们。其中大部分是匿名的。比如,被认为是威廉(William of Conches)、嘎迪尔(Gauthier of Chatillon)和其他一些作者的《道德哲学家的学说》(*Teachings of the Moral Philosophers*),以及被混杂在希尔德伯(Hildebert of Tours)的著作中但是

---

① *Ethica*, chap. 3; trans. by J. R. McCallum as *Abailard's Ethics* (Oxford: Blackwell, 1935); sixteen chapters are reprinted in Shapiro, op. cit.; see especially Shapiro, pp. 12; in Shapiro, p. 162.

② See Richard Thompson, "The Role of Dialectical Reason in the Ethics and Theology of Abelard," *Proceedings of the American Catholic Philosophical Association*, XII (1936), 141-48, who traces the theory of evil consent back to Augustine, *De continentia*, I, 23.

③ *De gratia et libero arbitrio*; see the English analysis in G. B. Burch, *Early Medieval Philosophy* (New York: King's Crown Press, 1951), pp. 90-93.

④ *On the Necessity of Loving God*, chap. 13; trans. in A. C. Pegis, *The Wisdom of Catholicism* (New York: Random House, 1949), p. 263.

作者不详的《内在善的道德哲学以及有用的善》(Moral Philosophy of the Good-in-itself and the Useful Good)。还有最近才刚刚被编辑的《牛津道德文献汇编》。所有这些和那些文献的共同点,是想从古代希腊和罗马的道德文献中拣选出最好的,并把这些范文加以改编使之符合基督徒的生活要求。这个运动有时被称为"基督教的苏格拉底主义"。最被欣赏的古典哲学家是柏拉图、西塞罗、塞涅卡,以及其他一些不太著名的作者,比如马克罗比乌斯和安德罗尼柯。在伦理学方面,这些十二世纪的文献集反映出一种自我实现的精神主导版本。不再强调法律要求的道德义务,而是忠告读者通过培养神学上的美德(信心、希望和慈善)和主要的美德(谨慎、节制、坚毅和公正)来建立自己的道德品格。这些美德被细分为许多"部分",其结果是一个罗列了许多好习惯的、冗长的目录和描述,通常还伴随着对相应的坏习惯的批判。①

某些非正统宗教组织的观点也出现在十二世纪的舞台上,并且可能给中世纪主流基督教伦理学形成了一些负面的影响。其中的一个运动是所谓的"清洁派"。清洁派在法国南部的阿尔比镇有一个运动中心,因此也被称为阿尔比派。在那一百年里,意大利形成了清洁派的两个组织:在贝加莫和维罗那地区的阿尔伯嫩西斯(Albanenses)和在康考勒索地区的康考勒尼斯(Concorenses)。清洁派基本上是摩尼教(Manichaeism)的复兴。摩尼教的宗教教义认为,存在着两种本原,一是所有善的事物的源头,另一是所有恶的事物的源头。通常这两者都被认为是永远共存的、力量相似的神。在十二世纪的清洁派里,摩尼教的基本两重性被改编过了,使之适应几种不同的基督教生活观念。可以看到这个运动在该时期伦理学上的两种影响。首先,大多数的清洁派信徒接受一种对于道德习惯非常严格和极端拘谨的态度。比如说,他们把所有的性行为都看作是道德上邪恶的,并且要求一个完美的信仰者无论婚否都要戒绝生育。他们崇尚极端的禁欲主义。在另一方面,因为原始的摩尼教(源于三世纪波斯

---

① Twelfth-century moral philosophy have not yet been fully studied; some idea of the possibilities may be gleaned from Philippe Delhaye's research articles; see, for example, "L'Enseignement de la philosophic morale au XIIe siècle," *Medieval Studies*, XI (1949), 77-99.

的摩尼)主张,邪恶和善良一样都是真实和实在的,而且认为每个人都具备两种意志(一个是邪恶,一个是善良),所以,许多后来的清洁派信徒把这个主张理所当然地理解为不道德的。只要说恶行是来自他的邪恶意志,而不是来自他所认同的他的善良意志,一个人就可以拒绝承担恶行的责任。①

另一个带有伦理学寓意的宗教运动,是源于佛罗拉的约阿希姆(Joachim of Flora, 1145-1202年)的观点。他是一位意大利北部西多会(Cistercian)的修道院院长,提倡回归到早期基督教的简单和严格的生活风格。也许是他感觉到所有的学院的或理论的伦理学都是荒谬的异教观点,所以约阿希姆提出一种古怪的伦理学怀疑论,批判这种与人的灵魂拯救无关的哲学。② 他的神学和释经著作提出一个世界末日的历史观。这个观点被赫拉多(Gerardo de Borgo San Domino)在他于1254年写的《永恒福音》(Eternal Gospel)一文中进一步极端化。夹杂在许多其他的内容之间,这篇约阿希姆主义的论文号召对基督教的道德行为规范进行完全的改革,一种极其禁欲的、比廊下派式的冷漠典范更严格禁欲主义的改革。十三世纪修会(尤其是方济会)的活动反映了这种思想影响的结果。约阿希姆主义并没有成为一种正式的伦理学,但是它部分地导致了中世纪后期某些伦理学中的极端超凡脱俗态度。

很明显,这些在十三世纪前的基督教著作中出现的伦理学思想,大多是那些在《圣经》和柏拉图主义、廊下派等的希腊著作中影响深远的观点的衍生物。但是,在这期间的伦理学思想也出现了对两个重点的强调。首先,上帝的意志或永恒法是所有伦理判断的最终标准这个观点,现在成为这些教父和中世纪道德学家们所强调的话题。正如我们在下一章要看到的,这个标准也同样被犹太和穆斯林文化中那些具有有神论倾向的伦

---

① Cf. Steven Runciman, *The Medieval Manichee* (Cambridge, Eng.: University Press, 1947); and P. Alphandéry, *Les idées morales des hétérodoxies latins au debut du XIIIe siècle* (Paris: Leroux, 1903).

② Joachim Abbatis, *Liber contra Lombardum*, ed. C. Ottaviano (Roma: Reale Accademia d'Italia, 1934); cf. H. Bett, *Joachim of Flora* (London: Cambridge Univ. Press, 1931); and M. W. Bloomfield and Marjorie E. Reeves, "The Penetration of Joachism into Northern Europe," *Speculum*, XXIX (1954), 772-93.

理学者所强调。相信这种绝对的伦理义务有一种神圣的源头,这样的信念一直到十八世纪的康德时代以前,都从未受到过任何质疑。

其次,是个人对于他所涉及的外部事物的态度,成为这个中世纪伦理学时期的道德讨论焦点。正如我们已经看到的,奥古斯丁、安瑟伦和阿伯拉尔这些人的伦理观点都对此采取非常现代化的态度,认为这里的关键不是个人行为的事实性质,而是当事人的内在动机。也许我们通常理解的不够充分,对内在动机的强调,是由于中世纪基督教赋予人一种特殊的身份所产生的重大意义的影响。这种特殊身份,就是人作为上帝的创造物。奥古斯丁主义关于对上帝的爱所具有的最高道德重要性,只是这种意思的另一种说法而已。它体现了基督教伦理学直到十三世纪的特征,当然,甚至更远。

第五章 中世纪犹太教和穆斯林的伦理学

基督世纪的前一千五百年里,产生了一些与基督教学院里所教导的内容并不相同的伦理学。在这一章里我们要考察的一些中世纪伦理学者的观点都和当时流行的两种不同宗教有关:犹太教和伊斯兰教。这两种文化都被一般的伦理学历史,而且的确也被中世纪的哲学史所忽视了。但是其实两者都时常出现一些重要的伦理思想,也强力地影响了西方文明中的伦理理论。

一、中世纪犹太教伦理学

犹太教,与其说它是一种特殊的神学或宗教的教条,不如说是一种生活方式更贴切。它没有出现人们可能期望的很多的哲学家。我们已经看到斐洛在希腊化时期的伦理学发展中的角色。他感觉到可以在《旧约》和希腊古典哲学家的思想中找出很多共同的东西。但斐洛是在中世纪之前唯一一位杰出的犹太哲学家。

虽然《圣经》并不是一本专业哲学著作,但它的确包含着一些在我们所要讨论的那个时期里持续生长发育的实用智慧的种子。耶和华将一切的事物安排在"尺度、数量和重量之中"。并且,这上帝也是个慈爱的神:"爱护众灵的主宰!只有你爱惜万物,因为都是你的。"[1]最重要的,他是

---

[1] Wisdom 11:21 and 8:1.

一个正义的分配者,他的命令是绝对的、不可回避的。对这些神圣义务的最著名的罗列,是《出埃及记》和《申命记》中出现的十诫。因为这些训诫被后来许多的伦理学作者引用和讨论过,我们把它的全文放在这里。

　　除了我以外,你不可有别的神。
　　不可为自己雕刻偶像;也不可做什么形像仿佛上天、下地和地底下、水中的百物。不可跪拜那些像;也不可侍奉它,因为我耶和华你的神,是忌邪的神。恨我的,我必追讨他的罪,自父及子,直到三四代;爱我、守我诫命的,我必向他们发慈爱,直到千代。
　　不可妄称耶和华你神的名;因为妄称耶和华名的,耶和华必不以他为无罪。
　　当记念安息日,守为圣日。六日要劳碌做你一切的工,但第七日是向耶和华你神当守的安息日。这一日你和你的儿女、仆婢、牲畜,并你城里寄居的客旅,无论何工都不可做。因为六日之内,耶和华造天、地、海和其中的万物,第七日便安息,所以耶和华赐福与安息日,定为圣日。
　　当孝敬父母,使你的日子在耶和华你神所赐你的地上得以长久。
　　不可杀人。
　　不可奸淫。
　　不可偷盗。
　　不可作假见证陷害人。
　　不可贪恋人的房屋;也不可贪恋人的妻子、仆婢、牛驴,并他一切所有的。①

　　在第二和第三条诫律里,耶和华的口气是一个要惩罚一切违法行为的严格判官。从这一点又引申出《旧约》道德观的另一个方面,即所谓复

---

① Exodus 20:3-17; the translation is from *The Jerusalem Bible*, ed. Alexander Jones (Garden City, N. Y.: Doubleday, 1966), p.102. Another listing of these precepts is found in Deut. 5:6-21.

仇法(lex talionis)。复仇法,要求对于给他人造成伤害者的惩罚应该跟其对他人的伤害在程度上相等并且性质上也相似。这句话依然被引用在与死刑和其他法律惩罚相关的道德问题讨论中,"打死人的,必被治死……他怎样的,也要照样向他行。以伤还伤,以眼还眼,以牙还牙。"①《圣经》中类似黄金诫律这样的内容为这种严格的主张提供了一些平衡。于是,《箴言》(24:29)里说:"不可说,人怎样待我,我也怎样待他。"圣经外典《托比特书》4:15(16)说:"不要对任何人做你自己厌恶的事情。"②

犹太教一直都被指责过于墨守成规。早期的希伯来文献在其律法中分出了613条诫律。③但是这种司法的色彩被精神上的爱和节制所调和了。《旧约》中有命令要爱上帝和邻居这样的"大诫律"。《申命记》(6:5)说:"你要尽心、尽性、尽力爱耶和华你的神。"《利未记》(19:18)说:"你要爱人如己。"最近有人声称,犹太教强调人对上帝的爱(因此更侧重伦理学和人的行为),而基督教则强调上帝对人的爱(因此更倾向于神学)。④根据这样的观点,在古代犹太教伦理学中的两个重大主题是:反映上帝在本体上和道德上超凡性的"神圣",和反映与此相反的、上帝存在于人的生命中的"荣耀",所谓上帝无所不在,也就是神灵在历史上的显现。

最早开始触及伦理学正式问题的中世纪犹太人是萨阿迪亚(Saadia ben Joseph al-Fayyumi, 882—942年)。⑤ 他于公元933年在巴格达写过一本《教义与信仰》(*Doctrines and Beliefs*)。该书的主旨几乎和迈蒙尼德后来更著名的作品《迷途指津》相同。萨阿迪亚提供了一种关于理性和信仰之间关系的解释。他的解释是针对那些受过教育的,却对科学家和哲学家所说的东西与宗教律法的教导之间有矛盾之处感觉迷茫

---

① Levit. 24:17-21.

② For other formulations of the golden rule in various religious documents, see Dagobert Runes, *Pictorial History of Philosophy* (New York: Philosophical Library, 1955), p. vii.

③ See Maimonides, *The Guide of the Perplexed*, trans. Shlomo Pines (Chicago: University of Chicago Press, 1963), p. 509; also W. S. Sahakian, *Systems of Ethics and Value Theory* (Paterson, N. J.: Littlefield, Adams, 1964), p. 176.

④ Cf. Israel I. Efros, *Ancient Jewish Philosophy: A Study in Metaphysics and Ethics* (Detroit: Wayne State University Press, 1964), p. 179, note 22; on *kadosh* and *kavod*, see pp. 7-10.

⑤ For the sake of uniformity dates are given in the Christian Era.

的犹太人。① 他认为有些人是因为其对于事实的感知观察力的缺陷,其他一些人则从感觉资料中进行理性推论能力不足。后一种人也可能是因为他们不理解推理的方法,或者他们在解释结论的时候过于仓促或粗心。萨阿迪亚的知识和道德心理理论,就是为了从源头上消除这些疑问。

他认为存在着两种管理人的行为的律法:理性的律法和启示的律法。② 他相信,即使神的启示没有把这样的规范传递给人,人也是有可能自己通过理性来发现一套可行的道德诫律的。但是,萨阿迪亚认为,比起未受到神帮助的理性思维,神的启示更能使得人有可能更直接更精确地了解他们的义务。理性控制了下面所概括的四点道德律法:(1) 有恩必须恰当地报答;(2) 聪明的人都拒绝受轻视,因而,一个聪明的上帝期待得到尊重,这是非常合理的;(3) 不可以任何方式侵犯他人的权利;(4) 雇佣并支付薪酬给工人的行为之所以合理,简单地说就是被雇佣的人可以因此赚到点什么。回溯起来,可以看到,这些理性的规定,显而易见,既适用于人和上帝的关系,也适用于人和人之间的关系。萨阿迪亚进而罗列了上帝给予人类的各种诫律,包括要公正、诚实、平等、不偏;和人相处的时候要避免杀人、通奸、偷盗、搬弄是非、欺骗等等。而且,"信仰者要待人如己"。这些是已经被揭示了的规定,而所有上帝命令我们去做的事情,它已经把许可深深地根植在我们的理性当中。③ 上帝也许会说,只要有足够的生活经历和充分的智力教育,每个人都可能"看到"他的义务。萨阿迪亚伦理学是一种受到在天的上帝之法保证的道义伦理学。

萨阿迪亚知道快乐主义,知道有些人主张善就是那些导致快乐的东西。萨阿迪亚认为,这种主张的自相矛盾之处到最后是很明显的。某些行为,比如强暴,能够给一方带来快乐,却带给另一方相当的痛苦。"而任何一种导致自相矛盾的理论都是不能成立的。"但是,为了确保道德习惯的某

---

① Saadia ben Josef, *Kitab al-'Amanat wa'l-I'tikadat* (Arabic original written in 933), ed. S. Landauer (Leiden, 1880); trans. By Alexander Altmann as *Book of Doctrines and Beliefs*, in *Three Jewish Philosophers* (Philadelphia: Jewish Publication Society, 1945; reprinted New York: Harper Torchbooks, 1965); see Altmann, "Prolegomena," pp. 26–31.

② Ibid., chap. 3, sect. 2; Altmann, p. 94.

③ Ibid., p. 97; Altmann adds that Saadia's use of the Arabic term ('akl) for "reason" indicates the influence of Mu'tazilite, and more remotely, Stoic teachings here.

种完美,从先知那里得到的启示和道德规范是必要的。虽然人是宇宙的中心,他必须认识到《圣经》中的律法才是永恒的,而且是不可被废除的。①萨阿迪亚说,理性可以证明他的犹太教的信仰,但不能取代犹太教的信仰。

十一世纪犹太文化中最重要的伦理学著作之一,是《生命之泉》(The Fountain of Life)。一直到大约十九世纪的中叶,人们都不知道这本书的作者加比罗尔是犹太人。伊本·加比罗尔(Ibn-Gabirol,约 1021-1058 年)被中世纪的拉丁学者称为阿维塞布隆(Avicebrón),如同大多数中世纪的犹太教哲学家一样,他用阿拉伯文写作,并且明显是个有神论者。所以,很多读者感觉他应该是个基督徒并可能是叙利亚人。通过萨洛蒙·芒克(Salomon Munk)的研究,我们现在知道,那本拉丁文书名为 Fons Vitae [《生命之泉》]的著名长篇论文是一个十一世纪的犹太人写的。它受到了新柏拉图主义流溢说的强力影响,认为宇宙中的一切事物,包括人和天使,都是物质和形式的合成物。一般意志(Universal Will)能够经由形式的逐渐下放来产生较为低级的东西,而上帝是通过一般意志来实现造物过程的造物者。人是一个微世界,它形式上包含了所有次人类世界(the subhuman world)的功能特征。② 和任何一个新柏拉图主义的版本一样,好生活在于一个自我完善的过程。在这个过程中,人给自己减少了物质属性而更适合于最高形式的结合。虽然加比罗尔并没有展开讨论,但是有一点是很清楚的,即教育和智力的发展,以及善良意志,都是这个回归到一切的源头的运动所必需的。最终,好人不是回归到上帝,而是回归到一般意志这个表现为上帝的力量的东西。可惜,《生命之泉》一书并没有把这个一般意志的本质交代得很清楚。③

---

① Saadia ben Josef, *Kitab al-'Amanat wa'l-I'tikadat* (Arabic original written in 933), ed. S. Landauer (Leiden, 1880); trans. By Alexander Altmann as *Book of Doctrines and Beliefs*, in *Three Jewish Philosophers* (Philadelphia: Jewish Publication Society, 1945; reprinted New York: Harper Torchbooks, 1965); see Altmann, "Prolegomena," pp. 99-100, 111-15.

② *Avencebrolis Fons Vitae, ex arabico in latinum translatus ab Johanne Hispano et Dominico Gundissalino*, ed. C. Baeumker (BGPM I, 2-4) (Münster: Aschendorff, 1892-95); see III, sects. 24-32, pp. 136-155.

③ Cf. Julius R. Weinberg, *A Short History of Medieval Philosophy* (Princeton, N. J.: Princeton University Press, 1964), pp. 148-49.

每一种中世纪的宗教文化都有过这样一位思想家,他拒绝哲学,因为他认为哲学研究并不能对灵魂拯救有所帮助。伊斯兰教有安萨里,基督教有圣伯纳德,犹太教里的这种典型则是反映在哈列维(Judah Halevi,约出生于1080年)的身上。他的著作《哈扎尔人书》是一部对话录,主要发言人是哈扎尔王(一位犹太教皈依者)和一位博学的犹太教学者。他们的讨论中提到了两件在伦理学史上值得一提的事情。首先,哈列维坚持认为,人的义务或道德规范的来源只能是圣经中传达的上帝的意志,不可能是其他。① 这是一种纯粹宗教的道德观。哈列维的确也说过,每个社群都有而且也需要它的"理性法",但是这些一般的原则,以及在《旧约》中更具体的法律条文和礼仪习惯,都是发自那绝对的神的意志。② 第二点,"意图"并不足以赚得奖赏。只要行为是可能的,那就必须要有完美的具体行为才能要求得到奖赏。③

帕库达(Bahya ibn Pakuda,11-12世纪)的《心灵职责》一书提供了更具体的道德体系。该书有十个"门"(章节),每门讨论一个特别的职责义务。第一个义务,就是要认识到上帝是存在的、唯一的、非创造的;第二个义务是沉思体现在神的智慧创造物中的证据。第三章讨论用实际行动来服务上帝的义务,因而,他和他同时代的哈列维一样,都强调好的意愿必须要通过好的行动来完成。其他的那九条义务并非是新鲜的东西,但是很快就可以看清楚,哲学在帕库达的心中有比在哈列维那里高得多的地位。除了对神的启示的信心问题,第四章提供了三个其他的信息资源:感官观察,智慧直觉和逻辑推论。在这个(有些部分来自萨阿迪亚的)知识理论中,对道德义务的要求的深入探讨属于第二层次,就是属于智慧直觉。第十章讨论对上帝的爱,并声称对于这个义务的醒悟,是源于精神内在的冲动。这种爱的完善需要得到神恩的帮助,但是也应该有属于在自然上和哲学上对它的准备。"当一个信仰者通过观察力和理解力的运

---

① Jehuda Halevi, *Book of Kuzari*, trans. Hartwig Hirschfeld (New York: Pardes Publishers, 1946); abbreviated version by Isaak Heinemann, in *Three Jewish Philosophers*, see pp. 86-90.
② Ibid., Bk. II, sects. 48-50, pp.76-78.
③ Ibid., Bk. V, sects. 27, p.128.

用,在他的心中清除掉对这个物质世界的爱,当他从欲望的困扰中解脱出来",对上帝的爱就在他心中成长起来了。①

迈蒙尼德

中世纪最伟大的犹太人伦理学者当然是迈蒙尼德(Maimonides)。出生于科尔多瓦的摩西·本·迈蒙(Moses ben Maimon, 1135-1204年)在西班牙有过辉煌的职业,之后移居到开罗,并在那里度过晚年。迈蒙尼德曾经做过拉比、法律专家和内科医生。他最著名的作品是《迷途指津》,但是《密西那教律》和《占星学》也是了解他的伦理学观点的重要资料。他相信,对道德性的理性考察是受教育者的义务。

迈蒙尼德的著作和思想大多数是讨论宗教信仰和哲学理性主义之间的关系的,他的最著名作品《迷途指津》是为了那些被这个问题所困惑的犹太教徒写的。虽然他心里对于"哲学家们"有强烈的批判(比如他认为亚里士多德所描述的那些事实是有用的,但他理论却没什么用),迈蒙尼德对于追求真理的人生是很尊重的。②《指津》的第一和第二部分的开篇,都以自然理性作对比,提供了一个关于神的启示(律法)的详细解释。在结论部分他声称,只有很少几个人具备探讨形而上学的深刻问题的智力,而且,就是对这几个可算为哲学家的人来说,通往哲学之真理的道路也是漫长且铺满错误之石的。③ 迈蒙尼德对哲学家的了解非常广泛。他知道所有重要的古希腊哲学家的思想,但是特别看重柏拉图和亚里士多德。他拥有的许多具体信息,都是来自穆斯林学者,比如法拉比和阿维森纳所写的百科全书。

迈蒙尼德所使用的道德心理学是亚里士多德主义的翻版。他认为人都具备认知和欲求的能力,认为感官对外部事物感觉的经验被保存在想

---

① Bahya ibn-Pakuda, *Hovot Halevavot*, trans. By Moses Hyamson as *Duties of the Heart*, 5 vols. (New York: Bloch, 1925-47); the quotation is from V, 27.

② Cf. Leon Roth, *The Guide for Perplexed*: *Moses Maimonides* (London: Hutchinson's Library, 1950), p.58. (This is a doctrinal study, not a translation.) The best English version of the *Guide* is that by Shlomo Pines, cited above in note 5.

③ The influence of this view on Thomas Aquinas has often been noted; see Gilson, *History of Christian Philosophy*, p.650.

象力之中。人与生俱来的理解力是非常有限的,实质的智慧只是比被动的想象力空间大了一点点,以便去接受来自高于心灵的真正理解。学习、感知和一种正确的道德态度,能够为某些人的"获得智慧"打好基础。①迈蒙尼德非常重视个人的自由。"自由意志被赋予每一个人。如果一个人愿意向善和正直看齐,他就有这样的力量去这样做;如果一个人愿意向恶和缺德靠近,他也有这样做的自由。"②

《指津》的第三部分几乎和《密西那教律》(通常被称为《法典》)里所宣扬的东西是一样的。那里有如此多关于法律和众多规则(如同前面提到的,在希伯来传统文化中有613条诫律)的讨论,读者的第一印象就是一种严格的法治伦理学。但是,对法治的强调被迈蒙尼德关于有道德之人的性情应该是欢乐和爱这种主张所缓和了。正直和仁爱比正规地遵守规则更重要。③ 这一点在那段经常被引用的、出自《教律和悔改的基本原理》一书中的文字里表现得非常明显:

> 无论是谁出于爱而服务于上帝,他都会把自己奉献给学习律法和遵守诫律,并让自己在智慧的道路上走。他的这一切并不是受到外界动机的推动。既不是出于对灾难的恐惧,也不是出自对物质财富的欲望。这样的人做真正正确的事情。因为它们是真正正确的,最终,作为其行为的结果,幸福降临到他的身上。④

这一段文字很清楚地表明,我们还是在讨论一种属于幸福主义的伦理学。人的最终目标是幸福或安康,无论是身体的福利(社会交流的有序),还是心灵的安康(群众对其能力的正确认识),都是神法的目标。

美德当然是一个好生活的重要帮手。介于过分与不足之间的中值学

---

① *Guide for the Perplexed*, I, 72, and III, 27; see Pines, pp. 190 and 511.
② J. S. Minkin, *The World of Moses Maiminides, with Selections from His Writings* (New York: Yoseloff, 1957), pp. 243-44, citing Maimonides, *Repentance*, V.
③ *Guide*, III, 54; *Pines*, p. 630; cf. Roth, op. cit., p. 119, citing Maimonides, *Eight Chapters*, V.
④ Cf. Roth, op. cit., p. 119; and Minkin, p. 188, where the passage from *Fundamental Principles* is quoted.

说,确立了感觉和行为的正确方式。圣徒也许会过于谨慎并倾向于极端的性情,但是常人应该努力走中间路线。① 道德原则不是为非凡之人而设的,它们针对的是"在大多数情况下发生的事情"。迈蒙尼德似乎承认,那些没有接受到神律的人也是可以理解自然的道德法的,但是神的启示对于那些希望实现个人完善的人来说是必要的。② 对于"理性的"美德的了解,是实现这个最高的个人完善的根基。在迈蒙尼德的某些文字里,我们可以看到智力发展的重要性,至少对于那些非常聪明并能够完成良好教育的、有天赋的少数人来说是这样。下面这段文字只是他众多此类表述之一:

> 他的最终的完善是成为现实的理性者,我是说,是要在现实中具备理智。这也就是用与他的最终完善相符合的方式,去了解那些依靠人的智力可能了解到的、与人类整体相关的事情。这一点很明确,最终的完善并不包括行为也不包括道德习惯,而是由只能经过深思而达到的,并通过调查而成为必要的观念来组成的。③

形成并完善这种理论上的理解的前提条件是美德的获得,甚至也要求在某种程度上不受到身体不适的干扰,但是这种完善过程的本质仍然是属于深思的和理论上的。拥有这种知性论主义的倾向,至少部分是由于迈蒙尼德对预言的特殊理解,某些人可以通过学习、经验和良好的德性而使自己获得能够在其想象力中接收到外界输入的特殊信息的能力。

> 要认识到,真实和预见的真髓在于它们是**强大而高贵**的上帝的流出物。这个上帝的流出物首先通过人的主动智力(active intellect)的沉思而到达理性空间,进而到达想象力空间。这是人的最高层次,也

---

① Maimonides, *Ethical Conduct*, Deot I, in Minkin, pp. 394–95.
② *Guide*, II, 40; and III, 34.
③ *Guide*, III, 27; trans. from Pines, p. 511.

只是他那种类型的人才可能出现的最终的完善境界,而这种境界就是想象力的最终完善。这是绝对不可能出现于所有人的身上的。①

迈蒙尼德对于某些更具体的道德问题的意见曾经在伦理学史上产生过重大影响。在《占星学》一书中,他对精神保留理论作过很有影响力的贡献。由于犹太人在菲斯(Fez)受到穆斯林社区的迫害,他曾经被问到,是否一个犹太人只要在他心里认定他的祷告不是真实的,他就可以口头复述穆斯林的这个祷告,表达安拉是唯一的真主而穆罕默德是其预言者呢?附带着某些限制,迈蒙尼德回答说,一个人在威逼之下是可以这样做的。② 在某些特殊状况下表达一些违心的东西并非不道德,这种观点被各种基督教经院伦理学者所采用,并发展为精神保留理论。

对于占星家认为人的生命是由他出生时的星座来决定的说法,迈蒙尼德强烈地拒绝这样的宿命论,声称无论是宗教还是古希腊哲学都支持每个人都有通过努力来决定自己命运的个人自由。③ 他完全清楚科学的天文学和伪科学的占星学的区别。迈蒙尼德对于禁欲主义的意见也表现出相似的理性。正如在其他所有的方面一样,他建议普通人在这个方面也应该采取比较缓和的方式。

因此,圣贤们要求我们只是约束自己不要去做那些教律中明确禁止我们去做的事情。任何人都不应该通过许诺和誓言,来限制自己去使用被允许使用的东西。我们的圣贤说:"难道教律的禁令还不足以满足你,以致你要为自己增加更多的禁令?"我们的那些有智慧的人就不允许禁食这种自我禁欲的行为。④

---

① *Guide*, II, 36; this quotation is from the version in R. Lerner and M. Mahdi, *Medieval Political Philosophy: a Sourcebook* (New York: Free Press, 1963), p. 202.

② See the text of this Letter, in Minkin, pp. 28-29.

③ Maimonides, *Eight Chapter*, VIII, in Minkin, p. 245; see also the *Letter on Astrology*, in Lerner and Mahdi, pp. 227-36.

④ *Deot* III, trans. in Roth, p. 107.

第五章 中世纪犹太教和穆斯林的伦理学

毫无疑问,迈蒙尼德的伦理学是神许论(theological approbatism)性质的。人的道德义务最终的来源是神的律法。这样的律法并非是对上帝意志的任意解释,而必须是源于神的智慧也源于神的意志,并且是公正和理性的精髓。①

在迈蒙尼德之后,有一些相对不那么重要的犹太伦理学者。希勒尔·本·塞缪尔(Hillel ben Samuel,1220-1295年)对迈蒙尼德的观点作过一些评论和支持。他最主要的著作是《灵魂的奖赏》(The Rewards of the Soul),但他的学说并没有什么和他的师傅不同的地方。在十四世纪初期,列维·本·吉尔森(Levi ben Gerson, Gersonides, 1288-1344年)用希伯来语写了《上帝之战》(Wars of the Lord)一书,在其中开篇的心理学部分涉及伦理问题。克雷斯卡斯(Hasdai ben Abraham Crescas, 1340-1410年)在《上帝之光》(Light of the Lord)一书中表露出对于伦理学的兴趣。克雷斯卡斯反对在犹太学校中引用亚里士多德主义哲学,而吉尔森则支持对亚里士多德的引用。②

约瑟夫·阿尔伯(Joseph Albo, 1380-1444)在十五世纪的西班牙写了一本非常有意思的书,即《论原理》(Book of Principles)。该书的第五章对自然法重要性的强调比迈蒙尼德更加突出。他认为这个自然法对于维护人类社区的公平正义和减少坏事是必不可少的。正如在阿尔伯的眼里所看到的:

> 这个(社会中的)秩序将构成反抗谋杀、偷盗、抢劫以及其他类似的保护,并且,一般说来,也构成那些可以维护人们能够合适地生活的政治组织和安排。这个秩序被有智慧的人们称为自然法律,也就是说,这是人们出于尊重他自己的本性所需要的,无论这种秩序是来自有智慧之人,还是来自预言家。③

---

① *Guide*, III, 26, in Pines, pp. 506-10.

② On these three thinkers, see Isaac Husik, *A History of Medieval Jewish Philosophy* (Philadelphia: Jewish Publication Society, 1941), pp. 323-27, 329-61, and 388-405.

③ Joseph Albo, *Book of Principles*, V; the quotation is from Husik's version, reprinted in Lerner and Mahdi, p. 240.

他在第六章中进一步声称,神的律法对于人们获得幸福也是必要的。他对于各种不同的律法(神律、自然律和传统律)的系统分析,表明他可能从同时代的某些拉丁文作者中借用了一些东西。我们关于中世纪犹太教伦理学的故事,就在他这里告一段落吧。

二、中世纪伊斯兰教伦理学

在先知穆罕默德(571－631年)建立伊斯兰教之前,有些受过教育并能够用波斯文、阿拉伯文或其他语言的基督徒,为保护和翻译希腊文伦理学著作作出了贡献。这个叙利亚的基督教运动在整个中世纪持续发展。比如在九世纪,侯奈因·伊本·伊斯哈格(Hunain ibn-Ishaq)把波菲利(Porphyry)的《尼各马可伦理学评论》翻译为阿拉伯文。无论该书的希腊文或是阿拉伯文的版本,现在都失传了,但是其中的某些内容还可以在穆斯林伦理学著作中找到。① 雅各派基督徒叶海亚(The Jacobite Christian, Yahya ibn-Adi, 死于974年)写了一本《品行修养论》的伦理学著作,实际上是古希腊的道德思想的翻版,并且成为后来的一些穆斯林学者比如米斯凯韦(Miskawaihi)的资料来源之一。② 晚至十三世纪,我们找到叙利亚基督徒格列高利·阿布·法拉吉(Gregorius Abu al-Faraj)所写的道德论文,《鸽子之书》和一本叫《埃提孔》(Ethikon)的书,它们都收入了许多来自安萨里的《圣学复苏》一书中的伦理学内容。③ 这个时期并没有多少有历史影响的著作被这个叙利亚的伦理学派所完成,但是有人认为他们熟悉一些现在已经失传了的古典文献。④

七世纪的早期,出现了作为穆斯林的宗教文献的《古兰经》。根据穆斯林信仰,这是神通过天使加百利传达给穆罕默德的。穆罕默德被认为

---

① In the *Tahdhib al-Akhlaq of Miskawaihi*, for instance; cf. M. M. Sharif, ed., *A History of Muslim Philosophy*, 2 vols. (Wiesbaden: Harrassowitz, 1963), see I, 475.

② See D. M. Donaldson, *Studies in Muslim Ethics* (London: Society for the Promotion of Christian Knowledge, 1953), pp. 118-20.

③ Donaldson, op. cit., pp. 136-37.

④ See Ezio Franceschini, II "Liber philosophorum moralium antiquorum" (Roma: Bardi, 1930).

是最后也是最伟大的先知,他的前任包括亚当、诺亚、亚伯拉罕、摩西和耶稣。作为基于预言的宗教,伊斯兰教引致了很多关于预言的研究,包括宗教性的、心理学的和哲学的研究。从九世纪开始,一个与伊斯兰教有联系的哲学家派系逐渐形成了。那个时期,穆斯林哲学家的数量比犹太人哲学家多得多,在拉丁基督徒把主要的希腊伦理学文献译为拉丁文之前很长一段时间,伊斯兰教的学者们早就对它们很熟悉了。《古兰经》里强调的道德责任包括五方面的义务:(1)要每天表达信仰;(2)每24小时要面对麦加祈祷五次;(3)向穷人提供救济;(4)在斋月期间从黎明到黄昏要禁食;(5)一生中要去麦加朝圣一次。对于这些宗教责任的教学和讨论,引致穆斯林学者们对道德判断和义务的基础和本质等问题的研究。他们对于预言的研究也促进了有关人类心灵之功能的一些很有价值的分析。①

在九世纪,伊斯兰教的思想界出现了一个所谓卡拉姆(kalam,"词语"或"言说")的神学运动,就是在后来的拉丁文著作中被称为 Loquentes [说]的思想学派。这些穆斯林神学家们关注的是理性和信仰两个方面,和古兰经的严格诠释者不同的是,他们肯定人的自由和安拉的公正,并拒绝刻板的宿命论。对哲学之价值的某些正面评价就是从这个学派开始的。比如,我们可以看到九世纪的肯迪(al-Kindi,约796－866年)写过的论文几乎涉及古典哲学的所有方面。几十年之后,穆罕默德·伊本·扎卡里亚·拉齐(Mohammed ibn-Zakariya al-Razi,865－925年)写了两篇伦理学论文,其中给予自然理性很重要的角色。拉齐运用了柏拉图式的心灵三分论的心理分析方法,认为理性应该控制热情,正义的美德应该让心灵的三个部分的利益得到平衡。节制被强调为是好的道德品格的关键因素。作为意图对于道德活动的影响的例子,他们也讨论过说谎这个问题。拉齐认为,如果是由坏的意图所驱使的,那说谎就是坏的。②

虽然这些思想家对伊斯兰教哲学做了很多贡献,但是第一位真正伟

---

① Brief summaries of the moral teaching of the Koran are given in Donaldson, op. cit., pp. 14-59, and in Sharif, op. cit., pp. 136-55.

② Cf. A. Badawi, "Muhammad ibn Zakariya Al-Razi, Moral Philosophy," in Sharif, 434-49.

大的伊斯兰教哲学家是法拉比(al-Farabi，死于950年)。他在巴格达受教于基督徒的教师尤汉纳(Yuhanna ibn-Haylan,叙利亚人)。尤汉纳成为他与早期在亚历山大城的学派之间的一个联系中介。法拉比的著作从范围和性质上说都是百科全书式的,并在其后四个世纪中,一直是穆斯林、犹太人和基督徒们有关亚里士多德、柏拉图和其他希腊学派哲学思想的信息来源。①

柏拉图的《王制》和《法义》对于法拉比的实用哲学有根本性的重要意义。但他试图调和柏拉图主义和亚里士多德主义。他发现这两方面所具有的一个共同点是,它们都认为伦理学只是政治学的结构性科学的一部分。在《科学的分类》的第五章,法拉比列举了三个实用科学:政治学、法律学和神学。这并非意味着伦理学的降级,他不过是把伦理学看作是政治和神学生活的一个方面而已。善行与恶行的区别被延伸到是否提升或妨碍幸福的获得这个范围。真正的幸福只有在肉体生命结束之后,在未来的生命中才可能达到。正如法拉比所表达的:"(政治科学)把各种行为和不同的生活方式加以区别。它阐明我们达到真正幸福的途径在于善,在于高尚的东西和美德;而其他东西都是邪恶的,是低层的和不完美的东西。"②

法拉比从亚里士多德和肯迪那里,发展出一个复杂的、有关人的认知阶段的理论。该理论虽然在阿维森纳(Avicenna)和阿威罗伊(Averroes)的学说里有所修改,但一直到十三世纪一直是中世纪亚里士多德主义的道德心理基础。如同亚里士多德在《论灵魂》一书中所做的那样,法拉比把感觉和理性思考作了区别。感官接受到对于身体的单个方面的印象;这些"幻想"被存储在感觉的记忆中,最后感知经验为个人的认知提供了一种准备,这种认知是通过感受所经历到的东西的普遍意义而实现的。

---

① For the extensive literature on al-Farabi, see Nicholas Rescher, *Al-Farabi: An Annotated Bibliography* (Pittsburgh: University of Pittsburgh Press, 1962); of original works of al-Farabi we have in English, *The Fusul al-Madani of al-Farabi (Aphorisms of the Statesman)*, ed. and trans. by D. M. Dunlop (London: Cambridge University Press, 1961); and *The Philosophy of Plato and Aristotle*, trans. Muhsin Mahdi (New York: Free Press, 1962).

② *Enumeration of the Science*, chap. 5; in Lerner and Makdi; op. cit., pp. 24-30.

第五章 中世纪犹太教和穆斯林的伦理学

人与生俱来的理解的力量,在法拉比看来,理性是接受理解的被动的能力。在所有人之上,有一个无所不知的更高的智力,这就是形式的分配者(the Dispenser of Forms)。这里有在亚里士多德的《论灵魂》里曾经含糊糊地描述过的两种智力(理智和天赋)。当被动的理解力获得来自天堂中形式分配者的信息通告时,人的灵魂就实现真正的理解。比如,当一个人正要想出几何原理的结论的时候,他就是处于这种被驱动的状态。对于任何一个给定的一般概念的实际理解都只是暂时的,甚至爱因斯坦也不可能总是在想着某一个一般真理。因此,在经过驱动之后,理解的基本力量恢复到某种在将来会更容易更快速地被驱动的中间状态,这样的习惯性理解状态被称为"习惯性智力"。这就是一切高级的知识,人文的和科学的技术,被存储在人心灵中的途径。习惯性理解就是理智的记忆、科学和智慧。法拉比和他的追随者们把理解的基本力量的其他阶层也在心理学上做了区分。比如,有一种特殊的技术使得某些人能够教导其他的人,而有一种甚至更高级的完美智力使得少数的几个人能够接收到并传递来自天上的特殊信息,这些信息是有关未来事件的、有关圣书上所写的那些高深意义的特殊信息,这就是先知的理解。从伦理学的角度来看,法拉比关于人的认识阶段理论具有最重要的意义。因为它意味着,就是那些普通的人也会得到由一个较高级的智力主体所传达的、来自天上的关于幸福、美德、善等信息。这个理论就暗示着伦理判断的标准有一个超人的起源,而这个超人的起源,不用说,并非是在自然界之外的。这个超人的形式分配者,不是安拉,而是一个高级的精灵,一个天使。在这个理论的某些版本中,智力主体被认为是先知穆罕默德的思想。①

我们必须把法拉比有关实现幸福的论述放在前述的背景中来理解。他对于人类的个人完善的观点完全是唯智主义的。人有五种共同的功能,分别为理论上的推论、实践的推论、欲求力、想象力和感觉力。"幸福,这个只有人类才可能知道并明白的东西,只能是通过理论上的推论功能来知道,而不是通过任何其他的功能。"②教育是为了那少数几个可能

---

① Donaldson, op. cit., studies this theory in detail, pp. 148–55.
② *The Political Regime*, trans. F. M. Najjar, in Lerner and Mahdi, p. 34; cf. p. 61.

从中获益的人,他们是那些具备让自己获得幸福的潜能的人。

相似的学说出现在阿梅利(al-Ameri,死于992年)的著作中。他的《论追求幸福》(On Seeking and Causing Happiness)一书并没有被翻译成英文,但其原书的编辑者在他的序言中说过,该书结合了柏拉图和亚里士多德的道德观点。①

十三世纪之前的杰出穆斯林伦理学者是米斯凯韦(Ahmad ibn-Muhammad-ibn Yaqub Miskawaihi, 932-1030年)。他的《论修养》一书被多次印刷,至今仍然在伊斯兰学界发生着影响。他并不被他所在的文化之外的人所熟知。正如其他已经被提及的早期伊斯兰教思想家们那样,米斯凯韦也是来自东方。他曾经在现属伊朗境内的设拉子(Shiraz)和雷伊(Ray)做过图书馆员。

在米斯凯韦的心理学中,他把人的心灵功能分为三个部分:(1)使用思想、辨别和观察的能力;(2)引起愤怒、坚定和主动的能力;(3)对于食物、性快感和类似享受的感官欲望。② 很明显,米斯凯韦的这些能力概念和他同时代的那些亚里士多德主义传统中的拉丁思想者们所用的术语是相同的,也就是他们所说的推理力、发怒欲和性欲。米斯凯韦的《论修养》的第三章给出了一段几乎逐字逐句来自于一部源于亚里士多德主义的著作《可赞美的灵魂》(Fada'il al-Nafs)。这部著作看起来像是后期希腊学派中的亚里士多德的弟子们所编辑的《论美德和邪恶》。叙利亚翻译者伊斯哈格的一个学生艾布-奥斯曼(abu-Uthman al-Dimishqi, 809-877)曾经把亚里士多德的文献翻译为阿拉伯文。

米斯凯韦首先用他的心灵三力量或三部分理论来阐释一个接近于柏拉图《王制》第四部中的关于四种美德的学说:智慧、纯洁、勇气和正义。然后他区分了七种实用智慧的"种类":理解力的锐利、智能的敏捷、认识的清晰、用于收获的智能、辨别的精确、保持力和回忆力。③ 接下来还有

---

① Al-Ameri, *As-Sa'adah Wa'i-Is'ad*, facsimile of copy by Mojtaba Minovi (Teheran University) (Wiesbaden: Steiner Verlag, 1957-58).

② Donaldson, op. cit., p. 125.

③ Badawi, A., "Miskawaihi, Ahma ibn-Muhammad," in *Sharif*, op. cit., I, 474, citing the Cairo, 1928, edition of *Tahdhib*, pp.15-19.

第五章 中世纪犹太教和穆斯林的伦理学

关于十一种勇气、十二种节制以及十九种正义的描述。很显然,米斯凯韦把我们带进了对各个主要美德的组成部分进行亚里士多德式的解释之中。这里有几十种美德和邪恶。美德是介于两个极端之间的中值。米斯凯韦又在《论修养》的第五章分析了爱的各种不同类型。人的最终目标是幸福。完美的善是所有人都想追求的东西:健康、富裕、名望、荣誉、成功和正确思维。米斯凯韦还认为,这个幸福的某些程度是在这个生命中获得的。从这点看来,他并非和他的同事们一样是完全超凡的。① 但是,他坚持认为,神的正义在道德领域里是至上的。这是一种融合了许多希腊自然主义的宗教伦理学。②

阿维森纳(Avicenna, abu-Ali al-Husayn ibn-Abdallah ibn-Sina, 980 – 1037)是穆斯林哲学东方学派最伟大的哲学家。他是个全才,是诗人、医生、神学家、律师,并被许多历史学家列为有史以来最杰出的十位哲学家之一。根据穆斯林年历,1952 年是阿维森纳的千年诞辰,这一年出版了许多关于他的生活和思想的研究著作。他的《论治疗》是一本几乎包括了所有在十一世纪可供讨论的知识领域的百科全书。其四个部分分别讨论了逻辑学、物理学、数学和形而上学。《救助书》是《论治疗》的缩写本。《论治疗》在中世纪就被翻译成拉丁文,并使得基督教学者们对于丰富的穆斯林知识界有了某些了解,尤其是在心理学、生理学和物理学方面。

阿维森纳的心理学是我们在法拉比学说中看到过的那种亚里士多德主义基础上发展起来的。他关于人类心灵及其功能的分析出现在《论治疗》的第六部中有关物理学的部分,并以拉丁名《关于自然的第六部书》(*Liber Sextus Naturalium*),或简称《论灵魂》而闻名。阿维森纳区别了五种内部的感觉功能:普通感觉、幻觉、深思(想象力)的、估计的和记忆的功能。在深思的和估计的功能上,人认识了有关个人身体的详细情况及其意义并作出判断。因此,如果一个人被咆哮的狗攻击,并得出"这个动物对我很危

---

① Badawi, op. cit., p.476.
② For a transcription of the Latin version, see *Avicenna De Anima*, ed. G. P. Klubertanz (St. Louis, Mo.: the Modern Schoolman, 1949); the corresponding portion of the Najat is printed as *Avicenna's Psychology*, Arabic text and trans. F. Rahman (New York: Macmillan, 1952); chaps. 10 – 15.

险"的结论,他的判断是在估计力这个功能范围作出的,而不是在智力范围。对于大多数亚里士多德主义者来说,理解阿维森纳的关键是要关注于一般对象。他自己并没有很强调其学说的伦理学意义,但是它对于拉丁经院哲学主义产生了深远影响。在十三世纪,伦理学作为一门关于人类行为一般价值判断的科学,被清楚地区别于一个人对自身道德性具体问题上做谨慎的理性思考的习惯。后者涉及在"具体的推论"(一种根据理性推论的规律所指示的大方向进行思考的内部感觉力)上做出的判断。这种看待伦理学性质的立场观点,主要就来源于阿维森纳。①

阿维森纳在伦理学上的立场,部分地可以从他有关神秘主义生活方面的写作中看出来。②《哈义·本·叶格赞的故事》(Hayy ibn Yaqzan)就是这样的作品之一。③ 这本对穆斯林神秘主义生活谜一样的描述,最近被发现其中包含了大量阿维森纳的哲学思想。简单地说,人的灵魂开始了一个旅程,并偶然碰到一个叫哈义(Hayy)的指路者。哈义(意为活着)是叶格赞(Yaqzan,意为觉醒)的儿子。这个指路者看来是个宇宙情报特工。人的灵魂被指向西方(质料的领域)和东方(形式的领域)的各个不同地方。在它寻求知识和和平的过程中,灵魂碰到了各种诱惑;它和各种外部和内部的困难作斗争;它得到了各种帮助。最后,它到达王那里,它欣喜若狂,并获得了一种莫可名状的安宁。④ 这部作品的含义被笼罩在象征符号和浪漫的想象之中。

也许,这就是阿维森纳的"伦理学"。他显然认为人分两类:无知的并追求物质的大众和受过教育的并追求精神的少数。大众的灵魂向那个感官形象的下层世界沉沦。对于这些人来说,跟随伊玛目(领拜人或领拜师)的引导是好的。而那些有知识的精英的情况则不同,他们的灵魂

---

① Cf. G. P. Klubertanz, *The Discursive Power* (St. Louis, Mo.: The Modern Schoolman, 1952), pp. 89–105.

② See H. Corbin, *Avicenna and the Visionary Recital*, trans. W. P. Trask (New York: Pantheon Books, 1960).

③ A. M. Goichon, *Le récit de Hayy ibn-Yaqzan, commenté par texts d'Avicenne* (Paris: Deselée, 1959).

④ The version by Corbin and Trask includes a Commentary by an unidentified Persian contemporary, indicating the popularity of the story of Hayy.

第五章 中世纪犹太教和穆斯林的伦理学

被指向一个不同的方向,并被安排向一个更高的完善目标去发展。对于他们来说,值得做的事情是获取和发展个人的理解。这是一个过程,这个过程从在这次生命中学习科学、哲学和宗教学说开始,并在未来的生命中继续发展。这个过程是由天使和神的呈现所陪伴着的。正如阿维森纳所说的,"通过这个科学,人们知道一个人在他的道德习性和行为中应该如何作为,才能迈向目前的和将来的幸福生活。这些部分被包括在亚里士多德有关伦理学的书里。"①

最后一位东方学派的伊斯兰伟大人物是安萨里(al-Ghazzali, abu-Hamid Muhammad, 1059—1111年)。② 他的拉丁文名字是阿尔加惹尔(Algazel)。这个人对于异教的哲学通常抱着批判和怀疑的态度。他的《哲学家的矛盾》一书是对二十种哲学观点(大多取自阿维森纳)的有力反驳。他的自传《迷途指津》讲述了他是如何学习并确认哲学家们的思想是与穆斯林的教义相冲突的。哲学史经常强调他的学说中这种消极的方面。安萨里的其他著作表明他是伟大的伊斯兰教的教义学家之一。他肯定不是一个反启蒙主义者,只是更多地关心对《古兰经》原始精神的保护。从《圣学复苏》和《神秘知识论集》中可以看到,他是十二世纪初期"最著名的伦理问题作家"。③

《神秘知识论集》提出了个人行为的十条规则:(1)保持良好的意图;(2)只为安拉服务;(3)服从真理;(4)反对拖拉延误;(5)避免标新立异,遵从已经建立的习惯;(6)培养对别人的谦卑之心;(7)寻求经由信仰、恐惧和希望的拯救;(8)虔诚地祈祷;(9)心中只容安拉,不留别的;(10)寻求能够通往安拉的视野的知识。④ 这是一种纯粹的宗教伦理,其中用了与希腊的道德哲学完全不一样的方式,来强调对上帝的感恩、悔悟、信任以及恐惧等等。⑤ 对于安萨里来说,所有伦理学的问题都

---

① Avicenna, *On the Divisions of the Rational Science*, in Lerner and Mahdi, p. 97.
② Al-Ghazzali, *Deliverance from Error*, trans. W. M. Watt, in *The Faith and Practice of al-Ghazzali* (London: Allen and Unwin, 1953), pp. 19–86.
③ Cf. Donaldson, op. cit., p. 134.
④ Ibid., p. 135.
⑤ Cf. Abdul Khaliq, "Al-Ghazzzali, Ethics," in Sharif, op. cit., I, 624–25.

能够在《古兰经》中所显示,并被正统神学专家所阐释的安拉的意志中找到答案。这是神学范畴的伦理学最纯粹的样子了。

在讨论撒谎这个现象时,安萨里用了一个例子。① 这个例子后来被他人在处理相同的问题时反复引用,尤其是康德。

> 必须认识到言论中的虚假并不是因为它本身而受到禁止,而是要看它的伤害是针对发言者自己,或者是对于别人的……。马伊姆·本·阿莫尔(Maimun ibn al-Mohr)说,虚假有时候比真实更好。比如,如果你看见一个人试图带着一柄剑去攻击并杀死另一个人,而且他进了大门走来向你问道:"你看见那样一个人吗?"你不会说:"是的,我看见了。"相反,你会说:"我没有见过他。"这样的虚假是必须的,因为我们说:言语只是实现目的的工具。②

除了它的例证很有意思之外,这段文字还表现出一个相信在这类问题上,结局是可以证明手段的正当性的穆斯林神学家的坦率立场。

安萨里在伦理学上的影响扩展到他以后的世纪,并超出他自身的宗教文化。在十三世纪由巴尔·希伯来(Bar-Hebraeus)所写的《埃提孔》(Ethikon)中,有一系列的章节(关于灵魂、它的训练、放纵、言语、愤怒和嫉妒、世俗的欲望、贪婪、伪善、自豪与傲慢)和安萨里的《宗教学科的复兴》中的十个章节非常相似。

另一位和安萨里同时代但对幸福生活有不同主张的波斯道德学家是奥马·海亚姆(Omar Khayyam,约卒于 1123 年)。他集中在《鲁拜集》(Rubaiyat)中并由埃德华·菲茨杰拉德(Edward FitzGerald,1859)翻译为英文的诗,提供了被最广泛引用的伦理学的快乐主义表达。

> 带一本诗书来到树下,
> 有美酒加面包,有你

---

① Al-Ghazzali, Ihya, III, 48–50; trans. In Donaldson, op. cit., pp. 142–43.
② For detailed references, see Donaldson, op. cit., p. 137.

第五章 中世纪犹太教和穆斯林的伦理学

在我的身旁,在这荒野里歌唱——
哦,这荒野,这足够我享受的天堂!

某些是为了这世界的辉煌;而某些
叹息将临的预言者的天堂;
啊,带上现金,让荣耀离开吧,
也别在意那远方的战鼓浪浪!

作为苏菲派信徒,奥马不是一个享乐主义者,而是用了抒情的想象力来传达他的神秘主义并且有某种悲观主义的观点。①

西方的伊斯兰教哲学集中在西班牙南方。早期的伦理学著作之一是由伊本·哈兹姆(ibn-Hazm, abu-Muhammad Ali ibn-Ahmad iba-Said, 994 - 1064年)在那里写的,名为《性情之书》(Kitab al-Akhlaq Wa-l-Siyar, Book of Dispositions)。正如 ethics 在希腊语言中,以及 moral 在拉丁语中都表示习惯性日常的性情,阿拉伯语中的 akhlaq 也有同样的意思,并被用来表达伦理学的原则。伊本·哈兹姆的书是一篇道德论文,它劝导热情地学习,以便培养和别人相处时精神上的安宁、好的行为举止、友善以及明智的诚实。② 其中包含了如何挽救被损坏的人格和如何从学习中获益的信息。

影响力更大的是伊本·巴哲(ibn-Bajjah, abu-Bakr Muhammad ibn-Yahya, 约 1087 - 1138 年)。他的拉丁名字是 Avempace。他是博学的(音乐、医药、天文、数学,以及所有的哲学分支),但他最大的兴趣是在道德哲学上。他非常熟悉亚里士多德的主要著作,包括《尼各马可伦理学》。伊本·巴哲对于缺乏教育的人并不关心,因为他认为这些人的兴趣是最低级的,他的论文《论隐居者管理》是为那些有时间和能力去研究哲学的、受过教育的穆斯林写的。

---

① *The Romance of the Rubaiyat*, ed. By A. J. Arberry, of Edward FitzGerald's First Edition reprinted with Introd. and Notes (London: Macmillan: 1959).

② Ibn Hazm, *Kitab al-Akhlaq Wa-l-Siyar*, *Epitre morale, texte et traduction par Nada Tomiche* (Beyrouth: Commission Internationale pour la Traduction des Chefs-d'Oeuvre, 1961).

那个有智慧的人,必然就是那个具备美德和神赐的人。在所有的活动之中,他只选取那最好的……当他达到最后的目标——那就是当他理解了在《形而上学》、《论灵魂》和《论感觉和被感觉的》中提到的那些基本核心知识时——他就变成那些有知识的人之一了。把他叫作神赐的是正确的。①

阅读伊本·巴哲,我们显然是在阅读一种亚里士多德主义和唯智主义的伦理学。人的行为被清楚地区别于非自愿的和动物的。欲望和认识是相当不同的。通过对思辨哲学的学习而达到的正确观点(注意他在引文中提到的亚里士多德的形而上学和心理学的著作),是伦理判断的标准。②

在他的短篇作品《论知识者和人的结合》中,伊本·巴哲用了 ittisal 来称呼人内在的感觉力和居住在月球之上独立的知识代理之间(在认识上的、道德上的和存在论上的)的结合。这种人的内在感觉力是通过学习以及获得幻像而准备起来的。而居住月球之上的独立的知识代理,正是作为真实知识的来源可供所有人类利用的。这根本上就是一个智力上的完善过程。对于任何真正在通往幸福之路上的进步,这都是必要的。③

另一位亚里士多德主义色彩稍淡,但是对实践哲学持开放态度的西班牙穆斯林学者,是伊本·图菲利(ibn-Tufail, abu-Bakr Muhammad ibn-Abd-al-Malik,约 1100 – 1185 年),西方学界通常称之为阿布巴克尔(Abubacer)。他唯一被大众所知的著作是一本带有哲理小说性质的书,取了跟阿维森纳的神秘主义作品一样的书名:《哈义·本·叶格赞的故事》。伊本·图菲利从一个小孩在孤岛上的出生开始写这个很长的故事。在没有得到其他人类帮助的情况下,这个小孩学会照顾自己并和他周围的物质环境相处。从那只曾经乳育他的母羚羊之死,他得到生命精

---

① Ibn Bajja, *Governance of the Solitary*, trans. L. Berman, in Lerner and Mahdi, pp. 131–32.

② See M. S. H. Al-Ma'sumi, "Ibn Bajjah, Ethics," in Sharif, op. cit., I, 523–24.

③ See also the *Letter of Farewell*, in Saloman Munk, *Mélanges de philosophie juive et arabe* (Paris: Franck, 1859), pp. 383–418.

神会离开这只死亡动物的概念。他观察到一团火的上升,暗示了这团热气也许和生活的原则有些密切的关系,并且它是要努力上升进入非凡境地的。他对自身的精神进行了苦思冥想,并把这种苦思冥想升华到一种完善人生的思想。最后,他碰到两位在邻近岛上的人,并获得了某些社会生活的经历。他开始意识到,大多数的人"是如那些无理性的动物",但是,"所有的智慧和所有指向正确道路的指导,以及所有的好运,都存在于上帝的传道者的言论和宗教律法所显示的东西之中。"① 在这个浪漫故事的结尾有一个暗示,暗示这个故事藏有一个秘密的意思,而有智慧的人将会知道这个意思是什么。

这个故事在后来的几个世纪里令人着迷,并被翻译成很多不同的语言。除了它在文学上明显的影响之外,这个哈义的故事也是启发穆斯林西方学派的最伟大学者阿威罗伊(Averroes)的重要思想的来源,并可能对十三世纪的拉丁学派中激进的亚里士多德主义者们(比如布雷西亚的阿诺德和布拉班特的西格尔)的思想产生过影响。当巴黎主教坦普埃尔(Etienne Tempier,1277年)指责两个——声称幸福是可以在这个生命中通过智力和道德上的美德来获得——的命题的宗教错误时,他就是在反对一个原先就是伊本·图菲利的立场。哈义故事的寓意是,"一个转向自己的内心明灯的哲学家,是有资格获得至福的。"② 更令人惊奇的是,据说伊本·图菲利也是贵格会(the Quakers)创始人乔治·福克斯(George Fox,1624-1691年)的一个思想来源。③

伊斯兰历史上最伟大的亚里士多德派学者是阿威罗伊,他甚至在中古时代的晚期也还被基督教文化的文献认定为(亚里士多德的)诠释者。伊本·路世德(Ibn-Rushd,阿威罗伊的阿拉伯名,1126-1198年)对亚里士多德的大多数著作写了(摘要性的、中等的和长篇的)三类评论。阿威罗伊对于伦理学的兴趣并不如对思辨哲学的兴趣那么大,他只是给《尼各马可伦理学》写了一个中篇的评论。原始的阿拉伯语版本已经不见

---

① Ibn Tufail, *Hayy, the Son of Yaqzan*, trans. G. N. Atiyeh, in Lerner and Mahdi, op. cit., p. 160.

② B. H. Siddiqi, "Ibn Tudail," in Sharif, op. cit., I, 537.

③ See *Encyclopaedia Britannica*, 14th ed., IX, 849.

了,现存的版本是希伯来语和拉丁语的。因为他在给亚里士多德的伦理学做诠释的时候紧密地遵循原文,我们在这里就不必细述了。

阿威罗伊那些更属于个人原创的论文中包含了某些伦理学思想。《决断集》讨论了哲学在一个有教育的穆斯林的学习和生活中的角色。从十三世纪以来,他一直被指责在传授"双重真理"的学说:一个结论也许根据推理来判断是正确的,但是根据宗教信仰却是不正确的,反之亦然。当代历史学者指出,事实上他是反对这样的观点的。[1] 贯穿整篇《决断集》,阿威罗伊坚持认为,安萨里并不真正理解亚里士多德派的学者们并错误地对他们进行了批判。[2] 他声称,哲学的学习对于那些智力足以理解它的人来说是非常有益的,而且,的确在宗教律法中这也是一种责任。

> 因为现在这一切都已经被确立,而且因为我们,这个穆斯林社会,坚信我们的神法是真理,而且正是这个神法激励和号召我们去追寻存在于强大而崇高的上帝的知识中和在他的创造之中的幸福,这个(最后结果)通过本人(出于他的性格和本质的自然要求的)认同这种方法,而被分派给每一个穆斯林。[3]

他进一步说明,某些人是基于论证推理而认同神法,哲学当然对于他们是有益的;第二种人是被辩证地说服了;第三种人是被辩论中的华丽辞藻推向了认同。宗教导师可以针对他们每个人用相应适当的辩论方法。不用说,阿威罗伊把第一类人尊为最高级的位置上。他只是说,只要有可能,信仰就应该建立在真正理解的基础之上。

对于阿威罗伊是否定还是支持人的永生这个概念,存在着很大的争论。他对亚里士多德《论灵魂》的解释,与法拉比和阿维森纳的解释很相

---

[1] Weinberg, op. cit., p. 131; and Luis Alonso, *Teologia de Averroes* (Madrid: Institute "Miguel Asin," 1947), p. 121.

[2] Averroës, *Decisive Treatise*, trans. G. Hourani, in Lerner and Mahdi, pp. 171, 72, and 178.

[3] Ibid., p. 169.

似。但是,阿维森纳承认人在出生之时已经具备了认识理解的潜在力,而阿威罗伊则相对而言更确定地说,人在出生之时所获得的最高的认识潜力,就是思考的能力,这一点和阿维森纳的估计是不同的。争论的焦点是,阿威罗伊所说的思考,是指理智本身,还是仅仅指感官的感觉。① 那些把阿威罗伊的观点理解为在出生之时人比动物好不到哪里去的人,认为他否认了全体个人的永生,而只承认永生属于那些少数因为学习和善行而值得永恒生命的人。实际上,《决断集》声明,上述三类人都可以得到关于下一个生命的苦乐的知识。② 阿威罗伊那时候的确认为,关于每个人的未来生活的哲学性论证是可能的。对于他来说,正如对于大多数中世纪的伊斯兰教伦理学者们一样,幸福生活的顶峰是在于一个人在完全理解当中实现和那个总是明白人类并且提供给人类各种信息的"智力代理者"的联合。③

纳西尔

中世纪穆斯林哲学家最具代表性的作品是大约成书于1235年用波斯语写的《纳西尔伦理学》(the Nasirean Ethics)。该书作者纳西尔·艾德丁·图西(Nasir ad-Din Tusi, 1201-1274年)是个十三世纪博学多闻的学者。必须承认,纳西尔本人并不是一个杰出的思辨思想家,但他的确写了一本呈现了"一个中世纪伊斯兰教社会中大多数重要的道德和理性思想纲要"的书。④ 他的书实际上是对传统的亚里士多德实践哲学的三个部分的阐释:伦理学(个人行为的道德性)、经济学(家庭生活的对错)和政治学(国家的道德方向)。下面这些分析,大多数是限于纳西尔的《演讲集之一》中的伦理学理论。

在他的《演讲集之一》开始部分,纳西尔就描述了人的灵魂的三重

---

① Cf. Klubertanz, *The Discursive Power*, pp. 110-22, with the references to Harry Wolfson's research studies.

② *Decisive Treatise*, pp. 175-76; cf. Weinberg, op. cit., p. 139.

③ Ahmed F. El-Ehwany, "Ibn Rushd," in Sharif, op. cit., I, 364.

④ *The Nasirean Ethics*, trans. from the Persian by G. M. Wickens (London: Allen and Unwin, 1964); see the Introduction, p. 10.

性:植物性、动物性和人性。植物性的灵魂有三个基本功能:营养的、增长的和繁殖的能力。动物性灵魂有两个普通功能:有机地认知和自由地移动。前者被分成两个次功能:(1)外部感觉——视、听、闻、品和触;(2)内部的感觉,就是普通知觉、幻觉、回味、估计和记忆。自由移动也有两个次功能:由情欲引起的和由愤怒情绪引起的力量。人性的灵魂有一个普通功能,也就是理性,它能够不用任何器官而理解事物,并把这样理解的事物加以区别。理性又进一步被分成思辨性和实践性理智。通过思辨理智,人了解现实的人和其他各种可被认知的客体。而人则通过实践性理智来指导对事物的控制,区别善恶行为,并在学术上实现创造发明。并不存在着一个称为意志的特殊功能。当面临刺激和危险时而表达在欲望和情绪反应层次上的意志力,是动物性灵魂的性欲和情绪力功能;而理性动机和选择的表达这种意志力,则是实践性理智的功能。

纳西尔接着描述,(1)在意志和理性控制下行使并能够带来有价值的成果的功能;(2)依照自然本性行使的,并且不由此而产生任何更多的完善效果的功能。第一类的行为明显是被纳西尔同时代的拉丁学者称为自愿行为的,它们是具有伦理学意义的行为。前述的三种功能启动了这类伦理行为:理性、情欲和情绪力。通过情欲,人体验到自己被利益或愉快(食物、饮料、女人)所吸引;通过情绪力,一个人对伤害做出反应,对危险做出处理,并对权力和名望产生向往。

在《演讲集之一》的第四节,纳西尔介绍了区别善恶的基本原则。他说,甚至人的植物性灵魂也有这样的能力:被健康卫生的东西所吸引,并摈弃不健康不卫生的东西。一颗海枣树也可能表示对另一颗树的情爱!然而,正是在野蛮的动物中我们可以看到某些主动性和感觉的能力。相似地,人类行为的特色是他们根据自主性和理性来确定的完善程度上的排序。有可能,后者就是意味着思考或头脑中的洞察力。①

接着,纳西尔描述了人的完善的三个层次:(1)具备机械方面和使用

---

① *The Nasirean Ethics*, trans. from the Persian by G. M. Wickens (London: Allen and Unwin, 1964); see the Introduction, in this note 141 Wickens gives these alternatives as suggested by George Hourani.

工具的技术的人的完善;(2)在知识、科学和美德方面有专长的人的完善;以及(3)具备能够接受上天传递的真实知识和法律这种专长的人的完善。人的初始状态应该是在中间位置,既可上升也会下沉。大多数的人需要从先知、哲学家和其他有智慧的导师们那里得到指导,才知道应该做什么。有智慧的人被称为是有理性的,这种理性象征着:

> 对可被理解的事物的认知功能,和甄别与推论的能力。借助这种甄别与推论的能力,人把公平与丑恶,把该谴责的与该褒奖的加以分别,并根据意志来清除它们。因为这个功能,一个人的行为被分别为善行与恶行、公平与丑恶。他也因此被赋予幸福或痛苦等不同的特色,以别于其他的动物和植物。因此,无论谁,只要恰当的应用这个功能,并通过意志与努力来达到那个他被指引向前的美德,这样的人就是好的并且是有福的。但那些无论是向相反方向努力,或是由于懒惰和憎恨而忽略照顾这个功能的人,他就是邪恶的并要受苦的。①

在这一点上,纳西尔逐渐接近于伦理学上的"正确理性"的理论。这个理论不久前却被他同时代拉丁文化中的基督教道德学家放弃了。

纳西尔在第六节进一步讨论了关于理论上的能力和它的思辨性的完善,与实践上的能力和它活动中的完善的区别。对于幸福,思辨的和实践的完善都是必要的,"缺乏实践的理论是发育不全的,缺乏理论的实践是荒谬的"。最高尚的幸福在神性显现中。纳西尔强烈批评无论是在这一个生命中还是在下一生命中追求肉欲快乐的享乐主义,把那些热爱这种目标的人称为"是猪狗的同类"。他提到下面两种能够促进好的道德判断的感觉:由不合适行为引起的羞耻感和对公平行为的热爱感。

有些时候,纳西尔很介意于要表明他的伦理学是与《古兰经》的教条相一致的。因此,他引用那部圣书中的某些段落,来表示他的灵魂三重论是得到了宗教教义中关于必要的、谴责的和和平的灵魂的那些教条所支

---

① *The Nasirean Ethics*, trans. from the Persian by G. M. Wickens (London: Allen and Unwin, 1964); see the Introduction, p.49.

持的。他完全清楚,柏拉图的《王制》也有非常类似的、关于灵魂区域的划分。在其他的场合,纳西尔重复了亚里士多德的学说,比如强调"所有的行为都是为了实现某个目标",或者"绝对的善"就是所有的人都在追求的东西。未来幸福的获得"是基于理性和智力"而达到的。米斯凯韦的《论修养》也被纳西尔几乎逐字逐句地大段引用了。①

《演讲集之一》的第二部分专论目标问题。它重述了三个道德功能,并列举了众多用来完善它们的美德。这些属于习惯性情的美德,起着达到良好结局的手段的作用。他关于手段的教条是:"可以说,每种美德都是一个中间站。"伦理学作为一门科学,它"提供基本原则和规定,而不去推测细节。"②对于相对具体道德问题的讨论,被放在与节制和勇气等美德问题相关的讨论中。比如,自杀被判定为怯懦。

在第二部分的第七节,纳西尔讨论了公正问题,并强调了它的中心思想是等值(equivalence)(亚里士多德主义的公平"equity"或"epieikeia")这个主张。其他类型的公正包括分配、交换和合法。纳西尔甚至声称,《尼各马可伦理学》教导人们,最伟大的法律是上帝的律法。

主观上来看,灵魂和真理的理智联合(ittisal),就是那个有教养的和完善的人的结局。纳西尔在这里讨论了身体的、精神的和公民的等各种类型的幸福。书中的这一部分和《尼各马可伦理学》第十部中关于身体、灵魂和社会之善的讨论是相似的。

道德恶被描述为"灵魂的病态"。它们比美德要多得多,因为犯错的途径是无限的。纳西尔引用了他师傅米斯凯韦的话来表示为亲属的死亡而悲伤是不合理的。假如一个王子和他所有的后代都活过四百年,他们一个家庭就有超过一千万人口!可居住的地球的表面将无法提供让他们站立的空间。最后,他们必然要站到对方的头上去。想一想这样的事情就知道,期望人们都永远活着的念头是多么无知和荒唐。③ 显然,中世纪的思想家们的确已经考虑过人口过剩的问题了。

---

① See the section on purity, Ibid., pp. 66–68.

② See the section on purity, *the Nasirean Ethics*, trans. from the Persian by G. M. Wickens (London: Allen and Unwin, 1964); see the Introduction, p. 86.

③ Ibid., pp. 140–41; cf. Donaldson, op. cit., pp. 169–82.

纳西尔的例子和结论都带有某些幽默和世俗的性质,这使他的作品得以流行。他引用了安萨里的话来表述,情欲功能就如同一个税务局,总想把什么都拿回来。对那些习惯于把注意力从妻子转移到别的女人身上的男人,纳西尔指出,所有的女人其实都差不多,为什么不满足于你家里已经拥有的呢?在《演讲集之二》(讨论家庭生活的)同样的话题上,纳西尔说一个丈夫应该灌输给他妻子的主要思想,是敬畏。他还提供了可能用来摆脱一个恶妻的四种"谋略"。在这里,以及在许多后来的章节,讨论的焦点落实到一些仅仅是礼仪的细节。《演讲集之三》(关于政治学)中的伦理学主张并不是他的创新,因为亚里士多德《政治学》的痕迹在那里表露得非常明显。

十五世纪,贾拉勒(Jalal al-Din Muhammad ibn-Asad dawani,死于1502年)用波斯语写了另一篇著名的伦理学论文。他的《贾拉勒伦理学》只不过是对米斯凯韦和纳西尔言论的一个很糟糕的摘要版。① 这本书依然有人阅读。现代印度就有它很多不同的版本,可以印证它在那个国家的流行之广。②

尽管在中世纪交流和翻译都有许多困难,尤其是把各种中东和闪米特人的语言翻译为拉丁文的确很不容易,但是,这一点很清楚:犹太教和伊斯兰教的伦理学说的确被同时代的基督教所了解。在十二世纪中,西班牙的托莱多和西西里岛的那不勒斯这两个忙碌的翻译中心提供了许多版本的犹太教和伊斯兰教伦理学文献。正是从这些翻译本中,十三世纪的拉丁学者们第一次看到了亚里士多德的伦理学。不久之后,基督教学者们就大声倡导,要从希腊文直接把亚里士多德完整地翻译过来。阿维塞布隆(Avicebrón)、迈蒙尼德、阿维森纳和阿威罗伊等人的持续影响,在中世纪晚期的基督教哲学学派中到处都有明显的表现。通过这些中介,古希腊的理性主义和幸福论才构成了中世纪文化的一个部分。

---

① See Wickens, "Introduction," p. 12.
② On modern Islamic ethics, consult Donaldson, op. cit., pp. 247-61.

第六章 正确理性理论

十三世纪早期至十五世纪，对伦理学感兴趣的人非常之多。欧洲最早的大学就在这个时期出现，其人文课程通常就包括伦理学。两个宗教社会组织（道明会和方济会）也在这期间产生，它们给予其成员在这个领域学习和著作的机会。这期间，拉丁文的亚里士多德的《尼各马可伦理学》已经随处可见，并引起更多的伦理学问题讨论。基督教神学在十三世纪已经很系统化了，这种教条的学习通常都会包括一些跟该时代的伦理学著作相似的道德神学的章节。有某些流行的时尚（比如表达宫廷爱情的方言诗歌）也挑战现成的学院和教会的道德学说。本章要讨论在1200年到1500年之间拉丁学者们对伦理学的某些主要贡献。这期间的主流伦理学研究围绕着正确理性理论，但也有其他一些值得讨论的观点。

中世纪早期的拉丁学者并不知道亚里士多德的《尼各马可伦理学》。在十二世纪，该书的第二和第三部被翻译为拉丁文，并以《旧伦理学》（Ethica vetus）而闻名。该书的第一部是在十三世纪早期翻译的，称为《新伦理学》（Ethica nova）。这三本书一起，成为1230年到1250年之间巴黎大学人文学院的道德知识课（scientia moralis）的教材。到1255年3月19日，巴黎大学人文学院已经有规定，《尼各马可伦理学》的四部书都是必读材料。大约在1240年，格罗斯泰斯特（Robert Grosseteste）完成了直接从希腊文翻译过来的拉丁文完整版本。几乎在同时，赫尔曼纳·阿历曼纳斯（Hermannus Alemannus）也把《尼各马可伦理学》的一个阿拉伯语译本翻译为拉丁文。在十三世纪，大阿尔伯特（Albert the Great）、阿奎那

(Thomas Aquinas)、罗马的吉莱斯(Giles of Rome)等许多人的评注正是基于格罗斯泰斯特的译本写成的。下一个世纪里,伯利(Walter Burleigh)、奥多尼斯(Gerardus Odonis)、布里丹(Jean Buridan)、培根索普(John Baconthorpe)以及其他一些人也写了相似的评注。布鲁尼(Leonardo Bruni d'Arezzo, 1369-1444)在十五世纪再次翻译了《尼各马可伦理学》。巴萨罗穆(Bartholomew of Messina)在那不勒斯翻译了《大伦理学》(*Magna Moralia*)。但是,在十三世纪,《优台谟伦理学》的拉丁文版本却只有其中的第七部分出现在《论好运》(*De bona fortuna*)这部汇编文集中。在本章的后部分我们将会提到,亚里士多德的伦理学思想内容是如何广泛地影响了中世纪后期的学者们的。

除了一些理论性的拉丁文著作之外,一些吟游诗人的方言诗歌所表达的对于生活和爱情的浪漫主义态度,某种程度上也影响到中世纪的伦理观点。"宫廷式爱情是伦理学,是宗教,是迷狂",这话也许有点太过份了。[1] 在十三世纪(其他世纪也一样),有许多人对无结果的爱情这个想法非常着迷。这是一种公开对骑士们那种无法实现的爱情的欣赏。这种宫廷式爱情与其他爱情的不同之处,在于下面这个观念:正因为他的爱情并未实现,才使得这个情人成为高尚的人,并在道德上进步了。且不论那些想把它和对上帝的精神上的爱融汇贯通起来的努力,宫廷式爱情本质上是世俗爱情的理想形式而已。也许它有一些穆斯林哲学(阿维森纳的神秘主义爱情)的背景,但是在欧洲主流文学中的这种浪漫主义运动表明,在十三世纪以及后来的世纪中存在着一个重要的事实:许多中世纪的人们追求在目前这个生命中的幸福和肉体的快乐。1277年,巴黎主教批判过一系列他认为的错误学说。坦普埃尔主教指出的错误中,包括下面这些:"幸福是在这个生命中拥有的,而不是在其他生命中;基督教律法,和其他律法一样,都存在着虚假和谎言;单纯的通奸,也就是发生在一个未婚男人和一个未婚女人之间的,并不是一种罪。"[2]主教的脑袋里想到

---

[1] Crane Brinton, *A History of Western Morals* (New York: Harcourt, Brace, 1959), p. 185.

[2] For Bishop Tempier's condemned propositions, see Lerner and Mahdi, op. cit., pp. 335-56.

的当然是宫廷式爱情的典型模式,这一点从他在列出一系列错误观点的文章序言中就表示得非常明显。在那篇的开言和结语里,他都清楚地提到了《论爱》这本书。这就是由卡普里纳斯(Andreas Capellanus)在大约1185年写成的拉丁文叫 De amore[《论爱》]的书,它大概是在这个运动中出现的影响最广泛的一本书。

方济会精神中的爱情主题有不同的侧重面。很多人认为圣方济(1182-1226)是一个典型的中世纪人,他凭感情做事,也许有点不切实际,但是超凡脱俗。他是一个复杂时代某种潮流的典型代表。他不是学者,却成立了一个在几十年内就吸引了巴黎、牛津以及其他大学的教授们参加的宗教组织(始于大约1208年的方济小兄弟会);圣方济自己没有写过伦理学方面的专业书,但是,《圣方济之花》的确是十四世纪一本汇集了从方济会早期开始的资料的汇编本。我们在这里提及他,是因为他对很多中世纪后期的基督徒们在道德态度上产生的影响。布兰夏德(Brand Blanshard)称他把感情抬到高于理性之上地位的做法,是"一个在道德性上的极其重要的实验"。① 方济的确认为爱是最重要的,而他后来的精神门徒们在他们更有学术价值的著作中,也总是保留了他用情感和意志的态度来处理道德和宗教价值问题的作风。

而在这几个世纪中的伦理学思想更明显的特征,其实是朝着与方济会精神相反的方向发展。从十三到十六世纪,大多数基于理性的道德判断领域的学者,都赞成以某种正确理性(recta ratio)的概念作为伦理标准。为避免重复,我们先陈述这个理论的一般特点,然后指出这期间的那些主要思想者在这个共同学说上的态度。正确理性伦理学的背景非常复杂。教父的和中世纪的圣经学者们为《创世记》(Book of Genesis,普通的书名是《创造世界的六天》[On the Work of the First Six Days])写了很多注评。在这些注评里面发展出来的一种学说认为,作为创世者的上帝在心里对它所创造的所有东西都有一个神圣的计划。上帝永远知道每一个被创造物,因此每一个与众不同的东西永恒的理念(the Idea)都是作为它的存在物及其功能的范型(exemplar)或原型(arche-

---

① Brand Blanshard, *Reason and Goodness* (New York: Macmillan, 1961), p.61.

type)的。根据这种主张,每个人都有一个"理性",永远存在于上帝的创造思维中。《创世记》的第一章描述了上帝是如何在第六天完成了所有的创造:"神看着一切所造的,都很好。"这被理解为上帝把它的创造物与其在神思里面的范型相比较,并认为这些被创造物都做得很好,很高兴。这是神圣范型主义,是中世纪的基督教思想家们都接受的东西。根据这样的主张,当一个人的所做所为和上帝心中那个"永恒的理性"所要求的一致的时候,他就做得很好。这是正确理性学说组成因素中的宗教成分。

大多数中世纪的哲学家也都熟悉在柏拉图的对话录中,比如在《会饮》、《王制》和《泰阿泰德》里出现的理念论。根据这些传统,这个世界上的每一"种"东西都有其完善的原型。在某种意义上说,所有的人都被认为是共同包含在人的理念之中的。这是柏拉图式众多归一的参与过程。作为一种理论,它也暗示着一匹好马的行为必然是和其原型的"马性"一致的,而一个好人的行为必然与理想的"人性"一致。在拉丁版的柏拉图注释本中,这些观点经常被称为"理性"。十三世纪的拉丁文学者们开始知道了亚里士多德那种既修改了柏拉图的学说却并不完全拒绝它的方式。亚里士多德主义形而上学和自然哲学拒绝了关于一个独立的理性形式世界的假设,但接受属于同一个真正物种的所有成员都具有同样的具体形式的观点。这些"形式",无论是实在的还是附属的,都不是独立存在的,而是现存的每一个体的组成因素。因此,对于亚里士多德来说,每匹马都有一个具体的"马性"这个形式,——并非是作为普通的要素存在,而是作为适合于每个个体的个性化了的东西而存在。相似地,每个人也是由这样的本质形式和原初质料所组成的。一个人的实质形式规定了他之存在和行为的方式。表现为理解和联想的能力的理性(希腊语中的逻各斯 logos,拉丁语中的 ratio),是人之所以区别于无理性的动物的具体不同之处。根据亚里士多德,当一个人在行为中尽量充分地认识到他的本质是一个理性动物的时候,他的行为方式就会是正确的。这一点明确地包括了一种暗示,一个好人必须对他有意施行的活动有正确的认识。当它被用一种适合于人的本性的方式来实行的时候,这样的实践的理性就是正确理性(orthos logos)。这个柏拉图-亚里士多德主义的学说,是中世纪正确理性伦理学的第二个组成因素。

第三和最后一个影响是来自于廊下派。跟黑格尔一样,这些希腊人认为这个世界本质上是完全理性的。每种发生的事情都有一个逻各斯(logos)。如果某些人是真正聪明的,他们就能够掌握所有这些"理性",并毫不犹豫地调整他们的内心世界、意识态度和判断,以符合理性的要求。这是规律就是普遍化的理性所指令的东西的另一种表达。赋予这个规律制定者性格特征的东西,并不是一种能把它的主观跟某些具体行为表现紧密结合起来的意志。对于宇宙法则的这种唯意志论的解释,在基督教之前的希腊时代从来没有出现过。阿奎那写道:"指令是理性的功能。"他的话只是廊下派和亚里士多德主义的回声。① 廊下派看到,所有事物都以一种可理解的方式与其他事物发生相互联系:某些东西是对其他东西有用的或合适的,某些其他的东西则不是。这种合适性就是一种关系、一个秩序、一个数学概念上的"比例"。而在希腊,这就是一个逻各斯(logos)。自然的秩序就是一块由这些可理解的关系组成的宽大的复合肌。作为这个自然秩序的一部分,每个人都可能辨别出对他真正合适的东西和行为。一块石头始终呆在一个地方,这完全合理。但是这样的行为习惯对于一个人就不合适了。做出这样的一个判断,其最终依据是基于对"人究竟是什么,人如何处理他跟其他事物的关系"等问题的理性评估。人们可以发现自己身处于一个理性秩序里。道德规律不外乎就是表达了人们在个人主体和他人的重要关系方面比较恰当的那部分而已。正确理性,就是对于自然秩序的正确理解或公正理解的别名。经过普遍化的正确理性,就表现在一般规则里面;应用到具体的行为上的正确理性,就是个人关于这个行为在目前的状况下合适与否的决定。

我们已经注意到,廊下派伦理学是如何通过诸如安布洛斯和奥古斯丁等学者而进入到基督教传统中去的。圣杰罗姆(St. Jerome, 340-

---

① Commentary on the *Nicomachean Ethics*, Bk, II, lectio 3; trans. C. I. Litzinger (Chicago: Regnery, 1964), I, 126.

420)可能是第一个在拉丁文中引入良知(synderesis,或译作"先天理念")——可能是廊下派术语中的洞察力(insight)一词的变体——这一术语的。杰罗姆在一篇圣经注解中把 synderesis 作为良心的激发点来谈论。① 在十三世纪初期,这个术语被神学作品所使用,并被发展成一种特殊的学说。② 一般来说,良知是为了表示人能够用普通的方法来分辨出道德上善和恶的能力(这种能力曾被从多方面进行解释)而发明的术语,而良心只是用于个人对个别行为的好坏进行辨别。换一种说法,良知的判断是宇宙共同性的,良心的判断是个别的。大多数中世纪的思想家认为,道德理性开始于通过良知而把握到一般的规则或法律,并经由从宗教信仰或理性经验或两者兼具中所获得的各种其他判断,一步步地推进,并达到(1)关于正确和错误的行为类型的更具体的判断(这些就是"道德科学"的结论。这些"道德科学"可能是伦理学,也可能是道德神学,取决于是否只是使用了自然理性和信息,还是也同时使用了超自然的启示和神法),以及(2)关于个人行为在它的实际时空环境下是好的或是坏的、完全具体化的道德判断(这样的决定或判断被称为良心,conscientia)。跟道德问题相关的个别(非普遍性的)决定中的实践理性过程,并不是伦理学的一部分,但是当它被施行得很好的时候,它被称为正确理性。谨慎的美德或实践智慧是良好的习惯,它们帮助我们正确推论并做出对于个人行为的实践判断。它们的意义就体现在良好的行为中。因此,正确理性最具体的表现形态是从(可能既是认识上的也是情感上的)思维经验的范畴,转化成行动和习性的指令。关于这种转变是如何引起的,存在着许多不同的解释,前面已经介绍了它的一般发生模式。

　　谨慎的理性理论当然是从《尼各马可伦理学》中获益匪浅。如同我们所看到的,人们在十三世纪所使用的这本书,是其中前三或四部的十二世纪翻译本,以及由格罗斯泰斯特(Robert Grosseteste,约1168-1253)所翻译的完整本。格罗斯泰斯特还零星写下了对《尼各马可伦理学》及其

---

① *In Ezekialem*, I, 1; PL 25, 22B.

② Cf. O. Lottin, *Psychologie et Morale* (Gembloux: Duculot, 1948), Tome II, 103-350.

希腊注释者们的评论。这些评论部分地出现在十四世纪由沃尔特·伯利（Walter Burleigh）所写的注评中。① 除了他在翻译和注评方面的开拓性贡献之外，我们还应该记得与格罗斯泰斯特在伦理学方面的贡献相关的另外三件事情。首先，他是牛津大学人文学院最早的讲师之一。该大学在1248年获得许可，但是格罗斯泰斯特其实早在这之前就已经在方济会的研究会中教学了，虽然他并不是方济会的成员。从1229年到1235年，他是为牛津方济会教授神学的第一位讲师。② 1235年，他成为林肯学院的主教（因而也被称为林肯学派）。所以，毫无疑问，格罗斯泰斯特是在英格兰开讲伦理学的早期学者之一。格罗斯泰斯特在伦理学方面起过重要作用的第二件事情，是他在伦理学教研中对于自然科学、数学和观察自然的强调。因此，英国能够在科学哲学上保持持续的兴趣，并且强调把经验信息作为伦理判断的重要依据，格罗斯泰斯特是其中的部分原因。他相信自然实验是所有学科的必要因素，而数学则提供了解释和理解这些实验的理论和实践的重要意义的关键。格罗斯泰斯特的第三个贡献，是他把正确理性直截了当地解释为是一件事情或一个行为与其榜样者在神意中的直接一致性。他的正确理性（recta ratio）的版本是一个神学范畴的简单理论，正如下面这段引文所显示的。

> 这个（正确性的）规则不是别的，它就是神意中的事物的永恒理性……。但是，如果说，这就是正确理性，根据它事情就应该是这样的，那就要再追问了：从哪里可以看出这个理性对于这件事情是正确的？并且，反过来说，若不是因为这个理性，它又会是怎样的呢？这样的逆向思维不断地进行，直到我们看出事情根据第一理性（first reason）应该是怎么样的；而这个第一理性的正确性，是只要从它本身就可以看出来的。因此，事物应该是这样的，就是因为它和这一切是一

---

① See Walter Burleigh, *Commentaria in Ethicam Aristotelis* (Venetiis, 1521); cf. S. Harrison Thomson, "The 'Notule' of Grosseteste on the *Nicomachean Ethics*," *Proceedings of the British Academy*, XIX (1933).

② Cf. A. C. Crombie, *Robert Grosseteste and the Origins of Experimental Science* (Oxford: Clarendon Press, 1953).

致的。于是,正如奥古斯丁坚称的,只要观察者的心里秉持着永恒理性的观念,那么一切被创造的真实性对于他来说就是显而易见的。①

1. 罗吉尔·培根

格罗斯泰斯特最著名的学生和欣赏者,是在牛津和巴黎教授人文科学多年之后于1257年加入方济会的罗吉尔·培根(Roger Bacon, 1214-1292)。罗吉尔·培根几乎对于他同时代的所有人都有批判,并提倡对基督教学说进行彻底的改革。(格罗斯泰斯特和罗吉尔·培根都在几个世纪之前,就预计到了后来由弗朗西斯·培根所提出的、更著名的"四偶像"和"新方法"。)在巴黎时,罗吉尔·培根见过一位叫盖都(Guido Fulcodi)的教规律师,并跟他谈过他的改革计划。大概地说,培根想要的是对于自然科学、数学以及能够作为经文研究辅助工具的古文有更多的强调和重视。1265 年,盖都成为教皇克雷芒四世。他写信给培根,要求一份培根的著作,并命令他,即使方济会有任何的规章禁止出版培根的观点,也要把著作寄给他。这是显示出培根正与他的上司不和的第一个迹象。② 他曾经写过各种短篇论文,现在他又开始写《百科知识概要》(a Summa of all types of knowledge)。很快,他发现自己无法及时完成这部巨著来满足教皇对于一个基督教教育改革计划的兴趣,于是培根开始写《大著作》(Greater Work)这部包括几乎相同的话题但是更为简短的作品。这部著作和几篇其他的文章一起,通过邮差于1268 年送到罗马。因为它的第七和最后部分是一篇道德哲学的论文,这部著作在伦理学史上有一定的重要性。③ 类似于十九世纪孔德(Auguste Comte)的方式,罗吉尔·培根声称伦理学应该被置于所有科学之顶峰,而所有其他学科应该只是它的预备课程。的确,罗吉尔也跟孔德一样对伦理学抱着实证主义的态

---

① Robert Grosseteste, *On Truth*, trans. in McKeon, *Selections from Medieval Philosophers*, I, 273.

② See D. E. Sharp, *Franciscan Philosophy at Oxford in the Thirteenth Century* (London: Oxford University Press, 1930), p.116.

③ This is translated as *Moral Philosophy*, by R. P. McKeon et al., in Lerner and Mahdi, op. cit., pp.355-90.

度:他很坦率地说,教规律法和经文一样,都是道德判断的重要依据。

但是,除此之外,罗吉尔·培根和孔德很少相似之处。只要阅读几页《大著作》,就可以发现,和奥古斯丁一样,培根把"哲学"看作是基督徒的智慧,并把它跟神学混为一谈。《圣经》、教规律法和"哲学家们",都是道德指导的依据。他喜欢的作家包括奥古斯丁、塞涅卡和阿维森纳。他的道德哲学方面论文的许多部分,都是从这些学者们那里逐字逐句抄来的。培根在他这部著作《大著作》(Ⅶ,3)中辩论说,古代哲学家们的观点经常比基督教的实践更具权威性,但他又经常声称,基督教的启示是所有真正好生活所必要的。他认为上帝的意志是道德判断的标准。他这一方面的观点和格罗斯泰斯特的观点很相近,道德善存在于和经文中所显示的上帝的法律毫无保留的一致性。大多数人通过教规法律而了解到他们的道德义务是什么。至少某些人是通过内部的心灵经历而获得道德启发的,但是要确定这种特殊交流的范围和内容是困难的。某些文章认为,这就是固有观念的理论。

因为他在政治学(被他看作是道德哲学之一部分的平民科学)方面的讨论,罗吉尔·培根提出了人的道德关系的三重性划分,这个理论被某些后来的经院伦理学者(主要是苏阿列兹,Francis Suarez)所继承。首先,人被认为处于和上帝的关系之中,其次是与邻居的关系,第三是和自己的关系。① 培根认为,在这些不同的层次上,人都有一定的权利和义务。他似乎并不认为,第三个关系不是如同前两个关系那样是人与人之间的关系,而且几乎不能用和那两个涉外的关系中相同的概念来谈论"义务"问题。尽管主张道德哲学在基督教教育中有重要作用,但培根实际上并没有对这个理论的发展作出多少贡献。

巴黎的方济会学派在实践哲学方面也很活跃。大概从1236年开始,他们一直有一到两个成员作为神学教授在巴黎大学讲学。黑尔兹的亚历山大(Alexander of Hales,1186-1245)在1236至1237年加入方济会之前,是一个上了年纪的巴黎教授(虽然出生在英格兰)。方济会中欣赏他

---

① This is translated as *Moral Philosophy*, by R. P. McKeon et al., in Lerner and Mahdi, op. cit., p.359.

的那些人为了纪念他而编辑了一部叫做《亚历山大兄弟总论》的神学百科全书。它的《总论》文献包括了第一篇有关法律的论文,并对阿奎那关于各种法律的著名讨论产生过某些影响。① 亚历山大作为方济会成员在巴黎做教授的继任者之一,是法国学者拉劳切尔的约翰(John of La Rochelle,卒于1245年)。他的论文《论心灵》成为十三世纪方济会心理学的标准说明书。② 许多这类(在心灵和它的权威之间没有真实的区别,对于物质事物和精神领域的一种不同的认识方式,以及着重强调人的心灵在情感意志上的功能)的心理学学说对后来的方济会道德学者都产生过影响,比如波纳文图拉(Bonaventure)、邓斯·司各特(Duns Scotus),甚至奥卡姆的威廉(William of Ockham)。

2. 波纳文图拉

十三世纪巴黎方济会思想界的伟大人物是波纳文图拉(Bonaventure,1217-1274)。他出生于意大利的吉奥瓦尼地区,早年就加入了方济会,在巴黎学习神学和人文科学。他和阿奎那于同一年(1256-1257)获得博士学位,并在那时被任命为方济会的教长。作为一个行政官员,波纳文图拉在他余生的写作大多是短篇论文和布道文。但是他对于哲学在基督徒生活中的作用有很明确的观点,并表达了对于正确理性的伦理学理论来说一种非常独特的方法论。

心理学对于方济会思想领域意义最为重大。他们在十三世纪对人的心灵及其功能的分析,镶嵌着奥古斯丁、达玛森和亚里士多德的成分。③ 从黑尔兹的亚历山大和拉劳切尔的约翰开始,并由波纳文图拉和阿夸斯巴达的马修(Matthew of Aquasparta,约1240-1302)所继承,方济会心理学坚持关于人的心灵的统一性和简洁性(因此而拒绝关于理智和意愿等控制力之间的根本的区别)。并且,这个心理学更进一步主张意愿的活

---

① Cf. Ignatius Brady, "Law in the Summa Fratris Alexandri," *Proceedings of the American Catholic Philosophical Association*, XXIV (1950), 133-46.

② Joanni de Rupella, *Summa de Anima*, ed., crit, Ignatius Brady (Quaracchi: Collegio San Bonaventura, 1967).

③ Cf. O. Lottin, op. cit., Tome III, seconde partic (1949), pp.393-424.

动和情感的经验比其他任何认识活动都更具有人的独特性。比如,波纳文图拉会说人是理性动物,但是,他把理性理解为意志控制的决定和活动。波纳文图拉的这个观点,在他关于最终祝福的主张中找到证据:好人与上帝的最后联合实际上是爱的行为,而不是如他同时期的阿奎那在巴黎所教授的那样,是理性知识的行为。这就是人们把波纳文图拉称为唯意志论者的意思。他在这方面的观点并不是极端的,但是他反对把理智看作是人的最高力量的主张。①

作为这种心理学立场的结果,波纳文图拉决定把良知置于意志力功能的位置。他在关于朗巴德(Peter Lombard)的《箴言四书》的讲义中解释说:

> 正如同理智拥有一盏来自心灵的创造过程的灯,这灯就是理智所需要的判断力的基座,它指引着理智的认识行为,情感能力也同样有一种自然权重指引着它的欲望行为……顺着这样的思路,具有朝向那个本身就是好的东西接近的功能的良知,就只是在这样的意识中把这种意志的权重(或者是意志加上它的权重)表现出来。

他接着说,良心和良知是不同的。如同习惯在认知过程中的位置,良心属于实践中的理解范畴,并且具有某些移动性特点,因为它推动和促使心灵去行动。② 因此,对于波纳文图拉来说,良心是实践理性的习惯,它促使一个人去认识道德公正的普遍原则和善恶行为的具体特征。这种"正确性"的源泉是一种涉及圣经的指引的道德启示。在一篇短文中,他这样解释其观点:

> 相应地,考虑到公正问题,看起来存在着一种生活的规则。因为,以正确方式生活着的人,他是受着神律的规范的指导,正如我们说到人的意志,它接受必要的训诫、有益的警告、关于完善的忠告等,

---

① Bonaventure, In *Il Sententiarum*, d, 39, 2, 1; Opera Omnia, II, 910.
② Ibid., d. 30, 1,1,concl.; II, 899.

可以据此证明上帝意愿之好、可接受性和完善。于是,当生活的规则中找不出什么是不正直的东西的时候,那它就是正确的了。①

很明显地,圣波纳文图拉的道德哲学中使用着宗教信仰方面的资料,因此它是一种道德神学。

3. 大阿尔伯特

当方济会致力于发展它的道德理论情感方法的时候,道明会也开始强调实践理性在道德生活中的作用。圣道明会中第一位发展了伦理学的教师,是大阿尔伯特(Albert the Great, 1206-1280)。罗吉尔·培根曾指责他自己没有接受过正规的哲学课程教育却去教授哲学。这很可能是正确的。阿尔伯特只是基于自己对可获得的大量古典的、教会的以及中世纪早期的拉丁文文献的阅读,来教授人文科学课程。在他几部关于亚里士多德著作的评论的开头,他表明了要把亚里士多德主义介绍给拉丁知识界的意图。但是,阿尔伯特在思辨哲学方面的观点,并非是简单的亚里士多德主义。他混合了新柏拉图主义、基督教柏拉图主义、阿维森纳主义和奥古斯丁主义,以及他自己的思想。他的形而上学并不等同于他的学生托马斯·阿奎那的。阿尔伯特主义是一个有待更深入探讨的复杂的理论。

阿尔伯特在道德问题方面的写作非常丰富,目前尚未有个完整的编年史。但下面这些作品是重要的:《论善的自然本性》(写于1240年之前),尚未编辑,论述具体的道德问题;《创造物总论》(1244-1249年),其中之一《论人》包含了有关道德心理学和知识理论方面的内容,另一部分《论善》包含了道德科学的资料;《〈箴言四书〉评论》(1244-1249年)是阿尔伯特有关彼特·朗巴德的《箴言四书》的神学讲稿,其中第二和第三部是伦理学的重要文献;《亚里士多德伦理学著作阅读》(1248年)是收录在阿奎那的手稿中关于亚里士多德《尼各马可伦理学》的讲课稿;《亚里

---

① Bonaventure, *Retracing the Arts to Theology*, trans. Sister E. T. Healy, reprinted in Shapiro, *Medieval Philosophy*, p.382.

士多德伦理学评论》(1256-1270年),是较晚期的一部对《尼各马可伦理学》的诠释;《神学总论》(1270-1280年),是一部很晚期的著作,其中有很丰富的道德科学的资料,但是也有很多是和阿尔伯特早期的观点相冲突的内容。①

很明显,阿尔伯特是十三世纪第一位依据人的自然经验和理性中的善良来建立道德哲学的思想家。他相信上帝的思维中有着永恒的法律,但是他也非常想探索那些希腊的和阿拉伯的哲学家们到底是如何看待伦理学的。正确理性理论,如同我们在前面章节中已经概括的,是阿尔伯特的思想中心。良知是理解道德理性的首要原则——也是自然法的普遍规则——的理智能力。他在《伦理学讲稿》(1248年)中解释说:

> 正如在思辨过程中有某些基本原理,人根据这些原理来推理出具体的结论,在道德思考中也有一些基本原理,人们根据这些原理来发现行为的规则。比如"禁止偷盗"以及相似的规则。每个人都应该知道这些,而他也是能够知道的,因为他具备为此目的所需要的推理过程的一切东西。而这些规则就叫做自然法。②

实践理性的过程从这样的普遍原则开始,经过更具体的(基于真实经验的)判断,而达到个别的结论。良心,是阿尔伯特用来表示实践理性的那些结论性的判断的名词。③

阿尔伯特和阿奎那所使用的拉丁词 jus naturale 通常被翻译为"自然法"(nature law)。它也许会导致在英文中的误解。作为 lex[法律]这个词的对立面,jus 在其他种类的现代语言里有一个特殊的单词。在阿尔伯特和阿奎那等学者那里,jus 表示那些实实在在的客观正确的东西。这就是说,同物种的雄性和雌性个体产生后代并照顾后代,那是公正(just)的。这

---

① For more information on Albert's writings, see Gilson, *History of Christian Philosophy*, pp. 666-68.

② Translated from a section of Albert's *Lectura* transcribed from the Stuttgart MS by O. Lottin, op. cit., III, seconde partie (1949), p. 544.

③ Albert, *Summa de creaturis*, II, *De homme*; ed. Borgnet, XXXV, 599.

并不是因为某些法律制定者希望这是公正的,而是因为在雌雄个体间真正的关系中存在着某种适宜性,而这种适宜性并不存在于雄性与雄性或不同种的个体之间。因此,只要其他条件合适,雌雄之间进行繁殖后代的过程就是好的。人作为一个有理性的存在体,通过对那些符合他本性的东西和由他本性所导致的东西的观察,来理解他的行为中这些好的特质。①

按照阿尔伯特的说法,通过良知而了解到的最普遍原则,就是"扬善避恶"。② 而阿尔伯特认为,其他范围广泛的行为规则(比如:尊敬长辈,帮助有需要的人,不伤害别人,避免通奸,不偷盗或谋杀,爱上帝,等等),是所有的人通过自然的洞察力就可以知道的。它们是 jura,也就是正确的事情。他对于无论是道德的或其他法律的方法是属于理智主义和现实主义的。指令是理性的作品。③ 这样一条理智指令的表达就是一条法律(称为 jus 或 lex),而这个法律制定者在宣告一条道德法律时的意志,不会比一个数学家宣告等式相加的结果还是等式时的意志更为活跃。在强调了法律必须要通过立法者的意志来制定这个主张几百年之后,一个二十世纪人很难去理解关于法律的这个理智主义的观点。这个赋予中世纪后期伦理学的时代特点之一的法律理智主义观点,是从阿尔伯特开始,经历阿奎那、索拓、梅迪纳和罗伯特·贝勒明而得到发展的。

4. 托马斯·阿奎那

托马斯·阿奎那(Thomas Aquinas, 1224-1274)一直被认为是十三世纪,甚至可能是整个中世纪的杰出伦理学者。作为阿尔伯特在道明会的同事,阿奎那在成为该会成员之前曾经在皇家那不勒斯大学教授人文学科。在阿尔伯特指导下,他在科隆和巴黎大学进一步学习了哲学和神学,然后分别在巴黎大学,以及在道明会位于罗马附近的几个学习中心教学,最后成为那不勒斯大学的哲学教授。他的著作中包含重要伦理学内容的

---

① *Summa de bono*, transcribed from MS Bruxelles Bibl. Royale 603, fol. 84 rb, in Lottin, op. cit., p. 544.

② Cf. Lottin, *Le droit naturel* (Bruges: Beyacrt, 1931), p. 117.

③ Albert, *Commentaria in libros Ethicorum*, I, 5, 1; ed. Borgnet, VII, 57; *Summa de creaturis*, II, q. 65, 2, 3; ed. Borgnet, XXXV, 552.

是:《箴言四书注释》(1252-1256年),《论天主教信仰》(1259-1264,卷三有关道德科学),《尼各马可伦理学注释》(1263到1272年之间的某个时期),《关于邪恶和美德有争议的问题》(1268-1272),以及《神学大全》(1268-1272)卷二之第一和第二节。

大体上说,托马斯的伦理学理论和我们已经讨论的阿尔伯特的很相似。但是,托马斯的立场得到更加全面的发展,并比阿尔伯特的伦理学更具备内在的一致性。① 托马斯的伦理学经常被归于一种"自然法"理论,②但是基于两点原因,我们可以说这并不恰当。用现代的术语,法律意味着源于立法者意志的命令,但这并非托马斯的观点。他把法律定义为"一个由对社区的共同利益负责的人颁发的理性法令"。③ 其次,"自然法"的涵义已经在中世纪后期和现代的讨论中被异化了,以至于这个术语不再清晰精确。托马斯的伦理学属于幸福论和神学范畴;它既强调内在动机,也重视道德行为的结果;它更是一种自我完善的理论。④

作为道德主体的人,被阿奎那分析得非常仔细。人的功能的覆盖范围,包括从对食物的消化吸收、成长和繁殖等植物性行为,到感官认识、(性欲的和感情的情绪)欲望和动觉等动物行为,再到对简单意义的理解、由推理到产生逻辑结论和理性愿望(也称为意愿)等人所特有的行为。在这个复杂的道德心理学中,重要的是介于人的(认识的和情感的)感觉经验和(认识的和欲望的)理性经验之间的区别。感觉经验是和身体的个人属性相关的;理性经验则处理现实的一般意义。道德行为必须是自愿的,也就是说,它必须是在理解的控制下产生的,必须是为了某种观念的实现,在具备相关行为之本质的知识,并且在行为者的自身状况许可等前提下完成的。这就从自愿行为的单子中排除了纯粹是由意外行

---

① On the relation of Thomas' ethics to the thought of his predecessors, one of the most useful studies is Michael Wittmann, *Die Ethik des hl. Thomas von Aquin* (München: Hueber, 1933).

② See, for instance, T. E. Hill, *Contemporary Ethical Theories*, p. 246; W. T. Jones et al., *Approaches to Ethics* (New York: McGraw-Hill, 1962), p. xviii.

③ *Summa Theologiae*, I-II, 90, 4, c.

④ Sahakian, *Systems of Ethics*, pp. 220-27, views Thomistic ethics in terms of self-realization.

为、物理或生物学的本能以及由外力引起的那些动作。应该强调的是,在托马斯主义中,自愿的并非意味着意志的。人作为道德活动的中心,具有四种力量:情欲(感官的欲望和厌恶的感觉),情绪(在对感官对象的危险作出反应时的紧急感觉),智力上的欲望(被思维活动的一般对象所吸引或所排斥的个人倾向)和潜在的理智(对普遍事物的理解、判断和推论等功能)。每种道德力量都可以通过适当的道德习惯而得到完善:节欲可以在情欲中获得,它是感官欲望中合理节制的美德;勇气是情绪中的主要习惯,并引起一个人对感官经验中紧急事件反应时的坚毅;公正也许能训练智力欲望,使自己形成习惯性地替他人着想的意愿,而无论是简单均等还是比例均等的平等,则是公正的主调;谨慎或实践智慧,是人的理智中最主要的实践习惯,这个美德使人能够很好地推导并指示出良好的道德行为。这些主要的美德中,只有一种是意愿的习惯。这是阿奎那的伦理学理论和其他学者的根本区别:其他多数人都认为意愿是人在本质上唯一的道德力量。① 从托马斯对于正确理性的个人态度,和他对于道德善有别于道德恶的具体处理方式来看,他当然认为上帝对道德性的规则是完全了解的,并对个人行为也有完善的判断。但是,阿奎那并没有教导大家说我们人类了解所有上帝所知道的东西。② 上帝的道德智慧的一部分是通过启示(比如摩西和十诫的例子)而传达给人类的;永恒正义的其他部分的知识,是通过原始自然经验和对其进行的理性反思而获得的(比如像亚里士多德和西塞罗这样的思想丰富的异教徒,也包括其他任何时代的哲学家们)。阿奎那相信,"上帝并不因我们而被冒犯,而是被我们违反自己的利益而冒犯"。③ 换句话说,行为在道德上是正确或错误的,并不是因为神意的专断的法令;对人有利的东西,就是可以被理解为在某些确定的状况下,与这个主体所要达到的行为目标相关的,并在包括其他

---

① Thomas Aquinas, *The Virtues*, trans. J. P. Reid (Providence, R. I.: Providence College Press, 1951), pp. 22–51; see also *Summa Theologiae*, I-II, pp. 49–56.

② *Expositio in Job*, 11, lectio 1; see a partial translation in Vernon J. Bourke, *Ethics in Crisis* (Milwaukee: Bruce, 1966), p. 125.

③ *Summa contra Gentiles*, III, 122; trans. in A. C. Pegis et al., *On the Truth of the Catholic Faith* (Garden City, N. Y.: Doubleday, 1955–57), Bk. III, Pt. 2. P. 143, n. 2.

人和群体在内的真实行为环境下，对这个主体是合适的东西。这个复杂关系的集合，就是托马斯·阿奎那所表达的正确理性的意思。正如在对一个行为主体的行为是道德正确或不正确的一般判断中所表达的那样，正确理性的结论与自然道德法的规则相同的。好像一个谨慎的人在对一个个别的道德问题做实际决定时进行的分析那样，正确理性的终点是道德良心、对选择中的事实判断和正确的行为。

托马斯主义伦理学，从其原始形式看来，是幸福主义的，但它与亚里士多德的理论不同。这种不同，在于托马斯认为好的人生的最终目的并不仅仅是有德之人内心的安宁，而且也是对外在的、真正的目标——那个至善至美，也就是上帝——的积极态度。托马斯主义在当时就不是简单的自我完善的伦理学；由于强调正确意图，它跟（如在安瑟伦和后期的康德中可找到的）"善意"（good will）伦理学有些类似。换一个角度看，托马斯所强调的对于每个自愿行为的意图和可预见结果的谨慎思考，跟功利主义和自然的实用主义，也有某些相似之处。

但某些托马斯同时代人的自然主义倾向则更为强烈。在十三世纪六十年代，从巴黎大学开始出现了一个运动，它被称为拉丁的阿威罗伊主义、异端或极端的亚里士多德主义等各种不同的名字。它基本上是人文学院的一些教师（都是天主教的教士）想给自然主义哲学争取更大的自治权的一个尝试。这个学派的领头人物是布拉班特的西格尔（Siger of Brabant, 1240-1284）和达西亚的波爱修斯（Boethius of Dacia, 生于十三世纪上半叶，约卒于1270年）。仅从他们的伦理学教学上来看，这几个教授是亚里士多德主义者，他们尝试着不依靠来自天主教信仰的资料来做哲学思考。我们对他们的观点所掌握的信息非常不完整，一方面由于今天我们很少能够看到他们的著作，另一方面在于我们所能得到的有关他们的报道几乎都是来自十三世纪他们的批评者和反对者。西格尔写过一本现已失传的《论幸福》。波爱修斯写过一篇有关至善的短篇论文。① 看

---

① Boethius of Dacia, *De summon bono*, in M. Grabmann, *Mittelalterliches Geistesleben* (München: Hueber, 1936), Bde. I, 200-204.

起来，他们的学说是，人的好生活在于对思辨性理解力的培养。坦普埃尔主教在他著名的《对219种错误立场的批判》(1277)中，表达了对这些亚里士多德学派教授的学说的担心。被他批判的"错误"名单之中包括了下面这些：

> 没有什么是比学习哲学更为杰出的状态；
> 人所可能的一切善都存在于理智美德之中；
> 幸福在此生，而不在来生；
> 一个听命于自身的(符合亚里士多德在《伦理学》中所描述的理智和道德美的)理智和情感，并以恰当的生活方式而生活的人，是一个已经准备好享受永恒幸福的人。[①]

目前至少已经发现三篇由十三世纪的不知名作者所做的《尼各马可伦理学》的评论，可以证明该时期这种自然主义伦理学倾向的蔓延。[②]

罗马的吉莱斯(Giles of Rome, 1247—1316)的著作显示了亚里士多德主义伦理学在十三世纪后期的持续影响。他关于《修辞学、伦理学和政治学之区别》的通信只是简单地重复了亚里士多德弟子的教条。[③] 吉莱斯著作中一个有特色的观点是，因为道德哲学是人类行为的完整科学，所以应该把政治学置于道德哲学的从属地位。同样这个观点被带进吉莱斯著名的论文《论教会力量》。在那里，他声称公民权力从属于教会权力，"世俗力量的作用是把材料准备好，以便教会的统治者在精神事务上无所阻碍"。[④]

正是在十三世纪的下半叶，我们找到了伦理学上唯意志论的起点。我们已经注意到方济会心理学是如何强调人的本性中情感和意志方面的

---

① See Tempier's propositions numbered 1, 170, 171, and 172, in Lerner and Mahdi, op. cit., pp. 338 and 351.

② Cf. R. A. Gauthier, "Trois commentaires 'averroistes' sur l'Ethique à Nicomaque," *Archives d'histoire doctrinale et littéraire*, XVI (1947—48), 187—336.

③ This letter is edited by G. Bruni in *New Scholasticism*, VI (1932), 5—12.

④ Giles of Rome, *De potestate ecclesiastica*, II, 6; see the English in Lerner and Mahdi, op. cit., p. 399.

作用的。彼得·约翰·奥利维(Peter John Olivi,约卒于1298)是方济会中教导这个理念的早期几个教师之一:"要么意志是自由的,要么它就不是意志"。① 在此之前,教父思想和中世纪思想中并没有对自由意志的讨论,只是讨论自由选择。自奥利维之后,越来越多的人坚持认为,意志在本质上是自由的力量。②

并非只有方济会的思想家强调意志力。根特的亨利(Henry of Ghent, 1217-1293)是一位杰出的巴黎大学人文和神学教授,他传授的观点是人的意志无论如何都是最独特的力量。意志在行使其功能中指导着智力,但意志"凭着它自身的认知力量又指导着它自己"。③ 这种观点使得亨利认为,道德法律和义务直接来自于立法者的意志。尽管亨利仍然在谈论正确理性,但他已经站在一种新的道德和法律义务理论的起点线上了。命令,现在成为一个自治的、不由外部智力判断来确定的意志的功能。立法者的意愿中要去完成的东西就是正确的,不需要其他的理由。

和十三世纪中这种新奥古斯丁主义趋势相关的是杰出的加泰罗尼亚语学者拉蒙·鲁尔(Ramón Lull, 1232-1315)。作为一个结了婚的俗人,鲁尔把他的晚年奉献给使摩尔人皈依基督教这个事业上了。他在马略卡岛上建立了一个作为加泰罗尼亚文化和鲁尔主义中心而延续至今的大学。他的心理学观点和圣奥古斯丁的是一样的:人的心灵并没有单独的力量,它虽然极为简单却具有三种功能:记忆、理解和意愿。这三者之中,最后者是最为独特的,而意志力在爱之中达到其高峰。鲁尔著名的"伟大艺术"就是这样的学说:人通过直觉(比如奥古斯丁所说的神的启示)就掌握了一些不证自明的观念主张。这些原则包括:善、伟大、不朽、力量、智慧、意志、美德、真实和光荣。前述这些也许可以作为述语,和基本概念和关系一起,在现实社会中被用来构建真实和有用的判断。④ 虽然

---

① Cf. E. Bettoni, "La libertà come fondamento dei valoriumani nel pensiero di Pier di Giovanni Olivi," *Atti del XII Congresso Internazionale di Filosofia* (Venezia, 1958), XI,

② See A. San Cristobal-Sebastian, *Controversias acerca de la voluntad desde 1270-1300* (Madrid: Editorial y Libreria Co. Cul., 1958).

③ Henry of Ghent, *Quodlibeta*, I, q. 14; ed. Venetiis (163), fol. 17D.

④ For details, see Gilson, *History of Christian Philosophy*, p. 352.

第六章 正确理性理论

拉蒙·鲁尔并不是一位理论伦理学者,但他作为一个直觉主义的比较简单版本的倡导者,在伦理学上有些许重要性。人们也许可以想象,在他的半自传体小说《布兰克纳》(Blanquerna)中有许多反映在近来的现象伦理学中的态度。下面这段表明了鲁尔对实质情感的强调:

"公正,"布兰克纳说,"你最期望我意志中的什么东西?"记忆替公正回答说:"我期望那里有悔罪和恐惧,我期望你眼中的眼泪,你心中的叹息,你身体的痛苦。""那么,你,慷慨,你期望我意志中的什么?"理解替慷慨回答说:"为了爱,为了悔恨,为了轻视这世界上的虚荣,我期待拥有它的一切。""那么,你,仁慈,你期待我的记忆和理解中的什么呢?"意志替仁慈回答说:"为了对仁慈所赐礼物和她的宽恕的纪念,我期望你所有的记忆,也为了领悟那些同样的东西,我期待拥有你所有的理解,而这些也更是为了对仁慈本身的沉思。"于是,布兰克纳把他的一切都给了他之所爱的美德所期待的。①

从这几句可以明显地看到,生存论承诺(Existential commitment)是有中世纪的渊源的,而"非理性之人"在正确理性的那个世纪可以找到他的位子。

十三世纪末期另一位非常不凡的思想家是艾克哈特(Meister Johannes Eckhart, 1260-1327)。与阿尔伯特和阿奎那一样,他也是个道明会成员,但是艾克哈特的哲学是新柏拉图主义思想和基督教神秘主义的复杂混合物。心灵的高峰或火花是人的最高部分,高于理性和意志。正是在这个"城堡"中,上帝和人在神秘的联合中接触。正如一位历史学家对艾克哈特的描述:"通过转向上帝而展开的心灵离开物质的逐渐纯化过程;通过和上帝在知识和现实无法到达的领域进行的联合而实现的它的最后解放——这些都让我们想起柏拉图式的心灵向那个'太一'的飞翔和融合。"②正是在他的《说教》一书中,我们看到艾克哈特发展了人类行为的

---

① Ramón Lull, *Blanquerna*, trans. E. A. Peers (London: Jarrold, 1926), pp. 478-79.
② Armand Maurer, *Medieval Philosophy* (New York: Random House, 1962), p. 301.

"善意"教条,该教条获益于阿伯拉尔和安瑟伦的正确意图理论,并预告了康德著名学说的来临。

> 如果你有良好的意愿,你就什么都不缺了。既不缺乏爱,不缺乏谦卑,也不缺乏任何其他的美德;凭着你的力量,你想要什么就有什么;上帝和任何其他人都不能剥夺你——如果,再说一次,如果你的意愿是可靠的、神圣的和包容在上帝之中的……良好的愿望对于良好的事情的力量,不比邪恶的愿望对于邪恶的事情的力量微弱……拥有一个完全邪恶的意愿,就相当于我犯了谋杀世上所有的人的罪行,虽然我实际上并没有动过一个手指头。为什么同样强大的力量就不能存在于良好的意愿中呢?①

另一个应该被简单提及的非学术人物是诗人但丁。但丁(1265-1321)在哲学方面非常博学,并把他的知识应用在他的文学作品中。他在伦理学领域当然并不专业,但有两个原因使得他应该被提及。他同意阿奎那和亚里士多德主义的观点,人的理性"就是他特殊的生命,并且实际上是他最高贵的部分"。② 而且,但丁在他的《神曲》和《论君主制》中给十三世纪基督教的非神职人员提供了道德态度方面的指导性描述。

比较起来,十四世纪在伦理学方面很少有历史性的著作——但它仍然是一个思想丰富并对文艺复兴和近代早期产生过很大影响的历史时期。大多数在十六和十七世纪在伦理学领域写作过的伦理学者,都研究过某些十四世纪的哲学。其中一些著名的学派在其思想方向上可能是属于司各特派、唯名论或托马斯主义的。

5. 邓斯·司各特

约翰·邓斯·司各特(John Duns Scotus, 1265-1308)是一个方济会

---

① Eckhart, *Talks of Instruction*, trans. R. B. Blakney; reprinted in Jones, *Approaches to Ethics*, pp. 162-63.

② Dante, *Convivio*, II, 1; and III, 15.

士,在牛津和巴黎只教过几年书。以他的能力,如果他能够活得更久一些,在伦理学方面他应该会有更大的贡献。他的著作迄今都没有得到好的编辑,而且在重要的教科书中也并不完整。《神职授任》(*The Ordinatio*)是司各特自己编辑的关于彼得·朗巴德的《箴言四书》的系列讲稿。在《神职授任》第一部的序言部分,我们看到大量他自己的哲学见解,其中包括他的伦理学见解。《自由论辩》(*Quodlibetal Questions*)产生在巴黎,其中有些伦理学的信息,并包括了他最成熟的思想。邓斯·司各特被称为"敏锐博士"。他非常聪明和博学,是不列颠群岛上最卓越的学者之一。他和托马斯·阿奎那在哲学的基础观点上有所不同。也许司各特思辨性思想的最重要方面,是他有关(不需要任何资格的)人类智力对象的观点,以及他关于意志在本质上是自由的和理性的,并高于智力的学说。①

尽管他对阿奎那的哲学一般持反对的态度,但是邓斯·司各特支持正确理性是判断好的人类行为的基点这样的观点。事实上,在下面引自《神职授任》的第一部中的几句里,他提供了关于正确理性(recta ratio)的最清楚的解释。

> 正如美丽并不是美丽的身体上一个绝对的品质,而是在这个身体上都很恰当的所有单项(也就是高矮、胖瘦和肤色等)的整合,以及它们之间和它们与身体之间(和这些恰当性相关)的关系的整合——同样的是道德行为的善性,它类似于这个行为的高尚的特质,包括它整合在所有行为成分(比如力量、对象、目标、时间、地点,以及行为方式等)中的恰当的比例,并因为这些是受正确理性所控制的,它尤其必须是与该行为相符合的。于是,我们也许可以说,在所有情况下,这种行为对于正确理性的恰当性是这样的,一旦这种恰当性呈现了,它就使得该行为表现为好的行为。既然所有的行为都是和某个目标相关的,如果这个行为并不符合行为主体者的正确理性(也就是说,如果他在行动中并不包含一个正确的理由),那么这个

---

① Cf. Efrem Bettoni, *Duns Scotus: The Basic Principles of His Philosophy*, trans. B. Bonansea (Washington: Catholic University Press, 1961), pp. 27–46, 81–86.

行为就是不好的。于是,行为和正确理性——对于该行为的各种恰当情形的完全控制——的一致性,就是道德行为之善。①

毫无疑问邓斯·司各特是支持伦理观念中的正确理性标准的。在其他某个地方他解释说:"行为的道德善,就是被正确理性判断为适合于该行为本身或者适合于该行为主体所需要的所有单项的整合。"②但是,跟阿奎那不同的是,司各特宣扬每个道德行为都是意志的行为,要么就是在意志范围内完成的,要么就是在意志的指令下通过某个其他的力量来实现的。任何一个由人来承担道德责任的行为,都是一个意志行为。③

司各特拒绝接受关于意志——无论是上帝的或是人的意志——是道德法律的来源的主张。他仔细地审查了根特的亨利有关良心存在于人的心灵的情感部分并且是促使人行动的普遍推动力的学说。该学说受到司各特的严厉批判。④ 然后,他进一步解释良知是一种习性,我们凭借此习性才认识到实践原理,而这种良知并不存在于意志中,而是在于智力中。更进一步的是,司各特把良心看作是实践智力的习性,它能够推导出具体的行为和正确理性是否相符合的判断。⑤ 在另一个独特的方面,他重复解释了正确理性的意义:它是在行为主体可以预计到行为结果的情况下,在行为主体的自由个性中,考虑到该行为的一般性质和该行为将被实行的方式,最后,也考虑到该行为的时间、地点和其他各种外在因素等情况下,对于一个被建议的行为的合理性的认同。⑥

6. 奥卡姆

假如司各特学派的伦理学是坚持道德行为善恶之内在本质的正确理

---

① Duns Scotus, *Ordinatio*, I, d. 17, par. 1, qq. 1-2, n. 62; edition Vaticana, V (1959), 163-164; trans. Bourke.

② Duns Scotus, *Quaestiones Quodlibetales*, q. 18, n. 3; ed. Wadding, XII, 475.

③ *Ordinatio*, prologo, pars. 5, qq. 1-2; ed. Vaticana, I, 156-58.

④ Duns Scotus, *Opus Oxoniense*, II, d. 39, qq. 1-2; this portion of the Ordinatio is not yet available in the Vatican edition.

⑤ Ibid., II, d. 39, n. 926.

⑥ For data on William of Ockham's writings, see Philotheus Boehner, Introduction, to *Philosophical Writings* (Edinburgh: Nelson, 1957).

性理论,那么方济会中下一个伟大的思想家并不同意这样的理论。奥卡姆的威廉(William of Ockham, 1280-1349)标志着伦理学外在主义的开始。这个理论认为,道德善恶跟人的内在品质或其行为的内在品质没有什么关系,而是由于道德品质的外在属性。而且,奥卡姆是拒绝快乐主义理论的第一位著名的伦理学者。他不认为人是自然地被安排去追求个人的好生活或幸福的。能够满足人的意志的唯一目标是上帝;但是伦理学并不能揭示人的这种最终目标的存在。因此,奥卡姆也拒绝了中世纪关于人的本质归宿的理论。他相信上帝是人渴望的最终目标,但是坚持认为他并不是通过哲学而知道这些的。这就是伦理学的"现代途径"的开始。

奥卡姆的作品中包含有伦理学内容的是:《神职授任》(The Ordinatio)(是奥卡姆自己写的对朗巴德的《箴言四书》第一部的注评),《演讲录》(The Reportatio)(是听众记录的奥卡姆关于《箴言四书》前三部分的讲课),《神学辩论七篇》(The Seven Quodlibets),以及《论命运和神的预见》(Treatise on Predestination and Divine Foreknowledge)。他的政治学著作主要是论述教会政治的问题以及在方济会内部的矛盾,这些矛盾是由方济会内的一个团体试图回归到圣方济的那种开拓者的清贫和灵性状态的努力而引起的。

奥卡姆的思辨哲学为他的道德观点立下了基础。他有自然的逻辑学和哲学,但是没有形而上学。唯一的真实就是现实存在的个体、物质和非物质的东西。共相(人道、善、正义)是一般的词汇,并且在一个特殊的意义上说,是一般化的概念。有时候奥卡姆会把普遍概念解释为"造词"(fictum),那就是用来表达多个类似个体的、由智力抽象而构建的一个思想结构。在他的后期,他通过用理解过程中的抽象"行为"来确认一般概念而赋予它们更多的真实性。[1] 不管怎么说,人类理解的真正对象都是个别的东西。对奥卡姆来说,把感官认识和理解加以区别是困难的,因为这两者都是跟个体相关的认知方式。

---

[1] See for data on William of Ockham's writings, see Philotheus Boehner, Introduction, to *Philosophical Writings* (Edinburgh: Nelson, 1957), pp. xxviii-xxix.

奥卡姆的逻辑学包括了他的认识论。他对于论证科学的条件有很严格的主张,因为他相信哲学家并不能证明那些被阿奎那,甚至被邓斯·司各特尝试要去证明的所有东西。比如说,奥卡姆很干脆地否认了"通过理性或经验"能够获得关于智性的灵魂是人身体的"形式"(form)的确切知识的任何可能性。① 至于对上帝存在的证明,奥卡姆觉得我们成功与否要取决于当初是如何定义"上帝"的。如果上帝意味着"某种比它周围所有的其他东西都更高尚更完美的东西,那么这是不可能通过自然理性来演示出上帝是唯一的,甚至也不可能演示出上帝是存在的"。从另一个方面看,如果上帝被理解为"和它相比,没有其他什么东西是更高尚和更完善的",那么我们也许可以证明它是存在的,但仍然不可能在哲学上去证明它是唯一的。②

在他认为人的理性对于证明哲学上的结论作用是很有限的同时,他对基督教信仰的一般条款却是有信心的。尤其是上帝的全能和自由对他影响很大,以致于在他关于人的能力和行为的思考中经常应用上帝的这些特质。和邓斯·司各特一样,奥卡姆用意愿活动来判断道德行为。"除非是自愿的并且是出于意志,否则没有什么行为是善或恶的。"③在这样的讨论中,奥卡姆表现出了他是如何把上帝的意志看作是道德的最终来源。只要上帝不把自己弄得自相矛盾,上帝也许可以希望任何行为或者是好的或者是坏的。比如,上帝可能命令一个人在某个时期不要爱上帝——而这样的行为在这样的时期却是一个好的行为。④ 奥卡姆当然还是在谈论正确理性指导的必要性("任何正确的意志都是和正确理性相符合的"),但是这并不是意味着理性去修正意志行动,而是说,理性之所以正确是因为上帝希望它是这样的。⑤

从这里就开始了基督教思想中的权威主义学说,这个学说认为上帝可

---

① *Quodlibet*, I, q. 10; in Boehner, *Philosophical Writings*, p. 158.
② Ibid., q. 1; Boehner, pp. 139–40.
③ *Quodlibet*, III, q. 13; Boehner, p. 161.
④ Ibid., pp. 162–63.
⑤ As Óckham puts it: "Eo ipso quod voluntas divina hoc vult, recta ratio dictat quod est volendum." In I *Sententiarum*, d. 41, q. 1, k; cf. In III Sent., d. 12, NN.

以正确地命令人去做几乎任何事情,而且考虑到上帝是万能的,这些事情的结局也一定会是好的。显然,奥卡姆并不认为上帝会任意地改变这套已经被建立起来的道德规则。但他的确认为,上帝是有能力改变几乎所有已经被接受的道德诫律。这种奥卡姆主义的教条具有深远意义:道德法律已经被缩小到神的法律中的正确部分,责任义务是不可预知的了,而且,一旦离开了神学,有效的伦理学能否够被建立起来也是值得怀疑的。①

因此,奥卡姆的伦理学是真正的权威主义伦理学。它是中世纪神学范畴的基督教思想理论最显明的例子。上帝是老板,任何东西只要它希望是正确的,这东西就是道德正确的。这些成了这种唯名论经院哲学派的学说标准。加百利(Gabriel Biel, 1425-1495)在下个世纪继承了这个学说。他的著作受到很多现代早期的伦理学者的研究,并影响了宗教改革运动中的一些杰出人物。

自然法律伦理学跟奥卡姆学派的实证主义性质形成对照。有些中世纪的学者在法律学的意义上发展了"自然的法律"(Law of Nature)的主张。亨利·布雷克顿(Henry de Bracton, 卒于1268)在他的《论英格兰的法律和习惯》中示范了这种对正确和善的概念的律师态度。两个世纪之后,福蒂斯丘爵士(Sir John Fortescue, 1385-1476)在他的著作《论英格兰法律系统的优点》(On the Merits of the Laws of England)中继承了这种自然法律的传统。福蒂斯丘的观点和亚里士多德的学说近似。他用赞成的口气引用了《尼各马可伦理学》:"自然法律就是那个存在于所有人之中的同样的力量。"②事实上,福蒂斯丘关于正确理性理论的版本和我们在阿奎那那里看到的非常相似。

中世纪末期,欧洲著名的大学里经常提供三个主要哲学(和神学)学派的教授位子。学生们可以选择学习司各特主义、奥卡姆主义和托马斯主义。在某种程度上,这种分裂扩展到道德科学和伦理学理论中。对于

---

① Henry de Bracton, *De legibus et consuetudinibus Angliae*, ed. G. E. Woodbine, 4 vols. (New Haven: Yale University Press, 1915-42).

② Sir John Fortescue, *De laudibus legume Angliae*, chap. 16; see the trans. by S. B. Chrimes, in Lerner and Mahdi, op. cit., p.523.

三种学派都有很多的注评者,但都很少有新意。佛罗伦萨的安东尼(Antoninus of Florence, 1389-1459)是一个主教,他扩展和更新了托马斯主义关于社会生活中的道德问题的理论。他被认为是在经济学中进行道德问题分析的开拓者。安东尼的基本伦理学立场是托马斯主义的。

同一时期出现的一件有点怪异的事情,是德国牧师阿尔布莱希特·冯·艾布(Albrecht von Eyb, 1420-1475)的本地化道德宣教。他对于伦理学理论并无兴趣。他的两篇文章包括了关于各种美德和虔诚的格言的很长单子,这些都不是写给学者们的,而是给普通百姓看的。冯·艾布坦率和简明的宣教,跟马丁·路德在下一代所做的不无相像之处。

中世纪正确理性伦理学的历史在两位英语学者那里走到了终点。瑞金诺·白考克(Reginald Pecock, 1393-1460)是个天主教主教,他对基督教中出现的罗拉德运动(Lollard movement)的影响有点担心。从反对认为简单的信仰和圣经学习就能够给予好生活以充分的道德指导这种观点出发,白考克写了一系列的英语论文来强调理性的首要地位。理性的自然功能,他声称,是用来决定应该做些什么事情的。[1] 除非符合理性判断,否则上帝也不接受任何好的行为。人类意志的自然功能就是去做正确理性所指令的事情。白考克主教区分了两种实用知识:道德哲学和神学。有时候他暗示,对于救世来说伦理学更重要。正如可以预期的,他的学说得到了来自天主教同仁和罗拉德派(Lollards)两方面的许多批评。在他生命的晚期,他写道:

> 我……在此承认并声明,我曾经放纵了自己的自然智力,并且曾经放弃《新约》和《旧约》以及我们当代圣教会的权威和决定,却选择了我自己的自然理性判断。[2]

实际上,白考克的伦理学立场和托马斯·阿奎那很相近,虽然这位主

---

[1] Reginald Pecock, *The Reule of Crysten Religioun*, ed. W. C. Greet (London: Oxford University Press, 1927), pp. 24 and 227.

[2] Reginald Pecock, *Book of Faith*, ed. J. L. Morison (Glasgow, 1909), p. 23.

教有关基督徒生活中道德哲学对救世的作用的乐观主义态度是肯定超过托马斯的。

这种伦理学的最后一个代表人物,理查德·胡克(Richard Hooker,1553–1600),把我们带到中世纪之后很久,但他的正确理性的见解很成熟,而且其中许多也是源于中世纪的传统。他一直被称为"英国的阿奎那"。他《教会制度的法律系统》的第一部,是对阿奎那主义伦理学的出色概括。胡克认为,除了居于"上帝的胸怀"的永恒法律之外,还有第二个永恒法律,它由这个世界上的物质秩序所构成。人通过他的自然经验和对普通理性的应用,来了解这个实际的秩序以及它所要求的东西。他不认为这种观点将要求人人都是柏拉图主义者:"因此,我们并不赞成这样的观点,如某些人所主张的那样,自然在发挥其作用的过程中必须要有某些确定的框架或模式……"①他声称,以为除了上帝的意志之外我们并不需要理性来做正确的事情,这样的观点是不正确的。在下面这个典型的说明文中,他对伦理上的唯意志论的反对态度是很明显的。

> 在需要理解的地方,在那些事情中,理性就是人的意志的指导者,它能够发现行为中什么是好的。善举之法,就是正确理性的规定……在其他事情之中存在着这样的理性之明灯,凭此,善也许可以从恶中得到了解,并且能够用同样的方法正确地发现那被称为正确的东西。②

胡克下面这段从与其他法律的关系角度对理性法律的描述,正好可以做为本章关于正确理性伦理学讨论的恰当的结论。

> 那个法律,当它在上帝的胸中陈列出来,他们叫它是永恒的,根据其对象所属种类的不同而得到不同的名称。其中用来指令自然主

---

① Richard Hooker, *Of the Laws of Ecclesiastical Polity*, ed. J. Keble (Oxford: Clarendon Press, 1839), I, 208.

② Ibid., I, 222.

体的部分,我们通常就叫它是自然法律;其中被天使清楚地掌握着并从不违背的部分,是天堂的法律;理性法律,就是用来适当地限制这世界上的被创造物的,并且让他们可以借此通过理性来直截了当地了解他们自己;其中那些用来限制他们的,而他们并不知道,却要通过来自上帝的特殊的启示的,叫神法;人类的法律,或者是出自理性的法律,或者是出自上帝的法律,大概是人类为了应急而集中起来的,他们就把它制定成法律。因此,所有事情,正如它们本应该是那样的,都是跟第二条永恒法律相符合的;甚至那些跟这条永恒之法不相符合的事情,也是在某种意义上是由第一条永恒之法所规定的。①

---

① Richard Hooker, *Of the Laws of Ecclesiastical Polity*, ed. J. Keble (Oxford: Clarendon Press, 1839), I, 205.

第三部分 近代伦理学:1450-1750

第七章 文艺复兴时期的人道主义伦理学

文艺复兴运动中的伦理学思想基本特征是人道主义。人不但成为艺术所关心的焦点,而且是教育、哲学,并且最后也成为宗教所关心的焦点。人是高度浓缩的微观世界,这个观点在中世纪就存在了,①但事实是,对于中世纪的学者们,无论是基督徒或非基督徒,都不认为人是他们所探讨的对象中最有吸引力的话题,上帝才是。如果我们坚持认为文艺复兴有一个中心议题,那也并不意味着这个阶段是反宗教的或无神论的。对于人来说,什么是善和正确的,最终依然要以上帝的法律或意志来决定。重点在于,在现代哲学即将到来的黎明时刻,即使是很有宗教信念的伦理学者,也把他们的兴趣集中到人类的个体上,集中到他无限的能力,自由,以及他不仅在未来的拯救中,也在目前世俗生活中的成功的机会。

在其《关于人的尊严的演说》中,皮科·米兰多拉(Giovanni Pico della Mirandola)借上帝之口说出下面这些话。它是这种人道主义态度的典型。

> 亚当啊……我们已经根据你的愿望和判断,给了你所要的地方、你所要的形态以及你所要的功能。其他创造物的本性已经被确定了,其范围只限定于我们所规定的,而你却是无限的。我把你交给你

---

① Cf. Rudolf Allers, "Microcosmus," in *the Philosophical Work of Rudolf Allers* (Washington, D. C.: Georgetown University Press, 1965), pp. 123–91.

的自由意志了。应该由你自己根据你的自由意志,来确定你的本性……你应该凭你所喜欢的来塑造自己。①

没有一个二十世纪的存在主义者,会去批判这段为了能够以自己希望的方式来理解自我,而对人的自由意志所做的突如其来的声明。但是,达芬奇在他的《笔记》中表现出,文艺复兴运动对人的展望并非都是乐观的。

你会看到创造物们就生活在地球上,总是在相互争斗中,双方都有巨大的损失和经常的死亡。但这并非是他们恶行的边界。广大森林中无数的树木被他们凶猛的四肢砍伐倒地;当肚子里填饱了食物之后,他们又把死亡、痛苦、劳作、恐惧和荒芜加于所有的生物,以满足他们的欲望。并且,根据他们无边无际的骄傲的理由,他们还希望要向天堂飞升……②

跟这种人道主义结合在一起的,是文艺复兴的古典主义。在十五和十六世纪,大多数古希腊和罗马的伦理学者的著作第一次得到编辑和印刷,并被热切地学习研究。柏拉图、亚里士多德、廊下派、伊壁鸠鲁学派、塞涅卡、西塞罗、普罗提诺等,现在都被再次审视。基督教的经典智慧也没有被忽略。对于希腊和拉丁的教父哲学的兴趣,甚至对那些经院哲学家们,比如托马斯·阿奎那和邓斯·司各特的学说的兴趣,也重新出现。人类在热切地展望世间的灿烂未来的同时,也突然意识到过去遗产的价值。

一、意大利的柏拉图主义伦理学

这种新古典主义的其中一支与柏拉图主义的复兴有关。佛罗伦萨教

---

① *Oratio de dignitate hominis*, trans. M. McLaughlin, in *Portable Renaissance Reader* (New York: Viking Press, 1953), p.478.

② Leonardo da Vinci, *Notebooks*, trans. Edward MacCurdy (London: Cape, 1928); reprinted in G. de Santillana, *The Age of Adventure* (New York: Mentor, 1956). P. 87.

堂理事会(1438-1445)曾经关心把基督教界的希腊派系和拉丁派系联合起来的项目。希腊学者们(纪密斯特·普里索、乔治斯·斯科拉里奥、特奥多罗·加沙和贝萨隆大主教)既讨论哲学话题,也讨论宗教话题。这时期存在着一种要贬低亚里士多德的重要性而更强调柏拉图的思想及其学派的趋向。在科西莫·德·美第奇(Cosimo de' Medici,1389-1464)的统治下,成立了一个佛罗伦萨的柏拉图研究学校,部分是为了追求时尚,但也是作为基督教教育改革的应急中心。这个学校很少有伦理学方面的著作或学说出现,但是它对文艺复兴运动中的伦理学其他方面的影响却是深远的。在这个群体中,我们要考察的思想包括库萨的尼古拉斯(Nicholas of Cusa)、劳伦修斯·维拉(Laurentius Valla)、马奇里奥·斐奇诺(Marsilio Ficino)、米兰多拉(Giovanni Pico della Mirandola)、乔达诺·布鲁诺(Giordano Bruno),以及托马索·康帕内拉(Tommaso Campanella)等。这些人都对意大利在哲学上的新思维的成长作出了贡献。

库萨的尼古拉斯既不是意大利人,也不是一个简单的柏拉图主义者,但是因为他的很多著作是在意大利完成,而且下了很多功夫把柏拉图主义融合到他高度个性化的伦理学分析中,所以我们在这里要讨论他。他于1401年出生于摩泽尔河边的库萨(Cusa),取名尼古拉斯·克拉夫兹(Nicholas Kryfts)。分别在荷兰的代芬特尔、德国海德堡和意大利的帕多瓦接受教育,获得教规法律的博士学位,并在各种机构作为教会外交官工作。他在1448年晋升为大主教,1464年于意大利的托迪去世。尽管他介入很多教会外交方面的事情,却写下了大量哲学著作。其中最值得关注的是《论有学问的无知》(*On Learned Ignorance*,1440)和《论上帝的视野》(*On the Vision of God*,1453)。它们混合了各种希腊哲学的分支(柏拉图、毕达哥拉斯、普罗提诺)和多种基督徒的思想(奥古斯丁、阿尔伯特、艾克哈特),甚至包括了某些描写东方神秘宗教和魔幻的作者的东西。有些评论者把尼古拉斯看作是奥卡姆唯名主义的继承者。

尼古拉斯批评亚里士多德主义哲学及其在神学和道德学说上的影响。他把矛盾的原理看作是理解亚里士多德分析方法的主调。在他的《论有学问的无知》(其观点在同时代的《论猜测》[*De conjecturis*]中有进一步的发展)中他声称,矛盾也许在无限中就可以解决。在现实的绝对最大中存在着"对立双方的一致"(coincidentia oppositorum),也就是一种对立面的融合,它超越了三段论逻辑中的一般冲突。毫无疑问,这个最大就是上帝和创造物。① 人的本性只存在于个体之中,但在基督身上体现的人之本性中,我们看到这个绝对最大,这个结合了最低和最高阶层的完善于一体的、小宇宙的独特例子。"有学问的无知"的主张当然源于苏格拉底,但是,尼古拉斯把这个无知看作是智慧的精髓。当一个人面对无限,他最需要的是谦卑,而谦卑源于对他自身智力限度的认识。

从伦理学上来看,尼古拉斯是一个目的论的快乐主义者。"人的智力有一种朝向最抽象的真理的本性移动的倾向,这个抽象真理是作为其所有欲望的目标和其最终和最快乐的目标的。"②这个道德活动的最终目标就是上帝。必须从信仰开始才能够理解那条通往最后与上帝联合的途径。"在任何一个科学中,如果要理解一些分析对象,首先必须要接受一些作为首要原理的东西,而这些首要的假定条件,就建立在信仰的基础上。"③而在人的精神中有一个追求永恒事物的自然愿望。因此,关于好生活的学习研究就涉及把信仰和自然理解结合起来。

大概因为关注让所有种族的人最后联合在一个宗教中的努力,尼古拉斯声称有少数的几个原始的道德原则,它们可以通过直觉被所有的民族所了解。他把这些视为跟十诫和两条慈善训诫*等同的东西。所有的道德法律都可以溯源到爱作为它们的根本来源。他的《论信仰的安宁》(*On the Peace of Faith*, 1453)是一个对话录,它发展了一种观点,认为一切人类,无论来自任何宗教或任何民族都会同意一个共同关于如何生活得更好的、共同的道德协约。尼古拉斯乐观地总结说:"因此,从理性得到结论,和谐在天堂是某种程度上被许可的。"④这位卓越的思想家不仅仅影响了意大利文艺复兴中他最直接的后继者,而且影响了很多德国神秘主义和道德思

---

① *On Learned Ignorance*, III, 2.
② Ibid., chap. 10; trans. G. Heron, in *Unity and Reform*, ed. J. P. Dolan (Notre Dame, Ind.: Notre Dame University Press), 1962, p.85.
③ Ibid., p.87.
* 译注:指全心全意地爱上帝;爱人如己。
④ *De pace fidei*, trans. J. P. Dolan, op. cit., p.236.

想,他的影响甚至也反映在斯宾诺莎、谢林和黑格尔等的形而上学建筑中。

讨论伦理学问题的早期意大利人道主义者之一,是劳伦修斯·维拉(Laurentius Valla,1406-1457)。他对亚里士多德主义的批评很坦率,而他的《快乐论》(De voluptate)则为伊壁鸠鲁的伦理学作辩护。维拉在《论自由选择》中声辩,人类自由和神的万能之间的关系如此复杂,哲学是不可能解决这个问题的。跟他同时代的尼古拉斯一样,维拉觉得信仰是哲学的必要起点,而某些问题只能通过基督教的信仰才能解决。[1]

两位杰出的柏拉图主义者是马奇里奥·斐奇诺和皮科·米兰多拉(John Pico della Mirandola)。斐奇诺(1433-1499)是佛罗伦萨学院的中心人物,是第一位把普罗提诺的《九章集》(Enneads)翻译为拉丁文的人,也翻译并注释了几部柏拉图的对话录。他自己带有某种折衷主义的伦理学观点最清楚地反映在《柏拉图主义神学》中,但他也在《论快乐》和《论神爱》中发展了自己的学说。跟尼古拉斯一样,斐奇诺颂扬爱是道德生活的理想标准:把同类的人都看作是上帝的子民而联结在一起的东西,就是人道(humanitas)。这个理想的"人道",不仅是个体生活中善和美的源泉,也是艺术和所有人类努力完美的标准。斐奇诺是把人道主义介绍给现代哲学的先锋人物。跟普罗提诺的追随者一样,他认为真正的幸福需要从世俗的世界转向超凡的世界:"我们的心灵,凭借智力和意志,就象凭借柏拉图主义的双翼,向上帝飞去。"[2]

同样这个"从这世界起飞"的主题,贯穿在皮科·米兰多拉(1463-1494)的著作中。在一部基本是柏拉图主义观点的著作中,皮科引用了旧约和新约全书的片段,然后说:

> 让我们从这个已被确定在邪恶之中的世界起飞吧;让我们飞向父亲,在他那里有结合了真正的光明和最大幸福的安宁。但是,什么能带给我们这飞翔的翅膀?是对上天的事物的爱。它从我们身上拿

---

[1] Cf. A. Maurer, *Medieval Philosophy*, p. 336.
[2] Marsilio Ficino, *Platonic Theology*, trans. J. L. Burroughs, in *Portable Renaissance Reader*, p. 391.

掉了什么？是对低层事物的欲望。这欲望让我们失去了一致性、真实性和善。①

正如我们在本章开头看到的，皮科在《关于人的尊严的演说》(1486)中典型地代表了文艺复兴中关于人类未来的乐观主义。在他对伦理学采取折衷的态度并坦然地表露出要把柏拉图和亚里士多德的哲学结合起来的意图的同时，实际上是把柏拉图主义的理想融入到了十六世纪伦理学写作之中。英国的柏拉图主义特别得益于他，正如我们可以在托马斯·埃利奥特(Thomas Elyot)翻译的皮科的《一个基督徒的生活规则》(1534)中，和在由皮科的侄儿詹弗朗西斯科(Gianfrancesco)所写、由托马斯·莫尔(Thomas More)翻译的《米兰多拉的生活》(1510)中所看到的那样。

影响力更大的，是写过这三篇伦理学论文的乔达诺·布鲁诺(Giordano Bruno, 1548－1600)：《驱逐趾高气扬的野兽》(The Expulsion of the Triumphant Beast, 1584)、《柏加索斯的阴谋》(The Cabal of the Horse Pegasus, 1585)和《英雄的狂暴》(The Heroic Frenzies, 1585)。他的思辨哲学更多地是受到新柏拉图主义以及尼古拉斯的"对立双方的一致"理论的影响。它们在布鲁诺身上产生的结果，和泛神论非常相似。人作为个体只是无限实体中的一个改造物。人在神圣必然性(divine necessity)的指导下，通过在自身与持续的宇宙自然进程的相互关系中采取了一种个人的立场，而生活在道德生活中。很明显，布鲁诺的伦理观点的背景是廊下派的，而它的表面却是斯宾诺莎主义。有人把布鲁诺关于伦理生活的观点总结如下：

当一个人通过智慧而了解到永恒法，并在他的意志中接受了它，当他向那个上帝赋予宇宙的目标前进，并参与由该法律所规范的社会生活中的时候，他就代表了这个世界中的完美——他于是就成为上帝在实现宇宙最终目标中的工具。②

---

① Pico della Mirandola, *Of Being and Unity*, trans. V. M. Hamm (Milwaukee: Marquette University Press, 1943). pp. 33-34.

② From J. R. Charbonnel, *L'Ethique de Giordano Bruno et le deuxiéme dialogue du Spaccio* (Paris: Champion, 1919), p. 210, trans. Bourke.

在布鲁诺诗般的语言中,"英雄的狂暴"表示了人类个体在这个由必需品所统治的、个人只是无限中的一个泡沫这样的一个世界里为了取得某种程度的自由和个性所经历的痛苦。

有相当不同出发点的伦理学理论片段也出现在布鲁诺的著作中,令人困惑。因此,我们看到在《论宇宙和世界的无限性》中,他认为"每个人的精神中存在着自然神性,它居于理智最深处的圣地,并分辨着善良和邪恶"。①这也许是对经院哲学的"良知"的简单重复。另一方面,布鲁诺自己也把他关于人心是发散出所有生命力量和感觉的中心或唯一源泉的主张,归于毕达哥拉斯哲学。②按照这种理解,心(结合了理性、感官欲望和意志)就成为美德得以成长的四个力量之一。实践理性中的谨慎、心中的坚毅、感官欲望中的节制——所有这三者都包含在作为一般美德的公正之下。这些非常类似于柏拉图的《王制》第四部中的学说。布鲁诺这种有点混乱的伦理观点也许影响了莱布尼茨(Leibniz)和斯宾诺莎(Spinoza)。毫无疑问,他受到某些自黑格尔以后的德国观念论伦理学者们的喜爱。

谈论到托马索·康帕内拉(Tommaso Campanella, 1568–1639)时,我们就已经离开早期佛罗伦萨学派的简单柏拉图主义很远了,尽管他的《太阳城》也是得益于柏拉图《王制》的一个乌托邦式著作。虽然他的知识理论看来把人类知识归结为感觉认识,康帕内拉也谈论心灵的内省,并把力量、认知和意志看作是它的三个内在特征。它们是和全能、全知和良善这些神圣属性类似的。他甚至认为,理想的状态是,有三个与前述相应的统治者:力量(负责战争与和平)、智慧(负责艺术、科学和教育)以及爱(负责生育和抚养后代)。什么东西对公民个人是好的,要取决于是否有利于社会福利的提高。在这个学说中,他也许已经模糊地预见到后来的社会功利主义理论了。

二、英国的柏拉图主义伦理学

英国也同样出现走向柏拉图哲学的趋向。所有不同版本的柏拉图主

---

① Bruno, *On the Infinite*, trans. Agapito Rey, in D. S. Robinson, *Anthology of Modern Philosophy* (New York: Crowell, 1931), p.50.

② Bruno, *De Monade numero et figura*, 2; trans. J. H. Pitman, in Robinson, pp.56–57.

义伦理学的共同基本点,是坚信善良、诚实、节制、平等和勇气等美德都有某种普遍的标准。在基督教的(也就是文艺复兴中出现的)柏拉图主义中,这些美德的理想典范被认为以样板的形式存在于上帝的思想中。这样的观点在近代早期非常普遍地存在于欧洲的各个学术中心。甚至像布鲁诺和康帕内拉这样被教会权力机构认为是异端的思想家也不反驳这样的学说。新教改革派也没有必须放弃伦理学上柏拉图主义立场的要求,尽管要在坚持知识和现实的唯名主义的同时坚持普遍主义已经变得越来越困难。事实上,很多早期改革运动中的人,的确把柏拉图主义和他们的道德和宗教观点结合在一起。这一点,没有什么地方比早期英国的人道主义更明显了。

我们在前一章已经看到,在十六世纪后半叶理查德·胡克(Richard Hooker)是如何教导一种直接继承十三世纪托马斯·阿奎那的正确理性(recta ratio)教条的伦理学的。对很多文艺复兴后期的读者(也包括很多现代的人)来说,胡克看起来就是伦理学上的柏拉图主义者。[1] 同样的印象可以用于那个几乎不为人所理解、被称为"剑桥柏拉图主义者"的英国哲学家小学派。他们也是仅仅在非常特殊的意义上是柏拉图主义者。我们将在下一章讨论他们的伦理学立场。目前我们只关注某些柏拉图的哲学对文艺复兴时期英国伦理学者们产生的更直接的影响。这种讨论应该包括很多学者,因为该时期的几乎所有英国古典学者都对柏拉图的道德对话录表现出兴趣。但是这里我们将只集中讨论其中的三位。

英国文艺复兴中突出的人道主义者之一,是托马斯·莫尔(Thomas More,1478—1535)。他是一个普通天主教信徒,后来成为英国大法官,又因为拒绝承认亨利八世是英国教会的首领而被处死刑。莫尔的《乌托邦》一书是用拉丁文写成的,它首先在欧洲大陆出版,比莫尔死后由伦敦一个出版商在英国出版的时间要早四十五年。这本书明显受到柏拉图《王制》的影响。它看起来似乎也是对马基雅维利

---

[1] For a similar meaning of "Platonism" in contemporary philosophy, see the discussion in Morton White, *Toward Reunion in Philosophy* (Cambridge: Harvard University Press, 1956).

《君主论》(The Prince)一书的反应,但事实上,莫尔并不知道这篇意大利论文。①

托马斯·莫尔在《乌托邦》里的伦理学立场,特意和《圣经》的以及早期基督教的道德教化划清界限。在声称理性也许可以发展出某些自然宗教的原则之后,莫尔进而谈到一种哲学上的快乐主义,这快乐主义只受到一个合理的、对社会福利的关心的限制。看来很少有后来的研究论文注意到这个早于霍布斯(Hobbes)一个多世纪的伦理上自我主义的声明,也没有人注意到它在一百年以前就预示了赫伯特(Herbert of Cherbury)自然宗教理论的重要性。说到乌托邦,莫尔写道:

> 他们这样来定义美德,那就是,这是一种和本性(Nature)相符合的生活,并想着我们是由上帝为那个目标所创造的;他们相信,当人根据理性的指引去追随或避免什么事情的时候,人是在遵循本性的指令;他们说,理性的第一指令就是点燃在我们心中对至高无上的神的爱和敬畏,我们一切的所有和一切能希望的都是归功于神。其次,理性指引我们保持思想的自由免受激情的干扰,保持尽可能的快乐,并应该把我们自己看作是被善良本性和人道所约束而必须要尽我们最大的努力去帮助其他人提高他们的幸福……②

至此,托马斯·莫尔的观点跟思想开放和有社会良心的基督徒的观点并无不同。但是,他下面紧接着就得出了他对于追求个人快乐的价值的结论。

> 因此,他们推断出,如果一个人应该去推进所有其他人的福利和安逸,那么,没有什么比减轻其他人的痛苦、解除他人在实现带来快乐的生活安逸中的麻烦和焦虑,更符合我们的本性的美德了,本性就会积极地指引他为自己而去做这一切。一个快乐的生活,或者是邪

---

① Cf. Copleston, *History of Philosophy*, 3, II, 134.
② *Utopia*, trans. Ralph Robinson (New York: Lupton, 1890), p. 65.

恶的,或者是好的。如果是邪恶的快乐生活,我们就不应该辅助他们去实现……如果是好的快乐生活,如果是那种我们不仅可能、而且应该帮助他们去实现它的快乐生活,为什么一个人不应该从自己开始这种好的生活呢?既然没有人会比关心自己更关心别人的利益,因为本性不可能指引我们在对其他人好的同时却对我们自己无情和残酷,因此,正如他们定义美德为符合本性的生活那样,他们也想象到,本性促使所有的人,作为他们所有行为的目标,去继续追寻快乐。①

后来,托马斯·莫尔把快乐定义为,"本性所教导我们的,无论是身体或思想,去享受的所有感情或状态"。在下面几页里,他列举并讨论了这些精神和物质上的满足的某些细节。霍布斯肯定读到并喜欢他的这些论述。

如果托马斯·莫尔的伦理学在大范畴上属于柏拉图主义(正如他受到《王制》和关于人的普遍本性指示着每个人美德的方向的观点的启发),那么托马斯·埃利奥特(Sir Thomas Elyot, 1490-1546)的见解严格来说则属于柏拉图的古典传统。我们已经提到,埃利奥特通过翻译米兰多拉《一个基督徒的生活规则》(1534)而跟意大利的柏拉图主义有些联系。几年前,在中世纪文学传统影响下,埃利奥特已经编辑了《被指定为统治者的波克》。埃利奥特为一个政治统治者所准备的伦理学基础,紧随古希腊关于伟大美德的教条。谨慎、公正、坚毅以及节制,都跟它们所有的"部分"或美德联系在一起加以讨论。被埃利奥特塞进去的非古典的美德之一,是信仰。② 对亚里士多德的引用贯穿始终,而柏拉图则被认为是"最高尚的哲学家"。埃利奥特对英国伦理学文献的最大贡献,也许是他创造了许多地方性的语言来表达实际讨论中的许多细节。他比任何其他人更可能被看作是英国伦理学文献之父。③

虽然埃德蒙·斯宾塞(Edmund Spenser, 1552-1599)并不是一个道德哲学家,而是一个诗人,但就其把柏拉图主义关于善和美的事物的观点传

---

① *Utopia*, trans. Ralph Robinson (New York: Lupton, 1890), pp. 65-66.
② Elyot, *The Governour*, ed. F. Watson (New York: Dutton, 1907), p. 191.
③ Ibd., pp. 298-308, for a lengthy Glossary.

递给英国来看,他可能比该时期任何哲学家都做得多。把他跟同时代一位在 1597 年出版过《道德哲学论文集:包括哲学家、皇帝、国王和演说家的有价值的言论》一书,名叫威廉·鲍德温(William Baldwin)的相比较,你会发现鲍德温的贡献微不足道。① 在另一方面,斯宾塞的《四首赞美歌》公开了这样的观点:存在着美学和道德判断的理想标准来不变地和永恒地规范人之感觉的适当表达方式。因此,《美的赞歌》要表达的是"慈父的关怀",造物者就是由此出发创造了地球上的一切。它更进一步暗示,人的心灵的"美德之种子"受到上天的指示。斯宾塞在诗里所强调的高尚之爱的道德影响,暴露出这首诗的源泉是意大利斐奇诺的《论上帝之爱》。事实上,大多数英国柏拉图主义伦理学的著作都得归功于意大利的人道主义。

三、文艺复兴时期的亚里士多德主义

亚里士多德能够流传下来的作品并非是优美的有文学吸引力的篇章。在一个重视美学价值的时期的评价中,《尼各马可伦理学》的排名很低。尽管如此,早期的意大利古典主义者之一,布鲁尼,或阿雷蒂诺,同时翻译了这本书和他的《政治学》。甚至在他自己的《道德学说介绍》一书中,布鲁尼尽管提供了其他希腊学派的道德哲学的简介,却也表达了对亚里士多德的伦理学的偏爱。②

意大利文艺复兴时期最重要的亚里士多德研究中心在帕多瓦(Padua),该学术中心的许多著作是在附近的威尼斯印刷出版的。和大多数文艺复兴时期的学者不一样,帕多瓦的亚里士多德主义者们,都不是教会的神职人员。北意大利的医生们着手研究亚里士多德的科学著作,并把兴趣扩展到对亚里士多德学派的心理学和哲学的阿威罗伊式的解释方面来。③

---

① Cf. Herschel Baker, *The Image of Man* (New York: Harper, 1961), p. 271.
② See Felice Tocco, "L'Isagogicon Moralis Disciplinae di Leonardi Bruni Aretino," *Archiv für Geschichte der Philosophie*, VI (1892), 157-69.
③ The outstanding study is Bruno Nardi, *Studi sull'aristotelismo Padovano* (Firenze: Sansoni, 1958).

他们的注释强调了原作品中的经验主义和唯物主义的倾向。在实用哲学方面,他们的亚里士多德主义观点在方向上是某种宿命论和唯物论的。像亚历山大·阿基利尼(Alexander Achillino, 1463-1512)、阿戈斯蒂诺·尼佛(Agostino Nifo, 1473-1546)、兹马拉(Marcantonio Zimara, 卒于1532)和扎巴鲁勒(Giacomo Zabarella, 1533-1589)等人的注评,是跟亚里士多德作品的早期拉丁文版本一起印刷出版的。他们甚至影响到该时期的经院学派学者们(比如大主教托马索·德·维尤,又名迦耶坦,Tommaso de Vio, known as Cajetan, 1469-1534),以致于他们不敢贸然为人类心灵的灵性和永恒、自由,以及这个世界的有限性,提供哲学上的辩词。

彼得罗·蓬波那齐(Pietro Pomponazzi, 1462-1525)实际上在他的《灵魂的永恒性》中批评了对亚里士多德的阿威罗伊主义解释。他也认为阿奎那过于乐观地以为他可以通过对亚里士多德哲学的应用而建立灵魂的灵性和永恒性。蓬波那齐坚持说,他相信这些东西,但是他并非是通过哲学而知道这些东西的。①《灵魂的永恒性》的第十三和十四章显示,蓬波那齐是从人在地球上自然生活的角度来理解幸福主义的。那个所有人都可能达到的道德目标,就是一个和一般的伦理德性相符合的生活。人所一再提及的对于永生的愿望,其实和野兽对死亡的躲避那种自然欲望没有真正的区别。这样,我们看到文艺复兴中一个完全属于自然主义的亚里士多德主义伦理学版本。

蓬波那齐总是承认他还是信仰基督教的,但他的一个名叫瓦尼尼(Lucilio Vanini, 1585-1619)的追随者,却把他这种自然主义立场推到了公开去挑战这个在英国已经确立了其地位的宗教的极端境地。瓦尼尼最后在图卢兹(Toulouse)以自由思想和无神论罪而被判刑。在当代苏联的知识界,瓦尼尼被认为是狄德罗、爱尔维修和霍尔巴赫等人的重要前辈,也是辩证唯物主义的重要先锋。②

一个相当不同的亚里士多德伦理学派存在于天主教的经院主义哲学

---

① Cf. Maurer, op. cit., p.339.
② See M. A. Dynnik. "Vanini et l'aristotélisme de Padoue," *Atti del XII Congresso di Filosofia* (Firenze: Sansoni, 1960), IX, 81-89.

中。其活动中心主要在西班牙和葡萄牙,但也扩展到欧洲的其他国家。这个运动的典型人物是弗朗西斯科·维多利亚(Francisco de Vitoria, 1480-1546),一位在萨拉曼卡大学的道明会教授。他的《神学总论第二部之注评》是一部内容丰富的关于托马斯·阿奎那道德学说的研究著作。在他的论文《论战争法》中,维多利亚更多地表现出了他作为一个实践思想家对于国际关系问题的理解分析能力。在十三世纪,托马斯曾经陈述过一个国家可以发动战争的三个必要条件:(1)由一个主权国家的权力机构所发动;(2)为一个正义的理由而发动;以及(3)为了提高某种善或为了避免某种恶而发动。① 维多利亚对这些条件的每一条都做了详细的讨论。在谈到进入战争的正义理由时,他否认宗教的差别、国土的扩张、或者君王的荣耀等是发动战争的正当理由。他得出的结论说:"只有一个唯一的公正的原因来发动战争,说起来就是,一个被动的错误……"②其他两个条件也是这样由维多利亚讲清楚了。今天看来更为重要的是,他自己加入了第四个条件:正义的战争必须是通过适当的、节制的方式进行的。这样,他提出了使用适当的手段这个重要的伦理学问题。尤其重要的是,维多利亚强调一个战争的善果应该要超过它的恶果:"如果任何战争对一个地区或国家有利,但对这个世界或基督教界是有害的,按照我的信仰,就是因为这个原因,这个战争就是非正义的。"③

作为前述观点的结果,维多利亚被许多人认为是国际法理论的奠基人。他生活在一个民族精神和国家主权理论达到了顶峰的时代,但他强烈地支持一个世界国和一个真正的国际法律的计划。维多利亚并不把它看作是政治上的权宜之计。他对于在国际规则上的不合作所持的批判态度,表达得非常清楚。他写道:"很明显,那些违反这些国际规则的人,无论是在和平或在战争中,都是在道德上犯罪。"没有一个经院哲学家能比他更坦率直白的了。

除了在伊比利亚半岛上的道明会学者,杰出的亚里士多德主义经院

---

① Thomas Aquinas, *S. T.*, II-II, 40,1,c.
② Vitoria, *De jure belli*, see *Portable Renaissance Reader*, p.367.
③ Ibid., p.371.

学派的团体也出现在耶稣会(Society of Jesus)里。几乎从一开始,耶稣会的哲学教科书就是《亚里士多德全集》(Opera Omnia of Aristotle)。一位文艺复兴时期的耶稣会成员莫鲁斯(Sylvester Maurus,1619-1687)提供了标准的亚里士多德著作的拉丁文印刷品,并附了注评。在由科英布拉的耶稣会(著名的科英布拉学派,Cursus Conimbricensis)的成员们出版的教科书中,《尼各马可伦理学》的注评被翻印了很多次。① 耶稣会成员马里亚纳(Juan de Mariana,1536-1624)的著作《国王和国王的教育》(1599)充斥亚里士多德学说。他反对那种认为无论统治者命令什么都具备道德约束力的主张,并且是有限的君主权力理论和公民政治权力理论的开创者之一。

耶稣会的创始人罗耀拉(Ignatius of Loyola,1491-1556)曾在巴黎大学学习哲学和神学。他带着对亚里士多德极大的爱戴离开了那里。耶稣会关于人类教育的概念很大程度上是受到古典人道主义榜样的影响。② 发展出这种榜样的早期学者之一是罗伯特·贝勒明(Robert Bellarmine,1542-1621)。他可能是文艺复兴中对托马斯·阿奎那的实用哲学理解最深刻的耶稣会士,尽管他的《神学总论讲稿》(Lectures on the Summa of Theology)收藏在罗马的格列高里大学(Gregorian University),却从未编辑出版。我们的确知道,对于选择上的自由这个棘手的问题,贝勒明坚持认为人在选择上的行动是智力和意志的联合功能。因此,自由是人整体的功能,而不只是他的意志的功能。事实上,意志"在选择上是自由的,不是因为它未必由最后的实际理性判断所确定的,而是因为这个最后的实际的判断就属于意志的力量范围"。③

苏阿列兹

苏阿列兹(Francisco Suarez,1548-1617)是文艺复兴中最重要的、也

---

① Commentarii collegii conimbricensis, societatis Iesu... ethica aristotelis (Lugduni: Pillenotte, 1616), is but one example.

② Cf. G. M. Ganss, St. Ignatius: Idea of a Jesuit University (Milwaukee: Marquette University Press, 1954).

③ Bellarmine, De gratia et libero arbitrio, 9; see Davitt, The Nature of Law, p. 200.

是最有影响力的伦理学者。这位西班牙耶稣会士对于许多伦理学教科书,包括天主教和新教双方,都产生了强烈影响,并延续到十九世纪。甚至在今天西班牙和拉丁美洲国家天主教思想家的道德著作中,苏阿列兹也非常重要。直至几十年前,大多数英国和美国的经院伦理学者所写的伦理学教科书也都受着苏阿列兹的启发。

苏阿列兹在伦理学史上有重要意义的著作有四部。他年轻的时候(可能1571年在赛哥维亚)教过《关于心灵》这门课,在他生命的最后几年对此做过修改,这就是《论灵魂》(De Anima)。这本书很好地阐述了他早年的心理学观点。第二,大约在1580-1582年,苏阿列兹在耶稣会的罗马学院系列地讲授道德神学(间接地取材于阿奎那,《神学总论》,I-II)。这门课的讲义在他死后作为一个辩论系列,以《论最终目标,自愿性和人类行为之善》(On the Ultimate End, the Voluntary, and the Goodness of Human Acts, "Opera Omnia, Tome IV")为名,得以编辑出版。第三,他在二十几岁的时候就计划写一个系列的形而上学论文,这些写作最后在1597年以《形而上学辩论集》为名出版了。这部二十卷系列的第十卷讨论善的各个方面,包括人类行为的道德善。第四,他的《论法律》1612年出版,这是一部有关义务的理论和关于自然法对人为法关系的重要著作。①

苏阿列兹先后引用他前辈中多达二百多位学者的思想。作为一个对托马斯·阿奎那、根特的亨利、邓斯·司各特、奥卡姆的威廉,以及许多其他学者的集大成者和反思者,他确立了自己的伦理学立场。他把自己看作是托马斯主义者,但是他的哲学,尤其是伦理学,并非与阿奎那的伦理学观点完全相同。苏阿列兹主义形而上学讨论的几乎是单一设想的存在,其理论所承认的内在本质的相似性,跟阿奎那所主张的相似性相去甚远。本质(essence)和实体(esse)在苏阿列兹那里没有做根本区别,而他的物质(matter)和形式(form)的理论又赋予物质某种实体(entity),这在阿奎那那里是不允许的。但是苏阿列兹的哲学观点中对其伦理学有最重要影响的有两个观点,一是他不认为作为一种本性的普遍现象有多大的

---

① Selections are available in Suàrez, *On the Laws*, trans. G. L. Williams et al., in *the Classics of International Law*, ed. J. B. Scott (Oxford: Clarendon Press, 1944), Vol. II.

真实性,二是他不认为最终因果关系有多大的重要性。他被指控是唯名论(nominalism)(也就是这样的一种观点,认为普遍的本性,比如人性等,不过是一个术语或符号),但是他实际的立场看起来是介于奥卡姆的时效论(terminism)和托马斯的现实主义(realism)之间。苏阿列兹认为,一个共性就是一个概念,这个概念是由可能的智力从个体的一个初始观念出发移动到一个被普遍化了的意义这样一种散漫行动而产生的。[1] 作为人的本性的现实性被淡化在这种普遍性中的结果,苏阿列兹被迫接受一种把上帝意志作为义务基础的伦理义务学说。

同样重要的是那种认为唯一重要的因果关系就是效率这个观点的加强。在亚里士多德本人,以及直到十四世纪亚里士多德的注评者,对于一个事件运动过程的解释来说,说明事件的最终原因或目的,被认为至少具有和说明该事件的有效原因或主体同等重要的意义。所有不同的事情,树木、狗和人,都被认为具有不同本性,这些本性又具备跟其各自特殊存在形式相应的定局(目标导向性)。根据这样的形而上学,各种现存物种的善良行为,就是那些能够促进该物种朝向其最终目标而自然发展的行为。奥卡姆是最早挑战这种人类本性的最终定局学说的思想者之一。到苏阿列兹从事教学的时候,虽然他直截了当地把这个最终定局称为一种修辞隐喻,也没有引起什么大的不满。[2] 这使得伦理判断理论上目的论的力量大大减弱。通常以为,是十六世纪的弗朗西斯·培根把最终原因之说从科学解释中抛弃出去的,但其实它早在十四世纪就已经被抛弃了。

苏阿列兹的伦理学语言和托马斯的相似,但他们的思想是不同的。当西班牙的耶稣会士说人的本性是道德判断的最直接的标准时,他其实是在谈论苏阿列兹教科书中"充分考虑人的本性"的观点,也就是说,要把人的所有本质的关系都加以审视。在内部,每个人(个别的人,不是一般的概念)都是由生物的、感觉的和理性的能力构成的;在外部,每个人都在一个权利和义务的秩序中与上帝、他人以及比人类低级的生物发生

---

[1] Suàrez, *Disputations, Metapgysicae*, VI, 2, 14; the best secondary study is J. M. Alejandro, *La gnoseologia del Doctor Eximio y La acusación niminalistica* (Comillas, Spain: Universidad Pontificia, 1948).

[2] Suàrez, *De Anima*, V, 3, 8.

联系。关于个人的这种系统观点,就是苏阿列兹主义的充分考虑人的本性的意思。①

苏阿列兹是一个自然法的伦理学者。在成为耶稣会士之前,他是法学院的学生,但他保留了某些法律思想家的精神品格。对苏阿列兹来说,自然法就是永恒法的那个部分,在其中,上帝以它的意志自由地下达指令,而这些指令是要由理智的创造物在他们的自由行为中去遵守的。②道德法也许可以从两个方面来看:主动地看,它们是由神的意志传达出来的;被动地看,它们是由人所接收到并且接受下来的。人的理性是获知自然法的力量。在苏阿列兹有关道德话题的写作中我们依然可以看到"正确理性"这种语言。正确理性(recta ratio)在这里,是指那种能够把和人类本性相符合的行为与不相符合的行为分别开来的"那种能力"。③

与苏阿列兹同时代的另一位耶稣会士,加布里埃尔·瓦斯克斯(Gabriel Vasquez,约1551-1604),主张自然道德法律和人的理性本质是一样的东西。苏阿列兹则不同意这样的主张,认为法律具有比本质更具体的定义和更狭窄的涵义。他认为,自然法律和正确理性的判断是一样的东西。④

苏阿列兹把自己的立场放在比他早的经院主义哲学的两个极端之间。里米尼的格里高利的观点,在苏阿列兹看来是说自然法只是向人"指出"哪些应该做和哪些不应该做。他理解格里高利的意思是,这个自然法并不是命令人,而只是向他显示了生活的良好方式;换句话说,格里高利不认为自然法中含有多少义务的成分。从另一方面,苏阿列兹把奥卡姆的威廉看作更完全的唯神意志论者:神的意志是道德善和道德恶之间差别的唯一来源。这样理解的奥卡姆主义就是一种纯粹的外在论,因为这样的观点认为,人的本性和行为之中不存在任何道德判断的基础。

---

① For a typical explanation: Timothy Brosnahan, *Prolegomena to Ethics* (New York: Fordham University Press, 1941), p. 183; the teaching is based on Disputation X, in the *Disputationes Metaphysicae*.

② Suàrez, *De Legibus*, II, 5, 6–14.

③ Ibid., sec. 9.

④ For an expanded report on this point, see Copleston, *History of Philosophy*, 3, II, 206.

而苏阿列兹试图找到他们之间的中间路线。在苏阿列兹看来,自然法从上帝那里获得了一种义务性的力量,但是某些行为是对人有利的这个事实,并非神的一个随意命令的结果,而是隐含在一个人与其环境的关系之中。对苏阿列兹的这种伦理观点的理解有分歧,有人把它看作是道德自愿论,也有人看它是唯理智论。

不管怎样,在苏阿列兹的观点中,自然法的内容由三种诫律组成。基本诫律是那些所有普通人都能够凭直觉就马上知道的东西。其标准样板是:"行善避恶"。第二组诫律是相对具体和有限的,要求有一定的经验和智力才能够理解它们,但它们依然属于不言自明的。其样板是:"不要伤害任何人"和"过有节制的生活"。苏阿列兹认为,道德判断的基本诫律和第二组诫律,除了随着新条件和知识的出现也许会扩展这些构件条款的意涵之外,它们都不会再改变了。① 最后,第三组诫律要求学习和发挥想象力的理性思维才能去认识它们。它们不是那么简单明了,而是从基础规则引申出来的。这种诫律的样板是:"撒谎总是不道德的",以及"高利贷是非正义的"。②

在《论灵魂》这本书里,年轻的苏阿列兹宣称,道德良心不只是一个实践判断的行为,而是一种实践理性的习惯。但在他后来的著作中,他把良心描述为实践性认识的判断,人借此得以区别具体的善和恶,并辨别哪些应该做和哪些应被禁止。随着这种观点的发展,他倾向于同意托马斯·阿奎那的主张。③ 根据这样的定义,良心也许是确定的,也许是有疑问的。如果是确定的,人就必须根据良心去做事情来行善。如果是有疑问的,道德良心就不是充分的指导;因此,不管是通过取得更多有关事实或法律的信息,还是通过那些"反省原则",必须要做某些事情来清除这些疑问。反省原则之一就是"更稳妥主义"(tutiorism):当有疑问的时候,总是选择道德上更可靠的。另一个原则是"概然论"(probabilism):当有疑问的时候,应该听取任何可敬的权威或专家的指导,即使他的判断可能不

---

① Suàrez, *De Legibus*, II, 13, 1-8.
② Ibid., II, 7, 5.
③ *De fine ultmo*, trans. III, d. XII, 1, 5, 6; in *Opera Omnia*, ed. Berton, Tome V, 438.

符合大多数人的意见。① 这些原则在良心问题的解决方案上的具体应用,被详细地加以讨论了,和其他一些反省原则一起,它们成为在决疑法(casuistry)这类实用道德说教中被应用的标准程序的一部分。

怎么强调苏阿列兹在伦理学上的影响都不会过分。许多著名的现代哲学家们,从霍布斯到叔本华,都是通过部分来自苏阿列兹的观点所写的教材来学习伦理学的。十七世纪中,相继出版了几十种由天主教和新教双方伦理学者所写的道德哲学指南。这些学术作品的大多数都在某种程度上受过苏阿列兹的影响。两个例子也许很典型地反映了这个事实。在荷兰,弗朗西斯·布尔乔司吉克(Francis Burgersdijk, 1590-1635)出版了一本很流行的教科书,《道德哲学思想》(Idea philosophiae moralis, 1644)。这是一本新教版的苏阿列兹。正是这本著作把伦理学介绍给了小穆勒(John Stuart Mill)。② 另一位荷兰人,阿德里安·海尔伯德(Andriaan Heereboord, 1614-1661),他曾在莱顿(Leiden)大学师从布尔乔司吉克,并写出了他自己的教科书,《理性和自然的道德哲学》。海尔伯德经常被认为是笛卡尔的追随者,他也是苏阿列兹伦理学的崇拜者。

四、新教改革派的伦理观

这个讨论要引入道德哲学在新教归正会(Reformed Church)学术界的地位问题。哲学,无论是理论的还是实践的,都未曾在某些新教改革发起人的心目中占有比较高的地位。正如一位历史学家所说:"路德及其较早的改革者对经院哲学和亚里士多德影响的攻击非常强烈,'该死的异教徒',尽管后来的新教徒并不讨厌用经院哲学的概念来解释他们的神学。"事实上,马丁·路德(Martin Luther, 1483-1546)对于哲学意义上的伦理学几乎没有什么贡献。③ 不过他的确对后来的伦理学产生过重大影响,并树立了一个非常纯粹的神学范畴的伦理学榜样。最近一个历史文

---

① *De fine ultmo*, trans. III, d. XII, 1, 5, 6; in *Opera Omnia*, ed. Berton, Tome V, sects. 3-5; Tome V, 442-53.

② Cf. Ueberweg et al., *Die Philosophie der Neuzeit* (Berlin: Mittler, 1924), p.275.

③ Giorgio de Santillana, op. cit., p.143.

献把路德的观点概括为:"唯一的真正道德规则是神的诫命;而神的诫命只能在奥卡姆主义者的视野中被理解——也就是说,因为它们是上帝的命令,除此之外再没有更深的逻辑或理由。"①在《意志的奴役》中,路德写道:

> 但是,直到他开始知道他的灵魂得救完全是在他自己的力量、智慧、努力、意志和工作之外的,而且是绝对只能依靠另一个人,也就是上帝的意志、智慧、心情和言语,在他开始知道这些之前,他是不可能完全谦卑的。②

路德对现代伦理学的积极影响,看起来主要是基于他有关个人自由的观点。虽然路德写过《意志的奴役》一书来反驳伊拉斯谟(Erasmus)的《论自由选择》,路德把信仰这个行动,或者是个人对上帝意志的服从这个行动,放在"心"和愿望这个位置。他在《意志的奴役》结论中对人的"自由意志"的否定,就是简单地陈述了人的意愿功能的有限性。路德在把这个关于人在上帝控制下自由的问题带到现代伦理学讨论的中心方面作了很多努力。后来在马丁·布塞珥(Marting Bucer, 1491-1551)的写作中继续强调了这个话题。布塞珥原是道明会修士,在其执教于斯特拉斯堡大学(1523-1549)和后来的剑桥大学(1549-1551)期间,倡导把个人对上帝之爱看作是道德生活的主调的重要性。

早期的改革者中,博学的人物之一是菲利普·麦兰顿(Philip Melanchthon, 1497-1560)。他虽然并不跟其他人那样表现出对亚里士多德的好恶,却在维滕堡(Wittenberg)讲授过《尼各马可伦理学》,并在1542年出版了他的《眉批》(Scholia)。麦兰顿也写过一本伦理学方面的教科书《道德哲学要素》(Elementa philosophiae moralis)。他个人的伦理学观点的特征表现在天赋理念的理论(这理论也许影响过莱布尼茨)。他认为,每

---

① Alasdair MacIntyre, *Short History of Ethics* (New York: Macmillan, 1966), p. 162.

② Luther, *The Bondage of the Will*, trans. Henry Cole (Grand Rapids, Mich.: Zondervan, 1931); reprinted in Santillana, op. cit., p. 148.

第七章 文艺复兴时期的人道主义伦理学

个人都被赋予一盏自然明灯用来照亮他去认识到上帝的主张,以及某些与生俱来的伦理原则,这些原则指引着他的道德行为。

约翰·加尔文(John Calvin, 1509-1564)虽然不是正式的伦理学者,但却是另一个在实践哲学方面留下了脚印的改革者。在他的有关原罪的学说中,人不仅要为亚当的原罪接受惩罚,而且也要为自己被坏东西所污染了的本性而接受惩罚。① 因为他相信所有的人都是完全邪恶的,加尔文想出了一套非常严格和苛刻的人类行为准则,并通过下面这段话表达了他的伦理学观点:"现在,让那些相信只有哲学家们才有公正和有序的道德哲学系统的人来指给我看,无论在他们的哪个作品中,哪里找得到一个比我所陈述的东西更加优秀的经济体系。"②在加尔文关于神的意志对人的绝对控制的学说中,有一种道德法的观点,而这个道德法的观点和自然法的整体思想是对立的。③

当然,也有些早期的新教学者们著述或教授更传统的和理论性的伦理学。我们已经注意到像布尔乔司吉克和海尔伯德这样的人是如何继承了许多经院哲学传统的。埃哈德·韦格尔(Erhard Weigel, 1625-1699)在德国写过一个几何学风格的亚里士多德主义伦理学版本:《亚里士多德主义分析和欧几里德》(Analysis Aristotelica ex Euclide restituta, 1658)。莱布尼茨提及的那部曾经是普芬道夫(Pufendorf)的资料来源的《欧几里德主义伦理学》(Ethica Euclidea)可能就是这部著作。④ 另一个在欧洲大陆和英国很流行的德国教科书作者是巴托洛梅乌斯·凯克尔曼(Bartholomaeus Keckermann, 1571-1608)。他的《伦理学的体系》(System of Ethics, 1607)对亚里士多德主义的经院哲学有强烈的批评。凯克尔曼和那个试图用修辞学取代哲学的运动有关,该运动由皮埃尔·拉拉梅(Pi-

---

① For a selection of ethical significance from Calvin's *Institutes*, see M. Mothersill, *Ethics* (New York: Macmillan, 1965), pp. 29-34.

② Ibid., p. 31.

③ Cf. L. G. Crocker, *Nature and Culture: Ethical Thought in the French Enlightenment* (Baltmore: Johns Hopkins Press, 1963), p. 148.

④ Leibniz, Letter to J. Thomasius, Sept. 2, 1663; in G. W. Leibniz, *Sämtliche Schriften und Briefe*, hrsg. Von der Preussischen Academie der Wissenschaften, Darmstadt: Reichl, 1926, Zweite Reihe, Bde. I, p. 3.

erre la Ramee, 1515-1572)在法国的加尔文主义者中发起。

德国西里西亚的制鞋商雅各布·波墨(Jakob Bohme or Behmen, 1575-1624)的思想似乎完全跟伦理学的理论传统不相干。他是一个非同寻常的思想家,带点神秘主义的色彩,也带点新教的异教徒的味道。他把上帝看作是善良和邪恶的混合体(可能是受到某些读过库萨的尼古拉的说教者的影响)。有些时候,波墨看起来接受了关于邪恶的二元性理论,这理论认为人之背离道德善是因为撒旦这个邪恶的最初根源。作为一个来世论者,波墨相信所有的人可能都会在创世记的最后日子里被带回到善良。他的说教参考了另一个新教道德学家瓦伦丁·韦格尔(Valentine Weigel, 1533-1588,不是十七世纪的埃哈德·韦格尔)。瓦伦丁用拉丁文(《论幸福》,*Libellus de beata vita*, Halle, 1609)和德文(《认识你自己》,*Erkenne dich selbst*, Neustadt, 1615)两种语言写作。他是库萨的尼古拉思想的忠实追随者。这些人,尤其是波墨,对后期德国浪漫主义伦理学和宗教思想产生过巨大影响。①

五、文艺复兴时期的新古典主义伦理学

柏拉图主义和亚里士多德主义绝对不是唯一在该时期复兴的古典哲学。引起某些伦理学辩论的其他三个学派是:怀疑主义学派、伊壁鸠鲁学派和廊下派。我们将简短地对它们作逐一讨论。

伦理学怀疑主义也许可以被定义为那些否定道德哲学家有任何有价值的东西可以教导别人的观点。在这个广义上说,路德、加尔文和很多对伦理学持怀疑态度的宗教导师们,都是怀疑论者。一位天主教信徒,弗朗茨·冯·巴德尔(Franz von Baader, 1765-1841)尖锐地表达了这样的观点:如果真有魔鬼曾经出现在地球上,冯·巴德尔说,那他就穿着道德哲学教授的外衣!

除此之外,也有一些文艺复兴中的人认为试图去分别道德善和道德

---

① On this influence, see James Collins, *Modern European Philosophy* (Milwaukee: Bruce, 1954), p.572.

恶是荒唐的。首先想到的名字,是尼可罗·马基雅维利(Niccolo Machiavelli, 1469-1527)。他的著作《君主论》(*The Prince*, 1513)和《论李维》(*Discourses on Livy*, 1517)现在已经是这种观点的经典例子:如果你极想得到什么,你就可以无所不用其极地去获得它。他着迷于政治权力的问题,对此类问题的解决方案是不分是非黑白的。正如下面几句所表现的:

> 对于一个希望巩固权力的君主来说,学习怎么做到不善,以及根据情况决定什么时候该用或不用这个知识,是必要的……某些看起来是美善的东西,如果跟从它,将致人于毁灭;而其他一些看起来邪恶的东西,却使人得到安全和康乐。①

这些冷冰冰的政治语言看来是基于一个彻底的伦理怀疑论。人类行为的善和恶,完全是从他们作为达到目标之手段的技术能力这个角度来考虑,在这里就是维持政治上的权力。这也许可以被看作是一种特殊的功利主义的先兆,该种功利主义的标准是那些正好拥有政权的人的个人利益。它也许不是一种正式的伦理学,但是它是一种拥有许多拥护者的伦理学立场。

某些十六世纪的法国哲学家们更具有希腊怀疑论者的传统。米歇尔·蒙田(Michel de Montaigne, 1533-1592)在伦理学史上的地位并不重要。他的《随笔集》(*Essays*, 1580年第一次出版,蒙田自己做了多次修改)表达了他对于任何自然科学或智慧的价值的悲观思想。他觉得,基督教的学说至少跟任何一个哲学家们的评判一样值得相信。但是,蒙田又说:

> 如果最后要我来分析,人是否能够依靠自己的力量来找到他寻求的东西,并问他,那个他为此忙碌了那么多年的问题是否增加了他新的力量或任何可靠的真理。如果他是本着良心说话,我相信他会

---

① *The Prince*, trans. L. Ricci and C. E. Detmold (New York: Random House, 1940); reprinted in Jones, *Approaches to Ethics*, pp. 171-72.

坦白地说,通过这么长期的寻求,他所得到的所有东西只是认识到了自己的弱点。我们只是通过长期的学习而确认和核实了我们从前的本性上的无知。①

正如一个历史学家很清楚地表达的,蒙田作为道德学家的最好的忠告可以归结为这个原则:"对你自身所处的人类现实感到知足,并学会在它现世的、复杂的和具诱惑性的状况下,有节制地享受它。"②蒙田的这种"状况",和一个像阿尔贝·加缪(Albert Camus, 1913-1960)那样的思想家所采纳的存在主义之间,有着某种相似性。它们之间最大的不同在于,蒙田觉得他是可能有一种体面的生活,而加缪对此从来不敢确定。

在文艺复兴的伦理学方面,持怀疑论的其他高卢人的例子并不难找。皮埃尔·夏隆(Pierre Charron, 1541-1603)是一个法国神父,他的道德哲学也是建立在某种特别的怀疑论上的。他的著作《三个事实》(The Three Truths, 1593)实际上是为有神论信仰和基督教学说所做的一种辩护。但他的论文《论智慧》(On Wisdom, 1601)却是对他看来所谓哲学智慧的自负进行的批判。他对理论哲学从无兴趣,但他认为普通人的实践智慧是有用的。廊下派伦理学,强调合理地遵从自然,也把对神命的简单接受结合在一起。

葡萄牙内科医生弗朗西斯·桑切斯(Franciscus Sanchez, 1552-1632)在法国蒙彼利埃和图卢兹教授医科。他对古希腊皮洛(Pyrrho)的经典疑问和库萨的尼古拉的辩论,都有非常深刻的印象。

一个人要很好地了解一件事情,就必须要先了解所有的事情,而这是不可能的。桑切斯的《不为人知》(That Nothing is Known, 1580)不仅总结出这个负面的结论,而且也认为(作为三段论推论的对照物)经验知识是合理的。因为桑切斯强调人的心灵功能中的反省经验,他是那些促使他的下一代的,或更晚的哲学家和伦理学者们将讨论的中心转移到对人

---

① Montaigne, *Essays*, 12, 2; in Santillana, op. cit., pp. 177-78.
② James Collins, *The Lure of Wisdom* (Milwaukee: Marquette University Press, 1962), pp. 25-26.

第七章 文艺复兴时期的人道主义伦理学

的意识的研究上去的人之一。

作为一种关心个人快乐的伦理学,伊壁鸠鲁主义在文艺复兴中的意大利拥有一些追随者。我们已经看到,劳伦修斯·维拉(Laurentius Valla)写过一篇把柏拉图和伊壁鸠鲁结合在一起的论述愉快的短文(De Voluptate)。布鲁诺的《论无限性》(Concerning the Infinite)的第五篇对话录中,大量引用了劳伦修斯的伊壁鸠鲁主义诗歌《论事物的本质》(On the Nature of Things)。但是,文艺复兴中的快乐主义伦理学的主要代表是法国的牧师皮埃尔·伽桑狄(Pierre Gassendi,1592-1655)。从时间上说,伽桑狄要算是处于这个时期的很晚期(他和笛卡尔是同时代的),但他的伦理学作品的内容是和很多文艺复兴时期的作品相似的,正如在第欧根尼·拉尔修的第十部中看到的那样,都是关于伊壁鸠鲁和他的学说的题材的复兴。但伽桑狄的快乐伦理学版本有两个特色。第一,跟伊壁鸠鲁主义的原始观点不一样,伽桑狄相信个人的幸福在这个生命内是不可能达到的,但在未来可能会实现。他的《论伊壁鸠鲁的生命和道德学说》(1647)和《伊壁鸠鲁的哲学概要》(1658)呈现出已经被淡化了的基督教伦理学和快乐主义的一种融合。第二,正如希腊的快乐主义者质疑廊下派对自然理性法的接受一样,伽桑狄比霍布斯(Hobbes)更强烈地抨击了这种亘古不变的自然法。值得一提的是,库德沃斯(Ralph Cudworth)把伽桑狄和霍布斯一起看作是自然正义理论的主要反对者。① 在欧洲大陆上,皮埃尔·伽桑狄代表了伦理自我主义的一个过渡时期。

在文艺复兴的伦理学理论家中,廊下派要比伊壁鸠鲁主义受欢迎得多。在低地国家中*,利普修斯(Justus Lipsius, or Joest Lips,1547-1606)把塞涅卡翻译成本地语言,并写了《廊下派哲学介绍》这本试图把奥古斯丁的实用智慧和廊下派伦理学相融合的书。② 与他同时代的那些怀疑论者不同,也跟那些完全受到廊下派伦理学影响的人不一样,利普修斯对廊

---

① See Ralph Cudworth, A *Treatise concerning Eternal and Immutable Morality* (London: 1731). P. 6.

* 译注:指荷兰、比利时、卢森堡等国家。

② Cf. Collins, *Lure of Wisdom*, pp. 13-19.

下派的理论部分评价极高。他认为他们关于自然和理性的观点的确为伦理学体系提供了很牢靠的基础。①

同样杰出的一位新廊下派伦理学者是纪尧姆·德维尔(Guillaume Du Vair,1556-1621)。他也是从翻译开始,先把爱比克泰德的《手册》(Enchiridion)翻译为本地语言。他的《廊下派的道德哲学》(1585),和利普修斯的《论忠诚的两部书》(Two Books of Constancy)一样,都很快就被翻译为英文。这些书都促进了廊下派教条在伦理学发展时期的英国得以传播。除了对具有廊下派特征的实用智慧的强调,德维尔也从一个理想榜样所应该具有的其他美德,比如温和、公正、慈善和忠诚等角度,发展了他自己的伦理学。他是用法文来描述伦理榜样的这些美德的早期人物之一。

新廊下派在英国从来没有像它在欧洲大陆那样产生过重大影响。当然,某些英国人道主义者对古典廊下派感兴趣,但他们并没有形成一种伦理学。据说,著名的荷马史诗翻译者,乔治·查普曼(George Chapman, 1559-1634)在他的剧本中表现了一种基于廊下派的"艳丽的"道德观。② 很难说它是一种理论伦理学。也许能够说,舍伯利的赫伯特(Herbert of Cherbury, 1583-1648)是英国的廊下派伦理学者。他的论文《论真实》(1624)和《异教徒的宗教》(1645)详细地探讨了给自然宗教和伦理学提供了基础的先验论(notitiae communes)。它所使用的术语肯定是廊下派的,它要表达的启示也可能是廊下派的。赫伯特勋爵列举的五个先天真实(根据《论真实》)是:(1)上帝是存在的;(2)上帝应该被礼拜;(3)最好的礼拜是有美德的生活;(4)罪过应该被忏悔;以及(5)在未来的生命中会有道德的处罚。③ 这比廊下派要多得多了。这是一种比康德早得多的先验伦理(ethical a priori)。

在结束这一章关于文艺复兴的伦理学讨论时,应该指出,在这个时期

---

① Léontine Zanta, *La Renaissance du stoicism au XVIe siècle*, (Paris: Champion 1914), pp. 225-36.

② See R. W. Battenhouse, "Chapman on the Nature of Man," *English Literary History*, XII (1945), 89-92.

③ See the further analysis in Copleston, *History of Philosophy*, 5, I, 63.

第七章 文艺复兴时期的人道主义伦理学

很少或几乎没有出现任何有特色的伦理学理论。这就是伦理学史通常会略过这个时期的原因。但是,这一点也很明显,那就是文艺复兴标志着一个重要的过渡时期,从古典和中世纪的思想者们的伦理学,过渡到那些著名的现代伦理学者们的伦理学理论。特别是,正是在文艺复兴中,一种新的、非宗教的精神进入到伦理学思想中。从那时候开始,道德哲学或伦理学再也不是神职人员的专有领域,很快成为著名大学人文专业的标准学科,在很多大学,哲学教学分化成了思想的和道德的双重哲学体系。这是伦理学研究在现代世界的学术中心的真正开始。

第八章　英国的自我主义及其反应

在这一章,我们要讨论的是贯穿整个十七世纪并进入十八世纪的前半叶的英国伦理学。我们在这里讨论的大多数思想家都是英国圣公会或长老会的神职人员,少数是一般民众。许多伦理学论文依然是用拉丁文写的,但是随着十七世纪的进展,英语越来越成为出版和辩论的语言。伦理学的中心问题被认为是关于人对道德善和恶的原始概念的解释。实际上,所有的英国思想家都断言,神意是道德差别的最终来源,但是他们对于单独的人是如何去获得神之意愿的解释却相当不同。这个时期的伦理学内容,大多是对托马斯·霍布斯(Thomas Hobbes)关于道德善就是任何能够满足人的欲望的愉快这种断言的强烈批驳。几乎没有几个与他同时期的伦理学者接受了他的答案,也就是后来被称为以自我为中心的自然主义。

在弗朗西斯·培根(Francis Bacon, 1561-1626)这位其实是多才多艺的人物的思想中,可以看到某种向十七世纪的新伦理学过渡的东西。他的著作仍然反应出中世纪经院哲学、新古典主义和经验主义的影响。他没有写过专门的伦理学著作,但在他著名的《论学术的进展》(Advancement of Learning, 1605)中,有一个章节给出了他的伦理学思想的概要。《随笔》(the Essays, 1597)包括了很多实用的道德学说,但很少有伦理学理论。培根的《新大西岛》是些乌托邦的片段,反应了他对于用知识来改变人类物质生活环境的兴趣。

在《论学术的进展》中,道德哲学被描述为"考虑人的欲望和意志的知识"。① 它分两部分。一部分是讨论善、美德、义务和幸福的榜样,另一部分(Georgics of the mind)涉及如何培养前述这些好东西在个人实际生活中的种子。培根觉得他的前辈们在幸福生活的理论方面已经做得很多了,但他们没有成功地演示那些榜样应该怎样被应用到实际生活中去。他在这方面批评塞涅卡(Seneca)、维吉尔(Virgil)、廊下派的芝诺(Zeno the Stoic)和爱比克泰德(Epictetus),特别是亚里士多德。他认为亚里士多德的错误在于把思辨过程看作是道德上的最佳,而实际上活跃的生活才是更好的。培根总是对基督教神学(神性)表示出极其尊敬,他声明同意有关最高的幸福只能在来世获得的说教。但是,在他向宗教致敬之后,他就完全忽略了它。人们的印象是,对培根来说,现世的幸福才是最重要的。②

在《论学术的进展》的同一部分,培根区别了个人的善和社会的共同福利。后者才是他认为更为重要的,并在"基督教法律"这部分中予以非常平实的讨论(当然,他的讨论只是经院哲学中道德学说的回声而已),他对于这个法律可能要求的东西却很少论及。贯穿这些章节,读者的印象是,道德之善和义务似乎是与人类社会的福利相关的。培根的功利主义倾向并不那么明显,但的确存在。这与曾经做过他秘书的托马斯·霍布斯的自我主义态度形成很大反差。我们现在要更具体地讨论托马斯·霍布斯的思想。

一、霍布斯的伦理自我主义

在托马斯·霍布斯(Thomas Hobbes, 1588-1679)的著作中散乱地发展起来的这个伦理学理论,一直是这个领域最受关注,也最受批评的理论之一。霍布斯其实有三个伦理学体系:其一是一个把善和恶直接建立在上帝的意志基础上的、符合神学标准的理论;其二是由国家统治力量来决定正确和错误的社会功利主义;其三就是被称为自我主义的观点,其中道

---

① *Advancement of Learning*, II, 20-21; see Bacon Selections, ed. M. T. McClure (New York: Scribner's, 1928), pp. 197-99.

② This view of Francis Bacon is shared by Basil Willey, *The English Moralists* (New York: Norton, 1964), p. 125.

德之善恶被视为是和个人的乐苦相等的东西。正是这第三个立场具有历史上的重要性,因为它在霍布斯的读者群中引起了各种各样强烈的批判性反应。

霍布斯用拉丁文和英文两种文字写作。他的第一部具有伦理学意义的作品是《法律、自然与政治要素》(The Elements of Law, Natural and Politic),1640年在巴黎写成,其中一部分于1650年出版,1889年编辑出版了全本。其中两个部分被冠以《论人性》(Human Nature)和《论政体》(De corpore politico)。他的《论公民》(De cive) 于1642年在巴黎首次出版。霍布斯最富争议性的作品是1651年出版的《利维坦,或教会国家和市民国家的实质、形式和权力》(Leviathan, or the Matter, Form and Power of a Commonwealth, Ecclesiastical and Civil)。正是这部书激怒了他同时代的人,其基本意思是说,强权就是正确的。大约十五年之后,霍布斯完成并出版了《论物体》(De corpore)和《论人》(De homine),它们在伦敦于1655年和1657年出版。

霍布斯通常所持有的哲学立场可以用两个词来概括:形体论(Corporealism)和感觉论(Sensism)。他认为,所有的真实都应该是具有形体的,而所有的事件都具有运动的本质。如同他所描述的:"运动就是持续地放弃一个场所而获得另一个场所。"表现在人,运动要么就是生命活力相关的(生理上的功能)移动,要么就是动物性的(欲望、憎恨以及所有意志的功能)移动。这两种运动包括了人的所有活动。这是一个彻底的机械论,它使得那种认为认知的功能只是人身某些部分的机械运动的学说得以成立。"因此,在情感物体身上,感觉不外乎就是其某些内部结构的运动;而那运动的部分就是感知器官。"① 理解过程变成了简单的人脑运动;理性过程就是感知影像的加加减减。意志只是欲望或仇恨在任何审思过程中的最后行动。

愉快促成了生命活力相关的或动物性的运动,而痛苦则阻碍它们。善,就是任何人所嗜好或欲望的目标;恶,就是他所憎恶的目标。② 据此,

---

① Hobbes, De corpore, 8, 10, and 25, 2; see Hobbes Selections, ed. F. E. Woodbridge (New York: Scribner's, 1930), pp. 83, 106.

② Leviathan, I, 6; in Woodbridge, p. 188.

第八章 英国的自我主义及其反应

霍布斯的自我主义原则也许可以这样说:"每个人把自我的保护或愉快作为唯一的目标,这是很自然也是很合理的事情。"①于是,善和恶的差别特质就取决于一个人所欲望或憎恶的那些目标相互之间的关系。放在公民社会(公共福利)的背景下来看,行为是好是坏,取决于它们与相应的制度法律的关系。"因为,已经显示了公民的法律就是善和恶、公正与不公正、诚实与不诚实的标准,所以,立法者所指令的东西必然是善的,所禁止的东西必然是恶的。"而且,在上帝的王国里,上帝所指令的就是善,所禁止的就是恶。②

当然,霍布斯也写道,自然法律是"正确理性的指令者"。③ 这个话应该放在前面所提到的他对智力知识及其目标的观点中来理解。霍布斯似乎并未提出过一个可以构成这种法律之基础的人的一种普遍本质。人道,被他看作只是哲学家们在传统上为了方便讨论而弄的一个表示某种概括性的名词。④ 因此,霍布斯坦率地说:"这个正确理性,也就是这法律,之所以正确,就是因为我们把它规定为正确,我们认可它并自愿地服从它。否则,它也不是必然正确的。"⑤

众所周知,霍布斯宣扬,在有组织的社会之前的自然状态下的人是完全自私的。这样的状态下,发生着所有人对抗所有人的战争(bellum omnium contra omnes)。霍布斯说它也引起了第一个"自然法":"每个人,只要他希望获得和平,就都应努力去实现和平;当他得不到它的时候,他可以寻求和利用各种帮助,甚至战争来实现它。"⑥霍布斯得出他的第一条道德箴言的理由是,他相信,每个人"对所有的东西都有他的权力"。当然,人们也许会同意,对这个面向所有事物的自我主义的主张应该有所限

---

① Henry Sidgwick, *Outlines of the History of Ethics* (London: Macmillan, 1886; revised ed. Of 1931, reprinted Boston: Beacon, 169.
② Philosophical Rudiments, that is, the English version of *De Cive*; in *English Works*, ed. W. Molesworth (London: Bohn and Longmans, 1839-45), II, 196.
③ Ibid., cf. Woodbridge, p. 284.
④ *Elements of Philosophy, on Body*, 2, 4; *Human Nature*, 5; see Woodbridge, pp. 15-24.
⑤ *Questions concerning Liberty*, in *English Works*, V, 192.
⑥ *Leviathan*, chap. 16; in Woodbridge, p. 270.

制。这不但引起霍布斯那个公民社会赖以建立的惯例合同理论,而且也导致了他的第二条道德箴言:

> 当一个人自己愿意,而其他人也愿意时,只要是为了和平以及为了保护自己,他应该想到,有必要放弃对所有事物的权利;而且,他应该满意于有那么多的反抗别人的自由,正如他也允许其他人反抗他自己。①

霍布斯对他的第二条箴言如此重视,以至于他称其为"福音之法"和黄金规则。从逻辑上说,这是一条奇怪的自然之法,因为它命令人们离开自然的状态。如果被问到,为什么人们应该遵守这第二条箴言,霍布斯也许得说:因为对于每个服从于这个对其"自然的"欲望加以限制的人,这个法律提升了他们的愉快,也保护了他的生命。对于任何一个读者来说,这一点都很明显,霍布斯关于自然法的主张,跟理查德·胡克和托马斯·阿奎那的传统理论是很不相同的。

霍布斯在这两条自然法的基本道德箴言基础上,又加了十二条更具体的规则:(1)人们按照既定的合约执行;(2)得到了别人好意帮助的人,应该努力不让帮助他的人有后悔的理由;(3)每个人都应该努力让自己去适应其他的所有人;(4)基于对未来的慎重考虑,每个人应该原谅过去发生的、现在已经感到后悔并希望得到原谅的被别人冒犯的事情;(5)在报仇上……人们应该不去考虑过去的最大的邪恶,而是考虑将来最大的善良;(6)任何人都不应该通过行动、言语、脸色、体态等来宣告对另一个人的仇恨或蔑视;(7)每个人都要承认对方在本质上是和自己平等的;(8)在达成和平条约的时候,任何人都不应该把如果不满意的时候其他人都应该有的任何权力单独保留给自己;(9)如果可行,要让大家共享不可分割的东西;如果数量许可,应该没有限制;否则,要把它按比例分配给有权力享受的人们;(10)完整的权力;否则,大家轮流抽签决定第一个拥有它的人;(11)那些为了和平而调停斡旋的人,其行为应该获得安全保

---

① *Leviathan*, chap. 16; in Woodbridge, p. 270.

第八章 英国的自我主义及其反应

障;以及(12)那些在争执中的人们,应该把他们的权力交付给一位仲裁者的判决。① 考虑到不可能让所有的人都记住这些卓越的规章,霍布斯把它们集中到一个简单的系统中,一个负面的黄金诫律:"不愿意发生在自己身上的事情,就不要做给别人。"按照霍布斯的说法,这些诫律是不可更改的,是永恒的,"关于它们的科学,是真实的也是唯一的道德哲学"。

经常被归类为伦理自然主义者的霍布斯会承认,下面这个对他的评论在某种意义上是正确的:在最低水平上他会把伦理判断的基础简化为个人的认可与否。霍布斯的伦理学也是一种神学范畴的理论的原始版本:上帝的意志或力量(它们是相同的)是自然权力的来源。这并不意味着上帝把人创造在一个其本体结构规定了某些特定的人类行为方式的宇宙之中(这就是十三世纪的自然法理论);相反,霍布斯解释说,那些自然法律就是源于上帝的"不可抗拒的力量"。② 或者,正如他在《哲学原理》(*Philosophical Rudiments*)中所写的:

> 那个自然的和道德的同样的法律,也被恰如其分地称为神圣的;也是因为,理性——也就是这个自然法——是上帝给予每个人作他的行为规则的;也是因为,因此而得到的生活的诫律,是和那些从神圣至尊那里通过我们的主人耶稣基督以及他的预言者和倡导者传达来的作为他的庄严王国里的法律,是一样的。③

几乎没有几个他同时代的学者能够把这样伪善的声明当作是真诚的东西来接受的。很多人对他进行了反驳。

这些早期的批判者之一是在阿尔马地区的英国国教大主教约翰·布兰豪(John Bramhall, 1594-1663)。他把《利维坦》称为"恐怖的怪物"。布兰豪一开始对霍布斯的反对与霍布斯主义心理学中对自由意志的否定

---

① *Leviathan*, chaps. 14-15; in Woodbridge, p. 309.
② Ibid., chap. 31; in Woodbridge, p. 384.
③ *Philosophical Rudiments*, in *English Works*, II, 50; cf. Decorpore politico, in *Opera Philosophica*, ed. Molesworth, IV, 224.

有关系。① 在后来的论文中,布兰豪则指责霍布斯用他关于上帝的"无可抗拒之力量"的学说来推翻所有的法律。②

当然,在同时代人对霍布斯式的自我主义的不满声中也有些例外。托马斯·布朗爵士(Sir Thomas Browne, 1605-1682)是《医生的宗教》(Religio Medici)和《基督教的道德》(Christian Morals)等书的作者,他对于霍布斯的理论毫不介意。布朗接受道德哲学某种程度的自治权,但是觉得宗教是更高和更真实的指导。他的忠告是"要比圣安东尼看得更远,也别把你的道德限制于塞涅卡或爱比泰德……做一个山上的道德家,*一个信仰中的爱比克泰德,并让基督教精神贯彻于你的主张"③。

对霍布斯进行广泛批判的人物之一是《钩子吊住的利维坦》(1653年)的作者亚历山大·罗斯(Alexander Ross)。他的主要攻击点是霍布斯学说中的宗教方面。詹姆斯·泰瑞尔爵士(Sir James Tyrrell)的《自然法简论》是对霍布斯的道德哲学的另一种典型批判。在十七世纪的下半叶,大约出现了五十多部类似针对霍布斯的宗教学、政治学和伦理学观点的批判文献。④

二、剑桥柏拉图主义的伦理学

在对霍布斯的道德哲学的反应中,也可以在所谓剑桥柏拉图主义者中看到一些比较重要的正面反应。他们大多是剑桥伊曼纽尔学院(清教徒的中心)的学者,但是他们的兴趣却在于基督教思想在生活中的实际应用。他们并不是那种热衷于柏拉图《对话录》的柏拉图主义者,而是一

---

① John Bramhall, *A Defence of True Liberty ... Answer to a Late Book of Mr. Thomas Hobbes* (London, 1655).

② Cf. J. K. Ryan, "St. Thomas Aquinas and English Protestant Thinkers" *New Scholasticism*, XXII (1948), 146-58, for an account of Bramhall's argument.

* 译注:《圣经》记载,耶稣曾在山上布道。

③ Browne, *Christian Morals*, III, 21; cited in Willey, *The English Moralists*, p.193.

④ For extensive discussion of these reactions to Hobbes, see John Bowie, *Hobbes and His Critics* (New York: Oxford University Press, 1952); and S. I. Mintz, *The Hunting of Leviathan* (Cambridge, Eng.: University Press, 1962).

第八章 英国的自我主义及其反应

批在更广泛意义上强调人类理性的目标具有普遍性、不变性和现实性的一批认识论上的现实主义者。自然和超自然的知识都被这些人理解为神的理性的显现。正如卡尔福维尔(Nathanael Culverwel, 1615–1651)所说:"上帝是理性的源泉和头脑"。① 把剑桥柏拉图主义者看作理性主义者,不是把他们理解为欧洲大陆的人们通常所理解的那种逻辑上的系统构建者,而是从某种古希腊传统意义上理解的现实中逻各斯(logos)的培养者。我们要集中讨论该学派中两位对伦理学作出重大贡献的人物:库德沃斯(Ralph Cudworth)和亨利·莫尔(Henry More)。

很难确定拉尔夫·库德沃斯(1617–1688)是从哪里学得他的哲学的:伊曼纽尔学院的传统很难说明他对于在第六章中讨论过的"正确理性"伦理学的理解。胡克(Hooker)对他的影响是明显的,但是远不足以解释库德沃斯的形而上学和伦理哲学。他的《宇宙的真实智力体系》(*The True Intellectual System of the Universe*)于1678年第一次问世,而他《论永恒不变的道德》(*Treatise concerning Eternal and Immutable Morality*)在后来的十年里完成了,迟至五十年后才出版(London, 1731)。

库德沃斯最看不起的是把"任意的意愿"看作是善和恶之间差别特征的来源的理论。柏拉图、亚里士多德、普罗塔戈拉、波罗斯(Polus)、卡利克勒都由于这样的自愿主义而被他指责;奥卡姆、皮埃尔·德艾里(Pierre d'Ailly, 1350–1420)和安德里斯·卡斯特罗(Andreas de Novo Castro)也受到过同样的指责。但他最大的敌意却保留给了这些观点的当代支持者,伽桑狄(Gassendi)和霍布斯。库德沃斯引用《利维坦》里面的话,指出霍布斯把"上帝的任意的意愿和快乐"当作了善和恶的第一规则和检验标准。② 在《论永恒不变的道德》的第二章,库德沃斯陈述了他对伦理判断的基础的理解:

虽然在上帝创造万物的时候,他有绝对的和无限的权力,任意

---

① Culverwel, *An Elegant and Learned Discourse of the Light of Nature*, 1652; in the ed. Of Edinburgh, 1857, p. 162.

② Cudworth, *Treatise concerning Eternal and Immutable Morality* (London, 1731), pp. 6–9.

地把这些事物创造成这样或那样,但是,当事物已经存在之后,它们就是它们自己的样子,这样或那样,绝对或相对,不随意志或任意的指令而变,而全凭它们自己的本性。不存在什么可称为任意的本质的东西……公正和不公正的本性不可能是可以被意志无选择地应用在任何诸如行为或性情之上的任意的东西。我们必须要说,离开了本性,没有什么东西会仅仅因为意志而变得在道德上是善的或恶的,因为所有的东西之所以是它,都是由其本性,而不是因为其意志。①

在《道德》后面的章节里,库德沃斯认为,人有两种知识,一种是源于感官认识的,一种是思维活动本身所创造的。② 后者包括智慧、谨慎、邪恶、诚实、公正、不公正等内在观念,以及关于许多关系(原因和结果、手段和目的等等)的主张。这就是不可变的道德原则的知识来源。这些 noeta*就是所有科学恰当的研究对象,是事物的可认识的本质,而且,作为必然的真理,它们"不在别处,就存在于思维本身"。我们并不清楚,它是否就是康德所谓 a priori(先天的、先验的)之先声,③但是在历史上很清楚的是,库德沃斯的观点从来没有在英国哲学界流行过。

如果说库德沃斯没有成功地说服英国人相信道德性和自然法并不取决于立法者的意志,他对自由意志的诠释却的确产生了巨大的影响。④ 他在这个话题上的鸿篇巨制《论自由和必要性》(*A Discourse of Liberty and Necessity*),部分已经编辑出版,其他部分则已失散。库德沃斯在其中表达了不同于霍布斯和布兰豪关于自由意志的意见。他反对霍布斯的物理决定论,这一点是很明显的。但他也同样强烈地反对布兰豪关于意志是一种独立功能的"经院主义"观点。库德沃斯把意志看作"自我复制的心灵

---

① *Treatise*, p. 17; or see B. Rand, *Classical Moralists* (Oxford: Clarendon Press, 1897), pp. 230–31.

② *Treatise*, Bk. IV, 2, p. 148.

* [译注]noeta 为希腊词,库德沃斯将其翻译为精神上的东西或智力的观念。

③ Willy, *The English Moralists*, p. 176, see Cudworth as a pre-Kantian.

④ See Mintz, op. cit., chap. VI: "The Free-Will Controversy: Bramhall and Cudworth," pp. 126–33, especially.

的整体",①这与奥古斯丁对意图(voluntas)的理解方式非常相似。至于意志,这个人的心灵,并不是和善恶没有区别的。它本质上倾向于善。自由选择的概念限定于那些善和恶的区别不是那么明显的情况中。自由行为并不罕见。我们知道,拥有自由意志,是因为我们有这样的经验;我们赞扬或谴责在其他人身上发生的自由活动;我们需要自由作为道德生活的基础。

库德沃斯几乎没有尝试去建立伦理行为的特殊规则,而是更愿意讨论这些评价的理论基础。他的追随者,亨利·莫尔(Henry More, 1614–1687)则没有表现出这种犹豫。莫尔的《伦理指南》(*Enchiridion Ethicum*, 1667)完全是对"正确理性"的理性原则(noemata)所做的多维角度的阐释。莫尔在谈到心灵的理性部分时说:②

> 因此,从这些材料中我要取出某些随之而来的、真实的而不需要证明的原则,几乎所有的道德教条都可以直观而轻易地分解为这些原则,正如数学演示被归纳为它们的公理那样。既然它们是那个被恰如其分地称为努斯(Nous)功能的结果,我想,把它们称为 Noemata 也不是不恰当的。

令人惊讶的是,亨利·莫尔的第一条理性原则就说,善,就是对接受者来说是愉快的和舒适的,并且是有利于他的自我保护的。这当然就是霍布斯对善的定义! 但是莫尔也说,一种善也许比之另一种善,在本质或持续性方面,或者同时在这两方面,有更高的价值(Noema IV),因而更高的善是更值得追求的(Noema V)。而主要的美德就可能通过遵循这些以及相似的原则来获得。正确理性,于是"就是那些,通过某些必然的后果,它们可能最终被分解为某些显然是真实的理性原则的东西"(Noema

---

① Mintz, p. 131, gives MS citations from the unedited portions of Cudworth's *A Discourse of Liberty and Necessity*; the printed sections are in *A Treatise of Free-Will*, ed. John Allen (London, 1838).

② More, *Enchiridion Ethicum*, 3, 2; trans. E. K. Rand, in B. Rand, *Classical Moralists*, p. 242.

XXIII)。莫尔这个列出了许多道德理性原则的单子,预示了后来的几个理论家的相同手段,他们包括自然神论者(Deists)和道德感觉论伦理学者(moral-sense ethicians),以及苏格兰的常识学派思想者(Scotch common-sense thinkers)。比如理查德·昆布兰(Richard Cumberland, 1631-1718),他代表了从柏拉图主义到功利主义之间的过渡。他的拉丁文论文《自然法》(Laws of Nature, 1672)坚持认为,"宇宙间事物的本性应该首先被考虑到",然后才是用理性来推论关于人的功能和人类幸福的解释。① 这一点又被结合在更进一步的"全体的共同福利是最高法律"的主张之中,这就进入了功利主义伦理学。我们会在第十章,在讨论英国功利理论的同时,再来回顾昆布兰的观点。

约翰·洛克

虽然约翰·洛克(John Locke, 1632-1704)的伦理学立场比较特殊,但是他在伦理学史上的地位并不如他在认识论史上那么突出。他的思想跟剑桥柏拉图主义者的那种伦理学有某些联系。洛克早期的《自然法论文集》(Essays on the Law of Nature, 1660-1664)最近(1954年)才出版。这些论文,自然是陈述了一个关于道德法理论的论文,很明显得益于十四世纪经院哲学。我们在这里看到对道德法的完全唯意志论的解释。自然法的定义是:"一条可以通过自然之光来认识的神意的法令,昭示人们什么是和理性本质相符合的,以及什么是跟那个指示和禁止它的法令相符合的"。② 和剑桥柏拉图主义者一样,洛克指出,人只有三条途径可以认识自然法:通过内在的灵感、通过传闻,以及通过来自感官认识的理性。但是,他早就对任何内在观念的主张非常反感,并且用了一整部论文来批判这个理论。关于道德性原则的第二种方法,洛克承认我们从祖辈们和其他人那里获得了很多知识,但是通过这种模式所获得的知识,是从人的传授而来,不是从理性的

---

① Richard Cumberland, *A Treatise of the Laws of Nature*, trans. J. Maxwell (London: 1727); in Rand, *Classical Moralists*, p. 248.

② Locke, *Essays on the Law of Nature* (1660-1664), ed. Latina, W. von Leyden (New York: Oxford University Press, 1954), p. 110.

传授而来。① 我们正是通过第三种途径,也就是通过对感官经验的资料分析和推论,才取得了我们关于自然法的基本知识的。②

比这些近期发现的《自然法论文集》更宏大,也更广泛地为人所知的,是洛克在道德哲学方面最详尽论述的、著名的《人类理解论》(*Essay Concerning Understanding*, 1690)。虽然他的《关于国民管理的两篇论文》(*Two Treatises of Civil Government*, 1690)披露了他的自然国度概念(state of nature)的某些内容(人在这样的国度里的好战性比霍布斯所描述的要低些),但是那里几乎没有什么伦理学的内容。洛克留下了其他一些有关伦理学的论文和片段性的写作,比如他的《普通伦理学》(*Of Ethics in General*)和《我这样想》(*Thus I Think*)等论文集。

约翰·洛克伦理学观点的另一个特色源于他的认识论,这就是洛克的经验主义。《人类理解论》的主要论点,是对所有知识都起源于经验——无论是感觉的还是反思的经验——这一主张的论辩。《人类理解论》的第一部,是对内在观念说的一个完整系统的批驳。无论是针对舍伯利的赫伯特、勒奈·笛卡尔,还是剑桥柏拉图主义者的理论,洛克一概拒绝接受其中任何关于人具有先天观念的主张。这种主张不能解释无论是思辨的原则还是道德原则的问题。对于我们获得的概念(所有理解的对象都称为概念)之间的关系进行反思,才是我们达到基本的道德判断原则的唯一途径。从伦理学上看来,洛克就是个经验主义者。

在洛克的一般哲学观点中影响到他伦理学思想的第二个观点,是他不同意自由意志问题具有什么重要性。洛克认为这是一个伪问题,因为"意志"就是偏爱或选择的力量,而"自由"则是一种"启动或克制、继续或终止我们的思维和身体动作"的不同类型的力量。③ 是思维把这两种力量都发挥了出来,但是它们是不应该被混淆在下面这种问题里

---

① Locke, *Essays on the Law of Nature* (1660-1664), ed. Latina, W. von Leyden (New York: Oxford University Press, 1954), III, pp. 136-45.

② Ibid., pp. 146-59; cf. M. B. Crowe, "Intellect and Will in John Locke's Conception of Natural Law," *Atti del XII Congresso Internazionale di Filosofia* (Firenze, 1960), XII, 132-33.

③ *Essay concerning Human Understanding*, II, 21, 7; see L. A. Selby-Bigge, *British Moralists* (Oxford: Clarendon Press, 1897), II, 334.

的:是否存在着意志的自由?"因此,自愿性并不是必然性的对立面,而是非自愿的对立面。"欲望,被洛克解释为在缺乏任何一种东西的时候的某种不安。

于是,善和恶就被等同于有能力导致愉快和痛苦的东西;而幸福是所有人所追求的,因为它是"我们有能力达到的最高的快乐"。① 并不是所有的快乐都必然会推动人的欲望,只是那些对幸福来说是必需的才会。这是古典快乐主义的残余,但从它的表述来看,跟霍布斯的自我主义也不是全然不相干的。

在各种概念的关系中,通过内在的反思而变得清晰起来的,是那些道德关系,是那些"人的自愿行为中,对于一种规则的遵守或反对"之类的事情。② 有三类这样的道德规则或法律:神的、公民的和哲学的。上帝通过"自然之光或启喻之口"来传达他的法律。这是检验道德诚实的唯一真正的试金石。因此,洛克在根本上是一个神学范畴的伦理学者。第二个是公民的法律,它是通过"共同的福利"来区别清白的和罪恶的行为。第三,是哲学上的法律,用来区别美德和邪恶,它也被称为"主张或名誉"的法律。关于这个法律,洛克说道:

> 因此,用来衡量在各个场合都承认并称之为"美德"和"邪恶"的东西的标准,就是这种许可或厌恶、赞扬或谴责。它们通过秘密的和心照不宣的被认同,在这个人类世界上的几个社区、部落和组织中确立了自身的系统,这样,一些行为就依照这些地方的意见、箴言或风俗在它们之间分别出荣誉或耻辱……通过这样的赞同和谴责,他们就在内部建立起他们称为"美德"和"邪恶"的概念。③

对伦理观念社会认可方法的这种描述,是洛克在这个领域最值得关注的贡献。

---

① Essay concerning *Human Understanding*, II, 20, 2-21, 42.
② Ibid., 28, 4; in Selby-Bigge, p. 343.
③ Ibid., 28, 10; in Selby-Bigge, P. 346.

第八章　英国的自我主义及其反应

在《人类理解论》的第四部分,洛克回过头来描述伦理科学,并在下面这些文字中把它和神性联系起来:

> 我们已经有一个关于具有无限力量和善并有无限智慧的超人的概念,我们就是这个超人的工艺品,我们都依赖于它;我们也已经具有关于我们自己作为有理解力的理性人的概念,正如我们心里很清楚,知道我们就是这样的有理解能力的理性的人。我认为,有了这样一个超人的概念,以及关于我们自己作为有理解力的理性人的概念,作为这样的理想之人,如果再恰当地加上思考和追究,这些就足够提供我们行为义务和规则的基础,并可能使道德性在演绎科学中找到它的位置。在那儿,我不会怀疑,任何人只需依据不证自明的命题,并通过必要的后续结果,正如在数学证明中无可辩驳的那样,就能够得出关于正确和错误的检验标准,正如他对其他类似的科学所做的那样。①

洛克在后来不断说:"道德知识就如数学那样是完全可能被确定的"。这种言论中具有某些理想性的直觉主义的成分。我们的道德概念,是和数学上一样的"原型";而伦理学或数学在我们科学上的确定性,只是"对于我们概念的赞成或不赞成的认识"而已。因此,洛克的经验主义伦理学最终转变成伦理上的直觉主义。

洛克的影响在沙夫茨伯里伯爵(Lord Shaftesbury, Anthony Ashley Cooper, 1671-1713)那里表现最为明显。他最重要的著作是《美德调查》(*Inquiry Concerning Virtue*, 1690)和《道德家,一支狂想曲》(*The Moralists, a Rhapsody*, 1709)。这两部书和其他的短文一起收集在《论特性》(*Characteristics*, 1711)中。这三卷本的著作在当时的流行程度很惊人。1790年之前,它在英格兰就印刷出版了十一次;狄德罗以《论美德和功绩》(1745)为书名把它引入法国;1776-1779年间,在莱比锡出版了其完

---

① *Essay concerning Human Understanding*, IV, 3, 18.

整的德语版本。

沙夫茨伯里是最初几个脱离了宗教来讨论伦理学的英国思想家之一。他在这部著作中显示了自然神论(Deism)的一个特点。的确,他被称为这个无定型的学派的最重要和最可信的成员。在《调查》的开始,他就很明确地说,库德沃斯的伦理学在他看起来是把伦理学和神学混淆了。并不是沙夫茨伯里要否认把神法应用于人类行为的这种做法,而是他坚持,在我们能够认识并解释上帝之法的要求之前,必须首先通过自然的途径对善、义务和美德等概念有所理解。

作为针对道德感觉发言的第一位杰出的学者,沙夫茨伯里伯爵认为,正如人对于美的和丑的东西具有美学上的感觉那样,人也同样具备对正确和错误的道德感觉。① 关于他的这种道德感觉的说明,有两点值得注意:首先,它是人的理解或理性的功能;其次,它涉及对那些体面的或有德性的东西的情感。沙夫茨伯里对人类的情感做过相当详尽的调查,并得出三个结论。第一,倾向于公众福利的自然或友善的情感,是我们最高个人享受的来源。第二,太强烈的个人情感,是个人不幸的来源。第三,不自然的情感,既不符合公众利益,也不符合个人的利益,而且导致最严重的不幸。② 在他有关公众利益的讨论中,沙夫茨伯里几次用到物种利益(the good of the species)这个概念,并提及人的"共同本性"(common nature)。这是一个司各特学派的术语,一种在涉及个别和普遍两方面时都取中立的立场来审视人的本性的讨论方法。要精确地评价他使用这些术语的重要程度,是不可能的。他对构成人类物种的成分的理解,看来比霍布斯和洛克,似乎都更现实。我们会看到,他对于人类可能达到道德判断的自然基础的乐观主义信心,是如何影响了其他人,比如在自然神论运动中的波林布鲁克(Bolingbroke)和亚历山大·蒲柏(Alexander Pope)等。

沙夫茨伯里关于自然情感的理论,明显是对霍布斯关于人本性自私

---

① Shaftesbury, *Inquiry concerning Virtue*, 1,2,3; and I, 3, 1; see the text in Selby-Bigge, I, 11-21.

② Ibid., II, 2, 3; in Selby-Bigge, I, 33.

观点的回应。那时候有非常多反对霍布斯的文章。(创建了爱尔兰教会的)都柏林的大主教威廉·金(Archbishop William King of Dublin, 1650–1729)在1702–1704年间出版了拉丁文的《论邪恶的起源》(On the Origin of Evil)。它被埃德蒙劳翻译为英文,并在1731年和约翰·盖伊(John Gay, 1699–1745)的论文《论美德或德性的基本原理》(Concerning the Fundamental Principle of Virtue or Morality)一起出版。盖伊回顾了人们探讨美德之标准的各种努力:"有些人认为是依照本性或理性的行为;其他一些人认为是事物间各得其所的和谐;其他一些人认为是与真理保持一致;其他一些人认为是公众利益的提升;其他一些人则认为是上帝的意志。"他最后声称,上帝的意志才是美德的唯一标准。①

英国牧师萨缪尔·克拉克(Samuel Clarke, 1675–1729)的著作,对霍布斯进行了更为根本的批判。他的《自然宗教演讲集》(Discourse on Natural Religion)1706年出版,实际上是他1705年所做的八个演讲或布道系列。克拉克措辞强烈地指出,霍布斯否定善和恶之间的区别是源于事物的本质区别,这种否定是站不住脚的。他尤其反对那种认为"所有对上帝的义务,都只是源于那无可抗拒的力量;而所有面向人类的义务,只是来自明确的社会契约(positive Compact)"的观点。② 克拉克本人的立场是,正确理性能够发现善和恶,而这就是自然法。③ 他一边承认他受益于柏拉图、西塞罗,尤其是昆布兰的思想,一边把自然神论论者称为他的理论的"咆哮的"反对者。很奇怪的是,在赫尔的一位叫约翰·克拉克(John Clarke,约翰生活于1687–1734,跟萨缪尔·克拉克没有亲缘关系)的学校校长写了一本《理论和实践中的道德基础》(The Foundation of Morality in Theory and Practice),作为对萨缪尔·克拉克的《自然宗教演讲集》的回应。这部著作认为,萨缪尔·克拉克基于慈善的原则和普遍的道德感觉建立了他的伦理学理论。约翰反对说,甚至慈善也可归因于个人的快乐:"在那点上,道德感觉的主要作用,以及本性的首要意图,看来

---

① John Gay, *Concerning the Fundamental Principle of Virtue or Morality*, sect. 3; in Selby-Bigge, II, 273.

② Samuel Claeke, *Discourse on Natural Religion*, 1; in Selby-Bigge, II, 6.

③ Ibid., 5; in Selby-Bigge, II, 29.

是要把人的思维置于搜寻的功能,去发现这样初看起来是美的行为是否可能并没有带来更大的快乐"。①很明显,约翰·克拉克受霍布斯影响,而且他认为道德感觉论("一种非常有独创性的想法")的思想动机来自那种宣扬所有人类行为都源于自爱的学说。

跟约翰·克拉克的观点有点类似的,是一位居住在英国的荷兰人医生,伯纳德·曼德维尔(Bernard Mandeville,1670-1733)。他先写了《繁忙的蜂巢:或,浪子回头》(The Grumbling Hive: or, Knaves turned Honest,1705),该书后来改编为《黄蜂寓言:或,私恶与公益》(The Fable of the Bees: or, Private Vices, Public Benefits, 1714)。在《黄蜂寓言》第二版(1723)中包括了他的《对美德起源的质疑》(Enquiry into the Origin of Moral Virtue)。曼德维尔反驳了沙夫茨伯里关于道德善的行为是那些朝向公共福利的行为的主张。曼德维尔说,相反,是私恶对公共福利作了最大的贡献。他在《黄蜂寓言》中所说的"恶"(vices),是指自私的倾向。所以他的观点是,那些寻求个人快乐的人比那些表面上大公无私的人,对提高社会的福利做得更多。一个严守道德者的社会将是一个全面死气沉沉的社会,而一个由一些寻找物质享受的粗俗个体组成的团体却是一个有动力的团体。阿姆斯特丹的公众对有组织的卖淫的容忍,被作为是恶(vices)对一个城市的普通利益作出贡献的实例。在他的《质疑》中,曼德维尔表现出他不仅仅是一个口头上的犬儒主义者。其中说到:"除非我们全面地了解一个人的行为原则和动机,否则,要判断他的表现是不可能的事情。"②他接着开始讨论作为激起热情的怜悯心,并声称这种肤浅的感情就是很多非道义的原因。总的来说,他讲出了后来尼采要说的意思。更后面一点,曼德维尔提到作为动机的"对善之爱",并承认"那些被感动了的人们,会比那些我至今谈论的人们,了解到更精细的关于美德的概念"。康德也可能会说出这样的话。事实上,贝克莱(George Berkeley,1685-1753)大主教的《阿尔奇弗龙》(Alciphron, or the Minute Philosopher,

---

① John Clarke, *The Foundation of Morality*; in Selby-Bigge, II, 242.
② See Bernard Mandeville, *The Fable of the Bees*, ed. Douglas Garman (London: Wishart, 1934), pp. 82-85; the lines quoted are from Mandeville, *Enquiry into the Origin of Moral Virtue*, in Selby-Bigge, II, 354-55.

1732)的大部分是对曼德维尔的反驳。因为《黄蜂寓言》坚持认为,"邪恶的"人们是更强大的,是消费方,很可能自由放任经济学(laissez-faire economics)也得益于曼德维尔的思想。

三、自然神论的伦理学

讨论这个时期的英国思想,有必要提及那些被称为自然神论者(Deist)的作者们的伦理学观点。自然神论被赋予多种不同的涵义,但是我们在这里将要用它来代表十七世纪和十八世纪早期在英国和法国发展起来的一种思想,这种思想认为人是可能通过自然经验而推演出上帝的现实存在以及它的某些属性的,认为信仰的神秘性和启示也许都是不必要的,并认为哲学上的伦理学可以给人类的好生活提供足够的指导,这是在这段历史时期的思想运动中最后一个值得被提及的论点。实际上,在这几个世纪里的所有重要哲学家(霍布斯、洛克、笛卡尔、莱布尼茨、斯宾诺莎)都曾经被称为自然神论者,我们将简单地讨论几个更接近这个运动的核心却不是那么著名的人物。

在第七章的结束部分,我们曾经提到舍伯利的赫伯特提出了一个修正版的廊下派伦理学,他提醒英国读者,已知的宗教也许并不是道德规范的唯一来源。赫伯特可能是英格兰的自然神论的创始人。一百年以后,威廉·渥拉斯顿(William Wollaston, 1659-1724)写了一本也许算是自然神教的最佳论述:《自然叙述的宗教》(The Religion of Nature Delineated, 1722)。它的第一部分讨论宗教。真理被定义为"通过言语和符号所表达的东西,与事物本身的一致性"。① 渥拉斯顿不厌其烦地重复说,"所有的事情都是它们本身那样的"(every thing is what it is)。而且,"如果有一个至高的存在物",那么这个神就是自然的创造者,就是真理本身,而它的意志也将"通过自然之书而展现出来"。真理把善从恶中区别出来,而"道德上的善与恶,正好和正确与错误相符合"。② 从下面这段我们可以

---

① William Wollaston, *The Religion of Nature Delineated*, 1; in Selby-Bigge, II, 362-65.
② Ibid., 8; in Selby-Bigge, II, 370.

看出,这里所谈论的东西,正是正确理性理论:

> 正确理性被那些人设定为法律。通过该法律,我们的行为得到裁判,根据我们行为与这法律的符合或偏离,而把它们称为守法的或违法的,善的或恶的。那些设定这个法律的人,能够把事情说得更加具体和精确。事情的确是这样,能够经受得起正确理性检验的,都是正确的;而被正确理性谴责的,都是错误的。而且,如果正确理性所揭示的,就是意味着通过正确地使用我们的理性功能而发现的东西,那么它就是与真理一样的。而那些人所说的东西,也就可以通过我所说的这些话来理解。①

渥拉斯顿在这里用假设的语气提及上帝,其实并不意味着他否认神性的存在。他认为,理性可以让人们确认上帝存在的事实。要记得,在基督教改革的头几年里,哲学被人怀疑,而个人信仰得到提升,因此渥拉斯顿(其观点接近十三世纪的经院哲学家们)这些观点也使他得到了一个无神论者、理性主义者和教会宗教反对者这样的名声。其实,他坚持认为,道德之善恶的明显区别,必然反映了宗教的真实性,任何一个有知识的人都应该让自己的行为与这个真实相符合。② 渥拉斯顿《自然叙述的宗教》的第二部分讨论幸福问题。跟霍布斯一样,他首先声明痛苦是真实的恶,快乐是真实的善。从这里出发,他开始根据"真理"的概念来讨论痛苦和快乐的具体细节。这是一种类似道德算术的东西,它预兆了后来出现的边沁(Bentham)的道德微积分。

一位叫托马斯·摩根(Thomas Morgan, 1680-1743)的医生,有与此相似的说法,也认为自然伦理学正好验证了基督教教义。他的《物理神学》(*Physico-Theology*)1741 年出版,《道德哲学家》(*The Moral Philosopher*)1738 年出版。我们现在将进入一个这种宗教观更加流行的时代,至少在知识界是这样。众所周知,亚历山大·蒲柏(1688-1744)的《论人》

---

① William Wollaston, *The Religion of Nature Delineated*, 9; in Selby-Bigge, II, 372.
② Ibid., 10-11; in Selby-Bigge, II, 381-82.

(*Essay on Man*, 1734)是一部关于自然神论心理学和伦理学的概论。它著名的结束语,"一切存在的,都是合理的"(One truth is clear, Whatever is, is right),只是渥拉斯顿思想的回声而已。该诗的大部分都是逐句重复沙夫茨伯里的言论。蒲柏是波林布鲁克(Henry St. John Bolingbroke, 1678-1751)的朋友。后者据说为蒲柏提供了《随笔》的哲学基础。作为一个臭名昭著的浪荡子,波林布鲁克的个人生活方式对自然神论的事业有害无益。但是他的著作《历史研究通信》和《论宗教问题上的权威》(*Letters on the Study of History, and On Authority in Matters of Religion*,均在他死后不久出版)对他的同代人有很大的文学上的吸引力,并影响了许多著述者的思想。他对于有组织的基督教多有批判,并坚持认为,道德义务并不能从已经揭示的神的品性中推导出来。

虽然我们这一章讨论不列颠群岛上的伦理学,但应该指出,自然神论伦理学也扩展到了其他国家。有些历史学家认为,沙夫茨伯里在这个理论的扩散过程中起了促进作用。我们也看到,他的著作是如何快速地进入法国和德国的。伏尔泰(弗朗索瓦·马里·阿鲁埃)(Voltaire, François Marie Arouet, 1694-1778)在他的《哲学词典》(*Philosophical Dictionary*, 1765)里收入了有关自然神论的词目。丹尼斯·狄德罗(Denis Diderot, 1713-1784)从早期对自然神论的坚持,转变为后来的自然主义泛神论。他的《关于科学的哲学思想》(*Philosophical Thoughts on the Sciences*, 1746)表现出部分地受了自然神论影响的道德观。孔狄亚克神父(The Abbe Etienne Bonnot de Condillac, 1715-1780)把洛克的知识理论推向一个极端,在《论感觉》(*Traité des sensations*)一书中,他认为所有的知识都是通过嗅觉作用发展来的。善,就是"让我们的嗅觉或味觉感到愉快的任何事物"。① 所有这些法国思想家们的伦理学观点,都与自然神论有密切关系。②

据说,美国的很多建国者都是自然神论者,当然,他们并没有在伦理

---

① Condillac, *Treatise on Sensations*, III, 1; the passage is translated in L. M. Marsak, *French Philosophers* (New York: Meridian, 1961), p.196.

② For well-chosen selections illustrating this point: L. W. Beck, *18th-Century Philosophy* (New York: Free Press, 1966), pp.164-91.

学领域著书立说。本杰明·富兰克林(Benjamin Franklin)的《自传》(Autobiography)反映出他对自然神论伦理学的大致了解。他提及自己曾经为了自我修养的需要而编辑了一篇关于美德的短文,随后他议论说:"虽然我的安排与宗教并非完全无关,但是其中的确没有任何教派的任何具体教条的痕迹".① 富兰克林的自然神论思想可能更具有法国特色,而不是英国式的。②

美国也是另一个英国思想家乔治·贝克莱大主教职业生涯上的一个重要影响因素。1729年他为了在百慕大建立一个英国学院而旅行到美国,却在罗得岛的新港(Newport, Rhode Island)居住了三年,并在那里写了《阿尔奇弗龙,或精确的哲学家》在这本书里,他批评了沙夫茨伯里和曼德维尔这样的自由思想家。贝克莱年青的时候(1720年之前)就开始写一部心理学和伦理学的书,该书在一次意外事件中丢失了,他以后再无心重写。贝克莱在《阿尔奇弗龙》的第三篇对话中对沙夫茨伯里的道德感觉主义的批判,基于他对伦理学需要基督教神学作为其理论基础的坚定信念。在他的《人类知识原理》(Principles of Human Knowledge, 1710)的一个章节中,他说对幸福和善做任何抽象的思考都是没有意义的,这种抽象化只能增加道德性的困难。③ 在1710年出版的版本中,还有这么一段:

> 一个人也许能把学校里教的伦理学学得很好,在生活事务中却并不知道如何在这方面成为一个更有智慧或更好的人;或者,不知道如何能够更多地为自己的利益,或为社区的利益,去改善他的行为举止。这个现象所反映的,足够让任何人看清楚这一点。④

---

① Franklin, *Autobiography*, ed. Herbert Schneider (New York: Liberal Arts Press, 1952), p.90.

② Cf. L. G. Crocker, *Nature and Culture: Ethical Thought in the French Enlightenment* (Baltimore: Johns Hopkins Press, 1963), p.212.

③ Berkeley, *Principles of Human Knowledge*, 100; ed. A. C. Fraser, (Oxford: Clarendon Press, 1901); II, 84.

④ This passage from the 1710 edition of *Berkeley's Principles* is reprinted in G. Berkeley, *A New Theory of Vision and Other Writings* (New York: Dutton, 1925), p.163, note 1.

第八章 英国的自我主义及其反应

这说明了贝克莱对理论伦理学的价值是持怀疑态度的。在构成他的《哲学评论》一书(*Philosophical Commentaries*, 1707-1708)的一些早期笔记中,反映出他个人的立场,却是出乎意料的折衷主义。在某个场合,他说感官的愉快就是至善(Summum Bonum),但在同一页他又声称,这样的愉快只有出于有智慧之人的期望的时候,才是善。而且他暗示,那些并非出自对天堂的向往而被激发的动机所推动的人们,是不可能做出善的行为的。①

贝克莱的论文《被动服从》(*Passive Obedience*, 1712)中有些章节概括了一种神学功利主义的伦理学观点。他告诉我们,当一个人成长变得成熟的时候,他学会把眼光放长远,去看到其行为的未来后果,去看"根据事物的通常规律,可能期望什么样好的,应该警惕什么样坏的"。② 在这个时候,他用直白的语言说,检验行为善恶的真正标准,是上帝的意志。在他的伦理学范畴中,贝克莱总是把这些理论看作是神法的衍生物。

伦理学史上更重要的,是另一位英国教会主教,约瑟夫·巴特勒(Joseph Butler, 1692-1752)的学说。他的伦理观点反映在作为附录收在他《宗教类比》(*Analogy of Religion*, 1736)后面的两本书:十五篇《布道》(*Sermons*, 1726)和《论美德本性》(*A Dissertation upon the Nature of Virtue*)。《布道》第一部显示出巴特勒对霍布斯自我主义可能产生的影响的担心,但是他并不相信沙夫茨伯里和渥拉斯顿之类的人会拥有一切真理。巴特勒认为,人在道德生活中有三个推动原则:慈善的原则,它推动人去做对他人有利的事情;自爱(self-love)的原则,它使人倾向于争取个人利益;反思的原则(良心),促使人冷静地核准或否决前两种行为动机。③

第二和第三个布道,展开了对良心概念的讨论,并把它与人的本性相联系进行考察。一种错误的理解是以为巴特勒把人的本性看作所有人身上都是普遍的和同样的东西。跟他同时期的几乎所有哲学家一样,巴特勒也是个唯名论者。他认为人的本性只是每个人都可能在自身发现的一

---

① Berkeley, *Philosophical Commentaries*, in *Works*, ed. A. A. Luce and T. E. Jessop (London: Nelson, 1948), I, 93.
② Berkeley, *Passive Obedience*, in *Works*, VI, 19.
③ Butler, *Sermons*, I; in Selby-Bigge, I, 197-202.

组个人倾向而已。因此,考虑到我发现自己本能地倾向于自爱行为,自爱就属于本性。"义务"的强制性,同样也属于本性。良心是对这些本性中的倾向性诉求的那种冷静的、不带私心的、不带感情的审视。巴特勒的解释是:

> 整个论述也许可以这样概括……人的本性被修正纳入到人这样或那样的行为过程中。把我们某些行为和本性进行比较,发现这些行为是符合本性的,是与本性相应的;但把其他一些行为和这同样的本性比较,就让我们注意到,它们是不太符合本性的,是与本性不太成比例的。行为与行为主体的本性相应的时候,行为的发生就是自然的;不相应的时候,就是不自然的……合理的自爱和良心是人的本性中最主要和高级的原则。一种行为,尽管它违反其他所有的原则,但它符合这项原则,那它就是合适的;一种行为如果既违反其他原则,又违反这个原则,那它就是不合适的。①

在《论美德本性》中,良心被描述为每个人自身都经历着的"核准或否决的功能"。良心对行为进行反思;它鉴别出哪些行为应该被奖励,哪些应该被惩罚;它把这些行为和其主体的能力进行"比较";它涉及对自身利益的客观评估;它肯定慈善的号召力,但也不把它看作是美德的唯一标志。②

在把巴特勒的伦理学理论进行归类的时候,需要小心。它是一种伦理学上的直觉主义;一位历史学家把它称为"自律的直觉主义"。③ 当然,因为巴特勒思想的中心是对义务的清醒认识,所以它是一种道义论的理论。它一直被称为"复杂的形式主义的理论",但它又跟那种试图建立一套道德义务上的通用规则的形式主义相去甚远。其实,巴特勒的观点,跟脱离了功利主义的"行为功利主义"比较相似;换句话说,他的良心把各

---

① *Sermons*, III: in Selby-Bigge, I, 224-25.
② Butler, *A Dissertation upon the Nature of Virtue*, in Selby-Bigge, I, 246-53.
③ R. A. P. Rogers, *Short History of Ethics* (New York: Macmillan, 1911), p.167.

个可能想到的行为和倾向,与其具体的行动,在内心进行"比较",并得出这样的行为是自然的和合适的,或者是相反的判断。这是一种行为主体通过个人在某些倾向上的直觉,把道德善和恶进行具体鉴别的方法。

和巴特勒同时代有两个人,他们的理论和巴特勒相似,但不如巴特勒的完整。阿奇博尔德·坎贝尔(Archibald Campbell, 1691-1756)是圣安德鲁斯大学讲授教会历史的苏格兰教授,写过《德性探源》(An Enquiry into the Original of Moral Virtue, 1728)。卡姆斯勋爵(又名亨利·霍姆)(Lord Kames, or Henry Home, 1696-1782)在1751年出版了他的《道德原理与自然宗教》(Essay on the Principles of Morality and Natural Religion)。后者强调了这样的道德要求:好的行为必须要符合"本物种的共同本性",而理解这种一致性的力量是道德感觉。① 卡姆斯最终把这个道德感觉确认为"上帝在我们心中的声音"。

弗兰西斯·哈奇森

对道德感觉理论做最完整讨论的,是弗兰西斯·哈奇森(Francis Hutcheson, 1694-1746)的十部著作。我们将讨论其中的三部:《美与德性观念探源》(The Inquiry into the Original of Our Ideas of Beauty and Virtue, 1725),《论激情的行为与本性》(Essay on the Nature and Conduct of the Passions, 1728),以及《道德哲学体系》(A System of Moral Philosophy, 1755)。《美与德性观念探源》第一句写道:"道德之善……是用来表示某些通过这样的行为才能被领会的品质的概念:这些行为,是那种会赢得那些并未从行为中得到利益的人们的赞许的行为,是那种使行为者获得那些并未从行为中得到利益的人们的爱戴的行为。"② 请注意他对"品质"(Quality)这个词的使用,以及对一个无私的或者不带个人偏见的旁观者理论的暗示。那些引起个人兴趣和自我快乐的目标,在哈奇森看来,自然是好的,但那些有利于其他人的,才是道德上的善。慈善的原则已成

---

① Lord Kames, *Essays on the Principles of Morality*, II, 1-5; in Selby-Bigge, II, 300-13.
② Francis Hutcheson, *Inquiry into the Original of Our Ideas of Beauty and Virtue*, Introduction; in Selby-Bigge, I, 69.

最高原则。上帝已经给了我们对美和和谐的内在感觉。类似地,"它也给了我们道德感觉,来指引我们的行为,并给予我们更为高尚的快乐。因此,当我们专注于给他人利益的同时,无意中也提升了我们自己最大的个人利益"。① 在下一节里,哈奇森集中论述了道德善必须出自慈善之爱而为他人利益(上帝或同类人们)服务。

在解释道德感觉作用的时候,哈奇森把最大多数人的善的主张引入到英国的伦理学讨论中。他说:

> 在比较行为的道德品质时,为了规范我们对各种所想到的不同行为的选择,或者去找出它们之中具有最大的道德价值者,我们被自己对于美德的道德感觉所指引而进行这样的判断:在行为可能带来的可预期的幸福程度是同样的这一前提下,美德是与这个幸福能够涉及到的人群的数量成正比的……因此,那个能够导致最大多数的人最大的幸福的行为,就是最好的行为;同样,导致最大不幸的行为,就是最差的行为。②

但在同一段文字里他又认为,幸福或快乐不仅有数量上的差别,也有质量上的差别,因此他这个相当于功利主义思想前身的观点在同一段里又被修正了。③ 可能是受渥拉斯顿的影响,哈奇森进入一种道德算术的讨论,这种道德算术将被道德感觉用来"计算"行为的道德性。有六个公理被提出来,作为指导这种计算的规范:(1)任何行为主体的道德重要性,或他所产生的公共利益,就是他的善心与他的能力的综合比例;(2)个人利益的重要性,或他给自己带来的好处,就是他的自爱和他的能力的综合比例;(3)当比较两个行为的德性的时候,如果其主体的能力是相同的,那么他们在相同的情况下所产生的公共利益,就以他们的善心为准;(4)当两个行为主体的善心是相等的,其他的情况也一样,那么他们

---

① Francis Hutcheson, *Inquiry into the Original of Our Ideas of Beauty and Virtue*, Introduction; in Selby-Bigge, I, 8; in Selby-Bigge, 1, 83.
② Ibid., III, 8; in Selby-Bigge, I, 106–07.
③ Cf. James Bonar, *The Moral Sense* (Oxford: Clarendon Press, 1930), p.77.

第八章　英国的自我主义及其反应

所产生的公共利益就相当于他们的能力;(5)因此,其行为主体的德性,或他们的善心的德性,在其他情况相同时,就总是与他们所产生的公共利益直接相关,而在相反的情况下,就跟他们的能力直接相关;(6)善行的整体动机,并非总是只有善心……我们必须要把自爱看作是另一个动机……有时候自爱和善心共同协作……有时候自爱与善心对立。① 哈奇森后来暗示,义务和道德正确的概念,可能是从道德感觉的释放中"推导"出来的。②

《论激情》是在哈奇森被任命为格拉斯哥(Glasgow)大学道德哲学教授之前不久出版的,引出了一大批苏格兰的杰出伦理学者(哈奇森自己是在爱尔兰出生的)。这部书建立了关于人类感觉的心理学,但它在内部情感方面的分析,对于伦理学理论有更重要的意义。他现在有四种内在感觉:审美的、公众的(对他人的幸福感到快乐,对其不幸感到不安)、道德的(作为一个认识对象,去认识他们自己本身的或在其他人身上的美德或邪恶),以及荣誉和羞耻的感觉。③ 这篇关于激情的短篇著作中另一个值得注意的特点,是对终极因果关系的任何使用所取的基本批评的态度,比如亚里士多德关于道德善取决于把一个行为向其最终目标的引导的主张。哈奇森不接受任何这样的东西,他认为每个感情都是它自身完整的动机。

哈奇森的《道德哲学体系》(System of Moral Philosophy)是一部两卷本巨著。该书根据他在格拉斯哥大学的讲稿汇编而成,并在他死后出版。④ 其学说的基本内容还是一样的。他在晚年读了更多希腊和拉丁文的道德学家的经典,这一点可以在他的《体系》一书中看出来。道德感觉变成了类似希腊化时期伦理学中的 hegemonikon[支配官能]:"这个发自本性的道德感觉,看起来是为了规范和控制我们的一切力量而设计的。"⑤ 慈善的原

---

①　Hutcheson, *Inquiry*, Ⅲ, 8; in Selby-Bigge, Ⅰ, 110–11.

②　Ibid., Ⅶ; in Selby-Bigge, Ⅰ, 153–54.

③　Hutcheson, *Essay on the Nature and Conduct of the Passions*, 1; in Selby-Bigge, Ⅰ, 393–94.

④　An excellent analysis of the *System of Moral Philosophy* is provided in Bonar, *The Moral Sense*, pp. 95–99.

⑤　Hutcheson, *System*, Ⅰ, 6; in Selby-Bigge, Ⅰ, 420; cf. Bonar, p. 98.

则依然在道德感觉的运行中起着主导的作用,"它通过那天生注定要发挥作用的指令力量,把为公共幸福而做出慷慨决定放在心灵最高的位置上"。在《道德哲学体系》第二部分,他试图从道德感觉中推导出各种道德性(正直、责任、道德正确)的关键概念。该理论也涉及对于道德性和经济学的一些具体问题的探讨。

哈奇森的伦理学著作影响了后来英国道德哲学的整体发展。从那以后,任何要用一个抽象关系、一个善的理想模式来讨论道德善的努力,在英国都注定不受欢迎。"善",现在意味着个人行为或态度中的某些被认识到的"品质"。正如我们在第十章将要看到的,理查德·普莱斯(Richard Price)将最终去尝试重申一个人的本性的理想模式,但并不是很成功。

约翰·贝尔盖(John Balguy,1686-1748)在他的《道德善的基础》(Foundation of Moral Goodness,1728)中说,"哈奇森先生"无法用他的理论演示关于道德性的任何东西。[①] 贝尔盖自己也有一个修改了的正确理性学说:"正确理性的规定和导向,正是神本身绝对遵守的规则,它也必然要影响到所有的创造物。"[②]

另一种对哈奇森的道德感觉理论进行批评的观点,是从出现在戴维·哈特利(David Hartley,1705-1757)著作中的联系主义心理学那里发展而来的。在洛克的影响下,哈特利的《人类欲望与感情探源》(Enquiry into the Origin of the Human Appetites and Affections,1747)一书认为,所有自爱、慈善以及对上帝的虔诚等"感情"都是源于感官印象。某些愉快和痛苦的基本感觉,与其他概念相结合,形成更为复杂的美学、道德和宗教的情感。人类思维本身的属性是一块白板(a tabula rasa),不带任何对于美或善的偏好。如果这些是符合事实的话,这个联想主义心理学就全盘否认了道德感觉的主张。但是,哈特利在他的《人类观察》(Observations on Man,1749)中,通过说明心理学的分析是如何解释了与慈善、虔诚和道德感觉等相关的后天性格的发展,而使慈善原则焕然一新。[③]

---

① Balguy, *Foundation of Moral Goodness*, art. 21; in Selby-Bigge, II, 195.
② Ibid., II, art. 4; in Selby-Bigge, II, 188.
③ Cf. Henry Sidgwick, *History of Ethics*, pp. 218-22.

第八章 英国的自我主义及其反应

阿伯拉罕·塔科(Abraham Tucker, 1705-1774)在《追寻自然之光》(*The Light of Nature Pursued*, 1768)中指出,洛克和哈特利否定了先天观念论(innatism),而哈奇森的道德感觉论涉及先天道德倾向的某些主张。塔科宣扬一种"翻译"理论,该理论依靠联想主义心理学来解释人最初的自私和低级感情是怎么能够被转换成利他的、道德的和高级的态度的。塔科安慰我们说,有一个在神的指引下一直在增长的幸福银行或仓库,上帝最终会去关照这个仓库以确保每个人所得到的幸福程度是相同的!① 他的伦理学当然是属于功利主义的。我们在第十章将讨论十八和十九世纪英国发展起来的功利主义伦理学。

---

① For the general philosophical position of Abraham Tucker, see Copleston, *History of Philosophy*, 5, I, 205.

第九章　欧洲大陆的理性主义伦理学

欧洲的伦理学者们在十七和十八世纪把道德哲学发展成一个重要的研究领域。那时候伦理学已经成为大学的一个学习科目，同时非学术机构的学者们也投入大量的精力于伦理学研究和写作，也许是为了完善他们实用哲学的完整性，或者是为了给他们的社会和法律理论提供基础，也可能是为了给宗教的新方向探索道德责任。一般说来，这些欧洲大陆的伦理学作者，从格劳秀斯（Grotius）到康德（Kant），都对这个研究课题采取演绎法。他们倾向于把伦理学放在他们整体哲学的更大的框架中来讨论。而且，这些欧洲的伦理学者，尽管他们是"在自然理性的指导下"对善和正义的原则进行探讨，他们却都是有神论者，并保留着对神法之最终特质的某种信心。大陆伦理学者很多都对法理系统感兴趣，他们的方法都是从一些很基本的法权原理开始，然后推导出一些更具体的原则，最后把这些大的原则规范应用到个案上。这和英国法律系统的思想习惯形成鲜明的对照。英国的情况是，从作为惯例的法庭个案开始，发展成为英国整体的法律系统，这个法律系统正如一个有生命的传统一样，不断积累增大。在这个启蒙运动中，尽管在伦理科学上有一种朝向经验主义的趋向，欧洲大陆在道德哲学上的思维习惯通常不是归纳性的。

荷兰的新教法学家格劳秀斯（Hugo Grotius, 1583－1645）就是前述特征一个很好的例子。他的拉丁文著作《战争与和平法》（*On the Rights of War and Peace*, 1625）保留了很多正确理性和自然法方面经院哲学的传统。它也被认为是对国际法理论的经典贡献。格劳秀斯也写其他方面的东西。《论至高权力在宗教事务中的权威》(*De imperio Summarum Potestatum circa sacra*, 1661) 没有英文译本,但这是他关于自然法的道德性的最富有哲学性质的讨论。其《荷兰法律介绍》(*Inleiding tot de Hollandeche Rechts-Geleerdheid*, 1631) 不仅是荷兰立法系统的资料来源,而且至今也仍然在其他受到荷兰文化影响的国家流行,比如在南非联邦。[1]

相关的文献通常暗示说,格劳秀斯放弃了自然法的经院哲学和天主教的方法,而接纳了律师的态度,认为组成法律判决的基础不是形而上学或神学,而是人的"社会本性"。[2] 这和事实相去甚远。这种扭曲,是他的追随者萨缪尔·冯·普芬道夫(Samuel von Pufendorf)为了自己的某种目的而造成的。事实上,格劳秀斯的道德哲学和我们在托马斯·阿奎那那里看到的正确理性类型非常接近。[3] 格劳秀斯的确曾经写过,即使我们把上帝并不存在的说法看作是理所当然的,也依然存在着有效的自然之法,但这并不意味着他否认自然法在永恒之法中的最终基础。[4] 法律系统公认的托马斯学派的著名学说,尤其是在文艺复兴中的西班牙,认为上帝一旦创造了宇宙和人的法律就不会去改变它们。某些古怪的经院哲学家,比如格里高利·瓦伦西亚(Gregory Valencia, 1551-1603)和阿里亚加(Rodrigo de Arriaga,他的《哲学教科书》于1632年在比利时安特卫普出版)教导说,即使上帝并不存在,正确理性的规定也能够提供自然法的基础。[5] 格劳秀斯正是在这样的背景下作了对自然法的如下解释,我们也应该以这些为背景来阅读它。

自然法(jus naturale)是正确理性的命令,它根据一个行为与理

---

[1] See Hans Thieme, *Das Naturrecht und die Europäische Privatrechtsgeschichte* (Basel: Helbing, 1954).

[2] See, for instance, *An Encyclopedia of Religion*, ed. Vergilius Ferm (New York: Philosophical Library, 1945), p. 316.

[3] In a Letter to Benjamin Maurer (Epistola 154), Grotius formally commends Thomas' treatment of lex and jus.

[4] Grotius, *De jure belli et pacis*, Proleg., 11.

[5] For these writers, see the summary in F. Suárez, *De Legibus*, II, 6, 2.

性本质的一致或背离,来揭示该行为在道德上是必要还是卑鄙,并且,作为结果,这样的行为是被上帝这个自然的创造者允许还是禁止。那些被这样命令了的行为,其本身是守法还是违法,并因此必然被理解为被上帝指示还是禁止。这个标志,不仅为人类法律揭示了自然权利,而且也把自然权利和上帝自己非常高兴地公示出来的那个被某些人称为志愿神权的法律,加以区别。①

在他的实用哲学中,格劳秀斯既不是一个唯名论者,也不是一个唯意志论者。上面的引文明显地是关于一个理性的道德秩序的现实主义理论的继续,正如西班牙的托马斯主义者,加布里埃尔·瓦司克斯(Gabriel Vasquez, 1551-1604),在针对托马斯《神学大全》(*Summa Theologiae*)所作的《评论》(*Commentary*)中所描述的那样。甚至格劳秀斯所强调的 socialitas(所有人都希望结成社团的倾向),也并不违背经院哲学的教义。所有经院哲学家都同意亚里士多德关于人的本质是属于社会动物的说法。格劳秀斯只是在他的《宗教事务中的统治权的控制》(第四章第六节)中以他的正确理性理论作为伦理判断的基础,简单地保持了对"公众之善"或大众的福利的强调。一个跟莱布尼茨具有几乎相同权威的人,在他的一封信中也同样说过:"在我看来,格劳秀斯正确地把经院哲学关于永恒法的学说与社会性的原理结合在了一起。"②

萨缪尔·冯·普芬道夫(Samuel von Pufendorf, 1632-1694)的伦理学观点则大异其趣。他是欧洲大陆上第二位宣扬自然法伦理学的著名新教徒。但是,普芬道夫持有的是奥卡姆的一贯观点,认为所有的道德特质都是通过上帝的意志直接灌输的。因为道德律预告了哪些人类行为符合在这个自然世界中生活的人的具体本性,从这个意义上说,道德律再也不是"自然的"了。在普芬道夫看来,一个行为之所以是好的,就因为上帝希望它是这样的,没有其他理由。通过超自然的启示所展露的上帝的意志

---

① Grotius, *The Rights of War and Peace*, I, 1, 10; trans. In B. Rand, *Classical Moralists*, pp. 208-09.

② Leibniz, *Epístolae ad Diversos*, Leipzig, 1734-42, Vol. IV, n. 22.

就是神律;而通过"自然理性之光"所显示的,由神的意志所开出的同样处方,就是自然法。换句话说,我们这里所谈的,是一种神学范畴的自然法理论。

普芬道夫于1660-1668年在德国海德堡大学做自然和道德哲学的教授,后来在瑞典的隆德(Lund)大学教授法学。因此,他很可能是德国第一位有大学专职的伦理学教授。他的巨著《自然法和国际法》(*The law of Nature and Nations*, 1672)影响很大,其拉丁文原著被翻译为欧洲几乎所有的地方语言。他也写过拉丁文的《法律基础》(*Elements of Jurisprudence*, 1660),《人类和公民的责任》(*Duties of Man and of the Citizen*, 1673),以及回应对他《自然法和国际法》所作批评的文章《斯堪的纳维亚辩论》(*Eris Scandica*, 1686)。①

普芬道夫首先让人注意到的是他对经院哲学的近乎病态的偏见和反对。在《斯堪的纳维亚辩论》的一篇中,他列举了"托马斯、苏阿瑞兹(Papa Suaretz)、莫利纳(Molina)、瓦斯奎兹(Vasquetz)、瓦伦蒂亚(Valentia)、科英布拉耶稣会和桑切斯"等名字,然后无休止地谴责他们的学说是荒唐的、空洞的、弄了很多花哨的东西来装饰等等。他不断声称,经院哲学只是糟糕的亚里士多德主义,在重振和复兴廊下派的道德学说以及基督教道德神学(Theologia Moralis Christiana)的真实思想的努力中,普芬道夫承认他的目的就是要"在新教的学派中根绝空洞的亚里士多德伦理学"。②

普芬道夫从他的老师埃哈德·韦格尔(Erhard Weigel)那里继承了这样的主张,伦理学是可以发展为用数学的方法来证明的科学。他对格劳秀斯认为的道德推理是不可能像数学那样精准和确定的主张非常不满。③ 普芬道夫对这种伦理学的发展的主要贡献是从格劳秀斯那里拣起了"社会性"(socialty)这个概念,并建议它可以成为自然伦理学的基础。④

---

① Pufendorf, *Spicilegium Controversiarum*, printed in *Jus Naturae et Gentium* (Frankfurt, 1744), p. 174.
② *Jus Naturae*, introd., p. 102.
③ Ibid., I, 2, 9-10.
④ Ibid., II, 3, 15.

他自身的立场,是一种格劳秀斯和霍布斯的结合,结果是用自然法的语言来倡导自愿主义和实证主义理论的一种教条。正如我们将看到的,克里斯蒂安·托马西乌斯(Christian Thomasius)是普芬道夫在德国最著名的一位追随者,但在他成熟之后,托马西乌斯就转而对普芬道夫进行批评了。不过,普芬道夫的《自然法和国际法》的确受到约翰·洛克的高度评价,并风行于当时的牛津大学。①

1. 勒奈·笛卡尔

这种理性主义伦理学在法国的出现是十七世纪早期。勒奈·笛卡尔(René Descartes, 1596–1650)在伦理学史上的重要性当然不及他在哲学其他领域的影响,但他写过一些影响了其他伦理学者的东西。我们可以在他的下列著作中找到这些内容:《谈谈方法》(Discourse on Method, 1637)、《哲学原理》(Principles of Philosophy, 1644)、《情志论》(Passions of the Soul, 大约1649年写成),以及几封写给被流放的波西米亚的伊丽莎白公主的信。阅读他的《探求真理的指导原则》(Rules for the Direction of the Mind, 1628)和《第一哲学沉思录》(Meditations, 1641)肯定会有助于理解这位哲学家的思想。笛卡尔在道德哲学方面没有专门著述。

由于对从亨利四世耶稣会学校所学到的哲学深感失望,加上对数学方法和精准性的极大兴趣,笛卡尔试图重建哲学体系。他决定质疑年轻时所接受的一切东西,希望最终可以看清哪些东西是经得起理性检验的。他在这里所用的真实性标准,取决于他能否看到概念的清晰性和独创性。他首先发现自己不可能去怀疑自己作为一个思维物的存在,然后根据自己的精神经历推断出上帝存在这个事实,并通过设想——一个好的上帝不会允许出现这种现象:人得不断地去证明自己身体的真实性——而最终得出结论,心外世界(the extramental world)是存在的。他以为他的哲学逻辑将在一个新的道德哲学体系中达到顶峰,但在这个目标上他从来没有成功过。

---

① See Sidgwick's severe comment on Pufendorf's lack of clarity on the golden rule, *History of Ethics*, p. 167; see also p. 270.

第九章　欧洲大陆的理性主义伦理学

《哲学原理》的序言中提到了四级"哲学前"的智慧，并说第五级的哲学智慧是有可能通过使用笛卡尔的方法达到的，那将是一种确切的道德哲学。① 笛卡尔把哲学比喻成一棵大树，其最高的分枝就是医学、机械学和伦理学。他在1644年没有攀到那些高枝，后来也没有过。但是他说，这个高尚的伦理学将以他的《哲学原理》中所描述的那些原理作为基础，因为那些原理是很清楚的，所有的真理都可以从其中导出。② 他毫不含糊地表明，他的伦理学是演绎的产物。至于他的那些原理的特点，我们已经在上一段讨论过了。

在同一篇序言中笛卡尔提醒我们，大约七年前在《谈谈方法》中，他曾经勾画了一个"不完善的伦理"。这就是出现在《谈谈方法》第三部中的、著名的道德性暂定标准。在那里，在对一大堆井然有序的疑问给出判断之后，笛卡尔为这个痛苦时代的生活开出了一系列的实用箴言：(1) 遵守所在国的法律，并坚持天主教信仰；(2) 一旦行为的道路已经确定，就坚决果断地去行动；(3) 与其去征服外界或命运，不如征服自己。作为这些"道德准则"的结语，他告诉人们要下决心学习各种不同的生活方式，用理性之光来鉴别错误和真理，时刻记得"正确的行为所要求的一切必要前提，就是正确的判断"。③ 人们得到的印象是，跟这个暂定的道德性比较起来，那更高的、将成为"完善的"伦理学，大概就是一个在实践层次的论证科学吧。

《情志论》是笛卡尔17世纪40年代末期所写，其中部分是回应波西米亚被流放的公主伊丽莎白在他们相互通信中所问到的伦理话题。在出版前，他把原文也送给她审阅。这部著作把灵魂的"感情"描述为心灵中由"精神"的运动所引起的认知、感觉或情绪。④ 这些动物性的精神就像是生理蒸汽，贯穿身体，并通过松果腺与心灵发生联系，推动心灵运动。

---

① For an extended analysis, see Collins, *The Lure of Wisdom*, pp. 63–108.
② Descartes, *Principles of Philosophy*, Preface; trans. J. Veitch (New York: Dutton, 1924), p. 153.
③ Descartes, *Discourse on Method*, in Veitch, p. 23.
④ Descartes, *Passions de l'âme*, I, 27; in Charles Adam et Paul Tannery, eds., *Descartes's Oeuvres*, XI, 349.

一个凶猛的动物的出现,刺激了身体感觉中的多种变化,激发了想象力去回忆先前曾经有过的、让身体痛苦的经历,结果在自己身体中产生了动物性的精神运动,这个过程最终结束于心灵中的某些不安。这些情绪被笛卡尔归类为几个主要的感觉。这种感情在本质上基本是好的,但它们有一种走向极端并对意志和理性的高级功能产生干扰的倾向。因此,它们需要由意志加以控制。① 理性的努力对这种意志控制是有影响的,培养某些有益的感情(一个重要的例子是慷慨)也会影响到它。它帮助一个人根据对自身的聪明评估而认识他与其他事物的真实关系,这就归结到对这一点的认识:一个人的意志是他能够控制的主要方面。那么,伦理学的问题就在于知识问题,因为真实的知识导致好的欲望,错误的知识带来坏的念头。② 不要把这种主张看成是唯理智主义,因为笛卡尔总是认为,错误是由意志中有缺陷的赞同行为产生的。

在一封给伊丽莎白公主的信中,笛卡尔引用塞涅卡的《论幸福生活》(De vita beata)来描述地球上可实现的幸福。③ 它是由美德和智慧(这些是我们能够控制的)以及荣誉、富裕和健康(我们不能完全控制的)等因素组成的。在这些修正的廊下派基础上,现在又加了三条和暂定道德准则非常相似的基本道德生活箴言。在另一封给公主的信里,④ 提到了可靠的道德判断必须满足的两条要求:了解真理,并养成同意这个知识的习惯。包括在这个真理知识中的,是实用认知过程的四个目标:(1)上帝;(2)人类心灵的本质;(3)宇宙之广大;和(4)人所依附的社会大组织。

笛卡尔强烈的唯理论倾向其实是很明显的。这一倾向,在某种程度上,被意志所承担的对感情的控制角色所平衡了。跟苏格拉底一样,笛卡尔也认为,只要你能够把真理看清楚了,你就会做出好的行为。

许多欧洲的思想家试图追随笛卡尔的脚步并构建出他的伦理学的高

---

① Descartes, *Passions de l'âme*, I, 27; in Charles Adam et Paul Tannery, eds., *Descartes's Oeuvres*, I, 45; XI, 363.
② Ibid., II, 144; XI, 436-37.
③ Descartes, Lettre 397; 4 août, 1645; in Adam et Tannery, IV, 263-68.
④ Lettre 403, 15 septembre, 1645; Adam et Tannery, IV, 290-96.

级智慧。其中就有比利时人阿诺德·海林克斯(Arnold Geulincx, 1625-1669)。他一开始是鲁汶的天主教哲学教授,但最后成为一个新教徒,并在里昂和莱顿教授道德哲学。他在哲学史上的知名度主要是因为他对笛卡尔哲学的二重性所做的偶因论(occasionalistic)解释。早在莱布尼茨之前,海林克斯就用两个协调一致的时钟来演示人的意志和身体的伴生现象。① 其实,海林克斯在伦理学方面的著述比他在知识理论和形而上学方面写的更多。他写过由六篇论文组成的《伦理学》(Ethics, 1665-1709),但是该书只有部分流传下来。他也写过《论最高之善》(Disputations on the Highest Good)和一个系列的《伦理辩论》(Ethical Disputations, 1664-1668)。

海林克斯的伦理学方法,强调实践的智慧需要一个形而上学基础。在一系列《笔记》(Notes)中,他写下了这样的规则,"道德和伦理问题是建立在自然的和物理的事物上的"。② 在詹森主义(Jansenism)的影响下,海林克斯把这个野蛮物(the brutum,看来是表示这个物质世界)的激进缺点以及自然人的弱点和束缚,与在上帝关照下的人辉煌的力量和自由相比较。跟笛卡尔一样,他的哲学需要上帝,并着迷于上帝万能的概念。有趣的是,他否定了笛卡尔《情志论》的"道德医药"作用,并拒绝把它看作是笛卡尔伦理学的一部分。海林克斯的《伦理学》事实上就是有关美德的理论。它的六部分分别讨论:(Ⅰ)日常中的美德;(Ⅱ)具体的美德;(Ⅲ)美德的目标:善;(Ⅳ)感情;(Ⅴ)美德的回报;(Ⅵ)谨慎(未完成)。在《伦理辩论》一书中他重申了这种立场:

> 伦理学关心美德问题。美德是正确理性唯一的爱。这里我并不把爱理解为任何感情,或者一种虚弱和温和的爱情……而是坚定的决心,一种意志上的有效行动。③

---

① See Leibniz, *Monadology*, ed. R. Latta (London: Oxford University Press, 1925), p. 330, for an English version of the Genlincx text.
② Geulincx, *Annotata ad Ethicam*, in *Opera* (The Hague: Nijhoff, 1891-93), Ⅲ, 168.
③ Geulincx, *Disputationes Ethicae*, id., Ⅲ, 275.

当海林克斯在陈述这种美德伦理学的具体细节的时候,就很明显地反映出他强调的是一种笛卡尔哲学中暗示了的唯意愿主义,它仍然回归到依靠上帝的意志来解释道德的正确和错误。①

1692年,几个不知名的编辑者汇集了一个概论性的法文《笛卡尔伦理学》。它被翻译为拉丁文,并于1719年在德国出版。它的副标题是:"根据勒奈·笛卡尔的清晰理性、可靠思想概念和最坚实的原理,所发展的康乐生活的艺术。"②

2. 斯宾诺莎

笛卡尔哲学在斯宾诺莎(Benedict de Spinoza,1632–1677)的思想中也表现得非常明显。斯宾诺莎于1663年出版了笛卡尔《哲学原理》前两部分的摘要,但他绝对不仅仅是个笛卡尔主义者。尽管他在道德哲学上的特点模糊而不完全,他却受到现代伦理学的高度重视。有很多对他所著《伦理学》的优秀研究,但却很难找到对他道德哲学的系统说明,因为大多数解释都在强调他的形而上学。

1658–1660年之间,斯宾诺莎写了《简论上帝、人及其心灵健康》(*Tractatus brevis de Deo et homine ejuscque felicitate*)。这书现在失传了,但十九世纪中期发现了它的两个荷兰语版本,并重印过。这个《简论》是其《伦理学》的前期概要。在其中他坚持说,实质的东西只可能有一个,但是它有很多不同的属性和变数。③ 甚至在如此之早期,虽然他对个人的不朽性的讨论还很模糊,但他对"思想的永恒"却已经很肯定。④

斯宾诺莎最重要的著作是《伦理学》(*Ethics Demonstrated Geometrically*,全称《几何伦理学》)。第一稿完成于1665年,以后修改了几次,并在他死后于1677年出版。作为一个定居在阿姆斯特丹、带着异端宗教观点

---

① Cf. Eugène Terraillon, *La morale de Geulincx dans ses rapports avec la philosophie de Descartes* (Paris: Alcan, 1912), pp. 173–74.

② See F. Ueberweg et al., *Die Philosophie der Neuzeit*, p. 247.

③ Spinoza, *Short Treatise*, I, 1, 9; see the text in H. Wolfson, *The Philsophy of Spinoza* (Cambridge: Harvard University Press, 1934), I, 71.

④ *Short Treatise*, II, 22, and App. 2; trans. In J. Wild, *Spinoza Selections* (New York: Scribner's, 1930), pp. 84–93.

的犹太教徒,即使在十七世纪荷兰这样的自由国度,斯宾诺莎也不被多数人信任。他后期的两篇论文,《神学政治论》(Tractatus Theologico-Politicus, 1670)和《政治论》(Tractatus Politicus, 1675),某种程度上反映了斯宾诺莎的道德思想和宗教思想的关系。

我们现在看到的《伦理学》是五卷本:I. 论上帝;II. 心灵的本质和起源;III. 情感的本质和起源;IV. 情感的作用;V. 理智的力量,或,论自由。每个部分都从一些定义或某些格言开始,随着一些编了号的命题,通过推论和解释而展开论述。斯宾诺莎很认真地应用几何方法来做哲学论证。该书的大部分都是在陈述他的一元论形而上学,而这对解释他的道德哲学是必要的。

实体存在于其自身,并通过自身而被认识,因此,它就必然是唯一的、无限的,就等同于上帝。① 关于实体,它有无限的属性(是有知识的人可以借此而认识实质的一个途径),其中两个是我们知道的:思想和广延。笛卡尔哲学关于精神和物质的二重性的影响在这里就表现出来了。宇宙中存在或出现的事物都不是偶然的,在思维的领域也不存在什么自由意志。② 人们把最后的因果关系归于宇宙是错误的;也不存在所有事物的最后目标。唯一能够被接受的目的论,就是人们的努力总是朝向一个大致目标的这种自觉的方向。样式(mode)是实体的修正。它们既可能是无限的,也可能是有限的。正如"偶性"(accident)在经院哲学的术语中一样,一个斯宾诺莎主义的"样式"存在于另一个物体中,并且也要通过另一个物体而被认识。

身体(body)是上帝(或实质)作为延伸体而确切存在的。观念(idea)是由活跃的思维(mind)所形成的概念。意志(will)和理解(understanding)是同样的东西,它们就是个体的意愿(volitions)和观念(ideas)。每个人的思维就是神圣理智的一个有限方面——也是某种实际存在的思想物(thought-object)的观念。③ 观念,也就是人类思维,具有作为自己的目标

---

① Spinoza, *Ethics*, Pt. I, def. 3, and propositions 1–10.
② *Ethics*, Pt. II, prop. 48.
③ Ibid., prop. 11.

的、某种广延的样式,也就是身体。在斯宾诺莎看来,人是由一组样式而组成的,其中某些是属于思想方面的,另一些是属于广延方面的。在其他方面,斯宾诺莎把人称为宇宙本质的永恒秩序中的一个原子(atom)。① 在另一个地方,他让我们想象一条存在于血管之中的小虫,这小虫把它周围看到的各个颗粒当成独立的个体。他让我们把这条虫和一个生存在宇宙之中以为周围都是分别的个体的人作比较。② 我们每个人只是实质的广大无限性中的一个微粒而已。

《伦理学》的第二部分介绍了斯宾诺莎的知识三层次理论。最低层次的,是所谓观念或想象性认识,它是认识人和自然的初始途径(也可称为普通概念)。知识的第二层次是这样的,其中有我们共同的观念或主张,包括我们用于认识事物属性的充分的概念。斯宾诺莎把这个层次称为"理性"(reason),并把它看成在科学中具有重要作用。知识的最高层,是"直觉的",它从关于"上帝"的某些属性的绝对本质的充分概念开始,到达关于事物本质的充分知识。③ 有关这一点的重要之处在于,斯宾诺莎认为真正的道德哲学必须建立在这一层次上。也就是说,伦理学必须要从源于思维并以神的属性为依据的原则出发,来审视人类的行为。在《伦理学》第二部分的结尾,斯宾诺莎批判说,笛卡尔在《心灵的感情》一书中的人类感情理论是不充分的。笛卡尔的松果腺生理学看来并没有对斯宾诺莎产生吸引力。

在《伦理学》第三部分的开头,斯宾诺莎说:"我应该把人的行为和欲望当作线、平面或实体一样来考虑。"他讨论情绪问题的方法,容易让人想起霍布斯的自然主义,但也是很理性主义的。他把"感情波动"(affects)定义为"身体的一种修正"。通过这种修正,身体自身的运动力量,与这种修正的念头一起,得到了增加、减少、促进或阻碍。④ 这种修正涉及广延和思想两方面的属性。人对某些"感情波动"的催动力量是不足

---

① *Political Treatise*, 2, 8; trans. In *Chief Works*, by R. H. M. Elwes (London: Bell, 1883), I, 295.
② Spinoza, Letter to H. Oldenburg, XXXII, 20 November 1665.
③ See Wolfson, op. cit., II, 131–63, for a study of these three sorts of knowledge.
④ *Ethics*, Pt. III, def. 3.

的,包括"热情";而人对其他一些"感情波动"的催动力量是充分的,这就是"行动"。领会这一点很重要,因为斯宾诺莎在其伦理学的其他部分的整体结构安排,都是要表现人如何并应该把他的热情转化为行动。这是一个积累的、自控的或优化的精神启动的渐进过程。

每个人都有斯宾诺莎所谓的"自然倾向"(conatus),这种倾向是一种所有的东西都试图让自己保持现有状态的基本的和持续的努力。[①] 作为"意志",这种"自然倾向"是精神上的;作为"欲望",它是属于身体和思想两方面的。笛卡尔的心灵感情或情绪的冗长列表,被斯宾诺莎简化为人类感情的三个基本表达:欲望(desire)、喜悦(joy)和悲痛(sorrow)。后两者既具有身体上的愉快和痛苦的内涵,也包括了与它们相应的精神感觉。廊下派和笛卡尔主义会简单地说,这些感觉是需要理性和意志约束的。斯宾诺莎并不认为他们这种简单的说法对具有良好伦理修养的人来说是正确的。在第四部分的开始,他介绍了"人类的情绪束缚"(human bondage to the emotions)这个概念。人必须通过学习才能对于他的被动感觉有可能会控制生活的倾向等有所警觉,他必须努力把被动的影响转化为有动力的行为。(人们在这里可以看出斯宾诺莎主义和存在主义之间的某些相似性。)

善和恶,对事物的本质没有任何实际意义,它们只是我们通过比较而形成的概念。正如下面这些文字所表述的,善暗示着一种趋向于某种完善的手段:

> 在下面这几页中,我把"善"理解为所有我们确定的那些能够帮助我们越来越接近人类本性的理想模式的手段。相反,我把"恶"理解为所有我们确定将阻碍我们接近那个模式的东西。[②]

斯宾诺莎的伦理学,就是要帮助我们获取一个对人类自我完善过程

---

① *Ethics*, Pt. III, def. props. 6–11.
② *Ethics*, Pt. IV, preface; text cited from a modified trans, In Jones, *Approaches to Ethics*, p.203.

中所需要努力的、更直觉的和哲学上的理解。这个过程在其第四部分的附录中有更具体的一系列(共有33条)条款的描述。大概说起来,它就是以一种更有秩序的方式重述了我们在前面所讨论过的东西。

《伦理学》的最后一部分,描述了一个人如何努力排除由于对外在事物的顾虑而产生的内心干扰,以便让自己的这个感情波动与自己的内心世界联系起来,并以此让自己得到发展。更进一步,人们必须要让自己认识到,一旦他形成了对自己身上的情感波动的清楚和独特的理解时,这个感情波动的被动性就消失了,而所有由身体修正而引起的感情波动都可能发生这样的变化。① 它的意义是,一个人在一步步地建立起个人对这种初始情感干扰的清晰理解的过程中,他也逐渐变得更为完善了。(现今的那些关于"内心平静"的书就应用了某些源于斯宾诺莎的心理学理论。)而且,思维可以认识到所有的一切都是必然的,并因此联系到上帝,进而认清它们都与上帝的思想有关。认识上帝就是爱上帝,而这是人最应该做的事情。② 所有这些都总结在命题25,在那里,精神上的最高努力和美德就是通过第三层知识去理解事物。他的论证如下:

> 这第三层次的知识,是从有关上帝之属性的充分概念出发,达到对事物本质的一个充分理解……随着我们这样地更多理解事物,我们对上帝的理解也更接近事实。因此,思维的最高美德,或力量、本性,或思维的最高努力,就是通过第三层知识去理解事物。③

几年之后,在《神学政治论》中斯宾诺莎把他关于人对认识上帝和服从上帝的义务的观点,又推进了一步。④ 其内容并无惊人之处,但它们完全基于自然理性的推理,并因此对后来的自然神论者们产生了巨大影响。霍布斯对斯宾诺莎的影响在这本书里更为明显。并不存在所谓的"自然的"法律或正义,因为所有的事情和发展趋向在本质上说都是自然的。

---

① *Ethics*, Pt. V, props. 2–4.
② Ibid., props, 14–16.
③ Ibid., prop. 25.
④ Spinoza, *Theological-Political Treatise*, p. 14; trans. Elwes, I, 182–87.

在公民法出现之前,虔诚与不虔诚之间并没有什么区别:"错误只有在一个有组织的社区中才被认识到。"①同样地,这种理性化的自然主义在《神学政治论》中也可以看得出来。自然权力正是自然的法律或规则。"无论是受到理性或欲望的引导,人所做的一切都是遵循自然的法律和规则的。"他后来补充说:"我完全同意,只要一个人是听从理性的,就可以说他是自由的。"②在一个自然的状态中,不可能有什么错事,你所做的一切都是自然的。在有组织的社会中,国家法律决定什么是正确的和错误的。在这里,斯宾诺莎经常提到"功利"(utility),但它只是指普通的人类福利,并不具有英国著作者们有时候用这个词所代表的享乐主义的内涵。

很难把斯宾诺莎的伦理学归入传统伦理学理论的分类中。只是在最广泛的意义上,他才是一个自然主义者,因为他并不认为经验科学的资料和方法(他的第二层知识)可以直接应用于道德哲学。但他对此完全放弃,仅用其形而上学中的其他几个属性来定义善,也是犯了"自然主义的谬误"。因此,他的伦理学也许可称为"理性的自然主义"。③

3. 莱布尼茨

笛卡尔是天主教徒,斯宾诺莎出身犹太教,我们下一个要讨论的理性主义哲学家哥特弗里德·莱布尼茨(Gottfried Wilhelm von Leibniz, 1646–1716),却是一个新教徒。莱布尼茨是个杰出和博学的学者,他不仅用拉丁文和法文写作,也用他的母语德文写作。他并没有关于伦理学的专著。大多数这方面的观点,出现在他的法学和其他各种问题的讨论之中。④ 说到莱布尼茨,要理解他的伦理观点,也许不需要对他的理论哲学有个全面的了解。我们可以简单地注意到,他确信所有存在和发生的事物都有一个合理的解释,虽然他并不认为他知道所有这些解释。所有的现实,都是由"单

---

① Spinoza, *Theological-Political Treatise*, p. 14; trans. Elwes, I pp. 207–08, 246–47; cf. Crocker, *Nature and Culture*, pp. 195–96.
② *Theological-Political Treatise*, pp. 18–19.
③ It is so classified in Rogers, *Short History of Ethics*, pp. 143–46.
④ These works are conveniently excerpted in the *Philosophical Papers and Letters*, ed. L. E. Loemker (Chicago: University of Chicago Press, 1956).

子"(monads)这种简单而不可分也不可扩张的实体所组成的。这些单子就像是原子的力量中心,能引起两种活动:认识力和欲望。被创造出来的数量巨大的单子,组成了物理的和精神的宇宙。单子之间没有互动(它们是没有窗口的),但是所有的外部世界都反映在每个单子的内部认识力中。那些只有(无意识的)微小认识力(petites perceptions)的单子,串在一起组成了身体。那些(有意识的)有较大认识力(grandes perceptions)的单子就是灵魂,它们行使着生命体(包括人体)的生机功能(entelechies)(指导原则)。上帝是最高的单子,但不具有身体。人的心灵单子具有理智和自由选择。心灵单子的使命,就是为了个人的永生。[1]

1693年,莱布尼茨整理并出版了一些关于人类法律的文件,《权力和外交的准则》(Codex Juris Gentium Diplomaticus),并在这个版本配有一篇特别的序文。在这里,"权力"被定义为"一种道德力量,而义务是道德的要素"。道德意味着"对一个好人来说是自然的东西"。而好人是一个只要理性许可就会爱所有人的人。[2] 在同一个地方,智慧也被定义为只是关于幸福本身的科学。后来在对《权力和外交的准则》的评论中,他特别指出并重点强调了已经在序文中给"正义"所下的定义。他说:"正义,就只是一个有智慧的人的慈善"。[3] 这就引出了对于爱上帝的重要性的解释,但它并不意味着莱布尼茨是一个唯意愿论者。他的伦理学特点的最终基础,不是上帝的意志,而是神的智慧和理性。他提到一个对他的观点的反对意见:"如果你是单纯地被上帝的意志所驱动而服从于上帝,而不是出于你自己的欢喜,那会更完美。"对这个预示了康德"良好意愿"理论(good-will theory)的观点,莱布尼茨回应说,这种反对意见"与自然事物是相冲突的,因为行动的激发是从追求完美的努力产生的,它的想法就是快乐。没有任何行为或意志是基于其他理由的"。他又说,"甚至我们的恶念,也是由某种对于好或完美的预期而驱动的"。[4]

---

[1] This general theory is well outlined in N. Rescher, *The Philosophy of Leibniz* (New York: Prebtice-Hall, 1967).

[2] Leibniz, *Codex Juris Gentium*, praefatio, in Loemker, II, 690.

[3] Loemker, II, 693.

[4] Ibid., II, 698.

很明显,莱布尼茨的伦理学把"善"等同于朝向完美的发展。在一篇写于1690-1700年间的德文论文《论智慧》(*On Wisdom*)中他解释道:"我把人的任何进步都称为完美化(perfection)。"他又说:"完美化在行为的最大自由和最大力量中体现出它自己。"① 对斯宾诺莎来说,个人完美化是认识中的一个过程。但莱布尼茨可能比斯宾诺莎更是一个理智主义者。正如他在同一个地方写道:"没有什么比启发我们的认识对我们的幸福更加有用的了。而我们通过意志而执行的行为,总是符合我们的认识的。"

莱布尼茨强烈支持这样一种观点,认为道德义务是基于通过人的理性可以认识到的自然法则的要求。大约在1702年,他写了法文的论文《对正义的普通概念的反思》(*Reflections on the Common Concept of Justice*)。这篇论文强烈地批判那种把法律看成是简单随意的命令的主张。他引用了一句拉丁文名言"Stat pro ratione voluntas"(让我的意志代表一种理由),并明确地指出,这是一个暴君的名言。

> 所有我们的神学家、大多数属于罗马教会的人、古老的教父、以及最聪明最受尊敬的哲学家,因此,都赞成第二种观点,那就是认为善和正义是建立于跟意志和力量无关的基础之上的。②

在莱布尼茨看来,霍布斯错误地采纳了忒拉叙马霍斯(Thrasymachus)关于力量就是正义的立场,因为他"看不到正确和事实的区别。因为,能够是什么和应该是什么,不是同一件事情"。正义的"正式理由",或者说,什么是正确的,必然对上帝和人都是一样的。莱布尼茨用数学的数字和关系来演示这个观点。这些数字和关系对于所有知识者,包括上帝在内,必然都代表同样的意思。同样,"正义这个概念或词一定是有其定义或可理解的意思的。而通过对逻辑那无可辩驳的规则的使用,可以从所有的定义中得出确切的结果"。③ 正如可以根据初始的定义通过演

---

① Loemker, II, 699-700.
② Leibniz, *Codex Juris Gentium*, praefatio, in Loemker, II, 912-13.
③ Ibid., II, 915-16.

绎性论证而发展出逻辑学、形而上学和数学,我们也可以通过推理而发展出法律科学。

同样,这个观点在《人类理智新论》(Nouveaux essays sur l'entendement humain,写于 1704 年,直到 1765 年才出版)中表达得也非常显豁。在这里,他回顾了洛克关于道德规则是建立在人类习俗和传统之上的理论之后,提到了那种认为道德性取决于神法制定者的意志的观点。在这段对话中,莱布尼茨通过他的发言人(西奥菲勒斯*,Theophilus)之口表示反对这样的观点:"为我自己考虑,我宁愿接受上帝负责维护的那个不变的理性规则,来作为衡量道德善和美德的手段。"① 贯穿这重要的二十八章之中,莱布尼茨提出了一个道德性的理论,从关于善的初始定义和关于正确行为必然要与自然相符合的观点,推导出道德行为的一般规则。② 这个观点完全与我们已经讨论的《对正义的普通概念的反思》一致。在这部著作的相同部分,我们读到:"我们也许会问:什么是真正的善? 我的回答是,它就是任何有利于智识个体的完美化的东西。"③

大约在 1675 年,莱布尼茨曾去阿姆斯特丹拜访斯宾诺莎,并对斯宾诺莎展示给他看的《伦理学》的手稿做了些笔记。很难判断斯宾诺莎到底给他的印象有多深。莱布尼茨对"精神的宁静和在美德中发掘快乐"这一观点的重视,与斯宾诺莎非常相似。④ 这种高尚的廊下派在当时非常流行。在附录于他的《神义论》(Essais de Theodicee,1710)后面的一篇概述中,他用塞涅卡的一句话来开始他对道德义务的解释,"指令既出,亘古不变"(semel jussit, simper paret)。莱布尼茨用这句话来表示,虽然上帝是指令者,但它也总是遵守着它自己的法令。上帝的法令构成了一种不是物质上的而是类推的必然性(necessity)。

---

* 也译提阿非罗,"爱神者"或"被神爱者"的意思,是出现在《路加福音》和《使徒行传》开篇的神秘人物。

① Leibniz, *New Essays concerning Human Understanding*, trans. A. G. Langley (La Salle, I 11.: Open Court, 1916), II, 28, 5.

② Rescher, op. cit., pp. 137–39, attributes this "legalism" to the influence of mathematics and of Catholic theology on Leibniz.

③ See Loemker, II, 917.

④ Ibid., II, 926–27.

这类必然性就被称为道德。因为,对贤哲来说,"必然的"和"应该的"是相同的东西。而当这样的相同性总是产生效应的时候,正如它在至善至美的圣贤那里,也就是在上帝那里那样,也许我们就可以说,它是一个幸福的必然性。被创造者越是接近它,他们就越接近完美的幸福。①

就是在这段话中,莱布尼茨明确地表达了他的"最佳原理"——上帝,或一个完美的意志,总是做出最佳的选择。这就是他惊人的道德乐观主义和对上帝已经把世界安排成最佳状态的信心的来源。

"上帝之爱"的主题贯穿于莱布尼茨的整个实践思想。在其《自然与恩惠的原理》(Principes de la nature et de la Grace, 1714)的结束部分,有一段他论及最高之爱、经常被引用的优美文字,这个最高之爱让我们享受到未来幸福的先期快乐。这样的爱是无私的,并给予我们对上帝的完全信心,相信上帝既是我们所有希望的担保人,也是那些德行良好的人们在未来生活中的幸福的保证人。② 莱布尼茨设想所有的人在上帝统治下联合于"上帝之城",这上帝之城就是"自然世界中的道德世界"。③ 在这样完美的国度,最高的善得到尤其明显的彰显。在坚持这些观点的同时,莱布尼茨在宗教上是最有宽容心的,并勤奋地为基督教王国的再次团结而工作。

尽管莱布尼茨没有伦理学方面的专著,他的一位追随者,克里斯蒂安·冯·沃尔夫(Christian von Wolff, 1679-1754),却编辑了一本莱布尼茨主义的道德哲学手册。他是真正的德国哲学的教授先生(Herr Professor),而且他也的确被称为欧洲校长。沃尔夫写过哲学的所有传统分支领域非常系统和理性的教科书。事实上,虽然亚里士多德已经为哲学的各个方面取了名,沃尔夫增加了更多我们至今依然使用着的哲学领域和

---

① Leibniz, *Philosophical Works*, trans. G. M. Duncan (New Haven: Yale University Press, 1890), pp. 231-32.
② Leibniz, *Principles of Nature and of Grace*, 18; in Duncan, p. 217.
③ Leibniz, *Monadology*, nn. 85-86.

名称。① 在1738-1739年,他用人们诟病经院学派的学术式拉丁文,出版了两卷本的《通用实践哲学》(*Universal Practical Philosophy*)。其献词很好地反映了沃尔夫的性格:第一卷献给波利尼亚克大主教(Melchior de Polignac),第二卷献给普鲁士国王威廉一世(Frederick Wilhelm)!这个"实践哲学"的主旨是要提出伦理的、家庭的和政治的哲学原理。这里,原理是自然法则的训诫,它们"使人们认识那些在人和事物的本质和本性中的充分理性"。② 他是基于格劳秀斯(Grotius)和莱布尼茨的理论而进一步发展了这个学说。任何东西在沃尔夫那里都变得非常简单。"因此,人和事物的本质和本性是天赋的;义务也是天赋的,而它来自自然法则。"③有时候,沃尔夫过分简单的理性主义只是对莱布尼茨的一种扭曲。

沃尔夫的《道德哲学,或基于科学方法的伦理学》(*Moral Philosophy, or Ethics Treated by the Scientific Method*, 1750-1753)当然是一部伟大的教科书。同样地,其五卷都分别献给了不同的人,其中一卷献给布朗斯维克的查尔斯公爵,另一卷献给克拉科夫的主教扎鲁斯基!它的主题是:I. 论智力及其功能,以及论智性美德;II. 论自愿和非自愿;III. 论对上帝的美德和道德义务;IV. 论对我们自己的美德和道德义务;V. 论对他人的美德和道德义务。几乎所有方面都被讨论到了。其卷一的首页写道:"道德哲学,或伦理学,是一门实践科学,它教导人们根据自然法则来执行他的自由行为。"带着莱布尼茨式的冷酷,他的伦理学所有其他部分都从这一点开始论述。

沃尔夫的教科书有着巨大的影响,其中的学说构成了康德和大多数德国观念论伦理学的理论基础。根据另一种传说,沃尔夫主义伦理学被修改后纳入天主教经院主义伦理学,并且直到最近都一直被认为是正统的托马斯·阿奎那的教义。很多为现代的新教徒学校所写的"基督教伦理学"教科书,都从沃尔夫那里获益匪浅。

另一个版本的自然法伦理学,是由德国新教徒法律哲学家克里斯蒂

---

① Wolff, *Preliminary Discourse on Philosophy in General*, trans. R. J. Blackwell (New York: Library of Liberal Arts, 1963), gives a good sampling of these terms.

② Wolff, *Philosophia Practica*, I, 117.

③ Ibid., I, 120.

安·托马修斯(Christian Thomasius, 1655-1728)发展起来的。这位哲学家在年轻的时候继承了普芬道夫的观点,用拉丁文或德文写了几本关于法学和德行生活方面的书。托马修斯对德语做了一些改编,使之更适用于哲学家的表述。他所强调的重点,是普芬道夫的道德理论中的一般功利主义内容。

十八世纪初法国最重要的实践哲学家,是名叫查理·路易·德·色贡达的孟德斯鸠男爵(Charles Louis de Secondat, baron de Montesquieu, 1689-1755)。他的《论法的精神》(Spirit of the Laws, 1748)继承了笛卡尔的理性主义传统,但更具有逻辑和节制。根据孟德斯鸠的说法,法律"是源于事物本性的必然关系"。所有的法律都是上帝原始理性的表现,这种原始理性建立了上帝与其他事物之间,以及事物相互之间的关系,这个理性安排本身就是自然法则。人类的法律,是由人或社会针对特殊的情况而建立起来,以规范人们之间的相互交往并约束对力量的过分使用。从这个角度来看,人类法律是有其"正面意义"的。在上帝统治下所有事物相互之间的关系放在一起,就构成了法律的精神。孟德斯鸠带给法国伦理学界的主要贡献在于,引起了人们越来越多地关注对体现在人类习惯和社会中的对错和正义等进行经验主义研究的可能性。[①]

4. 让-雅克·卢梭

该时期另一位法国思想家是出生于瑞士而长期生活在巴黎的让-雅克·卢梭(Jean-Jacques Rousseau, 1712-1778)。他的《论科学与艺术》(*Discourse on the Arts and Sciences*, 1749-1750)提出了他的实践哲学的一个基本主题:人本来是生存于一个清白无邪的自然状态,既不受法律的规范,也不被"文明"所污染。在该书的第二部一开始,他表示了甚至对通常学到的各门学科,包括伦理学的普遍怀疑:"天文学脱胎于迷信;辩术脱胎于野心、仇恨、虚假和谄媚;几何学脱胎于贪婪;物理学脱胎于无目的的好奇心;甚至道德哲学也是脱胎于人类的自尊心。"[②]在另一部著作《论

---

① Montesquieu, *Spirit of the Laws*, I, 1; trans. Thomas Nugent, reprinted in L. M. Marsak, *French Philosophers from Descartes to Sartre* (New York: Meridian, 1961), pp.133-34.

② Rousseau, *Discourse on the Arts and Sciences*, in *The Social Contract, and Other Works*, trans. G. D. H. Cole (New York: Dutton 1926), p.140.

人类不平等的起源和基础》(*Didscourse on the Inequality of Men*, 1754-1755)中,卢梭进一步讨论了在自然状态中的人,以及他进入社会生活的非自然状态的过程。与霍布斯不一样,卢梭并不认为自然状态中的人是好战和好斗的,只是在他有意要独占一片土地时,他快乐的野性才会在碰到他的同伴时产生麻烦。从这个时候开始,就必须要设计出法律,而法律是人造的,是非自然的东西。从某种意义上说,以违法行为所表现出来的邪恶,其实是人为法(positive law)这个人类虚构的东西的伴生物。卢梭也写过小说来宣扬他强调"自然性"在道德和社会生活以及在教育中的重要意义。

著名的《社会契约论》(*Social Contract*, 1762)是卢梭最认真的一部著作,它解释了人类社会和它的法律是怎么形成的。其中,他描述了人的本性中先于理性的两个原理,它们分别引导他的行为朝向他个人的利益或他人的利益。这些先验因素,后来被康德所采纳。卢梭是这样说的:

> 沉思于人之心灵的第一个也是最简单的功能,我认为我看到了两个先于理性的原理,其一使我们热切地关心我们自己的幸福和个人的自我保护,另一个激发起我们在看到其他有情感的生物,尤其是同类人的死亡或痛苦的时候我们自然的不安心情。①

正是这种认为人可能先于经验而有内在的道德倾向的观点,让康德感兴趣。但《社会契约论》也有另一个学说影响了后来的伦理学者,尤其是康德。这就是"普遍意志"理论。按照卢梭对此的理解,在一个有良好组织的社会中,人们对道德和社会问题的评判,基于普遍的和流行的意志。它通常是通过大多数人的投票赞同而表现出来的,但它绝不是对不同观点的简单计数。普遍意志具有某种神秘性和几乎神圣的因素。它绝

---

① Rousseau, *Contrat social*, in *Oeuvres*, ed. M. Raymond (Paris: La Pléiade, 1959), IV, 206.

第九章　欧洲大陆的理性主义伦理学　　　　　　　　　　211

对正确和纯洁,要求所有的公民遵守。它是关于什么才是正确的和道德的东西的一种社会表达。① 卢梭没有把他这个"普遍意志"发展为一种伦理学理论,但它是康德的"自治的意志"理论的重要来源。②

　　西吉斯蒙德大主教(Cardinal Sigismond Gerdil, 1718-1802)对卢梭的"道德自然主义"和约翰·洛克的经验主义提出了批评。他出生于意大利,长期住在罗马,但文化上却是法国传统的。他的本质上倾向于奥古斯丁主义的哲学理论,现在已经很少有人知道了。(部分原因是他教授了一个后来被天主教教会谴责的理论,也就是他的《本体主义》[Ontologism],其中认为,所有事物对地球上的人们来说,都是已经在神性中看到了的。)他对马勒伯朗士(Malebranche,我们将在第十二章讨论)的基督教唯心主义的依赖是公认的。西吉斯蒙德在伦理学上的重要著作是《基督教道德的形而上学原理》(Metaphical Principles of Christian Morality,在作者死后的1806 年出版)。在这本书中,西吉斯蒙德提出了一种"自然法则"伦理学,断言人可以通过上帝的智慧而认识道德原理和正义。③ 他的学说是一种简单直白的神学范畴的理论。事实上,他不认为神启的知识和普通知识,以及超自然的智慧和自然的智慧之间有什么区别。尽管教会反对他的观点,西吉斯蒙德的理论却受到很多天主教徒的欣赏,他们把他的基督教唯心主义看作是对洛克和法国"哲学家"新奇思想的抵抗。

　　一种受到莱布尼茨-沃尔夫方法影响的学院派伦理学十八世纪初在德国快速成长。它从实践理性的一个非常普通的理论出发,加上一些初始定义,演绎推导出各种衍生的伦理判断,并最后形成针对具体道德问题的一种应用伦理学。康德在哥尼斯堡的老师,马丁·克努村(Martin Knutzen, 1713-1751)也属于这个学派。他写过一本《基督宗教真理的哲学证明》(Philosophical Proof of the Truth of the Christian Religion, 1740)。这个领域更重要的一位著作者,是他同时代的法兰克福的教授,亚历山大·鲍姆加登(Alexander Gottlieb Baumgarten, 1714-1762)。鲍姆加登通

---

① See especially *Social Contract*, IV, 1, and the companion *Discourse on Political Economy*.
② Cf. Bourke, *Will in Western Thought*, pp. 154-58.
③ Gerdil, *Principles métaphysiques de la morale chrétienne*, III, 2-7; in *Opere* (Rome: Poggioli, 1806-21), II, 48-70.

常在哲学史上被认为是德国美学的创造者,但他事实上写过被年青的康德在教书生涯中使用过的形而上学和伦理学的教科书。更具体地说,康德最初的伦理学课程就是根据鲍姆加登的两本拉丁文著作,《哲学伦理学》(Philosophical Ethics, 1740) 和《第一实践哲学的要素》(Elements of First Practical Philosophy, 1760)而准备的。康德在 1775-1781 年间的思想受到这些著作的很大影响。①

沃尔夫的哲学当然也有反对者。哈雷的兰格教授(Joachim Lange, 1670-1744)和莱比锡的卢蒂格教授(Johann Andreas Rudiger, 1673-1731)都对他的理性主义和数学主义提出批评。具体到伦理学领域,对沃尔夫进行批评的一位杰出的德国学者是克鲁西乌斯(Christian A. Crusius, 1715-1775)。康德曾经提及克鲁西乌斯所教授的学说,认为上帝的意志是道德性的客观基础,并把他称为"神学道德学家"。② 在另一部书中,康德说克鲁西乌斯拒绝了莱布尼茨-沃尔夫主义的充分理性原理,取而代之以他自己的同样也是基础性的原理:"除了真实是真实的之外,我不能想到其他的东西。"③这种学说并不被康德所接受,但康德对他有很高的评价。

5. 伊曼努尔·康德

在整个理性主义学派中,最重要的伦理学者是伊曼努尔·康德(Immnuel Kant, 1724-1804)。很多专家也认为他是现代最伟大的道德哲学家。在他哥尼斯堡大学的讲学和著作中,康德开始了一场至今依然影响深远的伦理学革命。通常把康德的思想划分为前批判时期和批判时期两个阶段。他的第一个批判(《纯粹理性批判》, Critique of Pure Reason)1781 年初版。在此之前的十几年里,他已经从沃尔夫主义哲学转向更具个性的思维方法。《自然神论和道德原则的特性研究》(Inquiry into the Distinctness of the Principles of Natural Theology and of Morals, 1764)是他

---

① See Kant, Lectures on Ethics, trans. L. Infield (New York: Harper, 1963).
② Kant, Critique of Practical Reason, trans. Beck (1949), P. 151.
③ Kant, Natural Theology and Morals, trans. Beck (1949), pp. 278-79.

前批判时期最重要的伦理学著作。它讨论伦理学和哲学神学问题上使用严格的几何学论证方法的可能性。① 《伦理学讲稿》(Lectures on Ethics)是根据康德1775–1781年间哥尼斯堡大学的学生课堂笔记整理成的。正如我们看到的,这些著作显示出一位教授是如何巧妙地并经常雄辩地处理鲍姆斯登的伦理学体系框架的。这时候,康德已经是处于朝向他自己的批判伦理学转变的过渡时期。《道德形而上学基础》(Foundations of the Metaphysic of Morals, 1785)是他对伦理学的重要贡献之一;另一部是《实践理性批判》,这书于《纯粹理性批判》已经出第二版之后的1788年出版。《道德形而上学基础》和《实践理性批判》所讨论的主题几乎相同,但它们的论述程序不一样。比起后者论述方法的刻板和系统性,前者的风格更为通俗。1797年,康德出版了《道德形而上学》,这本书把他的伦理学理论深入到法哲学(第一部分)和特殊义务与美德的理论(第二部分)的范围。在生命的最后十几年里他写了很多笔记和杂谈,反映了他晚年的伦理学观点。② 《康德遗著》(Opus Postumum)中所反映的众多现象之一,是晚年的康德已经愿意把上帝看成是更直接和真实的道德立法者。③

很难确定到底需要掌握多少康德的思辨哲学才能理解他的伦理学。可以确定的一点是,在试图详细研究他的实践哲学之前,必须先了解他的《纯粹理性批判》。④ 康德把人的认知功能分成三块:感性,是人在空间和时间等主观形式上对感觉资料的认知;知性,是对感觉资料的综合功能,以便能够从人类知识范畴的角度来分析它们;理性的功能,超越经验条件并自发地把理解中的事物放置于某些关系中,并形成某些更高的原理。正是通过理性,才把我们对客观事物的知识加以系统化。除了经验资料之外,理性能够贡献的,就是来自人的自觉意识结构中的先验(a priori)。感觉经验所呈现的资料,通过感性和知性范畴,在我们想象力中形成的构

---

① See P. A. Schilpp, *Kant's Pre-Critical Ethics* (Evanston, Ⅲ.: Northwestern University Press, 1938), on these early works.

② These are in *Opus Postumum*, ed. Erich Adickes (Berlin: Reuter u. Reichard, 1920).

③ T. M. Greene, ed., *Kant Selections* (New York: Scribner's 1929), pp. 371–74, gives some passages translated from Adickes' edition.

④ On the relation between the *Critique of Pure Reason and Kant's ethics*, see Graham Bird, *Kant's Theory of Knowledge* (New York: Humanities Press, 1962), especially pp. 189–204.

造物,并不是事物本身。根据定义,事物本身是不可知的。因为,假定它们被我们了解了,它们就会在我们意识之中,而不是它们本身。当康德探讨"纯粹"理性时,他是在努力发掘思维的特质和功能,根本不是讨论关于思想的经验性的或后天的要素。

《纯粹理性批判》中专门探讨"先验的辩证法"的部分,有一节讨论自然因果关系与人类自由的悖论。① 有些人也许会争辩说,我们需要另一种因果关系,也就是关于自由的因果关系;而另一些人也许争辩说,自由对于现象世界的解释是毫无帮助的。为解决这些理性思维上的冲突,康德在下面这段话中表示,道德性也许是一个涉及纯粹理性的领域:

> 人类理性的立法系统有两个目标:自然和自由。因此它不仅有自然法则,也有道德法则。这两者首先以两个不同的系统出现,但最终将在一个哲学体系中。有关自然的哲学,处理所有"是怎么样的"的问题,而有关道德性的哲学,则处理所有"应该怎么样的"的问题。

这就提供了向康德主义伦理学的一个重要过渡。事实上,一个关于纯粹理性的完整理论,必然也要涉及实践理性的范围。②

比起《实践理性批判》,《道德形而上学的基础》相对比较容易理解,因此我们将主要通过它的论述来理解康德的伦理学。他在这本书里试图要做的,是一般性地陈述那些依靠理性思维来推导出一个伦理学理论体系所必需的东西。康德打算说明道德判断的基础。一个完整的伦理学应该包括从经验(实践人类学)所获得的材料,并按照一些来自理性本身的先验的法则或原理来对这些材料加以说明。更具体地说,康德所讨论的"基础"和基本原理,就是指形成一个伦理判断的普通哲学(形而上学)的前提。他在1797年出版的《道德形而上学》(*Metaphysik der Sitten*)中写过伦理学的"形而上学"。《基础》的第一节论述了我们如何从关于道德的

---

① See this section of Bk. II, sect. 2, in Greene, pp. 195–97, 219–33.

② Kant, *Critique of Pure Reason*, trans. N. Kemp Smith (London: Macmillan, 1933), A840–B868.

普通理性知识进入到一个哲学知识的过程。就是在这个开篇部分,康德提出了他最著名的伦理教条之一:唯一绝对的善,就是善意(The only unqualified good is a good will)。而且他坚持认为,是实践理性的功能引起了这样的意志力。①

这就引出了道德性的三个命题的表述:(1)只有出于义务的行为,才可能有道德价值;(2)行为所获得的道德价值,并不是来自其结果,而是基于促成该行为的理念;(3)义务是一个守法行为的必要因素。在此之上,康德还认为,道德行为借以发生的那个规则,或理念,必须是可以成为普遍规律的。

《基础》第二节讨论从通俗的道德哲学发展为道德形而上学的过程。所有的道德概念都存在于先验的理性之中。自然的(或物理的)事件总是依照规律而发生的,但是只有理性的人才会按照法规的观念来行动,这就意味着人具有一种特殊的能力。"这个能力就是意志。因为必须依靠理性才能从法规中推导出行为,所以,意志不是别的,就是实践理性。"②任何理性命令的这个程式都是命令式的,它分为两类:假设的(如果你希望如此,就必须那样做)和绝对的(对一个本身就有客观必要性的行为的指令)。这样,我们就被引入到"绝对命令"(categorical imperative)这个概念和主张。在接下来的几页里,康德给出了三个这种绝对命令的方程式。③ 第一个是:"只根据那个你同时也希望它成为普遍规律的理念来行动。"几段文字之后,出现第二个方程式:"好像你行为的理念将要根据你的愿望而变成普遍的自然法则那样地行动。"第三个方程式是:"要把无论是你自己的人性还是他人的人性,看作是你行为的目的,而不只是行为的手段。"我们这里看到的是,康德试图提出一个可以用来规范其他更具体的伦理或道德判断陈述的最基本的模式。

这些绝对命令的"规范性"可以这样来理解:它们不包括任何客观具体的事物,而是提出了一个可应用于所有道德命令的原理。(它引起了现代伦理学中各种各样的普遍化和一般化原理程式的出现。)隐含在康

---

① See *Critique of Practical Reason and Other Writings*, trans. L. W. Beck (Chicago: University of Chicago Press, 949), pp.53–64.
② Ibid., p.72.
③ Ibid., pp.73–87.

德的这些程式讨论中的是"自治的意志"的主张,它意味着实践理性(就是立法体系中的意志)在这里有某种卢梭所谓的普遍意志的力量。[①] 而且,这里也带出了"目的王国"(realm of ends)这个概念。事实上,对自治原理的陈述方式使它看起来就像是绝对命令的另一个方程式:"除非根据这样的理念来选择,否则就不要选择:选择所依据的理念在同样的意愿中被理解为普遍规律。"[②]作为自治的意志的对立面,康德谈到意志的他律(heteronomy of will,从绝对命令所暗示的理念之外去选择作为行为的动机)是道德所有伪原理的来源。更确切地说,他把关于完美的概念和最完美的神意的主张,都看作是他律原理。

《基础》的第三节专门论述从道德形而上学到纯粹实践理性的发展过程。这里,自由成为自治的意志的最重要的假定条件。一个理性的人,也许会把自己看作属于这个感觉世界和自然世界的一部分,或者是这个在源于理性的法则控制下的可知世界的一部分。正是自由的概念使人成为这可知世界的成员。自由使得绝对命令成为可能。[③] 在《基础》的结束部分,康德承认,我们并不完全了解绝对命令无条件的必要因素,但我们的确了解到了它的艰深。

在《实践理性批判》中,康德讨论了几乎同样的话题,但论述过程相反,也更全面。我们看到《基础》一书从道德法则和自由出发,对它们进行分析,从而得出它们所依靠的根据。这第二个《批判》则在方法论上更系统。它从经验出发,逐步建立起一个关于道德性资料的更普通的结构。也许《实践理性批判》比《基础》在主要观点上多出来的内容,是它演示了实践理性和理论理性的完美统一。同时,《实践理性批判》也提出了另一个绝对命令的程式:"你要这样来行动:你的意志所服从的理念,如果同时被作为构成普遍法的一个原理,仍将是合理的。"[④]这一条也许是最著

[①] For the important distinction between Wille and Willkür in Kant, see L. W. Beck, *Commentary on Kant's Critique of Practical Reason* (Chicago: University of Chicago Press, 1964), p. 91.

[②] Beck, *Critique of Practical Reason and Other Writings*, p. 97.

[③] Ibid., pp. 107–15.

[④] *Critique of Practical Reason*, I, 1, 7; trans. Beck (New York: Liberal Arts Press, 1956), p. 30.

名的对绝对命令的表达。它被再一次与作为实践理性的自治的意志,密切地联系起来。

《实践理性批判》清楚地表述了伦理学著名的前设。① 康德在《纯粹理性批判》中已经证明,要根据原理来论证上帝的存在、人的自由和灵魂的永恒,是不可能的。现在按照实践理性的要求,道德行为如果是可能的,那就必然要有自由作为前提;要保证人有独立性而不依赖于感觉世界,上帝是必需的;而且,要实现道德法则的目标,就必然要求永生,以提供充分的时间跨度来实现它。

康德的伦理学是属于义务论的。作为底线,行善和避恶的基础是人对义务的清醒认识。《实践理性批判》里有一段经常被引用的文字,在其中,康德把义务看作是:不必威胁而服从,不必引诱而行动,并能够产生一个人们都无条件地遵守的法则。② 虽然实践理性认为,幸福的确会随着出于善意动机的行动而来,但对道德义务的服从,决不能出自对惩罚的恐惧或对幸福的预期。这是一种观念论的、高尚的伦理学,它要求一定程度的智理上的完整和修养(intellectual integrity and sophistication),而这种程度的完整和修养甚至在有知识的人当中也少见。

十九世纪德国伦理学的大部分内容是康德的追随者和批评者之间的争论。有些思想家只接受康德的部分学说,并试图修正他其他方面的观点。所罗门·迈蒙(Salomon Maimon, 1753-1800)是其中典型的一位。他同意伦理学的最高规则属于意识中的先验事实,③但不认为对幸福的期望要排除在善行的动机之外。他也认为,康德忽视了道德感觉对当事人的影响。在迈蒙看来,高尚的快乐是培养良好习惯的最有价值的动机。在第十一章中我们将讨论,康德的伦理学如何在后来的德国思想界持续扮演着中心角色。④

---

① *Critique of Practical Reason*, I, 1, 7; trans. Beck (New York: Liberal Arts Press, 1956), II, 2, 3; Beck (1956), pp.124-39.

② Ibid., I, 1, 3; Beck (1965), p.89.

③ See Maimon, "Ueber die ersten Gründe des Naturrechts," in *Fichte-Niethammers Philosophisches Journal*, I (1795), 142.

④ Cf. David Baumgardt, "The Ethics of Salomon Maimon," *Journal of the History of Ideas*, I (1963), 199-210.

第四部分 现代伦理学

第十章　英国的功利主义和主观论者的伦理学

功利主义和直觉主义在伦理学方法论上的差别对比,在十八和十九世纪成为热门话题。这种区别虽然并不限于英国的思想家,但是的确,英国的思想家们在试图讨论实践哲学时这一点表现得尤其明显。功利主义认为,判断人类行为是否好,是否正确,或是否值得去做(或相反,是否坏,是否错误,是否应该被阻止),应该是通过对这种行为对当事人、对其他人或对双方将会产生的可预见的后果来考虑。这些后果可以通过对当事人的个人利益来考虑(自我的功利主义),或者通过除当事人之外的其他人的大多数利益来考虑(普遍的功利主义)。有时候,前者被称为快乐主义(hedonism),后者就简称为功利主义(utilitarianism)。① 从最广泛的意义上说,功利主义认为"一个行为是否正确或错误,是通过它产生的幸福的效用来判断的"。② 穆勒(J. S. Mill,亦译作"密尔")以为他是从约翰·高尔特(John Galt)的小说《教区年鉴》(*Annals of the Parish*, 1821)中拣来了"功利主义"这个词,而事实上它早在1781年就被边沁使用过了。③

相反,伦理学的直觉主义却认为,一个人凭直觉就能够知道或感觉到一个行为或道德判断是否正确(或具有义务性),而在这样的判断中

---

① Cf. R. B. Brandt, *Ethical Theory* (Englewood Cliffs, N. J., Prentice-Hall, 1959), 355-56, where various divisions of utilitarianism are discussed.
② A. C. Garnett, *Ethics* (New York: Ronald Press, 1960), 159.
③ Cf. Mary Warnock, "Introduction" to Mill, *Utilitarianism* (New York: Meridian, 1962), 9.

根本不需要考虑诸如后果等其他项目。根据亨利·西季威克(Henry Sidgwick)的理解:"那些认为我们具有对行为正确性的'直觉知识'的作者们,通常是说,那正确性只要'看一眼'这行为本身就可以确定,不需要考虑行为将来的结果。"① 广义理解的直觉主义伦理学,应该包括某些正确理性理论、某些形式的义务论、道德感觉论和心理学范畴的伦理学等。我们在这一章中,将把直觉主义简单地理解为那种在讨论道德善恶时集中考虑道德主体的主观态度,而非考虑他的行为结果的伦理理论。在十八世纪,人们所讨论的话题,并非总是个人的行为,也可能是关于道德理性的前提。这就是我们这一章的标题要用"主观论者"的原因,它只简单地表示一种从道德行为者或其对象所经历到的东西出发的伦理学方法。我们会看到,很多伦理学者成功地把直觉主义和功利主义混合在一起了,这种态度正如那种把它们看作是完全不能相容的态度一样是很单纯的。

在十七世纪末期,理查德·昆布兰(Richard Cumberland)已经把普遍功利主义的理论(但不是这个名称)引入到英国伦理学中。在他的《论自然法则》(*Treatise of the Laws of Nature*, 1672)中,他认为,"除非能够预见到我们所做事情在各种场合下的后续影响,无论是近期或遥远的后续影响,并能够把它们进行相互比较,否则我们不可能确定什么是我们能够做的最好的事情"。② 紧接在表达了这个功利主义方法论之后的,是他对为最大多数人的最大幸福这个原理的清晰陈述。昆布兰把这个命题称为"自然法则的源泉"。

> 每个理性主体对于全社会的最大善行,就构成了该社会一般的和个人具体的最幸福状况,只要这幸福是在他们力所能及的范围内去取得的;而这是他们为了达到可期望的最高幸福状况所必要的;因此,所有人的共同利益,就是最高的法律。③

---

① *The Methods of Ethics* (New York: Dover, 1966), 96.
② Cumberland, *Treaties of the Laws of Nature*, in Rand, *Classical Moralists*, 248.
③ Ibid., I, 4; in Rand, 249.

1. 大卫·休谟

这种标签(在昆布兰的著作中结合了道德法则的正确理性观)的功利主义,并不被大卫·休谟(David Hume, 1711–1776年)所接受。他倾向于不相信在伦理学中的演绎理性方法,并且不能理解为什么公众利益必须要置于个人利益之上。休谟最终确立的那个复杂的伦理学立场,依然是二十世纪英国伦理学者们的重要考虑因素之一。他不接受理性能够指导和改变人的意志的观点,并认为伦理学应该集中注意出现在行为主体内心中的那些赞同或反对的印象或感觉。在休谟的思想中,"一个行为、一种感情或一种性格,是否具有美德或是邪恶,是因为它的见解导致某种具体的愉快或不安"。① 因此他采取了我们刚刚看到的这种主观论者的伦理学立场。

由于休谟自己对《人性论》(*Treatise on Human Nature*, 1739–1740)不满意,这使得解释休谟伦理学的工作变得难上加难。该书第三部分经常被认为是可以用来说明休谟伦理学观点的基础,但西季威克指出《人性论》已经被清楚地否决了(明显是指休谟在《自传》中承认对该书得到的反应的失望),而且西季威克把他的分析只限定于休谟的《道德原理研究》(*Inquiry concerning the Principles of Morals*, 1751)。② 尽管如此,我们还是要讨论包括在这两本书中的观点。其实,他著名的《道德和政治论文集》中也包含了一些有重要伦理学意义的东西。

要了解休谟的实践哲学论点,有必要先考虑一下他关于人的观点。《人性论》和《人类理智研究》(*Enquiry concerning Human Understanding*, 1748)都有关于人这个行为主体的现象性描述。休谟试图把牛顿的经验科学方法应用在整个哲学领域。人类的初始经验中已经配备好了一系列的"知觉"(perceptions)。它们既呈现在认识上也呈现在感情上,以各种联合模式结合在一起,并因此构成经验中的更复杂的事件。心理学(在休谟的时代尚未发展成一门特别的学科)将研究这些经验的原子以及它们的各种联合的形式。不存在那种被理解为属于非物质的东西或力量

---

① Henry Áiken, *Hume's Moral and Political Philosophy*, 44.

② *History of Ethics*, 205.

的、能够思考或感觉这些资料的思想;不存在那种被理解为赋予了理智和意志自由的个别存在体的个人。休谟虽然继续谈论个人和自我,但只是给它们非常特殊的涵义。思想和个人只是一系列分离的、非连续的、存在中的知觉,这些知觉的呈现方式看起来像是前一个引起了后一个的发生。① 当它们以强力的方式出现时,它们就被称为印象(impressions);当它们比较弱时,就被称为概念(ideas)。知觉根据三种形式而相互联系:相似性、时空上的邻近性和因果律。

在《人性论》的第三部分,休谟说,"理性和科学只不过是对概念进行比较,并发现它们之间的关系"。这样看起来,理性处于完全不活跃状态,根本不可能成为道德经验的资源。正如休谟说:

> 那些声称美德不是别的,而只是与理性保持的一致性的人,那些声称存在着对每个思考这些问题的理性的人都是一样的、事物永恒的恰当性与不恰当性的人,那些声称衡量正确与错误的不变标准不仅构成了人类的义务,也构成了神自身的义务的人,所有这些人的思想体系在观念上其实都是一致的。他们都认为,道德性,正如真理,可以仅仅通过概念来辨别,可以通过把这些概念加以排列和比较来辨别的……由于道德,这样说来,对行为和感情是有影响的,就必然得出下面的结论:它们不可能是来源于理性的;而且,这个结论也是因为(正如我们已经证明了的)单独的理性本身是永远不可能产生任何这样的影响的。②

这段话很简洁地驳回了库德沃斯(Cudworth)和所有理性主义者的观点。从此,英国伦理学界基本同意,休谟已经揭露了那些谈论自然法则、正确理性以及诸如此类的思想的荒唐。

同样在本书的这个章节中,休谟提出了他的理论中的认同部分。说一个行为或品格是邪恶的,只是意味着一个人在看待这件事情时有这样

---

① Hume, *Treaties on Human Nature*, I, 4, 6; ed. Selby-Bigge, 261.
② Ibid., III, 1; ed. Selby-Bigge, 563.

第十章 英国的功利主义和主观论者的伦理学

责备的感觉和情绪。恶与善都只是意识上的认识,正如可感知的特质(声、色、热等)是一种认知,而不是客观实体的真实表现。因此在书的第三部分第二节,他提出了他的道德感觉理论版本。这种版本强调,这样的一种感觉功能,在看一个被称为恶的行为时就有痛苦的感觉,而在审视一个被称为善的行为时候就会出现愉快的感觉。某些这类感觉是原始的直觉,因此是"自然的";另一些有德性的感觉,是因为人类的需要由人为技巧而产生的,因此是"人造的"。正义,就是这种不自然的、人造的美德的例子。①

《人性论》第二部分专论作为道德原理的感情。理性不可能是行动的来源,感觉却可能是行动的来源。有些感情是基本的简单的感觉,另一些则是由概念派生的。有些感觉是自我为中心的,另一些则是关注他人的。对于后者,休谟的伦理学认为同情心很重要。在他看来,当描述发生在别人身上的效应的概念出现的时候,就出现了同情心,比如发生在别人身上的痛苦的手术这样的概念。这种概念可能引起强烈的印象,从而导致那并不在手术中的观察者自身也产生痛感。② 作为一种代理人的情感和趋他性,同情心是道德感觉和行为中的重要原理。它和自我利益和习惯一起,被用来解释道德感觉的功用。③

我们也许应该注意到《人性论》对伦理学史的最后一个贡献。在一段著名的文字中,他清晰地描述了"是怎样-应该怎样"的问题:

> 对于我至今所接触过的所有的道德理论体系,我总是评论说,作者花了一些时间用普通的理性方法,逐步确立上帝的存在,或者是对人类的事情做了一些观察。我突然惊讶地发现,所有的命题都与"应该"或"不应该"这类表述联系在一起,而不是通常的"是"与"不是"这样的命题组合……因为这个"应该"或"不应该"表达了一些新的关系和认识,对它们做一些解释是必要的。但与此同时,对于

---

① For a more extended analysis of the argument of the *Treaties*, see Bonar, *Moral Sense*, 121.
② *Treaties*, II, 1, 11; ed. Selby-Bigge, 320.
③ Ibid., III, 3, 1; ed. Selby-Bigge, 576.

这个看来完全无法理解的现象,也应该说出一个理由:为什么这个新的关系能够从看来跟它完全不同的东西中演绎出来?①

很多伦理学者,特别是二十世纪的伦理学者,曾经试图去解决这个"应该怎样"和"是怎样"的关系的问题。用另一个术语来说,它也许可以表述为如何从事实中取得价值的问题。

《道德原理研究》是休谟在《人性论》的第三部分已出版十年而没有得到几个人对这个英国伦理学新方向的反应之后,自己对它做的修改。这两本著作有明显不同。《人性论》中讨论的"同情心"(sympathy),在《道德原理研究》中变成了对"人性"(humanity)概念的详细论述。"人性"在这里是一个所有的人共同具有的情感,它也赋予了道德态度一个开放和公开的特质。在《人性论》中咬文嚼字提出来的关于"自然的"和"人工的"感觉之间的区别,在这里被排除了。更重要的是,在处理正义这个问题上,作为正义之美德的基础,休谟已经从霍布斯主义所强调的正义的基础是经过同情心所修正过的私心,转变成了对公众社会的效用这个概念。② 效用具有"未来利益的倾向",它是几种伦理德性的基础,但它不是美德的唯一来源。其他的素质——礼貌、谦虚、乐观——都促成美德。

下面这段文字显示了休谟试图把一种和效用密切相关的公众协约方法,与一个情感范畴的伦理学理论相结合的努力。

> 道德的概念暗示着某种所有人都具有的情绪,这种普遍情绪使一般社会大众对于什么行为目标值得褒扬有了一致的认识,并使每个人,或者使大多数的人,能够对与此相关的问题达成一致的观点或决定。它也同时暗示着某种如此普遍和广泛以致它涉及所有人的情绪,并且,取决于对已确立的权利规则的同意或反对的态度,为所有

---

① *Treaties*, III,1, 1; ed. Selby-Bigge, 541.
② *Enquiry concerning the Principles of Morals* III, 1; in *Hume Selections*, ed. C. W. Hendel (New York: Scribner's, 1927), 203.

的人,甚至是为最偏僻的地方的人们,提供了他们行为举止的一个可赞许或谴责的对象。①

休谟在伦理学上的影响一直是广泛和深远的。他对社会功效的强调导致了多种形式的英国功利主义理论的发展。他强调的赞许或反对的感觉,最终被以心理学为基础的伦理学者,尤其是情绪论伦理学者们所继承。他思想中的这两个方面都在《道德和政治论文集》中清楚地表达出来了。说到两种道德义务(duty),其中之一是从自然直觉开始的,它与被动责任(obligation)的概念和公共效用等无关。这类直觉义务的例子,包括了对儿童的爱、对恩惠的感激和对不幸的同情等。第二种道德义务,完全是出于对人类社会的必要因素有清醒认识之后的责任感。简单地说,这就是休谟的伦理理论。

一位功利主义的大臣,理查德·普莱斯(Richard Price, 1723-1791),很快地在他的《主要道德问题的回顾》(*Review of the Principal Questions in Morals*, 1758)中对休谟的伦理观点作出了反应。普莱斯不同意他在霍布斯、洛克和休谟的思想中所看到的认识论和心理学观点。他坦率地批评说,休谟声称的我们所有的概念只是印象或印象的复制这种主张欠缺证明。② 把库德沃斯、萨缪尔·克拉克(Samuel Clarke)和巴特勒(Butler)等人的观点以一种惊人的一致性联系在一起,普莱斯提出了"永恒不变的"道德理论。他试图重申"理解力"(understanding)作为人类对行为和现实不变的本质的认识力量。普莱斯对这些方面的贡献,也许是他把某些在前人的著作中隐晦不明的东西变得清晰明朗了。"理解力"并不等同于"理性的力量"。根据后者,我们要调查的是对象之间的某些关系,但这并不是理解力要做的事情。正如他对此的解释,理解就是去看:

> 如同身体的视力能为我们发现可视对象一样,理解力(无限敏

---

① *Enquiry*, III, 6, 1; in Hendel, 228.
② Price, *Review*, 3; in Selby-Bigge, *British Moralists*, II, 123.

锐的、思想的眼睛）能为我们发现可理解的目标,并因此,在同身体视力类似的逻辑上,成为新观点的进入口。①

实际上,普莱斯宣扬人拥有对道德判断某些原理的有理智的直觉。这一点,加上他对"诚实正直"(rectitude)必然是道德行为的动机的坚定信念,也许是有些历史学家把普莱斯看成是康德思想前驱的原因。②

亚当·斯密(Adam Smith, 1723-1790年)对休谟的思想立场更为欣赏。作为政治经济学的先锋,亚当·斯密的伦理学者身份并不被很多人知道。斯密是格拉斯哥大学的道德哲学教授,写过《道德情操论》(Theory of Moral Sentiments, 1759),比其著名的《国富论》(Wealth of Nations, 1776)要早很多。斯密从休谟的《人性论》中继承了"同情心"原理,对这种利他主义情感作了深入研究,并把它看作伦理判断的唯一基础。③ 他不接受那种特殊的"道德感觉"的说法,而讨论一种与效用的认识很不相同的得体性(propriety)的感觉。事实上,斯密讨厌关于对社会的有用性可能是道德性的一个检验标准的观点。我们对别人的言行举止做出一些赞同或反对的判断,这些针对他人的观点和感觉,对于伦理学是根本性的。当我们要判断我们自身的行为的时候,我们看起来是遵循了一个相反的路径,试图去从别人看我们的角度来看待自己。斯密在这里大量使用了"公正的旁观者"一词。这是一个无偏见的观察者,他的态度提供了责任感和伦理学的基础。④ 其实,大卫·休谟也在他的《人性论》第三部分中从头到尾使用了公正的旁观者的概念。亚当·斯密是最后一位道德感觉论的拥护者,尽管他用了其他的词汇(比如得体性的感觉)来代替它。⑤ 斯密的"公正的旁观者"跟一个积极的"长老会良心"(an active Presbyterian conscience)的概念距离不远,而那也跟道德感觉很接近。

那时期英国伦理学活动更多地集中于苏格兰。接任亚当·斯密在格

---

① *Review*, 2; in Selby-Bigge, II, 120.
② See, for instance, W. H. Werkmeister, *Theories of Ethics*, 167-72.
③ Adam Smith, *Theory of Moral Sentiments*, Pt. I; in Selby-Bigge, I, 257-84.
④ *Theory*, III, 1-4; in Selby-Bigge, I, 297-306.
⑤ Cf. Bonar, *Moral Sense*, 175

第十章 英国的功利主义和主观论者的伦理学

拉斯哥大学任道德哲学教授的,是托马斯·里德(Thomas Reid,1710-1796),"常识"哲学学派的创始人。(其实,作为对笛卡尔主义的对抗,一位叫克劳德·巴菲尔[Claude Buffier]的法国耶稣会士首先呼吁关注对常识的应用。巴菲尔的观点出现在他出版于1717年的《论第一真理》[*Traité des premières vérités*]中。里德和杜格尔德·斯图尔特都曾读过巴菲尔的书。)这个"常识"哲学的纲领与波爱修斯(Boethius)学说中的一部分内容非常相似。作为对源于洛克和休谟的过于繁琐复杂的英国认识论的反应,里德在其《按常识原理探究人类心灵》(*Inquiry into the Human Mind on the Princiles of Common Sense*, 1764)中宣称,把概念(ideas)看作人类知识的对象是错误的。在里德看来,当我看见一棵树时,我认识了一个实在的物体,而不是一个概念。① 在道德领域里存在着一些不需要哲学来证明的、被普遍接受的原理。其中的一个例子是,"没有人应该为他无力阻挡的事情而受谴责"。② 人的道德功能就在于那个依照关于对和错的常识原理来指挥其义务的良心。发展人的良好道德推理能力是需要道德规范和指导的,但这个过程并不象休谟所谈论的那么困难和复杂。③

亚当·福格森(Adam Ferguson,1723-1816)1764-1785年在爱丁堡教授道德哲学。他受友人大卫·休谟的影响很大。杜格尔德·斯图尔特(Dugald Stewart,1753-1828)在1785年成为教授,并引入了经其修改的里德的常识伦理学。他的《人的能动性与道德力量》(*Philosophy of the Active and Moral Powers of Man*, 1828)是第一本在美国使用的英国伦理学教科书。斯图尔特认为,伦理学的命题正如数学命题一样真实:"在这两方面,我们都有对真理的洞察力,而且我们都深深地留下了这样的印象,真理是不变的,是不以任何人的意志而改变的。"④ 斯图尔特的学生,爱丁堡

---

① Reid, *Inquiry into the Human Mind*, 7, 4; ed. Edinburgh, 1819, 394.
② *Essays on the Power of the Human Mind*, ed. Edinburgh, 1819, II, 338.
③ See Reid's essay, "The Moral Faculty and the Principles of Morals," reprinted in Edwards and Pap, *A Modern Introduction to Philosophy* (New York: Free Press, 1965), 288-96.
④ Ferguson, *Philosophy of the Active and Moral Powers*, 2, 5, 1; in *Collected Works* (Edinburgh, 1854), VI, 299.

的托马斯·布朗(Thomas Brown, 1778-1820)继承了常识学派的传统,并对法国十九世纪的伦理学者,如维克多·库辛(Victor Cousin),产生了影响。在阿伯丁(Aberdeen),詹姆斯·比蒂(James Beattie, 1735-1803)是一位休谟的批评者,并且也教授常识学派的伦理理论。

1768年,约翰·威瑟斯庞(John Witherspoon, 1732-1794)从苏格兰到美国出任(现在的普林斯顿大学的)新泽西学院院长,兼任哲学教授。一个世纪之后,詹姆斯·麦考士(James McCosh, 1811-1894)把苏格兰学派的常识主义带到了这个大学。① 以这种方式,这个来自苏格兰的现实主义的、面向《圣经》的、中间路线的伦理学,对开创期的美国高等教育产生了影响。

英国杰出的政治学保守主义思想家埃德蒙·柏克(Edmund Burke, 1729-1797)虽然不是一个著名的伦理学者,但也值得我们关注。与近年的一份研究结论相反,他其实并不是托马斯·阿奎那伦理学的反对者。② 在所有传统的和自然法则理论的支持者之间,虽然具有某种表面上的相似性,但它们内在的差别其实更为明显。柏克的《崇高与美探源》(*Inquiry into the Origin of Our Ideas on the Sublime and Beautiful*, 1756)和《呼吁新辉格回归老辉格》(*Appeal from the New to the Old Whigs*, 1790),显示了一个热切地要在英国实践哲学中重申"理解力"的古典功能的个人热情。③ 很明显,"效用"作为道德判断的标准,在当时正处于热烈的讨论之中,因为柏克为此用了整整一章来反驳这个观念。他也反映了那个时代对于能否把伦理学建立在形而上学的抽象概念基础上的普遍怀疑态度。如同下面这段《新辉格党对老辉格党的呼吁》中的文字所示:

在道德或任何政治问题上,没有什么普遍的东西可能被确立。纯粹的形而上学抽象概念在这里没有市场。道德性的界线不象数学

---

① Cf. R. B. Perry, *Philosophy of the Recent Past* (New York: Scribner's, 1926), 17.
② J. Stanlis, *Edmund Burke and the Natural Law* (Ann Arbor: University of Michigan Press, 1965).
③ Burke, *Philosophical Inquiry*, 2nd. Ed. (London, 1757), 25-26.

的界线。它们更宽、更深、也更长。它们允许例外,它们需要调整。这些例外不是来自逻辑过程,而是来自深谋远虑的原则。①

对其伦理学知识更有信心的威廉·佩利(William Paley, 1743-1805)是一位英国神职人员,并在剑桥担任指导老师。人们记得他,通常是因为他关于上帝的存在是来自宇宙中的机械设计的论点。但佩利《道德与政治哲学原理》(Principles of Moral and Political Philosophy, 1785)曾被剑桥大学作为教科书用了五十年。② 佩利否认道德感觉的主张,并把既从行为的具体后果也从一般的后果来考虑的"效用"(utility)看作是道德善的检验标准。③ 上帝的意志决定了道德对错之间的差别。关于这个差别的知识是由两个途径传达给人类的:《圣经》的启示和自然的启发。美德是由"对人类的善行、对神意的服从和对幸福的永远追求"所组成的。威廉·佩利的伦理学是基督教道德性和社会功利原则的完整结合。

2. 杰里米·边沁

英国伦理学史上的一位非常重要的人物是并不把自己看作伦理学者的杰里米·边沁(Jeremy Bentham, 1748-1832)。他的基本兴趣是法律和政治的哲学,为此却必须要先对道德性与社会组织之间的关系有自己的观点。人们对他的伦理学观点的评价非常不同。穆勒(John Stuart Mill)曾称他为"伟大的颠覆者"。④ 穆勒自己就从边沁那里学了很多。确切地说,边沁精心地把所有的道德问题归纳为几个技术问题。⑤ 无论如何,他在伦理学上有重大意义的论著,是《道德和立法原理导论》(Introduction to the Principles of Morals and Legislation, 1789)。约翰·宝林(John Bowring)所编《道义论》(Deontology, 1834)的资料,可靠性则值得怀疑。

---

① Burke, *An Appeal from the New to the Old Whigs* (London, 1819), 19.
② Cf. H. E. Cushman, *A Beginner's History of Philosophy* (Boston: Houghton Mifflin, 1920), II, 359.
③ Paley, *Principles*, II, 6.
④ See *Mill on Bentham*, in *Utilitarianism*, ed. Mary Warnock, 81.
⑤ Stuart Hampshire, "Fallacies in Moral Philosophy," *Mind*, LVIII(1949), 473-75.

在一本1776年出版的匿名作《政府片论》(Fragment on Government)中,边沁透露了他早期对"自然法则"思想的不信任。《政府片论》是对威廉·布莱克斯通(William Blackstone, 1723–1780)在他的《英格兰法律评论》(Commentaries on the Laws of England, 1765–1769)中所宣扬的自然法则的公开抨击。布莱克斯通曾经认为:

> 与人类同在的,并由上帝控制的自然法则,当然是高于所有一切的最高级义务。全球和所有的国家都永远受它的约束。人类的法律只要与其相抵触,就是无效的。而那些有效的法律,则从这个源泉获得它们的力量和权威。①

在《政府片论》中的某个地方,边沁把类似布莱克斯通的这种观点,描述为"一个能把所有扔进来的垃圾都吞没下去的污水坑"。②

有一种观点认为,管理人类行为的所有法律都具有权威性,它依靠惩罚来维护,并通过服从的习惯来坚持。边沁对这个学说的发展也作了贡献。好法律的检验标准是"功效",也就是"任何事情能对相关的人们带来的福利、优势、愉快、善或幸福……的特性"。③ 这里涉及的利益,可能是个人的,也可能是集体的。而边沁倾向于从个人利益的角度来看,因为集体只不过是个人的集合而已。边沁承认,他是从法国思想家克劳德·爱尔维修(Claude Adrien Helvétius, 1715–1771)那里拿来了"功效"的观念。爱尔维修把正直诚实(probity)定义为对个人或国家有某些用处的东西。④ 在他的《论人》(De l'Homme)中,爱尔维修描述美德为"一个关于某些对社会有用的,令人困惑的概念"。⑤ 事实上,把功利的主张作为伦

---

① For this text from Blackstone's *Commentaries*, see A. V. Dicey, *Introduction to the Study of the Law of the Constitution* (London: Macmillan, 1939), 62.

② Bentham, *Fragment*, 54; in *Utilitarianism*, ed. Mary Warnock, 13.

③ Bentham, *Introduction to the Principles of Morals*, 1, 3; in Selby-Bigge, I, 340.

④ Helvétius, *De l'Esprit* (Paris, 1758); Essay II is on *Probity*; for a trans., see Rand, *Classical Moralists*, 471–75.

⑤ Helvétius, *De l'Homme* (Paris, 1772); the trans. By William Hooper (1777) is reprinted in part in R. E. Dewey et al., *Problems of Ethics* (New York: Macmillan, 1961), 8.

理原则在十八世纪已经成为一种普遍现象。

边沁在伦理理论上最引人注目之处,大概是他对快乐和痛苦的数量化论述,以及相应的"快乐微积分"理论。正如穆勒指出的,边沁看不到不同快乐的质的区别:"只要快乐的数量相同,图钉就和诗歌一样好。"①因此,边沁发展了一种根据四个因素来计算个人快乐量的方法:(Ⅰ)强度;(Ⅱ)持续时间;(Ⅲ)确定和不确定性;以及(Ⅳ)邻近或偏远。对一个集体来说,边沁加了两个快乐的情况:(Ⅴ)多产;和(Ⅵ)纯净。要在两个供选择的行为中从道德上做出抉择,只要把它们相应的快乐数量加起来并做比较,从中选出最大的!

边沁并没有忽略动机。他的《道德和立法原理导论》第十章是专论这个议题的。他认为动机有两方面的意思:从文字上说,它表示一个倾向于唤醒快乐感或痛苦感的事件,并因此推动了意志;从象征意义看,动机为思维指定了一个促使它采取确定行动过程的任意虚拟点(诸如贪婪、怠惰、仁慈等)。边沁在《道德和立法原理导论》的结束部分列举了很多这样的动机。

詹姆斯·穆勒(James Mill, 1773-1836,也译老穆勒)可能是边沁追随者中最杰出的一位。他是约翰·穆勒(John Stuart Mill, 1806-1873)的父亲。老穆勒出版过《人类精神现象分析》(*Analysis of the Phenomena of the Human Mind*, 1829)。该书通过集中讨论邻近性的关系而简化了联想主义心理学。个人的快乐和痛苦很明显地起着道德行为的内在动机的功能。教育是促使人们对应用功利原则有良好认识的主要手段。

并非当时所有英国的实践思想家都同意边沁的观点。威廉·戈德温(William Godwin, 1756-1836)在伦理学上也持功利主义立场。跟边沁一样,他的主要兴趣也不在伦理学理论。戈德温《政治正义及其对道德与幸福的影响》(*Inquiry concerning Political Justice and Its Influence on Morals and Happiness*)于1793年初版,其用意是反驳柏克的《法国革命反思》(*Reflections on the Revolution in France*, 1790)。戈德温是政治和社会自由

---

① *Mill on Bentham*, in *Utilitarianism*, ed. Warnock, 123.

的热情倡导者,但他不同意边沁把个人快乐和痛苦作为道德判断的关键因素。戈德温把对最大多数人的最大幸福原理应用在功利主义中,远早于小穆勒将此原理进一步的程式化发展。当然,别忘了是边沁在他的著作中最早提出了这种方程式的。边沁所写的针对《道德和立法原理导论》的第一个注评,就谈到并解释了"最大幸福原则",只是边沁很少强调功利的社会方面。① 而戈德温则坚持认为,个人的快乐和痛苦并不是行为的良好道德动机。戈德温认为"理性"是最好的道德动机,并从这一点着手讨论了著名的康德立场。②

真正懂得康德伦理学的英国早期学者,是诗人萨缪尔·泰勒·柯勒律治(Samuel Taylor Coleridge, 1772-1834)。他的《哲学讲稿》(*Philosophical Lectures*, 1818)显示,早在1804年他就在阅读康德。他被康德的思想深深打动,并尝试把它介绍给英国读者。但是,康德伦理学直到十九世纪后期才对英国大学产生明显影响。英国的伦理学教授,比如剑桥大学的约翰·格鲁特(John Grote, 1813-1866)和圣安德鲁斯大学的詹姆斯·费利尔(James Ferrier, 1808-1864),都对这位哥尼斯堡哲人明显的不可知论持怀疑态度。另一位著名哲学家威廉·汉密尔顿(William Hamilton, 1788-1856)也受康德的某些影响,但主要是集中在认识论方面并倾向于现象主义。汉密尔顿的观点因为小穆勒的《对汉密尔顿哲学的审查》(*Examination of Sir William Hamilton's Philosophy*, 1865)而广受关注。在伦理学方面,汉密尔顿把康德关于符合最基本的道德原理所绝对必要的品性方面的学说,和里德(Reid)关于朴实无华的节制的观点结合了起来。

边沁的法律理论中的"实证主义"特质,也在约翰·奥斯丁(John Austin, 1790-1859)的著作中出现。奥斯丁的《法理学范围》(*Province of Jurisprudence Determined*, 1832)不仅是分析法理学的开始,而且是坦率的功利主义。奥斯丁比边沁更明确地认为统治权威能够命令和强制的,就是法律。自然法则、"高层法律"或上帝的意志,都不可能有什么真正的帮助,而这就是法哲学中"实证主义"的意思。甚至在道德方面,国家法

---

① For this footnote, see *Utilitarianism*, ed. Warnock, 33.
② This is the judgement of Sidgwick, *History of Ethics*, 272.

律所要求的东西就是正确的东西。小穆勒显然受到了奥斯丁的影响。一位评论者说"穆勒(从奥斯丁那里)比从边沁那里学得更多道德哲学内容"。①

约翰·亨利·纽曼(John Hnery Newman, 1801-1890)是对这个时期的英国伦理学产生过一些影响的一位英国天主教思想家。他在牛津大学曾是杰出的逻辑学家理查德·惠特利(Richard Whately, 1787-1863)的学生。惠特利也是解释佩利(Paley)伦理学的权威。② 因此纽曼所学的伦理学基础,毫无疑问是基督教神学范畴的。但是,在他的《赞同的文法》(*Grammar of Assent*, 1870)里,纽曼表达了对某些伦理学问题的非常个性化的态度。首先,他把名义上的与实质的赞同区分开来。名义上的是抽象的,是与生活没有联系的。而实质的则直接指向具体事物,是具体的和无条件的。③ 在纽曼的著作中,有某种与二十世纪存在主义态度相似的,对概念性知识和系统构建的不耐烦。理性有能力为自己建立一个概念的世界,它也同样有能力"对其理性过程做调查研究"。④ 纽曼感兴趣的是理性的第二个功能,他认为,(尤其在实践问题上)非正式的推理比亚里士多德的三段式演绎更加重要。于是,我们就有了"推理感觉"——思维能够达成具体和确切的判断的力量——的理论。正如纽曼对此的看法:

> 一个伦理学体系也许可以提供法律、一般规则、指导原理、一些榜样、建议、标界、限制、特征、对紧急事件或困境的解决方案等等。但是,是谁把它们具体应用到特别事例上去的?除了我们自己的或别人的活生生的理智,我们还能诉求于什么?……它就足够用来为这个场合做出决定:此时此刻,这个具体的人,在这个具体的情况中,应该做什么。⑤

---

① Mary Warnock, "Introduction" to *Utilitarianism*, 22-23.
② Richard Whateley, *Paley's Moral Philosophy* (London, 1859).
③ Newman, *Grammar of Assent*, 4, 2; in *The Essential Newman*, ed. V. F. Blehl (New York: Mentor, 1963), 290-95.
④ Newman, *Fifteen Sermons*, in the *Essential Newman*, 320-21.
⑤ *Grammar of Assent*, 9; in *The Essential Newman*, 327. Martineau, *Types of Ethical Theory*, II, 29.

纽曼补充说,推理感觉(这个理性的功能)非常类似于亚里士多德的实践智慧(phronesis)这个对实际事物能够做出良好推理的习惯。纽曼关心的,并不真正是伦理学理论,而是如何把理论应用于生活实践的问题。在这方面,他跟圣奥古斯丁很像。他对现代的天主教哲学家,比如布隆代尔(Maurice Blondel, 1861－1949)和帕兹瓦拉(Erich Przywara, 1889－1972)道德思想的影响是公认的。

另一位英国伦理学者詹姆斯·马蒂诺(James Martineau, 1805-1900)在这个论题上出版过一本非常博学的调查《伦理学理论分类》(*Types of Ethical Theory*, 1885)。除了史料价值,它也把心理学上的动机问题提到了英国伦理学面前。在马蒂诺看来,道德性并不是关于后果的问题,甚至也不是关于人类行为本身的问题。"关于我们在哪里分辨出道德品质的问题,我们已经找到了,就在行为的内在触发点……"①他认为我们通过一个直接的直觉,就能知道动机的好坏。除了这个观点之外,马蒂诺也因为在一再被讨论的自由意志问题上宣扬非决定论而闻名。②

3. 约翰·穆勒

十九世纪英国伦理学上杰出的人物则是约翰·穆勒(John Stuart Mill, 1806-1873)。作为一个早熟的孩子,穆勒在父亲詹姆斯·穆勒的教育下成长,却没有接受过正规的宗教教育,伦理学成为他的兴趣焦点。他对知识理论、心理学和逻辑学的贡献广为人知。他反对汉密尔顿的现实主义,认为精神状态构成了我们的知识。而他有关人及其思维的主张基本和大卫·休谟是一样的。在逻辑学方面,穆勒的归纳理论具有里程碑式的意义。

我们把有关穆勒伦理学理论的讨论限制在两部关键著作上。《论道德科学的逻辑》(*On the Logic of the Moral Science*)实际上是《逻辑体系》(*System of Logic*)一书的最后部分,1843年首次出版。在这期间,他与法

---

① Martineau, *Study of Religion*, 2 vols. (Oxford: Clarendon Press, 1888).

② Mill, *Logic of the Moral Sciences*, ed. H. M. Magid (New York: Bobbs-Merrill, 1965), 27.

国社会实证主义者奥古斯特·孔德(Auguste Comte)来往密切,并在他的社会学方法论上表现出受孔德影响。另一部著作是二十年后才面世的《功利主义》(*Utilitarianism*, 1863)。

《论道德科学的逻辑》用法语大篇幅引用孔多塞(Antoine Nicholas de Condorcet, 1743-1794)。孔多塞在《人类思想进步史纲》(*Historical Sketch of the Progress of Human Mind*, 1794)中曾强调,哲学家应该根据经验来建立他的观点。带着这种经验主义的基调,穆勒认为建立一门关于人类本性的普遍科学是可能的。他并且认为,在这门科学中,心理学的话题应该是,"继承权的一致性,法律的一致性,无论它们是终极的还是衍生的。据此,人的精神状态相继发生——一个状态由另一个状态引起,或至少由前一个状态引起。"①接着,穆勒提出了"人类行为学"(Ethology)这个新学科,来研究性格的形成,包括民族的和集体的性格,以及个人的性格。这个人类行为学在方法上应该是演绎的,而不是和心理学那样(在穆勒看来的)是归纳的。② 性格的研究并不是伦理学的内容。穆勒继续讨论了各种社会科学的方法论:经济学、社会学、政治科学、以及历史。他不认为这些科学应该,或能够,应用纯粹的实验方法,并且它们也没有必要装得好像能够跟化学所特有的那样地精确。

《论道德科学的逻辑》第十二章开始讨论道德知识问题。穆勒首先把自己的立场说明得很清楚:他不认为伦理学是一门科学,而是一门"艺术"。伦理学使用的都是祈使态,而这是艺术所特有的风格。每个有确定的法律和规则的地方(也就是执行法律的法庭),达成判断的过程就是推论或诡辩。这一点,跟使用相反方法的立法者过程正好形成鲜明对照。立法者必须为他的法规寻找理由或基础。(通过"是"来表述的)事实与"应该"的命题是非常不同的。甚至在(使用了"应该"的)指令和建议中,也要确定某些事实的方面,说起来就是,"所建议的行为在发言者思维中刺激着赞同的感觉"。③ 但是这些并不足够。伦理学必须要找到普

---

① Mill, *Logic of the Moral Sciences*, ed. H. M. Magid (New York: Bobbs-Merrill, 1965), 37-53.
② Ibid., 145.
③ Ibid., 147.

遍的前提,并演绎出某些原则性结论,以便建立起它的学说,而这个学说就是"生活的艺术"。它有三个方面:道德、政策和审美学——与正确、应急和美相对应。这种作为生活艺术的伦理学尚待建立。对于道德原理的直觉,如果可能的话,也只能应付道德功能的启发点问题。实践政策(谨慎的判断)和审美就需要一种不同的原理。因此,穆勒承认:

> 我只是表达这样的信念,也就是,一个所有实践法则都必须与其相符合的普遍原理,以及一个所有实践法则都应该经得起它检验的检验标准,应该是有益于人类幸福的东西,或者说是,应该有益于所有情感动物的东西。用另外的话说,增进幸福是目的论(Teleology)的最根本原理。①

这就是穆勒在《论道德科学的逻辑》中发展起来的普遍功利主义的原理要表达的所有内容。

我们已经注意到约翰·奥斯丁是如何影响穆勒的。而边沁总是在是否把结果的功效作为可选择的个人行为或一般活动的道德检验标准时含糊其辞。论及人类行为,奥斯丁曾说:

> 试着把它的可能结果收集起来……我们决不能把行为看成是单独的和孤立的,而必须要把它放到它所属的那个行为类型中来观察。实行那个单一的行为,或禁止那个单一的行为,或忽略那个单一的行为,所产生的可能后果,并不是我们调查的目的。我们要解决的问题是:如果那个类型的行为普遍地被实行,或普遍被禁止,或普遍被忽略,其对于普遍幸福或普遍善的可能效应是什么?②

这些将有助于我们去理解穆勒在《功利主义》(*Utilitarianism*, 1863)

---

① Austin, *The Province of Jurisprudence Determined*, lect. II; in *Utilitarianism*, ed. Warnock, 325; see also 23.

② Mill, *Utilitarianism*, 1; ed. Warnock, 252.

中处理相关问题的立场。

首先,穆勒拒绝了道德感觉理论:没有证据证明这样的感觉是存在的,而且,如果我们接受它是我们理性的功能,那么,这样一个道德功能所释放的,只可能是"道德判断的一般原理"。① 个人行为的道德性问题,并不能通过直接的观察认识来解决,而是通过把法律应用到这个事例上来解决。穆勒认为,伦理学直觉论者和归纳论者都同意这一点。因此,在提醒过大家他的"功利"主张跟通常作为愉快的对立面的"功利"毫无关系之后,他进一步把功利"信念"作为他对这个问题的解决方案提了出来。这是穆勒说明其观点的最好陈述:

> 被接受为道德基础的这个信念,功利,或者最大幸福原理,认为当行为倾向于增进幸福的时候,它是相应正确的;导致幸福的反面的时候,是错误的。我们说的幸福,就是意味着愉快,以及痛苦的消除;不幸福,就是痛苦,以及愉快的丧失。②

穆勒针对这一点又做了两点说明。首先,这里所涉及的并不是行为主体个人的最大幸福,而是"所有加在一起的幸福的总量"。而且,愉快的种类是多种多样的,它们在质量和数量的不同,都要考虑到。这里,穆勒已经跟边沁表现出不同了。

在穆勒看来,检验功利原理正确性的主要途径,是对其最终约束力的审查。他坦率地问道:"它的道德义务来源是什么?"③他能够给出的唯一答案是,他的检验标准"是和其他所有道德标准一样的——人类的责任感"。穆勒相信,所有人都期望幸福这一点是普遍公认的——而他的结论是,美德是对幸福真正有益的东西。

《功利主义》第五章把功利和正义的主张联系起来讨论。穆勒很清楚,许多人认为人具有对正义的自然直觉。他对人类接受正义概念的历史起

---

① Mill, *Utilitarianism*, 1; ed. Warnock, 257.
② Ibid., 279.
③ Ibid., 307-08.

源作了一个非常周到的陈述。其中他强调了这样的观点,有智性的人们倾向于结成一个"利益共同体"并培养出对人类普遍的同情心。[1] 他甚至认为,康德这个"根据你的行动可能被所有理性的人接受为普遍规律的理念来行动"的方程式,就是对人类共同利益的一种认可。在最后部分,穆勒确定正义的责职不过就是社会功利的最高类型,而除正义外,功利所包括的事情当然还有更多。正义的命令更明确,而其惩罚也更严格。

穆勒在英国的杰出追随者也许是亚历山大·拜恩(Alexander Bain, 1818-1903)。他的《精神与道德科学》(Mental and Moral Science, 1868)包括把穆勒思想应用到心理学和伦理学方面的两篇论文。拜恩的《约翰·斯图亚特·穆勒:批评与个人回忆》(John Stuart Mill: a Criticism, with Personal Recollections, 1882)至今仍然是值得阅读的有关功利主义的介绍。是拜恩把这种思想方法介绍到哥拉斯堡和阿伯丁大学的。

有些人认为亨利·西季威克(Henry Sidgwick, 1838-1900)是英国最伟大的伦理学者。的确,他是历史知识丰富、学识渊博的学者之一。他的《伦理学方法》(Methods of Ethics, 1874)和《伦理学史纲》(Outlines of the History of Ethics, 1886)是他在剑桥大学表现出来的学术才华的明证。西季威克觉得,从长远看,处理伦理学的中心问题,也就是伦理或道德判断的检验问题,实质上只有三种不同的方法:自私的快乐主义、普世的快乐主义(或功利主义)和直觉主义。[2] 这其中,西季威克直接拒绝了霍布斯的自私主义,在他看来它根本就没有任何伦理规范可言。跟其他优秀学者一样,西季威克努力把其他两种理论,直觉主义和功利主义伦理学的长处结合起来。但他在有关最大幸福原理的基础方面,和穆勒表现出不同。他认为,穆勒把人们"应该去期望的"当作人们"实际去期望的"东西展现给读者,从而使这个问题变得含混起来了。换句话说,西季威克对某种类似于自然主义谬误(Naturalistic fallacy)的关注,远早于摩尔(G. E. Moore)发明这个引人注目的术语。

为了避免看起来是穆勒的论述中的一个自我循环(因为我们都期望

---

[1] Sidgwick, The Methods of Ethics (London Macmillan, 1874; reprinted, New York: Dover, 1966); see 83-87.

[2] Ibid., 381-82.

第十章 英国的功利主义和主观论者的伦理学　　241

幸福,所以幸福就是可期望的),西季威克提出了功利原理的直觉概念。当然,在穆勒的《功利主义》中也谈到那些认为我们对道德义务的基础有天生直觉的主张。但是,在所有他的前辈当中,在西季威克看来,只有道德哲学家萨缪尔·克拉克在这方面最有发言权。做出此种判断时,西季威克是把十九世纪英国的伦理学一并加以考虑的。

亚瑟·休·克拉夫(Arthur Hugh Clough,1819-1861)在他的诗篇《最新十诫》(*The Latest Decalogue*)中对他那个时代的功利主义伦理观念表达了失望的感觉：

> 你应该只有一个上帝
> 谁愿意供养两个呢？
> 没有什么雕像应该被崇拜
> 除非是金钱；
> 别再发誓,这咒诅里最坏的
> 并不是你的敌人；
> 礼拜日去去教堂
> 把这世界和朋友保留在身旁；
> 尊重父母,为了所有的馈赠
> 可能从他们那里发生；
> 你不应该杀生
> 也无须多管闲事努力帮人活着；
> 不要通奸
> 那没有什么好处可得；
> 不要偷盗
> 当欺骗是如此有利可图
> 这只是一个空虚的盛宴；
> 不能忍受伪证,只让
> 谎言悠闲自在地飞翔；
> 不要贪婪,而传统
> 允许各种各样的竞争。

第十一章　德国观念论伦理学

在十九世纪，德国传统伦理学在很大程度上处于康德思想的影响之下。理论哲学基本属于观念论，也就是说，当时的大多数思想家都认为认识和推理的对象理所当然就是某类概念。哲学被认为是从研究人的意识的内在表达而开始的。这些概念当然不仅是认识论上的，它们也表达了感觉、意愿、人的态度、法规和义务等。这个世纪的德国哲学很大成分是主观主义的，但也有些试图确定思辨知识和实践知识的客观基础的努力。从某些随着时代进程而实现的按步就班的发展模式来说，这时期的德国哲学也在很大程度上是辩证的。最后，德国伦理学在这个世纪越来越脱离犹太-基督教传统中的宗教承诺。虽然并不普遍，但其趋势是朝一个世俗的伦理学的发展。

那时候有几百位德国学者都把精力投入在伦理学研究，伦理学也是大学里的热门课程。我们将集中讨论四个关键人物：费希特（Fichte）、黑格尔（Hegel）、谢林（Schelling）和叔本华（Schopenhauer）。我们也将附带讨论其他几个影响较小的伦理学者。

1. 约翰·戈特利布·费希特

约翰·戈特利布·费希特（Johann Gottlieb Fichte, 1762-1814）开启了观念论伦理学的主流发展，并加上了个人化的内容。他的所有著作在伦理学上都有重要意义，但是作为对其伦理学理论的一个简单介绍，我们讨论其中的三部就足够了。几乎在著述之初，他就表达了实践理性是最重要的理念。我们在《自然法权的基础》(Basis of Natural Right, 1796)和《伦理学体系》(System of Ethics, 1798)中可看出这一点。用更流行的风格写的《人的使命》(Vocation of Man, 1800)基本上反映了费希特的伦理学体系。最后,在《对德意志民族的演讲》(Addresses to the German Nation, 1807-1808)中,费希特告诉他的国民说,德国有义务成为人类文化的承担者,这也是德国的命运。费希特希望通过让他的国民了解这一点而使他们团结起来。

费希特方法论的目标是把哲学发展成关于科学知识的一般理论。它要求有一个系统的原理能够解释所有意识的表现。一种做法是,也许可以通过把这些意识表现的起源归于物质的"自然"世界而在教义上和决定论上得到解释,但是这种跳跃是费希特很不喜欢的。他认为,意识现象也可能通过把它们和自我精神特征相联系从精神层面自由地加以解释。这就是费希特决定要做的事情。从一开始,他就把自我看成是自由的、积极的和道德的。

自我可能被认为是意识中的非我的对照物(或作为客观主体的自我的主观立场)。人也可能体验到,自我是在行动中面对反对者的精神活力(意志)——这个反对者最终展现出来的是意志的另一方面。作为一个客观主体或障碍物,非我是始终存在的"我"(德语的Ich)的一个功能。一旦费希特不再停留于方法论,他的哲学就是伦理学内容了。对他来说,所谓真实的东西并不是物理上的非精神世界。真实就是意志活力表达的结果。他认为这在个人意识中是再明白不过的了。"我的意志就是我的,而且它是唯一完全属于我并完全受我自己支配的东西。通过它,我已经成为自由王国和纯粹精神活动王国的公民。"①

伦理学是处理理想活动的实现,这种实现既在个人的意识中,也在作为无限意志发展场所的宇宙的道德秩序中。自我首先给自己占有一个位置,然后才能存在。它的下一步是设立一个非我,作为自我的对立面,这样就在自身中建立了相异性的意识。第三步将出现这样的认识:无限制

---

① Fichte. *Vocation of Man*, III; ed. R. M. Chisholm (New York: Liberal Arts Press, 1956), 106.

的(或绝对的)自我必须要在自我和非我(综合体)中放置一些限制(或有限性)。这些就是费希特逻辑辩证法的步骤,这个三段式能引起知识和道德的进步。

所有的人都具备有关道德的普通知识,因为"良心之声"在我们的内心清晰明确地把这方面的知识告诉了我们。① 其次,有一门关于"什么是正确"的哲学科学(伦理学),它使我们能按照费希特的知识理论来理解道德性的根据。伦理学的主要作用,就是向我们显示意志或道德意识朝向自由和独立的发展和实现过程。从这个意义上说,要获得自由独立的这种决心就被称为"信仰"。② 因此,费希特的伦理命令是:"根据你自己对义务职责的判断来行动。"源于自然或威权的动机而发生的行动,就偏离了道德的特质。

费希特关于国家的道德概念直接与前述内容相关。意志并非简单地是你或我的精神力量。有一种把自己置于国家民族生活中的更大的"意志"(明显类似于卢梭的普遍意志)。政治学只是伦理学的延伸。在社会生活中,个人的意志在与他人意志的利益关系中必须要学会限制自己。社会于是就是"有责任心的成员们相互之间的联系……是一个基于观念的自由互惠的活动"。③

费希特的伦理学是自我实现理论的重要样本。这个自我,要从个别和集体两种意义上来理解。它也是一种自愿主义,但并不是非理性主义,因为费希特的"意志"还是属于实践理性的限度范围。在社会和政治应用方面,费希特的学说影响了某些希特勒纳粹主义理论家们。费希特以高尚的态度讨论"民族意志",但它很容易被出卖。我们将看到更多费希特自愿主义伦理学的个人方面是如何重现在某些二十世纪的存在主义理论中的。

---

① Fichte. *Vocation of Man*, III; ed. R. M. Chisholm (New York: Liberal Arts Press, 1956), 93-95.
② Fichte, *System der Sittenlehre*, in the Trans. of A. E. Kroeger, in Rand, *Classical Moralists*, 574.
③ Fichte, *The Nature of the Scholar*, lectures delivered in 1805, lect. VII; see J. Collins, *Modern European Philosophy*, 563.

如果说费希特忽略了康德主义的"物自身"而强调了实践理性的基本特征,那么他的一位同时代人,弗里德里希·施莱尔马赫(Friedrich Schleiermacher, 1768-1834)则走了相反的路。他的主要伦理学著作是《现行道德学说批判大纲》(Outlines of a Critique of the Doctrine of Morals up to the Present, 1803)。施莱尔马赫觉得,我们的确了解康德所说的本体(noumena),因此他非常反对费希特的极端主观主义。施莱尔马赫同意,哲学需要关心辩证法,而上帝具有思想和存在方面的超凡特征。但他认为,我们并不是通过实践理性而接近了上帝,而是通过宗教的感觉和直觉。施莱尔马赫的自然神学理论被称为"斯宾诺沙主义和观念论的融合"。① 虽然人的自我是宇宙的一部分,对施莱尔马赫来说,它们也仍然是自由的、自主的和非常个人的东西。理性,表现在人中则是高层次的东西,但表现在自然中是很低层次的。所有的现实都是理性的。因此,自然法则和人类法律是完全不相冲突的。施莱尔马赫的伦理学的根本命令是:"做一个唯一的你自己,并根据你特有的本性来行动。"②

2. 黑格尔

要确定黑格尔(G. W. F. Hegel, 1770-1831)在伦理学史上的地位,并不是一件容易的事情。有些伦理学史学家干脆就不提他。也许可以说,黑格尔有他自己的法哲学、历史哲学、社会哲学等等,但他并没有自己的伦理哲学。但是,因为他曾经影响了那么多后来的伦理学者,无论其影响是正面还是负面的,他的观点的确值得我们注意。我们不可能对他做出详尽的描述,只能选择介绍他几个比较重要的学说。

黑格尔早期的一些著作是在十八世纪末期完成的。它们把基督教道德与康德哲学中的伦理观点相比较。这些著作集中在《早期神学著作》(Early Theological Writings)这个翻译本中。其中的一篇《耶稣的生平》

---

① Frank Thilly and Ledger Wood, *A History of Philosophy*, 3rd ed. (New York: Holt, 1957), 475.

② Schleiermacher, *Monologues*, trans. H. L. Fries (Chicago: Open Court, 1928); the second monologue is reprinted in Robinson, *Anthology of Modern Philosophy* (New York: Crowell, 1931), 523-36.

(*Life of Jesus*,1795)把基督描述成一个伦理学教师。《精神现象学》(*Phenomenology of Mind*,1807)标志着黑格尔对哲学的个人方法的开始。这部著作探讨了很多有关伦理学和其他哲学的关系问题。1821年,黑格尔出版了《法哲学原理》(*Outlines of the Philosophy of Right*),它是了解黑格尔伦理观点的重要资料。黑格尔的演讲稿被编辑出版了许多卷,其中之一是《历史哲学讲演录》(*Philosophy of History*)。他死后出版的《伦理学体系》(*System of Ethics*)的框架虽然由黑格尔自己在1802年完成,但这部著作在表述黑格尔的伦理思想内容方面做得非常不好,我们在这里提及它只是为了资料的完整性。①

在他早期著作中,黑格尔试图用康德体系来理解伦理学。比如《基督教的精神》(*The Spirit of Christianity*)就告诉我们说,耶稣是从对犹太传统抱着墨守成规的态度(一个由外在力量强制的道德性)而发展为去关心满足人类需要的道德性。耶稣这种新道德是建立在自治的人类意志基础上的。尽管在这个解释中应用了康德主义的手段,黑格尔却指责康德自己错误地去谈论"一个——要求遵守那些指令人们去爱的法律的——祈求"。黑格尔认为,把爱建立在指令的基础上是错误的:"在爱的领域,任何有关义务的想法都不存在。"②

在十九世纪初的十几年里,黑格尔建立了自己关于哲学是什么和做什么的观点。他的观点在现代就代表了康德、费希特和谢林的思想(虽然谢林和康德是同时代人,但谢林出版过几本后来康德读过的书)。黑格尔仍然是一个观念论者,但他把观念论的理论推进到超越"观念"原来作为个人意识表达的意涵,并使它更接近一种认为所有的事物和事件都是具体地出现于思维之中的学说。现实完全是合理的,因为任何事件都可以有一个理性的解释,而哲学所用的解释方法是辩证法。黑格尔的辩证法是一个三阶段的过程,从一开始关于某些事物的正面肯定出发(正题,thesis),通过对前一阶段命题进行对照否定的第二阶段(反题,antithe-

---

① Cf. H. A. Reyburn, *The Ethical Theory of Hegel* (Oxford: Clarendon Press, 1921), xiii.
② See Hegel, *Early Theological Writings*, trans. T. M. Knox (Chicago: University of Chicago Press, 1948), 205–09.

sis),到放弃前两个阶段并将它们转变为相互结合在一起的第三阶段(合题,synthesis)。那个被放弃并使其升华为更高层意义的东西,称为"扬弃"(aufgehoben,德语,相当于英语的 cancelled)。玫瑰开花被作为这个辩证法的例子。首先,必然要有一个玫瑰花蕾(正题),然后花蕾必然不再继续做花蕾(反题),第三步,放弃了的花蕾必然引起一个新事物的出现,也就是来自前两个阶段的鲜花(这个高潮就是合题)。这就是所有精神和物质发展过程的三阶段模式,这个新的逻辑应该被应用到所有哲学的解释中去。这个辩证法理论在《精神现象学》中有非常详细的论述。① 自然、意识、历史、文化、艺术和宗教都是辩证地发展的。伦理学也是这样,因为它就是对思维演变过程的一个独特的描述方法。②

上帝是那个观念,是从潜在性方面观察的宇宙;思想和精神是这个观念在具体演变过程中的实现。思想在许多层次的发展过程中表达了自己。《精神现象学》对辩证法过程的陈述,是通过方法论,通过各种意识和自我意识的阶段,通过在自身、自然和自我意识中的理性,通过客观具体化的精神、道德、宗教和艺术,最后到达普遍哲学科学的阶段。考虑到道德现象,黑格尔说:

> 当我们看这个世界的道德观点时……构成起点的第一个阶段,是实际上的道德自我意识……由于属于道德的东西毕竟只能到它完成为止才是道德的——因为义务是纯洁的最终原则,而道德性只是存在于对这个纯洁原则的遵守中——因此,第二个命题就是,"并不存在着属于道德的实际现存事物"。但是,因为在第三阶段,它应该就是其本身,应该是义务和实际道德性的内在统一……在这个对前两个命题的综合统一的最后目的或目标中,这个自我意识的现实性以及义务,只能以一个被超越或被取代的时刻而得以肯定。③

---

① Hegel, *Phenomenology of Mind*, trans. J. Baillie (London: Macmillan, 1931), 149-78; here, the dialectic is applied to sense certainty and perception.
② Cf. Reyburn, op. cit., 76.
③ *Phenomenology of Mind*, trans. Baillie, 625-26.

换句话说,伦理学研究的进程是这样的:它从某些关于道德性比较低级的普通概念出发,通过一个认识到这样道德性并不具有现实性的阶段,到达一个能够提出一种道德哲学的综合阶段。

黑格尔的《法哲学》提供了一个以正确和错误来表述的更高层级的伦理学。思想,作为客观的具体化的东西,导致了"抽象权利"的产生。Recht,这个德文术语,类似于拉丁文的 jus,在英文里没有精确的对应词。从广义上说,它表示道德、守法、值得宣扬的善。具体来说,黑格尔认为,财产制度(一个人被迫拥有一件东西的权力)提供了一个伦理学能够借此开始发展的命题。① 财产权利是普遍意志或理性意志的具体化之一。② 意志,有个人的和普遍的意志,它是意识中的那样一个方面,在其中自由将成为现实。跟理性意志相违背的自愿行为是错误的,而且是与原来的正确性对立的东西。③ 对于这些错误的惩罚是符合逻辑要求的。道德性本身,就是个人的意愿和其理性意志或关于应该怎么样的观念之间的和谐统一。

在《精神现象学》的某个部分,黑格尔论及实际可观察到的体现在一系列习俗中的伦理生活,并把它看作是某种低于道德的东西。④ 但在(大概十五年之后的)《法哲学》中他又把道德看作是在伦理生活内容中具体化了的抽象的概念。伦理生活是社会的、客观的,而且比道德有更深远意义的东西。⑤ 在伦理的辩证法中,一个关键系列的演变是从(1)作为个人主观倾向的目的,通过(2)作为被建议的行为必要品质的意向和身心健康,到达(3)善良或邪恶的最后综合。其中最根本的是"伦理系统"的概念。正如下面的陈述:

> 伦理系统是自由的观念。它是那个活跃的善,它在自我意识中拥有认识力和意志力,并通过自我意识的行为而拥有现实性。在另

---

① Hegel, *Philosophy of Right*, sec. 44; these section nos. are retained in the Dyde and Knox versions, and also in Sterrett's digest.
② Ibid., sec. 75.
③ Ibid., sec. 82.
④ See the Baillie trans., 381.
⑤ *Philosophy of Rights*, secs. 142-57.

第十一章　德国观念论伦理学

一个方面,自我意识在伦理系统中找到它的绝对基础和动机。因此,伦理系统就是在现实世界中和在自我意识的本性中发展起来的自由观念。①

义务,对黑格尔来说,是从意志的理性本质中传达出来的道德法律,而道德良心只是有效能的义务。② 这里有关"主观性"的概念对黑格尔很重要。近来的现象学是否是黑格尔思想的直系后代,在当前是个有争议的话题。③ 但是,黑格尔以一种独特的方式使用着现象学中的这个"主观性"概念。这一点在类似下面这样的文字里就很明显:

当个人在其个人意志和良心中放弃他的自我主张以及跟伦理的对抗时,实质的伦理真实性就实现了它的权利,而这个权利又获得它应有的东西……主观性是实质的绝对形式和实际存在的现实。作为主观的对象、目的和力量,主观和实质之间的差别,正如形式和事物之间的差别一样,(在这个时刻)也就立刻消失了。④

黑格尔继续说,主观性是自由观念真正存在的基础,而在伦理学中,主观性是个人自我决定和道德自由的真实存在。

对"伦理系统"观点的另一个非常重要的黑格尔主义方法存在于对社会生活发展的认识之中。这也许是黑格尔对伦理学的最大贡献之一。它意味着一种新的历史学和政治学理论。当道德性被具体化并成为家庭、公民社会并最后成为国家生活中的重要实质内容时,就出现了伦理生活的进化发展问题。家庭是至少两个相爱的人的联合体。⑤ 公民社会是一个所

---

① *Philosophy of Rights*, sec. 142; trans. S. W. Dyde, reprinted in Rand, *Classical Moralists*, 605.
② Ibid., sec. 137; see Reyburn's comments, op. cit., 173–74.
③ Eugen Fink, *Sein, Wahrheit, Welt* (The Hague: Nijhoff, 1958), 47, denies such an influence; for the opposed view, see E. Gilson, T. Langan, and A. Maurer, *Recent Philosophy: Hegel to the Present* (New York: Random House, 1966), 679.
④ *Philosophy of Right*, sec. 152; trans. Dyde, in Rand, 608–09.
⑤ Ibid., sec. 158.

有的人都依存于它的全体,同时所有的人又保持着相互独立的状态。它是建立在需要(wants)的基础之上的。国家是一个具体的制度,这个制度统一了它的成员们的伦理生活,并为他们创造了一个更高水平的伦理生活的现实。有时候,黑格尔的国家概念带有一点神秘色彩。在《历史哲学》中,他告诉我们国家是"理性自由的化身",而且它是"在人的意志及其自由的外在表现中的精神的概念"。① 因为上帝也是精神的概念,这就等同于把民族国家相当夸张地偶像化了。它离极权主义只有一步之遥。②

黑格尔伦理学著作的后期影响是深远的。有时候(参考《法哲学》的序言)黑格尔以新教徒哲学家和欧洲宗教改革者路德(Luther)继任者的面貌出现。一些德国神学家,包括海德堡的卡尔·杜伯(Karl Daub, 1763-1836)和柏林的马海内克(P. K. Marheineke, 1780-1846),把他的辩证法和伦理系统理论应用到基督教的宗教研究中。他们被称为右派黑格尔主义者。另一派的学者采纳了黑格尔关于宗教只是朝向最后综合(也就是他的伦理哲学)的发展过程中的一个阶段的说法,并认为基督教已经过时了。这些左派黑格尔学者(大卫·斯特劳斯,David F. Strauss, 1808-1874,和路德维希·费尔巴哈,Ludwig Feuerbach, 1804-1872)强调黑格尔思想中的唯物论和无神论内容,并影响了卡尔·马克思(Karl Marx)。几乎所有现代伦理学史家都受到黑格尔方法论的影响。最早的伦理学史著作之一,是黑格尔的学生利奥波德·冯·亨宁(Leopold von Henning, 1791-1866)写的《历史发展中的伦理学原理》(*Principien der Ethik in historischer Entwicklung*, 1824)。最后,我们可能会注意到,从克尔凯郭尔(Kierkegaard)到现在的存在主义者,除了他们都有相似的怀疑态度之外,对黑格尔的思想也都很少认同,并且不喜欢黑格尔那种概念化的体系建立方法。

雅各布·弗里斯(Jakob Friedrich Fries, 1773-1843)是康德的追随

---

① Hegel, *Philosophy of History*, trans. J. Sibree (New York: Willey, 1900), 47.
② Cf. W. T. Stace, *The Philosophy of Hegel* (New York: Dover, 1955), 374-438; and the whole argument in Sidney Hook, *From Hegel to Marx* (New York: Reynal & Hitchcock, 1936; reprinted, New York: Humanities Press, 1950).

者,并把康德主义伦理学发展成了唯心论的折衷主义。弗里斯在伦理学方面的主要著作是《权利学说》(Doctrine of Right, 1804)和《伦理学》(Ethics, 1818)。在这些著作中,伦理学的作用是去分析和验证一般经验的道德意义。弗里斯在他的心理学中大量应用自省方法,而他的伦理学也强调内心经验。在弗里斯对康德实践理性的理解中,有一种把道德信仰看作是宗教感觉之表达的主张。莱奥纳多·内尔松(Leonard Nelson, 1882-1927)把弗里斯的思想介绍到美国,并在美国为这个学派设立了"内尔松基金"。

约翰·弗里德里希·赫尔巴特(Johann Friedrich Herbart, 1776-1841)的学说代表了对十九世纪德国盛行的观念论的反应。他的多元论形而上学与莱布尼茨哲学相似,但赫尔巴特的心理学著作使人们开始关注经验资料在伦理学中的重要性。除了《心理学教程》(Textbook in Psychology, 1816)外,赫尔巴特对伦理学文献的重要贡献是《实践哲学》(Practical Philosophy, 1808)。他的知识理论是属于现实主义的:我们知道物质世界是一些简单要素的聚合,真实事件就在其中发生;①而在另一方面,我们并不了解人类心灵本身。正如下面这些文字指出的:

> 心灵既不具有内在本性的天赋才能,也没有任何接收或产出的功能……它本没有概念,也没有感觉,也没有欲望。它既不了解自己,也不了解别的东西,而且它不具备任何认识和思想的形式,没有关于意志和行为的法规,甚至连这些方面的遥远倾向也没有。②

对先验论(a priori)的这种有力反驳,引出了赫尔巴特如下主张:感觉和欲望应该包括偏好和排斥的行动,再加上"某些客观的东西"。他是对有关客观目标和真实价值的这门科学进行实验尝试的先锋人物。

赫尔巴特从美学角度来研究感觉和意志的功能,对他来说,伦理学是

---

① Herbart, *Textbook in Psychology*, trans. M. K. Smith (New York: Appleton, 1891), III, 1; Robinson, op. cit., 635.

② Ibid., trans. Smith; in Robinson, 634.

美学的一个分支。伦理判断来自五个有关意志的关系。我们会赞同（1）一个人要跟他的基本信仰保持一致的意志关系（自由的观念）；（2）一个人要跟他相同意志的其他努力保持一致的意志行动的关系（和谐的概念）；（3）一个人的意志与另一个人的意志的满足的关系。我们不会赞同（4）几个意志相互阻扰对方的关系（正义的概念）；以及（5）有意的善或恶没有得到相应回报的关系（奖惩的概念）。这是要在直接经验中去发现某些基本道德观念的一个有趣的努力。①

弗里德里希·贝内克（Friedrich E. Beneke, 1798-1854）在他的著作中对心理学的应用方法跟这个有点类似。他的《实践哲学的自然体系大纲》(*Outlines of a Natural System of Practical Philosophy*, 1837)反对康德伦理学，并提出了一个具体以善恶来进行价值判断的理论。他比其他人更倾向于认为人类本性具有一种对某些价值评估方法的偏好。贝内克描述了评定善恶所需要的认识能力上的五个关系或基础：(1)基本功能的本质；(2)基本功能通过印象的发展；(3)这些功能之产出的复杂程度；(4)这些产出的持久性，以及(5)这些产出的纯洁性。② 很明显这是努力提出一个可用于伦理价值评估的经验主义等级。

3. 弗里德里希·谢林

另一个德国观念论伦理学的发展方向表现在弗里德里希·谢林（Friedrich W. J. von Schelling, 1775-1854）的观点中。史学家通常把谢林放在黑格尔之前来介绍，因为他影响了黑格尔的思想发展，尤其是在方法论和自然发展中的绝对观念上。跟费希特和黑格尔一样，谢林也使用辩证法的逻辑（行为、行为对立面、综合）来解释各种过程。但是，我们这里感兴趣的是谢林后期的伦理学立场，那时候他已经放弃了理性主义的逻辑而转向宗教感觉的浪漫主义。这个浪漫主义时期的开始，可以以他《论大学的学习》(*On University Studies*, 1803)的出版为标志。该书概括

---

① See the appraisal in Thilly and Wood, *History of Philosophy*, 495.

② Beneke, *Grundlinien des natürlichen Systems der praktischen Philosophie* (Berlin, 1837), I 3; partly Trans. in Rand, *Classical Moralists*, 634.

了他早期的哲学思想。后期的关键著作是《对人类自由本质的研究》(*Philosophical Investigations on the Essence of Human Freedom*, 1809)和《世界的时代》(*The Ages of the World*, 1811)。

《论大学的学习》中的第十四讲是其系列讲座的最后一个,其中我们可以看到他把艺术哲学看作是宗教和伦理信息的可能来源的主张。当谢林进入老年,并受到耶拿的施莱格尔兄弟(Schlegel families)和天主教徒巴德尔(Franz von Baader)的影响,他越来越强调人类和神的意识中非理性的、阴暗的、模糊的深层世界。从某种意义上说,上帝和世界是同一体,但谢林在反驳对他的泛神论的指控时解释说,上帝是祖先,而世界是后代。这种观点表达在《论人类自由》一书中。他确信人类是自由的,因为他们具备善和恶的力量。① 在人类精神的黑暗深处,谢林发现倾向于非理性和邪恶的感觉与行为的驱动力和冲动。随着一个人变得成熟,这些底层的本性被带到光明下并受到成长中的理性力量的控制。但是,它们仍然是属于人类自由的某种基础。也许这是他后期的主要伦理学观点(很大程度上被有关谢林的二手资料忽略了):伦理生活中有一个感觉和想象的维度,它是超出了理性空间的。如果说直到谢林为止的德国伦理学者把伦理学看作是有关自愿活动的理性说明,那么他现在要坚持的是,伦理的个人性质值得讨论的东西比这些要更多。毫无疑问,他直接或间接地增加了人们对弗洛伊德所强调的无意识(哈特曼,Eduard von Hartmann, 1842-1906)和下意识的内在驱动力的关注。

4. 阿图尔·叔本华

十九世纪德国伦理学发展中的最后一个重要人物是阿图尔·叔本华(Arthur Schopenhauer, 1788-1860)。但他从来没有被当时的学术界完全接受为一个严肃的哲学家。叔本华的第一部伟大著作是《作为意志和表象的世界》(*The World as Will and Idea*, 1819),其中第四部的一部分专论

---

① Schelling, *Philosophische Untersuchungen über das Wesen der menschlichen Freiheit*, in Werke(Munchen: Hueber, 1928), IV, 244.

伦理学话题。几年后,在1839-1840年,叔本华写了两篇长篇应征论文,一篇论意志自由,另一篇论道德基础。这两篇论文于1841年以《伦理学的两个基本问题》为题出版。最后,他的一些杂文和笔记也以《附录和补遗》(*Parerga und Paralipomena*, 1851)为题出版。正是这些流行的叔本华论文选集的廉价出版本和翻译本,使他获得了"育婴女佣的哲学家"(Philosopher of nursemaids)的名声。

《作为意志和表象的世界》是一部形而上学巨著。它认为涉及所有事物并导致事件产生的基本活力是"意志"。[①] 叔本华对此的形而上学表述是:"作为表象的世界完全是意志的镜像,其中,意志了解自身在独特性和完整性的递升层级中的位置,它的最高层级就是人。"[②]我们在这里看到的,是德国观念论的另一个版本:所有事物不再是思维的变体,而是无限意志中的泡沫。

从个人的角度看,人是世界的外表和现象的一部分;作为物自体(things-in-themselves, 或康德所说的本体, noumena),人类是联合在永恒意志之中的。自由属于本体意志,而不属于个人现象的阶层。因此,作为个人的人并不是自由的。[③] 意志是一个持续的过程,它永远在努力,却没有一个最终目标。构成宇宙的整个意志事件系列并没有一个明确的意图。叔本华在这里是要反驳黑格尔主义和一般观念论所认为的万事都有一个理由的主张。他不这样认为。满足或幸福都是相当负面的。它是由痛苦的解除所构成的。[④]

对叔本华来说,好和坏是伦理学的基本概念,但本质上它们是相互联系的。好就意味着"一个目标与意志的任何明确努力的一致性"。对一个人是好的东西,也许对下一个人是坏的。不可能有更高的或绝对的好,因为那就将意味着意愿的最终满足,而根据叔本华的初始定义,意志永不停止它的欲望和努力。强力的意愿是不可避免的痛苦的来源。坏人必然

---

① See Bourke, *Will in Western Thought*, 205-08, for an extended analysis of this theory of volition.
② Schopenhauer, *The World as Will and Idea*, IV. 54.
③ Ibid., sec. 55.
④ Ibid., sec. 58.

要忍受道德良心的谴责,而好人必然要面对因为无止境的欲望而产生的挫折。要做到正义或正确,就不要去否定别人的意志。对永恒的自由意志来说,不存在什么道德命令或"应该"。①

下面这段文字表达了这个相当于否定了生活中的意志的"禁欲主义原则"(了解到个人的区别和努力只是表象,因此要放弃个人意志的努力):

> 当我们的研究把我们带到这一点上,这里我们面对的是完美的神圣,是否定和放弃意志,并因此,我们看到其所有存在都在受苦的世界得以解放,它看起来就像是消亡在空洞虚无之中。我们面对的,的确只是虚无。②

这是叔本华悲观主义伦理学的坦率表达:自杀不仅把一个人从无意义的意志力量过程中解放出来,而且自杀本身也只是在一个永恒过程中的又一负面事件而已。

《论意志的自由》于 1839 年获得挪威科学院论文奖,它被认为是一项杰出的功绩。叔本华用了大约 90 页来辩解,人的意志中不存在自由。"我们前面的研究结果,就让我们认识到人类行为的所有自由的完全无效性,以及它对严格必然性的绝对服从。"③但是,在其结束处叔本华又突然说,如果我们避免对我们行为的责任心,我们也许可以从这个道德事实上选择一条新途径,并得出人类行为(不是作为个人的事件,而是存在于所有人的整体事件和作为人的本质)是自由的。④ 在这个论述过程中,叔本华介绍了各种自由意志理论的历史,详尽而博学。

在其第二篇(没有获得 1840 年丹麦科学院论文奖)应征论文《论道

---

① Schopenhauer, *The World as Will and Idea*, IV, sec. 66.
② Schopenhauer, *The World as Will and Idea*, sec. 71; trans. R. B. Haldane and J. Kemp (London: Kegan Paul, Trench, 1883–86).
③ Schopenhauer, *Essay on the Freedom of the Will*, trans. K. Kolenda (New York: Liberal Arts Press, 1960), 93.
④ Ibid., 97.

德的基础》中,叔本华对康德伦理学提出了长篇的严厉批判,并在后面也简短地驳斥了费希特的道德哲学。① 他的许多评论不公正且过分,因此丹麦科学院没有让他获奖。但是,在这个论文中的后半部分,叔本华提出了一些具有伦理学重要意义的理论。他在这里提到,对一个有道德价值的行为的检验标准,就是这种行为必须要出自对他人的同情。② 这就是叔本华最著名的同情或怜悯伦理学。"只有源于同情的行为才具有道德价值,任何源于其他动机的行为都不具有。"于是,在他眼里的两个重要美德都属于利他主义。它们就是正义和仁爱,都有自然同情的根基。这种感觉就是普通知识中的道德标准。在形而上学方面,叔本华把他的伦理学建立在这个信念上:有美德的人"比其他人更少具有不同于别人的特性"。③ 换句话说,邪恶的真正原因在于把人们加以区分的表象之差别。如果能够做到让大家都统一在同一个意志状态下,这在伦理上是值得期盼的事情。叔本华受到他读的印度宗教著作的影响,采纳了一种类似涅槃(Nirvana)的立场。

《附录和补遗》这部流行很广的作品包含了他对生活和人类的各种观察,风格简洁明快。他在一个地方解释为什么"每个苹果都有一条虫",在另一个地方又谈论为什么漂亮女人总选择一个丑的人做伴。它们形象地表达了他在道德领域的悲观主义,但这本书对有关叔本华理论伦理学的严肃研究不具根本价值。

尼采(Nietzsche)继承了德国伦理学中的这个唯意志论传统,并对此做了较大的改变。我们将在第十八章继续追述这个学派的影响。

德国观念论伦理学的一个不平常的发展与马克斯·施蒂纳(Max Stirner, 1806-1856)有关。他是柏林一家女子学校的教师,真名叫约翰·卡斯帕·施密特(Johann Kaspar Schmidt)。他的《唯一者及其所有物》

---

① Schopenhauer, *On the Basis of Morality*, trans. E. F. J. Payne (New York: Library of Liberal Arts, 1965), 49-115; his discussion of Fichte's ethics is on 115-19.
② Ibid., in Payne, 144.
③ Schopenhauer, *On the Basis of Morality*, trans. E. F. J. Payne (New York: Library of Liberal Arts, 1965), 49-115; his discussion of Fichte's ethics is on 204.

(*The Individual and His Unique Quality*, 1845)是对伦理道德在社会中作用的一种反抗。施蒂纳的思想方式看起来就像是十九世纪的披头士(beatnik),但他通常被认为是伦理上的无政府主义者。在其一般哲学中,他是一个左翼黑格尔主义者。施蒂纳认为个人应该不受任何社会限制地自由表达自己。他的伦理命令号召他的同时代人:"做一个自我主义者!蔑视社会道德的幻想!别做概念的奴隶!"①施蒂纳也许把伦理学向极端自我主义方向推进到了最大可能的程度。

德国医生鲁道夫·赫尔曼·洛采(Rudolf Hermann Lotze, 1817-1881)因为在其巨著《小宇宙》(*Microcosmus*, 1856-1864)中让心身平行论(Psychophysical parallelism)再次复兴而受到哲学史上的注意。他《哲学体系》(*System der Philosophie*)一书中计划要讨论伦理学的第三卷没有完成,但他的《形而上学》(*Metaphysics*, 1841)反映了一些把他的方法论应用到伦理学方面也可能做到的东西。《短文集》(*Kleine Schriften*, 3 vols, 1885-1891)一书收集了他讲课时的一些学生笔记(包括了一些伦理学方面的内容)。洛采说,人的意志并无任何力量来促成身体的变化。如果我有这样的印象,以为我能够随意地移动我的手,这其实是"本性"在某些意志行动的状态下移动了身体。② 从伦理上看,这种观点某种程度上减少了身体在道德活动中的重要性。

尽管洛采在生理学和心理学方面持有几乎是机械主义的观点,他却对莱布尼茨形而上学和费希特观念论伦理学非常感兴趣。他拒绝有关人具有道德上的先验倾向的主张,并认为费希特坚持的一般道德意识通过个人生活而表达自己的理论具有某种重要性。因此,洛采认为我们的道德意识证明了世界和人类生命是有目的的。人的道德努力应该指向的目标,就是那至高价值——上帝。③ 他在价值评估方面应用经验主义方法的努力在价值论史上具有重要意义。

---

① Stirner's view are well outlined in Narcyz Lubnicki, "L'Homme et la valeur," *Memorias del XIII Congreso de Filosofia* VII (Mexico, 1964), 308 ff.

② Lotze, *Microcosmus*, III, 1; trans. E. Hamilton and E. E. C. Jones (New York: Scribner's, 1887), I, 286-87.

③ Ibid., IX, 4, 2.

著名的经验论心理学家威廉·冯特(Wilhelm Wundt, 1834-1920)也在伦理学方面有相当多的贡献。他写的教科书《伦理学》(*Ethics*, 1886)被广泛应用于十九世纪后期的伦理学课堂,并在英国也获得极大成功。除了从社会心理学角度对许多人非常经验主义的道德主张的资料做了介绍之外,冯特也把一般意志作为客观道德标准的来源来使用,这方面,他与卢梭,当然也与康德很相似。十九世纪末期,对康德主义的兴趣大大增加,这个现象不仅出现在德国,也出现在法国、英国和美国。引人注目的康德思想诠释者是弗里德里希·保尔森(Friedrich Paulsen, 1846-1908)。在德国玛堡(Marburg),赫尔曼·科恩(Hermann Cohen, 1842-1918)则回归到康德原来的伦理学。

鲁道夫·奥伊肯(Rudolf Eucken, 1846-1926)写过一系列著作,构成其关于精神生活的伦理理论。作为马克斯·舍勒(Max Scheler)的老师,奥伊肯影响了德国现象伦理学的早期发展方向。他的《生活的价值与意义》(*The Value and Meaning of Life*, 1907)和《精神生活》(*The Life of Spirit*, 1908)被译成了英文。奥伊肯建立了一个(包括自然主义者、唯美主义者和唯灵论者)"多种生活方式"的理论,来演示拥有精神自由的生活的优势。

至此,我们结束了对十九世纪德国伦理学的介绍。它在这方面的贡献经常没有得到充分的认识,特别是在英语国家。但是,二十世纪早期曾经有过这么一段时期,在美国,甚至在英国的很多伦理学者们都要查阅德国著名大学的毕业论文,作为他们准备伦理学教学最漂亮的准备工作之一。正如我们在后面的章节中将要看到的,德国伦理学的观念论思想甚至在当前仍然对道德哲学上的价值论、存在主义和唯灵论等类别有着重大的意义。

第十二章 法国和拉丁美洲的唯灵论伦理学

这一章所讨论的伦理学对于英语读者来说会比较生疏。这种唯灵论道德哲学发展于法国所谓的"精神哲学"(la philosophie de l'esprit)运动，但在意大利和西班牙也很重要，并且是拉丁美洲大多数地区的主流伦理学观点。法语的 esprit 并不能由一个英语对应词汇来转译。它当然意味着精神和思维，但也暗示着人类高级意识中发现真实的、并几乎是纯粹非物质的东西。这个"唯灵论"有时是强调思维的直觉和认识方面，在另外一些场合它又是强调思维在意愿和情感方面的功能。无论如何，它都是对唯物主义的否定。

我们在这里讨论的伦理学者大多被认为是"基督教人格主义者"。这个称呼在意大利和西班牙语的国家很流行。它稍微带点观念论色彩，相信最好是通过个人意识来探究到底什么是最真实的东西。物质世界的存在并未被普遍否定，但是身体被认为没有精神那么重要，也没有那么真实。持这种人格论或唯灵论伦理学观点的人，大多数都有强烈的基督教宗教信仰，许多是天主教徒。但这并不意味着他们是托马斯主义者。他们中很少有人对阿奎那思想有比较具体的了解。圣阿奎那只是它早期的一个重要影响人物。笛卡尔所强调的"我思"(cogito)，以及某些德国观念论和浪漫主义的学说，也是其影响来源。总体上说，英国和北美的伦理学者们对这个思潮几乎没有什么兴趣。在美国，人格主义在哲学中所表达的意思也相当不同。在这个国家里与唯灵论最相近的哲学研究方法是布朗森(Orestes Brownson, 1803–1876)的"基督教哲学"。而布朗森自己其实是得益于两个唯灵论伦理学者,库辛(Victor Cousin)和乔贝蒂(Gioberti)的哲学。①

1. 尼古拉斯·马勒伯朗士

第一位唯灵论伦理学者是尼古拉斯·马勒伯朗士神父(Nicolas Malebranche, 1638-1715)。他既有某种笛卡尔主义倾向,又是奥古斯丁的好学生。史学家经常注意到他有关知识和真理的引人注目的理论,却忽略他的伦理学。马勒伯朗士推测,所有的事物都存在于上帝创造性思维的相应观念(ideas)中,我们则通过上帝装在我们思想中的这些"观念"去认识它们。树木和海洋等东西,并不一定要有物质的存在,因为即使被创造的东西并不存在,上帝也可以把这些客观对象的观念提供给我们。但是,我们根据神的启示而相信这个有限创造物的世界的存在,我们除了通过神根植于我们的这些观念,并不了解它们。这就是马勒伯朗士在《寻找真理》(*Search for Truth*, 1674)和《形而上学对话》(*Dialogues on Metaphysics*, 1688)中所告诉我们的。它把奥古斯丁关于神的启示的学说应用到笛卡尔主义的形而上学和心理学问题上。

其实马勒伯朗士在道德哲学方面著述甚丰。《谁来证明宗教和道德真理的基督教讨论》是其早期著作之一。(*Christian Discussions in Which One Justifies the Truth of Religion and Morality*, 1675)。他的《道德论集》(*Treatises On Morality*)1683 年第一次出版,该书 1697 年修订版中,加入了《论对上帝的爱》(*Treatise on the Love of God*)。在这些著作中,同样也在他其他思辨文章中,他总是不断告诉我们,个人的思维并不是普遍之物,而是由神的理性按照要把我们的理解对象变成在所有思维中普遍之物这样的方式,来刻印或启发在我们思维中的。知识是"客观的"这句话应该从这个概念上来理解:它验证了精神在任何时间任何场合的有效性。② 这就是法国唯灵论的开始。正如马勒伯朗士简

---

① See the outline of Brownson's views in Gilson-Langan-Maurer, *Recent Philosophy*, 567–87.

② For this objectivism in French idealism consult Gilson-Langan, *Modern Philosophy* (New York: Random House, 1963), 99.

第十二章 法国和拉丁美洲的唯灵论伦理学

明地总结的：

> 人的理性就是上帝自己的语言或智慧，因为每一个被创造物都是独特的，但人的理性是共同的。如果我自己特有的思维就是我的理性和启发的话，那我的思维必然也是所有智性者的理性……我所感觉到的痛苦，是对我自身真正实体的修改，但真理是所有精神主体共同拥有的东西……因此，通过理性方法，我就有了，或者可能就有了，与上帝以及所有其他人的某些交流，因为他们都在智慧和理性方面拥有一些我同样拥有的东西。①

马勒伯朗士反对一切把愉快作为道德活动检验标准的论点。如他所解释的："愉快是美德的奖励，因而不可能是美德的基础。"②（廊下派的）自然秩序也不可能是道德法则的基础。马勒伯朗士能够看到的道德或伦理判断的唯一基础，就是"对秩序的爱"，是愿意与上帝的一般意志和谐共处的愿望。出于对秩序的爱而准备接受上帝的法律，这就是一种美德。这种美德要求具备两种品质："精神的力量"和"精神的解放"。那种从普遍真理（上帝的别名）那里去获得对于人类行为完整概念的习惯，就是精神的力量。另一方面，拒绝令人迷惑的观念和拒绝所有看起来自身体的主张（比如情欲所引起的变动）的习惯，是精神的解放。培养这两种重要美德并非易事，它需要神的特殊恩惠来帮助我们在这个以永恒幸福为顶峰的热爱上帝的道路上前进。③

马勒伯朗士伦理学属于神学范畴的理论，它认为人类行为之所以好，就是因为上帝直接把它造成这样；和奥卡姆不同，马勒伯朗士不认为上帝在某些场合可能会"改变自己的思想或意志"。一般理性的普遍性和客观性，是他对伦理原则稳定性的信心基础。这个"精神"——超越所有个人局限性并保留个性中意愿和智力上的独特品质——所暗含的东西，是

---

① Malebranche, *A Treaties of Morality*, trans. James Shipton, in Rand, *Classical Moralists*, 286.
② Ibid., 293.
③ Cf. Gilson-Langan, *Modern Philosophy*, 104–06.

后期基督教人格主义的全部内容。

2. 曼恩·德·比朗

另一位属于这个思想潮流的很不平常的法国天主教思想家是曼恩·德·比朗(Maine de Biran, 1766-1824)。他既不是教师也不是作者,而是一位政府职员。他的著作都是些零星片段的东西,也都在他死后才出版。《人身体与道德的关系》(The Relations between the Physical and the Moral in Man)写成于1820年,作者去世十年之后才出版。其他重要著作还包括《心理学的基础》(Essay on the Foundations of Psychology, 1812)和《人类学新论》(New Essays in Anthorpology, 1823)。亨利·古耶(Henri Gouhier)的选集(法语版)是这方面很好的参考资料。

很难知道曼恩到底读过些什么书。很显然,笛卡尔和马勒伯朗士是他的思想基础。他也了解康德的某些思想,并受其影响。当然,他很了解十八世纪的哲学,尤其是孔迪亚克(Condillac)的哲学。曼恩最基本的兴趣在于灵魂或精神,但是和马勒伯朗士不同,他追究到的灵魂或精神的基础动力是意志。不像他在讨论意识的初始表现时所做的那样,他对精神生活的解释并没有太多地从上帝那里去理解(尽管他是个虔诚的信徒)。"我们的确感觉到我们个体性或存在性的现象,但并未感觉到灵魂的实体性。"[1]重要的是要发现那些使自我区别于他人的那些属于独特品质的活动的根本来源。曼恩引入了"内在感觉"的概念来表示我们用来启动并感觉作为动态力量的灵魂功能。我们有一种"对该力量的直接的感觉,而那种感觉不是别的,就是我们活动的感觉与之无法分割的我们的存在的感觉"。[2] 这种存在于每个人身上的基本力量、生命和存在,就是他所称的意志(will),它是充分的和自由的活力。[3] 他的伦理学起点,就是这个心理学上的唯意志主义。如同他

---

[1] These words of Henri Gouhier are quoted in Gilson-Langan-Maurer, *Recent Philosophy*, 182.

[2] Maine de Biran, *Fondements de la psychologie*; see the text in H. Gouhier, *Oeuvres choisies de Maine de Biran* (Paris: Aubier, 1942), 87.

[3] Maine de Biran, *Nouveaux essays d'anthropologie*, in *Oeuvres*, XIV, 333.

第十二章 法国和拉丁美洲的唯灵论伦理学

所说明的：

> 我愿望,我行动,因此,我是我自己。
>
> 我不是一个没有确定方向的思想者,而非常明确的是一个意志的力量,这力量通过自己的活力,通过确定自己或把自己带进行动,经过虚幻到达实际。①

人的道德发展的最好途径是自主过程,也就是通过对意愿自由的运用来优化自己的心灵。

有时候,曼恩试图在肉体运动的意识中寻找意志的最初认识,这等于提供一种不同于孔迪亚克关于感觉初始事实的学说。曼恩总是主张,"努力"是有良心的道德生活中最重要的品质。和奥古斯丁一样,他认为人的灵魂处于一种介于下层的身体生活和上层神的生活之间一个不确定的水平。但是他觉得对人的精神来说,最好是停留在他自己的水平上。

> 这是人恰当的和符合本性的状态。在其中他行使所有的本质功能,发展他的道德力量,去与难以控制的动物本能作斗争……在这范围之外,没有斗争,没有努力,没有抵抗,因此也没有"自我";灵魂处于异化的状态,有时候自我神化,有时候向动物方向退化。②

因此,曼恩能够贡献的,并不是关于伦理判断或义务之基础的理论（如果要问他这种事情,他会简单地指向上帝）,而是对人的"精神"意义的扩展。它是动态的力量,是自由的活动,也是自主的活力。它是一种存在的特殊状态。这一点对后来的唯灵论和存在主义哲学家们很

---

① Maine de Biran, *Nouveaux essais d'anthropologie*, in *Oeuvres*, XIV, 275; for more data on this voluntarism, see Bourke, *Will in Western Thought*, 94.

② *Nouveaux essais*; English version from Gilson-Langan-Maurer, *Recent Philosophy*, 189–90.

重要。

并非所有法国唯灵论哲学家的思想都是受宗教启发的。他们中的某些人用德国观念论和苏格兰常识论思想替代了对上帝的爱。维克多·库辛(Victor Cousin, 1792-1867) 把他自己一派思想称为折衷主义。他是一个有才华的历史学家,认为要建立一个可传授的和有用的哲学大厦最好的方法,就是利用过去伟大哲学家们留下来的思想砖瓦。他是认真研究了中世纪思想的几个早期法国学者之一。(他编辑的彼得·阿伯拉尔的拉丁文版本,目前仍在使用。)几年教学生涯(1815-1818)之后,库辛进入管理阶层,最终成为法国公共教育大臣。他的演讲稿编辑出版了几个系列。《真善美》(The True, the Beautiful, and the Good, 1837) 和《十八世纪道德哲学史》(History of Moral Philosophy in the Eighteenth Century, 1839-1840) 是折衷主义伦理学的杰出文献。后者包含很多苏格兰伦理学和道德感觉论的内容。他对德国观念论伦理学的发展也非常了解。

库辛的贡献主要在方法论方面,他认为通过科学方法对哲学史进行研究,对于用专业态度来讨论现代伦理问题也许是必须的。除此之外,库辛并没有其他什么新奇的思想。人们应该首先通过对他有关"真"的了解,来理解他关于"善"的观点。在伦理学上,"职责"(obligation) 是去实现真实而合理的目标的意志。道德义务取决于人的社会存在状态,也就是个人与他人的社会关系。他对于国家和公共教育的重要道德功能的主张,在某种程度上是来源于德国观念论者的思想。[①]

尽管不是基督徒,库辛却看到了存在于基督教世界中的文化传统的重大价值。说到精神哲学,在库辛看来它意味着一个人通过学习,也通过尤其是在美术方面的自我提高的努力,在智力和意志上得到的培养;在那个时期,对法国人来说,un homme d'esprit(一个有思想的人)是一个具有某些天赋,受过逻辑思维和写作训练,接受过美术和音乐欣赏方面的教育的人。库辛的追随者西奥多·乔佛瓦(Theodore Jouffroy, 1796-1842) 非常欣赏并倡导这种符合审美观的理想典范。作为托马斯·里德(Thomas

---

[①] *Nouveaux essais*; English version from Gilson-Langan-Maurer, *Recent Philosophy*, 236.

Reid)著作的翻译者,乔佛瓦推动了常识派哲学在欧洲的流行。他的《新综合哲学》(*Nouveaux mélanges philosophiques*, 1842)收录了一篇根据库辛观点扩展成的道德折衷主义论文。

在瑞士,唯灵论哲学通过新教徒思想家查理士·萨克莱顿(Charles Secretan, 1815-1895)而被赋予了一种宗教背景。他出版过一本诠释库辛哲学思想的书(1868),而他自己的哲学观点则反映在《自由哲学》(*Philosophy of Freedom*, 1849)和《道德原理》(*The Principle of Morality*, 1884)等书中。和曼恩一样,萨克莱顿是一个形而上学的唯意志论者,认为意志是根本现实。上帝既是基督教的神,也是所有伦理荣耀的来源。但是,上帝实质上就是自由,不能局限于用十九世纪的理性主义逻辑来理解。他的基督教的人格主义观点,基本是一种新教徒的道德神学。

该时期的两位意大利思想家,洛斯米尼和乔贝蒂,也属于这个基督教唯灵论运动。虽然都是天主教徒,他们的观点并不代表其宗教传统的典型立场。安东尼奥·洛斯米尼(Antonio Rosmini-Serbati, 1797-1855)是位神父,他试图把黑格尔哲学加以修正并引入意大利知识界。据洛斯米尼,每个人的天生直觉都已经具有了关于做人的基本概念,这种基本概念又建立和启发了其他概念的形成,并把人的心灵建设成"精神的"实在。①洛斯米尼这一观点不仅仅是一种解释人类思想起源的努力,也是一种关于人本身的形而上学。从某种意义上说,人的概念也被视为神圣的。这种学说使洛斯米尼遭到天主教会的非难。至于洛斯米尼不受有限思维影响的不可变目标的直觉到底是什么,争论一直很多。

洛斯米尼的基本伦理命令是:"跟随理性之光"。幸福学(Eudaemonology)这门特殊科学研究人类福利或幸福。人类身体和智性需要的满足,以及个人抱负的实现,是受客观自然物质限制的,但这门科学是着眼于主观的善(人对幸福的获得)发展起来的。另一方面,伦理学则是着眼于客观的善的科学。道德善被定义为客观的善(等同于"做人"的概念),它被知识所认同,并由意志而愿望。和马勒伯朗士的观点一样,"秩序"概念对洛斯米尼也很关键。秩序是不同的完美程度与做人方式之间的关

---

① Rosmini, *The Origin of Ideas* (London: Kegan Paul, 1886), pars. 428-33.

系。良好的意志珍爱做人的秩序。有人把他的观点描述为:它是这样的一种伦理学,认为责任和义务的基础在于通过理性之光对秩序中做人方式的理解……在于由理智而注意到、并由理性而确定的自由地对善的爱。① 在当今意大利基督教唯灵论者中,还有很多洛斯米尼的追随者,我们将在以后的章节里讨论到其中一位杰出人物斯肖亚卡(M. F. Sciacca)。

与洛斯米尼同时代的文森佐·乔贝蒂(Vincenzo Gioberti, 1801-1852)也是一位神父。鉴于政治原因他离开了意大利,并在布鲁塞尔教了十年书。回到意大利后,他做了撒丁地区的行政首长(1849),又作为意大利大使被派往法国。乔贝蒂最后在贫穷中去世。在布鲁塞尔,他出版过《论善》(On the Good, 1848)和《基础科学》(Primary Science, 1857)。《哲学教程》写于1841-1842年,出版于1947年。尽管乔贝蒂与洛斯米尼相互之间激烈攻击对方,但他们的思想却有很多相似之处。

乔贝蒂反对库辛把形而上学基础建立在心理学论证上的主张。基于同样原因,他总是反对洛斯米尼仅仅提出一个关于知识的理论,而不是一个本体论理论。乔贝蒂力图揭示以做人观念的直觉为出发点,与以对人的观察为出发点之间的区别。本体论上首先考虑的东西,跟心理学上首先要考虑的东西是不同的。他把自己的立场称为"本体论主义",他也因为实际宣扬了泛神论而受到批评。但他试图要把我们心中的上帝与上帝本身加以区别。他晚年的《创世论》(Della protologia)仍然认为,本性、天意和启示是对同样的真理所表达出来的不同见解。② 创造只是从本质到具体存在物的一个过程而已。

乔贝蒂反映《论善》中的伦理学理论提出了一个首要格言,"本质创造存在"(being creates existences),并坚持认为离开了这个规则,任何思想和判断都是不可能的。③ 上帝是善的根本原因,因为它是属于本质的。上帝不但通过创造的第一阶段而实现了存在,而且也通过创造的第二阶

---

① Gilson-Langan-Maurer, *Recent Philosophy*, 251.
② Gioberti, *Della protologia*, ed. G. Balsamo-Crivelli (Torino: Paravia, 1924), 103-07.
③ Gioberti, *Del buono*, 8; in edition of Bruxelles: Méline, 1848, 387-88.

段把存在回收到本质。这样,(我们早在柏拉图那里就看到过的)把道德善视为是对上帝回报的观点,又以一种新的面貌在伦理学史上出现了。本质通过人的选择这个中介而创造了善。反过来,选择又通过让感觉服从于法规而产生了美德,而美德又通过调和情感与法规的关系而导致至福。伦理学必然是有目的的,并且属于目的论,因为善是人类行为的最终目的。与费希特和黑格尔一样,乔贝蒂认为人在社会中才能获得一种特殊的道德完善。就他自己的情况来说,意大利当然是一个在全世界所有民族的最终救赎中具有一种特殊宗教和伦理角色的国家。①

这是另一个版本的唯灵论伦理学。乔贝蒂的著作现在依然拥有意大利和西班牙语地区的读者,证据之一就是他的哲学教程新近被再次出版。这种人格主义伦理学给人某些既虔诚又杂乱无章的感觉。它大多是属于修辞方面的东西,但它被拉丁文化传统中的许多人真诚地看作是一种高尚的道德哲学。它看起来跟一种观念论自我实现的伦理学版本很相似。

法国在十九世纪和二十世纪初一直是这种精神哲学的中心。查理士·雷诺维耶(Charles Renouvier, 1815-1903)把自己的理论称为人格主义,并使用莱布尼茨的单子理论作为他的多元真理学说的模型,在这种多元真理中的每一个真理都具有活力和人性。他的《道德科学》(*Moral Science*, 1869)继续认为上帝是良好道德秩序的担保人,但他把上帝看作力量有限的神,因为天命并不能阻止一切邪恶的发生。欧内斯特·勒南(Ernest Renan, 1823-1892)是个臭名昭著的教会宗教的批评者,但他强烈支持精神的极度重要性。他声称:"所有与灵魂相关的东西都是神圣的。"②勒南对奥古斯特·孔德(Auguste Comte,我们在第十三章要讨论他)多有批评,因为实证主义对于"道德、诗歌、宗教和神话"都无用处。③最高道德就是把人从对法律的屈服中解放出来。

伊波利特·泰纳(Hippolyte Taine, 1828-1893)并不是一位观念论哲学家,而是对这整个运动持批判态度的法国思想家。他的《论智力》(*On

---

① For this nationalism, see Gilson-Langan-Maurer, *Recent Philosophy*, 255-61.

② Renouvier, *Future of Science*, Trans. by A. D. Vndam and C. B. Pitman (London: Chapman and Hall, 1891); this section is reprinted in Marsak, *French Philosophers*, 362.

③ Ibid., in Marsak, 369.

Intelligence)把用精神"力量"概念对心灵事件所做的文学解释,与他自己对在这些基本事实中思维所做的科学分析进行对照。① 保罗·布尔热(Paul Bourget)的一本小说(《门徒》)中指责了泰纳对人的精神的贬低,但泰纳其实曾经发展出一种重要的美学理论,并明显地在其中表现出对于人的思维能够在艺术方面做出高度努力的信心。

3. 玛利·让·居友

提到玛利·让·居友(Marie Jean Guyau, 1854-1888),我们讨论的就是一种完全与犹太-基督教的宗教道德传统相分离的十九世纪法国伦理学了。他的博士论文是《伊壁鸠鲁的道德学说及其与当代学说的关系》(*The Moral Teaching of Epicurus and Its Relations to Contemporary Teachings*, 1886)。后来,他写过一篇针对英国伦理学的调查,重点强调功利主义。有两本书代表了他个人伦理学方面的思想(他对艺术理论有引人注目的贡献):《不受职责和处罚所约束的道德概论》(*Sketch of Morality Independent of Obligation or Sanction*, 1885)和《未来的无宗教社会》(*The Non-Religion of the Future*, 1887)。他的著作被翻译成多种现代语言,流行很广。

在居友看来,哲学的目的是要让人有好的生活。科学知识应该用来解决人们的实际问题。他对社会学的应用前景非常乐观,但不认为它应该(如同奥古斯特·孔德所做的那样)从形而上学中分离出来。旧的"职责"和"惩罚"概念,对居友来说,所依据的是那些已经过时的宗教学说。他给这些概念赋予了对生命的认识和发展的空间。

正如我们看到的,在对生命的实际丰富性有了解的前提下,道德敏感性与生命所可能达到的深度和广度相适应。这种生命丰富性的主要形式,是由为他人的行为和与他人的交往所组成。②

这样的生命需要在社会中才能得到完全发展。道德,作为一个活生生的整体中充满活力的一部分,只有在社会关系中才更容易被处理。生

---

① For a summary of Taine's critique of Cousin, see Gilson-Langan-Maurer, *Recent Philosophy*, 758.

② Guyau, *L'Irreligion de l'avenir* (Paris: Alcan, 1887), IX.

命的"职责",不是从某些神秘的命令中得到的,而是从对自身行为能力的感觉中得到的。居友用来取代笛卡尔主义的著名方程式的是:"我能够,因此,我应该。"

在《不受职责和处罚所约束的道德概论》中,我们看到的是一种"无规范的道德",也就是一种缺乏任何固定或绝对命令的人类生存状态。这并非意味着居友主张人类不需要道德规范。他感觉到,怜悯和慈善的美德即使在宗教的教义消失之后也会继续存在。为了弘扬伦理上的唯心主义,他会要求有某种道德热情,但是不需要依靠神话故事,也不需要依靠奖励或惩罚的预警。① 他甚至也同意库辛的基本折衷主义立场:

> 在另一方面,我们认为,从所有关于道德原理的各种理论中可以得到一些概念的共同基础,并从中制定出指导性的以及需广泛宣传的目标。②

这种观点是十九世纪后半期法国所授伦理学的典型观点。很可能居友对尼采的思想影响,要大于多数史学家所认识到的。

二十世纪的唯灵论哲学大舞台中的另一个特色,是由布特鲁(Emile Boutroux, 1845-1921)赋予的。因为他总是对自然物理法则的宿命的刻板性抱有怀疑,布特鲁开始考虑现实应该是有很多层次的,每一层次通过一个更大的自由度而把它从较低一层次区别出来。③ 在这些层次的最高层,是最自由的存在体,也就是上帝。在人类精神这一层,所有的人都结合在一个理想之爱的联合体中。如同以下这段所描述的:

> 这个关于灵魂的原始共同体的学说,这个关于生活原理的学说,这个关于那唯一的、无限的也是完美的、在其中我们能够与我

---

① Guyau, *L'Irreligion de l'avenir* (Paris: Alcan, 1887), IX, 346.
② Ibid., 350.
③ This theory is developed throughout Boutroux, *De la contingence des lois de la nature* (Paris: Germer-Baillière, 1874).

们的同伴们一起回去的、能让我们每个人不必通过牺牲他人的利益而是通过自我实现之美德而恢复和获得我们最完整发展的生活原理的学说,这个关于被人类称之为上帝的原则的学说,——这个学说在我们看来就是所有经验的最终目标和高潮,是神秘主义的一个反映。①

这样,布特鲁就为当代法国伦理学设置了一个可以回归到更具宗教意义的"精神"概念的舞台。

4. 亨利·柏格森

出人意料的是,竟然是一位生物学家出身的思想家,把法国唯灵论伦理学带回到有神论王国。在亨利·柏格森(Henri Bergson, 1859-1941)早期著作中,很少表现出他后来反映在其名著《道德与宗教的两个来源》(*Two Sources of Morality and Religion*, 1932)一书中的伦理学立场。一开始,柏格森就表现出对概念化理性和物理学宿命论等学说的极不信任。他在很大程度上和同时代的很多人一样,对黑格尔的体系构建很反感。被他早期著作描绘为不断地进化到越来越高的生活和精神水平的所谓生命活力,其基本特性是创造性和自由。正如他在《创造进化论》(*Creative Evolution*)中所说:"根据这样定义的上帝,跟已经创造的东西没有什么关系。它是不断的生命、活动和自由。据此而设想的创造,也并非是一个神秘的东西。我们只要自由地行动,就能够自己体会到创造。"②所有这些,都跟居友和布特鲁两人的思想非常相似。

多年之后,柏格森写出了反映他成熟的伦理学观点的论文——《道德和宗教的两个来源》。其中,第一章通过比较封闭和开放两个不同的社会,来讨论道德义务问题。一个所有活动都严格地被社会和道德法则、被严格的宗教行为准则所控制的社会,必然是静止或封闭的。根据柏格

---

① Boutroux, "La psychologie du Mysticisme," in Jean Baruzi, *Philosophes et savants français* (Paris: Alcan, 1926), I, 60-61.

② Bergson, *L'Evolution Créatrice* (Paris: Alcan, 1907), 270.

森的说法,大多数的人"都把自然法则、社会或道德法规,把所有法规看作一个诫命。"①这种唯法律论是道德的一个来源,但柏格森在他的评价体系中把它确定为二流道德。在这种法规下能够生活得很好的人,拥有一个封闭心灵,并不是处于人类精神的最佳状态。另一方面,有一种动态社会,它给个人的自由发展提供了充分渠道。从某种意义上说,这种社会是完全符合人性的。② 它是开放心灵的家园,这种开放心灵具有一种关心所有人类的精神,其爱心甚至覆盖动物、植物以及所有大自然。

对于这两种不同的社会和不同的人,柏格森应用了相应不同的道德。对于封闭的心灵,有法律的伦理、严格的行为准则、刻板的道德义务。对于开放的心灵,有自由的伦理、自我调控的活动的伦理,有属于爱的、而不是属于理智的伦理。义务,在开放的生命中并非消失了,而是被转化了。对于这种义务,柏格森写道:

> 灵魂具有一种不变的导向力量,正如身体有其重量。这种导向力量通过对(开放社会中的)每个个体的意志进行诱导,并将它们指向相同的方向,而确保了集体的一致性。这样的东西就是道德义务。我们已经演示,它可能以一种新维度呈现在一个开放社会中,但是,义务本来是为封闭社会而设立的。③

柏格森确信,与两类社会和心灵相对应的,也有两种不同的宗教。

在《道德和宗教的两个来源》的第三章,柏格森通过对某些人类英雄的讨论演示了这两种道德的理论。这些人在柏格森看来有着伟大的心灵,是人类精神最佳状态的杰出模范。他依次回顾了希腊和东方神秘主义者,以及以色列先知的品格特征。虽然他本人有犹太人背景,他却认为道德"英雄"的最佳例子在基督教神话中。他列举了圣保罗、特蕾莎修女、锡耶纳的凯瑟琳、圣方济各和圣女贞德等圣人圣徒。④ 柏格森完全清楚,他的伦理

---

① Bergson, *Les deux sources de la morale et de la religion* (Paris: Alcan, 1932), 5.
② Ibid., 25.
③ Ibid., 287–88.
④ Ibid., 243; in the English version by Audra and Brereton, 227–28.

学所揭示的最终目标,将是与上帝的神秘结合。的确,他相信这样的经历是上帝之存在的证明。正如他的一位非常杰出的学生所写的,"这种学说就是曼恩·德·比朗所创学派最后的余音"。①

另一位形象鲜明的唯灵论哲学家是莱昂·布伦斯威克(Leon Brunschvicg, 1869-1944),其伦理学立场不仅独立于制度化宗教而且是反对制度化宗教的。他的哲学完全是理性化版本的唯灵论哲学。

布伦斯威克在二十年代末三十年代初,曾是雅克·马里顿(Jacques Maritain)和吉尔松(Etienne Gilson)(两人都是柏格森的学生)所领导的基督教哲学运动的主要反对者。把笛卡尔的思想理论与康德对纯粹与实践理论的批判相结合,构成了布伦斯威克的思想基础。《论关于自我的知识》(On the Knowledge of Self, 1931)并非是一般的心理学,而是旨在发现精神发展和成长规律的、关于人的历史研究。他的《精神哲学》(Philosophie de liesprit, 1949)认为,个人意识产生了真理和正义的价值,但并非是按照利己主义原则产生的。② 随着人在理性方面的成长,他们找到了相互间关系融洽的思想基础,因此有能力超越自我的利益。这种理性思想的发展是布伦斯威克伦理学的核心论题。

这样的道德思想最后在某种非基督教的科学教(un-Christian Science)中达到高峰。布伦斯威克所理解的神性,是一个关于价值和善的不受个人感情影响的、超凡的原则。如同他在《理性与宗教》(Reason and Religion, 1939)中所解释的,他的上帝不是一个会报答人间对他的爱戴的存在体。

> 他不是一个那种既生活在有限时间中却又想摆脱其时间规律约束的人可以去祈求的高层权力。他是永恒的真理,在其中,思想着的心灵获得对于思想永恒性的感觉和亲密经验。③

---

① This is the judgment of E. Gilson, in *Recent Philosophy*, 316.
② Bruschvicg, *Philosophie de l'esprit* (Paris: Presses Universitaires, 1949), Leçon 16.
③ Bruschvicg, *La raison et la religion* (Paris: Presses Universitaires, 1939), 74.

法国的天主教和新教哲学家,都反对把这个理性化的上帝作为人类爱戴的高级对象。① 布伦斯威克的思想结合了"我们时代的思想中几乎所有纯粹的理性主义因素",这种说法应该是很正确的。②

扬凯列维奇(Vladimir Jankelevitch, 1903—1985)继续沿着柏格森的方向前进,但他应用了现象学方法来研究人类精神及其义务。他试图用讥讽、无聊、悔恨和内心挣扎等短暂时刻的概念来描述人类意识。有两种方法来解释这个世界和这个精神:quiddity 和 quoddity。Quiddity 方法强调现实和事件到底是什么,并通过理性的概念、规律和理由来表达它自己。而 quoddity 观点把事件看作基本上是偶然的、非理性的,并且经常是只能通过感觉经验才能理解的东西。试图把经验加以概念化,是件乏味的事情。扬凯列维奇的伦理学就是以 quoddity 方法开展的。

虽然那本叫做《坏良心》(Bad Conscience, 1933)的书已经显示了他的伦理学特征,扬凯列维奇的《美德论》(Treatise on the Virtues, 1949)通常被认为是他在这个领域的主要贡献。某些美德是精神中 quoddity 内在冲动的更基本表达:这就是那种"必须要做点什么"、实际毫无内容的感觉。它是某种无法被理性证实的形式上的绝对命令。勇气、爱和人性都具有较高道德价值,因为它们是要根据这个原始冲动去行动的性情。另一方面,友谊、公正和谦逊是更复杂的和更理性化的美德。它们是 quiddity 的,只有较低的道德价值。对扬凯列维奇来说哪里是 quiddity 的终点,哪里是 quoddity 的起点,并不清楚。他是一个有宗教信仰的人,一个基督教人格主义者,他把我们带进了相关的存在主义伦理学学派。我们会在第十八章讨论这种伦理学。

二十世纪法国的两位天主教唯灵论哲学家的思想,反映出托马斯主义并不是唯一由这个传统宗教培养出来的哲学。(当然,加布里埃尔·马塞尔也是另一个例子,但是我们将他放在存在主义伦理学中讨论。)勒奈·拉赛尼(René Le Senne, 1882—1954)是索邦大学杰出的道

---

① Cf. Roger Mehl, "Situation de la philosophie religieuse en France," in L'Activité philosophique, ed. M. Farber, II, 273—76.

② Colin Smith, Contemporary French Philosophy (London: Methuen, 1964), 107.

德哲学教授。他在形而上学方面的贡献至少跟他在伦理学方面的贡献一样重要。在本章和前面的章节中我们已经引用了他具有丰富伦理学史料的教科书《论普适道德》(Treatise on General Morality, 1942)。他在伦理学方面的其他重要文献有：《义务》(Duty, 1930)和《障碍与价值》(Obstacle and Value, 1934)。拉赛尼是尚未被英语读者熟悉法国一流哲学家代表。①

跟柏格森一样，拉赛尼反对"科学的"伦理学。科学提供了是什么和不可能是什么的解释，而道德处理必须是什么和不是什么的问题。道德暂时地服从人的决定。"科学关乎既成事实，道德关乎实现的可能"，这就是拉赛尼的表述方式。② 他把义务看作是具体的和个人的。正如我们在下面的说明中可以看出来的：

> 同时，正如对每个人都是一样的，如果我们根据这样的想法来理解，"不去普遍应用这必要命令的话，也就不可能有什么具体的义务会成为一项义务"，那么，因为义务是层出不穷的，下面这个说法就成为事实：这个加在我身上的义务，此时此刻，就是一个历史性的义务；没有其他人被安排去面对这个义务，而根据我的身份和我的愿望，它对于我来说却是义不容辞的。③

《论普适道德》的伦理学观点既属于柏格森主义，也带有基督教人格论和价值论色彩。拉赛尼对道德科学的各种理论做了一个很详细的调查。然后他问，从伦理学史角度看，人们是否依然认为形而上学能够提供一个可以从中演绎出道德的基础。④ 拉赛尼跟柏格森一样强烈反对演绎性的理性主义。但他相信，价值的确为道德判断和决定提供了基础。价值是人类精神的一种解放，拉赛尼把它描述为任何值得追寻的东西。价

---

① Le Senne's essay, "On the Philosophy of the Spirit," is available in English in *Philosophic Thought in France and the U. S.*, ed. M. Farber, 103-20.
② Le Senne, *Le devoir* (Paris: Presses Universitaires, 1930), 84.
③ Ibid., 270.
④ Le Senne. *Traité de morale générate* (Paris: Presses Universitaires, 1942), 685-711.

值的统一性和无限性,通过大量人性化的价值而在我们的精神经验中展现出来。诸如真、善、美,以及爱等,都是主要的价值,而绝对价值就是上帝。道德价值只是众多不同价值中的一个:从它是意志的角度来看,它就是"我"的价值。

因此,道德价值也许可以被定义为"应该做到的",这里,"做到"表示在做点什么。它是行动的价值。又因为,行动是根据一个作为它的终点导向或理想规则的决定而进行的,而决定又来自因为意愿而变得更为明确的"自我",在这个意义上说,道德价值就应该被看作意志的价值,正如真理是知识的价值,美是想象力的价值,而爱是心灵的价值。①

拉赛尼所谓的"意志的"部分意思,在《障碍与价值》一书中有解释。人的精神活力总是在不断涌现,但它有时会遇到一些障碍,正如某些特殊的努力可能会遇到的障碍一样。意志就是这样把决定力推向前台,并引起了道德价值。②

近期的另一位唯灵论学派领头人是路易斯·拉韦尔(Louis Lavelle, 1883-1951)。他也是一位天主教徒,通过价值理论进入道德哲学领域。他的很多思想与我们在拉赛尼那里看到的很相似。在拉韦尔的众多著作中,我们要讨论的是《自我意识》(The Consciousness of Self, 1933)、《纳喀索斯的谬误》(The Error of Narcissus, 1933)、《四圣人》(Four Saints, 1951)和《与人相处之道》(Conduct in Regard to Others, 1957)。他的基本道德主题是"参与"观念。某些行为是"创造",但我们潜在的伦理行为是在一个整体系统中的参与,它们"被包括在事物的整体性中,因此它们不是创造性的,而是指示性的"。③ 对拉韦尔来说,个人意识存在于能够激发行为的自由之中。同样的行为表现出主观和客观两个方面。人并不创造事物,但是,他也许能通过他的行为而在事物中实现做人。通过参与,一个人就同意去做人,他于是就在价值水平上对自己做了承诺。这个个

---

① Le Senne. *Traité de morale générate* (Paris: Presses Universitaires, 1942), 702.
② Cf. Colin Smith, op. cit., 202.
③ Ibid., 48.

人的实现,就是他进入道德和价值王国的入口。

5. 南美洲的科伦和伐斯冈萨雷斯

用西班牙语和意大利语在伦理学方面写作的哲学家中很多属于基督教人格主义。"精神"也是他们关注的焦点。其中一些思想家更倾向于康德和德国观念论传统,而不是笛卡尔和曼恩传统。南美洲哲学界伟大的人格主义者亚历杭德罗·科伦(Alejandro Korn, 1860-1936)是一位专职精神病医生,1906 到 1930 年间在布宜诺斯艾利斯大学讲授伦理学。许多拉丁美洲的哲学家并不是这个领域的专业教授,而是把哲学写作当作业余爱好的律师、医生或政治家。这个现象在拉丁美洲哲学家中很普遍。科伦的《创造性自由》(*Creative Liberty*, 1922)和《价值论》(*Axiology*, 1930)都显示出尼采和柏格森的影响。他对于任何要把物理科学的发现或方法应用于精神领域研究的努力都持批判态度。他认为自由主要是在精神意识中体会到的,而评价的方案就源于这种经历。和柏格森一样,科伦认为伦理学必须依靠直觉,而不是理性。意志在人的身心组织中非常重要。意志总是在寻找创造性自由,文化和道德理想就是这种意志的产品。对科伦来说,这就是个人性格的最高点。人格是人的历史和文化发展的理想终点。道德价值(善恶)是在人的精神意识中投射出来的许多种价值中的一种。① 作为科伦在布宜诺斯艾利斯的接班人,弗朗西斯科·罗梅罗(Francisco Romero, 1891-1962)在他的《人格哲学》(*Phyilosophy of the Person*, 1938)中继承了人格主义伦理学的传统。

在墨西哥,杰出的人格主义伦理学拥护者是荷塞·伐斯冈萨雷斯(Jose Vasconcelos, 1882-1959)。他写过很多有关墨西哥社会文化方面的书,1932 年他的《伦理学》(*Ethics*)出版了第一版。伐斯冈萨雷斯的行动是为了反抗外国哲学流入墨西哥。他尤其反感盎格鲁-萨克逊人的进化理论。② 他申辩说,他自己的人格主义无意强调民族色彩,但

---

① See Francisco Romero, "Deustua, Kom, Molina y Vaz Ferreira, en paralelo," *Revista Mexicana de Filosofia*, I (1958), 19-21.

② Vasconcelos, *Etica* (Madrid: Aguilar, 1932), 20-26.

这的确把他引向更高层次的爱国主义。艺术是人类精神的最高展现。因此,他认为美学上的韵律是通往人类生活更高价值的关键。① 跟奥古斯特·孔德所表述的著名的人类文化发展三个阶段相对应,伐斯冈萨雷斯提出了更宽广的三部曲。他的第一阶段是物质或好战的状态;第二阶段是理智或政治的;而第三阶段是精神或是美学的阶段。在他看来,"这三个阶段代表了一个过程,其中,意志逐渐把我们从必然王国解放出来,并且一步步地把生命整体提交给更高的情感和幻想的规范"。② 伐斯冈萨雷斯把心理学、伦理学以及对政治学的理想主义态度融合在一起,形成了一种避免外来哲学中的唯物主义和机械主义的、新的生命观点。他的基本主题是"个人、自由、有目标的创造性、过程中的无限真实性、人格和上帝"。

在同时代的西班牙,基督教人格主义的杰出代表是泽维尔·苏比里(Xavier Zubiri, 1898-1983)。他在几所欧洲大学学习过,在马德里完成关于判断的现象学理论的博士论文。胡塞尔(Husserl)和海德格尔(Heidegger)都曾是他的老师。他也曾在一位教过修正版苏阿列兹主义(Suarezianism)的西班牙神父胡安(Juan Zaragueta)手下工作过。《自然、历史和上帝》(*Nature, History and God*, 1953)是苏比里的名著。③ 作为一个具有洞察力的人,而不是一个系统哲学家,苏比里在某些学者眼里是个存在主义者。但是,他的很多观点似乎更接近唯灵论哲学家。因此,他经常喜欢说,"个性才是真正的为人"。④ 他认为哲学已经经历了它的三个阶段:在笛卡尔那里,哲学专注于其研究对象;在康德的思辨哲学那里,自我成为被关注的中心;现在,随着康德实践哲学的指引,哲学的焦点在于个人。⑤ 几位西班牙作者合作的论文集《献给苏比里》(*Homenaje a Xavier*

---

① Vasconcelos, "The Aesthetic Development of Creation," *Philosophy and Phenomenological Research*, IX (1949), 463.

② Vasconcelos, *Raza Cosmica* (Mexico: Espasa, 1948), 38.

③ A portion of Zubiri's *Naturaleza, Historia, Dios* (Madrid: Editorial Nacional, 1944), has been digested in English as "Socrates and Greek Wisdom," *Thomist*, VII (1944), 40-45.

④ *Naturaleza, Historia, Dios*, 369.

⑤ Ibid., 370.

Zubiri, 1953)证明了他的同胞们对这位不寻常的哲学家的尊敬。他的近著《论本质》(Sobre La esencia, 1962),建立了一种与苏阿列兹(Suarez)观点非常近似的、关于个人的形而上学。①

意大利哲学家米凯莱·费德里科·斯亚卡(Michele Federico Sciacca, 1908-1975)的伦理学与本章所论流派相似。毫无疑问,他是基督教人格主义在意大利的主要代表。斯亚卡在很多国家讲过课,著作也被译为多种语言。作为《形而上学杂志》(Giornale di Metafisica)的编辑,他对其他天主教哲学家产生了重要影响。他的《卢斯米尼的道德哲学》(The Moral Philosophy of Antonio Rosmini, 1957),显示出他从这位基督教伦理学者那里获益匪浅。斯亚卡对圣奥古斯丁思想也有详细研究,但他对托马斯·阿奎那似乎兴趣不大。他的葡萄牙语著作《伦理学和道德》(Ethics and Morality, 1952)和意大利语著作《伦理理性与道德智力》(Ethical Reason and Moral Intelligence, 1953)是该领域的代表作品。

在一篇1963年发表的演讲中,斯亚卡总结了他的人格主义伦理学,从中我们可以看到他和几个我们已经讨论过的思想家多么相似。他的言论既显示了这种伦理学理想主义的高尚,也反映了它令人遗憾的思想模糊:

这种规范的无条件的特性,不是自由的障碍,而是它更有效的实践"保证"。只有这个服从于自己命令、并追求属于意志本质的绝对目标的自由本身,能够拒绝选择,或者,如果已经选择了,它能够拒绝它所做出的选择。目标的确定,是属于道德层次的,而不是物质层次的……离开了法律就没有什么自由,离开了自由也就没有什么法律。在规范层面,自由的东西就是理念。道德存在于只根据理想的本质,而"不考虑任何来自现实的需要"(卢斯米尼)的行为之中,这种行为在其行为主体看来是应该普及到所有事物中去的。而对现存事物中的本质的激发,就是那绝对的选择,它是与*生存*(Existence)的主动性

---

① See Ferrater Mora, José, "The Philosophy of Xavier Zubiri," in *European Philosophy Today*, ed. George Kline (Chicago: Quadrangle Books, 1965), 24-25.

相统一的。①

唯灵论伦理学与存在主义伦理学颇多相似,我们将在最后一章予以讨论。

---

① Sciacca, "La Struttura della libertà nella 'costituzione' ontologica del'uomo," in *Memorias del XIII Congreso Internacional de Filosofia*, I (Mexico, 1963), 26-27, trans. Bourke.

第十三章　欧洲的社会伦理学

在过去的三个世纪里很多人认为，随着人类社会的历史发展，伦理判断的基础就可以在人类社会中找到。他们中的大部分人相信，人类族群的进化是分阶段的，而且在各种历史阶段的发展系列中有某些意味深长的模式。某些人认为人类作为一个整体是一个随着时间进展而产生了道德价值的、持续发展的团体。其他人感到，某些特定阶层的人（比如贵族阶层或无产阶级）是某些理想的担纲者，他们为所有人（不管是否属于优势的阶层）的伦理思考提供了方向。又有另外的一些人认为，某些民族或国家（当然是他们自己的民族或国家）具有某种社团性的"灵魂"，这种灵魂担负着全人类完善的种子。某些人非常相信，某些特定"种族"天生就肩负着领导人类走向更高更好前景的责任，因为他们有优等的身体或更纯的血液。最后，有些人认为，伦理学只能在历史哲学的特殊意义上建立于历史本身。这种伦理学的理论，不应该跟功利主义的任何形式相混淆。社会伦理学并不打算从个人的行为态度对社会福利的后续影响这个角度去解释道德善恶。相反，这种伦理学基于这样的信念，在任何道德行为和伦理规范被发现之前，人类社团中就已经存在着用来判断什么是"应该的"这一基本的先验知识。赞同这种社会伦理学观念的人，无论他赞同的是这种伦理学的哪种变体，通常都会认为社团利益要高于其中的个别成员的利益。理解这样的一种伦理学态度是非常重要的。因为这种思想学派中的极端主义者觉得，为了他们以为自己看得很清楚的公众利益，而去牺牲个别成员的利益，是符合伦理要求的。

1. 詹巴蒂斯塔·维科

在十八世纪早期,那不勒斯的一位修辞学教师写了这个思想学派第一本开创性专著。詹巴蒂斯塔·维科(Giambattista Vico, 1668–1744)的《新科学》(New Science)初版于1725年。第二版,也是权威版本,1744年出版。他尝试着去做的,是在人类历史中寻找智慧。这个计划被维科在二十世纪的一位杰出的欣赏者贝奈戴托·克罗齐(Benedetto Croce),用一种有助于我们理解的方法表述出来了:

> 在维科看来,政治、暴力、国家的创造性活力,演变成人类精神和社会生活的一个阶段,一个永恒的阶段,充满确定性的阶段。通过逻辑思辨的发展,总是会随着这个阶段而来到的,是那个真理的阶段,得到充分说明的理性阶段,正义和道德或者伦理学的阶段。①

《新科学》第一卷试图以编年史方式叙述人类的早期历史,然后建立一套用来解释人性进化发展的格言、原理和方法。能够帮助我们去理解他大部分理论的关键,是格言十二。在那里他解释说,并不是所有人都有同样的常理。相反,每个人类团体、民族或种群可能都有自己特殊的理想模式和善恶标准。但是,也有一些主张在所有民族中是普适的,这些就是所有民族共同的法律基础,是通过"神意"而传授给所有的人的。② 这个自然法则关心的是"社会生活中人类的必要素质或效用"。维科也表现出对文明进化的强烈意识。③ 历史本身具有自身的真实性和发展规律。维科的这种理论属于历史决定论。他感兴趣的哲学研究对象,就是人类精神在整体上从有限到无限,从感觉到概念,从热情到智慧的发展。

维科并不喜欢笛卡尔主义,但他在《新科学》第二卷中讨论智慧的部分内容,跟笛卡尔关于实践智慧的想法类似。一般说来,智慧是一种掌控力量,它掌控着对构成人文学科的所有文理科学专业知识的获取。最高

---

① Vico, *Politics and Morals*, trans. S. J. Castiglione (New York: Philosophical Library, 1945), 65.
② *De universi juris uno principio*, I, 13.
③ Ibid., axioms 14–16.

的智慧应该是形而上学中的智慧,但是维科确信人类尚没有到达形而上学的发展阶段。在目前这样的历史阶段,人们必须要让自己准备好适应伟大的神学诗人们的"诗性"智慧。这里的话题自然就集中到荷马(Homer)身上。事实上,他提供了西方文明至今依然生活于其中的美、善和德行等理想典范。在诗性智慧中,有一个重要的分支产生了逻辑学、伦理学、政治学和经济学(这些社会学科),而另一个方面也产生了物理学和其他自然学科。在维科看来,人类已经到达这样的时候,至少要用跟研究自然科学一样多的努力来研究社会科学了。当我们(在本章稍后)回顾克罗齐的伦理学时,将会很明显地看到,这种对历史和社会现实的强调是多么重要。

在同一个时期,法国在反对和拥护社会伦理学这两方面都有很好的例子。本笃会修士玛里·德尚(Dom Leger Marie Deschamps, 1716-1774)给我们提供了这种思想一个独特的例子。他的观点表现在1770年代写的两部著作中:《理性之声》(*The voice of Reason*, 1770)和《真实体系:形而上学和道德之谜》(*The True System, the Metaphysical and Moral Enigma*, 1939年出版)。简单地说,他认为我们当前的伦理标准是人类社会的产物,但是,为了回归道德的真实原则,我们必须放弃社会。① 德尚是当时一个社会无政府主义者。确切地说,他并不是个社会伦理学者,因为他并不认为社会曾经给我们一个充分的道德。我们现在处于有人为法律的阶段,我们期盼着法律被道德所取代的未来阶段。他把这个过程看作辩证过程,其最后阶段将是一个真正伦理学的发展。在他当时写作的阶段,人们并没有道德良心,没有关于正确与错误的自然感觉,没有关于什么是公正和非公正的自然感觉。在德尚看来,所有这些人类行为的概念,都只是具体立法的内容,只是国家法律的内容。② 尽管德尚是卢梭和狄德罗等思想家的朋友,但即使在这些人眼里他也是很极端的。③

---

① Deschamps, *Le vrai système* (Paris: Alcan, 1939), 83-84.
② Deschamps, *La voix de la raison* (Bruxelles, 1770), 11-15.
③ Cf. Crocker, *Nature and Culture*, 117-18.

第十三章 欧洲的社会伦理学

现在来讨论萨德侯爵(Marquis de Sade, 1740-1814)的观点应该比较恰当了。他并不是一个理论上的伦理学者,但他的一些作品表达了对当时社会道德准则强烈的拒斥态度,尤其是在性行为方面。如果我们还记得,卢梭关于普通意志中道德特性起源的理论是一种真正的社会伦理学,那么我们可以看到,萨德侯爵反对的正是这一类假定。他在《朱丽叶的故事》(*Histoire de Juliette*) 中表达得很清楚,其中他抱怨说:

> 而且,政府的法律几乎总是我们辨别正义与否的指南针。我们总是说,因为这样的事情是法律所禁止的,所以就是非正义的。没有什么比这更具有欺骗性了,因为法律是被引导倾向于公众利益的。现在,没有什么比个人利益与公众利益之间的矛盾更大了,而同时,没有什么比个人利益更为正义了。因此,没有什么比法律这个为了公众利益而牺牲所有个人利益的东西更加不义了。①

和萨德侯爵同时代,并同样有完美家庭背景的,是孔多塞侯爵(Marquis de Condorcet, 1743-1794)。我们在这里关注的是他的《人类思想进步史纲》(*Sketch of a Historical Table on the Progress of the Human Mind*, 1794)。在本书的介绍中,他告诉我们,形而上学研究的是人类思维功能的发展(源自孔迪亚克),而他的历史哲学则"研究特定时期特定区域的居民中所表现出来的这种发展"。很明显,孔多塞和维科的历史主义并没有多大区别。他是在研究各种社会随着时间进展而发生的发展变化,目的是为了发现这种发展变化的一般规律,以及人类走向幸福的途径。作为一个数学家,孔多塞把文明史划分为十个整齐的阶段。第九个阶段从笛卡尔开始,到法兰西共和国的建立。这个阶段展示了,人的权力是如何能够从这个格言中推导出来的:"人是具备推理和获得道德观念能力的感情动物。"②孔多塞相信,所有政治和道德上的错误,都源于哲学和科

---

① *Histoire de Juliette*, IV, 178-79; the Trans. is from Crocker, ibid., 198.

② Condorcet, *The Progress of the Human Mind*, see the "Introduction," printed in L. M. Marsak, *French Philosophers*, 266-69.

学上的错误。他期盼一个历史上的最终阶段。人类的第十阶段,将从社会的不确定的未来开始,在这个阶段中,所有人都上升到——那种体现了法国人和讲英语的美国人的行为特征的文明水平!在这样的阶段,道德标准将完全不存在自私和迷信因素。①

另一位法国贵族成员克劳德·亨利·圣西门(Count Claude Henri de Saint-Simon, 1760–1825)强调伦理学是一门把为最大多数人创造最大幸福作为目标的科学。在欧洲大陆的同时代思想家中,他与英国功利主义的社会利他主义思想最接近。从人性整体来看,唯一的共同进展,就是科学的发展。② 新基督教运动(the New Christianity)的目的就是要提高人类的社会福利。伦理学这门科学对社会的重要性远比其他物理和数学等科学门类更为重要。在他的《一个保守主义者和一个改革主义者之间的对话》(Dialogue between a Conservative and a Reformer)中,圣西门把这种伦理学等同于基督的教导:

> 自从它的基本原则被确立之后,已经过去了十八个世纪。而在那之后,最有天才的研究也没能发现比基督教的创造者所表述的原则更具普遍意义或更为精确的原则。③

"被启发的自我利益"(enlightened self-interest)的道德总是负面的,并有局限性。真正的道德必须是社会范畴的。完美的伦理学对于感觉和爱的应用应该多于理性。

另一位法国社会改革者,夏尔·傅立叶(François Marie Charles Fourier, 1772–1837),相信人类德性需要改善的所有方面就是一个让生活能够得到充分实现的社会组织的发展。他的伦理学观点反映在他的大作《新的工业世界和社会》(The New World of Industry and Society, 1829–1830)。他规划和帮助设立了很多(大约一千八百多人)小社会团体,在

---

① See Marsak, ibid., 279–81.
② Condorcet's Letter I, in Marsak, 308.
③ Ibid., 322.

其中人们简单和理想性地生活在公共经济的基础上。这样的"法伦斯泰尔"(phalansteries)*只有一个设立在法国,其他都在美国。他的一位学生,也是他的狂热追随者,维克多·康席德宏(Victor Considerant, 1808-1893),曾经在德克萨斯州(达拉斯附近)建立了一个这样的团体。另一个在马萨诸塞州著名的布鲁克农场(Brook Farm)。① 布里斯班(Albert Brisbane)、丹纳(Charles A. Dana)、霍桑(Nathaniel Hawthorne)、赫克(Father Thomas Hecker)和布朗森(Orestes Brownson)都是十九世纪受傅立叶社会伦理学影响的美国人。

2. 奥古斯特·孔德

把社会伦理学发展成一种宗教的,是奥古斯特·孔德(Auguste Comte, 1798-1857)。他的早期思想反映在六卷本《实证哲学教程》(Course of Positive Philosophy, 1830-1842)里。该书很快由马蒂诺(Harriet Marrtineau)在英国出版了缩略版(1853)。1848 年孔德出版了《实证主义总论》(Discourse on the General View of Positvism),紧接着又出版了《实证宗教问答》(Catechism of Positive Religion, 约 1852 年)。这两部后期(1848 年后)著作反映了一位思想家离开了他原来对"科学"的信心,而转向一种新的人道宗教。孔德就是这个人道教的创始人。②

众所周知,孔德是社会学的创始人。他接受并发展了我们在本章开篇所看到的观点:理解人类的方法,和管理人类行为的法规,都存在于对社会发展的研究之中。正如他在《实证哲学教程》一书开头所说:"除非通过它的历史,否则,没有什么概念能被理解。"③和孔多塞以及其他的社会论者(societalists)一样,孔德认为文明和文化的进化过程中存在着辩证模式。知识从(用虚构的东西来解释的)神学开始,经历了(应用抽象

---

* 傅立叶把他设想的和谐社会的基础组织单位称作"法朗吉"(源于希腊文"队伍"),每个法朗吉的 1620 人住在一栋公共大厦中,这栋大楼叫法伦斯泰尔。

① On the American influence from Fourier, see Gilson et al., *Recent Philosophy*, 266, 751-52.

② Jacques Martain, *Moral Philosophy* (New York: Scribner's, 1964), 261-350, provides a very detailed study of Comte's place in the history of ethics.

③ *The Positive Philosophy of Auguste Comte*, trans. H. Martineau (London, 1853), I, 1.

概念的)形而上学的阶段,并在(使用实证方法的)科学阶段实现了最终的发展。这就是著名的三阶段法则。

孔德接着建立了根据其逻辑发展次序所做的著名"科学"分类:数学(作为"确定性的来源")、天文学、物理学、化学、生理学以及社会物理学。① 社会学成为实证哲学起源过程中的顶尖科学。《实证哲学教程》第二卷把社会学划分为两个区域,分别对应于对社会结构进行的"解剖性"研究(静态社会学),和对社会发展过程进行的研究(社会动力学)。根据孔德早期著作的这个思想,对道德的理解,最好是通过考察有关人的义务的观点在这个过程中的转变:从神学阶段的间接和矛盾的观点,经过形而上学阶段对自我利益的强调,到实证阶段的利他主义。他是这样解释的:

> 人的能力,既是情感的也是理智的能力,只能通过习惯行为的练习来发展。实证道德能够教给我们这种除了获得内部自我满足之外没有任何其他报酬的善的习惯行为。这种实证道德,必然比任何其他把奉献精神本身与个人利益挂钩的教义,更有利于仁慈情感的培养和发展。②

在1848年的《实证主义总论》中,孔德开始赋予伦理学特殊身份。这个时期,孔德渐渐放弃了傅立叶认为人类一切问题的答案都存在于科学知识中的主张,而转向要把人道崇拜发展成一种宗教的、后期的孔德主义观点。现在,我们讨论的是在法国兴起的,将导致完全社会重组的新道德力量。其指导思想就是人道教的宗教服务。③ 几年之内,孔德将明确地把社会学和伦理学加以区别,正如下面的话所反映的:"社会学研究由人所组成的集体存在的结构和进化,相反,伦理学研究的则是为了这些集体存在所需要的、并且也是通过这些集体存在而发展出来的个人。这些

---

① *The Positive Philosophy of Auguste Comte*, trans. H. Martineau (London, 1853), I. 20–24.

② Ibid., II, 312.

③ *General View of Positivism*, trans. J. H. Bridges (London: Routledge, 1910), 378–85.

集体存在的形式是:家庭、祖国和人类。"①

人性现在被神化了,而它的崇拜和礼拜仪式被发展成一种以孔德为教主的复杂的宗教制度。社会感觉为这个人道主义伦理学新宗教的第一原则。这个孔德主义的伦理学具有"作为原则的爱,作为基础的秩序和作为目标的过程"。② 对这个实证伦理学,没有人做过理论的或系统的阐释。如果要做这样的阐释,就将是把它还原为一个形而上学的抽象概念。

还有一个更具有时代意义的社会伦理学版本。在二十世纪中期的欧洲,任何一位敏锐的哲学史观察者,都可以指出三个主要的学派:共产主义、天主教和存在主义。③ 这也许会让那些对欧洲大陆当代哲学不熟悉的人们感到有点惊讶,没有几个英语国家会选择共产主义作为一个主要的哲学类型。但是,它毕竟是今天许多人的选择。因此我们有充分理由在这部伦理学史中包括一段对马克思及其追随者伦理学思想的简单讨论。我们将看到,马克思主义伦理学只是目前正在被考察的社会运动的一个变体而已。

3. 卡尔·马克思

卡尔·马克思(Karl Marx, 1818-1883)比孔德小二十岁,他也跟这位实证主义哲学的创始人一样,读了很多有历史视野和社会倾向的作者的著作。马克思对德国观念论者的了解更多,他的第一部重要著作是关于黑格尔主义的研究,《黑格尔法哲学批判》(*Philosophy of Rights*, 1843)。从一开始,马克思就对观念论的形而上学和黑格尔的抽象体系结构持怀疑态度。但是他对人类历史发展辩证模式的概念印象深刻。这样的辩证法,不仅仅出现在黑格尔,也出现在其他许多德国观念论者的思想中。它

---

① This is from the Appendix by Laffitte to Comte's *Catéchisme positiviste*, 329; cited in English in Maritain, *Moral Philosophy*, 329.

② This is from the Appendix by Laffitte to Comte's *Catéchisme positiviste*, 329; cited in English in Maritain, *Moral Philosophy*, Appendix, 59.

③ Cf. Jean Wahl, "The Preset Situation of French Philosophy," in *Philosophic Thought in France and the United States*, ed. M. Farber (Buffalo, N. Y.: University of Buffalo, 1950), 38.

同样也是本章所讨论到的几乎所有社会伦理学者们的思想特征。虽然关于各阶段的名称和主张也许有某种不同，但是其三阶段模式几乎完全一样。马克思在其引人注目的著作中（1848年的《共产党宣言》和1867－1894年写的《资本论》）要传达的信息非常简单。直到他那个时候，社会哲学家们一直关注伦理学和政治学，却忽略了经济学。在马克思看来，十九世纪中期的欧洲已经经历了改革运动和启蒙运动，甚至已经开始了工业革命，但是普通平民的处境却比任何时期都糟糕。只有彻底改变这个构成了"无产阶级"的广大劳动阶层的经济状况，才可能真正带来人类的进步。根据马克思的观点，人类伦理学的真正发展，必须等待这个幸福生活成为可能的、未来的人类状况的到来。

我们回想一下，黑格尔曾经教导，所有的发展和进步都遵循这个在观念上有秩序地发生的辩证模式：正题、反题和合题。当年轻的马克思还是一个在波恩、柏林和耶拿等大学里的学生，这种被认为存在于所有事物中的辩证发展的观点，非常流行，马克思也部分地接受了这种观点。他虽然不同意黑格尔关于一切现实都合理的观点，却对作为事物发展变化原则的三阶段辩证法有很高的评价。但是，马克思认为，黑格尔主张辩证发展过程总是从一个低级的、比较简单的命题，朝向一个高级的、比较复杂的综合，一定是错误的。他认为黑格尔把辩证法"本末倒置"了，而他要着手将这个辩证法过程调整过来。他主张，这个过程是从先验综合之复杂开始，向最后的命题之简单的发展。① 对马克思来说，这个反向的黑格尔主义辩证法的最重要的应用，在经济秩序上。在这里，他把在工业革命中已经达到顶峰的私有制的资产阶级系统，看作是被过度组织了的、应该被否定的综合体。它必将在不可避免的革命运动中，也就是在它的对立发展阶段被拆开，被否定。然后，将迎来一个人类生活的新命题，一个更简单的状况，也就是共产主义。

让马克思透过它而看到了这个辩证法发生过程的最终现实的，就是人。十九世纪早期的德国左翼黑格尔主义者试图把这个黑格尔的观念论发展成唯物主义。路德维希·费尔巴哈（Ludwig Feuerbach, 1804－1872）

---

① *Capital* (Moscow: Foreign Languages Publishers, 1954), I, 20.

代表了这个学派中比较温和的观点,主张所谓真实的东西就是具体的人。马克思受到了这种观点的影响,尽管他并不同意人的环境只是物质环境这样的假设,也不同意人的决定完全屈从于物质世界的力量。在马克思对人的理解中,总存在着某种对人类进步得以发生的社会环境的强调,甚至也有对人类具有能够达到某些并不取决于物质世界严格自然规律的目标的能力的强调。虽然马克思的观点被称为"唯物主义",必须记得,这个名称原先是被带有唯心主义偏见的历史学家用来标识那些在人类本性方面持有任何非唯心主义立场的人们的。①

从伦理学的角度看,马克思学说中最重要的是其"异化"(alienation)观。他相信,无产阶级,这个被富有的资产阶级剥削利用的最广大的劳动阶层,是人类的最终拯救必须依靠的阶级。但是,在目前的工业和经济体系中,劳动者越来越和他的劳动产品相隔离。他的劳动产品跟他具有不同的存在实体,不受他的控制,从他那里异化了出去。而且,劳动者也和他作为一个人的活动相隔离。他自己的劳动变成其他人用来控制和剥削他的手段。② 根据马克思的观点,实现幸福生活所必须要做的,是推翻这个经济体系,使得无产阶级成为("无阶级"的社会中)唯一的阶级,这样,其成员们才有可能过上完美的人类生活。

卡尔·马克思的伦理学不是,也不可能是一个关于德性的理论体系。相反,马克思的伦理学是一种具体道德实践的未来状态,这种状态反映了共产主义制度下劳动者的真实生活特征。这样的马克思主义伦理学必将是通过人在社会中的辩证法过程发展而来。正如一位敏锐的传记作家所指出的,对马克思来说,"唯一能够借以辨别事物善恶、正误的方法,是通过演示它是符合还是违背、是推动还是阻碍历史进程。它将在此进程中保持或是灭亡"。③ 这种伦理学是属于"自然主义"的——它既从经济状

---

① See *The Economic and Philosophical Manuscripts*, trans. T. B. Bottomore, in E. Fromm, *Marx's Concept of Man* (New York: Ungar, 1961), Appendix.

② Ibid., for selected texts on Marxian "alienation," see Mann-Kreyche, *Approaches to Morality*, 253–60.

③ Isaiah Berlin, *Karl Marx — His Life and Environment* (New York: Oxford University Press, 1963), 140.

况良好的生活的角度来论述道德善,也反对一切神圣义务和永恒惩罚等超自然的主张。而且,马克思的伦理学是规范性的。在他把当前的道德标准称为仅仅是相对的、不具有绝对命令性质的同时,他又声称(那尚未建立的)未来无阶级社会中的道德观将是道德判断和行为的强制性绝对标准。①

弗里德里希·恩格斯(Friedrich Engels,1820-1895)是一位具有社会主义思想的商人,他帮助马克思完成了他的几部关键著作。在《反杜林论》(Anti-Duhring,1878)一书中,恩格斯在先前马克思的伦理学框架上,加入了一个重要内容。这就是,没有任何道德观是绝对正确的。所有过去的伦理系统都是由它们所处的社会经济基础所产生的。② 现代社会中的三个阶级(封建贵族、资产阶级和无产阶级)分别有他们自身特殊的也完全是有限的道德观。甚至无产阶级的伦理学也不是永恒的。永恒的真理的确存在于数学和物理学领域,但不存在于社会历史领域。真正的人类道德观须等待将来的无阶级社会。恩格斯认为,它必须包括"最大的可持续因素",但是,连无产阶级的道德观也不是永恒的。③

在卡尔·马克思的那些较早的追随者中,努力写过正式伦理学的是卡尔·考茨基(Karl Kautsky,1854-1938)。他的《伦理学与唯物史观》(Ethics and the Materialist Conception of History,1927)把马克思主义伦理学与其他类型作了比较,强调所有道德观都出自社会的推动。④ 关于"辩证唯物主义"这个概念是否属于马克思原始立场特有的概念,是有争论的。在自视为非常正统的马克思主义者的考茨基看来,共产主义理论及其伦理学绝对来自辩证唯物主义思想。考茨基强烈反对那些把马克思的原始思想与其他哲学类型结合起来的"修正主义者"。考茨基完全从经济角度来看社会发展,并把伦理学当作生产过程规律中显露出来的人类

---

① Cf. T. E. Hill, *Contemporary Ethical Theories*, 141-45; and Jacques Maritain, *Moral Philosophy*, 253-60.

② Engels, *Anti-Dühring*, trans. E. Burns (New York: International Publishers, 1939), 110.

③ See the text in Mann-Kreyche, *Approaches to Morality*, p274-75.

④ Kautsky, *Ethics and the Materialist Conception of History*, trans. J. B. Askew (Chicago: Kerr, 1918).

理想模范。人类整体未来依赖这些经济技术。①

弗拉基米尔·伊里奇·列宁(Vladimir Ilyich Lenin, 1870-1924)把大部分马克思学说搬用到俄国的社会和生活中来。列宁不仅把马克思主义看作有组织的经济改革运动,而且也是政治工程。共产党现在成了一个世界历史和政治因素。在很多具有伦理学意义的问题上,列宁的态度比马克思更明确和强硬。社会主义社会必须根绝宗教,而采纳无神论。②列宁强调,马克思主义思想在所有领域都建立在坚固的实证科学基础之上。恩斯特·马赫(Ernst Mach)等人的原始唯物主义是对物理科学真实意义的误解。③ 除了支持马克思主义关于无产阶级拥有自己特有道德价值的一般主张之外,列宁和斯大林(Joseph Stalin, 1879-1953)都没有对伦理学理论做过什么更多的贡献。在1950年之前,苏联的学术文献中几乎不用"伦理学"这个术语。道德观是被包括在辩证唯物主义意识形态中加以讨论的。④ 在1950-1965年间,有几篇带有史学性质的文章讨论过苏联的道德哲学。

恩斯特·布洛赫(Ernst Bloch, 1885-1977)是当代德国杰出的马克思主义思想宣扬者。他反对那种他在俄国马克思主义中所看到的、强调经济和历史对人类生活的决定论,而强调在个人追求幸福生活的努力中作为更自由和更具人性因素的"希望原则"。布洛赫自然被苏联马克思主义者看作是修正主义者。⑤ 另一位并非来自苏联的、被认为影响力巨大的马克思主义者是卢卡奇(Georg Lukacs, 1885-1971),一位用德语写作的匈牙利人。在伦理学方面,正是卢卡奇让大家注意到了"异化"概念的重要性。毫无疑问,某些劳动类型和状况将使在那样的环境中劳动的

---

① Further analysis of Kautsky's ethics in Hill, *Contemporary Ethical Theories*, 146-48.

② See the selection "Socialism and Religion," from Lenin's *Selected Works* (New York: International Publishers, 1935-38), Vol. XI, pt. III, in J. B. Hartmann, *Philosophy of Recent Times* (New York: McGraw-Hill, 1967), II, 123-26.

③ Lenin, *Materialism and Empirio-Criticism*, ed. C. Dutt, in *Collected Works* (Moscow: Foreign Languages Publishers, 1960), Vol XIV; for selections, see Edie, *Russian Philosophy* (Chicago: Quadrangle Books, 1965), III, 410-36.

④ Cf. G. Wetter, *Dialectical Materialism* (New York: Praeger, 1958), cha 10.

⑤ See L. Labedz, *Revisionism: Essays on the History of Marxist Ideas* (New York: Praeger, 1962), 166-78.

人失去人性。但他强烈批判华沙的柯拉柯夫斯基(Leszek Kolakowski，生于1927)最近提出的马克思主义伦理学的唯心主义—存在主义版本。卢卡奇否认任何对他本人就是一个修正主义者的指控。①

最近苏联的马克思主义文献反映出把道德观作为一个特殊研究领域的兴趣正在增长。其基本观点与我们看到的马克思的观点非常相似：好的道德观来自于正确有序的社会；所有的伦理系统都是相对的；所有的社会阶级都有自身的道德观，但只有无产阶级的道德观是唯一进步的类型；一种既定的道德或伦理立场的价值，取决于其政治的和社会的效果；作为无产阶级先锋模范组织的共产党将是道德判断的最终标准。②

另一个与马克思主义学说相对立的俄国思想学派，源于东正教。它的伦理思想也产生强大的社会影响。做一个不属于拉丁基督教徒的俄罗斯人，就是意味着具有祖国俄罗斯"精神"(the soul of Mother Russia)。这种学派的伦理观点不成体系，与罗马天主教的"经文主义"有很大的抵触，而且强调提高精神、自由和个人发展等方面的价值。道德恶，作为人生不可避免的一个特征，被给予极大的关注。十九世纪的俄国小说作家们，就是这种观点的主要代表。但是，也有些哲学或神学作者把这种观点发展成比较明确的伦理学。索洛维耶夫(Vladimir Soloviev, 1853-1900)是其中最有影响力的作家之一。他的《对善的正名》(*The Justification of the Good*, 1897)反映了一种基于普世教会精神的、基督教世界大一统的和全人类大一统的精神的伦理学。正如索洛维耶夫所理解的，"生命的最终道德意义，在于和邪恶的斗争，在于善良战胜邪恶的胜利之中"。③索洛维耶夫一般被认为是俄罗斯基督教伦理学后期学派伦理观点的主要思想来源。

在长期旅居法国期间，列夫·舍斯托夫(Lev Shestov, or Chestov, 1866-1938)是这种存在主义伦理学最具影响力的人物。他对诸如托尔

---

① G. Kline, *European Philosophy Today* (Chicago: Quadrangle Books, 1965), 136-37.
② Cf. Viktor Antolin, "Communist Morality," *Philosophy Today*, I (1957), 107-08.
③ Soloviev, *The Justification of the Good*, trans. N. Duddington (London: Constable, 1918), 474.

斯泰和陀斯妥耶夫斯基等作家的思想,与当代存在主义思想之间的关系的研究,在欧洲广受好评,但在欧洲之外却少有人知。舍斯托夫对克尔凯郭尔(Kierkegaard)以及德国观念论者非常熟悉。他在对基督教哲学整体做出批判的同时,又不愿将自己的道德见解体系化。事实上,他宣扬人类的生活是荒唐的和非理性的——远比加缪(Camus)和法国存在主义者提到这个概念要早得多。舍斯托夫对上帝的全能印象深刻,并倾向于相信没有任何东西可以限制神的力量,甚至明显的自相矛盾和历史事实也不能限制它。①

如果说舍斯托夫在法国之外鲜为人知,那么,别尔嘉耶夫(Nikolai Berdyaev, 1874-1945)则是另一位宣扬这个学派学说的、被流放的俄国哲学家。别尔嘉耶夫的很多(俄文、德文和法文)原著都被翻译成英文并广为人知,最能够反映他伦理观点的是《人的命运》(The Destinity of Man, 1935),他在其中主张,"把道德观抽象成一个先验体系全无意义"。② 贯穿全书的,是别尔嘉耶夫强调:只有人死之后发生的事情才能赋予他生命的意义和价值。这个对末世论的强调,涉及人的最终结局的重要主张。但是,他的观点并不属于古代和中世纪的享乐主义。别尔嘉耶夫不同意托马斯·阿奎那认为一种有道德的生活才是获得永恒快乐的途径。相反,他主张一个高度发展的人也许是最痛苦的人。③ 事实上,他不认为伦理学的中心问题应该是善的标准。从伦理上看,邪恶与善良一样重要。道德哲学家关心随着时间进程而发生的善良与邪恶之间的持续斗争。别尔嘉耶夫的很多后期著作都强调个人自由的至高价值。他经常被认为是个人主义者。创造性是道德自由的关键。④

但是,从他的作家生涯一开始,别尔嘉耶夫就同时也是一位社会和历史问题的思想家。他的早期著作之一《社会哲学中的主观主义和个人主

---

① This is the appraisal of Boris De Schloezer, "Un penseur russe: Léon Chestov," *Mercure de France* (Paris, 1922), 82-115.

② Berdyaev, *The Destiny of Man*, trans. N. Duddington (New York: Harper Torchbook, 1960), 15.

③ Berdyaev, *Dialectique existentielle* (Paris: Janin, 1947), 96-97.

④ *The Destiny of Man*, 40, 126-53.

义》(*Subjectivism and Individualism in Social Phylosophy*, 1901)中的下面这段文字强调了伦理学的目标和社会性质:

> 如果说道德观具有阶级属性,那么它的阶级属性也不可能比所谓真理的阶级属性更多。它只不过是在历史上表现为一个阶级的形式,并且是通过那个举着人类普遍进步之旗帜的社会阶级而出现的。后面我们将证明,在历史上,社会中的先锋派总是努力去提升人的价值,并把他引向绝对正义的意识。①

尽管别尔嘉耶夫反对共产主义者的无产阶级伦理学,但他一直相信伦理学是不可能仅仅通过思辨哲学而获得的。它是人类的社会价值和通过历史向永恒前进过程中的人类精神进步的产品。对别尔嘉耶夫来说,精神进步是种宗教概念。他的伦理学说总体上看属于基督论(Christological)。② 尽管他不是神职人员,他的伦理学比俄国其他基督徒伦理学者的伦理观点更近似一种道德神学。

法国的社会伦理学从埃米尔·涂尔干(Emile Durkheim, 1858-1917)的著作开始了一个新的特殊时期。1897年,他创立了社会学方面的开创性杂志《社会学年鉴》,并促发了社会科学的方法论。涂尔干认为,"每个社会群体,作为一种自然衍生物,都自然地会产生集体的形象、信仰和行为规则……"③每个社会都有自己的集体良心,由此而进一步产生宗教、道德观、政治见解等等。社会学研究的是这些文化的新现象。伦理学并不属于理论的或系统的哲学,它是一套有用的道德标准,用于教育并使年轻人和谐地接受他所属群体的行为规范。

吕西安·列维-布留尔(Lucien Levy-Bruhl, 1857-1939)是涂尔干的长期合作伙伴,也是其杂志的撰稿人。他的早期著作《责任观念》(*The

---

① Berdyaev, *Subjectivism and Individualism in Social Philosophy*, trans. G. Kline, in Edie, *Russian Philosophy*, III, 155.

② This point is well developed in R. Borzaga, *Contemporary Philosophy* (Milwaukee: Bruce, 1966), 245-48.

③ Gilson et al., *Recent Philosophy*, 283.

Notion of Responsibility, 1885) 是一部康德主义的伦理学论文。布留尔的道德科学是从他的《伦理学与道德科学》(*Ethics and Moral Science*, 1903) 一书开始的。所有道德观问题现在都归到社会事实上来了:"道德或习俗的科学讨论'是什么',而非'应该是什么'"。正如他以下所论,这种社会学方法要经历几个不同的过程:

> 以其最基本的形式表现出来……一个社会的道德观纯粹是该社会其他现象系列的一个功能,它可以被称为是自发性的。在其第二阶段,为了用理性来检验道德观,反思开始被应用于道德现实。这就是一个具有道德系统的社会了。这些道德系统附属于丰富复杂的道德生活,正如它被附属于一个单一的原则。最后,我们今天看到了最后阶段的开始,其间,社会的现实性将被客观地加以研究讨论。①

因此,对布留尔来说,一个纯粹理论的伦理学是不可能的。人们必须要做的是,去研究一个既定社会中的集体意识到底传达了什么信息。与这组集体意识相关的,针对该社会所接受的习俗标准进行哲学的和科学的反思的结果,相对而言,就是有效的伦理学。② 从某种意义上说,韦斯特马克(Edward Westermarck, 1862-1939)的《道德思想的起源和发展》(*The Origin and Development of the Moral Ideas*, 1906) 和《道德相对论》(*Ethical Relativity*, 1932) 只是拓展了布留尔的这个观点。

在弗雷德里克·劳赫(Frederic Rauh, 1861-1909)的实验方法中,我们可以看到一个不同版本的法国社会伦理学。他对心理学和伦理学的方法论有兴趣。在《道德经验》(*Moral Experience*, 1903) 一书中,他设计了一个公正的观察员,来给伦理判断提供一定的客观性。道德见解必须要放在行为主体所处的环境来检验。道德信念的最终检验标准,根据劳赫

---

① Lévy-Bruhl, *La Morale et las science des moeurs* (Paris: Alcan, 1903); the English is adapted from S. Deploige, *The Conflict between Ethics and Sociology* (St. Louis: Herder, 1938), 187.

② Hill, *Contemporary Ethical Theories*, 90-91, classifies Lévy-Bruhl's thought as a social approbative ethics.

的理解,是社会良心:"道德出现于集体愿望窄化至个体良心上,良心个体地保有这些愿望,并使得集体愿望得以重生。"①然后,劳赫试图把这些道德观点的社会学起源与以一个道德家精神对这些道德观所做的个人解释结合起来。在这种观点中,他更多地面临的是取得介于社会学家的事实性道德观和形而上学家的理性伦理学之间的妥协。

4. 克罗齐和秦梯利

同样重要的是最近在意大利兴起的社会伦理学。二十世纪的意大利伦理学大体上是以克罗齐(Croce)和秦梯利(Gentile)的实践哲学为标志的,但很不幸他们的思想不被英语读者所熟悉。他们都属于那些用历史和社会方法来分析问题的伦理学者。维科的观点依然重要,但黑格尔及其辩证法更具影响力。克罗齐和秦梯利都经历了意大利历史上那段墨索里尼企图恢复昔日罗马帝国辉煌的不幸时期。克罗齐比秦梯利更反对法西斯主义,但他们俩都在某种程度上赞美过那些民间团体。没有这样一些民间团体,法西斯主义政府的哲学就不会得到学术界的支持。不管怎么样,克罗齐和秦梯利都是认为道德价值的起源来自意大利人民的历史和社会文化的首要人物。

贝奈戴托·克罗齐(Benedetto Croce, 1866-1952)在阅读维科《新科学》时产生了对哲学的兴趣。他对哲学的贡献主要在美学和历史哲学方面。他反对形而上学的立场,在他第六次国际哲学大会(1926)上的著名演讲中表达得非常清楚。他指责说,形而上学概念是对一种处于经验之外的真理的研究,是对系统化或最终哲学主张的研究。② 克罗齐把哲学定义为"历史编纂的抽象时刻"。他认为哲学家的工作在黑格尔的《历史哲学》中得到了解释:要理解现实的发展及其规律,就必须回归历史,并

---

① See for this summary of Rauh's view, E. Forti, "La Méthode scientifique en morale et en psychologie suivant l'oeuvre de Frederic Rauh," *Revue de metaphysique et de morale*, XII (1934), 22.

② Croce, "The Absolute Spirit," *Proceedings of the Sixth International Congress of Philosophy* (New York: Longmans, Green, 1926), 551-54; trans. R. Piccoli, in Robinson, *Anthology of Recent Philosophy* (New York: Crowell, 1929), 162-65.

重新生活于理念在任何具体时期所经历过的辩证发展过程中去。这是一种历史主义,因为它相信人类生活的意义和价值只能通过对人类精神在时间中的变化过程进行哲学研究来发现。

克罗齐在 1909 年出版了《实践的哲学》(Philosophy of the Practical),有他伦理学观点的主要阐述。在实践层次上最重要的是意愿。对具体事物的意愿,属于经济学领域;对普遍事物的愿望,属于伦理学领域。意愿行为(the act of willing)和实际行动(the practical action)没有什么特别的区别,因为意图只能通过行动来实现。只要具有真正的意志力(a real volition),行动就是自由的。有些行为与道德无关,因为它们仅仅是经济或政治行为。① 对克罗齐来说,给予一个行动以道德或善行特征的因素,是其自由性。② 在其早期著作中,自由是由善来标志的。他的后期著作更明显地赋予"自由主义"比仅仅是一种政治因素更多的意义,自由成了符合伦理的事物的形式。③ 权利,在一般意义上,并非主要是伦理的概念,而法律只是一种对某些特定行为类别的意愿,是一个抽象和不真实的意志。④

克罗齐实践哲学的门徒们指出了他对种族主义、帝国主义和独裁主义的反抗。的确,克罗齐对意大利法西斯主义的反常行为有强烈的批判。但是,在克罗齐的伦理思想中也曾经赞美过那个和他对个人自由的支持态度难以协调的国家政府。在他《生活的行为》(The Conduct of Life, 1922)的译本中,第 36 章讨论"作为伦理机构的国家"。其中,他反对所谓"政府只认识自己的力量,不认识其他法律"的观念。⑤ 但他也坚持认

---

① Croce, *Filosofia della pratica* (Bari: Laterza, 1909), 133; cf. Croce, "The Absolute Spirit," *Proceedings of the Sixth International Congress of Philosophy* (New York: Longmans, Green, 1926), 551-54; trans. R. Piccoli, in Robinson, *Anthology of Recent Philosophy* (New York: Crowell, 1929), 245, and *Elementi di politica* (Bari: Laterza, 1925), where Croce speaks of the "amoralità della politica."

② *Filosofia della pratica*, 139.

③ Croce, *Etica e Politica* (Bari: Laterza, 1931), 291, 324; and see Adriano Bausola, *Etica e Politica net pensiero di Benedetto Croce* (Milano: Vita e Pensiero, 1966), 133.

④ *Etica e Politica*, 327, 347.

⑤ Croce, *The Conduct of Life*, trans. Arthur Livingston (New York: Harcourt, Brace, 1924), 270.

为,政府应该有自己的美德,这些美德不同于基督教的理想典范。他指出马基雅弗利(Machiavelli)是一个看到了这一真理的人。克罗齐这样表述他的观点:"国家是一个伦理机构",而且是"那真正的教堂",因为它"所关心维护的不仅是其身体,而且是其灵魂"。① 这样的观点非常容易转变成对极权主义的支持。

在这同时,乔瓦尼·秦梯利(Giovanni Gentile, 1875-1944)发展了一种比克罗齐的历史唯心主义更为个人主义的人类精神唯心主义。秦梯利有关现实性的基本理论受到康德和黑格尔的很大影响。他在《作为纯粹行动的思想行动》(*The Theory of the Mind as Pure Act*, 1912)中说,他发现真实就是在成长过程中的自我。无论特殊还是普遍的真实都符合这一发现,而且在秦梯利看来,它们结合在个别的自我这个具体的精神之中。② 这就是秦梯利的真实唯心主义。行为并不指定一个事件,而是指定思想中的某些存在和发展。

人们或许会以为秦梯利的伦理学只是一个个人精神的自我完善理论,事实并非如此。他(和克罗齐一样)对黑格尔关于国家的具体化和神化的观点印象深刻。在他死后才出版的《论社会的起源和结构》(*Genesis and Structure of Society*)中,秦梯利描述了一种把他的政治立场和伦理观点相联系的辩证法,其中的命题是与自然属性相关的特殊个体的具体个性,而其对立面是法律普遍存在的力量。根据秦梯利的看法,这个冲突在自我的真正形成过程中得以化解。随着他对这个辩证法过程的进一步展开,他清楚地表明,这种个人思维或精神的发展过程,只有在"社会的胸怀"中才能最后完成。没有其他任何一个关于个人的伦理学跟他的一样。他认为,"国家完成了个人的道德观"。③ 无论他是否是一个"法西斯主义伦理学者"(关于这点仍有很多争议),*秦梯利的确是一个认为个人利益取决于而且从属于更高的国家利益或政治社

---

① Croce, *The Conduct of Life*, trans. Arthur Livingston (New York: Harcourt, Brace, 1924), 271-73.
② Gentile, *Introduzine alia filosofia* (Firenze: Sansoni, 1933), 49.
③ Gentile, *Genesi e struttura della soietà* (Firenze: Sansoni, 1946), 46-67.
* 译注:秦梯利于1944年被意大利游击队枪决。

会利益的伦理学者。这样的结论当然也是几乎所有社会伦理学者的结论。

社会伦理学几乎没有对英国伦理学者产生吸引力。几乎每个英国哲学家在内心里都是个社会功利主义者,并确信英格兰社会的道德主张具有实际上的优越性。重点在于,他们通常不会把这种偏见发展成要取代伦理学理论的东西。因此,英国伦理学著作中找不到这种伦理国家之类的神秘内容。一个像科林伍德(R. G. Collingwood, 1889-1943)那样的哲学家当然会去强调历史作为形而上学和伦理学共同起点的作用,而且强烈批评大多数英国哲学家尤其是伦理直觉论者在他们的著作中普遍忽略历史视野的倾向。他指责他们阅读柏拉图的时候以为他就活在昨天一样。按照科林伍德的观点,伦理学应该通过其与人类社会的历史发展关系来理解。因此,科林伍德的《自传》(*Auto-biography*, 1939)是一个简短而生动的哲学中的历史主义辩护书。同样,莫里斯·金斯伯格(Morris Ginsberg, 1889-1970)是一个英国社会学家,写过大量关于社会学和法律道德观之间关系的著作。他的《社会学和社会哲学论集》(*Essays in Sociology and Social Philosophy*, 1957-1960)反映了把社会学方法反思性地应用于哲学史研究中可能产生的结果。比如,金斯伯格认为,在不同时间地点出现的文化和道德观点上值得注意的多样性,并不是导致伦理相对论的合理根据。① 在金斯伯格的基本论点中,如果仔细分析会发现,道德观念的多样性反映出一种内在的模式。他的论述如下:(1)存在着这样一个被普遍认可的契约,也就是行为必须受到原则的指导;(2)道德观的多样性绝不是随意的;对应于不同的评价体系,存在着可分辨的理解力和经验的不同层次;(3)与人类需要以及社会合作经验增长相对应,出现了道德理解力令人注目的成长。这个结论,对于由爱德华·韦斯特马克(Edward Westermarck)提出并长期被人们接受的从文化到伦理的相对主义,是一个挑战。但是,金斯伯格并没有对英国的伦理学者产生多大

---

① Ginsberg, "On the Diversity of Morals," in *Essays* (London: Heinemann, 1956), Vol. I; partly reprinted in Jones et al., *Approaches to Ethics*, 484-93.

影响。

5. 种族主义理论：戈宾诺、张伯伦、罗森堡等

我们要讨论的欧洲社会伦理学的最后一个样本，是来自一批声称所有道德和文化典范都由某些在各方面都比其他人种优越的既定人种血统来传承的人。这些我们要对其作非常简短介绍的学者认为，雅利安人种是所有人类文化最高种子的传承者。他们的学说成为希特勒统治下德国纳粹哲学的理论基础，但它们的起源绝不仅限于德国。种族主义是一种伦理态度，存在于世界各地。

一个法国人，戈宾诺（Count Arthur de Gobineau, 1816–1882），在十九世纪中叶写了长篇论文《人类种族的不平等》（Inequality of Human Races）。他声称有许多科学证据支持白人比黑人和黄种人在各个方面都要优越的发现。据戈宾诺的说法，白人在活跃的思维、勇气、毅力、体力和对自由的热爱等方面都是最杰出的。① 他强调了几个几乎已被遗忘的德国生理学家对不同人种拳击能力的研究报告，在这方面英国人是最强的，最差的是黑人和大洋洲人。根据这类"科学"证据，戈宾诺的结论是：白种人在身体和思想的天赋上自然要领导和统治其他人种。"我已经能够仅仅凭生理学证据就区别出三大清楚地标志了的人种的差别：黑人、黄种人和白人。"黑人人种"居于阶梯的最低级"。② 他同时也假定，不同人种之间的混血后代，要比其原来的两个血统都要低级。（这里我们没有必要具体指出这个论点所据证据的不可靠性及其伪科学基础）。

与此同时，德国人保罗·安东·拉加德（Paul Anton de Lagarde, 1827–1891）采纳了这些观念，并把它们混杂在对犹太人的极端厌恶中。拉加德本来是个《圣经》学者，他认为圣保罗应该为把《旧约》内容引入《新约》而带来的基督教教会腐败负责。他出版了一系列以《德文作品》（German Writings, 1878–1881）为题的论文，这些论文在1930年代早期的

---

① Gobineau, *The Inequality of Human Races*, trans. A. Collins (New York: Holt, 1915), 145–46, 207.

② Ibid., 205.

德国非常流行。作为纳粹的反犹主义理论之父,拉加德强调所有具有纯德国血统的人在"精神"上的高贵和道德上的价值。①

另一位更具学术造诣但也具有种族主义态度的德国学者,是社会学家路德维希·贡普洛维奇(Ludwig Gumplowicz, 1838–1909)。他其实是来自波兰的犹太人家庭。此人是所谓"冲突社会学"的倡导者。该理论认为,原始人种一开始就相互仇恨,为了争取最高权力相互争斗。文明就是在这样的争斗中出现的。贡普洛维奇最有影响的作品是《种族斗争》(The Race-Struggle, 1883),讽刺的是,该书在希特勒权力上升时的德国重新出版。他的学说要表达的意思是,高级人种就是赢取所有战争的人种。

英国对这个思想学派的参与,是通过休斯顿·斯图尔特·张伯伦(Houston Stewart Chamberlain, 1855–1927)。他在德国接受教育,并和作曲家瓦格纳的女儿伊娃·瓦格纳结婚,定居于德国拜罗伊特。张伯伦将德国的文化和制度理想化。他的《十九世纪的基础》(Foundations of the Nineteenth Century) 1899 年首先在德国出版,宣扬德国血统的纯洁性之类的教条,和(他所崇拜的)戈宾诺不同。张伯伦觉得犹太人之所以是一种威胁,不是因为他们的低级,而是因为他们的积极进取能力。由于担心犹太人将统治欧洲,张伯伦认为:

> 如果现在的样子继续几个世纪,除了犹太人,欧洲就再也不会有任何一个其他种族纯正的民族了。所有其他民族都将成为伪希伯莱人的混血人种,而且毫无疑问,他们都是些身体上、精神上和道德上退化了的人们。②

我们应该注意到,休斯顿·张伯伦是怎么把道德观作为一种特殊的种族遗产包括在这里的。它提供了这样一种社会伦理学的理论基础,其

---

① Lagarde, *Deutsche Schriften* (Göttingen, 1878), Bk. I, 72–76, 317.
② Chamberlain, *The Foundations of the Nineteenth Century*, trans. J. Lees (New York: Lane, 1912), 321.

中,"社会"就是任何一个通过血统而联系在一起的组织。

民族社会主义运动的领导者从前述伪理论中采纳了他们觉得可用的部分。有一个人被指定为纳粹党的专职哲学家,并负责关于雅利安人种具有文化优越性等主张的宣传事务。他就是阿尔弗雷德·罗森堡(Alfred Rosenberg, 1893–1946)。他的《二十世纪的神话》(*Myth of the Twentieth Century*, 1930)一书售出几十万册。他把日尔曼神话和前述那些种族主义观点结合在一起,虚构了一个新的民族宗教。罗森堡赞美德国人的共同灵魂,坚持"血统是最高贵的"。① 德国就是文化的支柱,是文化和道德价值的自然传承人。领导其他民族走向文化的更高层,是德国的责任。

这种特殊的社会伦理学版本,在德国的一些学校被教授过几年。它从来没有得到过学术界的普遍认可。但它是一个警告,种族主义伦理学是社会伦理学可能进入的一个歧途。在用这个不幸的道德思想学派来结束本章的时候需指出,我们无意表明必然会出现的伦理学社会性思考的高潮就反映在民族社会主义的经历中,同时我们也要指出,大多数社会伦理学版本中都存在着某种极权主义因素。

---

① Rosenberg, *Der Mythus des 20 Jahrhunderts* (München: Hoheneichen, 1938), 268.

第五部分　当代伦理学

第十四章　价值论伦理学

价值论(axiology)是关于价值的研究。威尔伯·厄本(Wilbur M. Urban)认为他是第一个使用"价值论的"(axiological)这个形容词的人,但这词其实在欧洲早就使用了。① 关于"价值"最有用的一般解释,也许是佩里(R. B. Perry)给出的著名定义:"价值是任何兴趣的任何目标。"② 在这个意义上,对某物产生兴趣,就意味着对某物喜欢或反对。在过去的年代,价值理论经历了从非常现实和客观的观点(认为价值是存在于其自身或事物中的超意识的现实),到相当主观的理论(把价值视为和情感的或认知的状态或意识行为等同的东西)的整个过程。最近的哲学家们谈论各种价值:审美的、经济的、宗教的、逻辑的和道德的价值。事实上,价值语言被几乎所有哲学家或多或少地使用着,使用范围如此之广,其意义也就变得非常单薄了。

因此,我们在本章中计划要讨论的,就不是价值伦理学(value ethics)的所有方面。约翰·杜威(John Dewey)必须被包括在那样的题目之下,因为他的《评价理论》(*Theory of Valuation*, 1939)极为重要。我们也不会在本章中讨论佩里。他和其他伦理自然主义者会出现在第十六章里。在

---

① Urban, "Metaphysics and Value," *Contemporary American Philosophy*, II (1930), 361, "The term 'axiological' was coined by me wholly independently"; but on its earlier use, see E. S. Brightman, "Axiology", *Dictionary of Philosophy* (New York: Philosophical Library, 1942), 32–33.

② Perry, *General Theory of Value* (New York: Longmans, Green, 1926), 115–20.

这里,价值论伦理学专指属于一个德国—奥地利哲学家团体的理论,以及受他们影响的其他一些伦理学者。这些人倾向于对价值问题提出唯心主义的和客观的学说。在道德层次上,他们经常声称自己在用于实际判断的标准或规范的伦理价值方面拥有直接经验。这个价值论的理想价值学派,和现象学之间存在着某些直接的关系。不过,我们会在第十八章中专门讨论现象伦理学。

我们在这里讨论的这种价值论伦理学(axiological ethics),与另外两种探讨这个主题的方法密切相关。理想价值理论几乎总是直觉主义的。他们所谓要"去看"的东西,并不是(如同英国的直觉主义者所做的)一个行为或态度中好或坏的具体特征,而是某些类似善的本质要素。其次,这些价值论伦理学者使用自我实现这个观念,因为他们(和很多其他伦理学派一样)倾向于认为,道德善的行为活动将以某种特殊方式使其个人得到实现或完善。

一位受过亚里士多德主义和经院哲学教育,并在第一次梵蒂冈大公会议之后就离开天主教教会的奥地利神父发起了这个运动。他就是在维也纳大学教过哲学和心理学,并培养了许多包括弗洛伊德等在内杰出学生的弗朗兹·布伦塔诺(Franz Clemens Brentano, 1838-1917)。他的《从经验观点看心理学》(*Psychology from the Empirical Standpoint*, 1874)和《论伦理知识的起源》(*On the Origin of Ethical Knowledge*, 1884)成为奥地利价值论伦理学的发展源头。布伦塔诺的心灵活动理论强调意向性(intentionality),他认为这是所有认知、感觉和意愿行为得以指向对象的行为特点。这些对象,也许存在于意识的内容中,或在其他情况下,它们是代表精神以外的现实。布伦塔诺的解释很简单:

> 每种知识的行为都具有一个特点,那就是经院学者们所谓一个对象的意向性(或精神性)存在。我们把它称为跟一个对象的关系,朝向一个对象的方向;我们也可以称其为内在的客观性。[1]

---

[1] Brentano, *Psychologie vom empirischen Standpunkte* (Leipzig: Meiner, 1874), I, 111.

对布伦塔诺来说,这个对象不一定就是精神之外的现实。相反,他的对象之所以存在(他申辩说,对于意识,每种对象的确是存在的)可能得归因于某些思维的活动。因此,在某些对象可能代表物体现实(比如埃菲尔铁塔)的同时,其他对象也许是想象的东西(比如一个黄金宝岛),甚至可能是某些无法形象化的意义(比如3的平方根)。如果伦理判断具有实际意义,就必须考虑心灵活动的客观内容。[①]

布伦塔诺杰出的学生之一,亚历克修斯·迈农(Alexius Meinong, 1853-1920),把对象理论整理成一种更明确的哲学类型,并把它和价值理论与伦理学正式地联系起来。在其论文《对象理论》(*Theory of Objects*)中,迈农提出,当我们感觉欢乐或怜悯或其他情绪时,其对象并不是"欢乐"或"怜悯",而是这些情绪被导向的某些东西。他用了"导向性"(directedness)这个词来表达这种被布伦塔诺称为意向性的特征。[②]

对迈农来说,许多对象并不存在于现实中,但它们却能够维持。这样的对象,既不只是主观精神状态或行为,也不是现实世界中的实际存在。因此,哲学需要一个第三存在领域,在其中对象是现成的。一个特殊和新的哲学部分现在就要专门用于对对象的研究。"关于对象,我们能够通过本质去了解的东西,因此也是先验的东西,是属于对象的理论的。"[③]迈农在其《情感的表达》(*Emontional Presentation*, 1917)中指出,某些这类对象就是道德价值,属于客观的价值或义务等类型。正如感官的感知所呈现的东西中有客观性的内容那样,在情绪经验中也有现成的具备属性的对象(objects-with-properties)。[④]这些对象包括诸如目标、欲望和尊严等。它们都有客观实际的伦理价值,不仅体现在个人方面,而且在主观经验之上也是有效的实际伦理价值。我们究竟应该称它们是价值的唯物主义理论(齐硕姆,Chisholm),还是价值的唯心主义理论(希尔,Hill),并不太取

---

① For English passages illustrating Brentano's theory of "objects", see R. Chisholm, *Realism and the Background of Phenomenology* (Glencoe, Ill: Free Press, 1960), 39-75.
② Meinong, "The Theory of Objects," Trans. in Chisholm, 76-117.
③ Ibid., 109.
④ See Chisholm's *Introduction*, ibid., 11.

决于这个理论,而更多是取决于我们怎么使用"唯心"和"唯物"这些词汇。另一位在 1880 年代早期的维也纳受到过布伦塔诺影响的哲学家,埃德蒙德·胡塞尔(Edmund Husserl, 1859-1938)发展了他的"现象学"(phenomenology),但更强调对象理论的唯物主义层面。胡塞尔影响了许多我们在最后一章要回顾的现象论伦理学者,但他自己在伦理学方面的贡献并没有什么值得讨论的。

另一位布伦塔诺的追随者,艾伦费尔斯(Christian von Ehrenfels, 1859-1932),更多地从心理学角度来研究价值。他《价值理论体系》(System of Value Theory, 1897-1918)的第一卷提出了价值起源的一般论述,第二卷解释伦理学如何建立在价值理论的基础之上。他把价值理解为一个由于个人的欲望行为产生的客观属性。迈农把价值看作情感经验中"既有的"东西,而艾伦费尔斯认为价值是由主观精神倾向所投射出来的东西。

1. 马克斯·舍勒

价值论伦理学派最伟大的人物之一,是马克斯·舍勒(Max Scheler, 1874-1928)。继论文《论逻辑的和伦理的原则》(On Logical and Ethical Principles, 1899)之后,他的早期伦理学著作之一,是《怨忿》(Ressentiment, 1912)。他从法文中借用了这个词汇来称谓那种对某些人和事的持续的情绪反应(或敌意)。这本书确立了舍勒对作为道德观念来源的情感经验领域的研究兴趣。他对伦理学的主要贡献是《伦理学的形式主义和非形式的价值伦理学》(Formalism in Ethics and the Non-Formal Value Ethics, 1913-1916)。在他的后期著作中,《同情心的本质》(The Nature of Sympathy, 1921)有重要意义。他去世后留下来的大多数重要资料都已得到编辑。

舍勒自己并不是奥地利人(生于慕尼黑),但他通过胡塞尔而受到价值现象学的影响。当然,舍勒也得益于奥古斯丁、尼采、伯格森和奥伊肯(Eucken)。他的思想基础是"共同世界"(Mitwelt,从字面上说就是与世界共处),一个与其他人共享的经验领域。舍勒描述了四种人际关系的感觉:(1)社群的感觉;(2)伙伴的感觉;(3)精神的感染;(4)情绪上的确认。这一切都是同情心的基本感觉的方方面面。① 能够进入这种与他人之间关系的能力,部分意味着所谓的"做人"(to be a person)。

这种人际关系被视为某种实体。"与他人共处"这个实体尽管不存在于物理性世界,但却生存于"做人"这个本体王国之中。这种真实关系的理论,导致了对舍勒形而上学和伦理学都很重要的"社群"理论的形成。② 普通身体上的疼痛和饥饿等感觉,并不如此被分享,它们完全是个人的。基本的生理感觉是无意识的,而一个感觉的更高层次的"感觉意识"就是价值经验。③ 因为更高层的、心灵的感觉——诸如欢乐、悲伤、悔恨、绝望和幸福等情绪——能够被他人共享,伦理价值就在这个层次被直觉认识到。作为人际经验,这些感觉为它们的价值对象提供了某些客观性、普遍性和绝对品质。爱是社群最完美的感觉,并且在道德经验中具有特殊地位。它对伦理学最为重要。④

伦理学就是研究存在于这种人际情感经验中的先验内容。从康德主义强调要与道德生活的内容相联系的观点看,舍勒的伦理学是属于"实质的"(或非形式的)。他认为,康德的形式伦理学基本上是正确的,但康德忽略了整个客观的道德价值领域。因此,在康德的理论中不存在实质的先验,而在舍勒看来这种东西应该是有的,他认为,历史上道德观在不同人群不同时期都有很多变种。舍勒进一步问:在这些道德多样性之中,是否存在伦理学也许能够揭示的某种基本的结构和统一性?伦理学是研究道德观的哲学。对舍勒来说,伦理学和道德观不是同样的东西。

作为伦理学者,舍勒的重要发现之一是非形式价值(nonformal values)的等级。从最低级到最高级,他发现有四个等级。以下的特征被应用在他的度量原则中:(1)持续性(持续的价值比短暂的价值更好);(2)广泛性(一种价值可被许多人共享却不瓦解的特质);(3)独立性

---

① Scheler, *The Nature of Sympathy*, trans. Peter Heath (New Haven: Yale University Press, 1954), develops the theory of these feelings; see the analysis in Manfred Frings, *Max Scheler* (Pittsburgh: Duquesne University Press, 1965), 56.

② Cf. James Collins, "The Moral Philosophy of Max Scheler," *Encyclopaedia of Morals* (1956), 517-24.

③ Scheler, *Der Formalismus in der Ethik* (Halle, 1913), I, 267-71.

④ Ibid., 312-19; cf. Frings, op. cit., 67-80.

(更高的价值从来不会是低价值的基础);*(4)满足的程度(价值经验越是意义深远,其价值就越高)。① 用这些标准,他提出了下列的价值等级。首先是可感知的价值,包括愉快和痛苦的对象,以及多种多样的功能。其次是生命价值,包括高贵和卑贱、强和弱、好品质和坏品质等。第三是文化价值,比如美和丑、合法与违法、真实的知识辨别等。最后,也是最高的价值,是宗教价值,包括至福和绝望、神圣的感觉和它的反面。② 这是一种价值等级制度,它对最近欧洲的伦理学产生了巨大影响。

对舍勒来说,"应该"(oughtness)有两种类型:(1)应该是什么;(2)应该怎么做。后者取决于前者,而这两者共同确立了道德义务的基础。道德价值并不对应于我们刚讨论过的四个价值水平。相反,当一个人要去实现或选择一个高水平的物价值(a thing-value)而放弃一个低水平的相似价值的时候,道德价值就出现了。因此,所有道德价值都是个人的。如舍勒所说,善作为一个价值是"骑在"行为这个"马背上"的。③ 长远来看,道德义务存在于这样的个人对前述价值的特殊反应中。④

2. 尼古拉·哈特曼

对价值伦理学相似的研究方法,也出现在尼古拉·哈特曼(Nicolai Hartmann, 1882-1950)的著作中。他的三卷本《伦理学》(*Ethics*, 1926)是更加系统化的舍勒价值论。第一卷讨论道德现象,第二卷讨论道德价值,第三卷专论道德自由。他的思想比舍勒的思想更广泛地为英语读者所了解,因为这部巨著已经译出多年。他出生于拉脱维亚的一个德国人家庭,在德国马堡接受大学教育。他对亚里士多德思想非常熟悉,而且可能就是在这个斯塔利亚人的影响下,对价值问题采取了比舍勒更为现实主义的立场。

---

* 译注:此处似乎与舍勒本人的表述有冲突。可能是本书英文原版印刷有误。舍勒认为,较高价值是较低价值的基础,因此低价值更具有依附性。比如,"舒适"是建立在"性命"之上的,而"性命"是建立在"精神"之上的。

① Scheler, *Der Formalismus in der Ethik* (Halle, 1913), I, 110-17; cf. W. H. Werkmeister, *Theories of Ethics*, 259-60.

② Ibid., 120-25.

③ Ibid., 49.

④ Ibid., 200-25; cf. Frings. Op. cit., 103-32; and Werkmeister. Op. cit., 261-67.

他的史学研究性著作《德意志观念论哲学》(Die Philosophie des deutschen Idealismus, 1923-1929)反映了他在德国早期观念论,尤其是在黑格尔思想方面的丰富知识。许多人认为哈特曼是二十世纪欧洲最伟大的伦理学者。①

在哈特曼的观点中,价值是本体王国的本质,如同柏拉图的理念形式那样的本质。抽象独立地存在着的价值世界,可以通过意识的认知和情感行为而被直觉感知。② 价值对象既不是意识的主观性阶段,也不是物理地存在的实体。他们构成了空想现实的第三个领域。③ 不同的人都会不同程度地涉及价值的经验。所有的人都会对看得到其客观价值内容的东西做出某些赞许、偏好和喜爱等情感行为。在这个探讨价值的起始阶段,感觉是最重要的。④

《伦理学》第二卷中,哈特曼对价值的评级问题和确立价值的等级做了详细的调查研究。他在这方面得益于舍勒,但他也批评舍勒过于简化。人们必须注意到存在于这两者之间的区别:对价值的初始感觉,和对作为对象的价值所产生的理念直觉的第二个时刻。与舍勒不同,哈特曼认为较高的价值以较低的价值为基础。在某种意义上,它们依赖于低级价值。⑤ 哈特曼非常了解从柏拉图和亚里士多德以后的哲学历史,并且他有时候似乎是从古典哲学家的传统中继承了从低级到高级的价值范围。在另一个方面,他又坚持说,高级的价值并非是更强的,相反,通常是比低级的"更弱"。他的意思是,一般来说违反低级价值的行为会比违反高级价值的行为的"罪过"更为严重。同时,实现高级价值又比满足低级价值更好。⑥ 这就是说,哈特曼的价值表并不是一个线性的度量,而是关于财富的客观标准的一种更为复杂的组合。下面这个价值表试图对他这方面

---

① See, for instance, I. M. Bochenski, *Contemporary European Philosophy* (Berkeley: University of California Press, 1956), 212; and Oliver Johnson, *Ethics: Selections* (New York: Holt, Rinehart, 1965), 380.
② Hartmann, *Ethics*, trans. Stanton Coit (London: Allen & Unwin, 1932), I, 183-231.
③ On Hartmann's view of values as essences, see the texts in Jones et al., *Approaches to Ethics*, 453-55.
④ Hartmann, *Ethics*, I, 86, 100-02, 179; cf. Werkmeister, op. cit., 267-68.
⑤ Hartmann, *Ethics*, II, 25.
⑥ Ibid., 52.

的学说做个总结。

1. 初级价值：必然性与自由的形态对立面、存在与非存在、和谐与冲突的相关对立、简单与复杂、普遍性与稀有性、普遍性与奇异性在性质与数量上的对立、人类与民族。
2. 与主题的内容相关的价值：生命、意识、活动、苦难、力量、意志的自由、预见、有目的的活动；物品中的价值；存在、情势、权力、幸福。
3. 道德价值：
   （1）基本道德价值：善、高贵、（许多习俗类型共同的）经验的富有；
   （2）特殊的道德价值：
      ① 古代的道德系统的价值：正义、智慧、勇气、自控以及其他亚里士多德主义的美德
      ② 基督教的价值：兄弟之爱、真实性、可信赖与忠实、朴实、谦虚和离俗、诚实待己、幽默。
      ③ 现代道德价值（受到尼采价值重估的影响）：对关系较远的人的爱（人道）、热烈的美德、伦理的模范、个性和个人的爱。[1]

读者应该清楚，限于篇幅，我们不可能在本章展开对这个非凡的理论做充分的描述。

哈特曼对道德上的"应该"所做的研究和贡献，比舍勒要充分得多。他们都把"应该是什么"与"应该做什么"加以区别——后者把我们引入道德义务和责任的范围。所有初始价值都有一种要得到实现的、目的论的倾向，"应该是什么其实在本质上就是应该真正是什么"。只有某些价值是具有道德意义并有其急迫性的。应该做什么就是针对这些价值而言的。因为价值本身是独立于道德意识之外的，它们就给伦理个人提供或指出了绝对义务。一个人对其自由行为所拥有的责任心，是道德生活的关键。[2]

在讨论自由问题时，哈特曼对这方面先前的哲学观点提出了强烈批判。他尤其反对非决定论（indeterminism），认为自由行为是由物理的和精神两方面因素引起的。自由是明确的，并要求有新的偶然因素能够加

---

[1] This table is condensed from *Ethics*, II, 170-380.
[2] *Ethics*, I, 248 and 304; II, 247-50.

入到一个动态的偶然因素系列中来。存在着有待将来去实现的应该是的自由,也存在着在应该做的领域中的多样性的自由。道德责任和义务的本质通过个人自由这个概念得以重申。[1] 简单地说,不同价值之间相互冲突的高度可能性,为个人介入目标之间的紧张局面提供了窗口,使他有机会为了实现应该做而在行为方式的选择中行使决定者的功能。哈特曼的伦理学当然是个人实现的理论。他的与众不同之处,在于主张一个人可以直觉地认识所有能够被实现的理想的可能性,这些理想在某些情况下也应该被实现。他的整体思想结构的合理性,都依赖于这个初始假设前提:这样的客观价值王国是人类经验可到达的。

虽然英国在十九世纪末和二十世纪初也有些观念论伦理学者,而且他们的大多数也使用价值哲学的论述语言,但是我们在本章中讨论的伦理学派并不属于英国体系。在《当代英国哲学》(Contemporary British Philosophy, 1925)这部著名选集中,既不包括舍勒也没有哈特曼。哈特曼的《伦理学》的确是迟于该选集一年才出版的,但他在知识论和本体论方面的几部著作其实早就问世了。

在英国,最类似于价值论伦理学的研究方法是威廉·瑞西·索利(William Ritchie Sorley, 1855-1935)提供的。《道德生活与道德财富》(*Moral Life and Moral Worth*, 1911)和他的吉福德演讲(Gifford Lecture)《道德价值与上帝的主张》(*Moral Values and Idea of God*, 1918),是索利最重要的著作。索利几乎所有的哲学思想都是讨论伦理学。在他的形而上学思想中,他既不相信唯物主义也不相信自然主义。他把个人看作是"价值的承担者",而不是世界标准的建立者。因此,道德法则和价值就如同"自然法则"一样是客观的。[2] 但是,索利拒绝任何认为这些价值是由感觉行为在哲学意义上所经历和发现的主张。如果这些主张引向一种非理性的态度(他引用帕斯卡的话,"心灵有其理性,而理性并不自知"),那么,这样的方法将会导致哲学的破产。索利是个理智的观念论者,不是一个情绪上的

---

[1] *Ethics*, III, 135-80.

[2] Sorley, "Value and Reality" *Contemporary British Philosophy*, II (1925), 254-55.

观念论者,这是他与奥地利—德国的价值论学派根本不同的地方。

价值的客观性,在索利看来,意味着无论我们知道或不知道,服从或不服从,这些标准总是存在的。重点在于,"它们应该是我们的指南"。① 这些道德价值是属于整体现实系统的一部分,只是通过个人而显露出来。索利认为,道德价值的第二个特征是其目的性,它们指出了个人具有自我实现的需要。这是最近被英国伦理学接受的结局论或目的论的少有的几个例子之一。它在其他内容中出现的情况,几乎都是某些进化论伦理学的版本。

3. 威尔伯·厄本

在美国,直到最近才开始出现对德国—奥地利价值论的爱好者。霍华德·伊顿(Howard O. Eaton)的《奥地利的价值论哲学》(*The Austrian Philosophy of Values*, 1930)向美国读者介绍了布伦塔诺、艾伦弗斯尔和迈农,但没有包括舍勒和哈特曼的著作。威尔伯·厄本(Wilbur M. Urban, 1873-1925)几乎是价值论伦理学在美国的唯一代表。他在这个领域的主要著作是《评价:其本质与规律》(*Valuation: Its Nature and Laws*, 1909)和《可理解的世界——形而上学与价值》(*The Intelligible World — Megaphysics and Value*, 1929)。他的教科书《伦理学基础》(*Fundamentals of Ethics*, 1930年初版,1949年再版)也很重要。《超越唯实论和唯心论》(*Beyond Realism and Idealism*, 1949)一书阐述了他晚年在价值和现实性等方面的思想。厄本1895年到1897年之间在德国学习,因此他对欧洲大陆价值理论的了解可以上溯到该学派最早的学者,包括布伦塔诺和迈农,甚至包括德国价值论的先锋如文德尔班(Wilhelm Windelband, 1848-1915)和里克特(Heinrich Rickert, 1863-1936)。

厄本关于价值及其与道德义务的关系方面的早期思想,着重于对所有可能发现的价值类型进行的心理学研究。《评价:其本质与规律》一书试图通过意识的认知和情感行为来发现价值的全部范围以及该领域的基本原理。然后他把评价的行为描述为意动过程(conative process)中的感觉方面。② 评价行为的对象不是该行为的产物,价值作为客观对象是已

---

① Sorley, *Moral Values and the Idea of God* (Cambridge, Eng.: University Press, 1918), 238.
② Urban, *Valuation. Its Nature and Laws* (New York: Macmillan, 1909), 54.

经存在的东西。价值的领域是处于存在和非存在之间的中间地带。

厄本的教科书需要一个更为确定的伦理学倾向。价值在那里被简单地定义为"能够满足人类需要的东西",尽管他在《可理解的世界》中曾认为价值是不可定义的。① 现在,价值成为厄本伦理学的基本概念。因为伦理学是试图发现人类行为的标准或规范的,所以它就是一门规范科学。但是,这样的规范只是对"道德上好的,或对人类有价值的"东西做个简单描述。② 道德责任暗含在对道德自由的接受之中。义务建立在这样的信念之上:"应该选择好的而不是坏的,应该选择大善而不是小善。"③

在他最后一本主要著作中,厄本又回归到价值的本体论地位问题。正如他的标题《超越唯实论和唯心论》所暗示,这些并不是哲学上的最终分类。如他所看到的,一个完善的形而上学必将给价值领域以首要地位:

> 从目前的观点看,我认为,这整个问题是急迫的或首要的课题之一。价值问题的首要地位,正如我一直坚持的,是因为在它们之间存在着一个综合关系,以至于在所有对价值的承认中,都隐含着"应该是"的判断,道德主体的"应该做"居于次要地位而且源于这个价值承认。④

在其晚年思想中,厄本认为伦理学是以形而上学为基础的,而且它是一般价值哲学的一个特殊部分。这种立场与佩里(Ralph Barton Perry)的立场有密切关系,但我们应该把佩里视为一个自然主义者的代表(第十六章)。《人性与义务》(*Humanity and Duty*, 1951)反映的是厄本在晚年建立的非常明确的自我实现的伦理学。道德之善就是对一个存在于努力要去实现的动机之中的"应该是什么"的实现。⑤

---

① Urban, *Fundamentals of Ethics* (New York: Holt, 1930), 16; cf. J. L. Blau, *Men and Movements in American Philosophy* (New York: Prentice-Hall, 1952), 305.
② *Fundamentals of Ethics*, 353, 399.
③ Ibid., 240.
④ Urban, *Beyond Realism and Idealism* (New York: Macmillan, 1949), 207–08.
⑤ Urban, *Humanity and Duty* (New York: Macmillan, 1951), 195–96; cf. Blau, op. cit., 302–12, for a good appraisal of Urban's ethics.

4. 摩里兹·石里克

处于两次世界大战之间的欧洲大陆,经历了许多哲学思想的变化。奥地利价值论伦理学随着摩里兹·石里克(Moritz Schlick,1882-1936)的著作而完全回归到它原来的起点,因为他的《伦理学问题》(*Problems of Ethics*,1930)一书完全拒绝了认为价值是客观的以及它们构成了伦理判断独立标准的所有主张。石里克用维也纳学派的科学实证主义观点来讨论伦理学,并且对自布伦塔诺到哈特曼学派的观念论或现象论的唯物主义,完全没有认同感。石里克坚决拒绝伦理学目标是把善的概念加以程式化处理的假设。① 对他来说,伦理学应该被还原为对人类行为各种可观察到的动机进行的心理学研究。正如石里克坦率地指出,伦理学也不是一门能够在"规范"一词本意上来理解的"规范科学":

> 如果说伦理学能够为道德判断提供正当理由,那么正如我们刚刚解释的,它是在相对而言是一种假设的前提上(而不是绝对意义上)做到的。它为一个判断所做的"合理解释",最多表明这个判断符合某种规范,却不能证明或确定这个规范本身是"正确"或公正的。②

在第五章,石里克很准确地对绝对道德价值理论做了一个概括。根据这种主张,价值应该是独立于个人感觉的某些东西,应该是由某些与我们情绪性地做出反应的方法非常不同的东西来标志的。这种绝对论的伦理学将以这样的信念为其道德命令:"尽量让你的行为所产生的事件或物品具有尽可能高的价值。"对这一点,石里克直截了当地问,为什么他应该遵守这个规则?他对客观价值理论的批评,使用了标准的可验证性的实证主义方法。价值判断肯定不是多余的东西。如果它们必须要经过实验去验证,我们可能要问:在什么实验条件下"这个对象是有价值的"这个命题才为真?把道德价值说成是任何愉快的对象,是荒唐的。我们

---

① Schlick, *Problems of Ethics*, trans. D. Rynin (New York: Prentice-Hall, 1939), 8-28.
② Ibid., 17.

不可能在感知中找到一个能够表示出客观价值的客观事实。根据石里克的观点,有必要下个结论:价值不是客观的,而只是主观的愉快感觉。

哈特曼声称,正如数学命题(2 + 2 = 4)对于所有思考它的人都是客观的,在同样的概念上,价值也是客观的。石里克不认为这是一个恰当的分析。绝对价值的前提假设是空的。如果我决定不去实现一个价值,那又会怎么样呢?如果价值是在独立的客观存在之中的,"它们就会构成一个独立的领域,这个领域决不会进入我们的意愿和行为世界中。"①石里克因此认为,道德价值(和伦理判断)纯粹是相对的。愉快和痛苦两者都可能有道德价值的感觉。"它们的价值来自它们所承诺的快乐,而这快乐就是其价值的唯一衡量方法。"责任只是一个人对一个行为的惩罚和奖励的屈从感。② 一般认为,石里克的伦理学相当于伦理上的怀疑主义,而只是从其不断使用价值语言来讨论问题这个角度考虑,它才是属于"价值论"的。

如果说石里克的实证主义态度驱使他去建立一个远离观念论类型的价值伦理学,类似的理论上的多样性在他同时代的人之间已经很明显。美国的一系列哲学家代表了一种虽不依赖于奥地利学派却属于价值伦理学范畴的伦理学价值理论。比如,刘易斯(C. I. Lewis, 1883-1964)在情感领域中找到了价值经验。但是,刘易斯所说的价值,并不是一个客观对象,而是一种评价过程中意识经验的难以描述的特殊品质。他的著作《知识和价值评估的分析》(*An Analysis of Knowledge and Valuation*, 1946)通常被归为一种自然主义研究,而它的确与杜威把"价值评估"提高到比价值更首要地位的努力很相似。有些评论者甚至把他的立场简单概括为快乐主义。③ 但是他对(本身有其价值的)固有价值和(对其他事物有价值的)非固有价值的区分,与托马斯主义者对本体善(bonum honestum)和

---

① Schlick, *Problems of Ethics*, trans. D. Rynin (New York: Prentice-Hall, 1939), 117-18.

② Ibid., 142-56.

③ For this judgment, see R. B. Brandt, *Ethical Theory* (New York: Prentice-Hall, 1959), 314.

用途善(bonum utile)的区别非常类似。事实上,刘易斯是把非固有价值置于功利的标题下来讨论的。①

布赖特曼(Edgar Sheffield Brightman, 1884-1953)是一位经常使用价值语言来讨论伦理学问题的杰出的美国个人主义者。他极力为伦理学的规范性特征辩护,并坚持伦理学的目标就是要清楚地描述出一个道德法则的统一系统。十一种基本伦理法则被建立在个人价值基础之上。② 作为一个有神论者,布赖特曼认为上帝是任何一个道德理论中的必要因素,但是他也认为道德法则比宗教更有基础意义。③

在《人类价值:基于价值研究的伦理学解释》(Human Values: An Interpretation of Ethics Based on a Study of Values, 1931)中,德威特·帕克(Dewitt H. Parker, 1885-1949)基于佩里对价值的定义,"价值是任何兴趣的任何目标",发展了他的学说。帕克因为较少强调作为对象的价值而更强调问题中"兴趣或利益"的特征,是一个比佩里更为理想主义,甚至更为主观主义的学者。对帕克来说,作为感觉的应该没有实际意义,除非它跟某种欲望联系起来。④ 最高的善是一种所有欲望都得以满足的和谐状态。事实上,帕克的伦理观点摇摆于是把个人的和谐满足看作最重要的,还是把普遍的满足看作最高目标这两种观点之间。⑤

在最近的美国学者中,威廉·韦尔克迈斯特(William H. Werkmeister,1901-1993)在把价值论伦理学介绍给美国读者方面做了很大努力。韦尔克迈斯特生于德国,在美国学习哲学,并长期在美教授哲学。他对舍勒和哈特曼的大量论述,成为大多数最近开始对这个领域进行研究的美国学者的起点。韦尔克迈斯特自己的观点也许反映在他《伦理学理论》(Theories of Ethics, 1961)的第十章中。在他看来,伦理学的中心问题之一,是理清价值论的应该与道德上的应该之间的关系,因为它们并不相同。⑥ 韦尔克迈斯特认为许多义务之间的相互冲突是第二个关键问题。

---

① Lewis, *An Analysis of Knowledge and Valuation* (La Salle, Ill.: Open court, 1946), 386-87.
② Brightman, *Moral Laws* (New York: Abingdon Press, 1933), p89-91, 265.
③ Cf. A. Reck, *Recent American Philosophy* (New York: Pantheon, 1964), 311-36.
④ Parker, *Human Values* (New York: Harper, 1931), 34.
⑤ For a further estimate, see Hill, *Contemporary Ethical Theories*, 234-35.
⑥ Werkmeister, *Theories of Ethics* (Lincoln, Neb.: Johnsen, 1961), 430.

很多天主教伦理学者也加入到价值论伦理学的讨论圈子,数量之多令人惊讶。他们或多或少都有托马斯主义背景。比如,鲁道夫·阿勒斯(Rudolf Allers, 1883-1963)曾在维也纳学医,又到米兰学习心理学和哲学,并长期在天主教大学和乔治城大学教授哲学。阿勒斯最具影响的著作,是对符合伦理的个人品格发展的研究,《性格心理学》(The Psychology of Character, 1929)。阿勒斯的研究其实属于伦理学的边缘领域,但他指导和影响了在这方面做着很有前途的研究的许多年青学者。在其论文《对合作和交流的反思》(Reflection on Cooperation and Communication, 1969)中,阿勒斯第一次对"迫切的存在"领域(a realm of insistent being)的主张表示支持,这个主张看起来和哈特曼的本体领域(ontic realm)类似。参与到这个("意义"或许还有价值深植其中的)本体论的领域,人类才能够相互交流沟通。① 在另一篇论文《伦理学与人类学》(Ethics and Anthropology)中,阿勒斯指出,社会科学也许能够对伦理学作出重大贡献,却不必强迫它走向伦理相对论。

约翰内斯·黑森(Johannes Hessen, 1889–1971)是一位德国牧师,他的学术生涯以学习圣奥古斯丁思想为起点,后来成为马克斯·舍勒个人主义伦理学的热心宣扬者。他的《马克斯·舍勒》(Max Scheler, 1948)和《伦理学:个人主义伦理学的基础》(Ethics: Foundations for a Personalist Ethics, 1954)并无英文译本,但他被认为是德国在二战后的一位重要伦理学者。相似地,林特伦(Fritz von Rintelen, 1898–1979)是最近的德国学者中另一位继承了价值论方法来讨论伦理学问题的天主教伦理学者。

希尔德布兰德(Dietrich von Hildebrand, 1889–1977)长年执教于福德姆大学,以多部基督教伦理学著作闻名。其思想大部分与价值论的个人主义非常相似。《基本道德态度》(Fundamental Moral Attitudes, 1950),《基督教伦理学》(Christian Ethics, 1953)和《真实的道德观及其赝品》(True Morality and Its Counterfeits, 1955)等著作,使他的观点广为美国读者了解。希尔德布兰德的论文集,《人类个体与价值世界》(The Human Person and the World of Values, 1960),是为他七十岁生日出版的。这个标题选得很

---

① See Jesse Mann, ed., *The Philosophical Work of Rudolf Allers: A Selection* (Washington, D. C.: Georgetown University Press, 1965), 118.

好,他的兴趣就是个人主义和价值论。对他来说,爱是做人的特征。① 有些批评者认为,希尔德布兰德对基督教信仰作为伦理学基础的普遍强调,使得他的思想也成了天主教神学的翻版,而不是真正的道德哲学。

圣母大学的利奥·沃德(Leo R. Ward, 1893–1984)是一位本土美国人,对价值学说和伦理学作出了许多贡献。他的《价值哲学》是该领域的一部开创性的托马斯主义著作。沃德最近的《伦理学》(Ethics, 1965)一书,应用了大量价值理论和社会科学来构建一个修正过的托马斯主义伦理学。他的主要精力专注于伦理学具体问题,而不是其理论基础。沃德的伦理学受到帕克和佩里的影响,是一个可以被称为"思想开放的"托马斯主义伦理学的优秀典范。

近期法国哲学界对价值论伦理学的兴趣,大多集中反映在精神哲学学派的著作中。我们已经在第十二章讨论过这个学派及其贡献。拉韦尔(Louis Lavelle)和拉赛尼(Rene Le Senne)是用精神价值方法讨论伦理学的主要例子。雷蒙德·波林(Raymond Polin, 1910–2001)的调查报告,《法国的价值哲学》(Philosophy of Values in France, 1950),是关于法国在价值论研究活动方面的最佳指南。波林毫无疑问是法国价值论的权威。尽管波林否定价值的客观性,他的理论却属于存在主义。他认为,价值是存在于人类经验中具体的东西,但它与权威所强加于个人的所谓标准那种"规范"没有任何关系。"规范"比不上价值那么好。面对这样的价值论观点,我们其实已经离开原先的布伦塔诺学派很远很远了。

从某种意义上说,价值论伦理学实在是太成功了。基本上,现在所有的伦理学者都在谈论价值,并用它来表达各种不同的东西。其结果是,价值的观念已经被如此淡化,以致它成了现代伦理学中一个超验的词汇。价值使得人们能够去讨论一个尚不太明确的道德标准领域,却不要求讨论者自身要在做人方面做出什么明确的许诺。因此,除了它本身作为一般词汇的有用性之外,从严格的现代伦理学范围来说,价值已经不是其中的一个主要项目了。

---

① Cf. J. V. Walsh, "Love and Philosophy," in *The Human Person and the World of Values, A Tribute to Dietrich von Hildebrand*, ed. B. V. Schwarz (New York: Fordham University Press, 1960), 36–48.

第十五章 自我实现和功利主义伦理学

在十九世纪,许多以英语为母语的道德哲学家都感到伦理判断必须包括对道德活动后续结果的评估,理论上说,这种观点直接与康德的形式主义对立。康德的形式主义认为,良好动机总是高于外在行动,或者说,纯洁的意愿是一个道德善行或一个善人的唯一指标。功利主义(utilitarianism)最广泛的涵义,应该包括任何强调道德态度、意愿和活动的结果的伦理学。如果这些结果是从它和——道德行为主体的能力和人格的完美实现——的关系的角度来考虑的话,那么我们所讨论的就是自我实现的效果论伦理学。另一个方面,如果这些结果是从他人的或行为主体所处的社会福利角度来考虑,我们谈论的就是功利主义了。我们将看到,近期用英语写作的美国伦理学者的观点中,形式主义和功利主义的差别已经变得越来越模糊。哲学家们开始考虑,一个良好的愿望几乎不可能不考虑其道德决定的可预期后果,同时,实际的后果也具有伦理上的重要意义,因为它们的确(或可能)给行为动机和先前的决定提供了合理理由。更令人吃惊的是,某些最近的功利主义伦理学版本开始转向功利主义的一般化,以作为确定行为结果道德价值的决定方式。

十九世纪末英国某些最有影响的伦理学者是观念论者。他们中的许多人把康德主义或某些后来的德国伦理学观点,与对基督教道德观的一般承认结合在一起。詹姆斯·马蒂诺(James Martineau, 1865-1900)是坚持这种立场伦理学者的好例子。他的《伦理学理论的类型》(*Types of Ethical Theory*, 1886-1891)对各种学派做了分类:非心理学的理论(柏拉图、笛卡尔、马勒伯朗士、斯宾诺沙——他们都把伦理学建立于某些先验的形而上学之上);基于物理科学的非心理学的理论(奥古斯特·孔德);关注个人内在良心的自发心理学的理论(边沁、佩利、马蒂诺);享乐主义以及进化论伦理学等其他心理学的理论(霍布斯、米尔、拜恩、达尔文、斯宾塞);以及应用某些理智观念系统或道德概念推理的伦理学(库德沃斯、克拉克、普莱斯、沙夫茨伯里、哈奇森)。事实上,马蒂诺同意康德的观点,一个人内心中的义务意识是道德性的唯一标准。他的立场和基本与他同时并被他在下述文字中归类为伦理直觉主义者的布拉德雷(Bradley)以及格林(Green)的立场是一致的。

布拉德雷告诉我们,"道德性并没有与意愿的外在结果有直接关系";"只要行为出自良好愿望,它们就是好的";"发自良好品格的东西,一定是道德上好的"。同样明显地,格林教授坚持认为,"我们并不通过外在形式来认识道德善的东西。我们,可以这么说,是基于内在方面而认识它。我们从它和我们——这个行为主体——的关系中了解到它是什么,了解到它作为我们的表达方式又是什么。只有这样,我们才能完全了解它"。①

马蒂诺没有采用康德那样非常正式的命令,而是把下面这些作为他伦理学的基本格言:"任何行为,如果它呈现在一个低原则中,其实却是出自一个高原则,它就是正确的;任何行为如果它呈现在一个高原则中,其实却是出自一个低原则,它就是错误的。"②为了证明这个格言,他用了一个儿子为父亲支付高额债务的例子。如果他的这个支付行为出自"公正"概念,那就是道德上好的;如果相反,他的行为决定是由于对财富的热爱而产生的其他考虑,那他就是被低级动机所支配,而他的行为也就是坏的。马蒂诺提出了用来判断行为动机的一个由十三层动机水平组成的表格,"行

---

① Martineau, *Types of Ethical Theory* (Oxford: Clarendon Press, 1891), II, 25; the sub-quotations are from F. H. Bradley, *Ethical Studies*, 207-08, and T. H. Green, *Prolegomena to Ethics*, 97.

② Ibid., II, 270.

为的源泉",从低水平的报复和怀疑的激情,到高水平的同情和敬畏的情感。① 他的分级原则明显地反映了英国十九世纪的社会心态。

1. 格林和布拉德雷

英国自我实现伦理学的发展在托马斯·希尔·格林(Thomas Hill Green, 1836-1882)著作中达到顶峰。虽然他从不接受康德的物自体(thing-in-itself)概念,他的基本哲学观点却属于康德主义。格林认为所有人类个体都共享着一个永恒意识。对自身道德义务的认识,是这个意识共享行为的一个方面。他有时候把这个永恒意识称为神圣的东西。因此,格林的伦理学本质上是一个为了让这个普遍意识的潜质能够在行为个人中发展或完善而制定的方案。在《伦理学绪论》(Prolegomena to Ethics)中,他这样来表述自己的立场:

> 很明显,这是前述学说的本质,我们以为应该在人类中得以实现的神圣原则,其实应该在每个人身上如此这般地去实现它自己。但是,如果是针对我们自身的性格加以反思,把我们的意识只看作是我们自身的东西来进行反思,我们永远也不会梦想到存在着这样一种自我实现的原则,无论这个原则隐含于这个世界还是我们自身。②

在同样的著作中,格林曾问,永恒意识的命运安排是否可能简单地通过某些非个人的人性得以实现。而在前面所引用的段落中,他又很清楚地说,它的实现是个人的和个别的。不管怎样,格林伦理学包括一个社会维度,因为他坚持认为人的许多高级功能依赖于他在所处社会中的地位。因此,"共同利益"成为格林伦理学的一个重要概念。③

---

① Martineau, *Types of Ethical Theory* (Oxford: Clarendon Press, 1891), II, 25; the subquotations are from F. H. Bradley, *Ethical Studies*, 207-08, and T. H. Green, *Prolegomena to Ethics*, II, 266; for the full table, see W. S. Sahakian, *Systems of Ethics* (Pateson, N. J.: Littlefield, Adams, 1964), 93-94.
② Green, *Prolegomena to Ethics* (Oxford, 1890), 191.
③ Green, *Prolegomena to Ethics* (Oxford, 1890), 210-63.

格林的学生布拉德雷(Francis Herbert Bradley, 1846-1924)很快把他的潜在思想总结出来。布拉德雷1876年就出版了著名的《伦理的研究》(*Ethical Studies*),比格林出版《伦理学绪论》要早七年。布拉德雷很快就表现出一位伟大形而上学主义者的才华。他的《表象与实际》(*Appearance and Reality*, 1893)反映了他伦理学的理论背景。善恶对立不是绝对的,化解于绝对的总和之中。自我实现是个人从非连续的多重愉快(享乐主义)发展到自我在一个无限整体中的高级整合的运动过程。

出现在布拉德雷著名的《论文之二》(*Essay II*)中的《为什么我要做个有道德的人?》一文,最好地反映了他的伦理学思想。① 在这里,他有意淡化了"道德意识"的主张,强调让个人意志融合在无限整体中的努力。这一点清楚地表达在下面这段话中。

> "实现作为无限整体的自我"意味着"通过在自我中认识到那个整体,使自我作为无限整体中有自我意识的成员而得到实现"。当整体的确变得无限,并且当你的个人意志完全由它而产生之时,你也就达到了在统一体中最大的同质性和规定性,并达到了完全的自我实现。②

布拉德雷的另一篇论文,《为义务而义务》,继承了康德良好意志的主题。按布拉德雷的理解,它并未背离自我实现,因为对他来说,一个纯粹意志的行为正是个人真实性的一种实现。在这个过程中,我成为我自身的一个目的。为了试图把良好意志的意思表述得更加明确,布拉德雷列出了四个特征。首先,良好意志是普遍的东西:它不是某个具体的个人的意愿,而是超越你我之上的共同标准。第二,它是自由的意志:它是无条件的,除了自身之外不受任何其他因素决定。第三,它是自治的:在期望对它自身有用的东西的同时,也希望那东西对所有人有用。第四,它是形式的:良好意志并非出于某些既定内容而行动,而是正如没有什么内容

---

① Bradley's Essay II is reprinted in Melden, *Ethical Theories*, 345–59.
② Ibid., 357.

或事务一样只是为了它自己的缘故而行动。① 没有什么能够比前述这些更好地指出,康德主义基本上就是布拉德雷自我实现的伦理学。

非常相似的伦理学思想也出现在伯纳德·鲍桑葵(Bernard Bosanquet, 1848—1923)的很多著作中。他在这方面两部最出名的著作是《个性与价值的原理》(The Principle of Individuality and Value, 1912)和《个体的价值与命运》(The Value and Destiny of the Individual, 1913)。他发表在《国际伦理学杂志》上的十四篇系列文章,使他的学说广为美国人所了解。② 在鲍桑葵的著作中,"个体"(the individual)是个非常正面的概念,特征是诚实、完整和健全。因此,绝对就是一个个体。而且,鲍桑葵认为布拉德雷的伦理学理论值得受到更广泛的注意。它对康德伦理学的解释方法,肯定是康德"不能接受的",但是,在鲍桑葵看来,布拉德雷伦理学的确满足了《实践理性批判》没有完成的理论要求。③ 缪尔海德(J. H. Muirhead, 1855—1940)跟鲍桑葵一样,对布拉德雷的伦理学非常崇拜,并把一生许多时间用于宣扬布拉德雷的伦理学。

黑斯廷·拉什道尔(Hasting Rashdall, 1858—1924)的思想也属于英国的自我实现伦理学范围,但是其侧重点与前面介绍的几位有所不同。拉什道尔的《善与恶的理论》(Theory of Good and Evil, 1907)其实是理想功利主义的样板。道德善是通过理智功能而直觉到的。作为一个强烈的有神论者,拉什道尔认为任何道德理论都离不开上帝。他的思想也比其他英国观念论伦理学版本更加依赖神学。在《善与恶的理论》中,拉什道尔对自我实现的主张有尖锐的批判,他指出,如果让自我成为真实就是意味着去实现某种真实的东西,那么这个观点就是一句废话。④ 但从另一方面来说,如果它意味着去实现自我中的某种潜力,那么这个理论无疑是

---

① Bradley's *Essay* "Duty from Duty's Sake" is reprinted in Jones, *Approaches to Ethics*, 369—70; for fuller analysis, consult A. J. M. Milne, *The Social Philosophy of English Idealism* (London: Allen & Unwin, 1962), 56—86.

② These articles by Bosanquet run from Vol. 4 (1894) to Vol. 20 (1910) in the journal now entitled *Ethics*.

③ Bosanquet, "Life and Philosophy," *Contemporary British Philosophy*, I (1924), 58.

④ Rashdall, *The Theory of Good and Evil* (Oxford: Clarendon Press, 1907), Bk. II, ch. 3.

真实的,但也是模糊的。当然,这个观点并不是说一个人必须实现人本性中的所有潜能,因为我们经常有必要在几种潜能中做出选择。最后,如果自我实现就是意味着发展一个人的完全本性——体能的、智力的和感情的——那么,在拉什道尔看来,它就完全是不可能的事情。要完善人性中的某一个方面,比如智力,就必然带来另一个方面的贬损,比如体能。拉什道尔也认为,自我实现理论跟任何其他的伦理学方法一样有其价值。但他最后承认,所有尝试给道德性做出明确定义的努力,必然都钻进一个周而复始的循环圈子里。①

一位著名的柏拉图主义学者,阿尔弗雷德·爱德华·泰勒(A. E. Taylor, 1869-1945),对伦理学的自我实现理论多有批评,却对拉什道尔的神学方法深为赞同。泰勒《品行的麻烦》(*Problem of Conduct*, 1901)和《一位道德家的信念》(*The Faith of a Moralist*, 1930)结合了观念论价值理论与某些自然法伦理学的因素。同样在研究希腊哲学方面非常有名,也在伦理学领域非常活跃的罗斯(W. D. Ross, 1877-1940)具有某些和泰勒相似的观念论。罗斯在《正当与善》(*The Right and the Good*, 1930)一书中,承认其观点得益于普里查德(H. A. Prichard)和摩尔(G. E. Moore),但也受到康德的强烈影响。对罗斯来说,正确的东西并不一定同样意味着也是善的。他认为,这一点清楚地反映在这两个词不能相互转换这个事实上,也就是说,它们不能相互替代。当我们说一个行为是正确的时候,我们的意思是说,它是应该做的,或者是有道德义务的。最后,他指出,道德上的正确性是被直觉认识的,其义务分为两种。初级义务,是某些通常说来是正确的并有义务要做的活动(忠贞、弥补、感恩、正义、仁慈、自我完善和无邪),除非受到某些更高级义务的干涉。另一方面,恰当的道德义务,应用于具体的场合,并且是指导我们道德正确的唯一指南。② 但是,善是一种与美德、愉快和知识相联系的、关于事物或行为或个性的品质。根据这样的理解,道德善可能是无法定义的。③ 其结果是,

---

① See the selection from Rashdall, op. cit., in R. E. Dewey, *Problems of Ethics* (New York: Macmillan, 1961), 257-60.
② Ross, *The Right and the Good* (Oxford: Clarendon Press, 1930), 3-42.
③ Ibid., 140.

第十五章 自我实现和功利主义伦理学

某些行为可能是正确的但又不是善的,或者相反。

在《伦理学基础》(Foundations of Ethics, 1939)中,罗斯把其中某些观点表达得更加清楚。正确是法律的词汇,它意味着对法律的遵守;而善却意味着某些使欲望得以满足或目标得以实现的东西。① 两者都是伦理学的重要概念,但是关于正确的概念更为基础。动机看来是决定善性的因素,而行为的恰当性(suitability)是正确性的关键。② 归根结底,尽管所有的主体都努力实现客观的正确性,最终的义务却由主观的正确性所决定。也就是说,一个人想到或感觉到必须要做,是非常重要的。一个人对道德秩序的个人安排,基于他对初级义务的比较。③ 比如说,一个发现自己的母亲竟然是个习惯性小偷的警察,将面临两个初级义务:维护国家法律尊严的义务和尊重长辈母亲的义务。他最后作为道德判断的决定,取决于对这两种义务冲突的解决。人们应该根据促成最大的善来做决定,这一点并不总是很明显。关于正确的直觉,通常是更可靠的指南。

普里查德在他的一个系列论文杂文集中,倡导了一种类似的理论。该系列的论文最早写于1912年,但直到1949年才以《道德义务》为题出版。带着对功利主义方法的怀疑态度,普里查德一篇很流行的文章《道德哲学是否建立在一个错误的基础上?》陈述了他的观点。他并不是怀疑伦理调查的价值,而是好奇伦理学是否一直在问正确的问题,因为他觉得人不可能为一个义务提供"证据"或理由。它就在那里,而人就看到了它。这是一个伦理直觉主义的极端例子。

一个很受欢迎的自我实现伦理学版本成了美国十九世纪伦理文化运动的理论基础。1876年,康奈尔大学教授费利克斯·阿德勒(Felix Adler, 1851-1933)在纽约城建立了第一个伦理文化社。其他的社团也相继在美国其他地方出现,并于1887年出现了一个国际组织。沙尔特(W. M. Salter)、科伊特(Stanton Coit)和查布(Percival Chubb)在伦理文化的推广传播方面有大贡献。以改善个体成员及其社区道德生活为目标,而不

---

① Ross, Foundations of Ethics (Oxford: Clarendon Press, 1939), p10-11.
② Ibid., 54-56.
③ Ibid., 148, 186.

论神学或哲学上的观点,这个半宗教的运动对学术上的伦理学并没有产生重大影响,但它是宣扬伦理上自我实现的典范的一个群众努力的实例。①

2. 约西亚·罗伊斯

美国的观念论伦理学界最伟大的人物是约西亚·罗伊斯(Josiah Royce, 1855-1916)。和威廉·詹姆士(William James)一起,罗伊斯第一次让美国人的思想引起欧洲人的兴趣。他的《哲学的宗教方面》(*Religious Aspect of Philosophy*, 1885)、《世界与个体》(*The World and the Individual*, 1900-1901)、《善与恶的研究》(*Studies of Good and Evil*, 1902)、《忠诚的哲学》(*The Philosophy of Loyalty*, 1908)和《伟大社区的希望》(*The Hope of the Great Community*, 1916)都是伦理学方面的著作。一般说来,罗伊斯的哲学观点是绝对观念论的,与他同时代英国的观念论哲学相当不同。康德、谢林、洛采和叔本华在罗伊斯的思想背景中有重要意义,而黑格尔当然在其大著《世界与个体》中具有中心地位。

在他对知识和现实的研究中,罗伊斯想到,思想的真正对象不可能是意识之外的东西。因为,如果它们是完全处于意识之外的,它们就永远不可能被认识。而且,人与人之间交流的可能性,以及一个人思维出现错误的可能性,使得他得出结论,存在着一个容纳所有可能被思想的对象、关系甚至所有可能错误的无限思想。② 因此,罗伊斯的上帝,是包含了所有的自我、所有的思想和所有的意志力的绝对经验。③(无论在个人意识或普遍意识中得以审视的)理念(idea),有它们自己的生命,它们意指并希望"一些目标",而这些目标是内在理念的外在实现。这种外在性并不意味着超意识的存在,而只是反映了思想领域中独立的现实。正如罗伊斯对这个观念论理论的描述:"做人,归根结底,就是要过这样的一种生活,

---

① Prichard, "Does Moral Philosophy Rest on a Mistake?" *Mind*, XXI (1921), 487-99; this article is frequently reprinted in books of readings in ethics.
② Royce, *The Religions Aspect of Philosophy* (Boston, 1885), 425-30.
③ Royce, *The Conception of God* (New York: Macmillan, 1898), 43.

它是完整的、跟上时代经验的,并且它所追求完美——这种对完美的追求是每个有限理念在寻求任何目标时都会以自己的手段去进行的——的努力是有结果的。"①

基于这样的立场,罗伊斯的伦理学是一种自我实现的伦理学,或者更进一步说,是自我完美主义的伦理学。一个好的道德生活,既不受从"自然事实"(现实主义)中得出来的规则指导,也不受目前社会(社会相对论)行为准则的指导。在他所处的时期,进化论伦理学已经开始引人注目。面对所谓人的行为目标应该是为了达到进化上的更高层级的主张,罗伊斯问道:我们怎么知道进化过程中的下一个阶段总是比前一个阶段在道德上更好?② 相反,罗伊斯把他的伦理学建立于一个理想道德秩序。这个理想道德秩序,既体现了某些希腊哲学符合"理性"生活的主张,也结合了很大一部分早期基督教学说中爱的伦理学内容,以及许多康德"目的王国"的理论。年轻罗伊斯用古英文陈述的基本伦理命令是:"只要涉及你自己,你就要把自己设想为同时既是你邻居也是你自己那样地行动。"③

《忠诚的哲学》建立了更独特的学说。罗伊斯在这里把忠诚看作基本的道德经验和标准,并指出忠诚意味着一个人对一项事业的愿望和完全的投入。因此,对一个人来说,忠诚是最高的善。有两个特征能标示出忠诚:果断性和忠实度。但是,不同事业或者利益之间的冲突的确会发生,随之也导致忠诚上的冲突。一个人可能发现,因为他接受了一个工作机会而让另一个人失去了这个机会;一个行业、一个政府或一种思想的代表,也许发现他的利益是与另一个行业、政府或思想代表的利益是对立的;一个爱国者可能发现敌国的公民对其国家的忠诚正如他对自己国家的忠诚一样。罗伊斯在一个著名演讲中指出,"对忠诚性的忠诚"是解决这些冲突的途径。对理想和事业的认识、理解方法的局限性,是导致在人们所支持的不同事业之间产生冲突的原因。对一个为自己利益考虑的人

---

① Royce, *The World and the Individual* (New York: Macmillan, 1900), I, 341-42.
② *The Religious Aspect of Philosophy*, 27.
③ Ibid., 149.

来说,考虑整个一生的快乐比考虑当时的快乐更具有道德上的优越性。从一个大团体的利益角度来考虑,比从一个小团体的角度更好。最终,一个人应该努力忠诚于所有的人类,而这样,罗伊斯认为,也就是忠诚于上帝,也就是对忠诚性的忠诚。一切具体的道德义务和美德,都是通过对于人类整体义务的忠诚性来解释的。①

罗伊斯必然将这样的伦理学理论应用到人类生活的某些实际问题上去。《伟大社区的希望》一书主张所有的人都应该努力为了人类的整体利益而克服那些微小的个人利益差别,它实际上已经表达了某种非常接近美国社会、政治和宗教等领域观念论的核心观点。"伟大的社区"在某个层次上可以是一个促进和平的国际组织;或者,它也可以是一个包括了所有罗伊斯视为基督教的核心的、有信仰的人的组织。② 这些高尚的伦理学观点显示出,罗伊斯的国家概念并不只是专注于物质价值的。③

在著名的哈佛哲学系,一位罗伊斯的年青同事,乔治·桑塔亚纳(George Santayana, 1863-1952),完全是另一类型的思想家。有些时候,他对伦理学的价值表示非常怀疑。他写道,"任何在黑暗中养成和维持的感觉,都可能恶化成一个绝对命令。"④而有时候,桑塔亚纳却采取自然主义者或享乐主义者的伦理学观点。我们必须考虑我们的决定和行为的后果,因此,功利主义其实具有某些真理。快乐显然是好的,而痛苦肯定是坏的。这就是他在《理想的生活:或,人类过程的阶段》(*The Life of Reason: or the Phases of Human Progress*, 1905-1906)中的立场。正如他所说的,"如果不能用一个行为所获得的满足及其所避免的痛苦来证明它的价值,那么它将永远无法证明它的价值。"⑤

---

① Royce, *The Philosophy of Loyalty* (New York: Macmillan, 1908), lect. III, sect. 7, 183-89.
② Royce, *The Problem of Christianity* (New York: Macmillan, 1913), II, 425.
③ This is the view of R. Le Senne, *Traité de morale générale*, (Paris: Presses Universitaires, 1942), 534-35.
④ Santayana, *Realms of Being* (New York: Scribner's, 1942), 474.
⑤ Santayana, *The Life of Reason in Common Sense* (New York: Scribner's, 1906), 236.

第十五章 自我实现和功利主义伦理学

桑塔亚纳后来提到了他那可能是受了柏拉图影响的"本质"理论。①自然、历史和自我等东西,都是事物的概念,是一些不表露其实质的形相。这些本质"并不拥有实体或隐藏的部分,完全是表面的,都是外表的"。桑塔亚纳所谓本质,一般来讲,是指"那些正好现存的东西拥有的特质,以及所有不同东西(如果它们存在过的话)可能共同拥有的品质"。② 人们或许会期待桑塔亚纳把道德价值与某些这样的本质等同起来,但他没有。从其本身来说,本质是道德上中立的东西。价值,既是审美的也是道德的价值,是由个人对本质领域某些东西的赞许形成的。"本质领域任何部分的价值,都通过某些人对它的兴趣而积累起来。"③因此,从这样的观点来看,桑塔亚纳伦理学(他自己称为"自然主义的")是心理学的价值理论之一。

其他方面,桑塔亚纳的怀疑主义使得他采纳了不同的态度。他认为,道德性应该意味着对某种生活理想的实际忠诚。罗伊斯的大多数著作都属于这个范围,毫无疑问,桑塔亚纳对罗伊斯非常尊敬。在另一方面,对桑塔亚纳来说,伦理学是一种描述性科学,用来记录道德忠诚的历史,记录历史变迁中道德层面所涉及的各种时空场合与努力。换句话说,桑塔亚纳有时把伦理学看作法国社会学意义上的"行为科学"。④ 也许可以承认,桑塔亚纳并未对任何一派伦理学情有独钟,他保持了一种对伦理"热情"挑剔性的蔑视,并不特别忠诚于任何东西。

威廉·欧内斯特·霍金(William Ernest Hocking, 1873-1966)和伊利亚·乔丹(Elijah Jordan, 1875)的学说继承了观念论的自我实现伦理学。霍金是罗伊斯在哈佛大学的最忠实追随者。《人类的本性及其改造》(*Human Nature and Its Remaking*, 1918)显示了霍金更强调用传统有神论信仰来作为伦理判断的保障。而且,作为一种伦理价值,霍金是非常明确的民主和政治自由的拥护者。乔丹在有生之年从来没有象霍金那么引人

---

① Santayana, "Brief History of My Opinions," *Contemporary American Philosophy*, II (1930), 249.
② Santayana, *Skepticism and Animal Faith* (New York: Scriber's 1923), 77.
③ Ibid., 129; cf. Hill, *Contemporary Ethical Theories*, 209.
④ Santayana, *Realms of Being*, 473.

注目，但现在他的思想被认为是对美国伦理学和社会理论的重要贡献。《好生活》(The Good Life, 1949)反映了一种基于客观唯心的自我实现伦理学。其中，乔丹反对价值理论中的主观主义，尤其反对道德价值可以还原为某种个人"利益"的主张。①

艾伯特·史怀哲(Albert Schweitzer, 1875-1965)的著作，至少在伦理学领域，很少受到学术界的关注，但对当代许多人来说，他是伦理精神的化身。在伦理学史上，曾经有些时期里这方面的主要作者都不是大学教授，但在另一些时期(二十世纪就是这样的时期)如果你不是大学教授几乎就没有人听你在伦理学方面的发言。无论怎样，史怀哲放弃欧洲的医生职业而去非洲建立医院的决定，使他成为全球尊敬的人物。但是，并非所有他的欣赏者都了解，他其实也是一个出色的哲学家和神学家。史怀哲的《文明与伦理学》(Civilization and Ethics, 1922)本是他在牛津大学曼斯菲尔德学院的一系列法语演讲，后来以德文出版。他的很多其他著作也是用德文出版的。史怀哲的这些演讲是建立在大量阅读基础上的，并且是自西季威克(Sidgwick)之后最佳的伦理学简史。② 史怀哲本人的伦理学立场非常简单："对生命的敬畏给了我道德观的基本原则，那就是，善存在于维护、帮助和增强生命之中，而恶就出现在破坏、伤害或阻碍生命之中。"③他使用的德语词汇 Ehrfurcht 具有对生命物的尊重和敬畏两方面的含义。生命的本意包括人类和非人类的所有成员。除了这个生命活力论原则，史怀哲的伦理学与其他简单的自我实现理论并没有什么大的区别。④

亨利·赖特(Henry Wright, 1878-1959)的著作对自我实现伦理学作了最直截了当的表述。他主要著作的标题是《自我实现》(Self-Realiza-

---

① See the excellent study of Jordan, in Reck, *Recent American Philosophy*, (New York: Pantheon, 1964), 276-310.

② Cf. H. C. McElroy, *Modern Philosophers: Western Thoughts Since Kant* (New York: Moore, 1950), 234.

③ Schweitzer, *Civilization and Ethics*, trans. John Naish (New York: Macmillan, 1923), xvi.

④ See A. C. Gamett, *Ethics* (New York: Ronald Press, 1960), 403-06, for two representative selections.

tion, 1913）。他从个人自我、社会自我和宇宙自我的发展角度来解释他的理论。个人自我的目标是快乐和教养；社会自我的目标是利他主义和人道主义；宇宙自我的目标是"普遍的进步"，包括对神的意志的顺从和对神的智慧的信任。①

沃尔特·史泰司（Walter T. Stace, 1886－1967）*这位执教普林斯顿大学多年的英国人，是新享乐主义的积极倡导者之一。他在这方面的主要著作是《道德概念》（*The Concept of Morals*, 1937）。史泰司强烈批判那种建立在对社会科学资料做轻率分析基础上的伦理相对主义，他把这种伦理学视为道德上的失败主义。史泰司也坚持认为，离开了自由意志，伦理学就失去其逻辑了，而这种自由意志必然要容忍某程度的因果关系决定论。② 他自己的伦理学把愉快作为检验道德善的标准，并认为精神愉快一定高于身体愉快。

另一位美国思想家，勃兰德·勃兰夏德（Brand Blanshard, 1892－1987）长期以来是最近英国非认知主义和主观主义伦理学的杰出批评者。他的《理性与善》（*Reason and Goodness*, 1961）大致表述了他在圣安德鲁斯的吉福德演讲（Gifford Lectures）和在哈佛的诺伯尔演讲（Noble Lectures）。勃兰夏德熟知各种不同的伦理学思想，并且是少数几位稔熟中世纪伦理学的当代伦理学者之一。③ 有时勃兰夏德的伦理学看起来非常接近康德，但他自己宁愿被认为是个观念论者。也有些时候，勃兰夏德对理智角色的解释，听起来非常古典主义。正如下面这段：

> 理性的存在，正如我们所设想，不仅仅表现在让理智来指定我们的信仰（尽管那是很难的），还意味着把理性精神贯彻到实践的各个

---

① Wright, *Self-Realization. An Outline of Ethics* (New York: Holt, 1924), chaps. 5 and 6.

* ［译注］此处卒年为中文版所加。英文版原书初版时间为1968年，作者布尔克写作此书时，书中提到的诸多思想家尚在世，此次中译本修订版，出版社为便于读者阅读，补上了英文版原书中未提及卒年而如今已过世的思想家卒年。

② Stace, *Religion and the Modern Mind* (New York: Lippincott, 1952), cha 11.

③ Blanshard, *Reason and Goodness* (New York: Macmillan, 1961), 55-69, for the ethics of feeling in St. Francis.

方面,让它渗透到个人情感中并遍及所有意志的决定。①

和卢梭与康德一样,勃兰夏德把欲望和意志的个人波动(实际的意志)与理性意志加以区别,这种理性意志"是那种在思考之后会把它自身认定为最好的善而推荐给行为主体"。② 在思考理性构成的特征时,他提出了一种与亚里士多德伦理学相似的关于人类本性的理论。当然,亨利·维奇(Henry B. Veatch,生于1911)比勃兰夏德更接近亚里士多德。维奇《理性的人:亚里士多德伦理学的现代诠释》(*Rational Man: A Modern Interpretation of Aristotelian Ethics*, 1962)是对威廉·巴雷特(William Barrett)的现象学的著作《非理性的人》(*Irrational Man*)的正式回应。

坎贝尔·加内特(A. C. Garnett, 1894-1970)把康德的道义论与自我实现伦理学相结合。他的《伦理学:一种批判性介绍》(*Ethics: A Critical Introduction*, 1960)考察了所有主要的伦理学理论,而且对本书的写作多有帮助。当代的康德伦理学专家,在英国是佩顿(H. J. Paton, 1887-1969),在美国是刘易斯·怀特·贝克(Lewis White Beck, 1913-1997)。他们俩都翻译并诠释了康德实践理论批判的著作。

在本章的最后部分,我计划简单总结一下出现在近期伦理学研究中与效果论相关的两个发展趋向。奇妙的是,这两者都架设了沟通形式主义和功利主义的桥梁。第一种趋向,是应用于伦理学上的游戏理论,第二种是"行为的"和"规则的"功利主义的发展。

3. 布雷斯韦特:游戏理论

游戏理论最早是数学家们为了研究比如棋类等桌面游戏的胜算策略而发展起来的。众所周知,要赢这种游戏需要一定数量和形式的移动,而这样的问题可以通过概率来解决。这方面的开创性论文是德国人冯·诺依曼(J. von Neumann)的研究,《关于玩游戏的理论》(*On the Theory of*

---

① Blanshard, *Reason and Goodness* (New York: Macmillan, 1961), 55–69, for the ethics of feeling in St. Francis, 409.

② Ibid., 397.

Playing Games,1928)。冯·诺依曼后来与摩根斯坦(O. Morgenstern)一起把这个技术用于经济决策。它的重点并不在于对所有实现目标的可能性进行复杂计算。游戏理论也不是诸如对某个行为可能产生的各种愉快的相对权重进行计算这样的理论。当这个理论用于决策,在经过了初始的几次移动之后,随着行为者越来越接近他的目标,因为移动的可选择范围逐渐减少,这个方法也就快速地变得越来越简单。但是,一开始就要指出,这个理论在如何选择终点或目标方面,并无助益。只是当道德主体已经确定了他的目标之后,游戏理论才可能帮助他选择实现目标的最佳途径。

把游戏理论用到伦理学上并广受关注的,是剑桥大学的布雷斯韦特(R. B. Braithwaite, 1900-1990)。他的《作为道德哲学家工具的游戏理论》(*Theory of Games as a Tool for the Moral Philosopher*, 1955, 1963年再版),是他成为剑桥大学道德哲学教授时的就职演讲。一个假设的道德问题在某种意义上也就是一个游戏——用来讨论并说明他的理论。这个问题后来又被黑尔(R. M. Hare)再次用在他的伦理学讨论中。① 两位音乐家同住一楼,一弹钢琴,一吹喇叭,而楼房建筑不能避免他们相互干扰。以此为背景(加上其他一些细节),布雷斯韦特问道:

> 能否设计出一个可接受的原则,来表达如何把日期分配成两人共同演奏、洛克单独演奏、马太单独演奏和两人都不演奏等不同的天数比例,才能达到与公平的时间分配原则相一致的最大满足目标?②

在这里把得出最后结果的数学计算过程概括出来是不可能的,但我们应该指出,布雷斯韦特最终确定,在所有的43个晚上,钢琴家应该演奏17晚,而吹手应该演奏26晚。布雷斯韦特也承认,理论上来说,也存在着其他解决方案。

关于游戏理论和伦理学,有两点值得注意。首先,如果和这个方法所

---

① See Hare, *Freedom and Reason* (Oxford: Clarendon Press, 1963), 112.

② Braithwaite, *Theory of Games as a Tool for the Moral Philosopher* (Cambridge: University Press, 1963), 9.

做的那样,在伦理学中使用目的论的手段,真正困难的问题集中在目标的选择,而不是实现目标途径的选择。那些从价值理论观点来考虑的人通常都会认识到这一点。要确定大致的价值标准并不难,但要验证最终的价值则非常难。换句话说,当人们已经对目标有了清楚的认识,游戏理论也许可以对道德决策提供有限帮助。而数学计算看来并不能帮助确定生活中的这种最终目标。其次,尽管有些道德决定可以简化为两者之间竞争的模式,但这并不是一般现象。有些道德问题可能根本就不直接涉及其他人,而有些问题可能包含了如此之多的人,如此之多的细节变化,以至布雷斯韦特案例的简化可能起误导作用。无论如何,伦理学中一个看来非常正式的主张,却以常人所理解的"赢得游戏"这样一个外表,引发了关于理想后果的思考,这是件有趣的事情。

4. "行为的"和"规则的"功利主义

功利主义伦理学的另一个发展趋向,与使用后续效果的价值评估来对行为或规则进行判断之间的区别有关。行为功利主义者包括了这个学派中的大多数古典思想家,尤其是边沁和穆勒,但他们当时可能并未清楚地意识到这些目前正在讨论的问题。行为功利主义者并不尝试去把其理论一般化为某种规则,他只是问:"我在这样的场合做这样的行为,将会产生何种高于邪恶的善?"另一方面,规则功利主义者认为,道德行为应该总是受制于普遍规则,这种普遍规则是通过询问这样的问题而确立起来的:如果这样的一般行为由任何一个人来实行,是否会产生一般的善或恶?①

行为功利主义在当代的重要代表人物是斯马特(J. J. C. Smart, 1920 – 2012)。他的《功利主义伦理学体系纲要》(*Outline of a System of Utilitarian Ethics*, 1961)对两种效果论伦理学都做了讨论,并选择了关注行为的功利主义。据斯马特说,规则功利主义让人不能赞同的基本点,在于它可能导出这样一种判断,要求一个人甚至在没有什么好处的情况下也得遵守这个规则来行动。而且,斯马特也坚持认为,一个把所有愉快都

---

① See W. E. Frankena, *Ethics* (New York: Prentice-Hall, 1963), 30 – 35; and R. B. Brandt, *Ethical Theory* (New York: Prentice-Hall, 1959), 396 – 400.

看作是等质的人,与一个认为(比如说)精神愉快要高于身体愉快的伦理学者之间,是有差别的。理想的功利主义要求对愉快的品质加以区别。

实际上,斯马特区别了行为功利主义者思维过程中的两个时段:他首先必须评估后续效应,然后他必须评判可能导致这些后续效应的各种行为。① 斯马特承认,要估计后果的价值是很困难的,并以最近老鼠的生理学实验作例子,那些老鼠在电流刺激下表现出可以享受无穷无尽的愉快感。人类在这种人工刺激下感觉到的感官愉快,是否能够代表伦理学者所理解的善,成了斯马特主要思考的问题。这种东西是否是真正的人类幸福,这的确是个问题。②

根据斯马特对行为功利主义学说的理解,选择行为 A 而不是行为 B 的唯一理由是,行为 A 能够比行为 B 让人类有更多快乐。他觉得,做伦理学研究的人和重视普遍幸福的人应该倾向于同意,他的观点是最可以接受的观点。③ 斯马特并未要求利他主义,而只是要求善意,也就是一个行为主体希望别人尽可能得到与他自己得到的一样的好。是应该努力提高所有人作为一个集体的最大幸福,还是应该努力使所有人得到一个可能较小的平均的幸福?这始终是个问题。斯马特在这里承认,为了保证完全的平均,也许需要用到数学上的概率理论。正是在这一点上人们认识到,介于一个复杂的功利主义伦理学和一个表现出对生活事实某些关心的形式主义之间的分隔墙其实是多么薄弱。事实上,正如斯马特指出的,如果一个人开始考虑功利主义中各种可能规则的话,那么他就在靠近康德的立场了。④

对这个伦理方法问题的另一个贡献来自马库斯·辛格(Marcus G. Singer, 1926 - 2016)《伦理学中的普遍化》(*Generalization in Ethics*, 1961)。他对行为功利主义没有好感,称其为"直接的"功利主义。传统意义上理解的功利(utility)是一个模棱两可的标准,并导致无法理解的

---

① Smart, *An Outline of a System of Utilitarian Ethics* (Melbourne: Melbourne University Press, 1961), 6-7.
② Ibid., 20-26.
③ Ibid., 29-32.
④ Ibid., 14.

困难。但是辛格愿意重新检视他所谓"间接的"功利主义。这就是一种通过观察后续效应来评估各种行为类型的主张。"人们如此这般考察那种类型的行为一般可预期的后果,并通过这种方法来直接确定那种行为类型的道德性。"①这种间接的功利主义当然只是另一个版本的规则功利主义。辛格对它的评价是,它是对行为功利主义的一个改进,但仍有值得批评的方面。

辛格自己的伦理立场是尝试去完善康德的绝对命令。我们还记得,康德说过一个人应该考虑:只有自己的行为可以成为普遍的规则才可以行动。这其中有很多模糊的空间。因此,辛格把这个概括的参数扩展成:"如果每个人都这样做,其后果将是一个灾难(或是不想得到的),那么任何人就都不应该这样做。"②在另一方面,他又把这个概括原则表述为:"对一个人是正确(或错误的),必然对所有相似的人在相似的场合中都是正确(或错误)的。"③根据辛格的理解,绝对命令可以如此解释,使之形成伦理判断的充分指南。④ 一般都承认,一个行为的后果——从可预期后果的角度来看——是和道德思考非常相关的。事实上,没有哪个严肃的伦理学者会希望把后果排除在伦理讨论之外,因此,辛格用这个奇怪的建议作为结论:"道德的"重要问题并不是理论问题,而是在具体案例中确认事实的困难。确实,先前没有一个正式的伦理学者曾经如此慷慨地给予唯物的道德观一个角色。

以上这些大致反映了近期学术界对古典伦理理论的反思。在我们最后的几章里将要讨论的,则完全限于当代伦理学中出现的新东西。

---

① Singer, *Generalization in Ethics* (New York: Knopf, 1961), 193-204.
② Ibid., 4, 67-68.
③ Ibid., 5, 17-20.
④ Ibid., 217-37.

第十六章 自然主义伦理学

当摩尔(G. E. Moore)说把"善"以任何其他意义来定义的道德哲学家实际上正在犯"自然主义的谬误"(naturalistic fallacy)时,他不但创造了一个新的词汇,而且也命名了一个新的伦理学派。自那以后,自然主义伦理学就代表了那种试图以日常生活经验中的某些因素来定义道德善的理论。在下一章,我们将看到摩尔自己认为,作为谓语的"善"反映的是一种特质,这种特质既非单项的自然属性,亦非一组自然属性。善是一种非自然的、专门由直觉而感知的品质。摩尔说:"自然主义对任何伦理原则完全提不出任何理由,几乎没有任何有效的理由。"①

摩尔于1903年提出这个观点之后,许多伦理哲学家并不同意他的见解,而且非常乐意地继续犯这种"自然主义的谬误"。广义地说,任何从康乐、愉快、顺从上帝的法则、符合人类本性,或从任何除了善本身之外的概念来定义善的伦理学者都是自然主义者。根据这样广泛的理解,任何除了摩尔的理论之外的伦理学都是"自然主义"的。②

但是在当代哲学中也有一种更严格意义上的自然主义,它强调在这个领域中采取经验的、科学的、非超自然的分析方法。简单地说,当代的自然主义者试图用他自身在这世界中的经验来表达他的理解。在这种狭

---

① Moore, *Principia Ethica*, chap.1, secs. 10–14.
② Cf. C. D. Broad, "Some of the Main Problems of Ethics," *Philosophy*, XXI (1946), 99; George Nakhnikian, "Contemporary Ethical Theories and Jurisprudence," *Natural Law Forum*, II (1957), 8.

义的概念下,自然主义伦理学有四个特征。首先,所有的说明都只通过现世的概念来表达,并且反对使用任何比如上帝或理想的绝对权威等超凡的原则。其次,伦理哲学的资料,不仅包括日常经验,也包括由科学技术尤其是社会科学所解释的现代科学的发现。① 第三,自然主义伦理学者专注于不断进步的主张,专注于人及其制度的持续发展的主张。这种观点倾向于把任何新变化都看作是一种进步。② 第四,与分析哲学家和实证主义者相反,自然主义伦理学者坚持认为伦理陈述可以是真实的并且是可以被检验的。

伦理的自然主义主张的另一种表述,可以说成是,从是什么中可以得出应该如何,或者说,从事实中可以得出价值。在下一章我们会看到,大多数二十世纪的英国伦理学者相信,在事实描述和道德对策之间存在着某种无法跨越的鸿沟。直到最近,美国的道德哲学家还一直倾向于假定,对问题本身的了解,对该问题所出现的条件的了解,以及对科学家有关该问题思想的了解,都与我们应该对这问题做些什么之间,有非常紧密的关系。自然主义的方法就是:得到事实资料,咨询相关专家,依靠科学方法的帮助来解释资料,如果可能的话,就确定需要做的事情,而不需要谈论太多上帝的法则、未来的生活或任何绝对的标准或理想。

在本章中我们将集中讨论美国的自然主义伦理学,但也会包括某些其他类型的自然主义,它们或许对这种自然主义伦理学思想有所贡献(比如得到进化论或心理学支持的伦理学),或者与自然主义伦理学相关(比如某些自然法则伦理学)。

达尔文(Charles Darwin, 1809 – 1882)的名著《物种起源》(London, 1859)第一次出版时,很快就显示出他的理论将带来深远影响,这种影响将超出科学范围并进入宗教和伦理学领域。其意义在二十世纪依然是人们讨论的话题。③ 在伦理上看,在当时,出现了一种在生物学变化中确认

---

① See Vergilius Ferm, "Varieties of Naturalism," in *History of Philosophical Systems* (New York: Philosophical Library, 1950), 429–40.

② This point is stressed in McGlynn-Toner, *Modern Ethical Theories* (Milwaukee: Bruce, 1962), 63–64.

③ Cf. Nakhnikian, *art. cit.*, 7–8.

道德进步的初步倾向。因此,达尔文提到"在人们所遭遇的环境中养育最大数量的充满活力的健康的人"。①

进化伦理学的领军人物是赫伯特·斯宾塞(Herbert Spencer,1820-1903)。他的《伦理学原理》(*Principles of Ethics*, 2 vols, 1892-1893)始终想当然地认为,进化程度高的人表现出更好的行为。在斯宾塞的观点中,生命被视为一种基本价值。人类行为需要"一个指向目标的、不断完善的行为调整,比如要继续推进寿命的延长"。因此,保持个人和种群的生命是好的。正确与错误只是与具有喜怒哀乐能力的生物联系起来才具有意义。② 虽然斯宾塞提到绝对道德性的可能,但他坚持认为,我们现在所了解的伦理学并非是绝对正确的,只是相对正确。道德科学(正如"机械"科学)已经从希腊人所建立的最原始的学说,经过神学阶段,演进到目前初级的科学阶段。其结果是,除非处于一个理想国度,否则一个人是不可能达到道德完善的。③

有趣的是,托马斯·赫胥黎(Thomas Henry Huxley,1825-1895)的观点正好相反。尽管承认进化论在生物学及其相关科学上的重要性,他(1893年在牛津大学以《进化论与伦理学》为题的罗曼尼演讲中)却认为,适者生存的法则并不是伦理原则。他认为,人必须努力克服弱肉强食的丛林法则,并在非进化论的基础上确立他的伦理典范。

> 伦理上最佳的品行(所谓的善或美德),涉及一系列的行为过程,它们无论在哪个方面都与为了在宇宙生存竞争中胜出的做法相反。在一种无情的自决环境中,需要有自制……④

另一种进化伦理学的版本,来自跟斯宾塞和赫胥黎同时代的俄罗斯

---

① Darwin, *Descent of Man* (New York: Appleton, 1876), 612.
② Spencer, *Principles of Ethics*, Pt. I, chap. 2, n. 4; reprinted in Rand, Classical Moralists, 682-88.
③ Ibid., nn. 105-06; in Rand, 698-702.
④ T. H. Huxley, *Evolution and Ethics* (London, 1893); cited in Blanshard, *Reason and Goodness* (London: Allen & Unwin, 1961), 381.

王子彼得·阿列克塞维奇·克鲁泡特金（Petr Alekseevich Kropotkin, 1842-1921）。在一本题为《互助：进化的一种因素》（Mutual Aid, a Factor of Evolution, 1915）的书中，克鲁泡特金声称进化过程的法则并不是竞争而是相互帮助。他在《伦理学》中极力支持这种唯心主义的进化伦理学。为了支持自己的观点，在该书中他对古典和现代伦理学理论作了相当广泛的讨论。① 克鲁泡特金自己的立场是一种典型的把道德科学作为宗教的替代品的自然主义伦理学，强调要在人类中建立"社会良心"，但是对生物学上的发展却很少关心。② 于是，克鲁泡特金伦理学的主要观点就集中在一种社会功利主义的利他主义形式中了。

奥拉夫·斯塔普尔顿（Olaf Stapledon, 1886-1950）《伦理学的现代理论》是近期进化伦理学著作中的一部杰作。一般认为，斯塔普尔顿试图把目的论范畴的理论放回对人类行为的解释中。人类活动表现出明确朝向某种未来完整结局的趋向，从这点上看，它符合目的论。正如自由的、令人满意的或有帮助的活动等一样，善就在宇宙进程的持续完善过程中指出有这种倾向性的那些活动。但他并没有把人简化到自然本性上的纯粹机械论或宿命论，因为斯塔普尔顿认为人在"狂喜"中可以升华到仅次于神秘主义的那种道德经验层次上。可是，"伦理上追究到底，在所有价值判断中，对于一种客观情境，比如身体或个人的满足，对于这种客观情境是好是坏的判断，仅仅是基于其自身、也是为了其自身而做出的"。③

1. 西格蒙德·弗洛伊德

西格蒙德·弗洛伊德（Sigmund Freud, 1856-1939）的心理分析理论对职业心理学家、精神病学家、社会科学家和很多小说作家的伦理学态度有很大影响。这位出生于维也纳、晚年居住在伦敦的医生并不是一位理论伦理学者，可是当代伦理学史如果不对他的理论做些介绍就算

---

① Kropotkin, *Etika*, ed. N. K. Lebedev (Moskva, 1923); Trans., as *Ethics: Origin and development*, by L. S. Fridland and J. R. Piroshnikofi (New York: Deal Press, 1924).

② Cf. Hill, *Contemporary Ethical Theory*, 126-27.

③ Stapledon, *A Modern Theory of Ethics* (London: Methuen, 1929), 251.

第十六章　自然主义伦理学

不上完整。① 弗洛伊德并未表示过他从先前的哲学家那里获得了多少理论上的帮助,但他的确曾经在布伦塔诺(Franz Brentano)那里学习过,并了解奥地利价值论学派的一般观点。

弗洛伊德的心理分析一开始是为了情绪失常者而设计的治疗方法,后来发展成一种关于人及其功能的心理学主张。道德态度本来在弗洛伊德的著作中并不重要。他的倾向是忽略和淡化伦理问题作为临床实践中一个影响因素的作用。因此,弗洛伊德经常被归为伦理怀疑论者。② 但是,随着他的人类天赋和功能的理论涉及的范围越来越广,弗洛伊德渐渐采取了一种有伦理学重要意义和影响的立场。比如,他以临床实践发现所反映出的人是非理性和无常的事实,来反对启蒙时期和十九世纪德国观念论中的"理性主义"。③ 他对非理性的这种强调,被当代存在主义所接受。而且,弗洛伊德的后期学说呼吁建立一种观念论者超自然的、脱俗的、符合传统宗教的伦理系统,并坚持一种相对简单的自然主义。这些都明显地反映在弗洛伊德在伦理学上的关键著作《文明及其缺憾》(*Civilization and Its Discontents*, 1939)一书中。

作为弗洛伊德学派立足点的人类心灵基本分析,是众所周知的。弗洛伊德把大而低级的潜意识区域(unconscious)和小而高级的意识区域(consciousness)区别开来。④ 很多本能的冲动被认为是在潜意识区域发生的,并寻求在意识活动中得到实现,而主要的本能冲动是性冲动和攻击。⑤ 为了处理这些冲动,弗洛伊德假定人的心灵功能结构有三个层次:(I)"本我"(id)被认为是人体欲望基础的潜意识;(II)"自我"(ego)是居于中间层次的意识区域,是理性决策和活动的区域;

---

① For Freud's ethical view, see McGlynn-Toner, *Modern Ethical Theories*, 115-38; and Hill, *Contemporary Ethical Theories*, 36-44.

② He is so classified in Hill, ibid., 37.

③ Cf. Philip Riefi, *Freud: The Mind of the Moralist* (Garden City, N.Y.: Doubleday, 1961), 161.

④ Freud, *Beyond the Pleasure Principle*, trans. J. Strachey (New York: Liveright, 1922), cha 4.

⑤ Freud, *General Introduction to Psychoanalysis*, trans. Joan Rivere (New York: Garden City, 1943), 296.

(Ⅲ)"超我"(super-ego)是判断和批判的区域,起着某种道德裁决、无情和自我惩罚的功能。①

上述的心理学与柏拉图的人类心灵三部分之说,有某种相似性。弗洛伊德对此很清楚。但他并没有把理性放在最高角色上,而是把它置于介于较低的直觉本能和较高的压抑区之间的调停区域。与柏拉图不同,他不认为低级的直觉冲动应该被尽量抑制。事实上,弗洛伊德觉得这种抑制正是人格失常的起点。弗洛伊德倾向于用文明社会的惯例和传统宗教与伦理克制的教条来解释超我(superego)的指令。一种诚实的伦理对人而言是好的,在其中,个人意志努力以开放、坦率和无所掩盖的态度来表达并实行自己的基本冲动。② 所有的借口、虚伪和抑制都是不好的。表达自我是好的,但是为了在社会中和平共处,也要学会尊重别人的利益。

与此同时,威廉·詹姆斯(William James, 1842—1910)在美国学习医学,教授心理学,并最终把兴趣转向了哲学。他最后成为拥有帕尔默(G. H. Palmer)、罗伊斯(Royce)和桑塔亚纳(Santayana)等人在内的哈佛哲学系的一员。詹姆斯在那里做了许多实验心理学和教育心理学研究,是美国实用主义的开创者之一。詹姆斯曾经有过自然主义思想的时期(比如他把人类习惯的形成解释为类似"神经信息传递渠道的开拓"),但他的基本哲学观点并不反对形而上学,他也没有表现出完全拒绝有神论信仰和传统宗教价值的倾向。和柏格森(Henri Bergson)一样,詹姆斯认为基督教的圣徒是道德完善的模范。③ 詹姆斯写过几篇有伦理学重要意义的研究论文,最重要的是他的演讲《道德学家与道德生活》(*The Moral Philosopher and the Moral Life*, 1891)。

詹姆斯对现有伦理学理论并没有多大兴趣,"在最后一人完成他的经验并表达他的意见之前,伦理学并不比物理学具有更多的最后真理"。④ 詹

---

① Freud, *The Ego and the Id* (London: Hogarth, 1923), 30; for a fuller secondary account, consult Rieff, op. cit., 29—69.
② This is Rieff's interpretation, ibid., 329—60.
③ Cf. J. Dougherty, "Introduction," in Mann-Kreyche, *Approaches to Morality*, 292.
④ James, *The Moral Philosopher and the Moral Life*, in *Essays on Faith and Morals* (New York: Meridian, 1962), 185.

姆斯以一种真正实用主义的风格,用三个问题来理解一个实际的伦理学。第一个问题是心理学上的:我们的道德主张的历史根源是什么?他回顾了试图回答这个问题的一些努力,但并无多大兴趣深入了解这个领域的历史。第二个问题是形而上学的:那些伦理学中的关键词汇,比如善、恶和义务等,到底是什么意思?詹姆斯否定绝对主义和任何认为伦理学是以形而上学为其系统基础的主张。由于他把善和义务看作是感觉和欲望的对象,詹姆斯的结论是,它们不可能在形而上学的世界中找到立足点。他的第三个问题是"决疑的":把善从恶中区别出来的方法是什么?他对这个问题的回答是,道德善就是对需求的满足,对任何需求的满足。"相应地,那种行为必须是最佳的行为,使整体处于最佳状态,由它引起的缺憾必须最小。"①

2. 约翰·杜威

著述丰富的美国著名伦理学者约翰·杜威(John Dewey, 1859–1952),是非常欣赏詹姆斯实用主义伦理学的人物之一。杜威受德国思想界深刻影响,以一个观念论者的态度开始其哲学家生涯,他早年的写作就反映出这种联系。但是,杜威很快就接受了道德哲学上更富有自然主义和实践性的态度。著名的《伦理学》(*Ethics*, 1908)是他和塔夫茨合作的教科书,其中的第二部分完全是杜威写的,最近被冠以《道德生活的理论》(*Theory of the Moral Life*, 1960)单独出版。这部著作明显表示杜威在1910年以前已经形成了实用主义伦理学的工具主义版本。道德理论只有在涉及行为目标或道德标准方面出现实际冲突的时候才有需要。② 因此,工具主义伦理学是对这类人类问题提供反思性答案的一种努力。在这一点上,杜威回顾了历史上各种有关人类愿望的最高目标的理论,并做出结论说,它们和实际理想一样,都具有某些正确性。但他拒绝得出一个道德价值表,而是相反,强调形成在伦理上作出聪明的和反思性判断的习惯之重要性。③ 最后,他提出了一个精心

---

① James, *The Moral Philosopher and the Moral Life*, in *Essays on Faith and Morals* (New York: Meridian, 1962), 185–205; the quotation is from 205.

② Dewey, *Theory of the Moral Life* (New York: Holt, Rinehart & Winston, 1960), 5; in the original *Ethics* (New York: Holt, 1908), 173.

③ *Theory of the Moral Life*, 59–60.

构建的自我主义和利他主义的折衷平衡,因为社会利益是更为广泛的概念,所以他的折衷平衡稍稍带有对利他主义的倾斜。

杜威另一本重要的伦理学著作是《哲学的改造》(Reconstruction in Philosophy, 1920)。在这里,他进一步强调严肃的反思是伦理学者的工作中心。杜威把那些认为伦理学是建立在从某些高级法则中推演出来的义务基础之上的观点,和认为伦理学是一种在自我实现、幸福或某种其他的理想目标中寻求善的理论,进行了比较。他因此确信,任何道德情景都是独特的,无法由任何现成的法律或规则来裁断。每一个道德问题都应该以务实态度来处理。对一个既定情境,要求根据有理智的和严肃的调查来作出判断和选择。考虑到一个供选择的行为可预期的后果,这些就是最值得去做的事情。①

杜威在《人类的本性与行为》(Human Nature and Conduct, 1922)中,对弗洛伊德的潜意识本能冲动理论作出了回应。在杜威看来,缺乏证据来证明我们的直觉本能具有一个独特的"心灵王国"。他也不接受弗洛伊德所描述的那样一个原始个人意识的主张。② 这是对弗洛伊德心理学最有效的批评,杜威也因此影响了美国发展起来的心理分析。③ 从那以后,杜威明确否定任何寻求固定的伦理判断标准的做法。他转向对"观念中的目标"(ends-in-view)的研究,并致力于描述人的行为中这些近似目标是如何产生和起作用的。它们并非是最终目标,而是在行为活动中起着"转向点"的作用。所有伦理学都必须花点时间来注意人类行为的后果,甚至道义论者也把它包装在所谓"善意"的或出于道德决心驱使的等外表下而包括在他们的分析之中。④ 所有观念中的目标也可能成为达到其他目标的手段。

《确定性的寻求》(Quest for Certainty, 1929)显示出杜威对价值理论兴趣的增强。在这里,他清楚地区别了价值和价值评估的不同:所有价值都可能是受欢迎的或可享受的(这是个心理学的问题),但并非所有享受

---

① Dewey, *Reconstruction in Philosophy* (New York: Mentor, 1953), 132-33.
② Dewey, *Human Nature and Conduct* (New York: Holt, 1922), 87-88.
③ On this point, see Rieff, op. cit., 31.
④ *Human Nature and Conduct*, 227.

行为都真有价值。价值判断关注的焦点是我们的经验对象，它们构成了对于"我们的欲望、情感和享受"的管理规章的判断。① 关于人类偏好的心理学和科学报告只是具有指导我们如何去发现这些价值判断的"指导性"功能。这是对他早期的立场的修正，也显示出杜威和那些把社会科学报告视为伦理学问题最后答案的实证主义者之间的不同。杜威总是坚持对经验资料进行反思性解释，无论这些经验资料来自科学还是来自日常经验。

杜威在《评价的理论》(Theory of Valuation, 1939)中对"叫价"行为和这种行为的价值(也就是这种行为的目标)之间的重要区别作了进一步解释。这里他严厉批评了实证主义者所声称的价值判断是无法证实的因而也就没有哲学意义的主张。② 杜威以现代医学实验中对各种不同医疗手段相对于它们所期望的目标进行过清楚的适用性评估为例，来支持其价值判断是可被证实的。他令人信服地辩论说，从评断某些东西对既定目标的恰当性来看，价值判断就是实践上的一般化过程，它通过考察手段和目标的关系而得到验证。通过对实际结果的观察，并与期望效果的比较，它们是可以严格地加以检验的。③

这种自然主义伦理学，现在虽然不如二十年代或三十年代那么流行，但依然在美国思想界有很重要的地位。杜威对社会科学家和教育理论专家在道德判断方面的影响力依然非常强大。同样值得注意的是，由美国天主教哲学家以赞同态度撰写的关于杜威伦理学的研究论文在过去二十多年中的增长。

现实永远是一个过程，这个观点成为杜威的基本哲学立场，而怀特海(Alfred North Whitehead, 1861-1947)更加强化了这个主张。虽然怀特海并没有建立一个具体的伦理学理论，但是因为他的思想对当代伦理学某些发展倾向的间接影响，他值得我们在此提及。作为《数学原理》(Prin-

---

① *The Quest for Certainty* (New York: Minton Balch, 1929), 260-75.
② Dewey, *Theory of Valuation* (Chicago: University of Chicago Press, 1939), 33-34.
③ Ibid., 28-35.

cipia Mathematica, 1910-1913, 与罗素合著）的作者,怀特海带来了逻辑学和方法论的哲学观点的革命。尽管它并没有涉及伦理讨论中的逻辑问题,在许多学者看来,这本著作给予任何对哲学绝对性的信心"一个沉重的打击"。① 另一个对伦理学的间接影响,来自于他的一个有限上帝(a finite God)理论。② 这个理论影响了当代有关上帝意志在道德领域中作用的思想,尤其是在某些当代基督教新教伦理学者中。我们将在最后一章中看到,本来是相当唯心主义和绝对主义的基督教伦理学,现在是怎样变得与存在主义一致了。当然,这种情况只发生在基督教新教伦理学中现在被称为情境主义的一个分支上。由哈茨霍恩(Charles Hartshorne, 1897-2000)和魏曼(Henry Wieman, 1884-1975)等学者对怀特海有关上帝的哲学诠释,对最近基督教伦理学者的思想影响尤其明显。

如同我们前面看到的,价值伦理学经常接受一种自然主义立场。佩里(Ralph Barton Perry)确立的价值的一般定义,正是后来自然主义伦理学者讨论的起点。在他的《价值通论》(General Theory of Value, 1926)中,佩里把价值定义为"利益体"。③ 根据这样的定义,利益是任何持续保存自身的系统,而道德善在于任何利益系统的满足。④ 在佩里看来,义务存在于对善的被启发的认识之中。关于价值的排序,佩里提出了四个标准:正确性、强度、偏好和包容性。实际上,后三者都与价值的程度有关,而前者是检验一件事物是否具有价值的标准。⑤ 归根结底,佩里的基本道德命令是:"培养那种有能力通过它的普遍包容而带来和谐的意愿。"⑥

有些道德哲学家一直将观点建立在各种普通进化论的基础之上。生物学家霍姆斯(Samuel Jackson Holmes, 1868-1964)把道德善等同于能

---

① See L. Saxe Eby, *The Quest for Moral Law* (New York: Columbia University Press, 1944), 186.

② Whitehead, *Science and the Modern World* (New York: Mentor, 1956), 173-80.

③ Perry, *General Theory of Value* (Cambridge: Harvard University Press, 1926), 115-24; see also Sahakian, *System of Ethics*, 381-85.

④ Perry, *The Moral Economy* (New York: Scribner's, 1909), 11-15.

⑤ *General Theory of Value*, 630-36.

⑥ *General Theory of Value*, 682.

第十六章 自然主义伦理学

够增强个人或种群生命维护的东西。而朱利安·赫胥黎(Julian Huxley, 1887 – 1975),托马斯·赫胥黎的孙子,在1943年的罗曼尼演讲上纠正了祖父的错误。朱利安《进化伦理学》(*Evolutionary Ethics*)认为道德意识的发展是进化的一般过程的一个部分,并且他将个人所处的社会文明发展水平与对道德价值认识的提高联系起来。① 众所周知,朱利安·赫胥黎对联合国教科文组织所代表的哲学观点有很大影响。

自然主义在二十世纪的欧洲也有很多支持者。一位著名的耶稣会科学家,德日进(Pierre Teilhard de Chardin, 1881-1955),持有很多与朱利安自然主义相同的观点,但他把这些融合在对人和宇宙有神论的解释之中了。德日进《人的现象》(*Phenomenon of Man*, 1956)从物理性质角度展示了作为一个持续过程的人的进化,这个进化过程是从心灵活力在肉体性质的低层次中的出现开始的。随着事物的进化,情况变得更复杂。我们现在处于思维显现的"思想圈"(noosphere)阶段。德日进乐观地把进化看作一个永远向更高更好事物的向上进程。整个运动过程朝着一个最终阶段前进,这个最终阶段,这个欧米伽点(omega point),是这个思想圈发展的最高潮。虽然它无限且超凡,这个欧米伽点却和自然的持续进程保持内在的连续性。

尽管《人的现象》也具有伦理和宗教上的意义,但德日进最引人注目的著作,从道德哲学角度来看,是《神圣世界》(*The Divine Milieu*, 1960)。这本书的突出之处在于它对充满慈善(神爱)的人类自然环境高度神化的陈述,而这种慈善正是自然和力量的坚实基础。② 通过基督,人性被上帝之爱神化。这涉及所有人类精神在向上帝接近过程中的和谐统一,而上帝是一切真实的最后聚点。③ 在德日进的进化思想与朱利安·赫胥黎的伦理学之间存在着某种相似性,但大多数评论者认为,德日进的观点与柏格森在《道德观与宗教的两个来源》中表达的观点接近。④ 有人甚至认为德日进关于上帝之爱的伦理学比存在主义更进了一步。⑤

---

① Cf. Hill, *Contemporary Ethical Theories*, 129 – 31.
② Teilhard de Chardin, *The Divine Milieu* (New York: Harper Torchbook, 1965), 121-44.
③ Teilhard de Chardin, *The Divine Milieu* (New York: Harper Torchbook, 1965), 114.
④ Cf. James Collins, *Three Paths in Philosophy*, 186 – 87.
⑤ Wilfrid Desan, "Introduction," in Mann-Kreyche, *Approaches to Morality*, 579 – 80.

在英格兰,值得注意的是,麦克白(Alexander Macbeath, 1888–1964)曾试图从伦理学研究角度收集人类学和人种学的一些资料。他《生活的实验》(*Experiments in Living*, 1952)尝试对伦理直觉主义者,比如摩尔和西季威克等所称存在着某些不证自明的"道德意识命题"进行检验。在第一个演讲中麦克白还指出了通常所谓伦理上不证自明的一些命题往往模棱两可且缺乏精确性。他还指出,西季威克、摩尔和罗斯等人关于直觉伦理学初始判断的确切本质的认识,并不一致。但是,《生活的实验》的主要部分审视的是已公开发表的关于世界各地原始部落人们的道德信念。最后,麦克白得出五点结论:(1)他发现很少(如果有的话)有原始人群认为他们的道德规则适用于所有的人。(2)虽然在不同部落生活规则的一般形式之间存在相似性,但具体解释却各不相同。(3)某些对英国直觉主义者来说显而易见的义务,却不为原始人群所认同。(4)这些各不相同的部落把他们的生活规则只看作是限于他们自身所处环境条件的。(5)有些被原始人群接受的规则,在道德上完全不可能被我们接受。① 我们应该公平地指出,麦克白这种相对负面的发现,与其他对道德问题有兴趣有能力的人类学家的发现,是有部分矛盾的。②

斯蒂芬·佩珀(Stephen C. Pepper, 1891–1972)的"社会调整理论"(social adjustment theory)是美国学者用价值论手段对自然主义伦理学进行的重要研究之一。他的《价值来源》(*Sources of Value*, 1958)是自佩里《价值通论》之后最杰出的工作。在《伦理学》(*Ethics*, 1960)中,佩珀专门用十几章详细回顾了所有伦理学上重要的经验主义理论。他的结论是,每个这样的理论都使用证据上的"选择性体系"来支持其道德价值学说。每个理论都只局限于它特有的观点。佩珀列举了这些重要的经验主义伦理学所使用的证据选择体系:个人的价值体系(享乐主义者使用目的性的结构,并着重于谨慎行动的结果;而自我实现主义者使用个性结构以及个体自身的内在和谐统一);社会价值(实用主义者使用社会环境,

---

① Macbeath, *Experiments in Living* (London: Macmillan, 1952), lecture 13; partly reprinted in R. E. Dewey, *Problems of Ethics*, 375–80.

② Cf. Margaret Mead, "Some Anthropological Consideration concerning Natural Law," *Natural Law Forum*, VI (1961), 51–64.

并致力于减少社会的紧张状态;文化相对主义者关注的焦点是文化模式,并强调与其结构明确的一致性);生物的价值(进化伦理学者强调按照自然选择所进行的过程)。根据这样对自然主义价值的调查,佩珀的结论是,的确存在自然的伦理规范。① 而他自己的社会调整理论有两个重点:当社会协调方面并未出现特别麻烦的时候,通常人们所接受的自然主义规范就单独起作用;但是,当冲突出现时,一个人的决策很可能就取决于既定环境中的社会压力程度。按照佩珀的观点,伦理学是"关于与人类活动相关的选择性系统的结构和功能以及在其中运行的法规条文等的研究"。②

如果从自然主义的广义来理解,大多数近期由罗马天主教思想家发展的伦理学,都属于自然主义。这也就是说,他们的确认为从"是什么"(is)中是能够推导出"应该"(ought)来的。天主教思想家通常都会把道德神学(从神的启示、《圣经》教导、基督教传统和教会法规等的观点出发,对有关大多数传统伦理问题的研究)和道德哲学或伦理学(局限于从日常经验中获得的并以哲学方法加以解释的信息)区别开来。当然,在实践中,天主教哲学家的伦理学观点和立场也会受他们所持宗教信仰的影响,这种情况就如所有思想家也无疑都对传统宗教持有或赞成或反对的态度一样。

雅克·马里顿(Jacques Maritain, 1882 – 1973)是二十世纪最杰出的天主教哲学家之一。他在当代思想界中竭力推崇托马斯主义的努力获得了广泛肯定。他的著作之一,《科学与智慧》(*Science and Wisdom*, 1935),从我们上述的观点出发,对道德神学和伦理学的关系做了独特分析。其中,马里顿认为基督教思想家为了建立一个适用的伦理学,可以也应该从他的信仰中借用一些信息。也就是说,如果有人相信原罪之说以及它对人的负面影响,而且如果他相信人类是由上帝的恩惠培育起来的,也因此可以期望只要他们在地球上表现良好就能够看到未来上帝在天堂中的形像,那么,如果他把伦理学也建立在这些基督徒思想的影响之下,这样的

---

① Pepper, *Ethics* (New York: Appleton-Century-Crofts, 1960), 314–15.
② Ibid., 326–35.

伦理学将更为完整和实用。以马里顿的观点来看,这样的一种"基督教伦理学"将比一个抽象版本的纯粹哲学的伦理学更好,也更实用。根据这样的设想,马里顿的伦理学是"从属于"道德神学的。① 正如拉米雷斯（J. M. Ramirez）等人对马里顿相当严厉的批评,他这种对天主教基督教伦理学的思想方法并不是天主教伦理学者们的通常做法。

《关于道德哲学首要观点的九个演讲》(Nine Lectures on the First Notions of Moral Philosophy, 1951)虽然没有翻译为英文,却是马里顿对伦理学某些中心问题所做的最值得关注的研究。它讨论了善与价值的关系、人的终极目标、道德义务的概念和道德约束的作用等。马里顿在这本书以及他后来著作中的与众不同之处,是其"先天知识"理论。其含义是,人的初始判断在实践哲学领域是先于概念的(preconceptual),并由某些情感倾向引导。因此,伦理命题并不完全是认知性的,而是与某些源于人类欲望的自然倾向有关。马里顿承认,他这个观点的基础思想来自于托马斯·阿奎那关于人类寻求上帝的本性欲望的学说。很多人认为,加布里埃尔·马塞尔这位天主教存在主义者对马里顿这种在伦理判断中强调感情性的倾向产生过影响。

1960年,马里顿出版了他大著《道德哲学》(Moral Philosophy)的第一卷(副标题为"重大问题的教义审查"的第二卷并没有问世)。该书的第一卷回顾了自苏格拉底到柏格森的伦理学史上的重大理论,但有两个重大部分的空缺:它没有讨论中世纪伦理学,也完全忽略英国伦理学,除了提出某些肤浅评论和各种批评之外,马里顿的《道德哲学》并没有说明他自己的伦理学观点。

奥地利天主教学者约翰尼斯·梅斯纳(Johannes Messner, 1891–1984)的伦理学观点对科学证据采取了更为开放的态度(因此也更具有狭义自然主义性质)。他的论文《伦理学和事实》(Ethics and Facts, 1952)讨论了人类生活中的五个基本问题或倾向:追求性满足的冲动、追求经常快乐的冲动、追求选择和行动中的自由的冲动、接近社会的冲动和求知的冲动。梅斯纳对实验资料和所有当代伦理学理论的开放态度引人

---

① Maritain, *Science and Wisdom* (New York: Scribner's, 1940), 81.

注目。该书的最后部分,重申了对事实与价值,或是什么与应该等问题的解决方案。简单地说,梅斯纳不认为伦理判断能够单纯地通过感觉实验所反映的事实来证实。他的确认为,道德原则的后续效果可以在个人或社会的生活中得到验证。对于想了解当代托马斯主义者伦理学立场的人来说,梅斯纳的著作是对马里顿那种较多神学倾向思想的一个很好的平衡。有趣的是,梅斯纳是位神父,而马里顿却不是。

自然法则伦理学仍然吸引着许多现代天主教思想家以及非天主教思想家们的注意力。自然法则到底是什么?它意味着什么?对此当然存在很多不同的解释。一位杰出的比利时天主教学者,雅克·莱克勒克(Jacques Leclercq)坦率地承认,"自然法则从来没有被系统地研究过"。① 在他自然法则与社会学的法文研究著作中(1960),莱克勒克令人惊讶地接受了一种自然主义甚至是相对主义的道德观。比如说,他承认在经济贫困区域长大的贫穷儿童几乎不可避免地被环境所迫而犯罪。因为这些儿童的道德自由极其受限于他们的生活环境,讨论他们"应该做什么"几乎是荒唐的事情。② 自然法则伦理学者仍然广泛谈论诸如人类本性的义务、追求终极目标的必要性以及某种程度的抽象原则的重要性等方面的话题,但在这类伦理观点的倡导者中现在很少有人会认为其法则是绝对的和不可变更的(除了如这种非常形式的道德命令:"行善避恶"),也很少有自然法则思想家会认为存在着一套现成可用的自然道德法则的标准。

3. 埃里希·弗洛姆

也有一些其他形式的自然主义在与心理学相关的研究资料中寻找指导方向。心理分析、精神病学和临床心理学,继续为现代伦理学提供资料也提出问题。在法国,瑞士裔的学者巴鲁克(H. Baruk, 1897–1999)对不良行为与道德判断层次的关系作了研究。他在瑞士一个讨论科学与伦理

---

① Leclercq, "Natural Law the Unknown," *Natural Law Forum*, VII (1962), 15.

② Leclercq, *Du droit naturel à la sociologie* (Paris: Spes, 1960), II, 102; three paragraphs from this passage are translated in my *Ethics in Crisis*, 113.

学关系的专业杂志做编辑。心理学与伦理学领域最著名的人物当属埃里希·弗洛姆(Erich Fromm, 1900-1980),但是,由于他对马克思主义的兴趣,这就给原已难解的关系增加了新的第三方因素,也因此使他的伦理学立场显得复杂。弗洛姆在《逃离自由》(*Escape from Freedom*, 1941)一书中,极为灵巧地对科学在道德问题上的应用做了引人注目的归纳和通俗易懂的总结。比如说,可以把对自由的负面评价看作是与母亲的隔离,是与近邻社区、教会和族群关系的割裂。① 后来他又提出,基督教新教的出现和资本主义的成长,对于建立道德个人的另一种更为积极的自由,产生了良好的促进作用。在评论自私现象时,弗洛姆说:"爱别人是一种美德;爱自我是一种罪过。"② 有时候我们无法看得清楚,他是如何在心理学资料的基础之上形成这种观点的。

《为自己的人》(*Man for Himself*, 1947)是弗洛姆最认真地阐述自己伦理观点的著作。该书第四章是其著名的对"威权良心"的批评,这种"威权良心"是反映在道德主体感觉中的外在权威(父母、政府或其他权威)的声音。他把弗洛伊德的超我(superego)理解为这种道德良心。虽然情感上被内在化了(也就是说,呈现在道德主体的感觉中),威权良心实际上否定了道德主体能够知道什么事情对自己来说是正确或错误的可能性。③ 当它以对这个权威的畏惧感的形式出现时,这样的良心被认为是坏的;当它意识到要取悦这个权威时,它被认为是好的。心理分析疗法能够治疗一个人的这种负罪感和自我肯定感。但是,弗洛姆伦理学中描述的人,与原先弗洛伊德心理学中所描述的人是不同的。最大的差别可能在于,弗洛姆给予人类之爱更为广泛的功能角色。

弗洛姆把他自己的伦理学观点称为"人道主义的"伦理学,因为他把人看作是其自身伦理利益的唯一裁判者,并把人的个人发展作为道德判断的标准。对弗洛姆来说,个人利益并不排斥利他主义,也不等同于自私。④ 弗洛姆这个以心理学为基础的伦理学版本的特点是他对伦理原则

---

① Fromm, *Escape from Freedom* (New York: Rinehart, 1941), 24-26.
② Ibid., 105.
③ Fromm, *Man for Himself* (New York: Rinehart, 1947), 8-12.
④ Ibid., 133-34.

"客观性"的坚持。大多数以心理学为基础的伦理学者采纳一种对伦理判断的相对主义和主观主义解释,但弗洛姆始终坚持认为,他的伦理学结论是客观的标准,可以供公众通过对其后续效果的研究和理性推论进行检验。①

《健全的社会》(Sane Society, 1955)坚持了"人道主义的心理分析"这一主题。弗洛姆的自然主义态度,现在在他对作为一种动物以及作为进化过程一部分的人所进行的讨论中表现得非常明显。但是,人也高于"自然",并因为这种与自然的分离,而表现出理性、自我意识和道德良心等功能。人类的需求和相应的行为规则也变得与野蛮动物有所不同。②这就是"人类情境"(Human situation)的主题。弗洛姆在这里使用"人的总需求"作为他道德价值的评论标准:当一个人面对道德问题时发现,"一种方案比其他方案对人的总需求有更大的作用,因此也更有助于他自身的幸福和展现他的力量"。有些时候,弗洛姆的言论听起来像一个自然法则伦理学者,因为他说伦理判断必须建立于"我们有关人的本质和支配其成长的规则的知识"之上。③ 在这本书中,他也把在"有创造性的爱"中的成长作为更高人类理想的积极典范。

罗伯特·奥尔森(Robert G. Olson, 1924-1967)在他的《自我利益的道德观》中使用了相似方法。他比弗洛姆更为坚定地把社会福利作为道德判断的标准,奥尔森公开谴责"流行的宗教观点"削弱了道德观的实践作用。④ 奥尔森所提倡的是"宗教的自然主义"——一种结合了伯特兰·罗素"一个自由人的崇拜"⑤的左翼自然主义与约翰·杜威《共同的信仰》(A Common Faith, 1934)中的右翼宗教乐观主义的观点。以这样的一种形式,宗教自然主义选择一个介于罗素悲观主义和杜威乐观主义之间的中间道路。⑥

---

① Fromm, *Man for Himself* (New York: Rinehart, 1947), 16-20.
② Fromm, *The Sane Society* (New York: Rinehart, 1955), 7-69.
③ Ibid., 29-30.
④ Olson, *The Morality of Self-interest* (New York: Harcourt, Brace, 1965), v, 157-74.
⑤ Russell, *Mysticism and Logic*, 46-57.
⑥ *Morality of Self-interest*, 176-77.

柯里斯·莱蒙特(Corliss Lamont, 1902－1995)是类似的一个"人道主义者"运动的领导人物。他努力的重点是对与伦理学和生活行为相关的传统宗教观点(例如关于生命不朽的信仰)的批判。因此,莱蒙特的《作为哲学的人道主义》(*Humanism as a Philosophy*, 1949)有专门一个部分论述这种思想形式的伦理学。① 作为对宗教的某种对抗,人道主义伦理学与其说是学术理论,不如说是不太流行的一种宗教取代品。

自从杜威的工具主义伦理学产生冲击,美国的自然主义伦理学出现了多种不同的表现方式。比如,威廉·丹尼斯(William R. Dennes,1898－1982)让人们注意到不同文化中展现出来的人的需求和冲动的某些基本相似性。《自然主义的某些困境》(*Some Dilemmas of Naturalism*, 1960)这本书,其实是丹尼斯倡导在自然主义的理论建设中恢复某些客观价值来作为"应该性"的一种基础而进行的强力呼吁。埃里赛奥·维瓦斯(Eliseo Vivas,生于1901)持有相似观点。他一开始表现为自然主义,后来改变了观点,写了一本对该种伦理学严厉批判的评论,《道德生活与伦理生活》(*The Moral Life and the Ethical Life*, 1950)。把自己的观点称为"价值论的现实主义",维瓦斯(在哈特曼[Nicolai Hartmann]的影响下)批评自然主义者对二十世纪生活中悲惨的一面麻木不仁。维瓦斯特别指出自然主义的三个错误:(1)相信心理学的资料优先于价值的定义;(2)仅仅在口头上尊重科学资料,对人的认识却形成了一种单薄的抽象化观念;以及(3)"科学主义",那种把物理学家的方法看作是哲学中首要方法的主张。② 根据维瓦斯的看法,自然主义伦理学就这样忽略了人在其中的首要地位。③ 他的批评引起了一些自然主义者的不满,但也引发了伦理学上自然主义观点的新说明。

菲利浦·布莱尔·莱斯(Philip Blair Rice, 1904－1956)的《关于善与恶的知识》(*On the Knowledge of Good and Evil*, 1955)是对自然主义伦理

---

① Lamont, *Humanism as a Philosophy* (New York: Philosophical Library, 1949), 273－97.

② Vivas, *The Moral Life and the Ethical Life* (Chicago: University of Chicago Press, 1950), 177－80.

③ Ibid., 326－46.

学的一种重要修正。他在前四章回顾了二十世纪英国和美国的主要伦理学理论,而其余章节则说明了他对自然主义和情感主义(这方面可参考后面的第十七章)之间可能具有的联系。莱斯始终认为,价值判断既包含描述部分也包含规范部分。当一个人表达出个人的"应该"时,它就显示出"已经做出了选择,并且也可以开始行动的信号"。① 缺少了一些认知的内容,伦理判断就是"空洞和盲目"的。因此,某些"标识的属性"是必要的,而且它们必须是自然的,而不是非自然的。于是,莱斯的基本要求把一个人的道德判断限于事物特定的情形:"好就是表示'它具有善的标识属性;在特定的情形下就应该执行或追求它。'"② 这种对伦理原则的论证方法,迎合了人类本性中"规范性"和人类追求目标的倾向。莱斯承认这在某种程度上是先验的东西。经验的方面,莱斯提到一种可观察到的人的"第二本性"的发展,它带有康乐生活的感觉,也是某种类似良心的东西。在其他的场合,它也被称为"理性的运行感"。③ 在类似这样的著作中,我们看到的是一种宗教上中立的自然法则伦理学的准自然主义(a naturalistic approximation)。

亚伯拉罕·埃德尔(Abraham Edel, 1908 – 2007)大胆寻求一种能让自然主义伦理学者把社会科学资料转化为可供道德问题使用的方法。他的《伦理判断:科学在伦理学上的应用》(Ethical Judgement: The Use of Science in Ethics, 1955)和《伦理学理论的方法》(Method in Ethical Theory, 1963)回顾了各种现成的社会学领域的技术和统计说明。埃德尔充分认识到从"是什么"到"应该怎样"这一过程中的困难。他在一份对自然主义伦理学的调查中曾经建议,伦理学者应该把某些"普遍的基本需求"作为指南,比如和平、世界生产的增长、所有人的自由等。④ 在埃德尔看来,这些东西的基本价值不可能用逻辑或科学来证明,只能说它们显然是好的东西,正如我们得出结论说健康总是比病弱要好。

---

① Rice, *On the Knowledge of Good and Evil* (New York: Random House, 1955), 109.
② Ibid., 122.
③ Ibid., 194, 255.
④ Edel, "Some Trends in American Naturalistic Ethics," in *Philosophic Thoughts in France and the U. S.* (Buffalo: Publications of the University of Buffalo, 1950), 610.

帕特里克·罗曼奈尔(Patrick Romanell，生于1912)在他的《走向批判自然主义》(Toward a Critical Naturalism, 1958)一书中，以一种更为挑剔的态度，对伦理学的自然主义大纲进行了一次重要重组。他认为杜威要求在伦理学中使用和实验科学一样的方法是错误的。按照罗曼奈尔的说法，实验的检验方法只在有关事实的问题上有效，"对于处理有关规范或应该是这样等问题的伦理学来说，并不完全有用"。① 应该承认，伦理标准的检验很困难。传统的功利主义对后续效果的研究具有某些合理性，但罗曼奈尔并不把它看作是"自然主义伦理学的一个成熟形式"。和维瓦斯一样，罗曼奈尔认为我们应该对现代生活的"悲惨"层面有更多认识，并更多关注作为人类的个体的意义。当然，这些也是经常出现在维瓦斯和罗曼奈尔都很熟悉的西班牙和意大利哲学家们的个人主义和准存在主义著作中的主题。

最近开始出现一种倾向，要把英国的非认知性伦理学(情感主义)观点和一种修正过的自然主义结合起来。菲利帕·福特女士(Mrs. Philippa R. Foot)在英国杂志上发表了一系列文章，认为自然主义伦理学的合理性其实要比当前英国学界看到的多。她的文章之一说出了对摩尔以来英国伦理学界对自然主义相当教条式的否定早就该说的话。② 根据这篇文章，从事实到价值的推理过程中，某些东西的确"支持一种道德结论"。她认真质疑关于一个可评估的结论需要一些可评估的前提的整体主张，并直率地质问这样的一种概括怎么可能得到验证。当然，这是一种休谟式怪论(Humean heresy)，但是福特女士认为当前的伦理学应该更加仔细地审视论证的规则，并应避免做出伦理结论无法证明的假定。

保罗·爱德华兹(Paul Edwards, 1923-2004)的《道德论述的逻辑》(The Logic of Moral Discourse, 1955)把一种修正过的自然主义与情感主义伦理学结合起来。尽管爱德华兹同意情感主义者的观点，认为道德判断表达了赞同或反对的态度，但他并没有把这些仅仅限定于主观性质的

---

① Romanell, Toward a Critical Naturalism (New York: Macmillan, 1958), 41-42, 44.
② Foot, "Moral Arguments," Mind, LXVII (1958), 502-13; reprinted in Margolis, Contemporary Ethical Theory (New York: Random House, 1966), 176-90.

方面。道德思维也具有客观的一面,而道德辩论通过诉求于相关事实,以某些限定因素为条件,是有可能得出决议的。他认为,武断地把道德情境中可观察的事实从一个寻求伦理结论的反思性努力中排除出去,是错误的。① 因此,道德分歧其实并不只是言语上的分歧。正如我们在下一章要看到的,这是情感主义者所做出的一个巨大妥协。

自然主义伦理学(甚至以实用主义的标准来看)在伦理判断上表现出相当的模糊性,而且也极易遭受攻击(参见亚当斯[E. M. Adams]的优秀著作)。② 尽管如此,它却是这个研究领域最有前途的一种努力。它并不仅仅是如(我们在下章要讨论的)英国分析主义伦理学那样的一种狭义的方法,它也不像存在主义伦理学看起来那样与伦理学的理论相对立。反映在本世纪初某些自然主义者的著作中,那些非常狭窄的实证科学的伦理学观点,无疑具有明显的局限性,以致无法提出有用的结论。但是,目前许多地方都有一种期待,认为这个领域的未来发展将很大程度落在那些能把自然主义方法加以完善的人肩上。

---

① Edwards, *The Logic of Moral Discourse* (Glencoe, Ill.: Free Press, 1955), 179-82.
② E. M. Adams, *Ethical Naturalism and the Modern World-View* (Chapel Hill, N. C.: University of North Carolina Press, 1960), offers a strongly critical view of the whole movement.

第十七章 分析伦理学

二十世纪英国哲学一直强调语言分析。部分来看,这是对以浮躁术语表达的,并且包含诸多模糊概念的格林(T. H. Green)和布拉德雷(F. H. Bradley)观念论的一种反应。语言分析首先出于要澄清言语所表达意义的愿望。世纪初,摩尔和其他一些人提出了一个非常现实和朴实的观点,认为很多哲学问题之所以难以回答,是因为这些问题本身就表达得不清楚。他们觉得哲学应该使其术语可以被理解。最后,很多英国哲学家开始认为,哲学家的中心工作就是:严格审查语言表达中的逻辑,并试图对语言交流中的各种意义如何能够被清楚地表达出来做出一种解释。这个计划由于对各种缜密思维的正规模式进行检验的现代逻辑学的快速发展而被强化了。罗素和怀特海《数学原理》(*Principia Mathematica*,1910-1913)出版之后,一时间,人们以为一种全新的哲学思维方法马上就要被发现了。有些人以为哲学最终将以一种特殊的符号语言来表达,另一些人则认为人类交流的普通语言蕴含了时代所积累的智慧,足以胜任哲学讨论的需要。

当大卫·休谟抱怨所有道德哲学家都突然从"是什么样的"陈述(上帝是完善的;或者,人是理性的,或永恒的,或自由的)转向"应该怎么样"(一个人应该信守诺言,他应该避免伤害别人)的陈述时,他已经为语言分析学在伦理学上的应用搭好了舞台。在休谟看来,这种从"是怎样"到"应该怎样"转变的必要性需要被验证,至少需要某种解释。① 很明显,这

---

① Hume, *Treatise of Human Nature*, ed. L. A. Selby-Bigge (1888), 468-69.

里就有一个语言上的问题,因为这个困难可能被表述为——这个从简单陈述语气,转到某些隐晦的句法语气的转变过程没有得到解释。道德哲学家是怎么从(表述事实的)陈述式转向(表达愿望、抱负、鼓励、选择和指令的)虚拟式、祈愿式、劝勉式和命令式的?

本世纪的英国伦理学对休谟的问题做了广泛讨论。相应地,出现在英国的对语言分析学的热烈关注,在其他欧洲人眼里一直是个迷,而且也使得英国伦理学者与欧洲大陆主流思想家(除了从中世纪以来就一直是文法学家,并且对语言分析同样有兴趣的斯堪的纳维亚地区的思想家)在伦理学上的兴趣渐行渐远。英国人"做哲学"的方法和其他地区的人不一样了。雅克·马里顿对我们本章要讨论的伦理学曾经评论说:"我希望变得傻些!"①

各种不同版本的分析伦理学大多已经习惯了三个层次的实践话语。它将帮助人们去理解英国伦理学的主要进展。首先,是行为主体试图寻求自己个人问题解决方案的实践性思考,它是道德话语层次上的,这个层次相当于对失恋者忠告的类型。很少有伦理学者在著述中讨论这样的问题。在第二个层次上,是有关道德问题决策的原则、模式和方法的哲学性思考。这个对实践思考进行的反思性审查是伦理话语的层次。最后,是所谓与伦理学相关的逻辑学和认识论的研究,是对某些超出伦理学论证之外的非常一般性的问题(比如,伦理和非伦理判断之间的区别,自由对于伦理学而言的本质及其相互关系,实验科学与伦理学的比较等)的思考。这第三个层次是元伦理学(meta-ethical)的话语层次。② 分析伦理学的进展主要就是在这第三层次上,在元伦理学层次上的发展。它并不告诉你怎么才能生活得好,或者,它甚至没有提供给你可以借此自己做出决策的参考规则。分析伦理学试图寻找并解释伦理话语的逻辑,但有时候为了说明它的主张及其应用性,它也会进入伦理观点和问题的领域(第二层次)。要建立一个完整的伦理学理论,却不首先处理元伦理学的某

---

① Maritain, *Neuf leçons sur les notions premières de la philosophie morale*, 42.
② This division has become standard; Cf. W. K. Frankena, *Ethics*, (Englewood Cliffs, N. T.: Prentice-Hall, 1963), 1–10.

些问题,这在分析学者们看来是愚蠢的行为。

1. 乔治·爱德华·摩尔

在剑桥大学,乔治·爱德华·摩尔(George Edward Moore, 1873 – 1958)以《驳斥观念论》(*Refutation of Idealism*)一文和《伦理学原理》(*Principa Ethica*, 1903)一书启动了哲学上的这个新方向。正是后者的第一章引起了英国伦理学的哥白尼式的革命。摩尔从一个通俗的伦理学定义开始讨论人类行为是好或是坏的具体意思。摩尔在第一章中问,被这样使用的"善"到底意味着什么?他认为这是无法定义的,因为如果你说这是善之外的任何一种东西,那么你就是在转移它的意思。他用"黄色"为例来解释这一点——它也是一种无法定义的性质。你要么知道它,要么就是不知道它。因此,正如黄色公认为属于一件事物的性质,善也许就是以同样的方法来表示属于某种事物的性质(摩尔在《驳斥观念论》中为这种感觉属性的现实主义作了辩护)。"善"不可能表示愉快的事情,或能够提升幸福的东西,或任何这样的自然特质或综合品质。在自然特质中去寻找"善",就是犯了"自然主义的谬误"。摩尔的结论是,根据天生的伦理感觉,"善"就是一种简单的、无法定义的特质,它是独特的、非自然的,它必然是一目了然的。"本身的善"和"作为手段的善"是有区别的;前者是天生的善,也是最吸引摩尔兴趣的。

《伦理学原理》的序言里包括了两个道德哲学家们曾经问过的问题:(1)什么样的事情应该为了它自身而存在?(2)什么样的行为是我们应该做的?摩尔在他著名的关于"善"的讨论中论述了第一个问题,而且这是他的伦理学中最有影响的部分,无论正面还是负面。许多人都没有注意到,在回答第二个问题的时候,摩尔主张这样的问题可以通过经验方法来处理。要确定什么样的行为是我们应该做的,我们完全可以考虑哪些可以产生最多的善。[①] 在他看来,所有的道德律"就只是声明某些行为类型将会有好的效果"。因此,具体地说,每个

[①] Moore, *Principia Ethica* (Cambridge, Eng.: University Press, 1903), chap. 5, nn. 88–89.

道德义务都是那个比任何其他的行为都能够导致宇宙中有更多善的行为。①

摩尔短篇的《伦理学》(Ethics, 1912)明显是要让更多读者更容易理解他观点的一个尝试。他用了两章来讨论功利主义,然后提出,"一个行为不可能同时既是正确的又是错误的",在这个意义上可以说道德判断是客观的。最后,他才重申他关于义务和对错的观点。② 摩尔现在用相当通俗的语言说,一个行为是正确还是错误"总是取决于它的实际后果"。③ 尽管摩尔承认我们对义务的认识中包含着某些感觉因素和认知意识,但他拒绝接受那种认为一个行为的正确或错误是因为"他的社会对这类行为拥有某些特别的感情"的主张,也不认为这是因为某些人有这样的感情。④ 这样的(社会论的或主观个人主义态度的)判断标准无法让人得出一个客观的道德判断。在关于道德善的意义的学说上,他于1912年出版的《伦理学》只是对以前的《伦理学原理》在一个重要观点上做了修改。摩尔如今确信,愉快是唯一的"最终的善",但他也立刻补充说,最终的善是与内在的善不同的。后者比愉快所涉及的范围要广得多。⑤

摩尔在这本标题为《摩尔的哲学》(The Philosophy of G. E. Moore, 1942)一书里他所写的部分中对两个问题作了澄清。首先,在《对批评我的人的回应》中,摩尔讨论了围绕史蒂文森(Charles Stevenson)关于善的"情感主义的"意义所做的辩论中正反两方面的意见。有关这方面的资料,摩尔是通过史蒂文森在1937年版《思想》(Mind)杂志上发表的文章而了解的。一开始,摩尔表现得好像要接受情感主义的立场,但他最后认为情感主义立场并不可靠,并否决了它。⑥ 这和他早先认为孤立的感觉

---

① Cf. Mary Warnock, *Ethics Since 1900* (London: Oxford University Press, 1960), 48 - 51.

② Moore, *Ethics* (London: Oxford University Press, 1965), 55.

③ Ibid., 83; italics in the original.

④ Ibid., 47.

⑤ Ibid., 31.

⑥ Moore, "Reply to My Critics," in *The Philosophy of G. E. Moore*, ed. A. Schilpp (Evanston, Ill.: Northwestern University Press, 1942), 554.

不可能导致伦理判断中的客观性是一致的。在这个"回应"中,摩尔试图明确的第二个观点就是自然的与非自然的意义,因为这两者在他早期的写作中都不太清晰。摩尔现在认为,一个自然的属性对它所属的对象必然是"描述性"的。① 但是他坚持认为,(善这个)非自然的属性,不是感官所能够感觉的,而且也不是其对象的描述性属性。

在摩尔关于善和正确的意义论述中,明显存在着困难和空缺之处。看起来,对那个非自然的品质(也就是善)的直觉是必需的,但他又不能接受西季威克的直觉主义理论。内在的善到底是属于什么东西的属性?这一点从来就不清楚。意识状态或态度最经常地被摩尔看作善这种品质的担负者,但在《伦理学原理》的最后一章他又认为"艺术和自然"这样的东西也是天生就是好的。无论如何,读完这本划时代的英文著作之后,道德哲学家分成了自然主义和非自然主义两派。

2. 伯特兰·罗素

1910年,伯特兰·罗素(Bertrand Russell, 1872－1970)为不同杂志写了一系列文章,这些文章后来集中在"伦理学的要素"这个标题下。如果有对摩尔的影响有怀疑,他可以读读这本小册子,这是对《伦理学原理》的精确概括。罗素后来在一个注解中提到自己曾从他剑桥大学的同事那里获益良多,并补充说改变了他认为善不可定义的观点。② 他开始也认为,善拥有的唯一客观性是"政治性的",他说他是在桑塔亚纳那里找到了这样的主张。在这个注解中,罗素补充说,他认为要得到一个满意的伦理学观点是非常困难的,因此他将不再继续在这个领域发表意见。

当然,罗素的个性也不可能让他在之后都对伦理学问题保持沉默。虽然罗素没有在道德哲学领域写重要的著作,但是他一直都是一个直言不讳的剑桥学派成员。在《一个自由人的崇拜》(*A Free Man's Worship*,

---

① Moore, "Reply to My Critics," in *The Philosophy of G. E. Moore*, ed. A. Schilpp (Evanston, Ill.: Northwestern University Press, 1942), 591.

② Printed as a footnote to Bertrand Russell's "The Elements of Ethics," in Sellars-Hospers, *Readings in Ethical Theory*, (New York: Appleton-Century-Crofts, 1952), 1.

1903)中,他把道德观看作传统宗教信仰强加于人们的东西,并认为"事实的世界毕竟并不是好的"。① 自由人的崇拜建立于从个人欲望中的解脱和对永恒事物的火一般的热情之上。

1935年,罗素在《宗教与科学》(*Religion and Science*)的第九章中说到,关于"善"和"价值"的问题,不是科学能够解决的,而且它们是"知识领域之外"的东西。② 因此,如果我说某些东西是有价值的,那纯粹是我情感的表达。从罗素这段时期的思想来看,伦理学是逃脱情感偏好主观性的一个不成功的努力。③ 罗素的后期著作经常表露出这种伦理不可知论。④

3. 路德维希·维特根斯坦

另一位剑桥思想家,路德维希·维特根斯坦(Ludwig Wittgenstein, 1889-1951),对伦理学理论的贡献也同样难以评定。但他的确对这个领域产生了冲击。作为一个维也纳人,维特根斯坦先在英国曼彻斯特大学学习工程学(1908年),当他读到《数学原理》之后,就到剑桥大学跟罗素学哲学。二十几岁时回到维也纳(一段时间他就住在本笃会修道院,并考虑加入这个天主教圈子),在那里他曾经和石里克(Moritz Schlick)等维也纳实证主义学派成员有所接触,但从来没有正式成为这个著名团体的成员。在这期间,他以德文发表了一些自己的思想观点,这些思想后来成为他的《逻辑哲学论》(*Tractatus Logico-Philosophicus*, 1922)。维特根斯坦于1919年作为高年级的学生回到剑桥,迅速赢得一批欣赏者,并扮演了导师角色。某种类似个人崇拜的东西在他周围很快发展起来,并一直延续到他死后。甚至摩尔也不可思议地参与了对维特根斯坦的个人崇拜。许多人觉得维特根斯坦是一个有大智慧的人。要理解他对英国哲学的影

---

① Russell, *Mysticism and Logic* (New York: Norton, 1929), p49-55.

② See the section of *Religion and Science* reprinted in Edwards-Pap, *A Modern Introduction to Philosophy*, 297-302.

③ Ibid., 298.

④ T. E. Hill, *Contemporary Ethical Theories*, 13-15, notes that Russell has been associated with "three or four" different ethical positions.

响,有必要先了解这样一些背景。1929 年,维特根斯坦接替了摩尔在剑桥的哲学教授职位。

维特根斯坦(和剑桥的约翰·威兹德姆[John Wisdom])的著作在语言分析运动中有中心地位。和很多其他人(包括摩尔)不同,维特根斯坦并不认为词汇的功能首先是事物的符号或意识的内在行为的符号。在他看来,词汇更像是人们用来玩不同游戏的多米诺骨牌。(最近由于马歇尔·麦克卢汉的推动,那种意思是说"传播理论"必然和操纵媒体有关的观点变得流行起来,而维特根斯坦也在其间有推波助澜的作用。)作为结果,维特根斯坦让很多英国哲学家们相信,哲学的主要功能就是让语言的使用变得直截了当。① 从逻辑实证主义的立场,他引出了这样的理论:一个命题只有当它是同义反复或者是当它符合感官认知的直接证据的时候,才可能被验证。这个理论使得形而上学,使得作为教义制度的宗教,也使得理论伦理学等,都变得一文不值。

在他的《逻辑哲学论》中,维特根斯坦对伦理命题持排斥的态度。② 那个时候(1921 年),他承认可以在具体的情境下谈论善和恶,但他认为那些应该型的陈述(ought-statements)是毫无意义的。③ 因此,《逻辑哲学论》的学说是,我们也许可以在适宜的情境中表达价值判断。对维特根斯坦来说,这并不意味着伦理学应该等同于社会科学。的确,1942 年他说过,他不把对"各种部落的习惯和方式"的描述当作伦理学来看。④

我们现在要讨论的,是 1965 年出版的维特根斯坦用英文写的(他更习惯用德文)《伦理学讲义》(Lectures on Ethics)。这是他在 1929 年 9 月到 1930 年 12 月之间某段时间为剑桥的一些团体所写的。维特根斯坦从

---

① See, for example, Wittgenstein's discussion of pain, in *Philosophical Investigations* (Oxford: Blackwell, m 1953), 88e-104e; reprinted in Weitz, *20th-century Philosophy: The Analytic Tradition* (New York: Free Press, 1966), 312-26.

② Wittgenstein, *Tractatus logico-Philosophicus* (London: Routledge, Kegan Paul, 1922), 6.42; see the digest by Rush Rhees, "Some developments in Wittgenstein's Views of Ethics," *Philosophical Review*, LXXIV (1965), 17-26.

③ *Tractatus*, 6.422.

④ Rhees, *art. cit.*, 23-24.

第十七章 分析伦理学

摩尔"伦理学是要对什么是善这样的问题做出一般解释"这个定义开始他的论述。① 为了呈现给读者某种伦理学意义的综合印象,他接着给出了一系列的"同义表达式"。于是,伦理学就是要探讨什么是有价值的东西;探讨什么是真正重要的东西;探讨生命的意义;探讨究竟什么才使生活变得值得的去过;或者,探讨生活的正确方式。维特根斯坦解释说:"如果思考一下这些短句,你就会大致了解伦理学关心的是些什么问题了。"②

"好的"或任何价值词汇的两种可能用途被区别如下:浅显的或相对的用途和伦理的或绝对的用途。浅显的或相对的用途,是简单地表示某种事物符合预设的标准。比如这个人是个好的钢琴家;这是一条正确的道路等等。而伦理的或绝对的用途则不同,它们可以被举例如下,我说了一个荒谬的谎言,一个听者对我说:"你的行为像个畜生。"而我回应说:"我知道。但我没打算做得更好些。"他则回应我说:"哼,你应该希望自己做得更好些。"维特根斯坦以一个旁观者的总结来结束这个对话:"你在这里就有了价值的绝对判断。"③

《伦理学讲义》补充说,所有的相对价值判断都只是事实的陈述,但是没有任何方法能够把绝对价值判断建立于事实陈述之上。甚至一个无所不知的头脑,能写出一部对宇宙整体和所有人以及他们的思维状态的完整事实陈述的书,"也不可能包含任何我们所谓的伦理判断或任何能够合乎逻辑地应用这种判断的东西"。如果这话听起来好像是说伦理学并不存在,对维特根斯坦来说,他其实没有这样的意思。以他典型的表达风格,他想说的是,如果有人要写一本伦理学,要写"一本真正是伦理学的书",那它将爆发并摧毁这世界上所有其他的书!伦理学是超自然的(原文如此),而我们的词汇都只能表达事实。④ 维特根斯坦讲义的其余部分是对伦理判断不可表达性这个主题的进一步展开。他最后的陈述如下:

---

① Wittgenstein, "Lecture on Ethics," *Philosophical Review*, LXXIV (1954), 4.
② Ibid., 5.
③ Ibid., 6.
④ Ibid., 7.

伦理学,自从人们想要对生命的最终意义——也就是那绝对的善、绝对有价值的东西——有所说法开始,至今看来都不可能是一门科学。它所说的东西不可能在任何概念上增加我们的知识。但是,它是人类思想倾向的档案。我个人不得不对它深深尊重,而且我一生都不会轻视它。①

在我们结束对维特根斯坦的讨论之前,有必要再提及下面这点。弗里德里希·威斯曼(Friedrich Waismann)在他的《与维特根斯坦的谈话笔记》中记录了维特根斯坦有关石里克伦理学的一些评论。② 其中提及石里克对伦理学两个概念的陈述:(1)好,之所以为好,是因为上帝希望它是好的;(2)上帝之所以希望它好,是因为它是好的。维特根斯坦然后说,他倾向于第一个观点:"好是上帝命令的东西。"③这点显示了维特根斯坦终究还是选择了神意论的观点。他对这个选择的解释是,它斩断了理性主义者对为什么有些事情是好的这个问题做出解释的任何企图。维特根斯坦补充说,无论是在伦理学上,还是在宗教上,"一个没有给我任何东西的理论",这也许就是维特根斯坦在这个领域上最后想说的话。

维特根斯坦所说并非什么新奇的个人发现,而是维也纳学派的标准学说。这个圈子中的一位主要人物,卡尔纳普(Rudolf Carnap, 1891 – 1970),虽然他几乎没有写过伦理学方面的论文,但是在《哲学与逻辑句法》(Philosophy and Logical Syntax, 1935)中有一段言论,坦率地说规范伦理学的命题并不具有"理论上的意义",并且也不是科学性的(也就是说是不可验证的)命题。④ 从另一种意义上,卡尔纳普解释说,伦理陈述

---

① Wittgenstein, "Lecture on Ethics," *Philosophical Review*, LXXIV (1954), 12.
② Waismann, "Notes on Talks with Wittgenstein," *Philosophical Review*, LXXIV (1965), 12–16.
③ Ibid., German, 13; English, 15.
④ Carnap, *Philosophy and Logical Syntax* (London: Routledge, Kegan Paul, 1936), chap. 1, sec. 4; reprinted in Morton White, *Age of Analysis* (New York: Mentor, 1955), 216–18.

也许可以理解为发言者情感和愿望的表达。而且,这些感觉也许可以由心理学实验,或者,如果你愿意的话,由心理伦理学来做调查研究。石里克是持有相同观点的另一位维也纳学派成员。这就是有关伦理陈述的情感意义的早期说法。

并非所有剑桥哲学家都中了维特根斯坦的魔。阿尔弗雷德·尤因(Alfred Cyril Ewing, 1899–1973)一直坚定地捍卫直觉伦理学而抵制所有其他的伦理学说。他的《善的定义》(*The Definition of Good*, 1947)也许是近期的伦理学方面关于直觉主义的一部优秀作品。在该书中,尤因否定了自然主义和主观主义,并且把他自己与理想的功利主义者(他们看起来应该是他最近的同盟)之间划了界限。尤因一贯的假定前提是,摩尔的"内在的善"是所有伦理理论的基础,而且这种善对正直的人来说其客观性是不言自明的。① 在应该型的判断方面,尤因是个有神论的道义论者。说"A 是应该去做的事情",就等于是说"A 是上帝命令去做的事情"。② 但是,尤因不同意维特根斯坦把这看作问题的最终结局。尤因认为,上帝命令的事情之所以成为一种责任义务,是因为上帝是善的。正是这种客观上和形而上学概念上的"善性",才是伦理命令的基础。③ 很多年来,尤因几乎是孤立地在英国支持这种观点。由于受到艾耶尔(A. J. Ayer,我们将在后面简单介绍他的观点)的猛烈抨击,他被迫在 1958 年左右开始改变立场。《道德哲学的再思》(*Second Thoughts in Moral Philosophy*, 1959)反映了他对英国"良好理由"(good reasons)学派年青思想家有关义务和善的"推理"所持的开放态度。而且,在 1958 年发表的一篇论文中,尤因列出了作为当代伦理学三个主要分支的自然主义、直觉的非自然主义和主观主义,并认为他可以看到这三者融为一体的可能性。④ 尽管他现在愿意放弃"善"的不可定义性,尤因仍然坚持"应该"(ought)是无法定义的。他同意,应该型的判断表

---

① Ewing, *The Definition of Good* (New York: Macmillan, 1947), 112–15, 166.
② Ibid., 106.
③ Ibid., 109; cf. Hill, *Contemporary Ethical Theories*, 312–14.
④ Ewing, "Ethical Judgments: Attempted Synthesis of Three Rival Views," *Atti del* XII *Congresso Internazionale di Filosofia* VII (Firenze, 1961), 155–60.

达的是赞成或反对某些事物的主观感觉。但是,他现在强调的是,伦理判断必须得到"理性地验证,并真正由客观情境强加于我们"。① 最终的验证只能求助于经验事实。但他仍然认为伦理学的主要概念是非自然的。尤因的伦理学,即使对那些倾向于同意他的基本假设的人来说,也是很难理解的。②

最后,是牛津大学的哲学家们继承了语言分析学并把它变成了自己的东西,其中心人物是1952年成为牛津大学道德哲学教授的约翰·兰索·奥斯汀(John Langshaw Austin, 1911-1960)。在他有生之年奥斯汀没有著作出版,而两本在他死后出版的书(1961年的《哲学论文集》,*Philosophical Papers*,和1962年的《如何以言行事》,*How to Do Things with Words*)都只是与伦理学有间接的关系。这两本系列演讲集反映了奥斯汀把词语及其意义的研究作为他在牛津的中心工作。该书的编辑之一,厄姆森(James O. Urmson, 1915-2012)写过《哲学分析》(*Philosophical Analysis*, 1956),对语言分析学及其现象做了有价值的研究。厄姆森对伦理学的贡献中最惹争议的是一篇短文,《论评级》(*On Grading*)。③ 其中,他谈论了实际经验中对各种物体(比如苹果)相对等级的评估。厄姆森在讨论包括"优秀、良好、好、一般"等学业评级在内的各种等级时,把这种归为更高和更低的分类称为"等级标签"。根据厄姆森的看法,自然主义、直觉主义和情感主义(也包括主观主义和功利主义),都对伦理等级的理解作了贡献。至少我们现在知道,描述一个事实是一回事,对它进行评级则是完全不同的另一回事。④ 道德选择更近于评级判断,而不是事实描述。但是,没有任何伦理的评级标准是自发起作用的。厄姆森最后指出,人们也许可以从"有智识的和无知的"这个最终等级的角度来评定伦理标准的等级。这是一个牛津分析学家通过"日常语言"途径来研究伦理学的很好例子。

---

① *Art. cit.*, 157.
② See Blanshard, *Reason and Goodness*, 288-89.
③ Urmson, "On Grading," *Mind*, LIX (1950), 145-69; reprinted in Paul Taylor, *The Moral Judgment* (New York: Free Press, 1966), 211-37.
④ Taylor, 223.

4. 史蒂文森和艾耶尔

终于也有一个美国的哲学家加入到分析学家的阵营里来了。他就是曾经在哈佛和剑桥学习过的查尔斯·史蒂文森(Charles L. Stevenson, 1908-1979)。他于1937年在《思想》杂志(Mind)发表了一篇题为《伦理用词的情感意义》的文章。① 这是一篇伦理学情感理论的重要文献。史蒂文森在其中对伦理学上很重要的"善"的意义列出了三个条件:(1)它必须对理智的反对意见持开放的态度;(2)它必须是"磁性的"("magnetic",引号是史蒂文森自己加的);(3)科学肯定不是它唯一的揭示手段。史蒂文森也区别了语言的两个主要用途:首先是用来交流信仰和表达感情,或(如诗歌那样)营造情绪;或者其次,(如演讲那样)用来煽动刺激人们采取行动。前者的用途是"描述性的",而后者是"动力的"。情感意义(正如奥格登和理查兹在一本关于文字意义的书中使用的那样)作为刺激人们以引起反应的语言倾向,在史蒂文森看来,是属于后者的用途。② 因此,他的基本论点是,伦理语句最好是从这种意义上来理解。

史蒂文森的第一本书,《伦理学与语言》(*Ethics and Language*, 1944),扩展了这个主题思想。但他现在坚持,情感意义并不意味着伦理学不再需要哲学家的严肃思考,相反,它们正是伦理学者们必须研究调查的东西。③ 对史蒂文森来说,区别两种不同的意见分歧是很重要的:a) 态度上的分歧;b) 信仰中的分歧。由于对事实的相信可能会影响到态度,这就存在一种伦理陈述可能是真或假的感觉。如果你允许史蒂文森预设一个基本假定("所有在态度上的分歧都源于信仰上的分歧"),那么他觉得他就可以探讨存在于伦理判断之后的理由了。④ 对这个论点的讨论,引出了更近期的良好理由伦理学(good reasons ethics),我们将在后面再提到这一点。

---

① Sevenson, "The Emotive Meaning of Ethical Terms," *Mind*, XLVI (1937), 10-31; in the reprint in R. E. Dewey, *Problems of Ethics* (1961), see 413.

② This book is *The Meaning of Meaning* (London: Kegan Paul, 1938); for emotive meaning, see 124-25.

③ Stevenson, *Ethics and Language* (New Haven: Yale University Press, 1944), 267.

④ Ibid., 136.

《事实与价值,伦理分析学研究》(*Facts and Values, Studies in Ethical Analysis*, 1963)并没有史蒂文森新的观点,但它却是一本收集了(从1937年《思想》杂志的文章开始的)发表在期刊上的论述情感伦理学和其他理论(比如约翰·杜威的理论)的很有用的论文集。值得一提的是,两位影响了史蒂文森的美国哲学家是佩里(R. B. Perry)和杜威。佩里有关价值就是有任何利益的任何东西的观点,根据史蒂文森的理解,始终是情感理论的论述起点。他接受了杜威关于对伦理决策过程的心理学描述和对类似"我们应该如何着手"这种确切的伦理研究之间的重要区别。① 史蒂文森1962年写的序文里列出了三个问题;其中之一寻求那种能够用于规范性结论的理由;第二个追问规范性的伦理学问题与科学问题有什么不同;第三个问题是伦理学和科学所使用的关键术语到底有什么深刻意义上的不同。在他看来,分析伦理学就是处理这三个问题的。②

与史蒂文森同时期的英国哲学家阿尔弗雷德·艾耶尔(Alfred Jules Ayer, 1910-1989)也是一位情感主义伦理学的先锋人物。他熟悉维也纳学派,并参加他们的讨论。除了石里克和卡尔纳普,这个逻辑实证主义者圈子还包括费格尔(Herbert Feigl)、弗兰克(Philipp Frank)和哥德尔(Kurt Godel)等人。怀着把科学方法应用于哲学的兴趣,他们试图找到可以用于哲学系统所有领域的科学方法的单一版本。而且,他们坚持验证的原则:所有有科学意义的命题都是或者是同义反复的,或者是得到感觉资料的经验证明的。艾耶尔持有这些相同的观点。在《语言、真理和逻辑》(*Language, Truth and Logic*, 1936)的第六章,艾耶尔解释说,伦理哲学家们在他们的写作中包括四种命题:(1)伦理术语的定义;(2)对道德经验及其原因的描述;(3)劝善;(4)某些实际的伦理判断。艾耶尔认为,只有第一种命题才真正属于伦理哲学的范畴。③ 在他看来,第二种命题属于心理学或社会学,第三种不属于任何科学,而第四种是无法被分类的,但也不属于伦理学。艾耶尔的主要结论是,伦理学应该"不做伦理的宣

---

① Stevenson, *Facts and Values* (New Haven: Yale University Press, 1963), 97.
② Ibid., ix.
③ Ayer, *Language, Truth, and Logic* (London: Golancz, 1936), 103.

言",而是进行"对伦理术语的分析"。

在该书第六章的结束部分,艾耶尔打算"对所有伦理考查的本质做出定义"。最终我们必然认识到伦理学上所有概念都是伪概念,而且是无法分析的,因为伦理陈述只不过是发言者的感觉表达而已。它们完全是主观的。去询问它们是否真实,是荒唐的。① 这种版本的情感伦理学与史蒂文森的又有不同,它把伦理学排除在哲学科学的范畴之外。我们还没有提到,艾耶尔的主观主义受到了强烈批评,尤其是来自乔德的批评。乔德把他的反对意见概括如下:

> 如果我一贯相信,"偷窃是错的"这个陈述除了表达面对偷窃行为时的恐惧情感之外并没有任何更多的意思的话,那么这个陈述现在就不再能够表达恐惧的情感了。直截了当地说,我也将不再相信偷窃是错误的了。②

另一方面,玛丽·沃诺克(Mary Warnock)在她对当代伦理学的考查中写道,艾耶尔情感理论的伦理公式"很有道理,并对经验主义者有很大的吸引力"。③

艾耶尔1946年为他书的第二版写了一个很长的新序言。虽然他还为其较早的观点进行辩护,不过他现在说,在伦理学上,当行为被称为正确的或错误的时,我们谈论的对象不是那具体的行为,而是行为的类型。④ 这是一个重要的观点,因为它为艾耶尔进一步考虑论理判断的一般化提供了空间。至于摩尔关于伦理上的主观主义将否定任何有关伦理判断上存在着不同意见的可能性的主张,艾耶尔现在则说,围绕事实的争论总是可能存在的(他现在承认某些伦理陈述是包含了事实因素的),但是有关价值问题的不同意见,则是不可能的。尽管艾耶尔仍然否认伦理命题的理论意义,但他承认它们也许具有能够影响他人行为的某种手段

---

① Ayer, *Language, Truth, and Logic* (London: Golancz, 1936), 112-13.
② Joad, *Critique of Logical Positivism* (London: Gollancz, 1950), 146.
③ Mary Warnock, *Ethics Since 1900*, 91.
④ *Language, Truth, and Logic*, 2nd ed. (New York: Dover, 1952), 21.

性的功效。但是,艾耶尔坚持认为,伦理表达是不可能有对错的,它们只是对个人感觉的表达。

关于谁是情感伦理学的最早探索者,英美评论者之间存在着温和的不同意见。其实,无论艾耶尔还是史蒂文森都没有资格获得这个荣誉。瑞典哲学家哈日斯通(Axel Hägerström, 1868–1939)在1911年第一次提出,伦理规范并不是命题,而是感觉的表达,而且它们无法用经验来检验,因此也就无所谓正确或错误。① 查理·布劳德(C. D. Broad)以《对法律和道德的本质的考查》(*Inquiries into the Nature of Law and Morals*, 1953)为题把他的论文集翻译为英文。其中第二篇论文写于1916年,讨论"作为意志的表达的法律";写于1917年的第三篇论文则讨论"法律的主张"。在这两篇早期论文中,哈日斯通都采取了情感主义的立场。他解释说,义务涉及一种类似一个收到命令的人所感觉到的"强迫"感。② 对哈日斯通来说,价值或义务的客观化,"是呈现在表面的各类同步关联的指标性表现方式问题,而'价值'和'义务'的表达……则是首先与感觉的背景有关"。道德命令是源于通常以"必须(不)去做那件事"这样的方式来表达的情感。这样的命令并不是不言自明的。③

哈日斯通并不是唯一持有这种观点的斯堪的纳维亚人。阿尔夫·罗斯(Alf Ross)是另一位很早就对伦理规范采取实证主义态度的瑞典哲学家。④ 1945年罗斯就在说,宣称伦理规范"客观地合理有效",就是意味着它可以通过两种方法得到验证:(1)通过直接的观察,或者(2)与直接观察者并不拥有的、更为丰富的经验的一致性。而根据罗斯的观点,关于价值的陈述是无法通过这两种检验的。因此他的结论是,价值和应该性的命题是无法检验的,并且是没有逻辑意义的。在他的《论法律与正义》

---

① See Harald Ofstad, "Objectivity of Norms and Value-Judgments according to Recent Scandinavian Philosophy," *Philosophy and Phenomenological Research*, XII (1951–52), 48.

② Hägerström, *Inquiries into the Nature of Laws and Morals* (Stockholm: Almqvist & Wiksell, 1938), 138.

③ Ibid., 154.

④ On Alf Ross, see Ofstad, *art. cit.*, 53–54.

(*On Law and Justice*,初版于 1953 年)中,罗斯说:"唤起正义,正如同你咚咚地敲打桌子:它是把一个人的需求转化成绝对条件的一种情感表达。"① 在有关价值、善和义务等问题上,阿尔夫·罗斯是个彻底的实证主义者。

5. 诺维尔-史密斯

诺维尔-史密斯(Nowell-Smith,生于 1914)在 1954 年出版的《伦理学》(*Ethics*)是一本得到广泛赞誉的、从修正的分析论观点出发的著作。诺维尔-史密斯曾经就读于牛津大学,在那里他的观点是,直觉主义者因为误把道德论述看成是描述性的而歪曲了伦理的情境。② 至少可以说,他们关于伦理"品质"的一贯说法都是误导公众的。如果他们(诺维尔-史密斯头脑中的具体印象就是罗斯)是正确的话,那么,伦理学就将是某种不可想象的实证心理学了。③

对直觉主义进行批判之后,诺维尔-史密斯进一步分析了表达伦理判断所使用的语言。他坚持强调介于"是什么"和"看起来(或感觉起来)是什么"之间某些语言表达方法上的重大区别。正确的东西,与看起来是正确的东西,可能相反。④ 在道德问题上看到这一点是很重要的。诺维尔-史密斯要求我们注意到,形容词有多种不同的用途。一套衣服可以是红色的,舒服的,不得体的。红色是一个 D 类词汇,简单地说就是描述性(descriptive)的词汇。舒服是一个 A 类词汇,表达一种适合性(aptness),以引起接受或拒绝的情绪。不得体是一个 G 类词汇,一个煽动行动的动词形容词用法(gerundive usage)。⑤ 不仅是单词,语句的使用也有这三种。语言的用途,经常由它论述的内容表现出来。因此,"语境暗示"的三个规则是必要的:第一,当一个人以一句话来陈述某些事情的时

---

① Ross, *On Law and Justice* (Berkeley-Los Angeles: University of California Press, 1959), 274.
② Nowell-Smith, *Ethics* (Baltimore: Penguin, 1954), 25.
③ Ibid., 30.
④ Ibid., 52.
⑤ Ibid., 72–73.

候,语境上意味着他相信这是真的;第二,一个发言者的发言有他的理由,这一点是由语境所暗示的;第三,发言者所说的东西,被假定与听者的兴趣利益相关。诺维尔-史密斯的这个论点反映了这些似乎是基本规则的东西的重要性:伦理学者的工作是"绘制出道德词汇、语句和论点之间的中立的关系图"。①

诺维尔-史密斯用关键的一章来讨论"选择的理由"。② 这部分内容推进了"良好理由"伦理学最近的形式化发展。他在这里同意那些主观主义者的观点,认为支持和反对的态度是决策的基本动机。这种观点的一个明显例外,是某些事物被选择作为实现目的的手段,而不是作为目的本身(即因为我们支持这个手段本身)。有些时候,关于事实的陈述也起到说明动机的作用,因而,如果问我为什么帮助一个人穿过一条街道,我的回答可以是:"因为他是个瞎子"。而反映适合性(aptness)的语句也可能简单地替代动机的作用。在诺维尔-史密斯看来,动机的问题跟语言一样复杂。他宣称,"一个动机,它并不是在你身上起着先行动力作用的一个事件或力量,而是当某些事情发生时,你将以某种方式来行动的性情或倾向。"因此,这不是一个简单的心理学问题。③ 他在这里再次强调了问题所处的相对情境。而因为这种强调,他的伦理学有时被称为语境主义。其著作的其他部分大多是讨论如何建立起介于"最应该去做的是什么"这个问题和"我应该做什么"这个更为实际的询问之间的联系。④

很明显,诺维尔-史密斯很熟悉伦理学历史。比如亚里士多德的"自愿"行为理论就在他的书中显示出突出的地位。有一个地方,在讨论过一些伟大哲学家的伦理思想之后,诺维尔-史密斯几乎完全采纳了有关人类本性的重要性的传统立场。关于这些伟大的哲学家,他说:

> 看来他们在基本假定上并没有错误。他们的基本假定是:表达职责义务的语言只能在表达建议和选择的语言的联系中得以理解;

---

① Nowell-Smith, *Ethics* (Baltimore: Penguin, 1954), 81-83.
② This section in chapter 8 is in ibid., 105-21.
③ Ibid., 125.
④ Ibid., 102.

人们选择他们所做的那些事情来做,是因为他们就是他们那样的人;那些道德理论,如果它们试图排除所有关于人类本性的考虑,那就根本不是一种道德理论。①

一群循着我们刚讨论过的与诺维尔-史密斯相同途径出发的道德哲学家,现在正用一种所谓"良好理由"的方法来处理伦理问题。他们承认,价值判断的正规检验是不可能的,并认为这种严格的程序也无必要。他们觉得,找到或说明一个人的选择或行动的某种可接受的实际理由,已经足够了。简单的直觉主义被这个团体的哲学家拒绝,主要原因是他们找不出诸如善、温顺或严密等道德特质的客观性的可靠证据。良好理由伦理学者也不同意对伦理命题的情感分析,因为如果道德表现只是为了表达对别人的情绪和鼓励,那就很难解释为什么要花费如此多的时间和资源讨论伦理了。从积极意义上说,良好理由学派所做到的,是把道德哲学家的关注焦点从对道德善行的非自然特质的分离和描述,转移到对在完成道德善行的决定中一个人思想过程的解释这个更具体的工作上来。他们关心的问题,类似于亚里士多德以他实用的三段论演绎法所处理的问题,其关注的最终目标并不是一种判断,而是一个正确的行为。②

斯图亚特·汉普希尔(Stuart Hampshire, 1914–2004)是良好理由主张的倡导者中的领军人物。他和大多数这个学派的思想家一样,都是代表普通语言分析学的牛津人。汉普希尔的《道德哲学中的谬误》一文,是这种立场一个很好的简介。③ 该文论述了两个相当不同的问题。第一个问题是个元伦理学(metaethical)的问题:"用来表达道德上的赞誉和谴责的语句特质是什么?"(这有点类似于艺术评论家对一件艺术作品做评判的工作)。第二个问题是道德问题:"道德问题把它自己呈现给我们这些实际代理人时,它的特质是什么?"(这有点类似艺术家面对他计划要开

---

① This section in chapter 8 is in Nowell-Smith, *Ethics* (Baltimore: Penguin, 1954), 182.

② Aristotle, *On the Motion of Animals*, 700bi-701bi; part of this ancient text on the practical syllogism is printed as an introduction to "good reason" ethics, in R. E. Dewey, *Problems of Ethics*, 434–35.

③ Hampshire, "Fallacies in Moral Philosophy," *Mind*, LVII (1949), 466–82.

始的一项艺术工作时所碰到的问题)。汉普希尔认为,伦理学的工作更接近第二个问题,而不是第一个问题。① 于是,现在的主要问题就变成确定实践性反思的程序问题。根据汉普希尔的看法,这样的实践性推理不一定非得是严格演证意义上的逻辑论断。在他看来,"所有的论据都不是演绎法,而给出一个支持某种判断或陈述的理由,并不一定是而且通常也不是,逻辑上的结论性理由"。② 汉普希尔的《思想与行动》(Thought and Action, 1959)一书,就是对良好理由伦理学的这样一种阐述。

库尔特·拜耳(Kurt Baier, 1917–2010)是另一位良好理由伦理学的倡导者,他目前执教于美国。在一篇于澳大利亚国立大学的重要演讲《生活的意义》(The Meaning of Life)中,拜耳回顾了传统宗教关于人生意义和目的的观点,并与该领域的现代科学证据相比较,认为大多数宗教学说超凡脱俗的态度在今天实践上是不可行的。对拜耳来说,根据目前的情况,有关完善人生的基督教标准看来是缺乏验证的。③ 因此,人们需要做的是,为他们的道德决策而发现一些"日常"的标准。拜耳的《道德观点》(The Moral Point of View, 1958)一书,正是为此而作,得到目前伦理学论文的广泛讨论和引用。其中,他批评情感主义理论(他所称的"冲击理论"),因为他觉得这种理论暗示并不存在真正的道德问题。他没有像汉普希尔那么有兴趣把伦理学的关注点引到如何把思想转变成行动这种纯粹实践性的问题上去,拜耳强烈地支持道德的"理由"不必是其证据的主张。相反,这些理由所涉及的是能够推动一个人以某种方式进行行动的事实呈现。④

正如我们已经看到的,良好理由伦理学派中的一部分涉及对目标性的、非本性的道德品质的否定。这类批评很好地反映在彼得·斯特劳森(Peter F. Strawson, 1919–2006)的文章《伦理的直觉主义》(Ethical Intui-

---

① Hampshire, "Fallacies in Moral Philosophy," *Mind*, LVII (1949); see the reprint in R. E. Dewey, op. cit., 438.

② Ibid., in Dewey, 442.

③ See Weitz, *20th-Century Philosophy*, 379, for a portion of Baier's talk on "The Meaning of Life," (1957).

④ Baier, *The Moral Point of View* (Ithaca, NX: Cornell University Press, 1958), chap. 1.

tionism, 1949)中,该文直接否认存在这样的东西。海尔(R. M. Hare, 1919–2002)的第一本著作《道德语言》(*The Language of Morals*, 1952),采取了一种不同的方法。在这书中海尔对语言的"规范性"和"描述性"使用之间的区别进行了一般性讨论。对海尔来说,价值判断是规范性的,而如果它们被预期会影响到行动,那么它们必然包含了某些命令性。反过来看,道德判断就是价值判断之一。① 海尔然后尝试以一种相对抽象的方法来演示,在各种命令中,暗示、蕴含、一致以及很多其他的各种逻辑关系的确是存在的。

海尔在更近的作品《自由与理性》(*Freedom and Reason*, 1963)中强调了他在《道德语言》中曾经想要建立的三个观点。第一点是,道德判断是规范性判断的一种类型。第二,道德判断和其他的规范性判断不同,因为它可以普遍化。第三,正如我们看到的,包括命令在内的各种规范性判断之间存在逻辑关系。② 海尔第二部作品的大部分都是要说明,他的理论具备实践性,并可应用于行为方面的问题。因此,他在序言中的第一句话就说,伦理学的工作"就是通过对表达思想的语言中的逻辑结构的分析,来帮助我们在关于道德问题上的思考做得更好"。尽管他再次强调了伦理学的"实践性",海尔明显不如汉普希尔那么热衷于实际的道德问题思考。《自由与理性》的第二部分专论"道德推理",但它的分析仍然停留在抽象层面上。③

很多当代伦理学的学生都认为,斯蒂芬·图尔明(Stephen E. Toulmin, 1922–2009)的《理由在伦理学中地位的审视》(*An Examination of the Place of Reason in Ethics*, 1950)是阐述良好理由伦理学理论最重要的著作。也许他最重要的贡献反映在第十一章,在那里,图尔明描述了两种道德推理。其中之一只是简单地采纳公认的道德标准,首先看看有关的行为是否符合这个标准,然后再决定它是正确还是错误。这就为实行或

---

① Hare, *The Language of Morals* (Oxford: Clarendon Press, 1952), 169.
② Hare, *Freedom and Reason* (Oxford: Clarendon Press, 1963), 4.
③ Ibid., 86-185; see G. C. Kerner's exposition of Hare's views, in *The Revolution in Ethical Theory* (New York: Oxford University Press, 1966), 138-96. Kerner is not sympathetic with this approach.

避免许多行为提供了一个很好的理由。但是,在第一种推理不适合的情况下,还有第二种实用的推理。在某些场合,我们必须对所讨论的行为后果可能产生的社会价值做出估计(图尔明在这一点上的态度和杜威的工具主义很接近)。这种推理方法并不提供某种绝对的解决方案,但它是一个人面对职责义务的冲突时所能够祈求的最好方法。而且这种推理分析的最基础部分,必须以社会和谐作为思考的根本原则。① 以一种谦逊的态度,图尔明并没有声称他在这里已经找到了行为的那种正确方法,他只是找到了如此行为的一个良好理由而已。其结果是,人们并不总是很清楚:良好理由方法到底是一种伦理过程,还是一种道德说教的方法?②

分析伦理学一直以来主要发生在英国,但它很快在美国传播开来。我们前面提到的很多道德哲学家都或长或短地在美国执教过。除了史蒂文森之外,很少有美国本土的学者成为这个领域的专家。曾经在牛津大学学习的约翰·罗尔斯(John Rawls, 1921－2002)也许是个显著的例外。保罗·爱德华兹与分析主义者持有很多相同的观点,但他本人是澳大利亚裔,并在澳大利亚学习过多年哲学,而语言分析在澳大利亚已经很发达了。加拿大没有表现出对这个理论的兴趣。多伦多的斯巴夏特(F. E. Sparshott)虽然曾经出版《善的探讨》(*An Enquiry into Goodness*, 1958),但他是牛津大学培养出来的本土英国人。

很难对分析伦理学的价值和未来发展做出任何估计,因为最近几年普通的语言学派已经分出了很多不同方向的分支。也许最值得说的是,分析伦理学比任何英语文化中流行的其他道德哲学都更为多产,出现了更多的论文和专著。这就意味着,尽管它在欧洲大陆(除了斯堪的纳维亚国家之外)并不重要,但它对这个世界很多地区的影响是广泛的。从其内容来说,分析伦理学的贡献主要是由于它对清晰性的坚持。这些二十世纪的英国思想家一直强调对伦理陈述的意义和证据的正确理解的绝对重要性。毫无疑问,对任何学派的伦理学者来说这都是很有价值的一课。

---

① Toulmin, *An Examination of the Place of Reason in Ethics* (London: Cambridge University Press, 1950), 148, 224.

② Cf. Kerner, op. cit., 127-37, where again the criticism may be too severe.

第十八章 存在主义和现象论伦理学

我们在最后一章中要讨论的道德哲学，与我们在这部伦理学史中已经回顾过的几乎所有其他的伦理学理论都有基本的不同。它并不是一种真正的"理论"，而是面对人生及其问题的一种（或一组）态度。尽管我们这里要讨论的东西不能被称为正规哲学概念上的伦理学，但它对当代人的伦理生活有着重要意义。某些见多识广的读者甚至会同意，存在主义的观点是理解当今生活中重大问题的关键。①

我们将同时回顾存在主义和现象主义的伦理观点。现象学与存在主义并不相同，但大多数存在主义者都使用了各种现象学的方法。从维也纳的弗朗兹·布伦塔诺的学说出发，一批思想家发展了奥地利的价值理论（我们在第十四章已经讨论了），另一组哲学家则发展出了现象学。埃德蒙德·胡塞尔（Edmund Husserl）是其中的主要哲学家。基于这个简介的需要，我们在这里要从两个方面来论述现象学的方法。首先，它从个人意识的事实以及那些作为知识和感觉对象的事物出发，试图对出现在意识中的东西做出很小心的"描述"。这样给出的东西，就是一个现象，是表现出来的东西，因此它有了现象学（Phenomenology）这个名称。其次，它寻求事物的本质知识，寻求在表象后面的和在这样表现出来的对象中的本质知识。正如胡塞尔所说的，现象学"至少是关于包含在纯粹直觉

---

① See William Barrett, *Irrational Man. A Study in Existential Philosophy* (Garden City, N. Y.: Doubleday, 1958), 21.

中的本质的理论"。① 我们已经讨论了两位曾在其伦理学中应用了现象学方法的伟大的德国哲学家,舍勒和哈特曼。其实,摩尔关于伦理品质的现实主义理论也完全可以被认为是现象学的另一个版本。②

存在主义是对那些强调本质是现实中最重要方面的传统哲学的反抗。黑格尔的绝对观念论认为,所有的东西都是理性的,所有的东西都有一个可理解的说明,所有的东西都根据一个固定的模式而出现。因而,它成为所有存在主义者的眼中钉。由于现象学是把"本质"放在一个重要地位,人们或许会以为存在主义者不会接受现象学方法。但是,有一点值得指出的是,现象学其实也是源于对黑格尔主义的不满,并且反对他关于不变的本质的理性主义论述。现象学和存在主义都从笛卡尔的"我思"那里获益良多。笛卡尔"我思"的主张认为,人类的思维是一个"用来思考的东西",其中不仅浮现出认知,也浮现出怀疑、确认、否定、愿望、拒绝、想象和理解等。现象学和存在主义都是从笛卡尔的这个主张出发的。

1. 索伦·克尔凯郭尔

索伦·克尔凯郭尔(Søren Kierkegaard, 1813-1855)被认为是第一位现代存在主义者,他早于现象主义运动的出现。作为一位具有深刻宗教信仰的丹麦新教人士,克尔凯郭尔反对现存的教会、神职人员、教授、学院哲学(黑格尔主义)和所有的伪善。在短暂一生中,他写了大量热情洋溢和感人的著作,其中大多数都有英译本。这些标题显示他的作品的非学院性质:《非此即彼》(*Either/Or*, 1843),《恐惧与颤栗》(*Fear and Trembling*, 1843),《畏惧的概念》(*The Concept of Dread*, 1844),《致死的痼疾》(*The Sickness unto Death*, 1849),《清心志于一事》(*Purity of Heart Is to Will One Thing*, 日期不详)。

在克尔凯郭尔的早期作品之一《非此即彼》中,我们看到了选择这个

---

① Husserl, *Ideen zu einer reinen Phänomenologie und phänomenologischen Philosophie*, ed. Willy Biemel (Ten Haag: Nijhoff, 1950), I, 154; cf. Quentin Lauer, *The Triumph of Subjectivity* (New York: Fordham University Press, 1958), 1-19.

② Thus Werkmeister, *Theories of Ethics* (1961), cha 7, treats Moore together with Scheler and Hartmann.

特征性主题。和黑格尔辩证法中的兼具性（both/and affair）不同，克尔凯郭尔坚持认为道德主体必须要在对立双方中选择一方。"兼具两者，那将是通往地狱之路。"①这是克尔凯郭尔直截了当的警告。始终贯彻于后来的存在主义的观点是：要做一个自由的人，一个真正的人，就必须要承担义务，必须在人生的十字路口做出选择。

克尔凯郭尔认为，人生可能有三个层次：审美的层次，伦理的层次和宗教的层次。审美层次的人专心于认知性的感知，专心于感官生活的发展，甚至专心于感官的快乐。这样的人总是生活在现实的表层。伦理层次的人总是与自我抗争，他的胜利就是能够把肉欲享受暂时推迟一个小时。② 他在了解自身的过程中认识到自己的职责义务。《非此即彼》的第二部分，几乎都是讨论存在中的这个伦理层次的，苏格拉底被看作是这种伦理人的化身。但是，这并不是人类生活的最高层次。《非科学的最后附言》（Concluding Unscientific Postscripts，1846）一书是讨论如何成为一个基督徒的。真正的宗教者将以最高的存在形态生活。痛苦是这里的主调。没有人能够不经受痛苦而成为一个宗教徒。信仰的"跳跃"把一个人带到对主体性（subjectivity）以及对呈现在这主体内部的上帝的认识。相对于黑格尔崇拜总体性（totality）的地方，克尔凯郭尔敬畏的却是个体性（individuality）。他在《日记》中写道："如果非要给我的墓碑上刻写点什么，我就只要求写上'这个个人'（the individual）"。③

对克尔凯郭尔来说，伦理学很明显并不是关于人生的最终见解。罪恶远比任何伦理类型都更加重要。而伦理学一旦开始关注罪恶，它就超越本身的范畴了。④ 如同新柏拉图主义者和奥古斯丁那样，克尔凯郭尔认为，一个人总是在快乐或痛苦、高或低之间的危险线上努力

---

① Kierkegaard, *Either/Or*, trans. W. Lowrie (Princeton, N. J.: Princeton University Press, 1944), II, 163-64; on the same point, see Lowrie, *A Short Life of Kierkegaard* (Princeton, N. J.: Princeton University Press, 1942), 125.

② *Either/Or*, II, 234-35.

③ Kierkegaard, *Journals*, 1847 entry, cited in Sahakian, *Systems of Ethics* (1964), 307.

④ Cf. Kurt Reinhardt, *The Existentialst Revolt* (Milwaukee: Bruce, 1952), 56.

保持平衡;学院的伦理学对于他所必须做出的人生决策,几乎没有什么帮助。① 无论克尔凯郭尔的言论中包含多么高深的宗教意义,有一点必须被认识到的是,他提供给我们的并不是伦理学,而是反伦理学。但他却一直影响着存在主义伦理学。

2. 弗里德里希·尼采

另一位早期存在主义的代表人物是弗里德里希·尼采(Friedrich Nietzsche, 1844-1900)。尼采并没有介入现象学的发展,而且和克尔凯郭尔一样(尼采显然与他无甚接触),尼采强烈批判教会和大学制度。他也痛恨黑格尔主义以及其他体系性的德国观念论。但是,尼采是否和克尔凯郭尔一样具有强烈的宗教信仰,是值得怀疑的事情。有些评论者认为他是一个"不道德的人",而其他一些人则认为他是一个更高道德观的支持者。② 使我们更加难以了解真实尼采的是,他的妹妹伊丽莎白·尼采根据零星的资料和缺乏根据的私人谈话,编辑了著名的(或臭名昭著的)《权力意志》(Will to Power)一书,把尼采弄得像个纳粹分子。③ "权力意志"这个表述,的确曾经出现在尼采的写作之中,但它在其中的重要性并没有像评论者所认为的那么严重。他的(很不平常的)伦理观点,主要反映在《悲剧的诞生》(The Birth of Tragedy, 1872)、《查拉图斯特拉如是说》(Thus Spake Zarathustra, 1883)、《善恶的彼岸》(Beyond Good and Evil, 1886)和《道德的谱系》(Toward a Genealogy of Morals, 1887)等书中。

尼采所写的主人公查拉图斯特拉从山上下来,路上碰到一位古代的圣徒向他索要礼物。查拉图斯特拉一边赶紧跑开,一边自言自语地说:"这怎么可能!这个森林中的老圣徒居然还不知道上帝已死!"④ 这个

---

① This is the conclusion of Harald Höffding, *History of Modern Philosophy* (New York: Macmillan, 1924), II, 288.

② For the "immoralist" interpretation, see A. W. Benn, "The Morals of an Immoralist - Fridrich Nietzsche," *Ethics*, XIX (1909), 1-13, 192-203; and for the contrary view, see A. C. Pigou, "The Ethics of Nietzsche," *Ethics*, XVIII (1908), 343-55.

③ See G. A. Morgan, *What Nietzsche Means* (Cambridge: Harvard University Press, 1941), for more information on the fabrication of *The Will to Power*.

④ Nietzsche, *Thus Spake Zarathustra*, in *The Philosophy of Nietzsche* (New York: Random House, 1954), "Prologue," n. 2.

"上帝已死"的主题反映在尼采很多著作之中。① 它的真正含义具有争议性。尼采可能是说,人类已经失去了和真正的上帝的联系或认识。如果是这个意思,那么上帝是在人们的意识中死去了(正如我们要看到的,目前的"过程神学"[process theology]就是这样来理解上帝之死的)。在另一个方面,尼采的话也可以简单地从字面上来理解,也就是说,其实并不存在着上帝。而这也将是尼采无神论的核心内容。根据第二种理解,通常认为克尔凯郭尔是存在主义的有神论方面的先锋,而尼采是无神论学派的鼻祖。

尼采伦理观点中另一个关键的主题,是对所有价值的贬低。尼采认为,传统道德观源于那些扭曲了人类伦理潜质的社会和宗教文化。比如,尼采就指责犹太教赞美了奴隶和穷人的道德价值,因为犹太教以柔弱、谦卑和痛苦作为道德典范来取代力量、勇气和愉快等高贵美德。② 基督教也是一种"老妪的道德观"。尼采说,我们所需要的,是对这种传统价值观的不正常概念进行一个颠覆和翻转。理想的人应该是一个超人,他能够超越普通道德观那种缺乏大气概的局限。这个高贵的人将建立他自己的伦理价值。这样,"一个人的职责义务,只是面对和他同类的人而言的;在面对比他低阶层的人时,面对任何异族的人时,他可以灵活变通地行动,'可以随心所欲'——在任何情境中,超越善恶。"③

要明确尼采在伦理上的立场,是件困难的事情。在《道德的谱系》(这是了解尼采伦理观点的最佳参考资料)中,他抨击基督教道德观的整体"禁欲"倾向。但是,他也严厉谴责那些"反观念论者"的"自由思想家和科学家们"。④ 不管怎样,尼采的反传统主义确实对目前的存在主义产生了影响。也许从正面的意思上说,他最想要表达的意思是:伦理的人必

---

① See, for instance, *The Gay Science*, in *The Portable Nietzsche*, ed. W. Kaufmann (New York: Viking Press, 1954), 95-96.

② Nietzsche, *Genealogy of Morals*, in *Philosophy of Nietzsche*, 7.

③ Nietzsche, *Beyond Good and Evil*, trans. M. Cowan (Chicago: Regnery, 1955), 260.

④ See two illustrative passages from *The Genealogy of Morals*, in Mann-Kreyche, *Approaches to Morality*, 616-26.

须要确立自我,能够做出自己的选择,能够确定自己的未来。

费奥多尔·陀思妥耶夫斯基(Feodor Dostoyevsky,1821-1881)是另一位存在主义伦理学的史前人物。作为一位知名的、着迷于邪恶问题的小说家,陀思妥耶夫斯基关注的是可能被学院伦理学忽略了的一个主题。《罪与罚》(*Crime and Punishment*)、《白痴》(*The Idiot*)、《卡拉马佐夫兄弟》(*The Brothers Karamazov*)以及陀思妥耶夫斯基的其他故事都在世界文学界占有重要地位,而且都是谈论道德邪恶的。他对目前的存在主义所讨论的许多主题的预期,很好地反映在《地下室手记》(*Notes from the Underground*,初版于1864年)中。① 陀思妥耶夫斯基笔下的"英雄"是一个不招人喜欢的、病弱的、不幸的人。着迷于生活中的"荒唐性"(absurdity),任何类型的觉悟,对陀思妥耶夫斯基来说,都是"一种病态"。作为某些可恨行为的后果,这个人感觉到某种内心的"折磨",最终还是发现其中存在着的一点可耻的甜蜜。这个反英雄总是把自己看作是个老鼠,而不是一个人。但他很看重能够在所有选项中做出"自己自由的、无拘无束的选择"。② 在陀思妥耶夫斯基的观念中,理智能够满足人的理性部分,而意志则展现了人生的整体。

陀思妥耶夫斯基也许在学术上不是一个存在主义者。如果是这样的话,那么"《地下室手记》的第一部分就是迄今所写的存在主义最好的序言"。③《罪与罚》中的人物,拉斯柯尼可夫,在确立自己的价值观方面正如尼采的超人,而他犯下一个完全荒唐的谋杀罪,又像是阿尔贝·加缪小说中的一个人物。于是,我们在陀思妥耶夫斯基的作品里,既看到了对无理性的崇拜,也看到了对荒唐性的崇拜。④

埃德蒙德·胡塞尔(Edmund Husserl,1859-1938)把我们带到现象学派的起始阶段。我们已经看到,他的《观念:纯粹现象学导论》(*Ideas:*

---

① Part I of *Notes from the Underground* is printed in W. Kaufmann, *Existentialism from Dostoevsky to Sartre* (New York: Meridian, 1957), 53-82.
② Ibid., in Kaufmann, 56.
③ This is Kaufmann's comment, ibid., 14.
④ Cf. Borzaga, *Contemporary Philosophy*, 238-39.

General Introduction to Pure Phenomenology, 1913)介绍了描述意识的表现理论以及这些现象就是本质的观点。他自己并没有建立一个伦理理论。除了现象学方法之外,他提供给我们的是关于个体和个体之间作为主体来相互接触和交流的主张:一个人把另一个人不只是看作交流的对象,而且是在某种与对方相互分享主观经验的概念上来进行接触和交流的。[①]

在胡塞尔的追随者中,马克斯·舍勒(Max Scheler)是伦理学史上最杰出的一位。我们在第十四章中已经回顾了他的著作。除了舍勒,亚历山大·普凡德尔(Alexander Pfander, 1870-1941)也是一位在道德意识的心理学方面非常出色的学者。他的《意愿现象学》(*Phanomenologie des Wollens*, 1930)是一本伦理动机方面的有价值的研究著作。胡塞尔学派中的另一位人物,赫伯特·施皮格伯格(Herbert Spiegelberg, 1904-1990),这位著名的现象学运动史学家,在真正的现象论伦理学方面出版过一系列的研究著作:《法律与道德法则》(*Gesetz und Sittengesetz*),《关于不依靠法律的伦理学的结构性分析和历史性研究》(*Strukturanalytische und historische Vorstudien zu einer gesetzfreien Ethik*, 1935)。

当代犹太思想巨擘马丁·布伯(Martin Buber, 1878-1965)也属于广义的现象论伦理学者。他的主要贡献是在宗教伦理学的背景下解释相关主体之间的连带关系。在这方面,布伯最有影响的著作是《我与你》(*I and Thou*, 1923)和《善与恶》(*Good and Evil*, 1953)。布伯是耶路撒冷希伯来大学资深教授。作为一个杰出的宗教存在主义的支持者,他受到全世界的尊敬。布伯的基本论点是,我们应该学会去了解对方,并体会把对方作为一个"你",而不是一个非人的"它",来交往和对待。正如他自己所表述的:"离开了它,人将无法生活;而仅仅与它生活着的,则不是人。"[②]

与布伯相当的基督教伦理学的代表人物,保罗·悌利希(Paul Tillich, 1886-1965),也常常被称为存在主义者,但是他的伦理观点并不那么简单。悌利希的思想背景结合了基督教神学和康德伦理学以及道德相对

[①] Cf. Lauer, op. cit., 100-17.
[②] Buber, *I and Thou*, trans. R. G. Smith (New York: Scribner's, 1958), 34.

主义。他的伦理学著作包括《存在的勇气》(The Courage to Be, 1952)、《爱、权力和正义》(Love, Power and Justice, 1960)以及《道德观及其超越》(Morality and Beyond, 1963)。当然,《系统神学》(Systematic Theology, 3卷本, 1951-1963)也是了解悌利希思想的必要著作,在其中他坚信把神学的伦理学从哲学的伦理学中区分出来并不是一件好事情,认为这有点像"双重真理"。① 悌利希把他自己的观点称为"神律伦理学"(a theonomous ethics)。

在哲学的方面(康德在这里很重要),悌利希坚持伦理判断的本体论基础:"离开了对存在之本质的明确或隐含的主张,就不可能有任何伦理学的答案。"②在宗教方面,他把信仰的行为和顺从共同置于道德命令之中:它们是同一的也是唯一的行为。③ 正是在这个意义上看,他的伦理学是神律的伦理学。实践上的理解不够,我们必须将理性转移到具体的人,以作为伦理决策的根据。④ 勇气是基本的美德和价值。它是对一个人之存在的全面的自我肯定,是一种正面的确认。

悌利希存在主义的突出特点,是他对道德行为永恒不变标准的否定。⑤ 正是在这种精神下,悌利希批评理性化的法律,而把"爱"作为基本的伦理原则。对"爱"首要地位的确立,是有神论存在主义伦理学的显著特点。它是那种对人际交往强调的基础。悌利希在他的著作中,几乎和布伯一样强调人际间的交往。对方只有被看作是一个"我",才可能被爱。⑥ 各种不同的个人道德观、宗教和社会文化相继出现,甚至在人类精神上发生冲突,导致一种模糊而紧张的局面。在这种模糊的背景下,伦理的个人应该根据不同的道德情境做出自己的决定。⑦ 一个人做出的决定,肯定是他所能够做到的最好的决定,但它的价值则是相对的。

---

① Tillich, *Systematic Theology* (Chicago: University of Chicago Press, 1963), III, 266-67.
② Tillich, *Love, Power, and Justice* (New York: Oxford University Press, 1960), 72.
③ *Systematic Theology*, III, 159.
④ Thillich, *Courage to Be* (New York: Yale University Press, 1952), 133.
⑤ Thillich, *The Protestant Era* (Chicago: Phoenix, 1957), 151-54.
⑥ *Systematic Theology*, III, 45.
⑦ Ibid., 95, 273-75.

第十八章 存在主义和现象论伦理学

美国的新教伦理学方面非常重要的,是尼布尔两兄弟(Niebuhr brothers)的思想。两兄弟中,莱因霍尔德·尼布尔(Reinhold Niebuhr, 1892－1971)有更高声誉。的确,他是少数几位被邀请在吉福德讲坛(Gifford Lecture)①上发表演讲的美国人之一。他演讲的题目是《人的本性与命运》(Nature and Destiny of Man, 1941－1943)。他的其他重要著作包括《道德的人和不道德的社会》(Moral Man and Immoral Society, 1932)和《独立的基督教伦理学》(An Independent Christian Ethics, 1935)。这两本书都挑战传统伦理标准的绝对性。根据莱因霍尔德的说法,道德生活所要求的就是"精心计算过的、有关相对的善和相对的恶的加加减减"。② 这也许意味着,理性的算计在这种伦理学中只是起着部分作用。他认为,理性的确是美德的基础,但不可能是唯一的基础,因为"其社会倾向比他的理性更加根深蒂固"。③ 作为这种观点的结果,莱因霍尔德以三条理由强烈地批评自然法则伦理学:(1)人类的理性并不足够强大来维持这种理论;(2)人类的本性在本质上是不定的;(3)在伦理上,爱比法律和正义都更加重要。④ 这里,爱再次被赋予现代伦理学中的首要地位。事实上,莱因霍尔德说:"如果缺乏了一个完整的爱,缺乏这个能够提供每个生命个体都可以确认对方的利益空间的爱,那么,要对人与人之间,人与国家之间,或国家与国家之间的正当关系给出任何理性的定义都是不可能的。"⑤

莱因霍尔德的兄弟,理查德·尼布尔(Richard Niebuhr, 1894－1962)并不那么强调基督教伦理学的社会责任。理查德在《无为之美》(The Grace of Doing Nothing)中认为,一个好的基督徒并不一定要成为社会活动家。⑥ 以他的看法,基督教伦理学关注的焦点应该是日常生活中持续

---

① [校者注]爱丁堡著名神学讲座,吉福德是人名(去世于1887年)。
② Reinhold Niebuhr, *Christian Ethics* (New York: Meridian, 1960), 97.
③ *Moral Man and Immoral Society* (New York: Scribner's, 1949), 41.
④ See *Love and Justice: Selections from the Shorter Writings of Reinhold Niebuhr*, ed. D. B. Robertson (Philadelphia: Westminster Press, 1957), 46.
⑤ Ibid., 53; see also Niebuhr, *Christian Realism and Political Problems* (New York: Scribner's, 1953), 173.
⑥ H. Richard Niebuhr, in *The Christian Century*, March 23, 1923, 378－80; reprinted in *Contemporary Moral Issues*, ed. H. K. Girvetz (Belmont, Calif.: Wadsworth, 1963), 321－25.

变化的不安状况。莱因霍尔德并不同意这样的观点,坚持认为好的信仰必须要有具体的行动。① 理查德·尼布尔的一般伦理观点,反映在他的《美国的上帝之国》(The Kingdom of God in America, 1937)一书中。

最近几年,一些有关新教伦理学的著作强调一种所谓的"情境伦理学"或"新道德观"。这个名称及其基本概念源于艾伯哈德·格里塞巴赫(Eberhard Grisebach, 1880-1945)1928年写的德文著作《当代:一个批判伦理学》(Gegenwart: eine kritische Ethik)。他直截了当地说,现代伦理学再也不存在着任何普遍的法则或判断,每个道德问题都是独特的,必须根据它自身的情境来个别处理。这种方法被称为"情境伦理学"(Situationsethik)。② 二次世界大战期间,路德教会的思想家迪特里希·朋霍费尔(Dietrich Bonhoeffer, 1906-1945)对希特勒主义感到忧虑,并最终因为卷入一宗试图推翻希特勒的事件而死在纳粹的监狱中。他留下了一些写作片段,其中反映出他对基督教旧观念及其教会的道德学说的反对。朋霍费尔的《伦理学》已经成为新一代年轻基督教伦理学者们的关注焦点。③朋霍费尔伦理学的中心观点是,只要是基于基督教的爱心,以及是出于对其同伴的关心,一个人可以做任何事情(比如谋杀一个独裁者)。正如下面这段话所示,每个道德决策者都是独特的,而一般规则的作用则是非常有限的:

> 有关善的问题,都呈现在,也决定在我们生活的每个有限而无结论的、独特而短暂的情境之中,在我们与人、与事、与机构和权力的生活之中。换句话说,是在我们历史性的存在之中。④

朋霍费尔当然不是一位存在主义哲学家,而是一位努力寻找可用于

---

① Reinhold Niebuhr, in *The Christian Century*, March 30, 1932, 415–17; see Girvetz, 326–30.

② For a full exposition in English of the ethics of Grisebach, see G. A. Rauche, *The Philosophy of Actuality* (Fort Hare, Republic of South Africa: Fort Hare University Press, 1964).

③ Bonhoeffer's *Ethics* was completed and edited by his friend, Pastor Eberhard Bethge, translated by Neville Smith (New York: Macmillan, 1965).

④ Ibid., 214.

解决目前道德问题的理论的人,一位具有宗教思想的人物。他已经成为情境伦理学的领头人物。

最近作为情境伦理学的解释者而站到前沿的,是英国主教约翰·罗宾逊(John A. Robinson, 1919 – 1983)。他的《对上帝的诚实》(Honest to God, 1963)一书反映出他对与情境主义紧密相关的"上帝已死"这种说法的支持。罗宾逊在《当今的基督教道德》(Christian Morals Today, 1964)中坚持认为,基督的戒律并不是法定的规则,而且也不具有普遍的意义,它们只是演示了爱的原则在基督时代的各种应用。因此,在彻底的"情境伦理学"中,除了爱,不需要其他任何东西。① 在美国,约瑟夫·弗莱彻(Joseph Fletcher, 生于1905)用非常相似的方法来研究基督教伦理学。

在欧洲大陆,一位现象论存在主义的天主教阐释者,是加布里埃尔·马塞尔(Gabriel Marcel, 1889 – 1973)。他最近公开拒绝了"存在主义者"这个名称,但是在所有学派中比较起来,他的思想是最接近这个学派的。当然,他并不是一个托马斯主义者。他的一些著作,《存在与拥有》(Being and Having, 1935)、《人生过客》(Homo Viator, 1944)、《存在之神秘》(The Mystery of Being, 1949-1950,在吉福德讲坛的演讲)和《麻烦的人》(L'Homme problématique, 1955),都反映出马塞尔始终对人的本体论比对伦理学更有兴趣。但是,马塞尔的确对道德观有他自己的说法,其中大部分反映在一本最近被翻译的、他年轻时期的著作中:《哲学片段:1904 – 1914》(Philosophical Fragments, 1904-1914)。②

马塞尔反对体系化的伦理学,赞成以爱为中心的道德观。他的批评主要是针对三种伦理观点。首先,启蒙运动的理性主义伦理学只是简单地对它那个时代和环境中的道德规范作了人为的判断,因而已经不再具有任何意义。第二,根据马塞尔的看法,那种试图把伦理学建立在某种抽象的"思维"概念上的理论(黑格尔主义)也是毫无用处的。同样没有用处的是那种基于"科学所教导的东西"的伦理学。③ 第三,马塞尔抨击那

---

① Robinson, *Christian Morals Today* (Philadelphia: Westminster Press, 1964), 39.

② Marcel, *Philosophical Fragments*, 1904-1914 (Notre Dame, Ind.: University of Notre Dame Press, 1965).

③ Ibid., 112, 181.

种把"生命"看作最高价值的伦理学。马塞尔问:谁的生命?是你的,我的,还是普遍的生命?在这同样的标题下,马塞尔进一步批评了整个美国自然主义伦理学的发展,认为它让人变得非人化了。马塞尔是个有很强的厌恶倾向的人。他也不喜欢萨特(Sartre)的伦理学。他认为,关于自由的特征就是一个误解(这是一个不遵守规则的动作,因为萨特自认为他是自由概念的权威),而萨特存在主义在价值的自我确立方面是错误的。而且,作为一个顽固的有神论者,马塞尔对萨特的无神论很不满。①他的典型说法是:"我从不选择我的价值,而只是去认识这些价值,并让自己的行为去符合或对抗这些价值……"②

马塞尔关于人类自由的见解,首先基于对其他主张的否定之上。自由,并不是"无差别的解放",并不是属于人类本性的一个述语,也不是一种属于因果关系的东西。在马塞尔看来,自由是不需要任何引诱的"由我来决定的东西"。③ 人的存在,就是他的自由。而且和其他存在主义哲学家一样,马塞尔强调人际交往,强调"我们"的存在,并强调主体间性(intersubjectivity)。④ 强烈的社会倾向使得马塞尔原本在道德观方面比较个人主义的方法增加了一个讨论问题的视角。离开了那个超越自我的存在,职责和道德义务就都是空谈。⑤ 对马塞尔来说,这个存在主体就是上帝。乔治斯·格斯多夫(Georges Gusdorf, 1912－2000)也许是以马塞尔思想模式写作最多的人。他的《论存在主义道德观》(*Traite de l'existence morale*, 1949),强调的是道德价值存在于现实人自身的内在固有性,而不是强调它也可能有一个至高无上的来源。

两位西班牙的学者有时候也因为他们持有那种体现了存在主义关于生命和道德的观点态度,而被称为存在主义者。乌纳穆诺(Miguel de Unamuno, 1864－1936)学习过德国哲学,并受到克尔凯郭尔的强烈影

---

① Marcel, *The Philosophy of Existentialism* (New York: Citadel Press, 1965), 69-87.

② Ibid., 88-89.

③ Marcel, *The Mystery of Being* (Chicago: Regnery, 1951), Ⅱ, 113-17.

④ *Philosophical Fragments*, 1904-1914, 10; and *Homo Viator*, trans. E. Craufurd (Chicago: Regnery, 1951), 26.

⑤ Marcel, *Being and Having*, trans. K. Farrer (Boston: Beacon Press, 1951), 15; *Homo Viator*, 7-8.

响。是他把克尔凯郭尔的思想引入西班牙文献中。乌纳穆诺这方面的重要著作是《生活的悲剧意识》(*Tragic Sense of Life*, 1914)。作为一个科学与理性的强烈反对者,乌纳穆诺把生命、永生和信仰视为他的基本价值。他认为理性把这一切都毁灭了。早在其他的二十世纪的存在主义者开始对理性主义进行攻击之前,乌纳穆诺就已经是一个非理性主义的倡导者了。

第二位类似西班牙思想家是奥尔特加·伊·加塞特(José Ortega y Gasset, 1883-1955)。奥尔特加也曾经在价值哲学家齐美尔(Georg Simmel)门下学习德国哲学。尼采对奥尔特加有很大吸引力,并强烈地影响了他的写作。在奥尔特加的个人观念论中,"生命"是最为重要的。尽管他明确尊重传统的伦理价值,但是他认为,(带有某些超人特征的)政治英雄不受制于一般伦理判断标准。正是在这方面,他被拿来与存在主义道德学家做比较。但他的主要影响则在历史与政治哲学方面。在这方面,他反对极权主义。

在当代的法文著作中,对现象论伦理学最系统的贡献者是让·纳贝尔(Jean Nabert, 1881-1960)。遗憾的是,法国之外很少有人知道他。① 作为一个虔诚的新教徒,宗教价值对纳贝尔非常重要。他的《伦理学》并不是一种道德化的学说,而是对个人努力实现为人的意愿的清醒陈述。因此,纳贝尔提供的,是对一个人道德失败的经验、对自己受到困扰的认识以及对隐居独处的深远感觉的现象学"描述"。② 这些使得纳贝尔对道德意识的意义和价值认识的发展进行反思。纳贝尔作品的第三部分很长,讨论了包括个人的存在,它的目的论倾向,它的义务性,它从精神形式上看的美德,以及它的宗教崇拜的根源等等各方面的问题。③

纳贝尔(在第五章中)关于价值的暗示性理论,在很多方面都和马塞尔很接近。两人都把自由看作是个人存在的内容,并认为在伦理问题上不存在不变性。正如纳贝尔在最后部分所表述的:

---

① The whole issue of *Etudes Philosophiques*, Vol. III, 1962, is devoted to Nadert.
② Nabert, *Eléments pour une éthique* (Paris: Press Universitaires, 1943), 19-58.
③ Ibid., 105-221.

那些我们所借以进行判断的道德和宗教的范畴,那些影响我们鉴赏的价值观念,那些我们所遵守的规则本身,都以最非个人的外表呈现出来,并带着似乎永恒的表情,它们都必然要归于一些很偶然的起点。它们之所以是偶然的,是由于那些造就了它们行为的原因,而不是因为由它们所产生出来的原则。①

3. 萨特和波伏娃

法国最著名的存在主义者,当属让·保罗·萨特(Jean Paul Sartre, 1905－1980)。作为一位能够熟练运用戏剧、小说和哲学写作等多种手段来传达观点的著名作家,萨特对德国现象学也很熟悉。而他的《情绪理论大纲》(*Outline of a Theory of the Emotions*, 1939)则展现了他作为一个叙述心理学家的毋庸置疑的能力。《存在与虚无》(*Being and Nothingness*, 1943)是了解萨特关于人的本体论观点及其伦理观点的思想基础必不可少的著作。《圣热内》(*Saint Genet*, 1952)一书,因为其中所包含的关于伦理学可能性的一些评论,也是一部重要的著作。许多人期待他的《辩证理性批判》(*Critique de la raison dialectique*, 1960)的出版,以为这可能是人们期待已久的萨特伦理学论文。事实上它不是,至少它的第一卷(也是唯一出版的一卷)不是。第一卷更关心的是马克思主义,而不是伦理学。

萨特区别了两种不同的存在:本体的存在(être en-soi),是静态事物的现实性,是任何内在固有的东西,不可能变成其他东西;服务于本体的存在(être pour-soi),是有意识的东西,从它能够与本体分离出来这点来看,它就是人之为人的东西,是由于它的动态潜能而具有孕育力的东西。他认为一种内在的、对抗的紧张始终暗含在个人之中。② 因此,"含混性"(ambiguity)之所以成为萨特的一贯主题,也就很明显了。

而对萨特来说,这种人类意识的极端偶然性,正是它的存在。没有什

---

① Nabert, *Eléments pour une éthique* (Paris: Press Universitaires, 1943), 218-19, trans. Bourke.

② Sartre, *Being and Nothingness*, trans. Hazel Barnes (New York: Philosophical Library, 1956), 74-90.

么人类本性,或人的本质,能够限制作为服务于本体的存在的人的开放性。这种偶然性当然就是人的自由。① 若说有所谓的萨特伦理学,那么它的主旨就是对实现人的自由的紧迫性的强调。因此,所有道德价值的基础就在于自由。② 根据萨特的说法,最大的美德是"本真性"(authenticity),那是一种诚实和勇气。本真的人,能够面对那些不本真的人(inauthentic)(不好的人)所害怕面对的东西。③ 萨特的"本真性"并不只是一种态度,而包括了行动和自由决策。在萨特的评估之中,最糟糕的邪恶是"坏的信仰",它在于个人对自身自由的拒绝之中,是一种做人的失败。④ 和各种现象主义伦理学说一样,萨特也强调主体间性(intersubjectivity)。人在他与其他人的交往之中成为成熟的人;别人对他的认识,正是他作为人所具有的开放性的一部分。意识的含义就暗示了某些类型的人际交往。

伦理观在《圣热内》一书中被描述为"善和恶的综合体",是一种黑格尔式的扬弃。⑤ 萨特觉得,要成为一个完善的人,就得把恶从善分离出来,其结果将是一个人的"异化"。因此,要总结出萨特主义伦理学,在某种意义上是不可能的,因为一种"实践的伦理规范"将发现,只有通过"它自身决策的复杂综合体"才能定义自我。⑥ 很明显,这样的伦理学是无法授人的。依照这种观点,每种价值都包含着内在的矛盾:它首先有一种被整合在存在中的倾向,其次它又有一种要超越这一价值实现的需要。在这里,我们再次看到了价值本身的那个根深蒂固的模糊性。"看起来,道德主体要满足这个双面的紧迫性,就必须既献身于实现这种伦理命令,又要在尚未实现他的目标之前就死去。"很明显,要做一个萨特主义的英雄并不是一件容易的事情。

---

① Sartre, *Being and Nothingness*, trans. Hazel Barnes (New York: Philosophical Library, 1956), 484–85.
② Sartre, *Existentialism*, trans. B. Frechtman (New York: Philosophical Library, 1947), 21.
③ *Being and Nothingness*, 566.
④ Ibid., 34–35.
⑤ Sartre, *Saint Genet*, trans. B. Frechtman (London: Allen & Unwin, 1964), 186.
⑥ Ibid., 187, 190.

在《辩证理性批判》中,萨特批评当代的马克思主义者(值得注意的是法国的理论家皮埃尔·纳维尔[Pierre Naville])没有成功地应用马克思原本的思想,并批评他们对马克思主义的明显扭曲。除了其他一些方面的批评,他也指责他们因为没有真正弄懂辩证法是怎么在意识或思想的范畴中展开的而走向了极端的唯物主义。① 萨特显然认为他关于意识的观点是更好的,但是他对粗糙唯物主义的指责招致许多正统马克思主义者的强烈不满。萨特坚持认为他的社会和政治思想才是真正的马克思主义者的观点,但法国的马克思主义者显然并不需要萨特。《辩证理性批判》的很大一部分详细讨论了辩证法的历史,而他也承诺将在第二卷中完成这个话题。② 显然,萨特自己的伦理观点在这本书几乎没有任何发展。③

有些人认为西蒙娜·波伏娃(Simone de Beauvoir, 1908 – 1986)的《模棱两可的伦理学》(*Ethics of Ambiguity*, 1946)是法国学派存在主义伦理学的关键著作。这种说法未免夸张。④ 我们在她的书中看到的,大多是已经在萨特的著作中出现过的观点。她说,伦理学是"自由战胜真实性(facticity)的凯歌"。和萨特一样,这里的"真实性"意指服务于本体的存在的偶然性。⑤ 应该承认,波伏娃把萨特主义的人被这样奇怪的自由主张逼着去否定上帝这一点,讲得很清楚。根据她的解释,一个现实的上帝将限制人类拥有去创造自身价值的这种极端自由。结果是,她同意萨特对康德的理解,任何不是自愿接受的法律,都与人自身的尊严相对立。⑥

我们无法对波伏娃的伦理学做出确定的(肯定也不是绝对的)判断。

---

① *Critique de la raison dialectique* (Paris: Gallimard, 1960), 123.
② Ibid., 755.
③ Cf. Ria Stavrides, "French Existentialism and Moral Philosophy," in *Encyclopedia of Morals*, by V. Ferm (New York: Philosophical Library, 1956), 167, places a high value on the ethics of Madame de Beauvoir.
④ Beauvoir, *Ethics of Ambiguity*, trans. B. Frechtman (New York: Philosophical Library, 1948), 44.
⑤ On "Facticity" see Colin Smith, *Contemporary French Philosophy*, 28.
⑥ See James Collins, "Freedom as Atheistic Heroism," *Giornale di Metafisica*, IV (1949), 578.

比如说,她讨论了在斯大林统治下的苏联所发生的许多公开的暴力行为。她辩称,这并不一定是邪恶的事情,因为这一切也帮助减轻了其他人的痛苦。① 但在其他地方,她又强烈支持那种尊重他人包括尊重他人自由的价值观。以下这句话应该是具有伦理命令的重要性的:"这样的法律,将对行为作出强加的限制,而在同时又给它一定的满足。"② 对这个模糊性伦理学来说,最大的恶就是严肃认真。"热心的河狸"(the eager-beaver)是一个非常珍惜道德安全而从来不冒险,并试图把所有的事情都做到"正确"的人。这种人的态度,正是意识自由的对立面。③

两位在学术界享有美誉的法国现象学者也对伦理学做过某些贡献。一是莫里斯·梅洛-庞蒂(Maurice Merleau-Ponty, 1907-1961)。他的主要兴趣在人类的心理学和本体论。他的《意义与无意义》(Sens et non-sens)包含了一些论及伦理学和神学的内容。而《人道主义与恐怖》(Humanisme et Terreur)是讨论历史哲学和共产主义的系列论文,其中,作为对萨特进一步的发展,梅洛-庞蒂建立了一种良心约定(也涉及意识)的理论。④ 另一位法国思想家是保罗·利科(Paul Ricoeur, 1913-2005)。他在《意志哲学》(Philosophie de la volonte, 1950-1960)中,应用现象学手段发展了对人类本性中情感方面研究的一种新方法。其第二卷《界限与过失》(Finitude et culpabilite)似乎是一个尚待建立的现象论伦理学的序言。

曾经与萨特和波伏娃合作编辑杂志,但最终因为对萨特的共产主义立场不满而与他分道扬镳的阿尔贝·加缪(Albert Camus, 1913-1960),在倡导存在主义方面起了关键的作用。加缪的《西西弗斯的神话》(Myth of Sysyphus, 1942)和《反抗者》(The Rebel: an Essay on Man in Revolt, 1952),是这个运动的重要著作。很难概括出在伦理思想方面加缪所要表达的东西,因为他的思想隐含在小说和戏剧之中。加缪相当反对体系化和理性的思考,并在小说中呈现了生活中所有荒诞的方面。他显然认为,学术性的伦理学不能解决实践中的问题。但是,加缪在字里行间都反

---

① *Ethics of Ambiguity*, 146.
② Ibid., 60.
③ Cf. Colin Smith, op. cit., 212.
④ Merleau-Ponty, *Humanisme et Terreur* (Paris: Gallimard, 1947).

映出他对人的极大关怀以及某些个性化的真诚。

存在主义在美国少有追随者。莫里斯·曼德尔鲍姆(Maurice Mandelbaum,1908 – 1987)出版过一本现象论伦理学的重要著作(其中不包含任何存在主义内容)。他的《道德经验现象学》(*Phenomenology of Moral Experience*, 1955)是基于舍勒以及一些英国伦理学者如罗斯(W. D. Ross)和普里查德(Prichard)等人思想的一项学术研究。从对形而上学的、心理学的、社会学的和现象学的这四种讨论伦理学的不同方法的描述出发,曼德尔鲍姆认为,只有现象学才把"对人的道德意识资料的直接审查"这个方法应用于伦理学中。① 因此,他的现象学方法是从资料进行推断的方法,而不是从前提开始演绎的方法。伦理问题答案的"推演、获得和检验,都要经由对个人道德判断进行仔细的和直接的审查"。②

曼德尔鲍姆强烈反对在近期伦理学中出现的把规范性和描述性原则相隔裂的现象。他努力通过对道德判断一般特质的坚持来建立它们之间的联系。换句话说,他试图恢复伦理观具有普遍意义的地位。③ 根据人们的确会作出道德判断这个事实,曼德尔鲍姆区别了三个层次的判断。首先,有些判断是对具体的个人道德行为作出正确或错误的直接判断。其次,有些对错的判断不是直接地,而是间接地与具体行为相联系而做出的。第三,是从一个人的整体个性或个性的某个特征方面来考虑的对道德价值的判断。④ 该书后面的大部分是用与舍勒或哈特曼相似的方法来讨论美德和道德特征的。

曼德尔鲍姆的伦理观点中更具有建设性的部分,是他对他所理解的被普遍接受的道德判断的解释。正是在这里,他将其第一原则称为"事实首要性原则",很明显地试图回归到普遍法则的传统。曼德尔鲍姆的这个原则是这样表述的:"如果一个关于道德品质的断言是有效的,那么

---

① Mandelbaum, *The Phenomenology of Moral Experience* (Glencoe, Ill.: Free Press, 1955), 16 – 30.
② Ibid., 30 – 31.
③ Ibid., 32 – 39.
④ Ibid., 45; for the theory of the virtues, see 134 – 81.

断言必须是源于对那个被赞誉或被谴责的对象所真正具有的非道德特性的理解而作出的反应。"①这明显是朝自然主义的方向迈进了一步。曼德尔鲍姆的第二条原则是"普遍性原则"。以反对相对主义为目标,这条原则说:"一个道德判断如果是有效的,那么它的主张就不能仅仅只在做出这个主张当时的条件下才有效。"②最后,曼德尔鲍姆的终极原则表达为:"任何被认为是有效的道德判断都是根深蒂固的,而任何根深蒂固的道德判断都必然承认与思想和行动是紧密结合在一起的。"在最后几页中,曼德尔鲍姆出色地演示了他这几个伦理原则在实际生活中的应用。③ 曼德尔鲍姆的这个努力,反映了某种要回归到早期的理性方法的意图,这在二十世纪六十年代的伦理学中是不常见的。

4. 展望当代伦理学的发展

我在这部伦理学史中试图只让各种伦理观点自己说话,尽量不有意识地去添加我的评论。但是,在结尾的部分,请允许我表达几句自己的意见。很明显,很多古老的和相当传统的伦理观点对我们当代的哲学家们已经失去了吸引力。当然,也有许多人仍然在讲授和评述本书前面部分所介绍的那些理论的具体而平常的不同版本。但是,这些都并不能代表严格意义上的当代伦理学精神。在当代的伦理学中我只看到三种各具特色的方法:自然主义、语言分析和存在主义。

在这三种方法中,存在主义真正拒绝了理论伦理学,而语言分析除了反映出那些仍然怀念维多利亚女王时代的英国先生们的道德态度之外,并没有提供什么伦理的内容。从这两种学派中,既没有发展出一种新的独特的方法,也没有产生出一套新的伦理判断。这就只剩下自然主义还有可能成为一门未来的伦理学的基础。我在这里所说的自然主义,并不是指那种完全否定超自然的东西,而仅仅依赖科学立场的理论。我所期望的是一个更广大的理论,其中将可以看到这样一种潜在的可能性:伦理

---

① Mandelbaum, *The Phenomenology of Moral Experience* (Glencoe, Ill.: Free Press, 1955), 245.

② *The Phenomenology of Moral Experience* (Glencoe, Ill.: Free Press, 1955), 277.

③ Ibid., 291-309.

判断在人类生活的经验事实中找到它们的正当理由的可能性。

我们现在需要的,是某种天才的火花,以便发展出一个修正过的方法,一个能够做出这种反思性判断的方法。这种方法也许不必是全新的,而只是一种能够让我们以开放的态度来面对经验资料和人类多维个性的方法,并且也是不必把我们隔离于理性的应用和直觉认识光芒之外的方法。有些人认为"爱"将解决人类一切的问题,我并不赞同这样的主张。爱的确是一种伟大的美德,但是,离开了理性的反思和清楚的事实信息,爱很容易退化进一片充满野蛮感情的黑暗沼泽。我不愿意接受这样的东西作为一种伦理学。

马克·吐温曾经说过:"为善是高贵的;但是,教人为善是更高贵的——而且没有麻烦。"在我看来,马克·吐温的话说对了一半。试图示范给别人如何生活得好,的确是一个重要的事业。有些时候,某些研究伦理学的人忘记了这正是他们试图去做的事情。马克·吐温错误的地方,据我估计,是他说这样的工作是没有麻烦的。相反,伦理学涉及的麻烦很多,而这本伦理学史的回顾可能会确立这样的观点。

参考文献

说　明

最近的一本英文版伦理学通史至今也几乎有一百年了。亨利·西季威克(Henry Sidgwick)的《伦理学史大纲》是1886年之前写成的。在其第六版(1931年)中,奥尔本·威杰里(Alban G. Widgery)补充了一章关于二十世纪前二十五年的伦理学。尽管有明显遗漏,西季威克的这部著作一直是这个领域的标准资料来源。但它在论述中世纪的伦理学和英国之外的现代和当代伦理学时,显得非常薄弱。在西季威克的这部著作最后一个修订版之后,二十世纪的伦理学界显然又发生了很多重要的事件。罗杰斯(R. A. P. Rogers)于1911年写的《伦理学简史》(*Short History of Ethics*)很简短,而且资料性也不如西季威克那本。当我这本书的研究和写作即将完成时,阿拉斯代尔·麦金太尔(Alasdair MacIntyre)的《伦理学简史》(*A Short History of Ethics*, 1966)出版了。他选择性地介绍了从古希腊智者派到当代的萨特为止的大约三十位主要思想家的伦理学观点,而忽略了很多其他相对次要的人物。我的这本书,则是要努力介绍更多伦理学者的思想。

以其他语言所写的伦理学史中,奥特马·迪特里希(Ottmar Dittrich)的四卷本德文《伦理学史》(1923-1932)是最为完整的一部。但它包含了很多和伦理学关系不大的内容,而且也没有包括近期的伦理学。在这个领域的法文著作中,勒奈·赛尼(Rene Le Senne)的《道德通论》(1942)最有参考价值,不过它并没有(甚至也没有打算)写成一部完整的伦理学史。至于对某个特定哲学时期的伦理思想的专题研究文献,现在几乎各个时期的都有了。唯一还没有得到这样充分研究的是中世纪。我们正在开始了解中世纪的哲学史。阿洛伊斯·邓普夫(Alois Dempf)的德文著作《中古时期的伦理学》(1927)太过简短而不全面。在类似柯普莱斯登(F. C. Copleston)的《哲学史》这样的一般著作中,倒是有更多关于中古时期伦理学的资料。但是,大多数的普通哲学史都很少去讨论伦理学内容。

这里列出的参考文献应该比大多数其他的历史书都要丰富。来自原始的伦理学著作、主要的翻译版和文集等当中的资料,以及很多有用的二手研究资料,都作为参考文献附在各章之后。对于所引的希腊文、阿拉伯文和俄文的文献标题和术语,我或者做了音译,或者把它们翻译成英文之后才附在这里。打印非罗马字母的困难之大,实在不值得我们把那些外语文字原封不动地保留在这里。我希望的是,包括在这些伦理学文献中的信息,能够弥补我在这本历史书所做的语言阐释中可能出现的过于简单和不足之处。

一般参考文献

Brinton, Crane. *A History of Western Morals.* New York: Harcourt, Brace, 1959.

Brunschivicq, Léon. *Le progròs de la conscience dans la philosophie occidentale*, 2 vols. Paris: Alcan, 1927.

Copleston, F. C. *A History of Philosophy.* 8 vols. Westminster, Md.: Newman Press, 1946–66; reprinted New York: Doubleday Image Books, 1962–65.

Dittrich, Ottmar. *Geschichte der Ethik.* 4 Bde. Leipzig: Meiner, 1923–32.

Ferm, Vergilius (ed.). *Encyclopedia of Morals.* New York: Philosophical Library, 1956.

Hastings, James (ed.). *Encyclopadia of Religion and Ethics.* 12 vols. Edinburgh: Clark, 1908–21. 7 vols. New York: Scribner's, 1924–27.

Hobhouse, L. T. *Morals in Evolution. A Study in Comparative Ethics.* London: Chapman & Hall, 1906; New York: Macmillan, 1951.

Janet, Paul. *Histoire de la philosophie morale et politique dans l'antiquité et les temps modernes.* 2 vols. Paris: Delagrave, 1852.

Jodl, Friedrich. *Geschichte der Ethik als philosophischer Wissenschaft.* 2 Bde. Stuttgart: Cotta, 1906, 1912.

Kropotkin, P. A. *Ethics, Origin and Development*. Trans. L. S. Friedland and J. R. Piroshnikoff. New York: Dial Press, 1924; reprinted 1947.

Lecky, W. E. H. *History of European Morals from Augustus to Charlemagne*. 2 vols. New York: Appleton, 1869; reprinted in 1 vol., New York: Braziller, 1955.

Lecleercq, Jacques. *Les grandes lignes de la philosophie morale*. Louvain-Paris: Vrin, 1946; 2me éd., 1964.

Le Senne, René. *Traité de morale générale*, Paris: Presses Universitaires, 1942.

MacIntyre, Alasdair. *A Short History of Ethics*. New York: Macmillan, 1966.

Maritain, Jacques. *Moral Philosophy*. Trans. Marshall Suther et al. New York: Scribner's, 1964.

Martineau, James. *Types of Ethical Theory*. 2 vols. Oxford: Clarendon, 1866; New York: Macmillan, 1886.

Meyer, Hans. *Abendländische Weltanschauung*. 5 Bde. Paderborn: Schöningh, 1949-53.

Rogers, R. A. P. *A short History of Ethics, Greek and Modern*. London: Macmillan, 1911; reprinted 1964.

Schweitzer, Albert. *Civilization and Ethics*. New York: Macmillan, 1923.

Sidgwick, Henry. *Outlines of the History of Ethics*. London: Macmillan, 1886; revised ed. Of 1931, reprinted Boston: Beacon, 1964.

Wentscher, M. *Geschichte der Ethik*. Berlin: De Gruyter, 1931.

Werkmeister, W, H. *Theories of Ethics*. Lincoln, Neb. : Johnsen, 1961.

Westermarck, E. A. *The Origin and Development of Moral Ideas*. London: Macmillan, 1926.

第一章参考文献

Adkins, A. W. H. *Merit and Responsibility (Homer to Aristotle)*. Oxford: Clarendon Press, 1960.

Aristophanes. *The Clouds*, ed. Cyril Bailey. London: Oxford University Press, 1921.

Boas, George. *Rationalism in Greek Philosophy*. Baltimore: Johns Hopkins Press, 1961.

Chroust, A. H. *Socrates, Man and Myth: The Two Socratic Apologies*. Notre Dame, Ind. : University of Notre Dame Press, 1958.

Dawson, M. M. *The Ethics of Socrates*. New York: Putnam, 1924.

Dickinson, G. L. *The Greek View of Life*. Garden City, N. Y. : Doubleday, Doran, 1925.

Diels, H., and Kranz, W. *Die Fragmente der Vorsokratiker*. Aufl. 8. Berlin: Weidmann, 1956.

Diogenes Laërtius. *Lives and Opinions of Eminent Philosophers*. Trans. R. D. Hicks.

Cambridge: Harvard University Press, 1925, 1950.

Dittrich, Ottmar. *Geschichte der Ethik*. Bde. 1: *Vom Altertum bis zum Hellenismus*. Leipzig: Meiner, 1923.

Doherty, Kevin. "God and the Good in Plato," *New Scholasticism*, XXX (1956), 441-60.

Dudley, D. R. *A History of Cynicism, from Diogenes to the Sixth Century*. London: Methuen, 1937.

Ferguson, John. *Moral Values in the Ancient World*. London: Methuen, 1958; New York: Barnes & Noble, 1959.

Freeman, Kathleen. *Ancilla to the Pre-Socratic Philosophers*. Oxford: Blackwell; Cambridge: Harvard University Press, 1948.

Gould, John. *The Development of Plato's Ethics*. New York: Cambridge University Press, 1955.

Hackforth, R. *Plato's Examination of Pleasure (Philebus)*. New York: Liberal Arts Press, 1957.

Helsel, P. R. "Early Greek Moralists," in *History of Philosophical Systems*, ed. V. Ferm. New York: Philosophical Library. 1950, pp. 82-92.

Jaeger, Werner. *Paideia. The Ideals of Greek Culture*. 3 vols. Trans. G. Highet. New York": Oxford University Press, 1939-45.

Kirk, G. S., and Raven, J. E. *The Presocratic Philosophers*. New York: Cambridge University Press, 1960.

Lachiéze-Rey, P. *Les Idées morales, sociales et politiques de Platon*. Paris: Vrin, 1951.

Lodge, R. C. *Plato's Theory of Ethics*. London: Routledge, 1928, 1950.

Mazzantini, C. *Eraclito*. Toronto: Vita e Pensiero, 1945.

Mondolfo, Rodolfo. *Moralisti Greci. La Coscienza morale da Omero a Epicuro*. Napoli: Ricciardi, 1960.

Nahm, Milton C. *Selections from Early Greek Philosophy*. New York: Appleton-Century-Crofts, 1947.

Nettleship, R. N. *Lectures on the Republic of Plato*. London: Macmillan, 1922; reprinted New York: St. Martins Press, 1962.

Oakeley, Hilda D. *Greek Ethical Thought from Homer to the Stoics*. London: Dent; New York: Dutton, 1925; Boston: Beacon Press, 1950.

Qwens, Joseph. *A History of Ancient Western Philosophy*. New York: Appleton-Century-Crofts, 1960.

Pearson, Lionel. *Popular Ethics in Ancient Greece*. Stanford, Calif: State University Press, 1962.

Plato. *Opera*, ed. John Burnet. Oxford: Clarendon Press 1910.

——. *The Dialogues*. Trans. R. G. Bury *et al.*, 12 vols. Cambridge: Harvard University Press, 1914-36.

——. *The Dialogues*. Trans. B. Jowett, 2 vols. London: Macmillan, 1892. Revised in 4 vols., by D. J. Allan and H. E. Dale. London: Macmillan, 1953.

——. *The Republic of Plato*. Trans, with notes by F. M. Cornford. Oxford: Clarendon Press, 1941.

Robin, Léon. *La morale antique*. Paris: Alcan, 1939.

Sauvage, Micheline. *Socrates and the Human Conscience*. New York: Harper Torchbooks, 1960.

Schwartz, Eduard. *Ethik der Griechen*, hrsg. Will Richter. Stuttgart: Koehler, 1951.

Shorey, Paul. "The Idea of Good in Plato's *Republic*." (*Studies in Classical Philology*, Vol. I.) Chicago, 1895.

Snell, Bruno. *The Discovery of Mind. The Greek Origins of European Thought*. Cambridge: Harvard University Press, 1953; New York: Harper Torchbooks. 1964. (Chap. VIII: The Call to Virtue.)

Taylor, A. E. *Socrates*. New York: Nelson, 1939.

Tenkku, J. *The Evaluation of Pleasure in Plato's Ethics*. Helsinki: Societas Philosophica, 1956.

Untersteiner, M. *The Sophists*. Trans. K. Freeman. New York: Philosophical Library, 1953.

Versenyi, Lazlo. *Socratic Humanism*. New Haven: Yale University Press, 1963.

Vlastos, Gregory. "Ethics and Physics in Democritus," *Philosophical Review*, LIV (1945), 578-92; LV (1946), 53-64.

Wild, John. *Plato's Modern Enemies and the Theory of Natural Law*. Chicago: University of Chicago Press, 1953.

Xenophon. *Memorabilia Socratis dicta*. Trans. E. C. Marchant. Cambridge: Harvard University Press, 1938.

Zubiri, Xavier. "Socrates and Greek Wisdom," *The Thomist*, VII (1944), 40-45.

第二章参考文献

Alexander of Aphrodisias. *De fato imperatoris*, ed. Pierre Thillet. Paris: Presses Universitaires, 1963.

Ando, Takatura. *Aristotle's Theory of Practical Cognition*. The Hague: Nijhoff, 1965.

Aristotle. *Opera Omnia*. ed. I. Bekker. 4 vols. Berlin: Reimer, 1835-70.

——. *Works: The Oxford Translation*, ed. W. D. Ross and J. A. Smith. 12 vols. London: Oxford University Press, 1928-52.

——. *Ethica Nicomachea*, ed. I. Bywater. Oxford: Clarendon Press, 1890.

——. *Ethica Nicomachia*, ed. J. Burnet. London: Methuen, 1900. Trans, as *Nico-*

machean Ethics by W. D. Ross (Vol. VIII of *Oxford Translation*). Also by J. A. K. Thomson, Baltimore: Penguin, 1955.

——. *Ethica Eudemia*, ed. F. Susemihl. Leipzig: Teubner, 1883. Trans, as *Eudemian Ethics* by J. Solomon (Vol. IX of *Oxford Translation*). Also by H. Rackham. Cambridge: Harvard University Press, 1952.

——. *Magna Moralia*. Greek text and trans., G. C. Armstrong. Cambridge: Harvard University Oress, 1957.

Aubenque, Pierre. *La Prudence chez Aristote*. Paris: Presses Universitaires, 1963.

Commentaria Graeca in Aristotelem. 23 vols. Berlin: Reimer, 1891-1909. (The ethical commentaries are in Vols. XIX, XXII.)

During, I., and Owen, G. E. L. (eds.). *Aristotle and Plato*. Goteburg: Almqvist & Wiksell, 1960. (An important symposium.)

Galen. *On the Natural Faculties*. Ed. And trans., Arthur J. Brock. Cambridge: Harvard University Press, 1916.

Gauthier, R. A. *L'Ethique à Nicomaque*. Introduction, traduction et commentaire (avec J. Y. Jolif). 3 vols. Louvain-Paris: Nauwelaerts, 1958-59.

——. *La Morale d'Aristote*. Paris: Presses Universitaies, 1958.

Hamburger, M. *Morals and Law: the Growth of Aristotle's Legal Theory*. New Haven: Yale University Press, 1951.

Hatch, W. M. *The Moral Philosophy of Aristotle*, London: Murray, 1879.

Jaeger, Werner. "The Original Ethics," in *Aristotle: Fundamentals of the History of His Development*. Trans. Richard Robinson. Oxford: Clarendon Press, 1951; reprinted 1962.

Jaffa, H. V. *Thomism and Aristotelianism: a Study of the Commentary by Thomas Aquinas on the Nicomachean Ethics*. Chicago: University of Chicago Press, 1952.

Joachim, H. H. *Aristotle, the Nicomachean Ethics*, ed. D. A. Ress. Oxford: Clarendon Press, 1951; reprinted 1962.

Léonard, Jean. *Le Bonheur chez Aristote*. Bruxelles: Palais des Académies, 1948.

Luthardt, C. E. *Die Ethik des Aristoteles*. Leipzig: Meiner, 1876.

Mansion, Auguste. "Autour des Ethiques attribués à Aristote," *Revue Néoscolastique de Philosophie*, XXXIII (1931), 80-107, 216-36, 360-80.

Marshall, T, *Aristotle's Theory of Conduct*. London: Unwin, 1906.

May, W. E. "The Structure and Argument of the *Nicomachean Ethics*," *New Scholasticism*, XXXVI (1962), 1-28.

Monan, J. D. "Two Methodological Aspects of Moral Knowledge in the *Nicomachean Ethics*" in *Aristote et Problémes de Méthode*. Louvain: Nauwelaerts, 1962.

Oates, W. J. *Aristotle and the Problem of Value*. Princeton, H. J.: Princeton University Press, 1963.

Prichard, H, A. "The Meaning of agathon in the Ethics of Aristotle," *Philosophy*, X, 37 (1935), 27-39.

Stewart, J. A. *Notes on the Nicomachean Ethics of Aristotle.* 2 vols. Oxford: Clarendon Press, 1892.

Theophrastus. *Characters.* Trans. J. M. Edmonds. Cambridge: Harvard University Press, 1929.

Vanier, Jean. *Le Bonheur principe et fin de la morale aristotélicienne.* Paris: Desclée de Brouwer, 1965.

Veatch, H. B. *Rational Man; a Modern Interpretation of Aristotelian Ethics.* Bloomington: Indiana University Press, 1962.

Wittmann, Michael. *Die Ethik des Aristoteles.* Regensburg-München: Hueber, 1920.

第三章参考文献

Armstrong, A. H. (ed.). *The Cambridge History of Later Greek and Early Medieval Philosophy.* Cambridge: Heffer, 1966.

Arnim, J. von (ed.). *Stoicorum Veterum Fragmenta.* 3 vols. Leipzig: Teubner, 1914-21.

Arnold, E. V. *Roman Stoicism.* London: Cambridge University Press, 1911.

Arniu, René. *Le désir de Dieu dans la philosophic de Plotin.* Paris: Alcan, 1921.

Bevan, E. R. *Hellenistic Popular Philosophy.* London: Cambridge University Press 1923.

Bonhoeffer, A. *Die Ethik der Stoiker Epiktet.* Stuttgart, 1894; reprinted Stuttgart: Fromman, 1965.

Bréhier, Emile. *The Hellenistic and Roman Ago.* Trans. Wade Baskin. Chicago: University of Chicago Press, 1965.

Clark, Gordon H. *Selections from Hellenistic Philosophy.* New York: Appleton-Century-Crofts, 1940.

De Witt, Norman. *Epicurus and His Philosophy.* Minneapolis: University of Minnesota Press, 1954.

Dittrich, O. *Geschichte der Ethik.* Bde. 2 u. 3. Leipzig: Meiner, 1926.

Dodds, E. R. *The Greeks and the Irrational.* Berkeley: University of California Press, 1951.

Du Vair, Guillaume. *The Moral Philosophie of the Stoicks*, ed. R. Kirk. New Brunswick, N. J.: Rutgers University Press, 1951.

Edelstein, Ludwig. *The Meaning of Stoicism.* Cambridge: Heffer, 1966.

Fortin, E. L. *Christianisme et culture philosophique au cinquiéme siècle.* Paris: Etudes Augustiniennes, 1959.

Garofalo, Gaetano. *La morale della Grecia nell'età dell'ellenismo.* Roma: Ciranna,

1961.

Goodenough, E. R. *The Politics of Philo Judaeus.* New Haven: Yale University Press, 1938.

Hadas, Moses. *Essential Works of Stoicism.* New York: Bantam Books, 1961.

Katz, Joseph. *Plotinus' Search for the Good.* New York: Columbia University Press, 1950.

Kristeller, P. O. *Der Begriff der Seele in der Ethik des Plotin.* Heidelberg: Abhandlungen z. Philosophic, 1929.

Lewy, Hans. *Chaldean Oracles and Theurgy: Mysticism, Magic and Platonism in the Later Roman Empire.* Cairo: Institut Français d'Archéologie Orientale, 1956.

Lieshout, H. van. *La Théorie plotinienne de la vertu.* Paderborn: Schöningh, 1926.

Mancini, Guido. *L'Etica Stoica da Zenone a Crisippo.* Padova: Cedam, 1940.

Mead, G. R. S. *Thrice Greatest Hermes.* New York: Holt, 1906. Merlan, Philip. *From Platonism to Neoplatonism.* The Hague: Nijhoff, 1953.

More, Paul Elmer. *Hellenistic Philosophies.* Princeton, N. J.: Princeton University Press, 1923.

Oates, W. J. *The Stoic and Epicurean Philosophers:* Epicurus, Epictetus, Lucretius, Marcus Aurelius. New York: Random House, 1940.

Plotinus. *Opera*, ed. Paul Heney et H. R. Schwyzer. Paris: Desclée de Brouwer, 1951 (crit. ed. in course of publication).

——. *Ennéades.* 6 vols. Texte établit et traduit par Emile Bréhier. Paris: Les Belles Lettres, 1924–38.

——. *The Ethical Treatises.* Trans. Stephen MacKenna. London: Medici Society, 1926.

——. *The Essential Plotinus.* Trans. Elmer O'Brien. New York: Mentor, 1964.

Porphyry. *On Abstinence from Animal Food.* Trans. Thomas Taylor. Reprinted New York: Barnes & Noble, 1965.

Proclus. *Elements of Theology.* Revised text with trans. by E. R. Dodds. London: Oxford University Press, 1933.

Proosdij, B. A. van. *Seneca als Moralist.* 2 vols. Leiden: Brill, 1961.

Ritter, H., et Preller, L. *Historia Philosophiae Graecae.* Gotha: Perthes, 1913.

Rosan, L. J. *The Philosophy of Proclus: the Final Phase of Ancient Thought.* New York: Cosmas, 1949.

Shapiro, H., and Curley, E. M. *Hellenistic Philosophy: Selected Readings.* New York: Scribner's, 1965.

Tarn, W. W. *Hellenistic Civilization.* New York: Longmans, 1927.

Trouillard, Jean. *La purification Plotinienne.* Paris: Presses Universitaires, 1953.

Valente, Milton. *L'Ethique Stoicienne chez Cicéron.* Paris: Saint-Paul, 1956.

Wolfson, H. A. *Philo.* 2 vols. Cambridge: Harvard University Press, 1948.

第四章参考文献

Alphandéry, P. *Les idées morales des bétérodoxes latins au debut du XIIIe siècle*. Paris: Leroux, 1903.

Ambrose. *Some of the Principal Works*. Trans. H. de Romestin. Edinburgh: Clark, 1896.

Ancient Christian Writers, The Works of the Fathers in Translation, ed. J. Quasten and J. C. Plumpe. Westminster, Md.: Newman Press, 1946 ff.

Anselm. *Opera*, ed. F. S. Schmitt, 5 vols. Edinburgh: Nelson, 1938-51.

——. *Proslogium and Other Works*. Trans. S. N. Deane. Chicago: Open Court, 1903.

Augustine. *Opera Omnia*, in *Patrologia Latina*, Vols. 32-47. For more recent editions consult:

——. *Essential Augustine*, ed. V. J. Bourke. New York: Mentor, 1964, pp. 249-56.

——. *La Moral de San Agustin*, ed. G. Armas. Madrid: Difusora del Libro, 1954 (a complete selection of ethical texts in Latin).

——. *Basic Writings of St. Augustine*, 2 vols. ed. W. J. Oates. New York: Random House, 1948.

Bardy, Gustave. *The Christian Latin Literature of the First Six Centuries*. St. Louis: Herder, 1930.

——. *The Greek Literature of the Early Church*. St. Louis: Herder, 1929.

Bernard, St. *Select Treatises of St. Bernard*. Trans. W. W. Williams and B. R. V. Mills. Cambridge: Heffer, 1926.

——. *On the Love of God*. Trans. E. G. Gardner. London: Mowbray, 1915. Also in A. C. Pegis. *The Wisdom of Catholicism*. New York: Random House, 1949, pp. 230-68.

Bett, H. *Joachim of Flora*. London: Cambridge University Press, 1931.

——. *Johannes Scotus Erigena*. London: Cambridge University Press, 1925; reprinted, New York: Russell & Russell, 1964.

Bigg, Charles. *The Christian Platonists of Alexandria*. Oxford: Clarendon Press, 1886.

Boethius. *De Consolatione philosophiae and Opusculasacra*, ed. and trans. H. F. Stewart and E. K. Rand. Cambridge: Harvard University Press, 1918; reprinted 1946.

——. *Consolation of Philosophy*. Trans. J. J. Buchanan. New York: Ungar, 1957. Also trans. Richard Green. New York: Liberal Arts Press, 1964.

Bourke, V. J. *Will in Western Thought*. New York: Sheed & Ward, 1964.

Boyer, Charles. *Saint Augustin* (Les Moralistes Chrétiens). Paris: Gabalda, 1932.

Brandt, T. *Tertullians Ethik*. Gütersloh: Universitäts Dissertation, 1928.

Burch, G. B. *Early Medieval Philosophy*. New York: King's Crown Press, 1951.

Campbell, J. M. *The Greek Fathers*. New York: Longmans, Green, 1929.

Chadwick, Henry. *Early Christmn Thought and the Classical Tradition*. New York:

Oxford University Press, 1966.
Clement of Alexandria, *Writings*. 2 vols. Trans. W. Wilson. Edinburgh: Clark, 1868–69. Cochrane, C. N. *Christianity and Classical Culture: A Study of Thought and Action from Augustus to Augustine*. London: Oxford University Press, 1944.
Corpus Christianorum. Series Graeca et Series Latina. The Hague: Nijhoff, 1953 ff.
Corpus Sciíptorum Ecclesiasticorum Latinorum. Wien: Akademie der Wissenschaften, 1866 ff.
Delhaye, Philoppe. "La place de l'éthique parmi les disciplines scientifiques au XIIme siècle," *Mélanges Arthur Janssen*. Louvain: Nauwelaerts, 1948, pp. 29–44.
——. "L'Enseignement de la philosophic morale au XIIme siècle," *Mediaeval Studies*, XI (1949), 77–99.
——. *Le problème de la conscience morale chez saint Bernard*. Namur: Editions Godenne, 1957.
Dempf, Alois. *Ethik des Mittelalters*. München-Berlin: Olden-bourg, 1927.
Dionysius, Pseudo-. *On the Divine Names, Mystical Theology*. Trans. C. E. Rolt. London: Society for the Promotion of Christian Knowledge, 1920.
——. *The Celestial Hierarchy*. Trans. by the Shrine of Wisdom Society. London: Shrine of Wisdom Manual, 935. Dittrich, O. *Geschichte der Ethik*. Bde. 2 u. 3. Leipzig: Meiner, 1926.
Dobler, E. *Nemesius von Emesa und die Psychologie des menschlichen Aktes*. Freiburg im Schweiz: Paulusdruckerei, 1950.
Enslin, M. S. *Ethics of Paul*. Nashville, Tenn. : Apex Books, 1963.
Fathers of the Church: a New Translation, ed. R. J. Deferrari. Washington, D. C. : Catholic University of America, 1947 ff.
Florilegium Morale Oxoniense, prima pars, ed. P. Delhaye. Lille: Giard, 1955. Secunda pars. ed. C. H. Talbot. Id., 1956.
Forest, Aimé. *Le Mouvement doctrinal du IXe au XÍV^e siècle*. Paris: Bloud et Gay. 1951.
Gilson, Etienne. *History of Christian Philosophy in the Middle Ages*. New York: Random House, 1955.
Gregory, St. *Morals on the Book of Job*. 3 vols. Oxford, 1844–50.
Grou, S. J. *Morality Extracted from the Confessions*. Trans. P. Hudleston. London: Burus, Oates, 1934.
Harvey, J. F. *Moral Theology of the Confessions of St. Augustine*. Washington, D. C. : Catholic University Press, 1951.
Hausherr, I. *Philatie. De la tendress pour soi à la charité selon saint Maxime le Confesseur*. Rome: Pontificium Institutum Orientalium Studiorum, 1952.
Heinig, H. *Die Ethik des Laktanz*. Leipzig, 1887.

Hunt, R. W. "English Learning in the Late Twelfth Century," *Transactions of the Royal Historical Society*, 4th series, XIX (1936), 19-41.

John Damascene. *De fide orthodoxa*, ed. E. M. Buytaert. St. Bonaventure, N. Y.: Franciscan Institute, 1955.

———. *Writings*. Trans. F. H. Chase, Jr. New York: Fathers of the Church, Inc. 1958.

Jolivet, Régis. *Le Problème du mal chez saint Augustin*. Paris: Beauchesne, 1936.

Koerner, Franz. *Vom Sein und Sollen des Menschen. Die existentialontologischen Grundlagen der Ethik in augustinischer Sicht*. Paris: Etudes Augustiniennes, 1963.

Labriolle, Pierre. *Histoire de la littérature latine chrétienne*. 2 vols. 3^{me}éd. Paris: Les Belles Lettres, 1947.

Lactantius. *Works*. Trans. William Fletcher. Edinburgh: Clark, 1871.

———. *Institutes*. Trans. E. H. Blakeney. London: Society for the Promotion of Christian Knowledge, 1950.

Library of the Nicene and Post-Nicene Fathers, ed. P. Schaff et al. 34 vols. New York, 1886-87; reprinted, Grand Rapids, Mich.: Eerdmans, 1952-56.

Lottin, Odon. "Le Probléme de la moralité intrinséque, d'Abelard à saint Thomas d'Aquin," *Revue Thomiste*, XXXIX (1934), 477-515). Reprinted in *Psychologie et Morale*. Gembloux: Duculot, 1948. II, 421-465.

McKeon, R. P. *Selections from Medieval Philosophers*. 2 vols. New York: Scribner's, 1929.

Martini Episcopi Bracarensis. *Opera Omnia*, ed. C. W. Barlow. New Haven: Yale University Press, 1950.

Mausbach, Joseph. *Die Ethik des hl. Augustinus*. Freiburg im Breisgau: Herder, 1909; reprinted, 1929.

Nelson, N, E. *Cicero's De officiis in Christian Thought*. Ann Arbor: University of Michigan Press, 1933.

Nothdurft, K. D. *Studien zum Einfluss Senecas auf die Philosophie und Theologie des zwoelften Jahrhunderts*. Leiden: Brill, 1963.

Origen. *On First Principles*. Trans. G. W. Butterworth. London: Society for the Promotion of Christian Knowledge, 1936. Reprinted, New York: Harper Torchbooks, 1966.

———. *Contra Celsum*. Trans. H. Chadwick. London: Cambridge University Press, 1953.

Patch, H. R. *The Tradition of Boethius: A Study of His Importance in Medieval Culture*. New York: Oxford University Press, 1935.

Patrologia Latina. 221 vols. Paris: J. P. Migne éditeur, 1844-64. Series Graeca, 162 vols. Paris, 1857-66.

Peter Abelard. *Ethica*, ed. L. M. De Rijk. Assen: Van Gorcum, 1966.

——. *Abailard's Ethics*. Trans. J. R. McCallum. Oxford: Blackwell, 1935.

Pra, Mario dal. *Scoto Eriugena ed il neoplatonismo medievale*. Milano: Vita e Pensiero, 1941.

Puëch, Aimé. *Histoire de la littérature grecque chrétienne*. 3 vols. Paris: Les Belles Lettres, 1928-30.

Quasten, Johannes. *Patrology*. 4 vpls. Westminster, Md. : Newman Press, 1950-66.

Rashdall, Hastings. *Conscience and Christ*. London: Duckworth, 1933.

Rohmer, Jean. *La finalité morale de saint Augustin à Duns Scot*. Paris: Vrin, 1939.

Rousselot, Pierre. *Pour l'histoire du problème de l'amour au moyen-âge*. (BGPM VI, 6.) Münster: Aschendrff, 1908.

Runciman, Steven. *The Medieval Manichee*. Cambridge, Eng. : University Press, 1947.

Schnackenburg, Rudolf. *The Moral Teaching of the New Testament*. New York: Herder & Herder, 1965.

Schiller, I. *Abelards Ethik im Vergleich zur Ethik seiner Zeit*. München: Universitäts Dissertation, 1906.

Schubert, Alois. *Augustins Lex-aeterna-Lebre*. Münster: Aschendorff, 1924.

Shapiro, Herman. *Medieval Philosophy*. New York: Random House, 1964.

Shoett, C. de L. *The Influence of Philosophy on the Mind of Tertullian*. London: Elliot Stock, 1933.

Siebert, Otto von. *Die Metaphysik und Ethik des Pseudo-Dionysius Areopagita*. Jena: Pohle, 1894.

Switalski, Bruno. *Neoplatonism and the Ethics of St. Augustine*. New York: Polish Institute of Arts and Sciences, 1946. Tertullian. *De anima*, ed. J. H. Waszink. Amsterdam: Swets, 1933.

——. *The Apology*. Trans. A. Souter. London: Cambridge University Press, 1917.

——. *Apologetical Works*. Trans. R. Arbesmann et al. New York: Fathers of the Church, Inc., 1950.

Thamin, R. *Saint Ambroise et la morale chrétienne au IVe siècle*. Paris: Masson, 1895.

Thomas Aquinas. *In librum B. Dionysii de divinis nominibus Expositio*. Cura Fr. Ceslai Pera. Taurini: Marietti, 1950.

Thouzellier, Christine (ed.). *Un traité cathare inédit du debut du XIIIe siècle, d'aprés le 'Liber contra Manichaeos' de Durand de Huesca*. Louvain: Publications Universitaires, 1964.

Ueberweg-Geyer. *Die patristische und scholastishe Philosophie*. Aufl. 11. Berlin: Mittler, 1928.

Vacant, A., Mangenot, E., et Amann, E. (eds.). *Dictionnaire de Théologie*

Catholique. Paris: Letouzey et Ané, 1903 ff.

Vandenbroucke, F. *La morale monastique du XIe au XVIe siècle.* Louvain: Nauwelaerts, 1966.

Wulf, Maurice de. *History of Medieval Philosophy.* Vol. I. London: Longmans, 1935; reprinted, New York: Dover, 1952.

第五章参考文献

Afnan, S. M. *Avicenna: His Life and Works.* London: Allen and Unwin, 1958.

Al Ghazzali. *The Alchemy of Happiness.* Trans. C. Field, London: Wisdom of the East Series, 1910.

——. *The Inspired Treatise.* Trans. Margaret Smith. London: Journal Royal Asiatic Society, 1936.

——. *Deliverance from Error.* Trans. W. Montgomery Watt, in *The Faith and Practice of al-Ghazzali.* London: allen and Unwin, 1953.

——. *O Disciple!* Trans. G. H. Scherer. Beirut: Catholic Press, 1951.

Arberry, A. J. *The Holy Koran, an Introduction with Selections.* London: Macmillan, 1953.

——. *The Koran Interpreted.* New York: Macmillan, 1964.

——. *The Romance of the Rubaiyat.* London: Macmillan, 1959.

Asin y Palacios, Miguel. *Algazel: Dogmatica, moral, ascetica.* Madrid-Saragossa, 1901.

Averroës (ibn Rushd). *On the Harmony of Religion and Philosophy.* Trans. G. F. Hourani. London: Luzac, 1961.

——. *Tahafut al-Tahafut: The Incoherence of the Incoherence.* Trans. Simon Van den Bergh. 2 vols. London: Oxford University Press, 1954.

——. *Commentary on Plato's Republic*, ed. And trans. E. I. J. Rosenthal. London: Cambridge University Press, 1956.

Bahya Ibn Pakuda. *Duties of the Heart.* Trans. Moses Hyamson. 5 vols. New York: Bloch, 1925-47.

Bar Hebraeus. *Book of the Dove*, with some chapters from his *Ethikon.* Trans. A. J. Wensinck. Leiden: De Goeje Fund, 1919.

Bauer, Hans. *Islamische Ethik.* Halle, 1916, 1917, 1922.

Beiträge zur Geschichte der Philosophie des Mittelalters, hrsg. Von-Clemens Baeumker et al. Münster: Aschendorff, 1891 ff. (About 40 vols. now published; abbreviated as BGPM.)

Boer, T. J. de. *History of Philosophy in Islam.* Trans. E. R. Jones. London: Luzac, 1903; reprinted, 1933.

Bokser, B. Z. *The Legacy of Maimonides.* New York: Philosophical Library, 1950.

Cohon, Samuel S. *Judaism: A Way of Life. Introduction to the Basic Ideas of Judaism.*

New York: Schocken Books, 1958.

Corbin, Henry. *Avicenna and the Visionary Recital.* Trans. W. P. Trask. New York: Pantheon Books, 1960.

——. *Histoire de la philosophie islamique, I: Des origins jusqu'à la mort d'Averrorës* (1198). Paris: Gallimard, 1964.

Dawani, Jalal. *Practical Philosophy of the Muhammadan Prople: Akhlaq-I Jalali*, Trans. W. F. Thompson. London: Oriental Translation Fund, 1839.

Donaldson, D. M. *Studies in Muslim Ethics.* London: Society for the Promotion of Christian Knowledge, 1953.

Duval, Rubens. *Anciennes littératures chrétiennes, II: La littérature syriaque.* 2me éd. Paris, 1900.

Efros, Israel I. *Ancient Jewish Philosophy: A Study in Metaphysics and Ethics.* Detroit: Wayne State University Press, 1964.

Gardet, Louis. *Mohammedanism.* Trans. William Burridge. New York: Hawthorn Books, 1961.

——. *Introduction à la théologie musulmane*, avec G. Anawati. Paris: Vrin, 1948.

Goldman, Solomon. *The Ten Commandments.* Chicago: University of Chicago Press, 1962.

Guttmann, Julius. *Philosophies of Judaism.* Trans. D. W. Silverman. New York: Holt, Rinehart and Winston, 1964.

Hernandez, Cruz. *Historia-de la Filosofía Española: Filosofía Hispano-Musulmana.* 2 vols. Madrid: Difusoradel Libro, 1957.

Hourani, G. F. "Averroes on Good and Evil," *Studia Islamica*, XVI (1962), 13-40.

Husik, Isaac. *A History of Medieval Jewish Philosophy.* Philadelphia: Hewish Publication Society, 1941.

Ibn Gabirol (Avicebron). *Fons Vitae*, ed. C. Baeumker. (BGPM I, 2 - 4.) Münster: Aschendorff, 1892-95.

——. *The Fountarain of Life* (Treatise Four). Trans. H. E. Wedeck. New York: Philosophical Library, 1962.

Ibn Khaldun. *The Muqaddimah*: An Introduction to History. 3 vols. Trans. Franz Rosenthal. (Bollingen Series, 43.) New York: Pantheon Books, 1958.

Ibn Tufail. *Hayy the Son of Yaqzan.* Trans. G. N. Atiyeh. In Lerner and Mahdi (see below), pp. 134-62.

Joseph Albo. *Sefer ba-'ikkarim*: Book of Principles, ed. and trans. Isaac Husik. 5 vols. Philadelphia: Jewish Publication Society, 1946.

Kadushin, Max. *Worship and Ethics: A Study in Rabbinic Judaism.* Evanston, Ill. : Noethwestern University Press, 1964.

Lazarus, M. *The Ethics of Judaism*. 2 vols. Philadelphia Jewish Publication Society, 1900.

Lerner, Ralph, and Mahdi, Muhsin (eds.). *Medieval Political Philosophy: A Sourcebook*. New York: Free Press, 1963.

Lewy, Hans, Altmann, A., and Heinemann, I. (eds.). *Three Jewish Philosophers*. Philadelphia: Jewish Publication Society, 1945; New York: Harper Torchbooks, 1965.

Maimonides, Moses. *The Guide of the Perplexed*. Trans. Shlomo Pines. Chicago: University of Chicago Press, 1963.

——. *The High Ways to Perfection*. Trans. S. Rosenblatt. New York: Columbia University Press, 1927.

——. *The Main Principles of the Creed and Ethics of the Jews*. Trans. H. H. Bernard. Cambridge, England, 1832.

——. *The Eight Chapters on Ethics*, ed. and trans. J. I. Gorfinkle. (Columbia University Oriental Studies, VII.) New York: Columbia University Press, 1912.

Minkin, J. S. *The World of Moses Maimonides, with Selections from His Writings*. New York: Yoseloff, 1957.

Munk, Salomon. *Mélanges de philosophie juive et arabe*. Paris: Franck, 1859.

Nasir ad-Din. *The Nasirean Ethics*. Trans. G. M. Wickens. London: Allen and Unwin, 1964.

O'Leary, De Lacy. *Arabic Thought and Its Place in History*. London: Routledge, 1957.

Patrick, Mary Mills. "The Ethics of the Koran," *Ethics*, XI (1901), 321-29.

Rescher, Nicholas. *Al-Farabi: An Annotated Bibliography*. Pittsbutgh: University of Pittsburgh Press, 1962.

Roth, Leon. *The Guide for the Perplexed: Moses, Maimonides*. London: Hutchinson's Library; New York: Longmans, 1950.

Saadia ben Josef. *The Book of Beliefs and Opinions*. Trans. S. Rosenblatt. New Haven: Yale University Press, 1948. Abbreviated version by A. Altmann, in *Three Jewish Philosophers*, pp. 9-191.

Sharif, M. M. (ed.). *A History of Muslim Philosophy*. 2 vols. Wiesbaden: Harrassowitz, 1963.

Snaith, N. H. *The Distinctive Ideas of the Old Testament*. New York: Schocken Books, 1944.

Tresmontant, Claude. *A Study of Hebrew Thought*. New York: Desclée, 1960.

Umaruddin, M. *The Ethical Philosophy of Al-Ghazzali*. Aligarh, India: Muslim University Press, 1962.

Ventura, M. *La philosophie de Saadia Gaon*. Paris: Vrin, 1934.

Weinburg, Julius. *A Short History of Medieval Philosophy*. Princeton, N. J.: Princeton University Press, 1964.
Wensinck, A. J. *The Muslim Creed*. London: Cambridge University Press, 1932.
Wickens, G. M. (ed.). *Avicenna: Scientist and Philosophers, a Millenary Symposium*. London: Luzac, 1952.
Wright, W. *A Short History of Syriac Literature*, London, 1894.

第六章参考文献

Albert the Great. *Opera Omnia*, ed. A. Borgnet. 38 vols. Paris: Vivés, 1890–99.
——. *Summa de Bono*, ed. B. Geyer. Vol. XXVIII of the new critical ed. Köln-Münster: Albertus-Magnus Institut, 1951.
——. *Commentary in libros Ethicorum*, in Opera Omnia, ed. Borgnet, Vol. VII.
Alszeghy, Z. *Grundformen der Liebe. Die Theorie der Gottesliebe bei dem hl. Bonaventura*. Rome: Gregorianum, 1946.
Andreas Capellanus. *The Art of Courtly Love*. Trans. J. J. Parry. New York: Columbia University Press, 1941.
Berroni, Efrem. *Duns Scotus: The Basic Principles of His Philosophy*. Trans. Bernardine Bonansea. Washington: Catholic University Press, 1936.
Binkowski, Johannes. *Die Wertlehre des Duns Scotus*. Berlin-Bonn: Dümmler, 1936.
Bizet, J. A. *Suso et le Minnesange, ou La Morale de l'amour courtoise*, Paris: Aubier, 1947.
Blakney, R. B. *Meister Eckhart: A Modern Translation*. New York: Harper, 1957.
Boethius of Dacia. *De summon bono sive de vita philosophi*, ed. by M. Grabmann. In Mittelalterliches Geistesleben. München: Hueber, 1936. Bde. 1, 200–4.
Bonaventure, Saint. *Opera Omnia*, ed. crit. 10 vols. Quaracchi: Collegio di San Bonaventura, 1882–1902.
——. *The Works of Bonaventure*. Trans. J. de Vinck. Paterson, N. J.: St. Anthony Guild Press, 1960 ff.
——. *Retracing the Arts to Theology*. Trans. Sister E. T. Healy. St. Bonaventure, N. Y.: Franciscan Institute, 1955.
Bonke, E. "Doctrina nominalistica de fundamento ordinis moralis apud G. de Ockham et Gabriel Biel," *Collectanea Franciscana*, CIV (1944), 57–83.
Bourke, V, J. St. *Thomas and the Greek Moralists*. Milwaukee: Marquette University Press, 1947.
——. *Pocket Aquinas*. New York: Washington Square Press, 1960.
——. *Ethics in Crisis*. Milwaukee. Bruce, 1966.
Brandl, L. *Die Sexualethik des hl. Albertus Magnus*. Regensburg: Pustet, 1955.
Davitt, Thomas. *The Nature of Law*. St. Louis: Herder, 1951.

Dittrich, O. *Geschichte der Ethik*. Bde. 3: *Mittelalter bis zur Kirchenreformation*. Leipzig: Meiner, 1926.

Emerson, E. H. "Reginald Pecock: Christian Rationalist," *Speculum*, XXI (1956), 235-42.

Etienne Tempier. "Condemnation of 219 Propositions." Trans. E. L. Fortin and P. D. O'Neill. In Lerner and Mahdi (see below), pp. 335-56.

Fairweather, E. R. *A Scholastic Miscellany: Anselm to Ockham*. (Library of Christian Classics, X.) Philadelphia: Westminster Press, 1956.

Feckes, K. *Die Rechtfertigungslebre des Gabriel Biel*. Nünster: Aschendroff, 1925.

Feiler, W. *Die Moral des Albertus Magnus*. Leipzig: Universitäts Dissertation, 1891.

Francis of Assisi, Saint. *His Life and Writings*. Ed. by Leo Sherley-Price. Baltimore: Penguin, 1959.

Garvens, Anita. "Die Grundlagen der Ethik Wilhelms von Occam," *Franziskanische Studien*, XXI (1934), 243-73, 360-408.

Gauthier, R. A. "Trois commentaires 'averroistes' sur l'Ethique à Nicomaque." *Archives d'histoire doctrinale et littéraire*, XVI (1947-48), 187-336.

Giles of Rome. *De differentia rhetoricae, ethicae et politicae*, ed. Gerardo Bruni, in New Scholasticism, VI (1932), 5-12.

———. *Errores Philosophorum*, ed. J. Koch, Plus English trans. By J. O. Riedl. Milwaukee: Marquette University Press, 1944. Another version in Shapiro (see below), pp. 386-413.

Gilson, Etienne. *Dante the Philosopher*. Trans. David Moore. New York: Sheed & Ward, 1949.

———. *Saint Thomas d'Aquin* (Les moralistes chrétiens). Paris: Gabalda, 1931.

Henry of Ghent. *Summa Quaestionum ordinariorum*. 2 vols. Paris, 1520; reprinted St. Bonaventure, N. Y.: Franciscan Institute, 1953.

Hiller, Joseph A. *Albrecht von Eyb: Medieval Moralist*. Washington: Catholic University Press, 1939.

Hooker, Richard. *The Works*, ed. John Keble. 3 vols. Oxford: Clarendon, 1839; 6th ed., 1874.

———. *Of the Laws of Ecclesiastical Polity*, ed. Ernest Rhys. 2 vols. London: Dent, 1960; New York: Dutton, 1963.

Jarrett, Bede. *Saint Antonino and Medieval Economics*, St. Louis: Herder, 1914.

———. *Social Theories of the Middle Ages*: 1200-1500. London: Benn, 1926; reprinted, Westminster, Md.: Newman Press, 1942.

Johannes Eckhart, Meister. *Opera Latina*. Leipzig: Meiner, 1934 ff.

———. *Die deutschen und lateinischen Werke*. Stuttgart: Kohlhammer, 1936 ff.

John Duns Scotus. *Opera*, ed. Luke Wadding. 12 vols, Paris: Vivés, 1891-95.

———. *Opera Omnia*. Ed. crit., Carolo Balic. Vatican City: Commissio Scotistica, 1950 ff.

———. *Reason and Revelation*, *A Question from Duns Scotus*. Trans. N. Micklem. Edinburgh: Nelson, 1953.

———. *Philosophical Writings* (*selections from the Ordinatio*). Trans. Allen Wolter. Edinburgh: Nelson, 1962.

John Fortescue, Sir. *De laudibus legume Angliae*, ed. S. B. Chrimes. London: Cambridge University Press, 1942.

———. *The Works*, ed. Thomas Fortescue, Lord Clermont. London, 1869.

Klubertanz, G. P. *Habits and Virtues*. New York: Appleton Century-Crofts, 1965.

Kluxen, Wolfgang. *Philosophische Ethik bei Thomas von Aquin*. Mainz: Matthias-Grünewald, 1964.

Lacy, E. W. *Sir John Fortesscue and the Law of Nature*. Urbana, Ill. : University of Illinois Dissertation, 1939.

Lagarde, Georges de. *La naissance de l'esprit laïque au declin du moyen-âge*. 5 vols. Paris: Droz, 1942–63.

Lauer, A. *Die Moraltheologie Alberts des Grossen*. Freiburg im Breisgau: Herder, 1911.

Lehu, L. *La raison régle de la moralité d'aprés saint Thomas*. Paris: Gabalda, 1930.

Lerner, R., and Mahdi, M. *Medieval Political Philosophy*. New York: Free Press, 1963; see pp. 272–526.

L'Homme et son Destin, d'aprés les penseurs du moyen age, Louvain-Paris: Nauwelaerts, 1948.

Lottin, Odon. *Le droit naturel chez saint Thomas et ses prédécesseurs*. Bruges: Beyaert, 1931.

———. *Psychologie et Morale aux XIIe et XIIIe siècles*. 7 vols. Gembloux: Duculot, 1942–60

———. *Etudes de morale*. Gembloux: Duculot, 1961.

Mckeon, R. P. *Selections from Medieval Philosophers*. New York: Scribner's, 1929, Vol. II.

Maurer, A. A. *Medieval Philosophy*. New York: Random House, 1962.

Meinertz, Max, und Donders, Adolf. *Aus Ethik und Leben. Festschrift für Joseph Mausbach*. Münster: Aschendorff, 1931.

Miscellanea Moralia: In Honorem Eximii Domini Arthur Janssen. Louvain: Nauwelaerts, 1948.

Nardi, Bruno. *Sigieri di Brabante*. Roma: Edizioni Italiani, 1945.

Noelkensmeyer, C. *Ethische Grundfragen bei Bonaventura*. Leipzig: Pustet, 1932.

Oakley, Francis. "Medieval Theories of Natural Law: William of Ockham and the Significance of the Voluntarist Tradition," *Natural Law Forum*, VI (1961), 65–83.

Oberman. H. A. *The Harvest of Medieval Theology: Gabriel Biel and Late Medieval*

Nominalism. Cambridge: Harvard University Press, 1963.

Paré, G. *Le Roman de la Rose et la Schlastique Courtoise*. Paris: Vrin, 1941.

Pfister, A. *Die Wirtschaftsethik Antonins von Florenz*. Waldkirch: Universitäts Dissertation, 1949.

Pieper, Josef. *Die ontische Grundlage des Sittlichen nach Thomas von Aquin*. Münster: Aschendorff, 1929.

Powicke, F. M. *Robert Grosseteste and the Nicomachean Ethics*. London: Proceedings of the British Academy, 1930.

Prentice, Robert. *The Psychology of Love according to St. Bonaventure*. St. Bonaventure, N. Y.: Franciscan Institute, 1951.

Ramòn Lull. *Obres*. 17 vols. Palma de Mallorca, 1906-35.

——. Blanquerna. Trans. E. A. Peers. London: Jarrold, 1926.

Reade, W. H. V. *The Moral System of Dante's Inferno*. Oxford: Clarendon Press, 1909.

Reginald Pecock. *The Donet*, ed. E. V. Hitchcock. London: Oxford University Press, 1921.

——. *The Reule of Crysten Religioun*, ed. W. C. Greet. London: Oxford University Press, 1927.

Robert Grosseteste. *Summa in Ethica Nicomachea*. Lyons, 1542.

——. *Die philosophischen Werke*, ed. Ludwig Baur. (BGPMIX.) Münster: Aschendorff, 1912.

Roger Bacon. *Moralis Philosophiae*, ed. F. Delorme et E. Massa. Turino: In Aedibus Thesauri Mundi, 1953. Trans. As *Moral Philosophy* by R. P. McKeon, D. McCarthy, and E. L. Fortin, in Lerner and Mahdi (see above), pp. 355-90.

Rohmer, Jean. *La finalité morale chez les théologiens de saint Augustin à Duns Scot*. Paris: Vrin, 1939.

Sertillanges, A. D. *La philosophie morale de saint Thomas d'Aquin*, Paris: Aubier, 1946.

Siger de Brabant. *On the Necessity and Contingency of Causes*. Trans. J. P. Mullally. In Shapiro, *Medieval Philosophy*, pp. 415-38.

Stratenwerth, Günter. *Die Naturrechtslehre des J. D. Scotus*. Göttingen: Vandenhoeck und Ruprecht, 1951.

Suk, O. "The Connection of the Virtues according to Ockham," *Franciscan Studies*, X (1950), 9-32, 91-113.

Taylor, H. O. *Medieval Mind: A History of the Development of Thought and Emotion in the Middle Ages*. 5th ed. 2 vols. Cambridge: Harvard University Press, 1949.

Thomas Aquinas, Saint, *Opera Omnia*. 25 vols. Parma: Fiaccadori, 1852-73; edition Leonina, Rome: Commissio Leonina, 1882 ff. (17 vols. Printed in 1966).

———. *Summa contra Gentiles*. Turin: Marietti, 1934. Trans, as *On the Truth of the Catholic Church*, by A. C. Pegis et al. New York: Doubleday, 1955–57.

———. *Commentary on the Nicomachean Ethics*. Trans. C. I. Litzinger. 2 vols. Chicago: Regnery, 1964.

———. *The Virtues*. Trans. J. P. Reid. Providence, R. I.: Providence College, 1951.

———. *Summa Theologiae*. 5 vols. Ottawa, Canada: Collège Dominicain, 1941–45. 60-volume Latin-English edition, ed. P. K. Meagher and Thomas Gilby. New York: McGraw-Hill, 1963 ff.

William Ockham. *Opera Plurima*. 4 vols. Lyons, 1494–96; reprinted, London, and Ridgewood, N. J.: Gregg Press, 1964.

———. *Opera Omnia*. Crit. Ed.; by E. M. Buytaert, E. A. Moody, et al. To be published from St. Bonaventure, N. Y.: Franciscan Institute.

———. *Philosophical Writings*. Trans. P. Boehner. Edinburgh: Nelson, 1957.

Wittmann, M. *Die Ethik des hl Thomas von Aquin*. München: Hueber, 1933.

第七章参考文献

Artz, F. B. *Renaissance Humanism*, 1300–1500. Kent, Ohio: Kent State University Press, 1966.

Baker, Herschel. *The Dignity of Man*. Cambridge: Harvard University Press, 1947. Reissued as *The Image of Man*. New York: Harper Torchbooks, 1961.

Baldwin, William. *A Treatise of Morall Philosophy*. London, 1597.

Bellarmine, Robert. *Opera Omnia*. 12 vols. Paris: Vivés, 1870–74.

———. *Ascent of the Mind to God*. Trans. J. Brodrick. London: Burns, Oates, 1928.

———. *De Laicis, or Treatise on Civil Government*. Trans. K. E. Murphy. New York: Fordham University Press, 1928.

Biéler, André. *L'Homme et la femme dans la morale calviniste*, Geneva: Editions Labor, 1963.

Boehme, Jakob. *Works*, ed. C. J. Barber. London: Watkins, 1909.

Boisset, Jean. *Sagesse et sainteté dans la pensée de Jean Calvin*. Paris: Ecole des Hautes Etudes, 1959.

Breen, Quirinus. *John Calvin: A Study in French Humanism*. Grand Rapids, Mich.: Zondervan, 1931.

Bruno, Giordano. *Dialoghi morali*, ed. G. Gentile. Bari: Laterza, 1908; Firenze: Sansoni, 1958.

———. *The Expulsion of the Triumphant Beast*. Trans. A. D. Imerti. New Brunswick, N. J.: Rutgers University Press, 1963.

———. *The Heroic Frenzies*. Trans. P. E. Memmo. Chapel Hill: University of North

Carolina Press, 1963.

Bucer, Martin. *Opera Latina*, ed. F. Wendel. Paris: Presses Universitaires, 1954 ff.

———. *Deutsche Schriften*, ed. R. Stupperich. Gütersloh, 1960 ff.

Calvin, John. *Institutes of the Christian Religion*. Trans. F. L. Battles. (Library of Christian Classics, 20-21.) Philadelphia: Westminster Press, 1960.

Campanella, Tommaso. *Civitas Solis*. Frankfurt. 1623. Trans, as The City of the Sun by T. W. Halliday, in Henry Morley, *Ideal Commonwealths*. London: Routledge. 1893.

Cassirer, Ernst. *The Individual and the Cosmos in Renaissance Philosophy*. Trans. Mario Domandi, New York: Harper, 1964. Cassirer, Ernst, Kristeller, Paul, and Randall, J. H. *The Renaissance Philosophy of Man*. Chicago: University of Chicago Press, 1948; reprinted 1955.

Charron, Pierre. *De la sagesse*. Paris, 1601. Trans. as *Of Wisdom* by Samson Lennard. London, 1670.

Collins, Jams. *The Lure of Wisdom*. Milwaukee: Marquette University Press, 1962.

Du Vair, Guillaume. *La philosophie morale des stoïques*. Paris: 1585;. Englished as *The Moral Philosophy of the Stoicks* by Thomas James, ed. by Russell Kirk. New Brunswick, N. J. : Rutgers University Press, 1951.

Elyot, Thomas. *The Boke Named the Governour*. London, 1531; ed. F. Watson. New York: Dutton, 1907.

Farrell, Walter. *Natural Moral Law according to St. Thomas and Suarez*. Ditchling, Eng. : St. Dominic's Press, 1930.

Garin, Eugenio. *Italian Humanism, Philosophy and Civic Life in the Renaissance*. Trans. Peter Munz. New York: Harper & Row, 1966.

Gassendi, Pierre. *Opera Omnia*. 6 vols. Lyon, 1658.

Giacon, Carlo. *La seconda scolastica*. 3 vols. Milano: Fratelli Bocca, 1944-50.

Gragg, F. A. (ed.). *Latin Writings of the Italian Humanists*. New York: Scribner's, 1927.

Grimm, H. J. *The Reformation Era*, 1500 - 1650, rev. ed. New York: Macmillan, 1965.

Harkness, Georgia. *John Calvin: the Man and His Ethics*. New York: Holt, 1931.

Harrison, J. S. *Platonism in English Poetry of the Sixteenth and Seventeenth Centuries*. New York: Macmillan, 1903.

Herbert of Cherbury, Lord. *De veritate*. London, 1933. Trans, by M. H. Carré. Bristol: University of Bristol, 1937.

———. *De religione laici*. Trans. H. R. Hutcheson. New Haven: Yale University Press, 1944.

Kahler, Erich. *Man the Measure*. New York: Pantheon Books, 1943.

Keckermann, Bartholomaeus. *Systema ethicae*. Hanoviae, 1607.

Koch, Karl. *Studium Pietatis: Martin Bucer als Ethiker*. Neukirchen: Neukirchener-

Verlag, 1962.
Kristeller, Paul. *Renaissance Thought: the Classic, Scholastic and Humanist Strains*. New York: Harper & Row, 1961.
Lipse, Juste. *Tvvo Bookes of Constancie*. Trans. John Stradling, London, 1594. Ed. Russell Kirk. New Brunswick, N. J. : Rutgers University Press, 1939.
Litt, Theodore, *Ethik der Neuzeit*. Münhen-Berlin: Oldenburg, 1926.
Luther, Martin. *Collected Works*, ed. Jaroslav Pelikan and H. T. Lehmann. St. Louis: Concordia, 1955 ff.
——. *Selections from His Writings*, ed. John Dillenberger. New York: Anchor Books, 1961.
Machiavelli, Niccolò. *The Prince and the Discourses*. Trans. L. Ricci and C. E. Detmold. New York: Random House, 1940.
MacIntyre, Alasdair. *Short History of Ethics*. New York: Macmillan, 1966. Chapter 10.
Mariana, Juan. *De rege et regis institutione*. Toledo, 1599. Trans. by G. A. Moore as *The King and the Education of the King*. Washington: Country Dollar Press, 1948.
Melanchthon, Philipe. *Scholia in Ethicam Aristotelis*, printed in *Aristotelis Opera*. 4 parts in 2 vols. Basel: J. Oporinus, 1542.
——. *Selected Writings*. Trans. C. L. Hill. Minneapolis: Augsburg, 1962.
Montaigne, Michel de. *Complete Works*. Trans. D. M. Frame. Palo Alto, Calif. : Stanford University Press, 1957.
More, Thomas. *Utopia*. Trans. Peter K. Marshall. New York: Washington Square Press, 1955.
Mullaney, T. V. *Suarez on Human Freedom*. Baltimore: Carroll Press, 1950.
Naedi, Bruno. *Studi sull'aristotelismo padovano dal secolo* XIV *al* XVI. Firenze: Sansoni, 1958.
Nicholas of Cusa, Cardinal. *Opera Omnia*, ed. E. Hoffmann and R. Klibansky. 5 vols. Leipzig: Meiner, 1932-41.
——. *Of Learned Ignorance*. Trans. Germain Heron. London: Routledge, 1954.
——. *The Vision of God*. Trans. by E. G. Salter. New York: Ungar, 1960.
——. *Unity and Reform*. Selected Writings of Nicholas de Cusa, ed. J. P. Dolan. Notre Dame, Ind. : Notre Dame University Press, 1962.
Pico della Mirandola, Giovanni. *Oration on the Dignity of Man*. Trans, by Robert Caponigri. Chicago: Regnery, 1956.
——. *The Rules of a Christian Lyfe*. Trans. Sir Thomas Elyot. London, 1534.
Pomponazzi, Pietro. *Libri Quinque De Fato, De Libero Arbitrio et De Praedestinatione*, ed. R. Lemay. Lucani: In Aedibus Thesauri Mundi, 1957.

——. *On the Immortality of the Soul.* Trans, W. Hay, in *Cassirer et al. The Renaissance Philosophy of Man*, pp. 280-381.

Popkin, R. H. *The History of Skepticism from Erasmus to Descartes.* Assen: Van Gorcum, 1960.

Rice, E. F. *The Renaissance Idea of Wisdom.* Cambridge: Harvard University Press, 1958.

Robinson, D. S. (ed.). *Anthology of Modern Philosophy.* New York: Crowell, 1931.

Ross, J. B., and McLaughlin, Mary M. (eds.). *The Portable Renaissance Reader.* New York: Viking, 1953.

Santillana, Giorgio de (ed.). *The Age of Adventure. The Renaissance Philosophers.* New York: Mentor, 1956.

Saunders, J. L. *Justus Lipsius: The Philosophy of Renaissance Stoicism.* New York: Liberal Arts Press, 1955.

Smith, Gerard (ed.). *Jesuit Thinkers of the Renaissance.* Milwaukee: Marquette University Press, 1939.

Suárez, Francisco. *Opera Omnia*, ed. C. Berton. 28 vols. Paris: Vivès, 1856-78.

——. *Disputationes Metaphysicae* in Opera Omnia, Vols. XXV-XXVI. Reprinted, 2 vols. Hildesheim: Georg Olms, 1965.

——. *De Legibus* in Opera Omnia, Vol. V.

——. Selections from *On the Laws.* Trans. by G. L. Williams et al. In *The Classics of International Law*, ed. J. B. Scott. Oxford: Clarendon Press, 1944, Vol. II.

Trinkhaus, C. E. *Adversity's Noblemen: The Italian Humanists on Happiness.* New York: Columbia University Press, 1940.

Ueberweg, F., Frischeisen-Koehker, M., and Moog, Willy. *Die Philosophie der Neuzeit.* Berlin: Mittler, 1924.

Vanini, Lucilio. *Amphitheatrum aeternae providentiae.* Lugduni, 1615.

Vitoria, Francisco de. *On the Law of War.* Trans. by Ernest Nys. Washington: Carnegie Institution, 1917. Also in J. B. Scott, *The Spanish Origin of International Law*, Part I. Oxford: Clarendon Press, 1934.

——. *Commentarios a la Secunda Secundae de Santo Tomás*, ed. Beltran de Heredia. 2 vols. Salamanca: Biblioteca de teologos españoles, 1934.

Weigel, Erhard. *Analysis Aristotelica ex Euclide restituta.* Wittenberg, 1658.

Wilenius, Reijo. *The Social and Political Theory of Francis Suarez.* Helsinki: Philosophical Society of Finland, 1963.

Zanta, Léontine. *La Renaissance du stoicisme au XVIe siècle.* Paris: Champion, 1914.

第八章参考文献

Bacon, Francis. *Works*, ed. J. Spedding, R. L. Ellis, and D. Heath. 14 vols. London: Longmans, 1858-72.

——. *Advancement of Learning, and New Atlantis.* New York: Oxford University Press, 1938.

——. *Complete Essays*, ed. H. L. Finch. New York: Mentor, 1963.

——. *Selections*, ed. M. T. McClure. New York: Scribner's, 1928.

Balguy, John. *Foundation of Moral Goodness. Or an Inquiry into the Original of Our Ideas of Virtue, in Answer to Hutcheson's Inquiry.* London, 1728.

Bandini Luigi. *Shaftesbury, etica e religione, la morale del sentimento.* Bari: Laterza, 1930.

Berkeley, Bishop George. *Works*, ed. A. A. Luce and T. E. Jessop. 9 vols. London: Nelson, 1948 ff.

——. *A Treatise concerning the Principles of Human Knowledge*, ed. A. C. Fraser. Oxford: Clarendon Press, 1901.

Blackstone, W. T. *Francis Hutcheson and Contemporary Ethical Theory.* Athens, Ga.: University of Georgia Press, 1965.

Bolingbroke, Henry St. John. *Philosophical Works.* 5 vols. London: Mallet, 1754.

Bonar, James. *The Moral Sense.* Oxford: Clarendon Press, 1930.

Bowie, John. *Hobbes and His Critics.* New York: Oxford University Press, 1952.

Broad, C. D. *Five Types of Ethical Theory.* New York: Harcourt, 1930.

Brogan, A. P. "John Locke and Utilitarianism," *Ethics*, LXIX (1959), 79-93.

Browne, Sir Thomas. *The Works*, ed. G. Keynes. 5 vols. London: Faber & Gwyer, 1928-31.

Butler, Joseph. *Works*, ed. S. Halifax. Oxford: Clarendon Press, 1874.

——. *Works*, ed. W. E. Gladstone. London: Oxford University Press, 1910.

——. *Fifteen Sermons*, ed. W. R. Matthews. London: Oxford University Press, 1949.

Campagnac, E. T. (ed.). *The Cambridge Platonists, Selections.* Oxford: Clarendon Press, 1901.

Carlsson, P. A. *Butler's Ethics.* The Hague: Mouton, 1964.

Cassirer, Ernst. *The Platonic Renaissance in England.* Trans. J. P. Pettegrove. Austin, Tex.: University of Texas Press, 1953.

Clarke, John. *Examination of the Notion of Moral Good and Evil.* London, 1725.

——. *The Foundation of Morality in Theory and Practice.* York, 1730.

Clarke, Samuel. *Discourse concerning the Unchangeable Obligations of Natural Religion.* London, 1706.

Crowe, M. B. "Intellect and Will in John Locke's Conception of the Natural Law," *Atti del XII Congresso Internazionale di Filosofia*, XII (Firenze, 1960), 129-35.

Cudworth, Ralph. *The True Intellectual System of the Universe.* London, 1678.

——. *Treatise concerning Eternal and Immutable Morality*. London, 1731. Ed. J. Harrison. London, 1845.

Cumberland, Richard. *De legibus naturae disquisiyio philosophica*. London: 1672. J. Maxwell, as *A Treatise of the Laws of Nature*. London, 1727. Trans. J. Towers. Dublin, 1750.

De Pauley, W. C. *The Candle of the Lord: Studies in the Cambridge Platonists*. New York: Macmillan, 1937.

Duncan-Jones, A. *Butler's Moral Philosophy*. Baltimore: Penguin, 1952.

Garin, Eugenio. *L'Illuminismo inglese*: I Moralisti. Milano: Vallardi, 1941.

Gay, John. *Concerning the Fundamental Principle of Virtue or Morality*, dissertations prefixed to Edmund Law's translation of Archbishop King's *Essay on the Origin of Evil*. London, 1731.

Harris, W. G. *Teleology in the Philosophy of J. Butler and A. Tucker*. Philadelphia: University of Pennsylvania Press, 1942.

Hobbes, Thomas. *Opera Philosophica*, 5 vols. *English Works*, 11 vols. Ed. W. Molesworth. London: Bohn and Longmans, 1839-45.

——. *Leviathan*, ed. M. Oakeshott. Oxford: Blackwell, 1946.

Hutcheson, Francis. *Works*. 5 vols. Glasgow, 1772.

——. *Inquiry into the Original of our Ideas of Beauty and Virtue*. London, 1725.

——. *Essay on the Nature and Conduct of the Passions and Illustrations upon Moral Sense*. London, 1728.

——. *A System of Moral Philosophy*, ed. William Leechman. Glasgow, 1755.

Kames, Henry Home, Lord. *Essays on the Principles of Morality and Natural Religion*. London, 1751.

King, Archbishop William. *De origine mali*. Dublin, 1702-04.

King, Lord. *The Life of John Locke*. 2 vols. London, Colburn & Bentley, 1830. (Contains *inedita*.)

Lamprecht, S. P. *The Moral and Political Philosophy of John Locke*. New York: Columbia University Press, 1918. Reprinted, New York: Russell & Russell, 1964.

Leland, J. *A View of the Principal Deistical Writers*, 2 vols. London, 1837.

Le Rossigno, J. E. *The Ethical Philosophy of Samuel Clarke*. Leipzig, 1892.

Locke, John. *An Essay concerning Human Understanding*, ed. A. C. Fraser. 2 vols. Oxford: Clarendon Press, 1894.

——. *Essays on the Law of Nature* (1660-1664), ed. W. von Leyden. New York: Oxford University Press, 1954.

——. *Locke Selections*, ed. S. P. Lamprecht. New York: Scribner's, 1928.

Mackintosh, James. *On the Progress of Ethical Philosophy during the XVII and XVIII Centuries*. Edinburgh: Clarke, 1830; Philadelphia: Carey & Lea, 1832.

Macmillan, Michael. "Bacon's Moral Teaching," *Ethics*, XVII (1907), 55-70.
McPherson, T. "The Development of Bishop Butler's Ethics," *Philosophy*, XXIII (1948), 317-31.
Mandeville, Bernard de. *The Fable of the Bees, or Private Vices Publick Benefits*. 2 vols. London, 1714. Ed. F. B. Kaye. Oxford: Clarendon Press, 1924.
——. *An Enguiry into the Origin of Moral Virtue*. London, 1723.
Mintz, S. I. *The Hunting of Leviathan*. Cambridge, Eng.: University Press, 1962.
More, Herny. *Enchiridion Ethicum*. London, 1667; London: Facsimile Text Society, 1930.
——. *The Philosophical Writings of Henry More*, ed. Flora Mackinnon. New York: Oxford University Press, 1962.
Morgan, Thomas. *The Moral Philosopher*. London, 1738. Reprinted, Stuttgart, Fromman, 1965.
Moskowitz, H. *Die moralische Beurteilungsvermögen in der Ethik von Hobbes bis J. S. Mill*. Erlangen: Junge u. Sohn, 1906.
Norton, W. J. *Bishop Butler, Moralist and Divine*. New Brunswick, N. J.: Rutgers University Press, 1940.
Petzäll, A. *Ethics and Epistemology in John Locke's Essay concerning human Understanding*. Göteborg: Wettergren & Kerber, 1937.
Polin, Raymond. *La Philosophie marale de John Locke*. Paris: Presses Universitaires, 1961.
Pope, Alexander. *The Poems of Alexander Pope*, ed. John Butt. New Haven: Yale University Press, 1966.
——. *An Essay on Man*, ed. Frank Brady. New York: Library of Liberal Arts, 1965.
Rand, Benjamin (ed.). *Classical Moralists*. Oxford: Clarendon Press, 1897.
Raphael, Daiches. "Bishop Butler's View of Conscience," *Philosophy*, XXIV (1949), 219-38.
Rogers, A. K. "The Ethics of Mandeville," *Ethics*, XXXVI (1926), 1-17.
Selby-Bigge, L. A. *British Moralists, Being Selections from Writers Principally of the Eighteenth Century*. Oxford: Clarendon Press, 1897. Reprinted, New York: Bobbs-Merrill, 1964.
Shaftesbury, Lord. *An Inquiry concerning Virtue*. London, 1699.
——. *The Moralists, or Philosophical Rhapsody*. London, 1709.
——. *Characteristics*. 3 vols. London, 1711. Ed. Stanley Green. New York: Library of Liberal Arts, 1960.
Sidgwick, Henry. *The Methods of Ethics*. London: Macmillan, 1874; Chicago: University of Chicago Press, 1962.
Taylor, A. E. "The Ethical Doctrine of Hobbes," *Philosophy*, XIII (1938), 406-24.

Tucker, Abraham. *The Light of Nature Pursued.* 3 vols. London, 1768. Ed. H. P. St. John Mildmay. 7 vols. London, 1805.
Tyrrell, Sir James. *A Brief Disquisition of the Law of Nature* (with a Confutation of Hobbes). London, 1692. 2nd ed., 1701.
Vigone, Lucia. *L'Etica del senso marale in Francis Hutcheson.* Milano: Marzorati, 1954.
Whewell, William. *Lectures on the History of Moral Philosophy in England*, London: Parker, 1852, 1868.
Willey, Basil. *The English Moralists.* New York: Norton, 1964.
Wollaston, William. *The Religion of Nature Delineated.* London, 1722.
Zani, L. *L'Etica di Lord Shaftesbury.* Milano: Marzorati, 1954.

第九章参考文献

Attisani, A. *L'Utilitarismo di G. G. Rousseau.* Roma: Foro Italiano, 1930.
Battaglia, Felice. *Cristiano Thomasio, filosofo e giurista.* Roma: Foro Italiano, 1935.
Barckhausen, Henri. *Montesquien, ses idées, son oeuvre.* Paris: Alcan, 1907.
Baumgardt, David. "The Ethics of Salomon Maimon," *Journal of the History of Ideas*, I (1963), 199-210.
Baumgarten, Alexander Gottlieb. *Initia philosophiae practicae primae.* Halle, 1760.
——. *Ethica philosophica.* Halle, 1740.
Bayet, Albert. *La Marale des Gaulois.* Paris: Alcan, 1930.
Beck, L. W. *A Commentary on Kant's Critique of Practical Reason.* Chicago: University of Chicago Press, 1960, 1964.
——. *Eighteenth-Century Philosophy.* New York: Free Press, 1966.
Becker, C. L. *The Heavenly City of the Eighteenth-Century Philosophers.* New Haven: Yale University Press, 1932.
Bidney, David. *The Psychology and Ethics Spinoza.* New Haven: Tale University Press, 1940, 2nd ed., New York: Russell & Russell, 1962.
Cassirer, Emst. *The Philosophy of the Enlightenment.* Trans. F. Koelln and J. Pettegrove. Princeton, N. J. : Princeton University Press, 1951.
Chroust, A. H. "Hugo Grotius and the Scholastic Natural Law Tradition," *New Scholasticism*, XVII (1943), 101-33.
Cohen, Hermann. *Kants Begründung der Ethik.* Berlin: De Gruyter, 1910.
Delbos, Victor. *Le problème moral dans la philosophic de Spinoza.* Paris: Alcan, 1893.
——. *La philosophie pratique de Kant.* Paris: Alcan, 1905.
Descartes, René. *Oeuvres*, ed. Charles Adam et Paul Tannnery. 11 vols. Paris: Cerf et Vrin, 1897-1909, 1913.

——. *Rules for the Direction of the Mind.* Trans. L. J. Lafleur, Indianapolis: Bobbs-Merrill, 1961.

——. *Discourse on Method.* Trans. Lafleur, idem, 1960.

——. *Principles of Philosophy.* Trans. J. Veitch, in *Descartes: Discourse on Method*, etc. New York: Dutton, 1924.

——. *Les passions de l'âme*, in Oeuvres, Vol. XI.

——. *Lettres sur la marale*, ed. J. Chevalier. Paris: Vrin, 1935, 1955.

——. *Philosophical Works.* Trans. E. S. Haldane and G. R. T. Ross. 2 vols. New York: Cambridge University Press, 1911.

Duncan, A. R. C. *Practical Rule and Morality. A Study of Kant's Foundations for the Metaphysics of Ethics.* London-Edinburgh: Clarke, 1957.

Espinas, Alfred. *Descartes et la morale.* Paris: Bossard, 1925. *Ethica Cartesiana.* Halle, 1719.

Frankel, Charles. *The Faith of Reason: The Idea of Progress in the French Enlightenment.* New York: Columbia University Press, 1948.

Gerdil, Sigismond Cardinal. *Principes métaphysiques de la morale chrétinne*, printed in Opere. Rome: Poggioli, 1806-21, I, 1-119.

Geulincx, Arnold. *Opera Philosophica.* 3 vols. The Hague: Nijhoff, 1891-93. *Ethica*, in Vol. Ill of Opera.

Gregor, Mary J. *Laws of Freedom. A Study of Kant's Method of Applying the Categorical Imperative in the 'Metaphysik der Sitten.'* New York: Barnes & Noble; Oxford: Blackwell, 1963.

Grotius, Hugo. *De jure belli et pads.* Den Haag, 1625. Trans, by A. C. Campbell as *The Rights of War and Peace.* Pontefract, 1814. Also trans. F. W. Kelsey et al., in *The Classics of International Law.* Oxford: Clarendon Press, 1925.

——. *Inleiding tot de Hollandsche Rechts-Geleerdheid.* S'Gravenhage, 1631. Trans, by R. W. Lee as *Introduction to Dutch Jurisprudence.* Oxford: Clarendon Press, 1926.

Hallett, H, F. *Benedict de Spinoza; the Elements of His Philosophy.* New York: Oxford University Press, 1957.

Hazard, Paul. *The European Mind: the Critical Years.* Trans. J. L. May. New Haven: Yale University Press, 1953.

Hendel, C. W. *Jean-Jacques Rousseau: Moraliste.* 2 vols. New York: Oxford University Press, 1934. Reprinted, New York: Liberal Arts Press, 1963.

Hodges, D. C. "Grotius on the Law of War," *The Modern Schoolman*, XXIV (1956), 36-44.

Joachim, H. H. *A Study of the Ethics of Spinoza.* Oxford: Clarendon Press, 1901.

Joesten, Clara. *Christian Wolffs Grundlegung der praktischen Philosophie.* Leipzig:

Meiner, 1931.

Kant, Immanuel. *Gesammelte Schriften.* 23 vols. Berlin: Reimer u. De Gruyter, 1902-56.

——. *Philosophia practica universalis*, hrsg. Paul Menzer. Berlin, 1924. Trans, by Louis Infield as *Kant's Lectures on Ethics.* London: Methuen, 1931.

——. *Grundlegung zur Metaphysik der Sitten.* Riga, 1785. Trans. by L. W. Beck as *Foundations of the Metaphysic of Morals.* New York: Library of Liberal Arts, 1963.

——. *Krítik der praktischen Vernunft.* Riga, 1788. Trans. by L. W. Beck as *Critique of Practical Reason.* Chicago: university of Chicago Press, 1949.

——. *Metaphysik der Sitten.* 1979. Trans. by J. W. Semple as *The Metaphysics of Ethics.* Edinburgh, 1886. See also *The Metaphysical Principles of Virtue.* Trans. James Ellington. New York: Library of Liberal Arts, 1964. *Opus Postumum*, ed. Erich Adickes. Berlin: Reuter u. Reichard, 1920. *Kant Selections*, ed. T. M. Greene. New York: Scribner's, 1929.

Krieger, Leonard. *The Politics of Discretion. Pufendorf and the Acceptance of Natural Law.* Chicago: University of Chicago Press, 1965.

Kroner, Richard. *Kan's Weltanschauung.* Chicago: University of Chicago Press, 1956.

Le Chevalier, L. *La morale de Leibniz.* Paris: Vrin, 1933.

Leibniz, Gottfried Wilhelm. *Sämtliche Schriften und Briefe.* Darmstadt: Reichl, 1926 ff.

——. *Leibniz: Textes inédits*, éd. Par Gaston Grua. 2 vols. Paris: Presses Universitaires, 1948.

——. *Jurisprudence universelle*, éd. Par G. Grua. Paris: Presses Universitaires, 1953.

——. *Philosophical Papers and Letters*, ed. L. E. Loemker. 2 vols. Chicago: University of Chicago Press, 1956.

McKeon, R. P. *The Philosophy of Spinoza.* New York: Longmans, 1928.

Maimon, Salomon. *Werke*, hrsg. Ernst Cassires. 8 vols. Berlin: De Gruyter, 1936.

Marsak, L. M. (ed.). *French Philosophers from Descartes to Sartre.* New York: Meridian, 1961.

Mesnard, Pierre. *Essai sur la morale de Descartes.* Paris: Boivin, 1936.

Montesquieu, Charles Louis de Secondat. *Oeuvres complétes*, éd. Par R. Caillois. 2 vols. Paris: La Pléiade, 1958.

——. *The Spirit of the Laws.* 2 vols. Trans. Thomas Nugent. New York: Hafner, 1949.

Paton, H. J. *The Categorical Imperative: A Study in Kant's Moral Philosophy.* Chicago: University of Chicago Press, 1948.

Popkin, R. H. (ed.). *Philosophy of the Sixteenth and Seventeenth Centuries.* New

York: Free Oress, 1965.
Pousa, Naeciso. *Moral y Libertad en Descartes*. La Plata, Argentina: Instituto de Filosofia, 1960.
Pufendorf, Samuel. *Elementa Jurisprudence Universalis*. Leipzig, 1660. Trans. as *Elements of Universal Jurisprudence*. Oxford: Clarendon Press, 1931.
——. *De jure naturae et gentium*. 8 vols. Leipzig, 1672.
——. *Of the Law of Nature and Nations*. Oxford, 1710. Also trans. C. H. and W. A. Oldfather. New York: Oxford University Press, 1934.
Reiche, Egon. *Rousseau und das Naturrecht*. Berlin: Junker, 1935.
Rodis-Lewis, G. *La morale de Descartes*. Paris: Presses Universitaires, 1957.
Ross, W. D. *Kant's Ethical Theory*. Oxford: Clarendon Press, 1954.
Rousseau, Jean Jacques. *Oeuvres complétes*, éd. Par M. Raymond. 5 vols. Paris: La Pléiade, 1959.
——. *The Social Contract*, etc. Trans. G. D. H. Cole, New York: Dutton, 1926. Reprinted, New York: Hafner, 1947.
Schilpp, P. A. *Kant's Pre-Critical Ethics*. Evanston, Ill.: Northwestern University Press, 1938.
Spinoza, Baruch de. *Opera*, ed. J. van Vloten et J. P. N. Land. 4 vols. The Hague: Nijhofí, 1914.
——. *Short Treatise on God, Man and His Well-Being*. Trans. W. H. White. London: Black, 1910.
——. *Ethica ordine geometrico demonstrate*. Amsterdam, 1677. Trans. by W. H. White as Ethics. New York: Hafner, 1953.
——. *Chief Works*. Trans. R. H. M. Elwes. London: Bell 1883.
Teale, A. E. *Kantian Ethics*. New York: Oxford University Press, 1951.
Terraillon, Eugène. *La morale de Geulincx dans ses rapports avec la philosophie de Descartes*. Paris: Alcan, 1912.
Thomasius, Christian. *Historia Juris Naturalis et Gentium*. Halle, 1719. Reprinted, Stuttgart: Frommann, 1965.
——. *Von der Kunst vernünfftig und Tugendhaft zu lieben: oder Einleitung zur Sittenlebre*. Halle, 1692. Reprinted, Hildesheim, Olms, 1965.
Welzel, Hans. *Die Naturrechtslehre Samuel Pufendorfs*. Berlin: De Gruyter, 1958.
Wolff, Christian L. B. *Vernünftige Gedanken von Gott, der Welt und der Seele*. Frankfurt-Leipzig, 1719. Excerpt from chap. 2 trans. as *Reasonable Thoughts on God*, etc., in Beck, *Eighteenth-Century Philosophy*, pp. 215–22.
——. *Philosophia Practica Universalis*. 2 vols. Francofurti et Lipsiae, 1738–39.
——. *Philosophia Moralis, sive Ethica scientifica pertracta*. 5 vols. Magdeburg, 1750–53.

——. *A Preliminary Discourse on Philosophy in General*. Trans. R. J. Blackwell, New York: Library of Liberal Arts, 1963. Wilfson, H. E. *The Philosophy of Spinoza*. 2 vols. Cambridge: Harvard University Press, 1934; Cleveland: World, 1958.

Zac, Sylvain. *La morale de Spinoza*. Paris: Presses Universitaires, 1959.

第十章参考文献

Albert, Ernest. *A History of English Utilitarianism*. London: Swan Sonnenschein, 1902. Reprinted, New York: Macmillan, 1962.

Albonico, C. G. *La teoria dei sentimenti morali di Adam Smith*. Mantova: Mondivi, 1920.

Anschuz, R. P,. *The Philosophy of J. S. Mill* Oxford: Charendon Press, 1953.

Aqvist, Lennart. *The Moral Philosophy of Richard Price*. Copenhagen: Munksgaard, 1960.

Austin, John. *The Province of Jurisprudence Determined*. London, 1832. Ed. H. L. A. Hart. London: Weidenfeld & Nicolson, 1954.

Bagolini, L. *La simpatia nella morale e nel diritto: aspetti del pensiero di Adamo Smith*. Bologna: Zuffi, 1952.

Bain, Alexander. *Mental and Moral Science*. London: Longmans, 1868.

——. *The Emotions and the Will*. New York: Appleton, 1888.

Barnes, W. H. F. "Richard Prince: A Neglected Eighteenth-Century Moralist," *Philosophy*, XVII (1942), 159-73.

Baumgardt, David. *Bentham and the Ethics of Today*. Princeton, N. J.: Princeton University Press, 1952.

Beattie, James. *Dissertations Moral and Critical*. London, 1783.

——. *Elements of Moral Science*. 2 vols. Edinburgh, 1790-93.

Beck, L. W. (ed.). *18th-Century Philosophy*. New York: Free Press, 1966.

Bentham, Jeremy. *Works*, ed. John Bowring. 11 vols. Edinburgh: Tait, 1838-43. Reprinted, New York: Russell & Russell, 1964.

——. *An Introduction to the Principles of Morals and Legislation*, London, 1780. Ed. By W. Harrison. Oxford: Blackwell, 1948.

——. *Deontology: Or, the Science of Morality*. Arranged and edited from the MS of J. Bentham by John Bowring. London: Longmans, 1834.

Bentham, Jeremy, and Mill, J. S. *Utilitarians*. Garden City, N. Y.: Doubleday, 1961.

Broiles, R. D. *The Moral Philosophy of David Hume*. The Hague: Nijhoff, 1964.

Brown, Thomas. *Lectures on the Philosophy of the Human Mind*. 4 vols. Edinburgh, 1820.

──. *Lectures on Ethics*. London, 1856.
Burke, Edmund. *Works*. 6 vols. London: Oxford University Press, 1925.
──. *A Philosophical Inquiry into the Origin of Our Ideas on the Sublime and Beautiful*. London, 1756. Ed. J. T. Boulton. New York: Columbia University Press, 1958.
──. *Philosophy of Edmund Burke*, ed. L. I. Bredvold and R. G. Ross. Ann Arbor: University of Michigan Press, 1961.
Castell, Blburey. *Mill's Logic of the Moral Science. A Study of the Impact of Newtonism*. Chicago: University of Chicago Dissertation, 1936.
Coleridge, Samuel Taylor. *Philosophical Lectures*. London, 1818. Ed. Kathleen Coburn. New York: Philosophical Library, 1949.
──. *Aids to Reflection*. London: Bohn, 1825.
Cua, A. S. *Reason and Virture: A Study in the Ethics of Richard Price*. Athens, Ohio: Ohio University Press, 1966.
Douglas, Charles. *The Ethics of J. S. Mill*. London: Blackwood, 1897.
Ferguson, Adam. *Institutes of Moral Philosophy*. Edinburgh, 1772.
──. *Principles of Moral and Political Science*. Edinburgh, 1792.
Fulton, R. B. *Adam Smith Speaks to Our Times: A Study of His Ethical Ideas*. Boston: Christopher Publishing House, 1963. Gizycki, Georg von. *Die Ethik David Humes in ihrer geschichtlichen Stellung*. Breslau: Koehler, 1878.
Glathe, A. B. *Hume's Theory of the Passions and of Morals*. Berkeley, Calif. : University of California Press, 1950.
Godwin, William. *Inquiry concerning Political Justice and Its Influence on Morals and Happiness*. London, 1793.
Guyau, J. M. *La morale anglaise contemporaine*. Paris: Alcan, 1900.
Halévy, Elie. *The Growth of Philosophical Radicalism*. Trans. M. Morris. London: Faber & Faber, 1928.
Hamilton, Sir William. *Discussions on Philosophy and Literature*. London-Edinburgh, 1852. (Includes the Essay on Moral Philosophy.)
Havard, W. C. *Henry Sidgwick and Later Utilitarian Political Philosophy*. Gainesville, Fla. : University of Florida Press, 1959. Hedenius, Ingemor. *Studies in Hume's Ethics*. Uppsala: Almqvist & Wilsell, 1937.
Hume, David. *Philosophical Works*, ed. T. H. Green and T. H. Grose. 4vols. London: Longmans, Green, 1874-75.
──. *A Treatise of Human Nature*, London, 1739. Ed. L. A. Selby-Bigge, Oxford: Clarendon Press, 1888, 1951.
──. *An Enquiry concerning Human Understanding*. London, 1748. Ed. (with the *Principles of Morals*) L. A. Selby-Bigge. Oxford: Clarendon Press, 1902, 1951.

——. *An Enquiry concerning the Priciples of Morals*. London, 1751. Ed. C. W. Hendel. New York: Library of Liberal Arts, 1957.

——. *Hume's Ethical Writings*, ed. Alasdair MacIntyre. New York: Macmïlan, 1965.

——. *Hume's Moral and Political Philosophy*, ed. Henry Aiken. New York: Hafner, 1948.

——. *Hume Selections*, ed. C. W. Hendel. New York: Scribner's, 1927.

Kydd, Rachel M. *Reason and Conduct in Hume's Treatise*. London: G. Cumberlege, 1946.

Limentani, G. *La Morale della simpatia, saggio sopra l'etica di Adam Smith*. Genova: Formiggini, 1914.

McCosh, James. *The Scottish Philosophy, Biographical, Expository, Critical*. London, 1875.

MacCunn, John. *Six Radical Thinkers: Bentham, J. S. Mill, Cobden, Carlyle, Mazzini, Green*. London, 1907. Reprinted, New York: Russell & Russell, 1964.

MacNabb, D. G. *David Hume: His Theory of Knowledge and Morality*. London: Hutchinson, 1951.

Mill, James. *Analysis of the Human Mind*. London, 1820.

Mill, John Stuart. *Collected Works*. Toronto: University of Toronto Press, 1965 ff. (3 vols. Published by 1966).

——. *System of Logic*, London, 1843; of which Bk. VI is *On the Logic of the Moral Sciences*, ed. H. M. Magid, New York: Bobbs-Merrill, 1965.

——. *Utilitarianism*, London, 1863. Ed. O. Piest. Indianapolis: Library of Liberal Arts, 1957. Ed. Mary Warnock, New York: Meridian, 1962.

Monro, D. H. *Godwin's Moral Philosophy, an Interpretation*. London: Allen & Unwin, 1953.

Newman, John Henry. *Works*. 40 vols. London: Longmans, Green, 1874 – 1921. Some reprinted, Longmans, 1945 ff.

——. *An Essay in Aid of a Grammar of Assent*, ed. C. F. Harrold. London: Longmans, 1947; New York: Doubleday Image, 1955.

——. *Philosophical Readings in Cardinal Newman*. Chicago: Regnery, 1961.

——. *The Essential Newman*, ed. V. F. Blehl. New York: Mentor, 1963.

Paley, William. *Works*. 8 vols. London, 1805–08.

——. *The Principles of Moral and Political Philosophy*. London, 1785.

——. *Natural Theology: Selections*, ed. F. Ferré. New York: Library of Liberal Arts, 1960.

Parkin, Charles. *The Moral Basis of Burke's Political Thought*. New York: Cambridge University Press, 1957.

Passmore, J. A. *A Hundred Years of British Philosophy*. London: Duckworth, 1957.
Plamenatz, John. *The English Utilitarians*. Oxford: Blackwell, 1944.
——. *Mill's Utilitarianism Reprinted with a Study of the English Utilitarians*. Oxford: Blackwell, 1949.
Price, Richard. *A Review of the Principal Questions in Morals*. London, 1758. Ed. D. D. Raphael. Oxford: Clarendon Press, 1948.
Reid, Thoams. *An Essay on Quantity... Applied to Virtue and Merit*. Edinburgh: Philosophical Transactions, 1948.
——. *An Inquiry into the Human Mind on the Principles of Common Sense*. Edinburgh, 1764.
——. *Essays on the Active Powers of Man*. Edinburgh, 1788.
Schneewind, J. B. "First Principles and Common Sense Morality in Sidgwick's Ethics," *Archiv für Geschichte der Philosophic*, XLV (1963), 137-56.
Schneider, H. W. *Smith's Moral and Political Philosophy*. New York: Hafner, 1948.
Sidgwick, Henry. *The Methods of Ethics*. London: Macmillan, 1847. Reprinted, New York: Dover, 1966.
——. *Practical Ethics*. London: Macmillan, 1898.
Smith, Adam. *Collected Works*. 5 vols. Edinburgh, 1811-12.
——. *Theory of Moral Sentiments*. Edinburgh, 1759.
——. *The Wealth of Nations*. Edinburgh, 1776. 2 vols. New York: Dutton, 1924.
Stanlis, P. J. *Edmund Burke and the Natural Law*. Ann Arbor: University of Michigan Press, 1958, 1965.
Stephen, Leslie. *History of English Thought in the Eighteenth Century*. London: Duckworth, 1876. Reprinted, New York: Harcourt, 1902.
——. *The English Utilitarians*. 3 vols. London: Duckworth, 1900. Reprinted, London: London School of Economics, 1950.
Stewart, Dugald. *Outlines of Moral Philosophy*. Edinburgh, 1793. With notes by J. McCosh. London, 1863.
——. *Dissertation Exhibiting the Progress of Metaphysical, Ethical and Political Philosophy*. London: Supplement to *Encyclopaedia Britannica*, in Two Parts, 1815 and 1821.
——. *Philosophy of the Active and Moral Powers of Man*. 2 vols. Edinburgh-Boston, 1828.
Swabey, W. C. (ed.). *Ethical Theory from Hobbes to Kant*. New York: Philosophical Library, 1961.
Taylor, W. L. *Francis Hutcheson and David Hume as Predecessor of Adam Smith*. Durham, N. C.: Duke University Press, 1965.
Ward, James. "John Stuart Mill's Science of Ethology," *Ethics*, I (1890), 446-59.
Whateley, Richard. *Paley's Moral Philosophy: With Annotations*. London: Parker,

1859.

Willey, Basil. *The Eighteenth Century Background*. New York: Norton, 1940.

———. *Nineteenth Century Studies*. New York: Columbia University Press, 1949.

第十一章参考文献

Aiken, H. D. (ed.). *The Age of Ideology*. New York: Mentor, 1956.

Barth, Karl. *Protestant Thought from Rousseau to Ritschl*. New York: Harper & Row, 1959.

Basch, Victor. *L'Individualisme anarchiste:* Max Stirner. Paris: Alcan, 1904.

Beneke, Friedrich E. *Grundlinien des natürlichen Systems der praktischen Philosophie*. Berline, 1837. Chap. 3 Trans. By B. Rand as "The Natural System of Morals" in *Classical Moralists*, pp. 626–46.

Benz, R. E. *Die deutsche Romantik*. Leipzig: Reclam, 1937.

Brikner, H. J. *Schleiermachers christliche Sittenlehre*. Berline: De Grayter, 1964.

Bréhier, Emile. *Histoire de la philosophie allemande*. Paris: Michel, 1933.

Cohen, H. *Ethik des reinen Willens*. Aufl. 2. Berline: Cassirer, 1921.

Copleston, F. *Arthur Schopenhauer: Philosopher of Pessimism*. London: Burns, Oates, 1946.

Eucken, R. *The Values and Meaning of Life*. Trans. W. R. B. Gibson. London: Black, 1909.

Fichte, Johann Gottlieb. *Grundlage des Naturrechts*. Jena, 1796. Trans. By A. E. Kroeger, as *The Science of Rights*. Philadelphia: Lippincott, 1869.

———. *Die Bestimmung des Menschen*. Berlin, 1800. Trans. By W. Smith as *The Vocation of Man* in Popular Works of *J. G. Fichte*. London: Trübner, 1889. Ed. With Introduction by R. M. Chisholm. New York: Liberal Arts Press, 1956.

———. *Reden an die deutsche Nation*. Berlin, 1807–08. Trans. By R. F. Jones and G. H. Turnbull as *Addresses to the German Nation*. Chicago: Open Court, 1922.

Friedrich, Carl J. *The Philosophy of Hegel*. New York: Scribner's, 1954.

Fries, Jakob F. *Rechtslehre*. Berlin, 1804.

———. *Ethik*. Berlin, 1818.

———. *Psychischen Anthrophlogie*. Berlin, 1821.

Gardiner, P. *Schopenhauer*. Baltimore: Penguin, 1963.

Gurvitch, Georges. *Fichtes System der kowkreten Ethik*. Tubingen: Mohr, 1924.

Hartmann, J. B. (ed.). *Philosophy of Recent Times. I: Readings in Nineteenth-Century Philosophy*. New York: McGraw-Hill, 1967.

Hartmann, Nicolai. *Die Philosophie des deutschen Idealismus*. 2 vols. Berlin-Leipzig: De Gruyter, 1923–29.

Hegel, Georg W. F. *Sämmtliche Werke* (kritische Ausgabe), hrsg. G. Lasson u. J. Hoffmeister. Leipzig-Hamburg: Meiner, 1905 if.

——. *Hegels theologische Jugendschriften* hrsg. H. Nohl. Tübingen: Mohr, 1907. Partly Trans. by T. M. Knox as *Early Theological Writings*. Chicago: University of Chicago Press, 1948.

——. *Die Phänomenologie des Geistes*. Berlin, 1807. Trans. By Baillie as *The Phenomenology of Mind*. London: Macmillan, 1931.

——. *Grundlinien der Philosophie des Rechts*. Berlin, 1821. Trans. by J. M. Sterrett as *The Ethics of Hegel: Selections from the Philosophy of Right*. Boston: Ginn, 1893. Trans. by T. M. Knox as *The Philosophy of Right*. Oxford: Clarendon Press, 1942, 1953. Also Trans. by S. W. Dyde. London: Bell, 1896.

——. *System der Sittlichkeit*. Berlin, 1893.

——. *Ueber die Differenz des Fichteschen und Schellingschen Systems*. Jena, 1801.

Herbart, Johann Friedrich. *Sämmtliche Werke*, ed. G. Hartenstein. 12 vols. Leipzig, 1850-52.

——. *Allgemeine praktische Philosophie*. Jena, 1808.

——. *Lehrbuch zur Psychologic*. Berlin, 1816. Trans. by Margaret K. Smith as *A Textbook in Psychology*. New York: Appleton, 1891.

Jankélévitch, Vladimir. *L'Odysée de la conscience dans la dernière philosophie de Schelling*. Paris: Alcan, 1933.

Jodl, Friedrich. *Geschichte der Ethik in der neueren Philosophie*. Stuttgart-Berlin: Frommann, 1912.

Jones, W. T. *Contemporary German Thought*. 2 vols. New York: Macmillan, 1931.

Kelley, M. *Kant's Ethics and Schopenhauer's Criticism*. London: Swan-Sonnenschein, 1910.

Kojéve, Alexandre. *Introduction à la Lecture de Hegel*. Paris: Gallimard, 1947.

Kropotkin, Peter. *Ethics: Origin and Development*. Trans. L. S. Friedland and J. R. Piroshnikofi. New York: Dial Press, 1924, 1936.

Lévy-Bruhl, Lucien. *L'Allemagne depuis Leibniz. Essai sur le développement de la conscience nationale en Allemagne, 1700-1848*. Paris: Hachette, 1890.

Lotze, Rudolf Hermann. *Mikrokosmos*. 2 vols. Leipzig, 1856-64. Trans. by E. Hamilton and E. E. C. Jones, as *Microcosmus*. 2 vols. New York: Scribner's, 1887.

MacInryre, Alasdair (ed.). *Nineteenth-Century Philosophy: Hegel to Nietzsche*. New York: Free Press, 1967.

Mazzei, V. *II pensiero etico-politica di Friedrich Schelling*. Roma: Sestante, 1938.

Moore, V. F. *Ethical Aspects of Lotze's Metaphysics*. Ithaca, N. Y.: Cornell University Press, 1901.

Nelson, Leonard. *System of Ethics*. Trans. Norbert Guterman. New Haven: Yale University Press, 1956.

Peperzak, A. T. *Le jeune Hegel et la vision morale du monde*. Ten Haag: Nijhoff, 1960.

Pringle-Pattison, A. Seth. *The Development from Kant to Hegel.* 2nd ed. New York: Stechert, 1924.

Raich, M. *Fichte, seine Ethik und seine Stellung zum Problem des Individualismus.* Tübingen: Mohr, 1905.

Reyburn, H. A. *The Ethical Theory of Hegel: A Study of the Philosophy of Right.* Oxford: Clarendon Press, 1921.

Schelling, Friedrich W. J. *Philsophische Untersuchungen über das Wesen der menschichen Freiheit.* Tübingen, 1809. Trans. by J. Gutman as *Of Human Freedom.* Chicago: Open Court, 1936.

——. *Methode des akademischen Studiums.* Tübingen, 1803. Trans. by E. S. Morgan as *On University Studies.* Athens. Ohio: Ohio University Press, 1966.

——. *Die Zeitalter.* München, 1811. Trans. by F. de W. Bolman as *The Ages of the World.* New York: Columbia University Press, 1942.

Schleiermacher, Friedrich D. E. *Grundlinien einer Kritik der bisherigen Sittenlehre.* Berlin, 1803.

Schopenhauer, Arthur. *Sämmtliche Werke*, hrsg. P. Deussen. 13 vols. München: Piper, 1911–42.

——. *Die Welt als Willie und Vorstellung.* Dresden, 1819. Trans. by R. B. Haldane and J. Kemp as *The World as Will and Idea.* 2 vols. London: Kegan Paul, Trench, 1883–86. Reprinted, New York: Doubleday, 1961.

——. *Die beiden Grundprobleme der Ethik.* Frankfurt, 1841; Leipzig, 1881. Essay I Trans. by K. Kolenda as *Essay on the Freedom of the Will.* New York: Liberal Arts Press, 1960. Essay II Trans. by A. B. Bullock as *The Basis of Morality.* New York: Macmillan, 1903. Also Trans. by E. E. J. Payne. New York: Library of Liberal Arts, 1965.

Sterrett, J. M. "The Ethics of Hegel," *Ethics*, II (1892), 176–201.

Stirner, Max. *Der Einzige und sein Eigentum.* Berlin, 1845.

Wahl, Jean. *La conscience malheureuse dans la philosophie de Hegel.* Paris: Aubier, 1951.

Werkmeister, W. H. *Theories of Ethcis.* Lincoln, Neb.: Johnsen, 1961.

Wundt, Wilhelm M. *Ethik.* Leipzig, 1886. Trans. by E. B. Titchener *et al.* as *Ethics.* 3 vols. New York: Macmillan, 1897–1901.

Zimmern, Helen. *Arthur Schopenhauer, His Life and His Philosophy.* London: Allen & Unwin, 1876; New York: Scribner's, 1932 (chap. 12).

第十二章参考文献

Alcorta, J. I. "La filosofia etica esencialista-existencialista de Lavelle y Le Senne," *Espiritu*, III (1959), 35–40; V (1961), 20–27.

Baruzzi, Jean (ed.). *Philosophes et savants français du XXe siécle*. Tome III: Le problème moral. Paris: Alcan, 1926.

Benrubi, Isaak. *Contemporary Thought of France*. Trans. E. B. Dicker. New York: Knopf, 1926.

Bergson, Henri. *Oeuvres, texts annotés* par André Robinet. Paris: Presses Universitaires, 1959 ff.

——. *Extraits e Lucréce*. Paris: Alcan, 1884.

——. *Essai sur les données immédiates de la conscience*. Paris: Alcan, 1889. Trans. by F. L. Pogson as *Time and Free Will: An Essay on the Immediate Data of Consciousness*. New York: Macmillan, 1950.

——. *Les deux sources de la morale et de la religion*. Paris: Alcan, 1932. Trans. by R. A. Audra and C. Rrereton as *The Two Sources of Morality and Religion*. New York: Holt, 1935. Reprinted, New York: Doubleday Anchor, 1954.

——. *Bergson: Choix de textes*, éd. Par R. Gillouin. Paris: Alcan, 1928.

——. *Selections from Bergson*, ed. H. A. Larrabee. New York: Appleton-Century-Crofts, 1949.

Bochenski, I. M. *Contemporary European Philosophy*. Trans. D. Nicholl and K. Aschenbrenner. Berkeley-Los Angeles: University of California Press, 1965.

Boutroux, Émile. "The Individual Conscience and the Law," *Ethics*, XXVII (1917), 317-31.

——. "Liberty of Conscience," *Ethics*, XXVII (1918), 59-72.

——. *Morale et religion*. Paris: Flammarion, 1925.

Bruno, J. F. *Rosmini's Contribution to Ethical Philosophy*. New York: Science Press, 1916.

Brunschvicg, Léon. *Introduction à la vie de l'esprit*. Paris: Alcan, 1900.

——. *La connaissance de soi*. Paris: Alcan, 1931.

——. *La philosophie de l'esprit*. Paris: Presses Universitaires, 1949.

Burnier, André. *La pensée de Charles Secrétan et le problème du fondement métaphysique des jugements de valeur moraux*. Neuchâtel: La Baconniére, 1934.

Carrel, F. The Morals of Guyan, *Ethics*, XV (1905), 457-69.

Caturelli, Alberto. *La filosofia en Argentina actual*. Cordoba, Argentina: Universidad Nacional de Cordoba, 1962.

Copleston, F. *Bergson on Morality*. New York: Oxford University Press, 1957.

Cousin, Victor. *Oeuvres complètes*. 22 vols. Paris: Ladrange, 1846-47.

——. *Du vrai, du beau, et du bien*. Paris, 1837. Trans. by O. W. Wight as *The True, the Beautiful, and the Good*. New York: Appleton, 1854.

——. *Cours d'histoire de la philosophie morale au XVIIIe siècle*. Paris: Hachette, 1839-40.

Darlu, A. "La morale de Renouvier," *Revue de Métaphysique et de la Morale*, XII (1904), 1-18.

Dehove, J. *La théorie bergsonienne de la morale et de la religion*. Lille: Editions de l'Université, 1933.

Farber, Marvin (ed.). *L'Activité philosophique en France et aux Etats-Unis*. 2 vols. Paris: Presses Universitaires, 1950. Also in English: *Philosophic Thought in France and the United States*. Buffalo. New York: University of Buffalo, 1950.

Ferrater Mora, José. "The Philosophy of Xavier Zubiri", in *European Philosophy Today*, ed. George Kline. Chicago: Quadrangle Books, 1965. Pp. 15-29.

Foucher, Louis. *La Philosophie catholique en France*. Paris: Vrin, 1955.

Fouillée, Alfred. *Critique des systèmes de morale contemporaines*. Paris: Bailliére, 1899.

——. *La morale, l'art et la religion d'après Guyau*. Paris: Alcan, 1897, 1923.

——. "The Ethics of Nietzsche and Guyau", *Ethics*, XIII (1903), 13-27.

Franquiz, J. A. "Personalism in Latin-Amerian Philosophy," *Memorias del XIII Congreso Internacional de Filosofia*, IX (Mexico City, 1964), 571-83.

Gioberti, Vicenzo. *Del buono*. Bruxelles: Méline, 1848. Ediz. 2ª, Firenze: Le Monnier, 1853.

——. *Delia protologia*. 2 vols. Torino-Paris, 1857. Ed. G. Balsamo-Crivelli. Torino: Paravia, 1924.

——. *Cours de Philosophie*, ed. M. Battistini e Giovanni Calo. Milano: Fratelli Bocca, 1947.

——. *Gioberti (Antologia)*, ed. G. Saitta. Milano: Garzanti, 1952.

Guy, Alain. *Les philosophes espagnols d'hier et d'aujourd'hui*. Toulouse-Paris: Editions Privats, 1956.

Guyau, Jean-Marie. *Esquisse d'une morale sans obligation ni sanction*. Paris: Alcan, 1885. Trans. by Gertrude Kapteyn as *Sketch of Morality Independent of Obligation or Sanction*. London, 1898.

——. *L'Irreligion d'avenir*. Paris: Alcan, 1887. Trans. as *The Non-Religion of the Future*. New York: Holt, 1897.

——. *La morale anglaise contemporaine*. Paris: Alcan, 1900.

Hallie, Philip. *Maine de Biran: Reformer of Empiricism*. Cambridge: Harvard University Press, 1959.

Homenaje a Xavier Zubiri. Madrid: Edtional National, 1953.

Jankélévitch, Vladimir. *La mauvaise conscience*. Paris: Alcan, 1933.

——. *Le mal*. Paris: Arthaud, 1947.

——. *Traité des vertus*. Paris: Bordas, 1949.

——. *Le pur et l'impur*. Paris: Flammarion, 1960.

Jouffroy, Théodore. *Mélanges philosophiques*. Paris: Joubert, 1842. " De l'éclecticisme en morale," pp. 273-79.

——. *Cours de droit naturel*. Paris, 1834-35.

Korn, Alejandro. *La Libertad Creadora*. La Plata, Argentina: Troquel, 1922.

——. *Axiologia*. La Plata, Argentina: Troquel, 1930.

Levelle, Louis. *La conscience de soi*. Paris: Grasset, 1933.

——. *L'Erreur de Narcisse*, Paris: Grasset, 1939.

——. *La philosophie française entre les deux guerres*. Paris: Aubier, 1942.

——. *Quatre Saints*. Paris: Michel, 1951. Trans. by D. O'Sullivan as *The Meaning of Holiness*. London: Downside, 1954.

——. *Conduite à l'égard d'autrui*. Paris: Michel, 1957.

Le Senne, René. *Le devoir*. Paris: Presses Universitaires, 1930.

——. *Obstacle et valeur*. Paris: Aubier, 1934.

——. *Traité de morale générale*. Paris: Presses Universitaires, 1942, 1961.

——. *Traité de caractérologie*. Paris: Presses Universitaires, 1945.

——. "De la 'Philosophie de l'esprit,'" in *L'Activité philosophique*, ed., M. Farber, II, 113-31.

Lowde, James. *Moral Essays: wherein Some of Mr. Lock's and Mons. Malebranch's Opinions Are Briefly Examined*. London, 1699.

Maine de Biran, Maire François Pierre Gonthier. *Oeuvres*, ed. Pierre Tisserand. 14 vols. Pairs: Alcan et Presses Universitaries, 1920-49.

——. *Les rapports du physique et du moral de l'homme* (written in 1820). Paris, 1834. In Oeuvres, Tome XIII.

——. *Oeuvres choisies de Maine de Biran*, éd. par Henri Gouhier. Paris: Aubier, 1942.

Malebranche, Nicolas. *Oeuvres complètes*. 20 vols. dir. par A. Robinet. Paris: Vrin, 1950 ff.

——. *Traité de morale*. Cologne, 1683. Ed. Henri Joly. Paris, 1882. 3me éd. Paris: Vrin, 1953. Trans by James Shipton as *A Treatise of Morality*. 1699. Chap. 1 reprinted in Rand, *Classical Moralists*. Pp. 286-93.

——. *Dialogues on Metaphysics and Religion*. Trans. Morris Ginsberg. New York: Macmillan, 1923.

Maritain, J. "Sur l'éthique bergsonienne," *Revue de métaphysique et de la morale*, LXIV (1959), 141-60. In English in *Moral Philosophy*. Pp. 418-47.

Marquinez, A. German. *En torno a Zubiri*. Madrid: Studium, 1965.

Piersol, Wesley. *La Valeur dans la philosophie de Louis Lavelle*. Paris: Vitte, 1959.

Renan, J. Ernest. *L'Avenir de la science*. Paris, 1890. Trans. by A. D. Vandam and C. B. Pitman as *The Future of Science*. London: Chapman and Hall, 1891.

——. *La Réforme intellectuelle et morale*, ed. P. E. Charvet. Cambridge, Eng.: University Press, 1950.

——. *Philosophical Dialogues and Fragments*. Trans. Râs Bihârî Mukhargî. London: Trubner, 1883.

Renouvier, Charles Bernard. *Science de la. Morale*. 2 vols. Paris: Alcan, 1869, 1908.

——. *Le Personnalisme*. Pairs: Alcan, 1903.

Revue Internationale de Philosophie (Bruxelles). Numéro consacré à la 'Philosophic de l'Esprit', n. 5 (15 oct, 1939). Rolland, E. *La finalité morale dans le bergsonisme*. Paris: Beauchesne, 1937.

Rome, Beatrice. *The Philosophy of Malebranche*. Chicago: Regnery, 1964.

Romero, Francisco. *Filosofia de la Persona*. Buenos Aires: Losada, 1938.

——. *Theory of Man*. Trans. W. F. Cooper. Berkeley, Calif.: University of California Press, 1964.

Rosmini, Antonio Serbati. *Opere complete*. 28 vols. Milano: Fratelli Bocca, 1934 ff.

——. *Príncipi della scienza morale*. Milano: Pogliani, 1831. In *Opere complete*, Vols, XXII-XXIII.

——. *Trattato della conscienza morale*. Milano: Pogliani, 1839.

——. *Antonio Rosmini: Anthologie philosophique*, éd. par G. Pusineri *et al*. Lyon: Vitte, 1954.

Sait, U. M. *The Ethical Implications of Bergson's Philosophy*. New York: Columbia University Press, 1914.

Sanabria, José. *El ser y el valor en la filosofía de Louis Lavelle*. Mexico: Universidad Nacional, 1963.

Sanchez Reulet, Anibal. *Contemporary Latin-American Philosophy*. Trans. W. R. Trask. Albuquerque, N. M.: University of New Mexico Press, 1954.

Sciacca, M. F. *La filosofia morale di Antonio Rosmini*. Roma: Perrella, 1938.

——. *Il secolo XX: Storia della. Filosofia italiana*. 2 vols. Milano: Fratelli Bocca, 1947.

——. *Philosophical Trends in the Contemporary World*. Notre Dame, Ind.: University of Notre Dame Press, 1965.

——. *Etica e Moral*. São Paulo, Brazil: Instituto Brasilerio de Filosofía, 1952.

——. *Ragione etica e intelligenza morale*. Córdoba, Argentina: Universidad Nacional, 1953.

Secrétan, Charles. *La philosophie de la liberté*. 2 vols. Paris: Hachette, 1849, 1879.

——. *Le principe de la morale*. Paris: Hachette, 1884.

Smith, Colin. *Contemporary French Philosophy*. London: Methuen, 1964.

Taine, Hippolyte. *L'Intelligence*. 2 vols. Paris, 1870, 1906. Trans. by T. D. Haye as *On Intelligence*. New York: Holt & Williams, 1872.

——. *Philosophie de l'art*. Paris, 1882. Published as *Philosophy of Art*. London: Bailliére, 1865.

Truman, N. E. *Maine de Brian's Philosophy of Will*. Ithaca, N. Y.: Cornell University Press, 1964.

Vasconcelos, José. *Ethica*. Madrid: Aguilar, 1932.

——. *Historia del pensamiento filosófico*. Mexico, D. F.: Universidad Nacional, 1937.

Verga, Leonardo. *La filosofia morale de Malebranche*. Milano: Vita e Pensiero, 1964.

Vidari, Giovanni. *Rosmini e Spencer: studio espositivo-critico di filosofia morale*. Milano: Hoepli, 1899.

Yoles, Francisca, et al. *El pensamiento de M. F. Sciacca: Homenaje* (1908-1958). Buenos Aires, Argentina: Troquel, 1959.

Zubiri, Xavier. *Naturaleza, Historia, Dios*. Madrid: Editorial Nacional, 1944.

——. "Socrates and Greek Wisdom," *Thomist*, VII (1944), 40-45.

——. "El hombre, realidad personal," *Revista de Occidente*, I (1936), 5-29.

——. *Sobre la esencia*. Madrid: Editorial Nacional, 1962.

第十三章参考文献

Aiken, H. D. (ed.). *The Age of Ideology*. New York: Mentor, 1956.

Antolin, Viktor. "La Moral Communista," *Revista de Filosofia*, LV (1955), 565-74. English digest in *Philosophy Today*, I (1957), 106-8.

Ash, Willian. *Marxism and Moral Concepts*. New York: Monthly Review Press, 1964.

Banchetti, S. *Il significato morale dell'estetica vichiana*. Milano: Marzorati, 1957.

Bausola, Adriano. *Etica e Política net pensiero di Benedetto Croce*. Milano: Vita e Pensiero, 1966.

Bax, E. B. *The Ethics of Socialism*. London: Swann, Sonnenschein, 1902.

Bazard and Enfantin. *The Doctrine of Saint-Simon, an Exposition*. Trans. George C. Iggers. Boston: Beacon Press, 1958.

Berdyaev, Nikolai. *Smisl Istorii*. Berlin: Obelisk, 1923. Trans. by George Reavey as *The Meaning of History*. New York: Scribner's, 1936.

——. *Freedom and the Spirit*. Trans. O. F. Clarke. London: Bles, 1935.

——. *Solitude and Society*. Trans. G. Reavey. New York: Scribner's, 1939.

——. *The Destiny of Man*. Trans. N. Duddington. London: Bles, 1948. Reprinted New York: Harper Torchbooks, 1960.

——. *Dialectique existentielle du divin et de l'humain*. Paris: Janin, 1947.

——. *Christian Existentialism: a Berdyaev Synthesis*, ed. D. A. Lowrie. New York: Harper Torchbooks, 1962.

Berlin, Isaiah. *Historical Inevitability*. New York: Oxford University Press, 1955.
Blakeley, T. J. *Soviet Philosophy*. Dordrecht: Reidel, 1964.
Bloch, Ernst. *Das Prinzip Hoffnung*. 2 vols. Frankfurt-am-Main, 1959.
——. "Man and Citizen according to Marx," in *Socialist Humanism*, ed. Erich Fromm. New York: Doubleday, 1965, Pp. 200-06.
Bochenski, I. M. *Contemporary European Philosophy*. Berkeley: University of California Press, 1965.
Bourgin, Hubert. *Fourier, Contribution à l'étude du socialisme français*. Paris: Bellais, 1905.
Bourke, V. J. "The Philosophical Antecedents of German National Socialism," *Thought*, XIV (1939), 225-42.
Calian, C. S. *The Significance of Eschatology in the Thoughts of Nicolas Berdyaev*. Leiden: Brill, 1965.
Caponigri, A. R. *Time and Idea. The Theory of History in J. B. Vico*. London: Routledge, Kegan Paul, 1953.
Chamberlain, Houston Stewart. *Die Grundlagen des neunzehnten Jahrhunderts*. 2 Bde. München, 1899. Trans. by J. Lees as *The Foundations of the Nineteenth Century*. New York: Lane, 1912, 1914.
Collingwood, Robin George. *The Idea of History*. Oxford: Clarendon Press, 1946.
——. *Autobiography*. Oxford: Clarendon Press, 1939.
Comte, Auguste. *Cours de philosophic positive*. 6 vols. Paris: Société Positiviste, 1830-42. Abridged Trans. by Harriet Martineau. *The Positive Philosophy of Auguste Comte*. 3 vols. London: Bohn, 1853.
——. *Discours sur l'ensemble du positivisme*. Paris: Mathias, 1848. Trans. by J. H. Bridges as *A General View of Positivism*. London: Routledge, 1910; Stanford: Academic Reprints, 1953.
——. *Catéchisme positiviste*. Paris, n. d. Reprinted Paris: Gamier, 1909. Trans. by R. Congreve as *The Cathechism of Positive Religion*. London, 1858.
——. *Oeuvres choisies d'Auguste Comte*, éd. par Henri Gouhier. Paris: Aubier, 1943.
Condorcet, Antoine-Nicolas de. *Oeuvres*, éd. par F. Arago. 12 vols. Paris, 1847-49.
——. *Esquisse d'un tableau historique des progrès de l'esprit humain*. Paris, 1794. Trans. by June Barraclough as *The Progress of the Human Mind*. New York: Noonday Press, 1955.
Cornu, Auguste. *The Origins of Marxian Thought*. Springfield, Ill. : Thomas, 1957.
Groce, Benedetto. *Filosofia delta pratica: Economica ed Etica*. Bari: Laterza, 1909. Trans. by Douglas Ainslie as *Philosophy of the Practical: Economic and Ethic*. New York: Macmillan, 1913.

——. *Cultura e vita morale*. Bari: Laterza, 1914.

——. *Frammenti di etica*. Bari: Laterza, 1922. Trans. by Arthur Livingston as *The Conduct of Life*. New York: Harcourt, Brace, 1924.

——. *Etica e Politica*, Bari: Laterza, 1931. Trans. by S. J. Castiglione as *Politics and Morals*. New York: Philosophical Library, 1945.

——. *My Philosophy, and Other Essays on the Moral and Political Problems of Our Time*. Selected by Raymond Klibansky and Trans. by E. F. Carritt. London: Allen & Unwin, 1951.

Czerna, R. C. *Filosofia juridical de Benedetto Croce*. São Paulo, Brasil: Instituto Brasileiro de Filosofia, 1956.

Deploige, Simon. *The Conflict Between Ethics and Sociology*. Trans. C. C. Miltner. St. Louis: Herder, 1938.

Deschamps, Léger-Marie. *La voix de la raison*. Bruxelles, 1770.

——. *Le vrai système, ou le mot de l'énigme métaphysique et moral*, ed. Jean Thomas et Franco Venturi. Paris: Alcan, 1939.

Dupré, Louis. *The Philosophcal Foundations of Marxism*. New York: Harcourt, Brace & World, 1966.

Durkheim, Emile. *Sociologie et philosophie*. Paris: Alcan, 1924. Trans. by D. F. Pocock as *Sociology and Philosophy*. Glencoe, Ill.: Free Press, 1953.

——. *L'Education morale*. Paris: Alcan, 1925.

——. *Emile Durkheim: Selections from His Work*, ed. by George Simpson. New York: Crowell, 1963.

Edie, J. M., et al. *Russian Philosophy*. 3 vols. Chicago: Quadrangle Books, 1965.

Engels, Friedrich. *Anti-Dühring*. Berlin, 1878. Trans. by Emile Burns as *Herr Eugen Dühring's Revolution in Science*. New York: International Publishers, 1934, 1939.

Evans, Valmai B. "The Ethics of Giovanni Gentile," *Ethics*, XXXIX (1929), 205-17.

——. "The Ethics of Croce," *Ethics*, XLIV (1934), 54-64.

Forti, Edgar. "La Méthode scientifique en morale et en psychologie suivant l'oeuvre de Frédéric Rauh," *Revue de métaphysique et de morale*, XLI (1934), 13-24.

Fourier, François M. C. *Théorie des quatre mouvements*. 2 vols. Leipzig-Lyon: Pelzin, 1808.

——. *Le nouveau monde industriel et sociétaire*. 2 vols. Paris: Bossange, 1829-30.

Fromm, Erich. *Marx's Concept of Man*. New York: Ungar, 1961.

Garaudy, Roger. *Le communisme et la morale*. Paris: Editions Sociales, 1945.

Gentile, Giovanni. *Opera complete*. Firenze: Sansoni, 1938 ff.

——. *L'Atto del pensare come atto puro*. Bari: Laterza, 1912. Trans. by H. W. Carr as *The Theory of the Mind as Pure Act*. New York: Macmillan, 1922.

——. *Discorsi di religione. III: Il problema morale.* Ed. 4. Firenze: Sansoni, 1957.

Ginsberg, Morris. "Ethical Relativity and Political Theory," *British Journal of Sociology*, II (1951), 1-17.

——. *Essays in Sociology and Social Philosophy*, Vol. I: *On the Diversity of Morals*, 1956; Vol. II, *Reason and Unreason in Society*, 1960. London: Heinemann.

——. *On Justice in Society.* Ithaca, N. Y.: Cornell University Press, 1965.

Gobineau, Arthur de. *Essai sur l'inégalité des races humaines.* 4 vols. Paris, 1853-55. Book I Trans. by A. Collins as *The Inequality of Human Races.* New York: Holt, 1915.

Gumplowicz, Ludwig. *Der Rassenkampf.* Innsbruck: Wagner, 1905; Aufl. 2, 1927.

——. *Geschichte der Staatstheorien.* Innsbruck: Wagner, 1883.

Harris, H. S. *The Social Philosophy of Giovanni Gentile.* Champaign, Ill. : University of Illinois Press, 1960.

Hook, Sidney, *From Hegel to Marx.* New York: Reynal & Hitchcock, 1936.

Kamenenka, Eugen. *The Ethical Foundations of Marxism.* London: Routledge, Kegan Paul, 1962.

Kautsky, Karl. *Ethics and the Materialist Conception of History.* Trans. J. B. Askew. Chicago: Kerr, 1906, 1918.

Kline, G. L. (ed.). *European Philosophy Today.* Chicago: Quadrangle Books, 1965.

——. "Socialist Legality and Communist Ethics," *Natural Law Forum*, VIII (1963), 21-34.

Lagarde, Paul Anton de. *Deutsche Schriften.* 2 Bde. Göttingen, 1878-81.

Lenin, Vladimir Ilyich Ulyanov. *Collected Works.* Trans. Clemens Dutt et al. Moscow: Foreign Languages Institute, 1960 ff. (26 vols. By 1965).

——. *Materialism and Empirio-Criticism.* New York: International Publishers, 1927.

——. *Philosophical Notebooks* (1914-16), in *Collected Works*, Vol. 38.

Lévy-Bruhl, Lucien. *L'Idée de responsabilité.* Paris: Alcan, 1885.

——. *La philosophie d'Auguste Comte.* Paris: Alcan, 1900.

——. *La morale et la science des moeurs.* Paris: Alcan, 1903. Trans. by Elizabeth Lee as *Ethics and Moral Science.* London: Constable, 1905.

Lopatin, L. M. "The Philosophy of Vladimir Solovyev," Trans. by A. Bakshy, in *Mind*, XXV (1916), 425-60.

Lubac, Henri de. *The Drama of Atheist Humanism.* Trans. Edith M. Riley. New York: Sheed & Ward, 1950.

Lukacs, Georg. *Geschichte und Klassenbewusstsein.* Berlin: Malik-Verlag, 1923.

——. *Existentialisme ou Marxisme?* Paris: Nahel, 1948.

McGovern, W. M. *From Luther to Hitler.* New York: Houghton, 1941.

Mankiewicz, H. *La conception nationalsocialiste du sens de la vie et du monde.* Lyon:

Université de Lyon, 1937.

Marx, Karl. *Zur Kritik der Hegelschen Rechtsphilosophie*. Berlin, 1843.

——. *Karl Marx: Early Writings*, ed. T. B. Bottomore. New York: McGraw-Hill, 1964.

Marx, Karl, and Engels. F. *Historisch-kritische Gesamtausgabe*, hrsg. D. Rjazanow und V. Adoratsky. Frankfurt-am-Main, 1927 ff.

——. *The Communist Manifesto*. London-Brussels, 1848.

——. *Das Kapital*. 3 vols. Berlin, 1867–94. Trans. as *Capital, The Communist Manifesto, and Other Writings*, ed. Max Eastman. New York: Random House, 1932.

Merleau-Ponty, Maurice. *Les aventures de la dialectique*. Paris: Gallimard, 1955.

Meyer, H. *Houston S. Chamberlain als völkischer Denker*. Berlin: Hoheneichen, 1939.

Meyerhoff, Hans (ed.). *The Philosophy of History in Our Time, An Anthology*. Garden City, N. Y.: Doubleday Anchor, 1959.

Popper, K. R. *The Open Society and Its Enemies*. 2 vols. London: Routledge, Kegan Paul, 1945. VOl. II, chap. 8: "Marx's Ethics."

Rauh, Frédéric. *Essai sur le fondement métaphysique de la morale*. Paris, 1890; Paris: Alcan, 1903.

——. *L'Experience morale*. Paris: Alcan, 1903.

——. *Etudes de morale*. Paris: Alcan, 1911.

Romanelli, Patrick. *Croce versus Gentile*. New York: Macmillan, 1947.

Rosenberg, Alfred. *Der Mythus des 20 Jahrhunderts*. München: Hoheneichen, 1938.

Rubel, M. *Pages choisies pour une Ethique socialiste*. Paris: Rivière, 1948.

Rühle, Jürgen. "The Philosopher of Hope: Ernst Bloch," in *Revisionism: Essays on the History of Marxist Ideas*, ed. L. Labedz. London-New York: Praeger, 1962. Pp. 166–78.

Sade, Donatien de. *Les Infortunes de la vertu*. Paris, 1787.

——. *Histoire de Juliette*. Paris, 1790.

Saint-Simon, Claude Henri de. *Oeuvres*. 6 vols. Paris: Anthropos, 1966 ff.

——. *La Société européenne*. Paris, 1814.

——. *Le Système industriel*. Paris, 1821.

Sartre, Jean-Paul. *Critique de la raison dialectique*. Tome I. Paris: Gallimard, 1960.

Seilliére, E. *Le Comte de Gobineau et l'Arianisme historique*. Paris: Nourrit, 1903.

——. *Houston Stewart Chamberlain*. Paris: Renaissance du Livre, 1917.

Selsam, Howard. *Socialism and Ethics*. New York: International Publishers, 1943.

Shestov, Leon. *L'Idée de bien chez Tolstoi et Nietzsche*. Paris: Schiffrin, 1925.

——. *Kierkegaard et la philosophie existentielle*. Trad. par T. Rageot et Boris De Schloezer, Paris: Schiffrin, 1936.

Smith, T. V. "The Ethics of Fascism," *Ethics*, XLVI (1936), 151-77.
Solovyev, Vladimir. *The Justification of the Good*. Trans. Natalie Duddington. London: Constable, 1918.
——. *The Meaning of Love*. Trans. Janet Marshall. New York: Scribner's, 1947.
——. *A Solovyov Anthology*, ed. S. L. Frank. New York: Scribner's, 1950.
Stalin, Joseph (Iosif V. Dzhugashvili). *Leninism*. New York: International Publishers, 1942.
——. *Dialectical and Historical Materialism*, id., 1940.
——. *Marxism and Linguistics*, id., 1951.
Tansill, C. C. "Racial Theories in Germany from Herder to Hitler," *Thought*, XV (1940), 453-68.
Titarenko, Boldyrev, et al. *O Kommunisticheskoi Morali*. Moscow: Academy of Sciences, 1951.
Tucker, R. C. *Philosophy and Myth in Karl Marx*. New York: Cambridge University Press, 1961.
Vico, Giambattista. *Opere*. 8 vols. Bari: Laterza, 1914-41.
——. *De universi juris uno principio et fine uno*. Napoli, 1720.
——. *Scienza Nuova*. Napoli, 1725. Ed. 2^e, 1744 (in *Opere*, Vols. III-IV). Trans. by T. C. Bergin and M. H. Fisch as *The New Science of Giambattista Vico*. Ithaca, N.Y.: Cornell University Press, 1948.
Voinea, Serban. *La Morale et le socialisme*. Grand: La Flamme, 1953.
Westermarck, Edward. *The Origin and Development of the Moral Ideas*. 2 vols. London: Macmillan, 1906.
Wetter, Gustav. *Dialectical Materialism: a Historical and Systematic Survey of Philosophy in the Soviet Union*. Trans. Peter Heath, New York: Praeger, 1958.
Zenkovsky, V. V. *A History of Russian Philosophy*. Trans. G. L. Kline. New York: Columbia University Press, 1953.
Zis, A. Y. "Moral burzhuaznaya i moral kommunisticheskaya," *Pod Znamenem Marksizma*, VI (1939), 72 ff.
Zitta, Victor. *Georg Lukacs' Marxism: Alienation, Dialectics, Revolution*. The Hague: Nijhoff, 1964.

第十四章参考文献

Allers, Rudolf. *Das Werden der sittlichen Person*. Freiburg im Breisgau: Herder, 1929. Trans. by E. B. Strauss as *The Psychology of Character*. New York: Sheed & Ward, 1930.
——. "Ethics and Anthropology," *New Scholasticism*, XXIV (1950), 237-62.
——. "Reflections on Co-operation and Communication," *Proceedings of the American*

Catholic Philosophical Association, XXXIV (1960), 13-27.

——. *The Philosophical Work of Rudolf Allers*: A Selection, ed. J. A. Mann. Washington, D. C. : Georgetown University Press, 1965.

Blau, J. L. *Men and Movements in American Philosophy*. New York: Prentice-Hall, 1952.

Borzaga, Reynold. *Contemporary Philosophy*. Milwaukee: Bruce, 1966.

Brentano, Franz C. *Psychologie vom empirischen Standpunkte*. 3 Bde. Leipzig: Meiner, 1874.

——. *Vom Ursprung sittliches Erkenntnis*. Leipzig: Meiner, 1884. Trans. by Cecil Hague as *The Origin of the Knowledge of Right and Wrong*. Westminster: Constable, 1902.

——. *Grundlegung ung Aufban der Ethik*, hrsg. Franziska Mayer-Hillebrand. Berne: Francke, 1952.

Breton, Stanislas. "Le probléme de la liberté dans l'éthique de Nicolai Hartmann," *Revue Thomiste*, XLIX (1949), 310-35. Brightman, Edgar S. *Religious Values*. New York: Abingdon Press, 1925.

——. *Moral Laws*. New York: Abingdon Press, 1933.

——. *Person and Reality*, ed. P. A. Bertocci et al. New York: Ronald Press, 1958.

Brock, Werner. *An Introduction to Contemporary German Philosophy*. London-New York: Cambridge University Press, 1935.

Collins, James. "The Moral Philosophy of Max Scheler," *Encyclopedia of Morals* (1956). Pp. 517-24.

Dupuy, Maurice. *La philosophie de Max Scheler. Son Evolution et son unité*. 2 vols. Paris: Presses Universitaires, 1959.

Eaton, H. O. *The Austrian Philosophy of Values*. Norman, Okla. : University of Oklahoma Press, 1930.

——. "The Content of Axiological Ethics," *Ethics*, XLII (1932), 132-47; XLIII (1933), 20-36, 253-68. Ehrenfels, Christian von. "The Ethical Theory of Value," *Ethics*, VI (1896), 371-84.

——. *System der Werttheorie*. 2 Bde. Leipzig, 1897-1918.

Eklund, H. *Evangelisches und Katholisches in Max Schelers Ethik*. Lund: Uppsala University, 1932.

Finance, Joseph de. *Existence et liberté*. Paris: Vitte, 1955.

——. *Ethica Generalis*. Roma: Universitas Gregoriana, 1959.

——. *Essai sur l'âgir humain*. Roma: Université Grégorienne, 1962.

Findlay, J. N. *Meinong's Theory of Objects*. London: Oxford University Press, 1933.

Frings, Manfred. *Max Scheler*. Pittsburgh: Duquesne University Press, 1965.

Gibson, W. R. Boyce. "The Ethics of Nicolai Hartmann," *Australasian Journal of Psychology and Philosophy*, XI (1933), 12-28; XII (1934), 33-61; XIII

(1935), 1–23.

Groos, Reinhold. *Die Prinzipien der Ethik Nicolai Hartmanns*. München: Kaiser, 1932.

Gurvitch, Georges. *Morale théorique et science des moeurs*, Paris: Alcan, 1937.

——. *Les tendances actuelles de la philosophie allemande*. Paris: Vrin, 1949.

Hartmann, Nicolai. *Ethik*. 3 Bde. Berlin: De Gruyter, 1926. Trans. by Stanton Coit as *Ethics*. London: Allen & Unwin, 1932.

Hessen, Johannes. *Max Scheler: eine kritische Einführung in seine Philosophie*. Essen: Chamier, 1948.

——. *Ethik: Grundzüge einer personalistischen Wertethik*. Leiden: Brill, 1954.

——. *Religionsphilosophie*. 2 Bde. München-Basel: Reinhardt, 1955.

Hildebrand, Dietrich von. "Max Scheler als Ethiker," *Hochland*, XXI (1924), 626–37.

——. "Die Rolle des 'objektiven Gutes für die Person' innerhalb des Sittlichen," in *Philosophia Perennis*, ed. F. J. von Rintelen. Regensburg: Habbel, 1930. Pp. 975–95.

——. *Sittliche Grundhaltungen*. Mainz: M. Grünewald, 1933. Trans. as *Fundamental Moral Attitudes*. New York: Longmans, 1950.

——. *Christian Ethics*. New York: David McKay, 1952.

——. *True Morality and Its Counterfeits*. New York: David McKay, 1955.

Johnson, O. A. *Ethics. Selections from Classical and Contemporary Writers*. New York: Holt, Rinehart, 1965.

Lauer, Quentin. "The Phenomenological Ethics of Max Scheler," *International Philosophical Quarterly*, I (1961), 273–300.

——. *The Triumph of Subjectivity*. New York: Fordham University Press, 1958.

Lepley, Ray (ed.) *The Language of Value*. New York: Columbia University Press, 1957.

Lewis, Clarence Irving. *An Analysis of Knowledge and Valuation*. La Salle, Ill. : Open Court, 1946.

——. *The Ground and Nature of the Right*. New York: Columbia University Press, 1955.

Margolius, Hans. *Die Ethik Franz Brentanos*. Berlin: Levy, 1929.

Mayer, P. E. *Der Objektivität der Werterkenntnis bei Nicolai Hartmann*. Meisenheim: Hain, 1952.

Meining, Alexius. *Psychologisch-ethische Untersuchungen zur Wert-Theorie*. Graz: Leuschner u. Lubensky, 1894.

——. *Zur Grundlegung der allgemeinen Werttheorie*. Graz: Leuschner u. Lubensky, 1923.

Melden, A. I. (ed.). *Ethical Theories. A Book of Readings*. New York: Prentice-Hall, 1950.

Messer, A. *Deutsche Wertphilosophie der Gegenwart.* Leipzig: Reinicke, 1926.

Most, O. *Die Ethik Franz Brentanos und ihre geschichtlichen Grundlagen.* Berlin: Mittler, 1931.

Muirhead, J. H. (ed.). *Contemporary British Philosophy.* 2 vols. New York: Macmillan, 1931.

Parker, DeWitt H. *Human Values. An Interpretation of Ethics Based on a Study of Values.* New York: Harper, 1931. Reprinted, Ann Arbor, Mich.: Wahr, 1944.

Pepper, S. C. "A Brief History of General Theory of Value," *History of Philosophical Systems,* ed. V. Ferm. New York: Philosophical Library, 1950. Pp. 493-503.

Perry, Ralph Barton. *General Theory of Value.* Cambridge: Harvard University Press, 1926.

Polin, Raymond. *La création des valeurs.* Paris: Presses Universitaires, 1944.

——. *La compréhension des valeurs,* id., 1945.

——. *Du laid, du mal, du faux,* id., 1948.

——. "La Philosophic des valeurs en France," in *L'Activité Philosophique,* II (1950), 216-32.

Reck, Andrew. "The Value-Centric Philosophy of W. M. Urban," in *Recent American Philosophy.* New York: Pantheon, 1964. Pp. 154-80.

Rintelen, F. J. von. *Der Wertgedanke in der europäischen Geistesentwicklung.* Mainz: Matthias-Grünewald, 1939-40.

Scheler, Max. *Gesammelte Werke,* hrsg. Maria Scheler. Berne: Francke, 1954 ff.

——. *Beiträge zur Feststellung der Beziehungen zwischen den logischen und ethischen Prinzipien.* Jena: Universitäts Dissertation, 1899.

——. *Ueber Ressentiment und moralisches Werturteil.* Leipzig: Engelmann, 1912. Trans. by W. W. Holdheim as *Ressentiment.* Glencoe, Ill.: Free Press, 1961.

——. *Der Formalismus in der Ethik und die material Wertethik,* in *Jahrbuch für Philosophie und phänomenologische Forschung.* Halle, 1913-16.

——. *Vom Ewigen im Menschen.* Berlin: Neue Geist Verlag, 1921. Trans. by B. Noble as *On the Eternal in Man.* New York: Harper, 1960.

——. *Wesen und Formen der Sympathie.* Berlin: Neue Geist Verlag, 1921; Frankfurt: Schulte-Bulmke, 1948. Trans. by Peter Heath as *The Nature of Sympathy.* New Haven: Yale University Press, 1954.

——. *Die Stellung des Menschen im Kosmos.* Berlin: Neue Geist Verlag, 1928. Trans. as *Man's Place in Nature.* Boston: Beacon Press, 1961.

Schlick, Moritz. *Fragen der Ethik.* Wien: Springer, 1930. Trans. by David Rynin as *Problems of Ethics.* New York: Prentice-Hall, 1939.

——. *Gesammelte Aufsaetze, 1926-1936.* Wien: Springer, 1938.

Schutz, Alfred, "Max Sender's Epistemology and Ethics," *Review of Metaphysics,* XI

(1957-58).

Schwarz, B. V. (ed.). *The Human Person and the World of Values: a Tribute to Dietrich von Hildebrand*. New York: Fordham University Press, 1960.

Shaw, C. G. "The Theory of Value and Its Place in the History of Ethics," *Ethics*, XI (1901), 306-20.

Shein, Louis. *A Critique of Nicolai Hartmann's Ethics*. Toronto: University of Toronto Dissertation, 1946.

Sorley, W. S. *The Moral Life and Moral Worth*. Cambridge, Eng.: University Press, 1911.

——. *Moral Values and the Idea of God*, id., 1918.

——. "Value and Reality," *Contemporary British Philosophy*, II (1925), 245-67.

Spaemann, Robert. "Courants philosophiques dans l'Allemagne d'aujourd'hui," *Archives de Philosophic*, XXI (1958), 274-97.

Stern, Alfred. *La Philosophie des valeurs en Allemagne*. Paris: Alcan, 1933.

Störring, Gustav. *Die modern ethische Wertphilosophie*. Leipzig: Engelmann, 1935.

Urban, Wilbur M. *Valuation. Its Nature and Laws*. New York: Macmillan, 1909.

——. *The Intelligible World-Metaphysics and Value*. London: Allen & Unwin, 1929.

——. *Fundamentals of Ethics*. New York: Holt, 1930.

Walraff, Charles. *Max Scheler's Theory of Moral Obligation*. Berkeley, Calif.: university of California Press, 1939.

Ward, Leo R. *Philosophy of Value*. New York: Macmillan, 1930.

——. *Values and Reality*. New York: Sheed & Ward, 1935.

——. *Ethics and the Social Sciences*. Notre Dame, Ind.: University of Notre Dame Press, 1959.

——. *Ethics*. New York: Harper, 1965.

Werkmeister, William H. "Ethics and Value Theory," *Proceedings XI International Congress of Philosophy*, X (Brussels, 1953), 119-23.

——. *Theories of Ethics: A Study in Moral Obligation*, Lincoln, Neb.: Johnsen, 1961.

Wittmann, Michael. *Die moderne Wertethtk*. Dusseldorf: Schwann, 1940.

第十五章参考文献

Adams, G. P., and Montague, W. P. (ed.). *Contemporary American Philosophy*. 2 vols. New York: Macmillan, 1930.

Adler, Felix. *Life and Destiny*. New York: McClure, Phillips, 1905.

——. *An Ethical Philosophy of Life*. New York: Appleton, 1918.

Barrett, W., and Aiken, H. D. (ed.). *Philosophy in the Twentieth Century*. 2 vols. New York: Random House, 1962.

Beck, Lewis White. "A Neglected Aspect of Butler's Ethics," *Sophia*, V (1937), 11-15.

——. "The Formal Properties of Ethical Wholes," *Journal of Philosophy*, XXXVIII (1941), 160-68.

——. "Apodictic Imperatives," *Kant-Studies*, XLIX (1957), 7-24.

Blanshard, Brand, *The Impasse in Ethics*. Berkeley: University of California Press, 1945.

——. *Reason and Goodness*. New York: Macmillan, 1961.

Bosanquet, Bernard. *Psychology of the Moral Self*. London: Macmillan, 1897.

——. *The Principle of Individuality and Value*. Londond: Macmillan, 1912.

——. *The Value and Destiny of the Individual*. London: Macmillan, 1913.

——. *Some Suggestions in Ethics*. London: Macmillan, 1918.

Bardley, Francis Herbert. *Ethical Studies*. London: King, 1876. 2nd ed., Oxford: Clarendon Press, 1927. Reprinted, New York: Oxford University Press, 1962.

Braithwaite, R. B. *Theory of Games as a Tool for the Moral Philosopher*. Cambridge: University Press, 1955, 1963.

Brandt, R. B. *Ethical Theory*. Englewood Cliffs, N. J. : Prentice-Hall, 1959.

Brogan, A. P. "A Study in Statistical Ethics," *Ethics*, XXXIII (1923), 119-34.

——. "Ethcis as Method," *Ethics*, XXXVI (1926), 263-70.

Buchanan, J. M., and Tullock, G. *The Calculus of Consent*. Ann Arbor, Mich. : University of Michigan Press, 1962.

Carritt, E. F. *The Theory of Morals: an Introduction to Ethical Philosophy*. London: Oxford University Press, 1928.

——. *Morals and Politics*, London: Oxford University Press, 1935.

——. *An Ambiguity of the Word Good*. London: Oxford University Press, 1937.

Chubb, Percival. *On the Religious Frontier: From and Outpost of Ethical Religion*. New York: Macmillan, 1931.

Clark, Henry. *The Ethical Mysticism of Albert Schweitzer*. Boston: Beacon Press, 1962. (Includes two essays by Schweitzer: "The Ethic of Self-Perfection," pp. 38-52; and "Reverence for Life," pp. 99-105.)

Cornett, R. A. "Individualism in the Ethics of Elijah Jordan," *Ethics*, LXVI (1956), 61-66.

Cotton, J. H. *Royce on the Human Self*. Cambridge: Harvard University Press, 1954.

Davidson, D., and Suppes, P. *Decision Making*, Stanford, Calif. : Stanford University Press, 1957.

Dewey, R. E., et al. (ed.). *Problems of Ethics*. New York: Macmillan, 1961.

Diggs, B. J. "Rules and Utilitarianism," *American Philosophical Quarterly*, I (1964), 32-44.

Ekman, Rosalind (ed.). *Readings in the Problems of Ethics*. New York: Scribner's, 1965.

Ewing, A. C. *The Definition of Good.* New York: Macmillan, 1946.

——. *Ethics*, London: English Universities Press, 1960.

Frankena, W. K. *Ethics.* Englewood Cliffs, N. J.: Prentice-Hall, 1963.

Fuss, Peter. *The Moral Philosophy of Josiah Royce.* Cambridge: Harvard University Press, 1965.

Green, Thomas Hill. *Works.* 3 vols. Oxford: Clarendon Press, 1885-88.

——. *Prolegomena to Ethics.* Oxford: Clarendon Press, 1883.

——. *Principles of Political Obligation.* Oxford: Clarendon Press, 1895.

Harrod, R. F. "Utilitarianism Revised," *Mind*, XLV (1936), 137-56.

Hocking, W. E. *Human Nature and Its Remaking.* New Haven: Yale University Press, 1918, 1932.

——. *Types of Philosophy.* New York: Scribner's, 1929, 1959.

Johnson, O. A. *Rightness and Goodness, A Study in Contemporary Ethical Theory.* The Hague: Nijhoff, 1959.

Jordan, Elijah. *The Good Life.* Chicago: University of Chicago Press, 1949.

Joseph, H. W. B. *Some Problems in Ethics.* Oxford: Clarendon Press, 1931.

Kant, Immanuel. *Kant: Critique of Practical Reason and Other Writings in Moral Philosophy*, ed. And trans. L. W. Beck. Chicago: University of Chicago Press, 1949.

Kiernan, Thomas (ed.). *A Treasury of Albert Schweitzer.* New York: Philosophical library, 1965.

Lamont, W. D. *An Introduction to Green's Moral Philosophy.* London: Allen & Unwin, 1934.

Lyons, David. *Forms and Limits of Utilitarianism.* London: Oxford University Press, 1965.

Mack, R. D. "Individualism and Individuality in the Ethics of Elijah Jordan," *Ethics*, LXVH (1957), 139-42.

McCloskey, H. J. "An Examination of Restricted Utilitarianism," *Philosophical Review*, LXVI (1957), 466-85.

McGlynn, J. V., and Toner, J. J. *Modern Ethical Theories.* Milwaukee: Bruce, 1962.

Martineau, James. *Types of Ethical Theory.* 2 vols. Oxford: Clarendon Press, 1886-91.

Mises, Ludwig von. *Human Action.* New Haven: Yale University Press, 1949.

Muirhead, J. H. *Elements of Ethics.* London: John Murray, 1892, 1910.

——. *The Platonic Tradition in Anglo-Saxon Philosophy.* London: Macmillan, 1931.

Munitz, M. K. *The Moral Philosophy of Santayana.* New York: Humanities Press, 1957.

Neumann, J. von. "Zur Theories der Gesellschaftspiele," *Mathematische Annalen*, C (1928), 295-320.

Nemann, J. von, and Morgenstern, O. *Theory of Games and Economic Behaviour*. Princeton, N. J.: Princeton University Press, 1947.

Passmore, John. *A Hundred Years of Philosophy*. London: Duckworth, 1957.

Paton, H. J. *The Good Will, a Study in the Coherence Theory of Goodness*. London: Allen & Unwin, 1927.

——. *The Categorical Imperative: a Study in Kant's Moral Philosophy*. London: Hutchinson's Library, 1946.

——. *The Moral Law; or, Kant's Groundwork of the Metaphysic of Morals*. Trans. with analysis and notes. New York: Barnes & Noble, 1950.

Patterson, C. H. *Moral Standards*. New York: Ronald Press, 1957.

Prichard, H. A. *Duty and Interest*. Oxford: Clarendon Press, 1928.

——. *Moral Obligation*. Oxford: Clarendon Press, 1949.

——. "Does Moral Philosophy Rest on a Mistake?" *Mind*, XXI (1912), 487-99.

Rashdall, Hastings. "A Critique of Self-Realization," in *The Theory of Good and Evil*. Oxford: Clarendon Press, 1907. Reprinted in Dewey, R. E. *Problems of Ethics* (1961), pp. 257-60.

Rawls, John. "Two Concepts of Rules," *Philosophical Review*, LXIV (1955), 3-32.

Ross, W. D. *The Right and the Good*. Oxford: Clarendon Press, 1930.

——. *Foundations of Ethics*. Oxford: Clarendon Press, 1939.

Royce, Josiah. *The Religious Aspect of Philosophy*. Boston: Houghton Mifflin, 1885.

——. *The World and the Individual*. 2 vols. New York: Macmillan, 1900-01.

——. *Studies of Good and Evil*. New York: Appleton, 1902.

——. *The Philosophy of Loyalty*. New York: Macmillan, 1908, 1924.

——. *The Hope of the Great Community*. New York: Macmillan, 1916.

——. *Fugitive Essays*. Cambridge: Harvard University Press, 1920.

Santayana, George. *Works*. 15 vols. New York: Scriber's 1936-40.

——. *The Life of Reason*. 5 vols. New York: Scribner's, 1905-06.

——. *Skepticism and Animal Faith*, New York: Scribner's, 1923.

——. *Realms of Being*. 4 vols. New York: Scribner's, 1940, 1942.

Schweitzer, Albert. *Kultur und Ethik*. Leipzig: Barth, 1922. Trans. by John Naish as *Civilization and Ethics*. New York: Macmillan, 1923. Reprinted 1962.

——. *Aus meinen Leben und Denken*. Leipzig: Barth, 1932. Trans. as *Out of My Life and Thought*. New York: Holt, 1933.

——. *The Philosophy of Civilization*. Trans. C. T. Campion. New York: Macmillan, 1949. Reprinted 1964.

——. *The Teaching of Reverence for Life*. London: Peter Owen, 1964.

Segerstedt, T. T. *Value and Reality in Bradley's Philosophy*. Lund: Gleerup, 1934.

Shubik, Martin (ed.). *Game Theory and Related Approaches to Social Behaviour*.

New York: Wiley, 1964.

Sidgwick, Henry. *Lectures on the Ethics of T. H. Green, Mr. Herbert Spencer and J. Martineau*. London: Macmillan, 1902.

Singer, M. G. "Moral Rules and Principles," in A. I. Melden (ed.), *Essays in Moral Philosophy*. Seattle: University of Washington Press, 1958.

——. *Generalization in Ethics*. New York: Knopf, 1961.

Smart, J. J. C. "Extreme and Restricted Utilitarianism," *Philosophical Quarterly*, VI (1956), 344-54.

——. *An Outline of a System of Utilitarian Ethics*. Melbourne: Melbourne University Press, 1961.

Stace, Walter T. *The Concept of Morals*. New York: Macmillan, 1937. Reprinted 1962.

——. *Mysticism and Philosophy*. New York: Macmillan, 1961.

Taylor, A. E. "Self-Realization-A Criticism," *Ethics*, VI (1896), 356-71.

——. *The Problem of Conduct*. London: Macmillan, 1901.

——. *The Faith of a Moralist*. London: Macmillan, 1930.

Thompson, George. "Game Theory and 'Social Value' Ethics," *Ethics*, LXXV (1965), 36-39.

Urmson, J. O. "The Interpretation of the Moral Philosophy of J. S. Mill," *Philosophical Quarterly*, III (1953), 33-39.

Warnock, Mary. *Ethics Since 1900*. London: Oxford University Press, 1960.

Whitman, M. J. "Forms and Limits of Utilitarianism," *Ethics*, LXXVI (1966), 309-17.

——. *The Public Interest*. New York: Wiley, 1966.

Wolff, R. P. "Reflections on Game Theory and the Nature of Value," *Ethics*, LXXVI (1962), 171-79.

Wright, H. W. *Self-Realization. An Outline of Ethics*. New York: Holt, 1913, 1924, 1940.

——. *The Moral Standards of Democracy*. New York: Appleton, 1925.

第十六章参考文献

Adams, E. M. *Ethical Naturalism and the Modern World-View*. Chapel Hill, N. C.: University of North Carolina Press, 1960.

Aiken, H. D. *Reason and Conduct*. New York: Knopf, 1962.

Allers, Rudolf. "Echics and Antoropology," *New Scholasticism*, XXIV (1950), 237-62. Reprinted in *Philosophical Work of Rudolf Allers* (1965), pp. 94-110.

Baruk, H. *Psychiatrie morale expérimentale, individuelle et sociale*. Paris: Presses Universitaires, 1950.

Bausola, Adriano. *L'Etica di John Dewey*. Milano: Vita e Pensiero, 1960.

Blewett, J. E. *The Origin and Early Mutations of John Dewey's Ethical Theory* (1884-1904). St. Louis, Mo.: St. Louis University Dissertation, 1959.

———. (ed.). *John Dewey: His Thoughts and Influence*. New York: Fordham University Press, 1960.

Brennan, B. P. *The Ethics of William James*. New York: Bookman Associates, 1961.

Cuénot, Claude. "La morale et l'homme selon Pierre Teilhard de Chardin," in *Morale chrétienne et morale marxiste*. Pairs-Genéve: La Palatine, 1960, pp. 117-47.

Cunningham, R. L. "The Direction of Contemporary Ethics," *New Scholaticism*, XXXIX (1965), 330-48.

Dennes, William R. *Some Dilemmas of Naturalism*. New York: Columbia University Press, 1960.

Dewey, John. *Collected Works* (20 vols. To be published). Carbondale, Ill.: Southern Illinois University Press, 1966ff.

———. *The Ethics of Democracy*. New York: Andrews, 1888.

———. *Outlines of a Critical Theory of Ethics*. Ann Arbor, Mich.: Register Publ., 1891.

———. *The Study of Ethics*. Ann Arbor, Mich.: Wahr, 1894.

———. *Logical Conditions of a Scientific Treatment of Morality*. Chicago: University of Chicago Press, 1903.

———. *Ethics*. New York: Columbia University Press, 1908.

———. *Moral Principles in Education*. Boston: Houghton Mifflin, 1909.

———. *Reconstruction in Philosophy*. New York: Holt, 1920.

———. *Human Nature and Conduct*. New York: Holt, 1922.

———. *The Quest for Certainty*. New York: Minton, Balch, 1929.

———. *A Common Faith*. New Haven: Yale University Press, 1934.

———. *Theory of Valuation*. (*International Encyclopaedia of Unified Science*, II, 4.) Chicago: University of Chicago Press, 1939.

Dewey, John, and Tufts, J. H. *Ethics*. New York: Holt, 1908, 1932, 1960.

———. *Theory of the Moral Life* (Part II of this *Ethics*), ed. Arnold Isenberg. New York: Holt, Rinehart & Winston, 1960.

Dougherty, Jude. "Recent Developments in Naturalistic Ethics," *Proceedings, American Catholic Philosophical Association*. XXXIII (1959), 97-108.

Dubois, J. *Spencer et le principe de lamorale*. Pairs, 1899.

Edel, Abraham. "Some Trends in American Naturalistic Ethcis," *Philosophic Thought in France and the U. S.* (1950), pp. 589-611.

———. *Ethical Judgement*: The Use of Science in Ethics. Glencoe, Ill.: Free Press, 1955.

———. *Method in Ethical Theory*. New York: Bobbs-Merrill, 1963.

Edel, Abraham and May. *Anthropology and Ethics*. Springfield, Ill.: Thomas, 1959.

Edwards, Paul. *The Logic of Moral Discourse*. Glencoe, Ill.: Free Press, 1955.

Edwards, Paul, and Pap, Arthur (eds.). *A Modern Introduction to Philosophy*. Glencoe, Ill.: Free Press, 1965.

Feuer, L. S. *Psychoanalysis and Ethics*. Springfield, Ill.: Thomas, 1955.

Flugel, J. C. *Man, Morals and Society: A Psychoanalytical Study*. London: Duckworth, 1945.

Foot, Philippa R. "Moral Arguments," *Mind*, LXVII (1958), 502–13.

Frankena, W. K. "The Naturalistic Fallacy," *Mind*, XLVIII (1939), 464–77.

Freud, Sigmund. *Standard Edition of the Complete Psychological Works*, ed. James Strachey. 24 vols. New York: Norton, 1953.

——. *Vorlesungen zur Einführung in die Psychoanalyse*. Wien, 1916–17, Tans. By Joan Riviere as *Introductory Lectures on Psychoanalysis*. London: Hogarth, 1922.

——. *Civilization and Its Discontents*. Trans. J. Riviere. London: Hogarth, 1949; New York: Doubleday Anchor, 1958.

——. *Beyond the Pleasure Principle*. Trans. J., Strachey. New York: Liveright, 1922, 1950.

——. *Basic Writings of Sigmund Freud*, ed. A. A. Brill. New York: Random House, 1938.

Fromm, Erich. *Escape from Freedom*. New York: Rinehart, 1941.

——. *Psychoanalysis and Religion*. New Haven: Yale University Press, 1950.

——. *Man for Himself. An Inquiry into the Psychology of Ethics*. New York: Rinehart, 1947.

——. *Socialist Humanism: An International Symposium*. New York: Doubleday, 1965.

Fuchs, Joseph. *Lex Nature: Zur Theologie des Naturrechts*. Düsseldorf: Schwann, 1955. Trans. as *The Natural Law. A Theological Investigation*. New York: Sheed & Ward, 1964.

Giddings, F. H. "The Heart of Mr. Spencer's *Ethics*," *Ethics*, XIV (1904), 496–99.

Glass, Bentley. *Science and Ethical Values*. Chapel Hill, N. C.: University of North Carolina Press, 1965.

Hamburg, C. H. "Fromm's 'Scientific' Ethics of Human Nature," in *Studies in Ethics*. (Tulane Studies, VI.) New Orleans, La.: Tulane University Press, 1957.

Handy, Rollo. "The Naturalistic Reduction of Ethics to Science," *Journal of Philosophy*, LIII (1956), 829–35.

Harding, A. L. (ed.). *Origins of the Natural Law Tradition*. Dallas, Tex.: Southern Methodist University Press, 1954.

Hartmann, Heinz. *Psychoanalysis and Moral Values*. New York: International Universities Press, 1960.

Hartshome, Charles. *The Divine Relativity*. New Haven: Yale University Press, 1948.

Hawkins, D. J. B. *Nature as the Ethical Norm*. London: Aquinas Society, 1951.
Holmes, Samuel J. *The Trend of the Race*. New York: Harcout, Brace, 1921.
——. *Life and Morals*. New York: Macmillan, 1948.
Holt, E. B. *The Freudian Wish and Its Place in Ethics*. New York: Holt, 1915.
Hook, Sidney. "The Ethical Theory of John Dewey," in *Quest for Being*. New York: St. Martin's Press, 1934. Pp. 49-70.
——. "The Desirable and Emotive in Dewey's Ethics," in *John Dewey: Philosopher of Science and Freedom*. New York: Dial Press, 1950.
Huxley, Julian. *Evolutionary Ethics*. (Romanes Lecture, 1943.) London: Oxford University Press, 1943. Reprinted in *Touchstone for Ethics*. New York: Harper, 1947.
——. *Evolution in Action*. New York: Harper, 1953.
Huxley, Thomas H. *Man's Place in Nature*. London, 1863.
——. *Evolution and Ethics*. (Romanes Lecture, 1893.) London, 1893. Reprinted in *Touchstone for Ethics* (see Julian Huxley, above).
James, William. "The Moral Philosopher and the Moral Life," *Ethics*, I (1891), 330-54. Reprinted in *Essays on Faith and Morals*, ed. R. B. Perry. New York: Meridian, 1962.
——. *The Will to Believe, and Other Essays*. New York: Longmans, 1897.
——. *Talks to Teachers on Psychology: and to Students on Some of Life's Ideals*. New York: Longmans, 1899, 1939.
Kelmke, E. D. "Vivas on 'Naturalism' and 'Axiological Realism'," *Review of Metaphysics*, XII (1958), 310-21.
Krikorian, Y. H. (ed.). *Naturalism and the Human Spirit*. New York: Columbia University Press, 1944.
Kurtz, P. W. "Naturalistic Ethics and the Open Question," *Journal of Philosophy*, LII (1955), 113-28.
——. "Decision Making and Ethical Naturalism," *Journal of Philosophy*, LVIII (1961), 693-94.
Lamont, Corliss. *The Illusion of Immortality*. New York: Philosophical Library, 1935.
——. *Humanism as a Philosophy*. New York: Philosophical Library, 1940.
Leclerq, Jacques. *Du droit naturel à la sociologie*. 2 vols. Paris: Spes, 1960.
——. "Natural Law the Unknown," *Natural Law Forum*, VII (1962), 1-15.
Macbeath, Alexander. *The Relationship of Primitive Morality and Religion*. London: Macmillan, 1949.
——. *Experiments in Living*. London: Macmillan, 1952.
Margolis, Joseph. *Psychotherapy and Morality*. New York: Random House, 1966.
——. (ed.). *Contemporary Ethical Theory*. New York: Random House, 1966.

Maritain, Jacques. *Science et sagesse: suivi d'échircissements sur la Philosophie morale.* Paris: Labergerie, 1935. Trans. by Bernard Wall as *Science and Wisdom.* New York: Scribner's, 1940.

———. *Les droits de l'homme et la loi naturelle.* New York: Maison Francaise, 1942. Trans. by Doris C. Anson as *The Rights of Man and the Natural Law.* New York: Scribner's, 1942.

———. *Neuf Leçons sur les notions premières de la philosophie morale.* Paris: Téqui, 1951.

———. *La philosophie morale.* Paris: Gallimard, 1960. Trans. by Joseph Evans et al. as *Moral Philosophy.* New York: Scribner's, 1964.

Mead, Margaret. "Some Anthropological Considerations concerning Natural Law," *Natural Law Forum,* VI (1961), 51-64.

Messner, Johannes. *Das Naturrecht: Handbuch der Gesellschaftsethik.* Innsbruck: Tyrolia Verlag, 1950. Trans. by J. J. Doherty as *Social Ethics, Natural Law in the Modern World.* St. Louis: Herder, 1949, 1965.

———. *Kulturethik, mit Grundlegung durch Prinzipienethik und Personalichkeitsethik.* Innsbruck: Tyrolia Verlag, 1954.

———. *Ethics and Facts.* St. Louis: Herder, 1952.

———. "The Postwar Natural Law Revival and Its Outcome," *Natural Law Forum,* IV (1959), 101-05.

Minkiel, S. J. *The General Ethics of John Dewey in the Light of Thomism.* Rome: Angelicum, 1959.

Monist, The (Summer, 1903). Special issue on "Ethics and Anthropology." (Articles by M. and A. Edel, A. C. Gamett, Paul Taylor, John Ladd, and David Bidney.)

Nielsen, Kai. "Examination of the Thomistic Theory of the Natural Law," *Natural Law Forum,* IV (1959), 44-71.

Odier, Charles. *Les deux sources conscience et inconsciente de la vie morale.* 2me éd. Neuchâtel: La Baconniére, 1947.

Otto, Max. *Science and the Moral Life.* New York: Mentor, 1949.

———. "Humanism," in *American Philosophy,* ed. R. B. Winn. New York: Philosophical Library, 1955. Pp. 172-82.

Pepper, Stephen C. *The Sources of Value.* Berkeley, Calif.: University of California Press, 1958.

———. *Ethics.* New York: Appleton-Century-Crofts, 1960.

Perry, Ralph Barton. *The Moral Economy,* New York: Scribner's, 1909.

———. "The Question of Moral Obligation," *Ethics,* XXI (1911), 282-98.

———. *General Theory of Value.* Cambridge: Harvard University Press, 1926.

Prall, D. W. *Naturalism and Norms.* Berkeley, Calif.: University of California

Press, 1925.
Quillian, W. F. "Evolution and Moral Theory in American," in *Evolutionary Thoughts in America*, ed. S. Persons. New Haven: Yale University Press, 1950. Pp. 398-419.
Ramirez, J. M. "De philosophia morali Christiana. Responsio quaedam responsionibus 'completis et adaequatis' Domini Jacobi Maritain," *Divus Thomas* (Fribourg), XIV (1936), 87-122.
Rice, Philip Blair. "Objectivity in Value Judgments," *Journal of Philosophy*. XI (1943), 132-41.
——. "Public and Private Factors in Valuation," *Ethics*, LIV (1944), 41-52.
——. *On the Knowledge of Good and Evil*. New York: Random House, 1955.
Rieff, Philip. *Freud: The Mind of the Moralist*. Garden City, N. Y.: Doubleday Anchor, 1961.
——. "Freudian Ethics and the Idea of Reason," *Ethics*, LXVII (1957), 169-83.
Romanell, Patrick. *Toward a Critical Naturalism*. New York: Macmillan, 1958.
Roth, R. J. *John Dewey and Self-Realization*. Englewood Cliffs, N. J.: Prentice-Hall, 1963.
Sartre, Jean-Paul. *L'Existentialisme est un humanisme*. Paris: Nagel, 1947. Trans. by B. Frechtman as *Existentialism*. New York: Philosophical Library, 1947. Also Trans. by P. Mairet. London: Methuen, 1962.
Shelton, H. S. "Spencer as an Ethical Teacher," *Ethics*, XX (1910), 424-37.
Simon, Yves. *The Tradition of Natural Law*, ed. V. Kuic. New York: Fordham University Press, 1965.
Spencer, Herbert. *On Moral and Physical Education*. London, 1861.
——. *The Principles of Ethics*. 2 vols. London-New York: Appleton, 1879-92.
——. *Data of Ethics* (first part of the foregoing). New York: Hurst, 1923.
Stuart, H. W. "Dewey's Ethical Theory," in *The Philosophy of John Dewey*, ed. P. A. Schilpp. Chicago: Northwestern University Press, 1939.
Telhard de Chardin, Pierre. *Oeuvres*. Paris: Editions du Seuil, 1956 ff.
——. *Le phénoméne humain, in Oeuvres*. Tome I, 1956. Trans. by Bernard Wall as *The Phenomenon of Man*. New York: Harper, 1959.
——. *Le Milieu divin, in Oeuvres*. Tome IV, 1957. Trans. by B. Wall *et al.* as *Le Milieu Divin*. London: Collins, 1960. Reprinted New York: Harper, 1960, 1965.
Tresmontant, Claude. *Pierre Teilhard de Chardin: His Thought*. Baltimore: Helicon Press, 1959.
Vivas, Eliseo. "Julian Huxley's Evolutionary Ethics," *Ethics*, LVIII (1948), 275-84.
——. *The Moral Life and the Ethical Life*. Chicago: University of Chicago Press, 1950.

——. "Animadversions on Naturalistic Ethics," *Ethics*, LVI (1946), 157-79.
Whitehead, Alfred North. *Science and the Modern World*. New York: Macmillan, 1925.
——. *Process and Reality*. New York: Macmillan, 1929.
——. *Adventures of Ideas*. New York: Macmillan, 1933.
——. *Modes of Thought*. New York: Macmillan, 1938.
Wild, John. "Natural Law and Modern Ethical Theories," *Ethics*, LXIII (1953), 1-13.
——. *Introduction to Realistic Philosophy*. New York: Harper, 1948.
Williams, Gardner. *Humanistic Ethics*. New York: Philosophical Library, 1951.

第十七章参考文献

Abelson, Raziel (ed.). *Ethics and Metaethics*. New York: St. Martin's Press, 1963.
Aiken, Lillian W. *Bertrand Russell's Philosophy of Morals*. New York. Humanities Press, 1963.
Ayer, Alfred J. *Language, Truth and Logic*. London: Gollancz, 1936. Reprinted New York: Dover, 1946.
——. "On the Analysis of Moral Judgments," *Horizon* (London), 1949. Reprinted in *Philosophical Essays*. New York: St. Martin's Press, 1954.
——. *Logical Positivism*. New York: Free Press, 1959.
——. *The Concept of a Person and Other Essays*. London: Macmillan, 1963.
Baier, Kurt. "Doing My Duty," *Philosophy*, XXVII (1952), 253-60.
——. "Good Reason," *Philosophical Studies*, IV (1953), 1-15.
——. "Proving a Moral Judgment," *Philosophical Studies*, IV (1953), 33-44.
——. *The Meaning of Life*. Canberra: University College, 1957.
——. *The Moral Point of View*. Ithaca, N. Y.: Cornell University Press, 1958.
Binkley, L. J. *Contemporary Ethical Theories*. New York: Philosophical Library, 1961.
Black, Max. "Some Questions about Emotive Meaning," *Philosophical Review*, LVII (1948), 111-26.
Brandt, R. B. "The Emotive Theory of Ethics," *Philosophical Review*, LIX (1960), 305-18.
——. (ed.). *Value and Obligation. Systematic Reading in Ethics*. New York: Harcourt, Brace & World, 1961.
Broad, C. D. "Is Goodness a Name of a Simple Non-natural Quality?" *Proc., Aristotelian Society*, XXXIV (1933-34), 249-68.
——. "Certain Features of Moore's Ethical Doctrines," in P. A. Schilpp, *The Philosophy of G. E. Moore*. Evanston, Ill.: Northwestern University Press, 1942.
——. "G. E. Moore's Latest Published Views on Ethics," *Mind*, LXX (1961).
Camap, Rudolf. *Philosophy and Logical Syntax*. London: Routledge, Kegan Paul,

1936.

——. "Empiricism, Semantics and Ontology," in *Semantics and the Philosophy of Language*, ed. L. Linsky. Urbana, Ill.: University of Illinois Press, 1952, Pp. 209-12.

Castañeda, H. N., and Nakhnikian, George (des.). *Morality and the Language of Conduct*. Detroit: Wayne State University Press, 1963.

Charlesworth, M. J. *Philosophy and Linguistic Analysis*. Pittsburgh: Duquesne University Press, 1959.

Copleston, F. *Contemporary Philosophy*. Westminster, Md.: Newman Press, 1956.

Ellis, Frank. "Analytic-Positivist Thought," in Mann-kreyche, *Approaches to Morality* (1966). Pp. 434-557.

Ewing, A. C. "Recent Developments in British Ethical Thought," in *British Philosophy in the Mid-Century*, ed. C. A. Mace. London: Macmillan, 1957. Pp. 65-95.

——. *Second Thoughts in Moral Philosophy*. New York: Macmillan, 1959.

Falk, W. D. "Goading and Guiding," *Mind*, LXII (1953), 145-71.

Frankena, W. K. "Moral Philosophy at Mid-Century," *Philosophical Review*, LX (1951), 44-55.

Hägerström, Axel. *Inquiries into the Nature of Laws and Morals*, ed. K. Olivecrona. Trans. C. D. Broad. Stockholm: Almqvist & Wiksell, 1938.

——. *Philosophy and Religion*, ed. R. T. Sandin. New York: Humanities Press, 1964.

Hall, E. W. "Stevenson on Disagreement in Attitude," *Ethics*, LVIII (1948), 51-56.

——. "Practical Reason(s) and Ethics," *Mind*, LXIV (1955), 319-32.

Hampshire, Stuart. "Fallacies in Moral Philosophy," *Mind*, LVIII (1949), 466-82.

——. *Thought and Action*. London: Chatto & Windus, 1959.

——. (ed.). *The Age of Reason*. New York: Mentor, 1956.

Hampshire, Stuart, and Hart, H. L. A. "Decision, Intention, and Certainty," *Mind*, LXVII (1958), 1-12.

Hancock, Roger. "The Refutation of Naturalism in Moore and Hare," *Journal of Philosophy*, LVII (1960), 326-34.

Hare, Richard M. *The Language of Morals*. Oxford: Clarendon Press, 1952.

——. "Universalizability," *Proceedings, Aristotelian Society*, LV (1954-55), 295-312.

——. *Freedom and Reason*. Oxford: Clarendon Press, 1963.

Hare, Richard M., and Gardiner, P. M. "Pain and Evil," *Proceedings, Aristotelian Society*, Suppl. XXXVIII (1964), 91-124.

Hospers, John. *An Introduction to Philosophical Analysis*. New York: Prentice-Hall, 1953.

Joad, C. E. M. *A Critique of Logical Positivism*. Chicago: University of Chicago Press, 1950.

Kerner, G. C. *The Revolution in Ethical Theory*. New York: Oxford University Press, 1966.

Laird, John. *Recent Philosophy*. London: Butterworth, 1936.

Lawler, Ronald. "The Nature of Analytic Ethics," *Proceedings, American Catholic Philosophical Association*, XXXIV (1960), 151-57.

Lewis, H. D. (ed.). *Contemporary British Philosophy*. London: Allen & Unwin, 1957.

"Logical Positivism and Ethics," symposium in *Proceedings, Aristotelian Society*, Suppl. XXII (London, 1948).

McCloskey, H. J. "Nowell-Smith's Ethics," *Australasian Journal of Psychology and Philosophy*, XXXIX (1961).

Mehta, Ved. *Fly and the Fly Bottle. Encounters with British Intellectuals*. Boston: Little, Brown, 1963.

Milne, A. J. M. *The Social Philosophy of English Idealism*. London: Allen & Unwin, 1962.

Moore, Asher. "Elmotivism: Theory and Practice," *Journal of Philosophy*, LV (1958).

Moore, G. E. *Principia Ethica*. Cambridge, Eng.: University Press, 1903. Reprinted New York: Cambridge University Press, 1959.

——. *Ethics*. London: Home University Library, 1912. Reprinted New York: Cambridge University Press, 1949.

——. "The Nature of Moral Philosophy," in *Philosophical Studies*. London: Kegan Paul, 1922. Pp. 310-29.

——. *Philosophical Papers*. New York: Macmillan, 1959.

Munitz, M. K. (ed.). *A Modern Introduction to Ethics*. New York: Free Press, 1958.

Newsom, G. E. *The New Morality*. New York: Scribner's, 1933.

Nowell-Smith, Patrick H. "Free Will and Moral Responsibility," *Mind*, LVII (1948), 45-61.

——. *Ethics*. London-Baltimore: Penguin, 1954. Reprinted New York: Philosophical Library, 1958.

——. "Determinists and Libertarians," *Mind*, LXII (1954), 317-37.

——. "Psycho-analysis and Moral Language," *The Rationalist Annual* (1954). Reprinted in Edwards-Pap, *Modern Introduction to Philosophy (1965)*. Pp. 86-93.

——. "Choosing, Deciding Doing," *Analysis*, XVIII (1958), 63-69.

——. "Contextual Implication and Ethical Theory," *Proceedings, Aristotelian Society*, Suppl. XXXVI (1962), 1-18.

Ofstad, Harald. "Objectivity of Norms and Value-Judgments according to Recent

Scandinavian Philosophy," *Philosophy and Phenomenological Research*, XII (1951-52), 42-68.

Oldenquist, Andrew (ed.). *Readings in Moral Philosophy*. Boston: Houghton Mifflin, 1964.

Rawls, John. "Outline of a Decision Procedure for Ethics," *Philosophical Review*, LX (1951), 177-97.

——. "Two Concepts of Rules," *Philosophical Review*, LXIV (1955), 3-32.

——. "Justice as Fairness," *Philosophical Review*, LXXII (1963), 164-94.

——. "The Sense of Justice," *Philosophical Review*, LXXII (1963), 281-305.

Rhees, Rush. "Some Developments in Wittgenstein's Views of Ethics," *Philosophical Review*, LXXXIV (1965), 17-26.

Ross, Alf. *On Law and Justice*. Berkeley-Los Angeles: University of California Press, 1959.

Russell, Bertrand. "A Free Man's Worship," in *Mysticism and Logic*. New York: Norton, 1929. Pp. 46-57. Reprinted New York: Doubleday, 957.

——. *Marriage and Morales*. New York: Norton, 1929.

——. *Religion and Science*. London: Oxford University Press, 1935.

——. "The Elements of Ethics," in Sellars and Hospers, *Readings in Ethical Theory* (1952). Pp. 1-17.

——. *Human Society in Ethics and Politics*. London: Allen & Unwin, 1955.

Stapledon, Olaf. "Mr. Bertrand Russell's Ethical Beliefs," *Ethics*, XXXVII (1927), 390-402.

Stevenson, Charles L. "The Emotive Meaning of Ethical Terms," *Mind*, XLVI (1937), 10-31.

——. "Ethical Judgments and Avoidability," *Mind*, XLVII (1938), 45-67.

——. "Persuasive Definitions," *Mind*, XLVII (1938), 331-50.

——. *Ethics and Language*. New Haven: Yale University Press, 1944.

——. "The Emotive Conception of Ethics and Its Cognitive Implications," *Philosophical Review*, LIX (1950). Reprinted in *Facts and Values: Studies in Ethical Analysis*. New Haven: Yale University Press, 1963, Pp. 55-70.

Strawson, Peter F. "Ethical Intuitionism," *Philosophy*, XXIV (1949), 347-57.

——. *Individuals*. Oxford: Clarendon Press, 1959.

——. "Social Morality and Individual Ideals," *Philosophy* XXXVI (1961), 1-17.

Stroll, Avrum. *The Emotive Theory of Ethics*. Berkeley, Calif.: University of California Press, 1954.

Taylor, P. W. *Normative Discourse*. Englewood Cliffs, N. J.: Prentice-Hall, 1961.

——. (ed.). *The Moral Judgment: Readings in Contemporary Meta-Ethics*. New York: Free Press, 1966.

Toulmin, Stephen E. "Knowledge of Right and Wrong," *Proceedings, Aristotelian Society*, LI (1950-51).

——. *An Examination of the Place of Reason in Ethics*. London: Cambridge University Press, 1950.

——. "Principles of Morality," *Philosophy*, XXXI (1956), 142-53.

——. "The Emotive Theory of Ethics," a symposium in *Proceedings, Aristotelian Society*, Suppl. XXII (1948), 76-140.

Urmson, James O. "On Grading," *Mind*, LIX (1950), 145-69.

——. *Philosophical Analysis: Its Development between the Two Wars*. Oxford: Clarendon Press, 1956.

Veatch, H. B. "Non-Cognitivism in Ethics," *Ethics*, LXXVI (1966), 102-16.

Waismann, F. *The Principles of Linguistic Philosophy*. London: Macmillan, 1965.

Weitz, Morris (ed.). *20th-Century Philosophy: The Analytic Tradition*. New York: Free Press, 1966.

White, A. R. *G. E. Moore; A Critical Exposition*. Oxford: Clarendon Press, 1958.

White, Morton (ed.). *Age of Analysis*. New York: Mentor, 1955.

——. *Toward Reunion in Philosophy*. Cambridge: Harvard University Press, 1956.

Williams, Bernard, and Montefiore, Alan (eds.). *British Analytical Philosophy*. New York: Humanities Press, 1966.

Wittgenstein, Ludwig. "Logisch-philosophische Abhandlung" *Annalen der Naturphilosophie* (Leipzig, 1921). Reprinted as *Tractatus Logico-Philosophicus* (German and English). London: Routledge, Kegan Paul, 1922. New Trans. by D. F. Pearson and B. F. McGuines. New York: Humanities Press, 1958.

——. *Philosophical Investigations*. Trans. G. E. M. Anscombe. Oxford: Blackwell, 1953.

——. *The Blue and Brown Books*. Foreword by Rush Rhees. Oxford: Blackwell, 1958.

——. *Wittgenstein Notebooks*, 1914-1916, ed. and trans. G. E. M. Anscombe. New York: Harper, 1961.

——. *Philosophische Bemerkungen*, ed. Rush Rhees. New York: Barnes & Noble, 1965.

——. "Lecture on Ethics," plus "Notes on Talks with Wittgenstein," edited by Friedrich Waismann, *Philosophical Review*, LXXIV (1965), 3-12, 12-16.

Wolter, Allan. "The Unspeakable Philosophy of the Late Wittgenstein," *Proceedings, American Catholic Philosophical Association*, XXX (1960), 168-93.

第十八章参考文献

Alcala, Manual. *La etica de la situación y Thomas Steinbüchel*. Madrid: Consejo Su-

perior de Investigaciones Cientificas, 1963.
Alluntis, Felix. "Social and Political Ideas of José Ortega y Gasset," New *Scholasticism*, XXXIX (1965), 467-90.
Aranguren, J. L. L. *La etica de Ortega*. Madrid: Taurus Ediciones, 1958.
Barrett, William. *Irrational Man. A Study in Existential Philosophy*. Garden City, N. Y.: Doubleday, 1958, 1962
Barth, Karl. *The World of God and the Word of Man*. Boston: Pilgrim Press, 1928.
——. *The Doctrine of the Word of God*. Trans. G. T. Thomson. New York: Scribner's, 1936.
——. *Protestant Thought from Rousseau to Ritschl*. New York: Harper, 1959.
Beauvoir, Simone de. *Pour une morale de l'ambiguité*. Paris: Gallimard, 1946, Trans. by Bernard Frechtman as *The Ethics of Ambiguity*. New York: Philosophical Library, 1948.
Beis, R. H. "Atheistic Existentialist Ethics: a Critique," *The Modern Schoolman*, XLII (1965), 153-77.
Benn, A. W. "The Morals of an Immoralist - Friedrich Nietzsche," *Ethics*, (1909), 1-13, 192-203.
Bonhoeffer, Dietrich. *Letters and Papers from Prison*, ed. E. Bethge. Trans. Reginald Fuller. New York: Macmillan, 1962.
——. *Ethics*, ed. E. Bethge. Trans. Neville Smith. New York: Macmillan, 1965.
Borzaga, R. *Contemporary Philosophy. Phenomenological and Existential Currents*. Milwaukee: Bruce, 1966.
Brisebois, Edmond. "Le Sartrisme et le problème moral," *Nouvelle Revue Théologique*, LXXIV (1952), 30-48, 124-45.
Brunner, Emil. *Justice and the Social Order*. Trans. M. Hottinger. New York: Harper, 1945.
——. *The Divine Imperative*. Trans. Olive Wyon. Philadelphia: Westminster Press, 1947.
Buber, Martin. *Ich und Du*. Berlin, 1923. Trans. by R. G. Smith as *I and Thou*, New York: Scribner's, 1958, 1960.
——. *Good and Evil. Two Interpretations*. New York: Scribner's, 1953.
——. *The Writings of Martin Buber*, ed. Will Herberg. Cleveland: World, 1956.
Camus, Albert. *Le mythe de Sisyphe*. Paris: Gallimard, 1942. Trans. by Justin O'Brien as *The Myth of Sisyphus and Other Essays*. New York: Knopf, 1955.
——. *L'Homme révolté*. Paris: Gallimard, 1951. Trans. by Anthony Bower as *The Rebel: an Essay on Man in Revolt*. New York: Knopf, 1954, 1961.
Cassem, N. H. "The Way to Wisdom: A Biodoctrinal Study of Friedrich Nietzsche," *The Modern Schoolman*, XXXIX (1962), 335-58.

Collins, James. "Three Kierkegaardian Problems: II, The Ethical View and Its Limits," *New Scholasticism*, XXIII (1949), 3-37.
——. "Freedom as Atheistic Heroism," *Giornale di Metafisica*, IV (1949), 573-80.
——. *The Existentialists:* A Critical Study. Chicago: Regnery, 1959.
Copleston, F. C. *Friedrich Nietzsche: Philosopher of Culture*, London: Burns, Oates, 1942.
Diamond, M. L. *Martin Buber: Jewish Existentialist*. New York: Oxford University Press, 1960.
Dondeyne, Albert. *Contemporary European Thought and Christian Faith*. Pittsburgh: Duquesne University Press, 1958.
Dostoyevsky, Feodor M. *Works*. 13 vols. Trans. Constance Garnett. London: Macmillan, 1949-50.
——. *Notes from Underground* (1864). Trans. C. Garnett. New York: Macmillan, 1949. Excerpted in Walter Kaufmann. *Existentialism.* Pp. 52-82.
Ferrater Mora, Josè. *Ortega y Gasset*. New Haven: Yale University Press, 1957.
——. *Unamuno: A Philosophy of Tragedy*. Trans. Philip Silver. Berkeley, Calif.: University of California Press, 1962.
——. *Philosophy Today: Conflicting Tendencies in Contemporary Thought*. Berkeley: University of California Press, 1962.
Fletcher, Joseph. *Situation Ethics*. Philadelphia: Westminster Press, 1966.
Friedman, Maurice. *Martin Buber: The Life of Dialogue*. Chicago: University of Chicago Press, 1955. Chap. 21: "Ethics." Fuchs, Joseph. "Situation Ethics and Theology," *Theology Digest*, II (1954), 25-30.
——. *Situation und Entscheidung, Grandfragen christlicher Situationsethik*. Frankfurt: Carolusdruckerei, 1952.
Fullat, Octavio. *La moral atea de Albert Camus*. Barcelona: Pubul, 1963.
Garnett, A. C. "Phenomenological Ethics and Self-Realization," *Ethics*, LIII (1943), 159-72.
Greene, N. N. *Jean-Paul Sartre: The Existentialist Ethic*. Ann Arbor, Mich.: University of Michigan Press, 1960.
Grisebach, Eberhard. *Gegenwart: eine kritische Ethik*. Halle: Niemeyer, 1928.
Gusdorf, Georges. *Traité de l'existence morale*. Paris: Colin, 1949.
Hartmann, Klaus, *Sartres Sozialphilosophie*. Berlin: De Gruyter, 1966.
Henry, C. F. H. *Christian Personal Ethics*. Grand Rapids, Mich.: Eerdmans, 1957.
Hildebrand, Dietrich von. *True Morality and Its Counterfeits*. New York: McKay, 1955.
Hochberg, Herbert. "Albert Camus and the Ethics of Absurdity," *Ethics*, LXXV (1965), 87-102.

Holmer, P. L. "Kierkegaard and Ethical Theory," *Ethics*, LXIII (1953), 157-70.
Huertas-Jourda, Josè. *The Existenthlism of Miguel de Unamuno*. Gainesville, Fla.: University of Florida Press, 1963.
Husserl, Edmund. *Ideen zu einer reinen Phänomenologie und phänomenologischen Philosophic, in Jahrbuch für Philosophie* (Halle: Niemeyer), Vol. I, 1913. Ed. W. Biemel. Ten Haag: Nijhoff, 1950. Trans. by W. R. Boyce Gibson as *Ideas: General Introduction to Pure Phenomenology*. London: Macmillan, 1931.
Jeanson, Francis. *Le Problème moral et la pensée de Sartre*. Paris: Editions du Myrte, 1947.
Jolivet, Régis. "La morale de l'ambiguité," *Revue Thomiste*, XLIX (1949), 278-85.
Kaufmann, Walter (ed.). *Existentialism from Dostoevsky to Sartre*, New York: Meridian, 1957.
Kierkegaard, Søren. *Samlede Vaerker*, ed. A. B. Brachmann. 20 vols. J. L. Heiberg & H. O. Lange. Copenhagen: Gyldendalske Boghandel, 1903-06.
——. *Either/Or: a Fragment of Life*, 2 vols. (1843). Trans. By D. F. and Lillian Swenson of Vol. I The Aesthetic Life. Trans. By Walter Lowrie of Vol. II, *The Ethical Life*. Princeton, N. J.: Princeton University Press, 1944.
——. *Fear and Trembling* (1843). Trans. W. Lowrie. Princeton, 1941; with *Sickness unto Death*, New York: Doubleday Anchor, 1954.
——. *Philosophical Fragments* (1844). Trans. D. F. Swenson. Princeton, 1936; New York: Harper, 1938.
——. *The Concept of Dread* (1844). Trans. W. Lowrie, Princeton, 1944.
——. *Stages of Life's Way*. Trans. W. Lowrie. Princeton, 1940.
——. *Concluding Unscientific Postscript* (1846). Trans. D. F. Swenson and W. Lowrie. Princeton, 1941.
——. *Christian Discourses* (1848). Trans. W. Lowrie. New York: Oxford University Press, 1939.
——. *The Sickness unto Death* (1849). Trans. W. Lowrie. Princeton, 1954.
——. *Purity of Heart Is to Will One Thing*. Trans. D. V. Steere. New York: Harper, 1938, 1956.
——. *A Kierkegaard Anthology*, ed. R. A. Bretall. Princeton, N. J.: Princeton University Press, 1946.
Laing, R. D., and Cooper, D. G. *Reason and Violence. A Decade of Sartre's Philosophy*. New York: Humanities Press, 1964.
Lauer, Quentin. *The Triumph of Subjectivity*. New York: Fordham University Press, 1958.
Lawrence, Nathaniel, and O'Connor, D. D. (eds.). *Readings in Existential Phenomenology*. Englewood Cliffs, N. J.: Prentice-Hall, 1967.

Lehman, Paul. *Ethics in a Christian Context*. New York: Harper & Row, 1963.

Lindbeck, G. A. "Natural Law in the Thought of Paul Tillich," *Natural Law Forum*, VIII (1962), 84-96.

McInerny, Ralph. "Ethics and Persuasion: Kierkegaard's Existential Dialectic," *The Modern Schoolman*, XXXIV (1956), 219-39.

Mandelbaum, Maurice. *The Phenomenology of Moral Experience*. Glencoe, Ill.: Free Press, 1955.

——. "On the Use of Moral Principles," *Journal of Philosophy*, LIII (1956), 662-70.

——. "Determinism and Moral Responsibility," *Ethics*, LXX (1960), 204-16.

Marcel, Gabriel. *Etre et avoir*. Paris: Aubier, 1935. Trans. By Katharine Farrer as *Being and Having*. Boston: Beacon, 1951.

——. *Homo viator*. Paris: Aubier, 1944. Trans. By Emma Craufurd as *Homo Viator*. Chicago: Regnery, 1951.

——. *The Mystery of Being* (Gifford Lectures, 1949-50) 2 vols. London: Harvill Press 1951; Chicago: Regnery, 1951.

——. *L'Homme problématique*. Paris: Aubier, 1955.

——. *The Philosophy of Existence*. Trans. Manya Harari. London: Harvill Press, 1948.

Marty, Martin E. (ed.). *The Place of Bonhoeffer*. New York: Association Press, 1962.

Mehl, Roger. et al. *Le problème de la morale chrétienne*. Paris: Presses Universitaires, 1948.

Minnema, T. *The Social Ethics of Reinhold Niebuhr*. Grand Rapids, Mich.: Eerdmans, 1959.

Morgan, G. A. *What Nietzsche Means*. Cambridge: Harvard University Press, 1941.

Mortimer, R. C. *Christian Ethics*. London: Hutchinson, 1950.

Nabert, Jean. *Eléments pour une éthique*. Paris: Presses Universitaires, 1943.

——. *Essai sur le mal*. Paris: Presses Universitaires, 1955.

Niebuhr, H. Richard. *Kingdom of God in American*. New York: Harper, 1937.

Niebuhr, Reinhold. *An Independent Christian Ethics*. New York: Harper, 1935.

——. *Moral Man and Immoral Society*. New York: Scribner's 1949.

——. *The Nature and Destiny of Man*. (Gifford Lectures, 1941-43.) 2 vols. New York: Scribner's, 1941-43.

Nietzsche, Friedrich W. *Nietzsche Werke und Briefe: Historischekritische Gesamtausgabe*, hrsg. von C. A. Emge. München: Beck, 1933 ff.

——. *The Complete Works*, ed. Oscar Levy. 18 vols. London: Allen & Unwin, 1923-24.

——. *Die Geburt der Tragödie* (1872). Trans. by Francis Golffing as *The Birth of Tragedy*. New York: Doubleday, 1956.

——. *Jenseits von Gut und Böse* (1886). Trans. by Helen Zimmern as *Beyond Good and Evil*. In *the Philosophy of Nietzsche*. New York: Random House, 1954.

——. *Zur Genealogie der Moral* (1887). Trans. by H. B. Samuel as *Toward a Genealogy of Morals*. In *The Philosophy of Nietzsche*. New York: Random House, 1954.

——. *The Philosophy of Nietzsche*, ed. W. H. Wright. New York: Scribner's, 1937.

——. *The Portable Nietzsche*, ed. W. Kaufmann. New York: Viking, 1954.

Ortega y Gasset, José. *Obras completes*. Madrid: Editorial Aguilar, 1947 ff.

——. *La rebellión de la masas*. Madrid: Aguilar, 1930. In Obras, IV, 113-313. Trans. as *The Revolt of the Masses*. New York: Norton, 1956.

——. *El hombre y la gente*. Madrid: Aguilar, 1958. In Obras, VI, 13-167. Trans. by W. R. Trask as *Man and People*. New York: Norton, 1957.

Pigou, A. C. "The Ethics of Nietzsche," *Ethics*, XVIII (1908), 343-55.

Poppi, Antonino. "The Background of Situation Ethics," *Philosophy Today*, I (1957), 266-77.

Rahner, Karl. "On the Question of a Formal Existential Ethics," in *Theological Investigations*. Trans. K. H. Kruger. Baltimore: Helicon, 1963. Pp. 421-31.

Ramsey, Paul. *Basic Christian Ethics*. New York: Scribner's, 1952.

——. *Nine Modern Moralists*. Englewood Cliffs, N. J.: Prentice-Hall, 1962.

Rau, Catherine. "The Ethical Theory of J. P. Sartre," *Journal of Philosophy*, XLVI (1949), 536-45.

Rauche, G. A. *The Philosophy of Actuality*. Fort Hare, Republic of South Africa: Fort Hare University Press, 1964. (A complete English analysis of the ethics of Eberhard Grisebach.)

Robinson, John A. *Honest to God*. Philadelphia: Westminster Press, 1963.

——. *Christian Morals Today*. Philadelphia: Westminster Press, 1964.

Roth, Alois. *Edmund Husserls ethische Untersuchungen*. (Phaenomenologica, 7.) Ten Haag: Nijhoff, 1960.

Sartre, Jean-Paul. *Esquisse d'une théorie des émotions*. Psris: Hermann, 1939. Trans. by Bernard Frechtman as *Outline of a Theory of the Emotions*. New York: Philosophical Library, 1948. Trans. by P. Mairet as *Sketch for a Theory of the Emotions*. London: Methuen, 1962.

——. *L'Etre et le néant: essai d'ontologie phénoménologique*. Psris: Gallimard, 1943. Trans. by Hazel Barnes as *Being and Nothingness*. New York: Philosophical Library, 1956.

——. *L'Existentialisme est un humanisme*. Paris: Nagel, 1946. Trans. by P. Mairet as *Existentialism and Humanism*. London: Methuen, 1948.

———. *Saint Genet: comédien et martyr*. Paris: Gallimard, 1952. Trans. by B. Frechtman as *Saint Genet, Actor and Martyr*. London: Allen & Unwin, 1964.
———. *Critique de la raison dialectique*. Vol. I. Paris: Gallimard, 1960.
Sittler, Joseph. *The Structure of Christian Ethics*. Baton Rouge: Louisiana State University Press, 1958.
Smith, Colin. *Contemporary French Philosophy*. London: Methuen, 1964.
Spiegelberg, Herbert. *The Penomenological Movement*. 2 vols. The Hague: Nijhoff, 1960.
Stavrides, Ria. "French Existentialism and Moral Philosophy," in *Encyclopedia of Morals*, ed. V. Ferm. New York: Philosophical Library, 1956. Pp. 163–71.
Stern, A. "Nietzsche et le doute méthodologique en morale," *Revue Philosophique de la France et de l'Etranger*, CXXXIX (1949), 48–59.
Thibon, G. "Friedrich Nietzsche, analyste de la causalité matérielle en psychologie et en morale," *Revue Thomiste*, XL (1935), 3–36.
Thomas, G. F. *Christian Ethics and Moral Philosophy*. New York: Scribner's, 1955.
Tillich, Paul. *Systematic Theology*. 3 vols. Chicago: University of Chicago Press, 1951–63.
———. *The Courage to Be*. New Haven: Yale University Press, 1952, 1959.
———. *Love, Power, and Justice*. New York: Oxford University Press, 1960.
———. *Morality and Beyond*. New York: Harper & Row, 1963.
Unamuno y Jugo, Miguel de. *Obras completas*. Madrid: Editorial Aguilar, 1951 ff.
———. *Del sentimiento tragico de la vida*. 2 vols. Madrid: Aguilar, 1914, 1945. Trans. By J. E. C. Fitch as *The Tragic Sense of Life*. New York: Dover, 1954.
Villaseñor, J. S. *Ortega y Gasset, Existentialist*. Trans. J. Small. Chicago: Regnery, 1949.
Virasoro, Rafael. *Existendalismo y moral*. Santa Fe, Argentina: Libreria Castellvi, 1957.
Wahl, Jean. *Existence humaine et transcendence*. Neuchâtel: La Baconnière, 1944.
———. *A Short History of Existentialism*. Trans. F. Williams and S. Maron. New York: Philosophical Library, 1949, 1962.
Wild, John. *The Challenge of Existentialism*. Bloomington, Ind.: Indiana University Press, 1955.
———. *Human Freedom and Social Order: An Essay in Christian Philosophy*. Durham, N. C.: Duke University Press, 1959.
———. *Existence and the World of Freedom*. Englewood Cliffs, N. J.: Prentice-Hall, 1963.
Williams, Martha. "Gabriel Marcel's Notion of Value," *The Modern Schoolman*, XXXVII (1959), 29–38.

Wolff, Edgar. *L'Individualisme radical fondé sur la caractérologie. Pour un renouveau des idées de Nietzsche.* Paris: Bordas, 1955.

Wolff, P. (ed.). *Christliche Philosophie in Deutschland 1920 bis 1945.* Regensburg: Habbel, 1949.

中英文人名检索

中文简名 (首字笔画)	中文全名	英文原名	最早出现章
三画			
马克西穆斯	忏悔者马克西穆斯	Maximus the Confessor	3
马克西穆斯	西索波利斯的马克西穆斯	Maximus of Scythopolis	4
马丁	马丁	Martin of Dumio	4
马克罗比乌斯	马克罗比乌斯	Macrobius	4
马太	阿夸斯巴达的马太	Matthew of Aquasparta	7
马基雅维利	马基雅维利	Machiavelli	8
马里亚纳	马里亚纳	Juan de Mariana	8
马基雅维利	尼可罗·马基雅维利	Niccolo Machiavelli	8
马勒伯朗士	马勒伯朗士	Malebranche	9
马蒂诺	詹姆斯·马蒂诺	James Martineau	10
马海内克	马海内克	P. K. Marheineke	11
马勒伯朗士	尼古拉斯·马勒伯朗士	Nicolas Malebranche	12
马里顿	雅克·马里顿	Jacques Maritain	12
马蒂诺	哈里埃特·马蒂诺	Harriet Martineau	13
马赫	恩斯特·马赫	Ernst Mach	13
四画			
巴内修斯	罗德岛的巴内修斯	Panaetius of Rhodes	3
瓦罗	特伦修斯·瓦罗	M. Terentius Varro	3
乌斯	穆索尼·乌斯	Musonius Rufus	3
尤迪厄斯	菲洛·尤迪厄斯	Philo Judaeus	3
巴尔戴赛	以得撒的巴尔戴赛	Bardaisan of Edessa	4
尤汉纳	尤汉纳	Yuhanna ibn-Haylan	5
巴哲	伊本·巴哲	ibn-Bajjah	5
巴萨罗穆	巴萨罗穆	Bartholomew	7

卡普里纳斯	安德里斯·卡普里纳斯	Andreas Capellanus	7
圣方济	圣方济	St. Francis	7
圣杰罗姆	圣杰罗姆	St. Jerome	7
孔德	奥古斯特·孔德	Auguste Comte	7
贝勒明	罗伯特·贝勒明	Robert Bellarmine	7
贝萨隆	贝萨隆大主教	Cardinal Bessarion	8
扎巴鲁勒	扎巴鲁勒	Giacomo Zabarella	8
瓦尼尼	瓦尼尼	Lucilio Vanini	8
瓦斯克斯	加布里埃尔·瓦斯克斯	Gabriel Vasquez	8
韦格尔	埃哈德·韦格尔	Erhard Weigel	8
韦格尔	瓦伦丁.韦格尔	Valentine Weigel	8
巴德尔	弗朗茨·冯·巴德尔	Franz von Baader	8
孔狄亚克	孔狄亚克神父	Abbe Etienne Bonnot de Condillac	9
巴特勒	约瑟夫·巴特勒	Joseph Butler	9
贝尔盖	约翰·贝尔盖	John Balguy	9
瓦伦西亚	格里高利·瓦伦西亚	Gregory Valencia	9
瓦斯奎兹	瓦斯奎兹	Vasquetz	9
瓦伦蒂亚	瓦伦蒂亚	Valentia	9
扎鲁斯基	扎鲁斯基,克拉科夫的主教	Andrzej Zaluski, Bishop of Cracow	9
克劳德·巴菲尔	克劳德·巴菲尔	Claude Buffier	10
比蒂	詹姆斯·比蒂	James Beattie	10
戈德温	威廉·戈德温	William Godwin	10
孔德	奥古斯特·孔德	Auguste Comte	10
孔多塞	安东尼·尼古拉斯·孔多塞	Antoine Nicholas de Condorcet	10
内尔松	莱奥纳多·内尔松	Leonard Nelson	11
贝内克	弗里德里希·贝内克	Friedrich Beneke	11
比朗	曼恩·德·比朗	Maine de Biran	12
孔多塞	孔多塞侯爵	Marquis de Condorcet	13
丹纳	查理士·艾·丹纳	Charles A. Dana	13
韦斯特马克	爱德华·韦斯特马克	Edward Westermarck	13
戈宾诺	戈宾诺	Count Arthur de Gobineau	13
厄本	威尔伯·厄本	Wilbur M. Brban	14
文德尔班	威廉·文德尔班	Wilhelm Windelband	14
巴雷特	威廉·巴雷特	William Barrett	15
贝克	刘易斯·怀特·贝克	Lewis White Beck	15
巴鲁克	巴鲁克	H. Baruk	16
丹尼斯	威廉·丹尼斯	William R. Dennes	16
尤因	阿尔弗雷德·希里尔·尤因	Alfred Cyril Ewing	17
厄姆森	厄姆森	James O. Urmson	17
乌纳穆诺	乌纳穆诺	Miguel de Unamuno	18
邓普夫	阿洛伊斯·邓普夫	Alois Dempf	18

五画

尼各马科斯	尼各马科斯	Nicomachus	2
盖伦	克劳狄乌斯·盖伦	Claudius Galen	2
尼西亚	尼西亚	Nicaea	2
史菲鲁斯	史菲鲁斯	Sphaerus	3
加图	加图·乌地森西斯	Cato Uticensis	3
尼禄皇帝	尼禄皇帝	Emperor Nero	3
尼科波尔	尼科波尔	Nicopolis	3
卢克莱修	卢克莱修·卡鲁斯	T. Lucretius Carus	3
艾克哈特	艾克哈特	Meister Eckhart	3
尼古拉斯	库萨的尼古拉斯	Nicholas of Cusa	3
布鲁内尔	艾米尔·布鲁内尔	Emil Brunner	4
加比罗尔	伊本·加比罗尔	Ibn-Gabirol	5
叶海亚	叶海亚	Yahya ibn-Adi	5
加百利	加百利	Gabriel Biel	5
艾布-奥斯曼	艾布-奥斯曼	abu-Uthman al-Dimishqi	5
布里丹	布里丹	Jean Buridan	7
布鲁尼	莱昂纳多·布鲁尼	Leonardo Bruni d'Arezzo	7
布兰夏德	布兰夏德	Brand Blanshard	7
司各特	邓斯·司各特	Duns Scotus	7
艾克哈特	艾克哈特	Meister Johannes Eckhart	7
布雷克顿	亨利·德·布雷克顿	Henry de Bracton	7
艾布	阿尔布莱希特·冯·艾布	Albrecht von Eyb	7
白考克	瑞金诺·白考克	Reginald Pecock	7
加沙	特奥多罗·加沙	Teodoro Gaza	8
布鲁诺	乔达诺·布鲁诺	Giordano Bruno	8
尼佛	阿戈斯蒂诺·尼佛	Agostino Nifo	8
布尔乔司吉克	弗朗西斯·布尔乔司吉克	Francis Burgersdijck	8
布塞珥	马丁·布塞珥	Martin Bucer	8
加尔文	约翰·加尔文	John Calvin	8
波墨	雅各布·波墨	Jakob Bohme or Behmen	8
加缪	阿尔贝·加缪	Albert Camus	8
皮洛	皮洛(古希腊极端怀疑论者)	Pyrrho	8
布兰豪	约翰·布兰豪	John Bramhall	9
卡尔福维尔	卡尔福维尔	Nathanael Culverwel	9
卡利克勒	卡利克勒	Callicles	9
卡斯特罗	安德里斯·卡斯特罗	Andreas de Novo Castro	9
卡姆斯	卡姆斯	Kames	9
兰格	约阿希姆·兰格	Joachim Lange	9
约翰·卢蒂格	约翰·卢蒂格	Johann Andreas Rudiger	9
布朗	托马斯·布朗	Thomas Brown	10
边沁	杰里米·边沁	Jeremy Bentham	10
汉密尔顿	威廉·汉密尔顿	William Hamilton	10

布隆代尔	布隆代尔	Maurice Blondel	10
冯特	威廉·冯特	Wilhelm Wundt	11
布朗森	奥雷斯蒂斯·布朗森	Orestes Brownson	12
古耶	亨利·古耶	Henri Gouhier	12
布尔热	保罗·布尔热	Paul Bourget	12
布伦斯威克	莱昂·布伦斯威克	Leon Brunschbicg	12
扬凯列维奇	扬凯列维奇	Vladimir Jankelevitch	12
马塞尔	加布里埃尔·马塞尔	Gabriel Marcel	12
圣西门	克劳德·亨利·圣西门	Count Claude Henri de Saint-Simon	13
布里斯班	阿尔伯特·布里斯班	Albert Brisbane	13
布洛赫	恩斯特·布洛赫	Ernst Bloch	13
卢卡奇	卢卡奇	Georg Lukacs	13
布伦塔诺	弗朗兹·布伦塔诺	Franz Clemens Brentano	14
艾伦费尔斯	艾伦费尔斯	Christian von Ehrenfels	14
石里克	摩里兹·石里克	Moritz Schlick	14
布赖特曼	布赖特曼	Edgar Sheffield Brightman	14
布莱德利	布莱德利	Bradley	15
布拉德雷	布拉德雷	Francis Herbert Bradley	15
史怀哲	艾伯特·史怀哲	Albert Schweitzer	15
史泰司	沃尔特·史泰司	Walter T. Stace	15
加内特	坎贝尔·加内特	A. C. Garnett	15
冯·诺依曼	冯·诺依曼	J. von Neumann	15
布雷斯韦特	布雷斯韦特	R. B. Braithwaite	15
弗洛姆	埃里希·弗洛姆	Erich Fromm	16
史蒂文森	史蒂文森	Charles Stevenson	17
卡尔纳普	鲁道夫·卡尔纳普	Rudolf Carnap	17
艾耶尔	阿尔弗雷德·J·艾耶尔	Alfred Jules Ayer	17
史蒂文森	查尔斯·L·史蒂文森	Charles L. Stevenson	17
弗兰克	菲利普·弗兰克	Philipp Frank	17
布劳德	查理·邓巴·布劳德	Charlie Dunbar Broad	17
汉普希尔	斯图亚特·汉普希尔	Stuart Hampshire	17
尼采	弗里德里希·尼采	Friedrich Nietzsche	18
伊丽莎白·尼采	伊丽莎白·福尔斯特·尼采	Elisabeth Forster-Nietzsche	18
加缪	阿尔贝·加缪	Albert Camus	18
布伯	马丁·布伯	Martin Buber	18
悌利希	保罗·悌利希	Paul Tillich	18
莱因霍尔德·尼布尔	莱因霍尔德·尼布尔	Reinhold Niebuhr	18
理查德·尼布尔	理查德·尼布尔	Richard Niebuhr	18
加塞特	奥尔特加·伊·加塞特	José Ortega y Gasset	18

六画

毕达哥拉斯	毕达哥拉斯	Pythagoras	1

中英文人名检索 477

亚里士多德	亚里士多德	Aristotle	1
阿那克萨戈拉	阿那克萨戈拉	Anaxagoras	1
希庇亚斯	希庇亚斯	Hippias	1
色诺芬	色诺芬	Xenophon	1
芝诺	芝诺	Zeno	1
安梯昔尼	安梯昔尼	Antisthenes	1
阿里斯底波	阿里斯底波	Aristippus	1
伊壁鸠鲁	伊壁鸠鲁	Epicurus	1
安尼塞里斯	安尼塞里斯	Anniceris	1
安德罗尼柯	安德罗尼柯	Andronicus	2
伊弗西斯	迈克尔·伊弗西斯	Michael Ephesius	2
托马斯	托马斯·阿奎那	Thomas Aquinas	2
西基尔	布拉班特的西基尔	Siger de Brabant	2
吉莱斯	罗马的吉莱斯	Giles of Rome	2
安东尼	帕尔马的安东尼	Anthony of Parma	2
芝诺	季蒂昂的芝诺	Zeno of Citium	3
安提帕特	安提帕特	Antipater	3
西塞罗	西塞罗	Cicero	3
亚维奇布朗	亚维奇布朗	Avicebron	3
达玛森	圣若望·达玛森	St. John Damascene	4
安布洛斯	圣·安布洛斯	St. Ambrose	4
达玛森	圣若望·达玛森	John Damascene	4
安瑟伦	安瑟伦	Anselm	4
伊西多尔	赛维亚的伊西多尔	Isidore of Seville	4
安瑟伦	坎特伯雷的圣安瑟伦	St. Anselm of Canterbury	4
约阿希姆	佛罗拉的约阿希姆	Joachim of Flora	4
迈蒙尼德	迈蒙尼德	Maimonides	5
芒克	萨洛蒙·芒克	Salomon Munk	5
迈蒙尼德	摩西·本·迈蒙	Moses ben Maimon	5
吉尔森	列维·本·吉尔森	Levi ben Gerson	5
伊斯哈格	侯奈因·伊本·伊斯哈格	Hunain ibn-Ishaq	5
米斯凯韦	艾哈迈德·本·穆罕默德·本·叶尔孤白·米斯凯韦	Ahmadibn-Muhammad-ibn Yaqub Miskawaihi	5
安萨里	安萨里·阿布哈米德·穆罕默德	al-Ghazzali, abu-Hamid Muhammad	5
西格尔	布拉班特的西格尔	Siger of Brabant	5
吉莱斯	罗马的吉莱斯	Giles of Rome	6
亚历山大	黑尔兹的亚历山大	Alexander of Hales	7
约翰	拉劳切尔的约翰	John of La Rochelle	7
安东尼	佛罗伦萨的安东尼	Antoninus of Florence	7
米朗多拉	皮科·德拉·米朗多拉	Giovanni Pico della Mirandola	8
达·芬奇	莱昂纳多·达·芬奇	Leonardo da Vinci	8
伊拉斯谟	伊拉斯谟	Erasmus	8

伏尔泰	伏尔泰	Voltaire	9
托马修斯	克里斯蒂安·托马修斯	Christian Thomasius	9
西吉斯蒙德	西吉斯蒙德	Sigismond Gerdil	9
迈蒙	所罗门·迈蒙	Salomon Maimon	9
西季威克	亨利·西季威克	Henry Sidgwick	10
乔贝蒂	乔贝蒂	Gioberti	12
乔佛瓦	西奥多·乔佛瓦	Theodore Jouffroy	12
乔贝蒂	文森佐·乔贝蒂	Wincenzo Gioberti	12
吉尔松	吉尔松	Etienne Gilson	12
伐斯冈萨雷斯	荷塞·伐斯冈萨雷斯	José Vasconcelos	12
考茨基	卡尔·考茨基	Karl Kautsky	13
列宁	弗拉基米尔·伊里奇·列宁	Vladimir Ilyich Lenin	13
托尔斯泰	托尔斯泰	Tolstoy	13
迈农	亚历克修斯·迈农	Alexius Meinong	14
齐硕姆	齐硕姆	Chisholm	14
刘易斯	刘易斯	C. I. Lewis	14
乔丹	伊利亚·乔丹	Elijah Jordan	15
休谟	大卫·休谟	David Hume	17
乔德	乔德	C. E. M. Joad	17
齐美尔	格奥尔格·齐美尔	Georg Simmel	18

七画

希尔	托马斯·希尔	Thomas E. Hill	0
杨布利科斯	杨布利科斯	Iamblichus	1
阿基塔斯	塔伦特姆的阿基塔斯	Archytas of Tarentum	1
塞涅卡	塞涅卡	Seneca	1
苏格拉底	苏格拉底	Socrates	1
阿里斯托芬	阿里斯托芬	Aristophanes	1
克拉特斯	克拉特斯	Crates	1
阿斯帕斯	阿斯帕斯	Aspasius	2
阿芙罗迪西亚斯	阿芙罗迪西亚斯	Aphrodisias	2
阿尔伯特	阿尔伯特	Albert the Great	2
阿奎那	托马斯·阿奎那	Thomas Aquinas	2
克莱安塞斯	克莱安塞斯	Cleanthes	3
克律西波斯	克律西波斯	Chrysippus	3
阿乐特斯	阿乐特斯	Aretus	3
阿里斯托	阿里斯托	Aristo	3
阿利安	阿利安	Flavius Arrianus	3
狄奥尼修斯	亚略巴古的狄奥尼修斯	Dionysius the Areopagite	3
阿维森纳	阿维森纳	Avicenna	3
杨布里斯	卡尔基斯的杨布里科斯	Iamblichus of Chalkis	3
狄奥多库斯	普罗克洛斯·狄奥多库斯	Proclus Diadochus	3
希坡律陀	希坡律陀	Hippolytus	4

中英文人名检索

克雷芒	亚历山大的克雷芒	Clement of Alexandria	4
狄奥尼修斯	伪亚略巴古的狄奥尼修斯	Dionysius the Pseudo-Areopagite	4
阿伯拉尔	彼得·阿伯拉尔	Peter Abelard	4
伯纳德	明谷的圣伯纳德	Bernard of Clairvaux	4
希尔德伯	希尔德伯	Hildebert of Tours	4
阿尔伯嫩西斯	阿尔伯嫩西斯	Albanenses	4
克雷斯卡斯	克雷斯卡斯	Hasdai ben Abraham Crescas	5
阿尔伯	约瑟夫·阿尔伯	Joseph Albo	5
阿威罗伊	阿威罗伊	Averroes	5
阿梅利	阿梅利	al-Ameri	5
阿尔加惹尔	阿尔加惹尔	Algazel	5
阿莫尔	马伊姆·本·阿莫尔	Maimun ibn al-Mohr	5
希伯来	巴尔·希伯来	Bar-Hebraeus	5
阿诺德	布雷西亚的阿诺德	Arnold of Brescia	5
阿历曼纳斯	赫尔曼纳·阿历曼纳斯	Hermannus Alemannus	6
大阿尔伯特	大阿尔伯特	Albert the Great	6
伯利	沃尔特·伯利	Walter Burleigh	6
克列曼四世	教皇克列曼四世	Pope Clement IV	7
苏亚莱	苏亚莱	Francis Suarez	7
亨利	根特的亨利	Henry of Ghent	7
利奥特	托马斯埃·利奥特	Thomas Elyot	8
阿雷蒂诺	阿雷蒂诺	Aretino	8
阿基利尼	亚历山大·阿基利尼	Alexander Achillini	8
狄德罗	丹尼斯·狄德罗	Denis Diderot	8
苏阿列兹	苏阿列兹	Francisco Suarez	8
麦兰顿	菲利普·麦兰顿	Philip Melanchthon	8
伽桑狄	皮埃尔·伽桑狄	Pierre Gassendi	8
库德沃斯	拉尔夫·库德沃斯	Ralph Cudworth	8
利普修斯	利普修斯	Justus Lipsius	8
埃德蒙·劳	埃德蒙·劳	Edmund Law	9
克拉克	萨缪尔·克拉克	Samuel Clarke	9
坎贝尔	阿奇博尔德·坎贝尔	Archibald Campbell	9
阿里亚加	阿里亚加	Rodrigo de Arriaga	9
沃尔夫	克里斯蒂安·冯·沃尔夫	Christian von Wolff	9
克努村	马丁·克努村	Martin Knutzen	9
克鲁西乌斯	克鲁西乌斯	Christian A. Crusius	9
里德	托马斯·里德	Thomas Reid	10
库辛	维克多·库辛	Victor Cousin	10
麦考士	詹姆斯·麦考士	James McCosh	10
纽曼	约翰·亨利·纽曼	John Henry Newman	10
克拉夫	亚瑟·休·克拉夫	Arthur Hugh Clough	10
杜伯	卡尔·杜伯	Karl Daub	11
亨宁	利奥波德·冯·亨宁	Leopold von Henning	11

克尔凯郭尔	索伦·克尔凯郭尔	Søren Kierkegaard	11
泽维尔·苏比里	泽维尔·苏比里	Xavier Zubiri	12
苏阿列兹主义	苏阿列兹主义	Suarezianism	12
克罗齐	贝奈戴托·克罗齐	Benedetto Croce	13
陀斯妥耶夫斯基	陀斯妥耶夫斯基	Dostoyevsky	13
别尔嘉耶夫	别尔嘉耶夫	Nikolai Berdyaev	13
劳赫	弗雷德里克·劳赫	Frederic Rauh	13
贡普洛维奇	路德维希·贡普洛维奇	Ludwig Gumplowicz	13
张伯伦	休斯顿·斯图尔特·张伯伦	Houston Stewart Chamberlain	13
杜威	约翰·杜威	John Dewey	14
希尔	希尔	Hill	14
里克特	海因里希·里克特	Heinrich Rickert	14
韦尔克迈斯特	韦尔克迈斯特	William H. Werkmeister	14
希尔德布兰德	迪特里希·冯·希尔德布兰德	Dietrich von Hildebrand	14
沃德	利奥·沃德	Leo R. Ward	14
阿德勒	费利克斯·阿德勒	Felix Adler	15
沙尔特	沙尔特	W. M. Salter	15
辛格	马库斯·辛格	Marcus G. Singer	15
克鲁泡特金	克鲁泡特金	Petr Alekseevich Kropotkin	16
怀特海	阿尔弗雷德·诺斯·怀特海	Alfred North Whitehead	16
麦克白	亚历山大·麦克白	Alexander Macbeath	16
麦克卢汉	马歇尔·麦克卢汉	Marshall McLuhan	17
沃诺克	玛丽·沃诺克	Mary Warnock	17
陀思妥耶夫斯基	费奥多尔·陀思妥耶夫斯基	Feodor Dostoyevsky	18
纳维尔	皮埃尔·纳维尔	Pierre Naville	18
利科	保罗·利科	Paul Ricoeur	18
麦金太尔	阿拉斯代尔·麦金太尔	Alasdair MacIntyre	18

八画

波菲利	波菲利	Porphyry	1
卡里克勒斯	卡里克勒斯	Callicles	1
欧几里德	麦加拉的欧几里德	Euclid of Megara	1
罗斯	罗斯	W. D. Ross	2
波塞东尼奥	波赛东尼奥	Poseidonius	3
波爱修斯	波爱修斯	Boethius	4
拉克坦修斯	拉克坦修斯	Lactantius	4
波爱修斯	波爱修斯	Anicius Manlius Torquatus Severinus Boethius	4
帕库达	帕库达	Bahya ibn Pakuda	5
法拉比	法拉比	al-Farabi	5
法拉吉	格列高利·阿布·法拉吉	Gregorius Abu al-Faraj	5
肯迪	肯迪	al-Kindi	5

拉齐	穆罕默德·伊本·扎卡里亚·拉齐	Mohammed ibn-Zakariya al-Razi	5
伊玛目	伊玛目	an imam	5
图菲利	伊本·图菲利	ibn-Tufail	5
坦普埃尔	坦普埃尔	Etienne Tempier	5
依纳爵	罗耀拉的依纳爵	Ignatius of Loyola	8
叔本华	叔本华	Schopenhauer	8
凯克尔曼	巴托洛梅乌斯·凯克尔曼	Bartholomaeus Keckermann	8
拉拉梅	皮埃尔·拉拉梅	Pierre la Ramee	8
波罗斯	波罗斯	Polus	9
昆布兰	理查德·昆布兰	Richard Cumberland	9
波林布鲁克	波林布鲁克	Bolingbroke	9
蒲柏	亚历山大·蒲柏	Alexander Pope	9
威廉·金	都柏林的大主教,威廉·金	William King Archbishop of Dublin	9
波利尼亚克大主教	波利尼亚克大主教	Cardinal Melchior de Polignac	9
佩利	威廉·佩利	William Paley	10
宝林	约翰·宝林	John Bowring	10
帕兹瓦拉	帕兹瓦拉	Erich Przywara	10
叔本华	阿图尔·叔本华	Arthur Schopenhuaer	11
居友	玛利·让·居友	Marie Jean Guyau	12
拉赛尼	勒奈·拉赛尼	Rene Le Senne	12
路易斯·拉韦尔	路易斯·拉韦尔	Louis Lavelle	12
罗梅罗	弗朗西斯科·罗梅罗	Francisco Romero	12
舍斯托夫	莱昂·舍斯托夫	Leon Shestov	13
金斯伯格	莫里斯·金斯伯格	Morris Ginsberg	13
拉加德	保罗·安东·德·拉加德	Paul Anton de Lagard	13
罗森堡	阿尔弗雷德·罗森堡	Alfred Rosenberg	13
舍勒	马克斯·舍勒	Max Scheler	14
佩里	拉夫尔·巴顿·佩里	Ralph Barton Perry	14
帕克	德威特·帕克	Dewitt H. Parker	14
林特伦	弗利茨·冯·林特伦	Fritz von Rintelen	14
波林	雷蒙德·波林	Raymond Polin	14
拉什道尔	黑斯廷·拉什道尔	Hasting Rashdall	15
罗伊斯	约西亚·罗伊斯	Josiah Royce	15
佩顿	佩顿	H. J. Paton	15
帕尔默	帕尔默	G. H. Palmer	16
佩珀	斯蒂芬·佩珀	Stephen C. Pepper	16
拉米雷斯	拉米雷斯	J. M. Ramirez	16
罗素	伯特兰·罗素	Bertrand Russell	16
罗曼奈尔	帕特里克·罗曼奈尔	Patrick Romanell	16
罗斯	阿尔夫·罗斯	Alf Ross	17
图尔明	斯蒂芬·E·图尔明	Stephen E. Toulmin	17
罗尔斯	约翰·罗尔斯	John Rawls	17

波伏娃	西蒙娜·波伏娃	Simone de Beauvoir	18
罗杰斯	R. A. P. 罗杰斯	R. A. P. Rogers	18
迪特里希	奥特马·迪特里希	Ottmar Dittrich	18

九画

柏拉图	柏拉图	Plato	1
品达	品达	Pindar	1
珀尔修斯	珀尔修斯	Persaeus	3
莫贝克的威廉	莫贝克的威廉	William of Moerbeke	3
勃艮第奥	比萨的勃艮第奥	Burgundio of Pisa	4
南米修	南米修	Nemesius	4
康切斯的威廉	康切斯的威廉	William of Conches	4
哈列维	哈列维	Judah Halevi	5
哈兹姆	伊本·哈兹姆	ibn-Hazm	5
纳西尔	纳西尔·丁·突斯	Nasir al-Din Tusi	5
胡克	理查德·胡克	Richard Hooker	7
斐奇诺	马奇里奥·斐奇诺	Marsilio Ficino	8
兹马拉	兹马拉	Marcantonio Zimara	8
查普曼	乔治·查普曼	George Chapman	8
洛克	约翰·洛克	John Locke	9
柏克莱	乔治·柏克莱	George Berkeley	9
哈奇森	弗兰西斯·哈奇森	Francis Hutcheson	9
哈特利	戴维·哈特利	David Hartley	9
查尔斯	布朗斯维克的查尔斯公爵	Charles, the Duke of Brunswick	9
威瑟斯庞	约翰·威瑟斯庞	John Witherspoon	10
埃德蒙·柏克	埃德蒙·柏克	Edmund Burke	10
柯勒律治	萨缪尔·泰勒·柯勒律治	Samuel Taylor Coleridge	10
费利尔	詹姆斯·费利尔	James Ferrier	10
拜恩	亚历山大·拜恩	Alexander Bain	10
费希特	约翰·戈特利布·费希特	Johann Gottlieb Fichte	11
施莱尔马赫	弗里德里希·施莱尔马赫	Friedrich Schleiermacher	11
费尔巴哈	路德维希·费尔巴哈	Ludwig Feuerbach	11
弗里斯	雅各布·弗里德里希·弗里斯	Jakob Friedrich Fries	11
马克斯·施蒂纳	马克斯·施蒂纳	Max Stirner	11
洛采	鲁道夫·赫尔曼·洛采	Rudolf Hermann Lotze	11
保尔森	弗里德里希·保尔森	Friedrich Paulsen	11
科恩	赫尔曼·科恩	Hermann Cohen	11
洛斯米尼	安东尼奥·洛斯米尼	Antonio Rosmini-Serbati	12
柏格森	亨利·柏格森	Henri Bergson	12
亚历杭德罗·科伦	亚历杭德罗·科伦	Alejandro Korn	12
胡安	胡安·扎拉固塔	Juan Zaragueta	12
柯拉柯夫斯基	柯拉柯夫斯基	Leszek Kolakowsky	13

中英文人名检索 483

科林伍德	科林伍德	R. G. Collingwood	13
胡塞尔	埃德蒙德·胡塞尔	Edmund Husserl	14
哈特曼	尼古拉·哈特曼	Nicolas Hartmann	14
科伊特	科伊特	Stanton Coit	15
查布	查布	Percival Chubb	15
勃兰夏德	勃兰德·勃兰夏德	Brand Blanshard	15
哈茨霍恩	哈茨霍恩	Charles Hartshorne	16
哈特曼	尼古拉·哈特曼	Nicolai Hartmann	16
威兹德姆	约翰·威兹德姆	John Wisdom	17
威斯曼	弗里德里希·威斯曼	Friedrich Waismann	17
费格尔	费格尔	Herbert Feigl	17
哈日斯通	哈日斯通	Axel Hagerstrom	17
拜耳	库尔特·拜耳	Kurt Baier	17
施皮格伯格	赫伯特·施皮格伯格	Herbert Spiegelberg	18
威杰里	奥尔本·威杰里	Alban G. Widgery	18
柯普莱斯登	柯普莱斯登	F. C. Copleston	18

十画

恩披里克	塞克斯都·恩披里克	Sextus Empiricus	1
高尔吉亚	高尔吉亚	Gorgias	1
泰奥弗拉斯多	泰奥弗拉斯多	Theophrastus	2
埃斯特拉托斯	埃斯特拉托斯	Eustratios	2
格罗塞特	罗伯特·格罗塞特	Robert Grosseteste	2
爱比克泰德	爱比克泰德	Epictetus	3
爱比克泰德	希拉波利斯的爱比克泰德	Epictetus of Hierapolis	3
特利斯美吉斯特斯	赫米斯·特利斯美吉斯特斯	Hermes Tresmegistos	3
爱留根纳	爱留根纳	Scotus Erigena	4
爱任纽	爱任纽	Irenaeus	4
格里高利	尼撒的格里高利	Gregory of Nyssa	4
德尔图良	德尔图良	Tertullian	4
格里高利一世	格里高利一世	Gregory the Great	4
贾拉勒	贾拉勒	Jalal al-Din Muhammad ibn-Asad Dawani	5
格罗斯泰斯特	罗伯特·格罗斯泰斯特	Robert Grosseteste	6
朗巴德	彼特·朗巴德	Peter Lombard	7
索拓	索拓	Soto	7
莫尔	托马斯·莫尔	Thomas More	8
莱布尼茨	莱布尼茨	Leibniz	8
爱尔维修	爱尔维修	Helvetius	8
莫鲁斯	莫鲁斯	Sylvester Maurus	8
格里高利	里米尼的格里高利	Gregory of Rimini	8
海尔伯德	阿德里安·海尔伯德	Andraan Heereboord	8

夏隆	皮埃尔·夏隆	Pierre Charron	8
桑切斯	方济·桑切斯	Franciscus Sanchez	8
泰瑞尔	詹姆斯·泰瑞尔	James Tyrrell	9
莫尔	亨利·莫尔	Henry More	9
沙夫茨伯里	沙夫茨伯里	Shaftesbury	9
格劳秀斯	格劳秀斯	Hugo Grotius	9
莫利纳	路易斯·德·莫利纳	Luis de Molina	9
桑切斯	桑切斯	Sanchietz	9
阿诺德·海林克斯	阿诺德·海林克斯	Arnold Geulincx	9
高尔特	约翰·高尔特	John Galt	10
爱尔维修	克劳德·爱尔维修	Claude Adrien Helvetius	10
格鲁特	约翰·格鲁特	John Grote	10
泰纳	伊波利特·泰纳	Hippolyte Taine	12
荷马	荷马	Homer	13
索洛维耶夫	索洛维耶夫	Vladimir Soloviev	13
涂尔干	爱米尔·涂尔干	Emile Durkheim	13
秦梯利	乔瓦尼·秦梯利	Giovanni Gentile	13
索利	威廉·瑞西·索利	William Ritchie Sorley	14
格林	格林	Green	15
泰勒	阿尔弗雷德·爱德华·泰勒	Alfred Edward Taylor	15
乔治·桑塔亚纳	乔治·桑塔亚纳	George Santayana	15
莱克勒克	雅克·莱克勒克	Jacques Leclercq	16
莱蒙特	柯里斯·莱蒙特	Corlisss Lamont	16
莱斯	菲利普·布莱尔·莱斯	Philip Blair Rice	16
埃德尔	亚伯拉罕·埃德尔	Abraham Edel	16
爱德华兹	保罗·爱德华兹	Paul Edwards	16
哥德尔	库尔特·哥德尔	Kurt Godel	17
诺维尔-史密斯	诺维尔-史密斯	P. H. Nowell-Smith	17
格里塞巴赫	格里塞巴赫	Eberhard Grisebach	18
格斯多夫	乔治斯·格斯多夫	Georges Gusdorf	18

十一画

第欧根尼	第欧根尼·拉尔修	Diogenes Laertius	1
维奇	亨利·B·维奇	Henry B. Veatch	2
第欧根尼	塞琉西亚的第欧根尼	Diogenes of Seleucia	3
维克多林	马里乌斯·维克多林	Marius Victorinus	3
康考勒尼斯	康考勒尼斯	Concoresenss	4
萨阿迪亚	萨阿迪亚	Saadia ben Joseph al-Fayyumi	5
菲茨杰拉德	埃德华·菲茨杰拉德	Edward FitzGerald	5
培根索普	培根索普	John Baconthorpe	7
培根	罗吉尔·培根	Roger Bacon	7
盖都	盖都	Guido Fulcodi	7

梅迪纳	梅迪纳	Medina	7
梅迪奇	柯西莫·梅迪奇	Cosimo de' Medici	8
维拉	劳伦修斯·维拉	Laurentius Valla	8
康帕内拉	托马索·康帕内拉	Tommaso Campanella	8
维尤	托马索·德·维尤	Tommaso de Vio	8
维多利亚	弗朗西斯科·德·维多利亚	Francisco de Vitoria	8
培根	弗朗西斯·培根	Francis Bacon	8
穆勒	约翰·斯图亚特·穆勒	John Stuart Mill	8
维尔	纪尧姆·德·维尔	Guillaume Du Wair	8
维吉尔	维吉尔	Virgil	9
笛卡尔	勒奈·笛卡尔	Rene Descartes	9
盖伊	约翰·盖伊	John Gay	9
曼德维尔	伯纳德·曼德维尔	Bernard Mandeville	9
詹姆斯·密尔	詹姆斯·密尔	Jame Mill	10
萨克莱顿	查理士·萨克莱顿	Charles Secretan	12
勒南	欧内斯特·勒南	Ernest Renan	12
维科	詹巴蒂斯塔·维科	Giambattista Vico	13
萨德	萨德侯爵	Marquis de Sade	13
康席德宏	维克多·康席德宏	Victor Considerant	13
维奇	亨利·维奇	Henry B. Veatch	15
维瓦斯	埃里赛奥·维瓦斯	Eliseo Vivas	16
维特根斯坦	路德维希·维特根斯坦	Ludwig Wittgenstein	17
理查兹	理查兹	I. A. Richards	17
萨特	让·保罗·萨特	Jean Paul Sartre	18
梅洛-庞蒂	莫里斯·梅洛-庞蒂	Maurice Merleau-Ponty	18
曼德尔鲍姆	莫里斯·曼德尔鲍姆	Maurice Mandelbaum	18

十二画

普鲁塔克	普鲁塔克	Plutarch	1
普罗塔戈拉	阿布德拉的普罗塔戈拉	Protagoras of Abdera	1
斯底尔波	斯底尔波	Stilpo	1
奥古斯丁	奥古斯丁	Augustine	1
提奥多勒斯	提奥多勒斯	Theodorus	1
奥勒留	马可·奥勒留	Marcus Aurelius	3
普鲁塔克	喀罗尼亚的普鲁塔克	Plutarch of Chaeronea	3
普罗提诺	普罗提诺	Plotinus	3
奥古斯丁	希坡的奥古斯丁	Augustine of Hippo	3
奥利金	奥利金	Origen	4
奥多尼斯	奥多尼斯	Gerardus Odonis	6
波纳文图拉	波纳文图拉	Bonaventure	7
奥卡姆	奥卡姆的威廉	William of Ockham	7
奥利维	彼得·约翰·奥利维	Peter John Olivi	7
鲁尔	拉蒙·鲁尔	Ramon Lull	7

普里索	纪密斯特·普里索	Gemistus Pletho	8
斯科拉里奥	乔治斯·斯科拉里奥	Georgios Scholarios	8
斯宾诺莎	斯宾诺莎	Spinoza	8
谢林	谢林	Schelling	8
黑格尔	黑格尔	Hegel	8
斯宾塞	埃德蒙·斯宾塞	Edmund Spenser	8
普芬道夫	普芬道夫	Pufendorf	8
渥拉斯顿	威廉·渥拉斯顿	William Wollaston	9
普莱斯	理查德·普莱斯	Richard Price	9
塔科	阿伯拉罕·塔科	Abraham Tucker	9
普芬道夫	萨缪尔·冯·普芬道夫	Samuel von Pufendorf	9
斯宾诺莎	本尼狄克特·斯宾诺莎	Benedict de Spinoza	9
普莱斯	理查德·普莱斯	Richard Price	10
亚当·斯密	亚当·斯密	Adam Smith	10
斯图尔特	杜格尔德·斯图尔特	Dugald Stewart	10
奥斯丁	约翰·奥斯丁	John Austin	10
惠特利	理查德·惠特利	Richard Whately	10
黑格尔	黑格尔	G. E. F. Hegel	11
斯特劳斯	大卫·斯特劳斯	David F. Strauss	11
谢林	谢林	Friedrich W. J. von Schelling	11
斯亚卡	斯亚卡	M. F. Sciacca	12
斯亚卡	米凯莱·费德里科·斯亚卡	Michele Federico Sciacca	12
傅立叶	夏尔·傅立叶	Francois Marie Charles Fourier	13
黑森	约翰内斯·黑森	Johannes Hessen	14
斯宾塞	斯宾塞	Spencer	15
普里查德	普里查德	H. A. Prichard	15
黑尔	理查德·M·黑尔	Richard Mervyn Hare	15
斯马特	斯马特	J. J. C. Smart	15
斯宾塞	赫伯特·斯宾塞	Herbert Spencer	16
斯塔普尔顿	奥拉夫·斯塔普尔顿	Olaf Stapledon	16
塔夫茨	塔夫茨	J. H. Tufts	16
奥尔森	罗伯特·奥尔森	Robert G. Olson	16
奥斯汀	约翰·兰索·奥斯汀	John Langshaw Austin	17
奥格登	查尔斯·奥格登	Charles Kay Ogden	17
斯特劳森	彼得·F·斯特劳森	Peter F. Strawson	17
普凡德尔	亚历山大·普凡德尔	Alexander Pfander	18

十三画

忒拉叙马霍斯	忒拉叙马霍斯	Thrasymachus	1
蒲洛克勒斯	蒲洛克勒斯	Proclus	3
塞涅卡	安涅·塞涅卡	L. Annaeus Seneca	3
塞缪尔	希勒尔·本·塞缪尔	Hillel ben Samuel	5
奥马	奥马·海亚姆	Omar Khayyam	5

路世德	伊本·路世德	ibn-Rushd	5
福蒂斯丘	约翰·福蒂斯丘爵士	Sir John Fortescue	7
詹弗朗西斯科	詹弗朗西斯科	Gianfrancesco	8
鲍德温	威廉·鲍德温	William Baldwin	8
蓬波纳齐	彼得罗·蓬波纳齐	Pietro Pomponazzi	8
蒙田	米歇尔·蒙田	Michel de Montaigne	8
鲍姆加登	亚历山大·鲍姆加登	Alexander Gottlieb Baumgarten	9
雷诺维耶	查理士·雷诺维耶	Charles Renouvier	12
鲍桑葵	伯纳德·鲍桑葵	Bernard Bosanquet	15
赖特	亨利·赖特	Henry Wright	15
詹姆斯	威廉·詹姆斯	William James	16
福特	菲利帕·福特	Philippa R. Foot	16

十四画

赫拉克利特	赫拉克利特	Heraclitus	1
赫格西亚斯	赫格西亚斯	Hegesias	1
赫利奥多罗斯	赫利奥多罗斯	Heliodorus	2
嘎迪尔	嘎迪尔	Gauthier of Chatillon	4
赫拉多	赫拉多	Gerardo	4
赫伯特	舍伯利的赫伯特	Herbert of Cherbury	8
赫尔巴特	约翰·弗里德里希·赫尔巴特	Johann Friedrich Herbart	11
赫克	托马斯·赫克	Thomas Hecker	13
缪尔海德	缪尔海德	J. H. Muirhead	15
赫胥黎	托马斯·亨利·赫胥黎	Thomas Henry Huxley	16
赫胥黎	朱利安·赫胥黎	Julian Huxley	16

十五画

德谟克利特	德谟克利特	Democritus	1
墨涅德摩斯	墨涅德摩斯	Menedemus	1
德艾里	皮埃尔·德艾里	Pierre d'Ailly	9
摩尔	乔治·爱德华·摩尔	George Edward Moore	10
玛里·德尚	玛里·德尚	Dom Leger-Marie Deschamps	13
摩根斯坦	摩根斯坦	O. Morgenstern	15
德日进	皮埃儿·德日进·查尔丁	Pierre Teilhard de Chardin	16

十六画

朋霍费尔	迪特里希·朋霍费尔	Dietrich Bonhoeffer	18
霍布斯	霍布斯	Hobbes	8
霍尔巴赫	霍尔巴赫	d'Holbach	8
霍桑	纳撒尼尔·霍桑	Nathaniel Hawthorne	13
霍金	威廉·欧内斯特·霍金	William Ernest Hocking	15
霍姆斯	萨缪尔·杰克逊·霍姆斯	Samuel Jackson Holmes	16

十七画

魏曼	亨利·纳尔逊·魏曼	Henry Nelson Wieman	16

图书在版编目(CIP)数据

西方伦理学史 /(美)布尔克著;黄慰愿译;张湛校. ‑‑2 版(修订本)‑‑上海:华东师范大学出版社,2021

ISBN 978‑7‑5760‑1966‑7

I.①西… II.①布…②黄…③张… III.①伦理学‑思想史‑西方国家‑现代 IV.①B82‑095

中国版本图书馆 CIP 数据核字(2021)第 140235 号

华东师范大学出版社六点分社
企划人　倪为国

History of Ethics
By Vernon J. Bourke
Copyright© 1968 by Vernon J. Bourke
Chinese Simplified Translation Copyright © 2016 by East China Normal University Press Ltd
This translation published by arrangement with Doubleday, an imprint of The Knopf Doubleday Publishing Group, a division of Random House LLC through Bardon-Chinese Media Agency
ALL RIGHTS RESERVED.
上海市版权局著作权合同登记 图字:09-2014-412 号

西方伦理学史(修订版)

著　者	(美)布尔克
译　者	黄慰愿
校　者	张　湛
责任编辑	彭文曼
责任校对	王寅军
封面设计	吴元瑛
出版发行	华东师范大学出版社
社　址	上海市中山北路 3663 号　邮编 200062
网　址	www.ecnupress.com.cn
电　话	021‑60821666　行政传真 021‑62572105
客服电话	021‑62865297　门市(邮购)电话 021‑62869887
地　址	上海市中山北路 3663 号华东师范大学校内先锋路口
网　店	http://hdsdcbs.tmall.com/
印刷者	上海盛隆印务有限公司
开　本	787×1092　1/16
插　页	1
印　张	31.5
字　数	360 千字
版　次	2021 年 10 月第 2 版
印　次	2021 年 10 月第 1 次
书　号	ISBN 978‑7‑5760‑1966‑7
定　价	138.00 元
出版人	王　焰

(如发现本版图书有印订质量问题,请寄回本社客服中心调换或电话 021‑62865537 联系)